碳达峰与碳中和丛书　　何建坤　主编

Net Zero
The UK's Contribution to Stopping Global Warming

净零排放
英国对缓解全球气候变化的贡献
（综合报告）

Committee on Climate Change

气候变化委员会　著

张希良　王海林　译

东北财经大学出版社　大连
Dongbei University of Finance & Economics Press

图书在版编目（CIP）数据

净零排放：英国对缓解全球气候变化的贡献 / 气候变化委员会著. 张希良，王海林译.
一大连：东北财经大学出版社，2021.6
（碳达峰与碳中和丛书）
书名原文：Net Zero：The UK's Contribution to Stopping Global Warming
ISBN 978-7-5654-4171-4

Ⅰ．净… Ⅱ．①气… ②张… ③王… Ⅲ．气候变化-治理-研究-英国 Ⅳ．P467

中国版本图书馆CIP数据核字（2021）第059024号

东北财经大学出版社出版发行

　大连市黑石礁尖山街217号　邮政编码　116025

　网　　址：http：//www.dufep.cn

　读者信箱：dufep @ dufe.edu.cn

大连图腾彩色印刷有限公司印刷

幅面尺寸：185mm×260mm　字数：660千字　印张：35.75
2021年6月第1版　　　　　　　　2021年6月第1次印刷
责任编辑：李　季　刘　佳　刘慧美　责任校对：孟　鑫　石建华　郭海雷
　　　　　吉　扬　王　玲　　　　　　　　　刘东威　王芃南
封面设计：原　皓　　　　　　　　版式设计：原　皓
定价：159.00元

总序

全球正在兴起加速低碳转型的热潮。

新冠肺炎疫情给人类社会造成的影响仍在持续，这场突发的疫情更深层次地触发了人们对生存与发展的思考。疫情下，各国一方面都积极地投入到稳就业、保生产的抗击疫情工作当中，尽量将疫情对生产和生活的冲击与破坏降到最低；另一方面也都努力在可持续发展视角下部署经济的绿色复苏，以更加积极的行动和雄心应对气候变化带来的严峻挑战。

2015年年底巴黎气候大会达成的《巴黎协定》确立了全球控制温升不超过工业革命前2℃并努力低于1.5℃的长期减排目标，并形成了"自下而上"的国家自主贡献（NDC）目标和每5年一次的全球集体盘点，以构建全球气候治理体系框架，引领全球向低碳转型。《巴黎协定》要求各缔约方要在前一版NDC目标基础上提交力度更强的NDC更新目标，发挥NDC目标的"棘轮"机制以加速全球温室气体减排的进程；同时也要求各缔约方向联合国气候变化框架公约（UNFCCC）提交各自面向21世纪中叶的长期低排放发展战略，凝聚各缔约方长期低碳转型的共识，释放全球应对气候变化的长期信号和坚定信心。

越来越多的国家积极提出各自的"净零排放"目标，积极参与到全球"Race to Zero"的浪潮当中。欧盟在2018年年底提出了其建成繁荣、现代化、有竞争力和气候中性经济体的长期战略，并努力在2050年实现"净零排放"。英国于2019年在气候变化委员会（CCC）的建议下，也将英国2050年实现净零排放更新进其《气候变化法案》当中，以法律的形式明确了英国的长期减排目标。在2020年9月22日第七十五届联合国大会一般性辩论中，习近平主席提出了中国积极的新气候目标，力争在2030年前实现二氧化碳排放达峰，在2060年前实现碳中和，彰显了中国在全球气候治理中负责任大国的形象。其后日本和韩国也陆续提出了各自2050年"净零排放"的目标，越来越多的国家也纷纷提出符合各自国情和发展阶段特征的减排目标。

碳中和目标下先进低碳技术创新与竞争将重塑世界格局。人们越来越意识到，实现深度脱碳并不会制约经济社会的发展，先进低碳技术的创新与突破将是未来经济社会发展的重要驱动力，也将是未来国际经济、技术竞争的前沿和热点。欧盟提出2035年前要完成深度脱碳关键技术的产业化研发；美国"拜登政府"也计划在氢能、储能和先进核能领域加大研发投入，其目标是氢能制造成本降到与页岩气相当，电网级化学储能成本降低到当前锂电池的十分之一，小型模块化核反应堆建造成本比当前核电站成本降低一分之一。日本在可再生能源制氢、储存和运输、氢能发电和氢燃料电池汽车等领域都具有优势，其目标是氢能利用的综合系统成本降低到进口液化天然气的水平。世界各国都争相积极投入并部署先进低碳技术的研发和产业化，这也将对全球加速应对气候变化进程发挥重要的作用。

我国正在积极探索落实2030年更新NDC目标的行动计划。习近平主席在2020年12月12日的气候雄心峰会上阐述了我国2030年更新的NDC目标，即单位国内生产总值的二氧化碳排放2030年比2005年下降65%以上，太阳能发电总装机容量超过12亿千瓦，非化石能源在一次能源消费中的占比要努力达到25%左右。为进一步落实这一目标，2020年年底的中央经济工作会议也将做好碳达峰、碳中和工作列为2021年的重点任务，也在"十四五"规划和2035年远景目标纲要中提出，要"落实2030年应对气候变化国家自主贡献目标，制定2030年前碳排放达峰行动方案"，"锚定努力争取2060年前实现碳中和，采取更加有力的政策和措施"，全面推动绿色发展，促进人与自然和谐共生。以"碳达峰、碳中和"为目标导向，国内正在掀起低碳发展的热潮。

发达国家已经实现了碳达峰，正在努力向"碳中和"目标转型。尽管发达国家碳达峰的发展历程并没有过多地受到全球气候变暖严峻形势的制约，但其发展历程中所产生的宝贵经验和教训值得广大发展中国家借鉴和参考。与此同时，发达国家已经全面建立起温室气体减排的管理能力，其提出的"净零排放"目标和实施路径也具有较高的参考价值，值得发展中国家参考和借鉴。

本套"碳达峰与碳中和丛书"，将从多个视角向读者分享低碳知识，既有发达国家"净零排放"的战略、路径和政策，也有其国内低碳发展的优秀案例和宝贵经验，还有各领域各行业的积极做法。希望本丛书能促进我们在低碳实践方面的思考和行动，为早日实现"碳达峰、碳中和"目标贡献力量。

何建坤

2021年4月18日 于清华园

译者序

英国是应对全球气候变化的积极倡导者。早在 2006 年，英国的世界银行前首席经济师尼古拉斯·斯特恩就发布了《斯特恩报告》，指出"不断加剧的温室效应会严重影响全球经济发展，其严重程度不亚于世界大战和经济大萧条"。该报告也为英国 2008 年通过《气候变化法》、在国内全面开展温室气体减排奠定了坚实的基础。英国在应对全球气候变暖方面的积极表现，对推进全球气候治理发挥了重要的作用。

2008—2018 年间，英国经济增长了 13%，温室气体排放量下降了 30%，成功践行了经济增长与减缓温室气体减排的双赢路径。作为《巴黎协定》的积极推进者和贡献者，在深受新冠肺炎疫情影响的情况下，英国也积极将近期经济复苏与长期应对气候变化工作紧密结合起来，提出英国到 2050 年实现"净零排放"这一颇具雄心的目标，并将新气候目标纳入英国的《气候变化法》中，更加彰显出英国在推进全球气候治理方面的责任、信心和能力。

英国气候变化委员会发布的综合报告及技术报告，通过翔实的分析，全面论证了英国各部门低碳转型面临的机遇和挑战，并结合全球气候变暖的紧迫形势和英国对全球变暖的历史贡献，综合提出英国要继续在全球气候治理中发挥积极的表率作用，在 2050 年力争实现全部温室气体净零排放。英国作为第 26 届联合国气候变化大会（COP 26）的主办国，也正在积极推进《巴黎协定》实施细则的谈判，通过自身的影响力，努力促成 COP26 大会的成功举办，为进一步推进全球实现"净零排放"作出贡献。

在英国驻华使馆戴青女士、郑莹女士的协助和沟通下，清华大学能源环境经济研究所承担了本书的翻译工作，以期英国低碳转型的思想和实践为我国 2060 年前实现碳中和目标提供借鉴。全书在张希良教授的带领下，由王海林博士牵头组织翻译工作，清华大学的李开乐、李健、冯嘉嘉、张瑞瑜、吴厚铧、韩颂、李若菲、吴嘉祺、王爽奇、贾怡佳、蔡飞雪、姜晓宇同学积极参与全书的翻译工作，为本书的早日出版作出了积极的贡献。ICF 国际咨询和德勤中国"中国能源与低碳经济项目"团队对全书进行了校核，在此一并衷心感谢。

为了全面展现出英国科学家在低碳转型方面的思想和洞察力，我们力争使翻译的文字能够表达出作者的本意。一定还有些许的文字存在翻译欠妥的地方，也请广大读者包涵。让我们走入英国应对气候变化领域科学家的世界，共同探寻零碳的木来。

译者

2021年4月25日于清华园

前言

在这份报告中，气候变化委员会（the Committee on Climate Change，本书中简称委员会）为英国提出了一个新的排放目标：到 2050 年实现温室气体净零排放。

我们的建议是基于本报告中广泛的最新证据而提出的。我们回顾了有关气候变化的最新科学证据，包括 2018 年的《IPCC 全球升温 1.5℃ 特别报告》（IPCC Special Report on Global Warming of 1.5℃），并思考了英国在控制全球变暖的挑战中应发挥的适当作用。我们对英国实现深度减排的潜力有了全新的认识，并对英国减排的成本和收益进行了新的评估。

我们的结论是：净零排放是必要的、可行的且具有成本效益的。净零排放是必要的——压倒性的证据表明温室气体导致了全球气候变化，英国需要对此作出回应，并履行 2015 年《巴黎协定》（Paris Agreement）的承诺；净零排放是可行的——因为实现净零排放的技术和方法现已广为人知，可以在政府强有力的领导下实施；净零排放是具有成本效益的——因为关键技术成本的下降使得净零成本与英国国会在 2008 年制定 2050 年目标时所接受的可能成本相同。

这是英国重要征程的延续。2003 年，英国提出了将 CO_2 排放量在 1990 年的基础上减少 60% 的目标，这一目标的成本将达到 2050 年 GDP 的 0.5% ~ 2.0%。2008 年，在气候变化委员会的建议下，国会将减排目标扩展至所有温室气体排放减少 80%，相应的成本将是 2050 年 GDP 的 1% ~ 2%。现在，我们的分析表明，我们可以在与以前相同的成本范围内，追求一个更加雄心勃勃的目标。

净零排放比起以往的减排目标更为根本。通过将英国的碳排放量降至零，我们也实现了对控制全球变暖的贡献。能够实现该目标证明了英国在环境保护事业上的进步——按照《气候变化法》（Climate Change Act）的要求，部署新的解决方案、在实践中学习、促进成本下降。该法案是世界上第一个具有法律约束力的应对气候变化框架，至今仍是世界上最强有力的法律框架之一。净零排放的承诺将重申该法案的力量，但至关重要的是这份承诺是全面的，不需要通过使用国际配额来实现，并将国际航空和海运所产生的碳排放也包含在内。

气候变化是一个全球性问题，虽然英国的碳排放现在只占全球碳排放总量的一小部分，但我们并不认为英国所作出的行动是微不足道的。无论在何处排放，每吨碳排放都将导致全球气候的进一步恶化。在设定净零目标之后，英国将成为少数几个具有适当紧迫感以应对气候变化的国家之一。新的目标完全符合《巴黎协定》的要求，包括"尽可能高的目标"这一规定。当欧盟成员国和其他发达国家考虑对全球贡献的承诺时，英国新的减排目标也为它们设立了标准。

英国在减排问题上发挥了表率作用。迄今为止，我们在应对全球气候变化的斗争中发挥了重要作用。英国是历史上对气候变化贡献最大的国家之一。通过努力应对气候变化，英国公民也会获得真正的好处：更清洁的空气、更安全的食品、更健康的身体，以及清洁增长所带来的全新经济发展机遇。

然而，所有的这些不仅仅取决于新的减排目标。我们的建议附带前提条件，即只有引入相匹配的政策，净零排放才能得以实现。我们必须充分实现当前的雄心壮志，并且迎接超出我们想象的挑战。英国必须制订明确的计划以覆盖住房和家庭供暖、工业排放、碳捕集和封存、道路运输、农业、航空和海运等领域。应对这些挑战的成本是可控的。过去十年的经验告诉我们，当各方齐心协力采取行动时，成本就会下降。

我们逐渐认识到在议会以外制定政策的重要性：如何满足城镇的住房和交通需求，或如何管理英国每个地区的自然环境。实现净零排放目标需要在英国各地制定一套完整的政策，充分利用各地的发展特征。苏格兰、威尔士和北爱尔兰政府必须充分利用可行的政策工具，并与英国政府在全英国范围的计划上达成合作。

我们根据威尔士与苏格兰各自的法律框架评估了它们能够为英国实现净零排放所做的贡献。在威尔士，我们建议到2050年减少95%的温室气体排放。在苏格兰，我们建议到2045年达成净零排放目标，这反映出苏格兰在减排方面的能力相对英国整体更强。这些目标虽然艰巨但可以实现，与英国的零净排放目标一致。

这份报告是我们委员会所能编制的最全面的评估，我们也竭尽所能提出了最有力的建议。在此我衷心感谢帮助我们得出这些结论的杰出团队。

我敦促在伦敦、爱丁堡和卡迪夫的地区政府认真考虑我们的建议，并尽快针对这些新的目标立法。我们现在必须增强应对气候变化的雄心。科学要求我们这样做，证据就摆在你们面前，我们必须马上开始行动——没有时间可以浪费了。

Rt Hon. the Lord Deben 主席

执行者摘要

英国应该制定并积极追求一个雄心勃勃的目标，力争到2050年将温室气体（GHGs）排放减少到"净零"，在未来的30年内结束英国对全球变暖的贡献。

根据各自的实际情况，苏格兰设立的目标是到2045年实现温室气体净零排放，威尔士的目标则是到2050年实现温室气体排放比1990年降低95%。

英国2050年温室气体净零排放的目标将使英国兑现其在《巴黎协定》中所签署的减排承诺。随着人们生活水平的提高和现有技术的发展，这一目标是可以实现的，而且议会在制定2050年减排80%的目标时也接受了这一预期经济成本。

然而，只有在整个经济体系内及时推出明确、稳定且经过精心设计的政策来强化减排才能真正实现这一目标。当前的政策甚至不足以实现原有的减排目标。

2050年温室气体净零排放目标将回应最新的气候科学研究成果，并充分履行英国在《巴黎协定》下应承担的义务：

正如《巴黎协定》第4条所叙述的那样，英国的气候行动应反映其"尽可能大的力度"。气候变化委员会目前认为，在2050年之前就实现净零排放目标不具有可行性。

本目标超额实现了控制全球平均温升不高于2℃所需要的减排量，更是提前达到了《巴黎协定》关于在本世纪下半叶实现全球温室气体排放源与汇之间平衡的目标。

如果这一目标能在全球范围内得到复制，再加上雄心勃勃的近期减排，全球温升将有超过50%的机会被控制在1.5℃之内。

现在正是全球共同应对气候变化的关键时刻，在2020年年底联合国气候峰会到来之前，一些国家正在考虑作出新的承诺。英国提出雄心勃勃的新目标将鼓励其他国家和地区也加大减排力度，包括采纳新的温室气体净零排放目标。例如，欧盟正在考虑采用类似的2050年目标。

为了实现温室气体净零排放目标，英国议会必须认识到，尽管已经出台许多相关政策，但现在英国仍需进一步加大政策力度：

1. 政策基础必须落实。 为实现温室气体净零排放，英国各相关领域已经开始制定政策：低碳电力（供应量到2050年必须翻两番）、节能建筑和低碳供暖（需要覆盖所有建筑物）、电动汽车、碳捕集和封存（CCS）、填埋废弃物的生物降解、逐步淘汰含氟气体、加速植树造林及减少农业排放。这些政策必须获得重视并被贯彻落实。

2.除非政策效果显著，否则温室气体净零目标是无法实现的。 大多数行业都需要在没有抵消的情况下将排放量减少至近零。在现有的80%减排目标基础上仅仅靠大量移除CO_2是无法满足净零排放目标要求的。

（1）必须要依靠更加紧迫的进展来实现目标。目前的许多计划还不够雄心勃勃，而其他国家的进展过于缓慢，即便对于已有的80%的减排目标而言也是如此：

● 2040年对于淘汰汽油车和柴油车而言为时已晚，而且目前关于此类措施的计划也太过模糊。

● 《气候变化法》已经通过十多年了，英国依然没有提出完备的供暖系统脱碳计划，也没有开始对热泵和氢能进行大规模试验。

● 碳捕集（利用）和封存对于实现温室气体零排放至关重要，对英国经济具有重要战略意义，然而这项技术的研发才刚刚开始。尽管其在全球进展也很缓慢，但目前全世界共有43个大型项目已在运营或正处于开发阶段，而英国一个都没有。

● 英国的每年20 000公顷的造林目标（到2025年将增加到27 000公顷）尚未实现，过去五年平均造林面积不足10 000公顷。截至目前，农业领域所采用的自愿造林方式并没有促进排放量的降低。

（2）政府现在必须重视尚未面临的挑战。工业部门必须大幅脱碳。重型货车也必须改用低碳燃料；国际航空和国际海运的碳排放不容忽视。英国五分之一的农业用地必须转向支持减排的替代用途：植树造林、生物质生产和泥炭地恢复。如果还有剩余的排放量，则必须通过从大气中移除CO_2并永久封存来完全抵消这些排放，如结合使用碳捕集和封存与可持续生物能源。

（3）整个政府都需要清晰的领导力，同时要保持与企业和社区密切合作。减少碳排放的难题不能仅仅留给能源与环境部门或是财政部门[①]来解决，它必须得到所有部门及英国各级政府的重视。政策必须得到充足的财政支持，并在所有经济部门协调一致地实施，从而推动必要的创新、市场发展，以及消费者对低碳技术的接受，并对社会变革产生积极影响。

3.总体减排成本是可控的，但必须被公平分摊

（1）随着关键技术（如海上风能和电动汽车电池）的大规模部署，减排成本迅速降低。因此，我们目前预计实现到2050年温室气体净零排放的目标每年所需的资源成本最多为GDP的1%~2%，与实现原先较1990年减排80%的目标预计所

---

① 如商业能源与工业战略部(BEIS)、环境食品与农村事务部(Defra)及英国财政部(HMT)。

需的成本相同。

（2）对于包括工人及能源消费者在内的群体来说，向净零排放目标转型的过程必须是公平的，且应当让他们感觉到这个过程是公平的。政府应制定必要的政策框架来确保这一点。首先要做的就是仔细审查拨款计划，以及在企业、家庭和公共财政之间的成本分摊。

这份报告提出的背景是：对气候风险的认识不断增强，低碳技术的成本不断降低，以及全球排放总量仍在不断增加。

• 全球平均气温已经较工业化前上升 1℃，气候风险日益显著。政府间气候变化专门委员会（IPCC）在 2018 年 10 月发布的特别报告强调了将未来气候变暖限制在尽可能低的水平的重要性，以及为达成该目标而进行深度且迅速的减排的必要性。

• 目前世界各国作出的努力承诺将导致本世纪末全球温升 3℃ 左右。这相比英国通过《气候变化法》时预期的升温超过 4℃ 已经有所改善，但与《巴黎协定》中提出的将温升幅度控制在 2℃ 之内，并努力将温升幅度限制在 1.5℃ 以下的长期目标还有较大差距。

• 尽管英国已经证明可以在经济增长的同时实现温室气体减排，但全球温室气体排放量仍在持续上升。

• 然而，关键技术成本的下降意味着未来将不同于过去：在世界大部分地区，可再生能源（如太阳能、风能）现在已经与化石燃料一样便宜，甚至更加便宜。

为了回应英国、威尔士和苏格兰政府向本委员会提出的要求，这份报告重新评估了英国的长期减排目标。[①]英国政府已经承诺将实现净零排放[②]——本报告需要回答的关键问题是这个目标何时能够实现。

我们并不是假设全球将达到《巴黎协定》的温控目标。相反，我们试图确定一个英国可实现的目标，且能支持全球加大减排的努力，从而将预期的温升幅度从目前的轨道上降低。通过限制一些最严重的气候风险，英国减排目标的成功实现将为世界和英国带来巨大收益。

我们在制定建议时广泛征求了意见，公开征集了相关证据，并汇总了广泛的证据基础。我们提出的新减排方案参考了最新的研究成果，包括 10 个新的研究项目、3 个专家咨询小组，以及对 IPCC 和其他机构研究工作的回顾。

---

① 在部长缺席的情况下，北爱尔兰官员表示支持正在寻求的建议。北爱尔兰目前没有单独的长期减排目标，但已被英国提出的目标考虑在内。

② www.parliament.uk/business/publications/written-questions-answers-statements/written-question/Commons/2016-04-18/34423/.

我们还对苏格兰和威尔士的法定框架提出了建议，鉴于英国保留的政策杠杆和地方行动的重要性，这些建议取决于英国是否采用2050年温室气体净零排放目标。专栏1中列出了主要的建议，图1总结了我们是如何从证据中获得建议所需的信息。

专栏1　关于修订英国长期排放目标的建议

●英国应当尽快立法，从而保障2050年温室气体净零排放顺利实现。这一目标可以通过立法确定为：相比1990年减少100%的温室气体排放，涵盖经济体的所有部门，包括国际航空和国际海运。

●该目标应该通过英国国内的努力来实现，而不能依赖国际碳减排单位（或"碳信用"）的交易。

●只有在大幅加强减排政策力度的情况下，这一目标才是可信的。

只有加强政策力度，在各级政府和各部门实现减排，才能实现这一目标。这要求政府发挥强大的领导力。

政策的制定必须将企业与消费者考虑在内。政策必须是稳定的、长期的且可投资的。这些政策必须鼓励公众积极参与，并解决缺乏必要技能等其他关键性的障碍。

在这份报告中，我们强调了要优先发展一些目前进展过慢的领域：低碳供暖、氢能、碳捕集和封存，以及农业和土地利用等。在推动部署的同时，政府必须保障必要基础设施得以交付。

●英国财政部应当针对如何为这一转型提供资金，以及转型将产生何种成本进行研究。财政部应该制定一项战略以确保这一转型是公平的，且民众也可以感受到公平。此外，我们还需要一项更加广泛的战略以确保整个社会实现公正的转型，保护弱势工人群体和消费者。

●英国能够从设定更加积极的减排目标而产生的国际影响中受益，利用这一机会进一步推进积极的国际合作。

●在威尔士进行二氧化碳封存的可能性较小，且威尔士农业排放量相对较高，难以减少。根据目前的研究测算，到2050年威尔士很难实现温室气体净零排放。因此，威尔士应当设立到2050年相比1990年减排95%的目标。

●与英国整体相比，苏格兰的减排潜力更大，有望设定更具雄心的目标。苏格兰应该力争到2045年实现温室气体净零排放。其阶段性目标（相对于1990年）应为到2030年减排70%，到2040年减排90%。

科学与全球背景	在英国实现净零排放
在《巴黎协定》下2050年全球人均碳排放量：-0.4~1.7tCO₂（1.5°C目标）；0.8~3.2tCO₂（不超过2°C目标）。 　　英国有能力且应当超越世界平均减排水平。 　　其他引领气候行动的国家也正在制定到2050年或更早实现温室气体净零排放的目标。	可信的方案能够让英国的温室气体排放于2050年降低至净零。 　　英国已经具备这一转变实现的基础，但是仍然需要加强和加快相应的政策努力。 　　净零目标的预期成本与原先80%减排目标的成本相同，而原先目标的成本已获议会批准。

英国应该将目标设立为在2050年之前/苏格兰提前至2045年实现温室气体净零排放
威尔士在2050年减排95%
在强有力的政策支撑之下，英国财政部应当评估在此转型期间哪里会产生成本

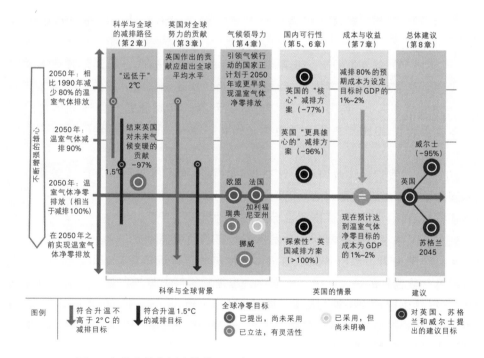

图1　本报告的分析支持英国设定2050年温室气体净零排放目标

　　注：瑞典和挪威允许运用抵消机制来实现其气候目标；加利福尼亚州尚未明确其目标是否涵盖所有温室气体，也未明确是否允许使用抵消机制来实现其目标（见表2）。

本执行报告的其余部分讨论了各个政府提出的问题、后续计划和结论，共分为七个小节：

（1）现在是设定净零排放目标的恰当时机吗？

（2）净零排放目标应只涵盖二氧化碳，还是涵盖所有温室气体？

（3）英国应于何时实现温室气体净零排放目标？英国、苏格兰和威尔士的长期目标应该是怎样的？

（4）英国如何实现温室气体净零排放？

（5）英国实现2050年温室气体净零排放目标的预期成本和收益是什么？

（6）未来措施

（7）结论

1.现在是设定净零排放目标的恰当时机吗？

净零排放目标要求大幅减少温室气体排放，且削减之后的剩余排放量必须通过移除大气中的二氧化碳（如植树造林）来抵消。抵消之后的净排放量必须减少100%，降低至零。

《巴黎协定》第4条提出了长期温控目标，该目标被广泛解读为要在本世纪下半叶实现全球温室气体净零排放（原文表述为"实现温室气体源的人为排放与汇的清除之间的平衡"）。英国政府同样也认识到英国实现温室气体净零排放的必要性，本委员会在2016年关于英国遵循《巴黎协定》采取气候行动的报告中也认同了这一立场。

2016年，我们建议政府不应该在当时就设立净零排放目标，而应随着证据不断涌现对该目标继续认真评估。而现在，我们认为现有证据能够有力地支持英国设定净零排放目标：提出净零排放目标的恰当时机正是当下。

这对英国来说也是在国际社会发挥积极影响的重要时刻。

• 从全球来看，目前各国承诺将作出的努力还远远不够。《巴黎协定》开启了逐步提升气候目标的进程，旨在不断弥合当前减排努力与长期温升控制目标之间的差距。《巴黎协定》的缔约方目前正在修订各自的承诺，这些新的承诺将在2020年提交。英国设定2050年温室气体净零排放目标将释放强有力的信号，以支持这些缔约方增强各自减排承诺的雄心。

• 2017年，英国公布了实现现有温室气体减排目标的计划。尽管《清洁增长战略》（Clean Growth Strategy）并未完全弥补英国现有碳预算的政策差距，但它代表着英国在减排方面迈出了实质性的一步。尽管在许多情况下，《清洁增长战略》中提出的目标仍然需要详细的政策设计作为支撑，但该战略涵盖了为实现净零排放目标而需采取行动的大多数领域，能够继续为减排行动提供合适的框架。

英国现在可以采取更高的目标，这将有助于激励那些考虑在未来增加减排努力的国家。

2.净零排放目标应只涵盖二氧化碳，还是涵盖所有温室气体？

所有温室气体（GHGs）都会导致气候变暖，因此必须要大幅减少温室气体排放以实现《巴黎协定》的温控目标。为了稳定全球气温，二氧化碳等长寿命温室气体的排放量必须降至净零。甲烷等短寿命温室气体的排放需要保持稳定，但不必达到净零。

在本报告中我们提出了一些情景方案，将英国的二氧化碳和其他长寿命温室气体的排放量减少到净零。随着甲烷排放量的减少，英国的温室气体排放量将比1990年减少约97%。[①]这将结束英国对全球温度上升的贡献。

上述的97%减排目标仍留下了少量的剩余排放。在认识到有进一步减排的技术选项后，我们建议英国针对所有温室气体设定一个净零排放目标（即相对于1990年减排100%）:

这将符合《巴黎协定》对温室气体源和汇达到平衡的要求。

它将在国际上释放更加强有力的信号。其他引领气候行动的国家和地区，包括欧盟在内，正在考虑针对所有温室气体制定净零排放目标。如果英国制定的目标雄心不足，可能会阻碍气候谈判的进程。

在英国国内，涵盖所有温室气体的100%减排目标释放了明确的信号，即所有温室气体都很重要，都需要被减少。任何排放源都没有资格享受特殊待遇。所有部门产生的全部排放都必须被降低为零或通过移除技术来抵消。

正如我们在下面所阐述的，我们有充分的理由期待英国能够超越世界总体要求。所有温室气体的净零排放目标意味着英国将积极弥补其历史上对全球变暖的影响。

3.英国应于何时实现温室气体净零排放目标？英国、苏格兰和威尔士的长期目标应该是怎样的？

各政府就英国何时实现温室气体净零排放目标，以及英国、苏格兰和威尔士的长期排放目标征求意见。

英国：我们建议英国到2050年实现温室气体净零排放（即相比1990年减排100%）。这将是英国对《巴黎协定》作出的适当贡献。根据我们当前的分析，这是英国作为气候领导者，确保净零排放目标能同政府其他目标一同实现的最早时间。

苏格兰（专栏2）：苏格兰拥有不同的减排潜力，特别是其人均土地面积较大，

---

① 根据国际惯例，使用"GWP$_{100}$"指标对不同的温室气体进行加权，并考虑了IPCC提出的权重变化。

且二氧化碳封存潜力巨大，这意味着它有望更早地实现温室气体净零排放。我们建议苏格兰对2045年实现温室气体净零排放进行立法。

威尔士（专栏3）：威尔士进行二氧化碳封存的机会较少，且威尔士农业排放量相对较高，难以减少。根据目前的分析测算，到2050年威尔士不太可能实现温室气体净零排放。我们建议威尔士设定到2050年相比1990年减排95%的目标。这一目标仍将使威尔士的长寿命温室气体净排放量降至零以下，从而结束威尔士对全球变暖的贡献。

我们的理由列在专栏2、专栏3和之后的三个小节中：

（a）对《巴黎协定》的适当贡献

（b）与其他气候领导者一致的目标

（c）在英国可实现的目标

专栏2 关于修订苏格兰长期排放目标的建议

背景：苏格兰目前的目标是到2050年，包括国际航空和海运在内的所有部门的温室气体排放量比1990年至少减少80%。这一目标是在苏格兰《气候变化法（2009）》中确定的，目前苏格兰议会正在审议一项新的气候变化法案。

建议：苏格兰政府应将到2045年实现温室气体净零排放这一目标以法律形式确定下来：相比1990年将温室气体排放减少100%，并应涵盖所有经济部门，包括国际航空和海运。

中期目标：《苏格兰气候变化法》还要求制定中期目标。我们建议苏格兰在1990年的基准上，到2030年将排放量减少70%，到2040年将排放量减少90%。我们认为苏格兰不应该调整其2020年减排目标。

合理的份额：这些目标代表苏格兰政府在实现英国建议的目标及履行《巴黎协定》方面所做的公平贡献。这些目标并不意味着更大的气候雄心或努力，而是反映了苏格兰通过植树造林、碳捕集与封存来移除大气中二氧化碳的绝佳机会。

基于英国的雄心：这些目标取决于英国是否采纳我们提出的2050年温室气体净零排放目标的建议。在苏格兰，仅靠地方政策是无法在2045年前实现净零排放的。这将要求英国和苏格兰提出进一步的政策。如果英国不就2050年实现温室气体净零排放作出承诺，那么苏格兰可能也需要修改其目标。

公正的转型：新成立的苏格兰公正转型委员会（Scottish Just Transition Commission）在帮助规划和实现苏格兰全境的公正转型方面发挥了重要作用——保护弱势工人、消费者，以及农村和岛屿居民。

专栏3　关于修订威尔士的长期排放目标的建议

背景：威尔士的目标是到2050年，包括国际航空和海运在内的所有部门的温室气体排放量比1990年至少减少80%。该目标是在威尔士《环境法案（2016）》中设定的。

建议：威尔士政府应该对到2050年所有温室气体排放量相比于1990年至少减少95%进行立法。新目标可能在2020年与威尔士的第三次碳预算一起进入立法阶段。实现这一目标需不断削减排放，使长寿命温室气体排放量降至零以下（剩下的5%将是甲烷排放量），从而使得威尔士不再对全球气候变暖作出贡献。

合理的份额：这一目标代表威尔士对于英国目标和落实《巴黎协定》所做的公平贡献。该目标并不意味着威尔士有更小的气候雄心和减排努力，而是反映出威尔士农业排放量巨大且不适合应用碳捕集与封存技术。

基于英国的决心：这些目标取决于英国是否采纳我们提出的2050年温室气体净零排放目标的建议。在威尔士，仅靠地方政策无法实现到2050年减排95%的目标，需要全英国和各级政府都大幅增加政策力度。如果英国不就2050年实现温室气体净零排放作出承诺，那么威尔士可能会设定一个更为宽松的减排目标。

公正的转型：我们的建议与威尔士《未来代际福祉法案（2015）》（Well-being of Future Generations（Wales）Act（2015））相一致。采取减排行动可以为威尔士的全球责任、韧性、健康和繁荣福祉目标带来重大收益。必须落实公正的转型以确保威尔士更加平等、社区更有凝聚力。

（a）对《巴黎协定》的适当贡献

《巴黎协定》旨在将全球平均气温增幅控制在2℃以下，并努力将增幅限制在1.5℃以内。《巴黎协定》明确表示其履行应"体现公平"，并希望发达国家继续发挥带头作用。

值得注意的是，《巴黎协定》已经从《京都议定书》的自上而下的方式，转变为自下而上的方式，即缔约方自主提出各自国家的减排目标，并不断强化该自主贡献目标，以反映其"最大程度的雄心"。这使本委员会重新考虑评估英国的"适当贡献"的方法：

委员会于2008年提出的对英国当前的2050年排放目标的建议反映了一种判断，即到2050年英国人均排放量显著高于全球平均水平是"难以想象的"。因此，英国目前的到2050年在1990年的基础上减排80%的目标是基于委员会在2008年的分析路径得出的，即到2050年全球人均排放量相等。

然而，鉴于《巴黎协定》强调了公平的重要性，并考虑到英国有能力做得更多，我们认为英国到2050年实现与全球人均排放量相当的减排目标不足以对《巴黎协定》作出应有的贡献。

——公平：英国在进口商品方面产生的碳足迹相当可观，然而这些商品所产生的碳排放量却被计入其他国家的排放总量当中。英国的历史二氧化碳累积排放量也很大：尽管英国人口只占全球人口的1%，但迄今为止，由人类所引起的全球变暖有2%~3%是由英国的温室气体排放所造成的。英国还是一个高收入的经济体。上述这些特征常常被认为是各国采用更严格的目标作为其公平贡献的理由。

——能力：英国的人均排放量正在下降，接近全球平均水平，但是全球总排放量却正在上升。英国已经建立了强有力的治理制度来应对温室气体排放（即《气候变化法》），并在重点排放领域的政策制定方面（如能源市场改革）一直处于全球领先地位。更全面地说，英国较高的收入意味着更强的行动能力，而英国民众普遍支持我们精心设计的减排行动。

因此，我们认为，到2050年，英国对《巴黎协定》所做的贡献应该超出世界整体的要求水平。

英国的温室气体净零排放目标（即100%减排）将超出将全球平均温度上升幅度限制在2°C以内所需的全球人均减排目标，并接近将温度升幅控制在1.5°C以内所需的必要减排范围上限（见表1）。

表1　　　　　　　　　　　　人均排放量符合《巴黎协定》的温控目标

	低于2°C	1.5°C
2050年全球人均温室气体排放量（tCO$_2$e/年）	0.8~3.2	−0.4~1.7
在人均排放量相同的情况下，英国温室气体排放总量相比1990年的等效减少量——英国应该超过全球平均水平	72%~93%	85%~104%

注：所示的范围是IPCC情景分组的整个范围内的最小值和最大值：>66%概率实现温控2°C目标，>50%的概率实现温控1.5°C目标且无过冲或过冲较低。CO$_2$e是指使用IPCC第四次评估报告中的GWP$_{100}$值，将不同温室气体折算为二氧化碳当量。

来源：IPCC SR1.5 scenario database.

（b）与其他气候领导者相一致的目标

英国目前是气候变化方面的领头羊，在气候领域享有国际信誉，这是建立在积极履行义务并且强有力地解决自身排放问题的良好记录之上。这种领导力作用很重要：英国的行动促进了《巴黎协定》的落实，并帮助其他国家增强减排雄心和行动力度。

● 以身作则：《气候变化法》设定了世界上第一个具有法律约束力的长期排放目标，并提供了实现该目标的支持性框架——它已经成为许多国家气候立法的典范。英国还试行了首个大型排放交易体系——英国是欧盟碳排放交易体系（EU ETS）的试点。更广泛地说，英国已经证明，一个国家可以在减少排放（2018年较1990年减排40%以上）的同时实现经济的发展（2018年较1990年GDP增长了70%以上）。

● 外交和能力建设：英国一直在联合国气候谈判、欧盟气候谈判以及国际航空和海运行业（国际民航组织和国际海事组织）的气候谈判中发挥着重要且积极的作用。英国还与加拿大发起了电力去煤化联盟（Powering Past Coal Alliance），并帮助发起了雄心壮志联盟（High Ambition Coalition）。英国外交和联邦事务部（Foreign and Commonwealth Office）已经连续十多年开展气候参与活动，在应对气候变化的政治、经济和实践方面为其他国家提供支持。

● 技术开发：英国在一些关键低碳技术的开发和部署方面发挥了主导作用。例如，作为全球最大的海上风电市场，英国通过技术部署降低了成本。这样的发展模式现在可以支持其他地方以低成本脱碳。

● 气候资金：通过援助预算，英国每年在气候资金活动上的支出约为10亿英镑。援助影响独立委员会（Independent Commission for Aid Impact）最近进行的一项绩效评估报告显示，英国积极地影响它所接触的国际机构，并越来越多地为产生转型影响作出贡献。[1]

提出2050年温室气体净零排放目标并努力落实，将确保英国在气候行动方面于发达国家之中处于领先地位。这体现了包括全部温室气体和所有部门排放（包括国际航空和海运）在内的重要原则，没有依赖国际抵消机制，并以"尽可能大的雄心"为目标。至关重要的是，它将得到《气候变化法》强有力的法定减排框架的支持。

---

[1] ICAI（2019）International Climate Finance：UK aid for low-carbon development. A performance review.

　　其他引领气候行动的国家和地区（如欧盟、瑞典、法国、加利福尼亚州）已经或正在考虑到2050年或更早实现温室气体净零排放目标（表2）。如果英国计划晚于2050年实现净零排放目标或提出一个减排力度较弱的目标，将会对这些讨论造成阻碍，尤其会妨碍欧盟希望在2020年就温室气体净零排放目标达成协议的计划。这些选择可能会对气候行动引领者以外国家的选择产生更广泛的影响。

表2　　　　　　　　　　　　　其他国家新提出的净零承诺

	净零：二氧化碳或温室气体	完成目标的日期	形式	国际抵消?	国际航空和海运?
提议的英国目标	温室气体 ●	2050年	将针对气候变化立法	●	●
考虑采用净零目标					
欧盟	温室气体 ●	2050年	欧盟委员会提议	●	●
法国	温室气体 ●	2050年	法案——尚未立法	●	●
新西兰	决策中 ●	2050年	法案——目前正在起草中	●	●
已采用净零目标					
加利福尼亚州	不明确 ●	2045年	行政命令	●	●
瑞典	温室气体 ●	2045年	立法	●	●
丹麦	不明确 ●	2050年	立法	●	●
挪威	温室气体 ●	2050年	有约束力的协议	●	●

　　其他一些国家也制定了在本世纪中叶或更早的时间实现净零排放的目标和雄心：埃塞俄比亚、哥斯达黎加、不丹、斐济、冰岛、马绍尔群岛和葡萄牙。但是这些国家只在其国家自主贡献目标和战略文件中表述了其目标，并没有就此立法。

　　注：绿色=明确不使用国际碳信用来实现目标/国际航空和海运（IAS）包括在内；红色=明确使用国际抵消机制的限额/不包括IAS；琥珀色=不清楚或尚未决定；NDC=在《巴黎协定》下提交的国家自主贡献。

　　来源：CCC analysis.

（c）英国可以实现的目标

下面我们将阐述英国如何在2050年前实现温室气体净零排放。我们的方案基于当前消费者的行为和已知的技术，并对其成本的下降进行了谨慎的假设。尽管实现这一目标需要政府强有力的领导，但在技术上是可行的（例如，有足够的场地来建造海上风电设施，也有足够的材料来制造电动汽车）。

要实现温室气体净零排放，需要整个经济体进行广泛变革，将英国的一部分资本存量完全转向低碳技术，同时需要在近期针对重大基础设施作出决策并迅速落实。就总体规模而言，这些变化是前所未有的，但英国拥有成功实现大规模转型的经验，如20世纪70年代的天然气革命或21世纪初的数字广播时代。

我们已考虑是否应以早于2050年的日期为目标。一些组织①已经提出了更早的日期，这可能在国际上向那些考虑强化自己减排雄心的国家释放更强烈的信号，但前提是这一日期必须是可信的。

虽然我们的方案表明，一些部门（如电力部门）可能在2045年达到净零排放，但对大多数部门来说，2050年似乎是最早的可信日期。更早的日期也意味着会缩短开发当前探索性技术的时间，这些技术可用来弥补其他措施的不足进而形成替代方案。这可能会导致出台惩罚性政策的必要性和早期资本报废，以确保目标实现。

《气候变化法》之所以可以推动英国转型并向国际社会释放信号，一部分原因在于它设定了具有法律约束力、基于证据的可信目标，这些目标必须被落实。我们就其覆盖范围（包括国际航空和海运）和落实过程（不应使用国际抵消机制）方面也提出了强有力的建议。目前看来，将2050年前的日期设定为实现温室气体净零排放的具有法律约束力的目标日期并不可信，本委员会也不建议这样做。

4.英国如何实现温室气体净零排放？

（1）英国实现2050年温室气体净零排放的情景

很难预测最能实现温室气体净零排放的技术和行为的确切组合，但本报告的分析能使我们更好地了解合理组合可能是什么样子的。具体情景（如图2和专栏4所示）包括：

---

① 例如，一个由180多名议员组成的跨党派团体提议在2050年前实现温室气体净零排放，一个非政府组织联盟提议到2045年实现净零排放。

<table>
<tr><th></th><th>2020 年</th><th>2030 年</th><th>2040 年</th></tr>
</table>

	2020 年	2030 年	2040 年
电	基本上实现电力脱碳：可再生性、灵活性、逐步淘汰煤炭	扩大电力系统规模，中游边际价格机组和峰荷机组的去碳化（比如：利用氢能），利用 CCS 来部署生物质能源	
氢能	利用 CCS 开始大规模制氢	广泛应用于工业、备用发电、重型车辆（如可能在最冷的日子里供暖）	
建筑	效率、热网、热泵（新建、废气混合）	广泛的电气化、扩大热网、天然气网可能会转向使用氢气	
道路交通	电动汽车市场的发展、对高速公路的决策	将车辆转变为零排放车辆：在部署重型货车之前先部署轿车和厢式货车	
工业	初始 CCS 集群、能源和资源效率	进一步利用 CCS，广泛使用氢，并且辅以适当的电气化	
土地利用	植树造林、泥炭地恢复		
农业	更健康的饮食、减少食物浪费、种植树木和发展低碳农业		
航空	运营措施、新飞机效率、限制需求增长、有限的可持续生物燃料		
海运	操作措施、新船燃油效率、氢的使用		
浪费	减少废物、提高回收率、禁止可降解生物废物填埋	限制非生物废物的排放（如采取措施减少污水排放）	
含氟气体	几乎完全去除含氟气体		
温室气体的移除	开发办法和政策框架	以各种形式部署 BECCS，示范二氧化碳的直接空气捕集，根据进展情况进行其他移除	
基础设施	工业 CCS 集群、燃气网和重型货车基础设施的决策，扩大汽车充电和电网的应用	对工业和有潜力的建筑物的氢供应，推出氢动力/电动重型货车基础设施，更多的 CCS 基础设施，扩张电力网络	
协同效益	由于空气质量的改善、健康的饮食和更多的步行和骑自行车带来的健康益处清洁增长和工业机会		

图 2　英国温室气体净零排放情景

注：CCS=碳捕集与封存；EV=电动汽车；BECCS=生物质能碳捕集与储存。

来源：CCC analysis.

• 资源和能效：降低整个经济体对能源的需求。如果不采取这些措施，就需要更多的低碳能源、氢能和碳捕集与封存（CCS）。在许多情况下，资源和能效提升都降低了总成本。

• 一些能够降低碳密集型活动需求的社会选择：例如，加快向健康饮食转变的速度，减少牛肉、羊肉和乳制品的消费量。

• 广泛实现电气化：特别是要在交通和供暖方面实现电气化，并需要大幅扩大可再生能源和其他低碳电力的规模。这些方案涉及电力需求的翻倍，所有电力都来自低碳能源（目前为 50%）。例如，到 2050 年可能需要 7 500 万千瓦的海上风力发电，而目前的水平是 800 万千瓦，到 2030 年政府的目标是 300 万千瓦。7 500 万千瓦的海上风力发电需要 7 500 个涡轮机，可以覆盖英国 1%~2% 的海床面积，与英国皇家财产局（Crown Estate）已经为风力发电项目租赁的场地面积相当。

- 发展氢能经济：以满足某些工业过程、长途重型货车和船舶等能源密集应用需求，以及电力和供暖高峰时期的需求。到2050年，英国需要建立一个新的低碳产业，使其生产氢的能力与英国现有的燃气发电站相当。

- 碳捕集与封存（CCS）：可与工业部门结合，与生物质能源结合（用于从大气中去除温室气体），还可能与制氢和发电相结合。CCS技术已不再是一种可选技术，而是一项必选技术。这些方案指出，到2050年需要75~175 MtCO$_2$的年总捕集和封存量，这将需要一个主要的二氧化碳运输和存储基础设施，其至少能够为五个CCS集群提供服务，并通过轮船或重型货车运输二氧化碳。

- 改变我们耕种和使用土地的方式：把更多的重点放在碳封存和生物质生产上。在健康饮食和减少食物浪费的推动下，我们的方案提出将英国五分之一的农业用地转变为植树、种植能源作物和恢复泥炭地。

专栏4 人们为减少排放可采取的行动

我们将英国温室气体排放量减少到净零的方案提出了个人和家庭可以采取的行动，这些行动可以减少碳足迹，并有助于英国和全球共同实现气候目标：

- 出行方式：

选择步行、骑自行车，或搭乘坐公交而不是小型汽车。

购买电动汽车，并"智能"地为它充电。

尽可能少乘坐飞机，尤其是减少长途飞行次数。

- 家中：

通过防风、改善隔热、选择LED灯泡和高能效的电器来提高家庭的能源效率（或要求房东这么做）。

设置温度调节器的温度不高于19°C，供暖系统中的水温不高于55°C。

考虑使用低碳供暖系统，如热泵，特别是当住宅没有连接燃气网时；如果住宅连接了燃气网，请考虑使用混合系统。

- 食物和消费：

健康饮食，如少吃牛肉、羊肉和奶制品。

尽可能消除食物垃圾，并确保使用单独的食物垃圾回收系统（如有）。减少、再利用并回收其他废弃物。

只使用无泥炭堆肥。

选择质量好、经久耐用的产品，尽可能久地使用它们，并在更换前进行维修。

共享而不是购买你不经常使用的工具。如果你不经常用车，那就可以考虑加入汽车俱乐部。

● 找出可以在工作场所或学校作出的减少排放的改变，并鼓励同事也作出改变。

● 谈谈你的经历，帮助别人提高对行动必要性的认识。重视个体行动的更广泛影响，如对你的养老金或个人存款（ISA）的影响，以及对提供服务的那些公司的影响。

注：这些变化将节省资金，并减少温室气体排放。

来源：CCC analysis.

综上所述，这些措施将使英国从 1990 年到 2050 年的排放量减少 95%~96%。要解决剩下的 4%~5% 的排放问题，就需要采用一些目前看起来更具有探索性的方案。这可能涉及饮食和土地使用的重大转变，以及更有限的航空需求增长、新兴技术对移除大气中二氧化碳的巨大贡献（如"直接空气捕集"），或在碳中性合成燃料大量供应方面的成功研发（如由藻类或可再生能源生产）。

这些情景涉及进一步减少英国的消费排放，因为其中包括了提高资源效率等措施，这些措施减少了英国在海外和本土的生产活动所造成的排放。然而，只有当世界其他地区的领土排放量全都减少到净零时，消费排放才会达到净零。在这一点上，英国可以预期需要支付稍多一些的费用来承担所进口商品的低碳生产成本。

（2）与到 2050 年减排 1990 年水平的 80% 的情景的不同之处。

与委员会此前公布的 2050 年目标——在 1990 年的基础上至少减排 80%——相比，本情景存在几个关键的不同之处。这些不同这些主要与进一步减少排放的机会有关，而不是增加清除量：

● 工业减排力度加大。通过更深入的证据和分析，我们对工业减排的可能性有了更深刻的理解。我们现在可以确定为绝大多数工业过程和活动提供近零排放的方法。在许多情况下，这些方法所涉及的变化与其他经济领域的变化类似：能效、电气化、CCS 的应用及转用低碳的氢能来供暖。这还将涉及更高的资源利用效率，如产品的设计寿命更长、使用更少的材料、增加重复利用和回收。

· 更多地使用低碳电力、氢能和碳捕集与封存。净零排放情景需要更多地使用电能和氢能来支撑。因此，需要增加低碳电力和氢能的供应，并需要更大规模的碳捕集与封存来支持这些供应。

· 到2050年，几乎所有的重型货车和建筑供暖都必须由低碳能源提供。对于减排80%的目标而言，实现这一点是最理想的情况，但对于实现净零排放而言，这些是必要的。

· 航空、农业和土地利用等部门必须发挥各自的作用。尽管我们仍然预计到2050年航空业的排放量将超过其他任何行业，但最新的证据表明，航空业有更大的减排潜力。我们所提出的减排80%的假设没有考虑任何饮食结构的改变，也没有假设闲置土地的利用方式发生重大变化，但这些都是实现净零排放目标的关键因素。

因此，实现净零排放目标的部分挑战还在于那些欠缺灵活性和可执行性的难以改变的领域。基于此，发展目前仍具探索性的技术就显得格外重要，因为这些技术可能是在国内全面实现该目标的关键所在。

（3）偶然性

许多减排方案都有替代方案。例如，需求降低将允许减少低碳技术的推广；在某些应用中，氢能可以代替低碳电力。此外，如果探索性技术成功推广，那么就有可能弥补其他方面的不足。

我们的判断是谨慎的：

· 我们提出的情景是基于现有的技术，并围绕其发展趋势和低碳理念采取了保守假设。如果当前利基技术的大规模推广导致成本快速降低（如全球范围内电池和太阳能电池板成本下降、欧洲海上风力发电成本下降），那么这种情景将更容易实现。

· 我们已经考虑到预期的未来可能会发生变化（包括泥炭地排放和IPCC建议增加的甲烷权重），这将提高对英国当前排放水平的估算结果。

· 我们对生物质能源供应作出了谨慎但实际的假设。我们对全球生物质能源供应的估计（详见我们最近的《生物质能综述》）[1]明显低于IPCC评估的许多情景中的假设值。

· 将陆上移除和碳捕集与封存纳入我们的净零情景，意味着大多数部门可以

---

① CCC(2018)Biomass in a low-carbon economy.

容忍最低限度的剩余排放。这反过来又为一些难以避免的特殊排放源提供了灵活性。

虽然在实现这些设想方面的政策挑战是不可否认的，但我们有充分的理由相信，选择的范围可能比我们假设的范围更广和/或更便宜。

如果减少英国排放的探索性技术没有得到充分发展，或者情景中的其他要素没有得到满足，那么国际碳单位（即"信用"或"抵消"）将可能被用来实现英国的净零排放目标。《巴黎协定》推动了国际碳市场的发展（包括中心化的和双边的），这对支持全球转型而言在某些方面很有价值。根据《气候变化法》的要求，气候变化委员会将在近期就可接受的碳信用购买水平和使用机制提出建议。

然而，英国应该通过国内行动以实现温室气体净零排放目标，将国际碳信用作为应急措施来使用，而不是将其视为首选。如果需要使用碳信用，则只应允许使用那些提供真正额外减排或去除的碳信用，而且这些碳信用必须是支持可持续发展的计划的一部分。

5. 英国实现2050年温室气体净零排放目标的预期成本和收益是什么？

在考虑英国实现温室气体净零排放目标的成本时，我们关注的是总体成本及其分布情况：英国财政部的成本、弱势群体承受不公平负担的风险或削弱英国竞争力的风险。与之相对的，实现温室气体净零排放还有很多好处，包括降低气候风险和带来清洁的空气。

我们的评估综合了整个能源系统的变化，包括提供低碳电力和氢的必要性，以及加强网络以便在需要时惠及消费者。我们的评估不包括税收和补贴——这些涉及从一个经济部门向另一个经济部门的转移，而我们关心的是整个经济系统的额外资源成本。

（1）经济总成本

实现净零排放目标所需的许多变化不涉及或只涉及有限的额外成本，例如：

● 可再生能源合同的签订价格可以低于最近的批发电价（并低于新建和运营的燃气电厂的成本）。

● 到2030年，电动汽车的购买成本预计将低于传统汽车的购买成本，并可节省大量的运营成本（不需要现有的补贴或税收优惠）。

● 这些方案的成本下降速度远远快于委员会在2008年首次就英国的长期排放目标提出建议时所认为的可能下降速度。因此，减排的预期成本会显著下降。

● 效率的提高在实施和前期成本方面存在障碍，但往往可以通过节省燃料来弥补这些成本。许多排放源都是如此：建筑、农业、航空和工业。同样，提高资源利用效率、使消费者选择更健康的饮食、减少浪费和减少航空出行，也可以降低成本。

其他一些变化的成本更高，如从使用天然气转为使用氢能、应用 CCS 技术、安装热泵替代现有存量锅炉、应用温室气体去除技术等。从减排 80% 向减排 100% 的目标转变所需要的许多技术选项目前看来相对昂贵（例如，成本约为 200 英镑/tCO_2e）。

综上所述，在不考虑可再生能源和电池的重大成本突破的情况下，我们估计英国要实现温室气体净零排放，每年的资源成本将增加到 2050 年 GDP 的 1%~2%。其中，减排量从 80% 提高到 100%，其成本约占 GDP 的 1%。这是消除英国排放所需要的额外资源价值，尽管对英国 GDP 的实际影响可能会更低，甚至可能是正面的（如我们在第 7 章所述）。

尽管未来成本很难预测，但我们可以合理地相信：成本可能仅占年度 GDP 的很小一部分：

● 其他情景，如整个欧盟实现温室气体净零排放目标，也预计会对 GDP 造成一个或两个百分点的影响，或可能对 GDP 整体上有一点好处。

● 即使在减排 80% 的基础上额外减排一吨 CO_2 的成本与目前最昂贵的减排方案预期的成本一样高，上述结论仍将成立。例如，我们预计到 2050 年，通过直接空气捕集去除大气中 CO_2 的规模将扩大，其成本可能在 300 英镑/tCO_2 左右。如果它能实现温室气体净零排放目标的所有额外减排（170 $MtCO_2$），那么从减排 80% 转变到减排 100% 的年成本将高达 2050 年预计 GDP 的 1.5%（而不是我们假设的 1%）。

● 如果世界其他地区不为实现《巴黎协定》的温控目标而实质性地加大减排力度，则技术进步可能会慢很多，而成本也将相应增加。这对于低碳重型卡车这类全球技术而言尤其令人担忧。然而，在这种情况下，国际碳信用可能会相对廉价，并且如果有必要，英国可根据《气候变化法》对其减排目标进行修订。

许多成本将涉及增加投资，它们通常可通过减少燃料消耗来抵消。例如，风力发电场和太阳能发电场的建造成本很高，但减少了购买天然气和煤炭的费用；能源效率涉及先期成本，随之而来的是能源消耗的减少。CCS 和氢能是重要的例外，它们既需要增加前期支出，又需要更高的燃料消耗成本。

（2）投资

在我们的情景中，电力部门和建筑部门的资本成本增幅最大。电力部门的年投资额增至约 200 亿英镑。与没有脱碳的情况相比，到 2050 年，对建筑部门的投资额将增加 150~200 亿英镑（具体数字取决于所采用的技术组合）。相比之下，2013—2017 年间电力部门的投资额平均约为 100 亿英镑。在 1990—2017 年间，英国经济的年资本投资总额占GDP的15%至24%，我们的情景意味着英国到2050年需要增加大约1%的投资。

投资的增加表明应确保在设计政策时考虑投资者的重要性。相关政策应该清晰、稳定，并避免不必要的风险。政府电力市场改革提供的长期合同是有效政策的一个很好案例，其对降低可再生能源的成本至关重要。

鼓励投资者优先考虑低碳投资的更广泛的政策是非常有价值的，如强制披露气候风险暴露情况，并由投资者评估其投资组合与整个经济向净零排放转型的一致性。

（3）成本分配

一个关键的挑战是如何确保成本分配不会对某些群体产生不公平的影响。尽管总体成本较低，但如果不采取适当的政策来减轻重大结构性变化的影响，某些行业、地区和家庭就可能遭受损失。

工业和建筑供暖行业是年度成本可能很高且不能简单转嫁成本的行业。因此，需要仔细考虑资金的来源：

● 电费支付者（家庭和企业）目前每年为低碳电力支付约70亿英镑。预计到2030年，这一数字将增加到120亿英镑左右，然后随着现有可再生能源发电合同的终止，它们将被更新、更便宜的新一代发电设备所取代，这一数字也将下降，直至2050年（例如，我们预计到2050年，年度资源成本约为40亿英镑）。对于家庭而言，到目前为止，2016年每户每年的平均成本为105英镑，这已经被提高能源效率节省的费用所抵消：从2008年到2016年，能源账单实际减少了115英镑。这种平衡将持续到2030年（即总账单金额不会因气候政策而增加）。

● 将房屋改变为低碳供暖仍然是一项重大挑战。低碳供暖目前由财政部提供支持，但推广力度有限，2018年该项目的支出不到1亿英镑。我们预计转为低碳供暖的年成本（反映出较高的前期成本）约为150亿英镑，且大规模部署必须在2030年之前开始。如果将成本完全转嫁给家庭，这将是一种倒退，并可能限制转变的进程。这应成为英国财政部资金研究的重点。我们注意到，从长远来看，这一成本与电力成本下降（见上文）和电动汽车（见下文）所产生的总节约相当。

● 在我们的方案中，工业脱碳每年的成本为50亿~100亿英镑。在产业不受国际竞争影响或增量成本较小的情况下，其中一些成本可以转嫁给消费者。但是，涉及贸易的行业需要一个公平的竞争环境，以确保减少排放，而不是向海外转移排放。这可能涉及与当今类似的机制——在欧盟排放交易体系内免费分配配额，并补偿英国气候政策导致的成本。或者，它可能涉及纳税人的资金、边境关税调整，或推动低碳商品需求的产品和建筑标准。

● 目前，电动汽车受益于资本补贴及较低的燃料费用和汽车税。从长远来看，随着电动汽车达到成本平价，每一种优惠都将被逐步淘汰。我们预计，到2050年，向电气化等低碳技术转变将使英国的年交通成本减少约50亿英镑。这可以在保持交通业税收贡献并考虑到充电桩和其他基础设施成本的情况下实现。

● 农民和土地管理者目前从《欧盟共同农业政策（CAP）》中获得了大量补贴，但这些补贴并未用于减少温室气体排放。《英国农业法案》计划将补贴转向公共产品，并支持实现温室气体净零排放目标所要求的土地使用和农业实践的重大转变。我们所提出的情景对土地和农业的成本估算（每年低于20亿英镑）低于英国在CAP下的支付（超过30亿英镑）。

● 在我们的情景中，从大气中去除温室气体排放的年成本可能很高（例如，到2050年约为100亿英镑，也可能高达200亿英镑）。这些费用可以由航空业等尚未将排放量减少到零的行业支付。这将意味着从2035年起，随着减排规模的扩大，成本将会增加（如民航的成本）。

这些成本的分配将由政府政策决定，这对公众的接受度至关重要。寻找最有效的方法来限制成本和提供资金将是成功实现目标的基础。

（4）收益

相对于成本而言，收益（包括避免的成本）将更加显著：

● 提高生活质量：

更好的空气质量、更少的噪声、更积极的旅行和更健康的饮食有益于人类的健康（并能节约英国国家医疗服务系统的开支）。

空气和水质量的改善、生物多样性的增强、气候韧性的提高，以及土地利用变化所带来的康乐效益。

将收益货币化并非易事。但根据英国财政部《绿皮书》①的估算，这些收益能够部分抵消甚至完全抵消我们估算的资源成本（即2050年GDP的1%~2%）。

● 降低气候变化带来的风险（专栏5）。其中包括直接收益（例如，降低英国洪水泛滥的风险）和间接收益（例如，降低粮价上涨的风险，以及减少因灾害引起的移民和冲突）。我们尚未尝试将这些收益货币化。

● 潜在的行业机会。有了适当的政策和支持，英国可能会成为某些关键领域的先行者（如为低碳技术、碳捕集与封存提供金融和工程等专业支持服务），并推动英国工业发展，对出口、生产力和就业有潜在的好处。资源从进口化石燃料转移到英国投资也能进一步刺激经济活动。但我们还没有将这些因素计入我们的成本估算。

---

① HM Treasury (2019) The Green Book: appraisal and evaluation in central government.

　　总体而言，我们可以在良好的管理下实现转型，我们的生活质量也能够得到改善。人们可以从更好的身心健康、环境改善及气候风险降低中获益。

专栏5　气候风险

　　将升温限制在2℃以内可以避免在当前排放轨迹下预期的多种破坏性气候风险。

　　●减少极端天气的风险。例如，相对于温升3℃，将温升控制在2℃以内将使全球平均干旱时长从18个月减少到11个月，这将提高许多国家的农作物产量。

　　●2℃的温升将使生态系统发生重大变化，但与更严重的温升相比，还是会有显著的好处，与4℃温升下的"高"水平相比，全球物种灭绝的风险降低到"中等"水平。但是，对于许多物种而言，气候变化的速度仍然可能太快而导致它们无法迁移到气候适宜的地区。

　　●相对于温升3℃，北极夏季无冰的可能性（即北极的夏天没有海冰）从二分之一减少到十分之一。海冰对于独特的北极生态系统至关重要，它可能与中纬度天气有关。

　　●从一系列不同指标，包括对农作物产量和洪灾风险的影响来看，2℃的温升对人类系统和经济的影响将减弱，但不会降至零。

　　●在温升2℃时，气候系统中的"临界点"风险仍然为中度水平，但低于更高温升的情况。

　　●英国也可以通过规避气候风险受益，包括减少水资源不足的压力、降低洪水风险、减少海岸侵蚀和夏季高温。这些在委员会当前正在更新的《气候变化风险评估》中有详细说明。

　　IPCC特别报告指出，与较高温升水平相比，将温升控制在1.5℃以内可以避免许多重大的气候风险。

　　●极端气候。全球平均温升在1.5℃~2℃之间，极端温度出现的概率预计增加2~3倍。如果将温升控制在1.5℃而不是2℃以内，那么遭受极端热浪的人数将减少约4.2亿人。

　　●生态系统。温升控制在1.5℃以内时，陆地上和海洋中物种灭绝的风险将低于温升2℃的水平。例如，如果将温升控制在1.5℃以内，由于气候变化因素而改变生态系统类型的全球陆地面积的比例将较温升2℃（13%）时减少约一半（7%）。

　　●风险分布。温升1.5℃至2℃之间所导致额外增加的气候风险将对贫困人口和弱势群体影响最大。随着全球平均温升从1℃升高到1.5℃，甚至更高，贫困和不利因素增加，预计受到影响的人口会继续增加。

　　●不可逆的变化。1.5℃至2℃之间的温升可能会触发南极海洋冰盖的不稳定性和/或格陵兰冰盖的不可逆转的损失。将温升保持在尽可能低的水平，可以降低触发这些大规模不可逆转的气候变化的风险。

来源：IPCC（2018）Special Report on Global Warming of 1.5°C. Other sources are set out in Chapter 2.

6.未来措施

（1）设定净零目标并确定具有成本效益的路径

一旦议会考虑设定一个新的长期目标，气候变化委员会预计对第六次碳预算（涵盖 2033 年至 2037 年）提出建议。相关建议应于 2020 年提出。英国应尽快在立法中确定 2050 年的温室气体净零排放目标——以便在 2019 年年底之前，有时间就实现新目标的成本效益路径提出建议。

我们目前不建议修改第四次和第五次碳预算，但我们注意到这两个碳预算都是基于实现现有 80% 减排目标的路径设定的，因此这两个碳预算可能过于宽松。

根据我们对实现 80% 减排目标的成本效益路径的估计，我们已经建议政府的目标应超越立法预算。[①] 我们重申该建议，并将考虑是否应在立法中收紧第四次和第五次碳预算，作为对第六次碳预算建议的一部分。

（2）最大化净零排放目标的国际影响力

英国政府应考虑何时宣布和如何宣布新目标，以最大程度发挥其国际影响力。其他国家正在积极考虑提高减排目标，英国的行动可以为增强这些国家的雄心提供支持。

英国还可以提交一份加强版的《2030 年国家自主贡献》（NDC）和修订后的长期战略。

● 目前，英国对《巴黎协定》的国家自主贡献是通过欧盟的集体承诺设定的，即到 2030 年，在 1990 年基础上至少减少 40% 的温室气体排放。

● 在欧盟以外，英国需要向联合国提交自己的 NDC。

● 目前，英国 NDC 目标可以基于英国第五次碳预算较大的减排雄心（该目标要求英国到 2030 年在 1990 年的基础上减排 57%），但最终，该目标应基于委员会于明年提出的更具雄心的减排路径，即到 2050 年实现温室气体净零排放的路径。

● 《巴黎协定》要求各国"拟定并通报长期温室气体低排放发展战略"。英国此前已提交了政府的"清洁增长战略"。设定温室气体净零排放目标并提出实现该

---

① 详见气候变化委员会 2018 年向议会提交的进展报告。

目标的长期计划将为加大该战略的力度奠定基础。

英国应继续开展国际合作，包括提供气候融资，并支持其他地区增加雄心。英国已成为一个积极的榜样：在稳健的法律框架内设定并实现雄心勃勃的减排目标，同时发展经济并开发关键的新兴技术。这是英国发挥引领作用的关键之一，也使英国能够在外交、政治、谈判，以及可持续金融方面的新倡议中产生影响。该项工作应该持续下去，包括继续加强生物质能源的治理和温室气体的去除，这些在我们的情景中发挥着关键作用。

尽管实现温室气体净零排放的目标不应依赖国际碳信用，但英国也应采取措施建立碳信用市场，将其作为一种潜在的机制来调动资金、支持国际上更多的减排努力，并将其作为应急机制来确保英国实现减排目标。《巴黎协定》允许采用这一机制，并且英国完全有能力帮助制定有效的规则和治理，并帮助可能成为卖方的国家/地区进行能力建设。

根据人口来计算，英国的排放量仅占全球排放量的1%。因此，英国必须最大限度地发挥任何新目标对英国以外行动的影响，以应对气候变化并避免一些最严峻的风险。在全球层面刺激低碳技术的创新和成本下降，将使英国更容易实现其减排目标。

（3）立足当前，为英国实现净零排放目标做准备

我们得出的结论是，英国可以在2050年之前实现温室气体净零排放目标，并以可接受的成本实现这一目标，这完全取决于引入清晰、稳定和精心设计的政策。政府必须确定方向并提出紧急要求。我们的分析指出，要想取得成功，政府将需要克服许多障碍（专栏6）。

专栏6　克服实现净零排放的障碍

加强政策制定。"净零排放"的挑战必须嵌入和整合到所有部门、各级政府和所有影响排放的重大决策中，还必须与企业和整个社会相结合。由于许多解决方案是跨系统的（例如，氢在发电、运输、工业和供暖方面都发挥着重要作用），因此完全一体化的政策、法规设计和实施是至关重要的。这可能需要新的框架，如确保除BEIS（英国能源和工业战略部）以外的部门充分重视温室气体净零排放。跨部门的政策团队必须有足够的资源来制定和实施所需的更改。

确保企业作出回应。之前的一些政策已经完全达到了预期的商业效果（如2005年的建筑法规禁止使用低效的燃气锅炉，以及向海上风力发电场提供长期合同）。而《绿色协议》和汽车排放标准则没有达到预期效果。为了实现温室气体净零排放的目标，标准需要被严格执行，相应的激励方案必须考虑到企业和投资者。温室气体净零排放的目标是明确的，但应该有灵活性，以有效的方式来实

现这些目标。稳定而长期的方法对实现净零排放目标至关重要。

让公众参与行动。迄今为止，在减少排放方面取得的大部分成功（如电力部门的脱碳，以及逐步淘汰低效的燃气锅炉），都是在公众意识几乎没有作出任何改变且参与度极低的情况下取得的。如果英国要实现净零排放，就必须改变这种情况。在低碳供暖方面，公众的参与和支持尤为重要——人们需要在家中作出改变，并且必须就电气化和氢能之间的平衡作出协调且统一的决策。人们应该理解为什么需要改变、需要做什么样的改变，从中看到作出低碳选择的好处，并获得作出改变所需的信息和资源。

决定谁来支付。如果政策资金不足或其成本的分配被视为不公平的，那么这些政策就会失败。英国财政部应该对如何为这一转型提供资金，以及成本将落在何处开展研究。研究内容应包括财政杠杆和国库收入的使用、碳交易机制的成本、对能源账单支付者的影响，以及工业的成本（尤其是碳密集型行业和贸易出口行业）。研究应该涵盖从现在到2050年的成本。

提供技能。政府在其产业战略和行业交易中认识到提升技能的重要性。这些都应该被用来解决任何可能阻碍减排进展的技能差距。例如，在低碳供暖（尤其是热泵）、能源和水效率、通风和热舒适度，以及抗洪能力等方面，迫切需要为设计师、建筑商和安装工人提供新的技能支持。

确保公正的转型。在研究谁来支付和谁进行技能提升的基础上，政府应更广泛地评估如何确保整体转型被认为是公平的，以及如何确保弱势工人和消费者的权益在转型中得到保护。这必须包括区域层面和具体工业部门层面的分析。我们注意到，苏格兰已经成立了一个独立的公正转型委员会，就"一个对所有人都公平的碳中和经济"提供建议。

基础设施建设。实现净零排放将需要建设或加强共享基础设施，如电网、氢能生产和分配，以及二氧化碳运输和储存。政府应与国家基础设施委员会合作，紧急考虑如何最好地确定、资助和交付这些基础设施。这将需要区域协调，包括在地方政府层面进行运输协调。

现在需要具体的政策来解决整个经济中关键领域的排放问题。这是到2050年实现温室气体净零排放目标的先决条件。我们在此提出的许多建议并非新建议：委员会已经建议在诸如供暖去碳化、CCS和氢能、电动汽车、农业、废弃物和低碳能源等方面进一步采取强化行动。这些部门之间的相互依存关系必须被充分考虑，制定协调一致的总体战略十分重要。

- 建筑供暖。低碳供暖和节能的方式需要进行彻底改革。政府规划的2020年供暖路线图必须建立一种新的方法，到2050年实现建筑物供暖的全面脱碳。在支出审查之后，这一项目必须得到全额资助，财政部现在承诺在这方面与BEIS合作是至关重要的。必须对新建建筑兑现承诺。

- CCS。碳捕集与储存（CCS）是必不可少的。我们之前建议的第一个CCS集群应该能在2026年运行，在2030年应有两个集群投入运行，捕集能力至少达到10 MtCO₂。要实现温室气体净零排放的目标，很可能需要更多的CCS设施。至少有一个CCS集群应该与大量生产低碳氢能相结合。政府需要在CCS相关基础设施建设方面发挥带头作用，签订长期合同，奖励碳捕集工厂，并鼓励投资。

- 电动汽车。最迟到2035年，所有新的小型汽车和货车都应该是电动的（或者使用氢等低碳替代能源）。如果可能的话，更早的转型（如2030年）将更为有利，这样可以降低驾驶者的成本，并改善空气质量。这有助于英国在全球市场变革中发挥积极的作用。政府必须继续支持加强充电基础设施的建设，包括为无法使用停车场的司机提供充电服务。

- 农业。农业已经进入一个相当大的变革时期。未来农业的成功将需要实现收入多样化，并抓住土地利用转型带来的机遇。鼓励减少排放的农业实践政策必须超越现有的自愿方式。《英国农业法案》将于2022年生效，其提出财政支出应与减少和隔离排放的行动挂钩。

- 废弃物。2025年后，生物可降解废物不应被送往垃圾填埋场。这将需要监管和执法，并在整个废弃物产业链中采取辅助行动，如强制废弃物分类。

- 低碳电力。低碳电力的供应必须继续迅速增加，从2030年左右开始，有些低碳电力供给可能只需要每年运行一部分时间。尽管许多技术不再需要补贴，但可能仍需要政府进行干预，如支持与预期批发价格一致的长期合约。政策和监管框架也应鼓励增加灵活性（如需求响应、存储和互连）。

在制定净零排放目标时，这些行动必须辅以更强有力的政策，包括在工业、土地利用、重型货车、航空和海运以及温室气体去除等方面。

- 工业。政府必须在能源和资源效率、电气化、氢能和CCS等方面采取措施，在不影响行业竞争力的情况下，鼓励工业部门减少排放。在短期内，这可能意味着财政部门需要提供资金支持。长远来看，它可能涉及国际部门协议（例如，对于钢铁等行业来说，全球的公司相对较少）、通过要求消费者购买或使用低碳产品来推动变革的采购和产品标准，或通过边境关税调整来反映进口产品的碳含量。更广泛的基础设施建设将支持CCS和氢能的推广，进而支持工业界作出必要的改变。

- 土地使用。政策应该支持消费者转向选择更健康的饮食，减少牛肉、羊肉和乳制品的消费。这将允许英国在不增加对进口产品依赖的情况下改变土地利用方式。到 2050 年，英国的森林覆盖率将从 13% 增加到 17%。政策必须能够为土地管理人员提供技能、培训和信息。

● 重型货车。政府需要在国际协调下，在 2025 年前后就零排放重型货车所需的基础设施作出决定，并为 21 世纪 20 年代末和 30 年代的部署做好准备。为此，英国现在需要进行零排放重型货车和相关燃料供给基础设施的实验。从 20 年代起，应设计车辆和燃料税，以鼓励运营商购买和运营零排放的重型货车。

● 航空和海运。国际民航组织和国际海事组织已经制定了减排目标。本报告所提出的情景超出了这些目标，从长远来看，仍需要更大的雄心和更有力的措施。我们将在今年晚些时候根据本报告就航空业的行动向政府提出建议。

● 温室气体去除技术。政府应该加大对整个温室气体去除技术的早期研究——包括试验和示范项目——的支持。政府还应该通过制定治理规则和为减排买单的市场机制来向长期市场发出信号。这对实现净零排放目标非常重要。航空业显然是需要通过温室气体去除来抵消其排放的行业。无论是通过 CORSIA（国际航空碳抵消和减排计划）、欧盟碳市场，还是英国，要实现净零排放的目标，都要求航空业所有的排放通过去除来抵消。

虽然温室气体净零排放目标带来了额外的挑战，但它也使政策目标和每个部门的目标都更加清晰。在向英国和世界所需的未来零碳基础转型的过程中，英国企业有机会获得竞争优势。政府也应充分把握机遇，制订极具雄心的新减排计划，并立即开始实施。

7.结论

《气候变化法》通过后的十年里，气候发生了重大变化。这些变化可以在该法案中得到体现，但需要提高总体目标。

我们现在已经了解如何将英国的温室气体排放减少 100%，达到净零排放，并期望在议会先前所同意的成本范围内实现这一目标，前提是政府各部门迅速、有效、协调地采取行动。英国的许多企业已经准备好实施这一目标，有的企业也已经制定了自己的净零排放目标。

在英国强大且广受尊重的立法框架下，英国制订了一整套强有力的方案，以实现 2050 年温室气体净零排放的新目标，这将在关键时刻向国际社会发出强有力的信号。2050 年温室气体净零排放目标可以作为发达国家的基准，并继续确保英国在全球舞台发挥气候变化行动领导者的作用。

若要实现此目标，所需的变化是巨大的，但基础已经具备。现在，英国各地政府都需要发挥强有力的领导力，英国议会要先接受需要大力加强政策努力这一事实，并迅速采纳我们的建议。

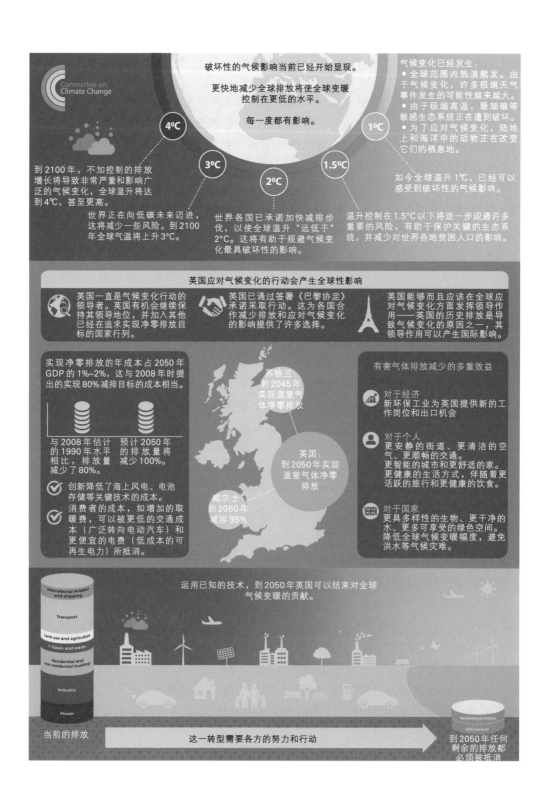

目录

第1章　英国长期气候目标的
原则和方法

引言与关键信息

本报告应英国、苏格兰和威尔士政府的要求，就它们的长期排放目标提供最新建议，包括设定新的"净零"目标的可能性。10年前，英国在《2008年气候变化法》（Climate Change Act 2008）中设定了当前目标：到2050年，相对于1990年，减少至少80%的温室气体排放。本章介绍了政府请求和英国气候框架的背景，简要回顾了全球和英国在过去十年的减排进展，并阐述了本报告其余部分所采取的方法。

本章的重点是：

● **现在是审视英国目标的好时机。**

—在《气候变化法》中，改变长期排放目标的标准是：科学知识或国际法的重大发展。2015年《巴黎协定》使得国际形势发生重大变化，政府间气候变化专门委员会（IPCC）2018年的报告提供了重要的科学依据。

—本委员会在2008年首次就长远目标提供意见时，亦认为这些准则是日后审视长远目标的合理标准。

—关键技术（如可再生能源发电和电动汽车电池技术）成本的下降也意味着英国和全球减排的可能性和成本将发生重大变化。

● **长期目标的改变将对近期产生影响**。《气候变化法》要求在实现长期目标的道路上制定碳预算，并制定政策以满足碳预算和长期目标。更具雄心的长期目标可能需要通过更具雄心的碳预算和政策来实现。

● **精心设计的政策可以减少排放**。英国实现了在经济增长的同时，温室气体排放量持续减少。最近一个十分成功的案例就是燃煤发电的减少，这是由以下几个因素共同导致的：推动能源效率提高的法规、增加可再生能源供应的补贴，以及碳税。交通、建筑和农业等其他领域还没有取得这样的成功，需要更强有力和更有效的政策来实现这一点。

• **我们需要一个净零排放目标。** 为了阻止全球进一步变暖，英国必须将长寿命温室气体的排放量减少到净零（即任何剩余的排放量必须通过从大气中去除等量的温室气体来抵消，如通过植树造林抵消）。英国政府此前已认识到，英国在某个时点需要设定一个净零目标。本报告试图确定这个目标应在何时实现，以及是否应涵盖所有温室气体。

• **我们的建议基于广泛的证据基础。** 委员会为本报告编制和综述了大量的证据基础。根据各级政府的要求，其中很大一部分证据的重点放在英国如何能将排放量减少到净零，以及这样做的成本和效益。

这份报告的其余部分列出了新的证据，在此基础上，我们对修订后的目标提出了建议，这些目标在科学上是强有力的，既符合我们的国际承诺，又支持加大国际努力，也有利于英国实现政府的其他目标。

本章分为六节：

1.1 咨询请求

1.2 英国减排框架

1.3 2008年以来的全球减排进展

1.4 2008年以来的英国减排进展

1.5 重新定义英国在应对全球气候变化方面的贡献

1.6 为英国确定合适的净零排放目标的方法

1.1 咨询请求

本报告应英国、苏格兰和威尔士政府的请求提供咨询意见。2018年10月15日致气候变化委员会的联合信函要求委员会为它们的长期排放目标提供意见（专栏1.1）。

专栏1.1 政府征求意见

2018年10月15日，英国、威尔士和苏格兰政府致函委员会，要求"就《巴黎协定》后的《英国应对气候变化行动》作出更新"：

"英国应在何时实现（a）温室气体净零排放目标和/或（b）二氧化碳净零排放目标，以实现《巴黎协定》提出的全球减排目标？"

"现在是不是英国设定这一目标的合适时机？"

"与1990年的水平相比，到2050年英国的温室气体减排量需要控制在一定范围内，为实现将全球温升限制在2℃以下的全球目标和将温升控制在1.5℃以内的全球努力作出适当贡献。"

> "如何在关键经济领域按照建议进行减排？"
> "与达到当前目标的成本和收益相比，各种情景下的预期成本和收益。"
> "苏格兰和威尔士长期排放目标的更新建议"和"提供有关气候变化的相关法律框架"。
> 来源：Letter to Lord Deben，CCC Chairman，15 October 2018.

这一请求与英国政府之前向议会的声明相一致，是关乎净零排放目标的设定时间问题，而不是是否要设定的问题[1]。英国从报告中所需的关键建议有：什么时候英国应该达到净零排放；净零排放所涵盖的温室气体范围（如 CO_2 或所有温室气体）；现在是否是设定这样一个目标的恰当时间。我们的证据必须包括如何实现目标，以及这样做的成本和收益。

基于科学理解的最新证据（第2章）、国际环境（第3章和第4章）、英国技术减排的机遇（第5章）、如何实施（第6章）和所涉及的成本和收益（第7章），我们在第8章的建议中回应了政府的问题。

1.2 英国减排框架

(a) 英国目前的长期减排目标

英国目前的长期减排目标是到2050年温室气体（GHGs）的排放量在1990年水平的基础上减少80%以上。

该目标包括联合国《京都议定书》和《气候变化法》中规定的所有温室气体（即二氧化碳、甲烷、一氧化二氮和含氟气体）。[2]

该目标旨在覆盖英国经济的所有领域，包括英国国际航空和国际海运的排放。

这一目标是在《气候变化法》中被确立的，在不同党派的大力支持下以400票对5票通过。议会对气候变化行动的强烈支持一直持续到今天。[3]

---

[1] Hansard HC Deb vol 607 col 725（14 March 2016）.

[2] 含氟气体（HFCs、PFCs、SF6、NFs）的基准年为1995年，符合《京都议定书》的规定。

[3] 例如，来自不同党派的180多名议员联名致信首相，支持在2050年前为温室气体减排设定"零排放目标"。

（b）长期目标引导着英国政策的制定

英国的长期排放目标不是一个空想或理论目标。其被写入《气候变化法》，就意味着会有一个程序来确保该目标能够在现实世界中得到实现（如图 1-1 所示）。

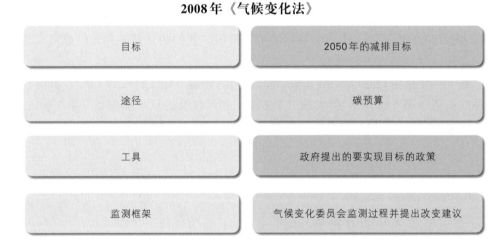

2008 年《气候变化法》

目标	2050 年的减排目标
途径	碳预算
工具	政府提出的要实现目标的政策
监测框架	气候变化委员会监测过程并提出改变建议

图 1-1　《气候变化法》要求制定短期政策，以实现长期目标

● 该法案要求，碳预算——英国每五年的温室气体排放总量——要按照长期目标进行部署。这些预算已经根据委员会的意见独立立法，要求英国 2030 年的排放量比 1990 年下降 57%（如图 1-2 所示），2017 年的排放量比 1990 年下降 42%，2018 年的排放量比 1990 年下降 44%。

● 负责气候变化事务的国务大臣必须制定和发布使碳预算和长期目标相匹配的政策和建议。一旦碳预算未能如期实现，国务大臣必须公布在未来时期进行补偿的建议和政策。

● 委员会每年必须发布一份独立评估报告，评估碳预算和 2050 年目标的进展情况，以及它们是否能够匹配。国务大臣必须对这些进展报告中的观点作出回应，并提供一种机制，在碳预算有可能进展不利的情况下使之回到正轨。

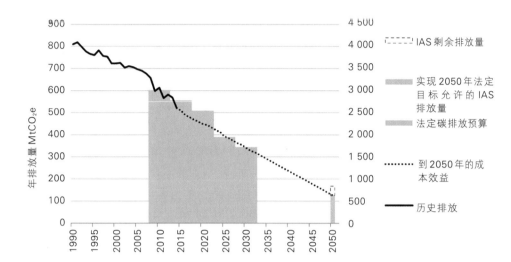

图1-2　英国现有的长期排放目标（2008年制定）指导了早期的目标及其实现目标的行动

注：该图来自气候变化委员会2015年第五次碳预算报告。温室气体排放量是实际排放量，而碳预算则代表净碳账户的排放量；IAS代表国际航空和海运，这些都包括在2050年的目标中，但不包括碳预算。

来源：改编自气候变化委员会（2015）第五次碳预算报告。DECC（2015）Final UK greenhouse gas emissions national statistics：1990-2013；CCC analysis.

这一过程——制定一个符合最新气候科学和英国国际承诺的长期排放目标，并要求英国实施短期政策，以确保实现这一目标——在当时是开创性的，而且在当下仍然是一个领先世界的框架，可以取得持续性进展。它将继续作为其他国家（如墨西哥、瑞典、法国）立法框架的典范。

因此，在考虑净零温室气体排放目标时，议会必须认识到这意味着需要在更早的时间加大政策力度。我们在第6章阐述了实现净零排放目标的政策挑战。

然而，我们没有试图在本报告中对拟议的目标进行全方位的成本效益路径分析。我们拟在2020年年底对第六次碳预算（涵盖2033—2037年）提供建议时，就这一路径提出建议，建议内容包括现有碳预算所需要的任何改变。

新的长期目标和经过修正的实现目标的路径相结合，将决定着未来英国对全球温升的影响。

(c) 英国目前的2050年减排目标的基础

减排80%的目标是基于委员会的建议在2008年制定的，[①]这也是英国对当时为进一步应对气候变化的风险对全球所作出的适当承诺：

● 气候目标。当时还没有关于温升目标的全球性协议。委员会认为，基于当下的气候科学评估（即IPCC第四次评估报告），适当的气候目标应为"将全球温升的中心预期限制在2℃或接近2℃"，并"确保将温升超过4℃的极端危险阈值的概率降低到极低水平（如小于1%）"。

● 全球排放路径。一项对可能的全球排放路径的分析表明，要实现这一目标，到2050年，全球排放量需要下降50%～60%，达到20～24GtCO₂e。[②]这意味着人均排放量在2.1～2.6 tCO₂e的水平。

● 英国所占份额。当时的预期是有望在未来几年内达成一项全球气候协议。气候变化委员会预计，英国在全球减排努力中所占的份额将取决于国际气候谈判。委员会认为新的全球气候协议不会使英国2050年的人均排放量显著高于全球平均水平。2050年全球人均温室气体排放量在2.1～2.6 tCO₂e之间，这意味着届时英国的温室气体排放量要比1990年减少80%左右。

根据对一系列减排方案的评估，委员会认为，实现80%的减排目标将是"具有挑战性但可行的"，而且每年的成本将占2050年GDP的1%～2%。委员会认为"这种级别的成本是可以接受的，特别是鉴于不采取行动的潜在后果和代价，接受这样的成本也是恰当的"。

委员会很清楚地意识到，"任何气候战略都应该覆盖所有的温室气体和所有的部门"，因而减排80%的目标是在此基础上设计的，但《气候变化法》[③]不包括国际航空和海运的排放。因此，委员会建议将这一目标立法为"至少减排80%"，以确保法案所涵盖的部门减排能够补偿国际航空和海运的较小的减排幅度，从而实现整体的目标。

(d) 气候变化委员会先前就复审英国长期排放目标提出的建议

委员会的第一份报告指出，随着未来新的资料和分析的出现，可适当地采用

[①] CCC(7 October 2008)Letter from Lord Turner to Ed Miliband, Advice on the long-term(2050)target for reducing UK greenhouse gas emissions.

[②] 在本报告中，不同温室气体的排放使用GWP₁₀₀标准，符合国际惯例。

[③] 在委员会就长期目标提出建议后，该法案被立法（即《气候变化法》）。

新的指标。[①]例如，报告指出，随着对气候科学发展的不断认知，全球排放的实际路径可以偏离委员会模型模拟的轨迹。这符合《气候变化法》的规定。该法案允许在且仅在科学知识、国际法或政策方面有重大进展的情况下，改变2050年的目标。

气候变化委员会在2016年指出，2015年年底通过的《巴黎协定》设定了一个更具雄心的全球温控目标，这一目标高于英国排放目标。根据《巴黎协定》设定的1.5℃温控目标上限，到2050年，英国的人均排放量要比在1990年基础上减排80%的目标所要求的人均排放量还要低。

《巴黎协定》还包含了一个目标，即"在21世纪下半叶实现温室气体源的人为排放与汇的清除之间的平衡"（这被广泛解释为全球温室气体净零排放）。

气候变化委员会在2016年得出结论，英国可能需要不晚于全球实现净零排放，并需要设定目标（净零排放的定义见专栏1.2）。

专栏1.2 "净零排放"的定义

像二氧化碳这样的长寿命温室气体会在大气中积累。因此，只有它们的排放量减少到零，才可以阻止累积制暖效应的增加，实现稳定全球气温的目的（见第2章）。

诸如植树造林等一些活动，可以主动地从大气中去除二氧化碳。

"净零排放"意味着，主动从大气中去除二氧化碳的碳汇抵消了其他经济活动产生的温室气体排放。考虑到完全消除某些行业的排放存在困难，这些碳去除措施将格外重要。

"净零"有时专指二氧化碳，有时指所有温室气体。我们在本报告中认为，上述两种"净零"有各自的优势。我们在这份报告（第8章）中建议，英国应该设定一个覆盖所有温室气体和所有行业的净零目标，包括国际航空和国际海运部门。

然而，气候变化委员会在2016年得出的结论认为设定这样一个目标的时机并不成熟：[②]

• 符合《巴黎协定》1.5℃温控目标的全球排放路径很少。

① CCC(2008)Building a low-carbon economy-the UK's contribution to tackling climate change.
② CCC(2016)UK climate action following the Paris Agreement.

- 英国不存在实现净零排放的方案。
- 英国的政策还不足以使其实现现有的减排目标。
- 与其他国家的减排目标相比，英国的目标仍然更具雄心。

因此，气候变化委员会在 2016 年建议，对英国排放的新长期目标的设定进行审查。政府间气候变化专门委员会（IPCC）发布的 IPCC《全球升温 1.5℃ 特别报告》提供了首个重要契机。

1.3 2008 年以来的全球减排进展

(a)《巴黎协定》和 IPCC 的工作

2008 年之后，国际谈判进展相对缓慢，2015 年的《巴黎协定》是首个全面解决气候变化问题的全球协定。第 2 章阐述了《巴黎协定》的一些关键特征，包括其覆盖全球的温升目标比英国《气候变化法》的目标更为雄心勃勃，以及加大各缔约方减排努力的进程。

所有国家都签署了《巴黎协定》，尽管美国已表示申请退出《巴黎协定》，但仍需等到 2020 年年末美国下届总统选举之后才能正式生效。

《巴黎协定》还要求 IPCC 在 2018 年就全球温升 1.5℃ 的影响提供最新研究进展评估。自 2008 年以来，全球变暖的科学证据一直在稳步增加。第 2 章总结了 IPCC 的主要发现：到目前为止观察到越来越多的气候变化极端事件；随着全球平均气温的升高，人们对极端事件的负面影响的理解不断深入。IPCC 还根据对气候敏感性的最新估计制定了实现《巴黎协定》温控目标的全球排放路径。

(b) 全球排放和国际雄心

自 2008 年以来，全球排放量持续增长，尽管增长速度比气候变化委员会 2008 年报告中设想的略慢。虽然所估算的二氧化碳排放量在 2005 年前后曾短暂地趋于平稳，但随后的上升表明，排放量尚未达到峰值。

在《巴黎协定》中作出的承诺以及为履行这些承诺所实施的政策的综合效果，已经使本世纪预期的温升幅度从 4℃ 左右下降到 3℃ 左右。包括英国在内的许多国家正在积极考虑增加国家自主贡献承诺和/或将净零排放作为长期目标。第 3 章和第 4 章列出了这些领域的最新进展。

(c) 技术和经济

2008 年以来，随着全球可再生能源发电（特别是风能和太阳能发电）技术的发展和电池成本的下降，减排成本迅速下降。这些技术得益于大规模的全球部署、开放的全球市场对低成本制造业的支持，以及精心设计的政策环境，如可再生能源长期合同的拍卖。

需要特别考虑的是中等收入国家和发展中国家，它们的发电部门和道路交通业在温室气体排放方面（2017 年二者合计约占全球排放总量的 40%）还会有潜在的增长，这将对全球温室气体减排产生重要影响。

在 2008 年英国气候变化委员会的情景分析中，技术扮演了重要的角色，但这些技术要么项目被推迟、要么成本超支（如核能），或是政策未能有效促进技术的推广（如热泵、碳捕集与封存技术），都未能达到情景中的预期。与此同时，出现了一些新的技术选项（例如，信息技术和人工智能在降低能源需求和提高能源灵活性方面的应用，这些并没有在 2008 年气候变化委员会的情景中被考虑，同时，在全球和英国的减排情景中，大气中二氧化碳去除技术也越来越受到关注）。

由于碳定价和提高效率的法规越来越广泛而有力，低碳技术的经济性得到了进一步的支撑：

• 碳定价政策目前已在 46 个国家实施，覆盖了全球 20% 以上的排放；车辆能效标准则更为广泛，截至 2017 年，全球销售的近 80% 的新轻型汽车符合温室气体排放或燃油经济性标准。[①]

• 英国自 2013 年引入最低碳价政策以来，碳价一直在上涨。最近，欧盟正就碳排放交易体系进行改革，在碳市场中限制了碳排放许可的数量，并提高了碳排放配额的价格。

在全球范围内，这些变化使得低碳发展路径更有可能实现（见第 3 章）。因为诸如风能和太阳能这样的低碳发电技术目前几乎与传统化石燃料发电的成本相当，甚至成本更低，同时也能够在减少空气污染方面产生显著的协同效益。因此，政策的要求越来越多地是让低碳能源发展成为可能，而不是对其进行补贴。

---

① ICCT（2017）2017 Global update：Light-duty vehicle greenhouse gas and fuel economy standards.

1.4 2008年以来的英国减排进展

1.4.1 在发展经济的同时减少排放

自2008年《气候变化法》通过以来，英国的发展实践证明，经济增长与排放增长是可以实现"脱钩"的——这也是英国在七国集团（G7）中处于领先地位的主要原因。2008—2018年间，英国在经济增长了13%的同时，实现了温室气体排放量下降30%，延续了1990年以来温室气体排放的持续下降趋势和GDP的不断上升趋势（如图1-3所示，见第7章）。目前，英国人均排放量接近全球平均水平，即7~8 tCO₂e/人，而在2008年时这一数据则是全球人均排放量的1.5倍。

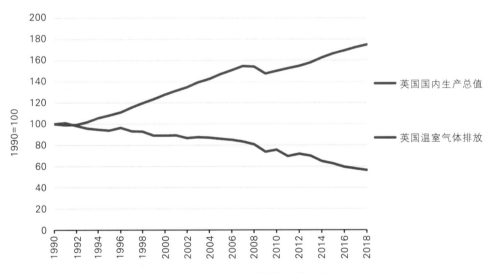

图1-3　英国经济增长与温室气体减排的共赢案例（1990—2018）

注：序列指数从100开始。2018年，英国GDP约为2万亿英镑，温室气体排放量为4.49亿吨。根据"领土"计算的排放量符合《气候变化法》，不包括国际航空和海运。"消费"排放（未在图中显示）涉及在英国消费但在其他地方生产的产品的排放，其下降速度较慢，这也反映出世界其他地区的温室气体排放在一直增加。

来源：BEIS（2019）Final UK greenhouse gas emissions national statistics 1990-2017；BEIS（2019）2018 UK greenhouse gas emissions：provisional figures；ONS（February 2019）Gross Domestic Product：chained volume measures：Seasonally adjusted £m；CCC analysis.

截至 2018 年，英国自 2008 年以来的减排（30%）——已经超过了委员会在 2008 年报告中提出的最具雄心的减排情景（减排 22%）[①]——在一定程度上受到了金融危机对减少能源需求的影响。当然，取得这一成就主要是通过减少对燃煤发电的依赖实现的，而在交通、建筑和农业等领域的减排进展比较有限（见下文）。

与此同时，随着关键技术成本的下降，实现英国现有排放目标的预期成本也有所下降（见第 7 章）。

经济增长与减少排放的共赢也体现在《政府产业战略》中，该战略充分认识到低碳经济可能带来的机遇，并将"清洁增长"置于其核心地位。

图 1-3 显示的是英国"本土"的排放量。对英国消费排放（涉及进口到英国的商品和服务的海外排放）的估计要高得多，尽管消费排放近年来也有所下降，但下降的速度并不快。这在一定程度上反映出世界其他地区温室气体减排的进展也较为缓慢。关于消费排放的进一步内容详见第 3 章和第 5 章。

1.4.2 英国良好政策的作用

2008 年以来英国排放量下降的部分原因来自金融危机——2008 年至 2018 年间，GDP 增速平均比 2008 年预期的增速低了 1.2%。由于经济活动减少，2008 年伊始排放量大幅下降。

然而，英国的总体减排进展也与其推出的几个重要和有效的政策密不可分：

● 英国推出一系列政策推动燃煤发电在总发电量中的占比从 2012 年的 40% 以上下降到 2017 年的 10% 以下。欧盟电力产品能效标准的执行降低了整体电力的需求，可再生能源补贴增加了低碳发电的供应，而英国最低碳定价政策导致了煤炭发电量（而非天然气发电）下降。

● 由于英国建筑法规要求只能安装高效锅炉，以及"碳减排目标"要求能源公司必须采取能效措施，使得供暖所使用的能源不断减少。"碳减排目标"在 2012 年被废除，阻止了减排进展。这些政策也在减少消费者的能源开支方面发挥了作用。

● 自 1996 年开始征收垃圾填埋税以来，垃圾填埋税的税率已经上涨了十多倍，这使得运往填埋场的可生物降解垃圾量减少了 75% 以上，并使其转向了回收再利用等其他处理途径。该活动得到了减少浪费的政策的支持，如"爱食物，恨浪费"

[①] The 'Stretch' scenario from CCC(2008)Building a low-carbon economy.

运动（the Love Food Hate Waste campaign）。

这些政策表明，有多种途径可以取得成功，包括淘汰高碳产品（如低效率的锅炉、电灯和电器），补贴低碳技术，通过"边做边学"（如可再生能源）来降低成本，以及对高碳活动（如垃圾填埋和燃煤发电）征税。在许多情况下，这些政策也产生了积极的效果——更少的能源开支、更清洁的空气、更美好的环境，以及更繁荣的经济。

英国过去十年的经验也反映了跨境合作的优势（例如，产品政策和车辆标准已经在欧盟层面上实施，因此已经影响到制造商的设计及市场规模，这比英国单独采取措施取得的效果更好）和更进一步的机会（当下英国碳定价的支撑作用已经超出了欧盟碳排放交易机制，在推动英国快速削减煤炭消耗量方面发挥了积极作用）。

1.4.3 剩余排放的挑战

减少排放的政策取得的成功和进展还远远没有普及（如图1-4所示）：

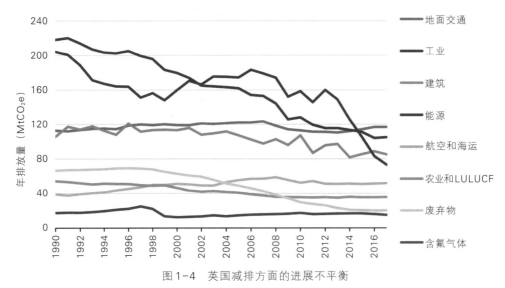

图1-4 英国减排方面的进展不平衡

注：LULUCF = 土地使用、土地使用改变和林业

来源：BEIS（2019）Final UK greenhouse gas emissions national statistics 1990–2017; CCC analysis.

- 在第二次碳预算期间（2013—2017年），对于那些不包括在欧盟碳排放交易体系范围内的部门，只有废物处理部门符合气候变化委员会提出的指标要求。[①]
- 交通部门现在是英国温室气体排放的最大来源（占总排放量的23%），2013—2017年间其排放量有所上升。
- 建筑部门方面，自2012年政策改变（从碳减排目标改为《绿色协议》）以来，安装隔热材料和减少建筑物温室气体排放的进程一直停滞不前。
- 尽管在可再生热能激励计划下获得了大量的资金，但热泵安装仍然处于非常低的水平。
- 农业过去10年的温室气体排放基本持平，这表明需要采用比目前的自愿方式更强有力的政策手段。

尽管存在这些挑战，但过去10年的最明显的一个经验是，精心设计的政策手段能够推动变革，从而实现在经济增长的同时减排。

从某种意义上说，一些容易的机会已经被抓住——电力行业的集中化使得通过设计政策推动变革变得更加容易。然而，这也涉及解决能源转型中最昂贵的一个部分——可再生能源成本已经降低，低碳电力可以进一步推广并以更低的成本应用到其他领域。

1.5 重新定义英国在应对全球气候变化方面的贡献

(a) 阻止全球进一步变暖需要净零排放

一段时间以来，人们已经充分认识到，只有当全球二氧化碳排放和其他长期温室气体的净排放量降至零，全球气温才会停止上升。这是《巴黎协定》的必要条件，因为它的目标是将气温上升控制在规定的水平。第2章总结了最新的气候科学证据，包括IPCC第五次评估报告的结论和1.5℃特别报告。

这种关系也存在于国家层面——一旦英国将温室气体和其他长寿命温室气体的排放量减少到零，将进一步阻止全球变暖。

如果英国更进一步，将所有温室气体的排放量减少到零（包括甲烷等短寿命气体），英国将积极减少对全球温升的影响。英国的这一行动，可能抵消其他国家的净排放量对温升的影响，或者开始纠正英国对全球变暖的巨大历史影响。所有温室

---

① Table 1 of CCC(18 February 2019)Letter from Lord Deben to Claire Perry Surplus emissions.

气体的净零排放也反映在《巴黎协定》第4条中，即在全球范围内实现人为温室气体排放源和汇的平衡。

我们对这份报告的判断是，英国至少应该设定一个最低目标，即不再进一步促进全球变暖，而是要开始减少历史排放。

（b）确定英国对全球努力的适当贡献

气候变化委员会对现有长期排放目标的建议基于如下判断："很难想象"在一项全球协议中，2050年英国的人均排放量将高于全球平均水平。进一步扩展这个假设意味着，英国将不晚于全球实现净零排放（就二氧化碳和温室气体而言）。

《巴黎协定》没有具体规定各国应如何分担全球减排努力。取而代之的是，它采取了自下而上的方式，要求各缔约方作出"尽可能大的"贡献，发达国家继续发挥带头作用。

有如下几个理由可以支撑英国能够早于全球全面实现温室气体净零排放：

• 几十年来，英国的排放量一直在持续下降，当前已经接近全球的平均水平，而全球排放量尚未下降。

• 总体而言，整个世界人口和经济的预期增速更高，增加排放的驱动力比英国更强；英国的发展路径更多地基于排放强度较低的服务业。

• 英国拥有强大的治理程序来应对温室气体排放（即《气候变化法》），并在关键排放领域（如能源市场私有化）的政策制定方面一直处于领先地位。

• 更广泛而言，英国的人均GDP高于全球平均水平，而且英国公民支持精心设计的温室气体减排行动，这让英国从中受益。

我们在第5章至第7章中详细评估了英国在实现其他政府目标的同时，是否可以比目前的目标更大幅度地减排，以及这些目标的成本。该评估结果表明出，英国在一些领域面临的挑战可能比其他国家更为严峻。例如，由于英国人口密度高，航空业的温室气体排放量相对较高。

从"公平"的角度来看，英国也应该力争领先全球实现净零排放。英国的历史排放量远高于全球平均水平，进口产品的碳足迹也相当高，而这些进口产品的碳排放量却计入了其他国家。在国际气候谈判中，这两个因素都要求英国等较富裕的发达国家设定减排力度更大的目标。

第3章更详细地探讨了英国和全球努力之间的平衡，并基于最新的证据和模型对此问题展开深入讨论。

(c) 英国气候领导力产生的效益

英国的温室气体排放量约占全球排放量的 1%，与英国人口在世界人口中的占比水平相当。英国是否有能力影响全球气候变化并降低气候变化给英国带来的风险，取决于英国是否能对世界其他地区的减排发挥影响力。因此，气候变化委员会认为，在评估英国的长期排放目标时，英国的气候领导力是一个重要因素。

历史上，英国一直是气候变化行动的领导者。在第 4 章中，我们提出了英国从过去到未来如何成为应对气候变化行动积极领导者的各种途径：成为在发展经济的同时积极采取气候行动的典范；分享《气候变化法》和欧盟碳排放交易体系的良好治理模式；降低海上风电等关键技术的成本；支持其他行动，包括提供气候融资和发展援助，并在绿色金融、适应和其他方面发挥领导作用。

只有全球合作才能应对气候变化。这需要英国和其他主要经济体继续发挥领导作用，推动全球整体朝着实现《巴黎协定》目标的排放路径迈进。英国还可以通过在有积极行动和影响的领域进行建设，来提升国际地位。

1.6 为英国确定合适的净零排放目标的方法

(a) 气候变化委员会在本报告中的总体方针

在考虑英国、苏格兰和威尔士长期排放目标可能发生的变化时，气候变化委员会试图确定最能反映科学需求、国际环境（包括对公平和气候领导力的考虑）以及英国、苏格兰和威尔士的可行性的目标：

• 任何目标都必须具有科学合理性，并认识到 IPCC 明确强调的紧迫性。我们在第 2 章中根据最新的气候科学对这一问题进行了评估。

• 减排目标应与英国的国际承诺保持一致，包括在《巴黎协定》中的承诺。这意味着目标需要同时反映英国的能力和对公平的考虑。我们在第 3 章中考虑了国际环境。

• 为了减少气候变化对英国和世界的影响，全球温室气体排放量必须下降。英国要不断地支持增加全球减排行动。我们在第 4 章中考虑了英国的领导作用。

• 目标要更为现实。确定英国能够以可接受的成本（长期和过渡期间）实现哪些可行的目标，以及政府的其他目标，也是至关重要的。第 5 章至第 7 章列出了这些领域的证据。

　　我们在第8章（如图1-5所示）中收集了关于这些领域的证据，以便得出结论和建议。

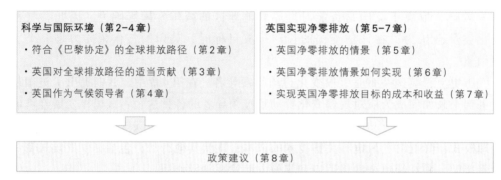

图1-5　决定英国适当的长期排放目标的关键因素

（b）气候变化委员会采用的证据

　　我们考虑了这份报告的广泛证据基础，包括大量的新证据，其中有已发表的文献，有对我们征集证据的反馈，也有来自三个专家咨询小组的建议，以及本报告委托开展的10个新研究项目的相关结果（如图1-6所示，见专栏1.3）。

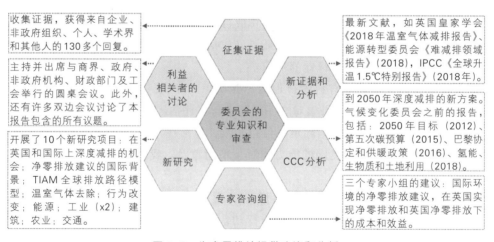

图1-6　为净零排放提供建议和分析

专栏1.3　征集证据

气候变化委员会在制定其咨询意见时，定期征集证据，并广泛收集专家意见。2018年10月，委员会对构建零碳经济征集证据。其中共涉及14个问题：

- 气候科学（2个问题）
- 国际合作（2个问题）
- 英国的机遇（8个问题）
- 地方政府部门（1个问题）
- 委员会的工作方案计划（1个问题）

气候变化委员会收到133份答复。这些答复来自广泛的利益相关者，包括工商企业、非政府组织、学术界和个人。所有答复的全文都可以在气候变化委员会的网站上看到。

人们普遍支持净零排放目标，并接受以IPCC报告为代表的气候科学。大多数提交的答复更多地关注如何实现净零排放目标，而不是目标本身的具体内容。其强烈要求：

- 明确和稳定的政策
- 与政府合作或得到政府支持
- 部门之间的协调
- 向低排放经济转型

气候变化委员会鼓励调查对象只回答他们专业领域内的问题，并在可能的情况下提供支持证据的链接。已经有一千多份证据资料被参考。回答最多的两个问题属于"英国机遇"（UK Opportunities）类别，重点是如何在减排难度更大的行业减少排放，以及如何实现变革。

气候变化委员会的大部分工作都致力于如何才能将英国的温室气体排放减少到净零。在大多数情况下，到特定时间实现净零排放的问题并不简单，它涉及一系列标准的评估。

- 正如气候变化委员会以前的许多工作一样，本报告的研究判断是根据第5章和技术报告自下而上的情景分析得出的。
- 这些情景包括了行为改变和新技术的采用。
- 本报告的情景基于的是对现有技术的最新理解和发展预期，而不假设技术会发生突破性进展。我们承认，在英国及其他地区大规模部署技术的情况下，存在着创新的产生会比我们想象的更快这样一种可能性。与之相反，某些现有技术也可能表现不佳，或出现政策失灵而无法成功促使技术发生改变。

我们能够就如何实现温室气体的净零排放给出明确的选择。整个经济领域都需要采取行动。这些情景并不意味着中央规划，而是让我们能够评估实现净零排放所涉及的挑战、机会和潜在成本。这些情景还将有助于确定最佳方案所需的政策和市场规则，并帮助确定创新的优先次序。

第 2 章 气候科学与国际环境

引言与关键信息

在《巴黎协定》通过后，当英国气候变化委员会发布英国气候行动报告时，还没有足够的证据表明全球温升可以控制在 1.5℃以内，以及这样做能够避免更高温升带来的气候风险。而于 2018 年 10 月发布的 IPCC《全球温升 1.5℃特别报告》（IPCC-SR1.5），提供了大量填补这一研究空白的新证据。

本章回顾了《巴黎协定》下应对气候变化所需的对气候影响与全球减排的最新科学认识。

主要研究结论如下：

• 气候变化已经发生。人类活动已导致全球气温较工业化前上升 1℃，这已对生命、基础设施及生态系统造成严重危害，这些影响在今天也是显而易见的。

• 任何减少排放的行动都将有助于抑制未来的气候风险。即使全球平均气温有相对较小幅度的升高，其产生的风险也会显著增加。无论当前对全球变暖程度的预期如何，更快、更深入地减少全球温室气体排放的做法都是更加明智的。在当前政策下，预计本世纪末全球温升幅度从正常（BAU）情况下的 4℃~5℃降至 3℃。这将为未来进一步控制气候风险发挥积极的作用。

• 实现《巴黎协定》的温升控制目标将十分有助于抑制未来气候风险的增加。世界各国在《巴黎协定》中承诺将全球温升控制在 2℃以内，并努力将温升控制在 1.5℃以内。如果全球温升控制在了 1.5℃的水平，那么未来的气候风险将比实现温升 2℃目标的风险更低，但仍将高于当前的风险水平。要实现《巴黎协定》的温升 2℃目标，就需要全球所有温室气体的排放量在未来几十年内迅速减少；如果要实现温升 1.5℃目标，温室气体的减排速度将要更快。

• 要阻止全球变暖，就需要实现长寿命温室气体的净零排放。全球气温是更广泛的气候风险的一个良好指标，只有当 CO_2 这类长寿命温室气体的全球排放（不包括从大气中主动去除的温室气体）减少到零，同时短寿命温室气体的排放接近稳定或下降时，全球气温才会停止上升。《巴黎协定》的目标是在本世纪下半叶实现温室气体排放源和汇之间的"平衡"——我们将其解释为所有温室气体排放总量为"净零"。

● 全球实现二氧化碳净零排放意味着温升不超过1.5℃的目标可在2050年前后实现，温升远低于2℃的目标将在2075年前后实现；所有温室气体的排放量（统一使用标准的"二氧化碳当量"单位）从目前的人均约7 tCO_2e/年减少到2050年的人均-0.4～1.7 tCO_2e/年（1.5℃温升路径）和0.8～3.2 tCO_2e/年（2℃温升路径）。

● 英国可以通过将本国长寿命温室气体的排放减少到净零，来阻止其对全球温升的贡献。实现并维持英国温室气体排放总量的净零，将进一步推动全球气温下降，这意味着英国对其全球变暖历史贡献的抵消。

我们的分析分为五个部分：

2.1 科学基础

2.2 气候影响：每一点变暖都很重要

2.3 应对气候变化的国际雄心——《巴黎协定》

2.4 定义"净零"排放

2.5 与《巴黎协定》目标一致的全球排放路径

2.1 科学基础

气候变化的证据不断增加。本节提供了观测到的气候变化及其对人类影响方面的最新资料。

(a) 气候变化是人类活动的结果

人类影响气候系统的基本原理早已为人所知，对温室效应的基本认识可以追溯到一个多世纪以前。对当前气候变化原因的科学评估一直在定期进行，得出的结论是：人类活动是气候变暖的主要影响因素。

观测数据显示了气候系统的持续变暖和其他变化：

● 2006—2015年的全球平均表面温度比1850—1900年（IPCC使用的工业化前水平的近似值）高0.87℃（+/-0.12℃），是自有现代记录以来最热的十年。[1]

● 自1979年以来，9月份北极海冰面积每10年减少13%左右。[2]

---

[1] IPCC（2018）Chapter 1-Framing and Context and IPCC（2013）Summary for policymakers, Working Group 1-5th Assessment Report.

[2] National Snow and Ice Data Center.

● 自 20 世纪初以来，全球海平面上升了约 20 厘米，海洋酸度也有所增加。至少在过去的 6 500 万年里，这些海洋状况的变化是前所未有的。[①]

● 储存在地球海洋中的热量继续上升。[②]由于超过 90% 的额外能量被温室气体捕获并最终进入海洋，因此深海（深度 2 千米以上）的温度不断上升。

IPCC-SR1.5 的结论是，人类活动引起的升温[③]已经超过 1℃（相对于工业化前水平），并继续以每 10 年 0.2℃ 的速度增长（如图 2-1 所示）。如果这种增长趋势继续下去，到 2040 年前后，人类活动导致的全球变暖将超过 1.5℃。

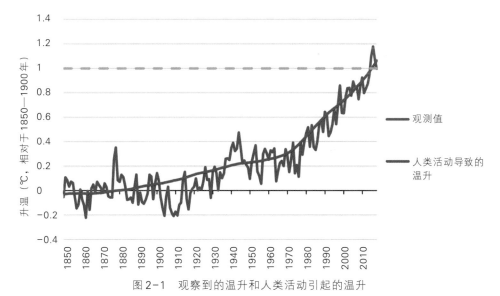

图 2-1　观察到的温升和人类活动引起的温升

注："观测值"是上述 IPCC-SR1.5 中四个数据集的平均值，包括 2018 年全年的数据。

来源：HadCRUT4、NOAA、NASA and Cowtan & Way datasets；IPCC（2018）Chapter1 - Framing and Context.

● 人类活动的影响解释了 2006—2015 年观测到的所有变暖现象，而自然因素对全球变暖的总体影响微乎其微。

---

① IPCC SR1.5（2018）Chapter 3-Impacts of 1.5℃ of Global Warming on Natural and Human systems.

② WMO（2019）Statement on the State of the Global Climate in 2018.

③ 由过去和现在的人类活动引起的气候变暖。这与厄尔尼诺现象和火山爆发等自然气候波动造成的暂时变暖和变冷无关。

● 全球各地区变暖的幅度并不一致。世界上大约有20%~40%的人所生活的地区至少有一个季节气温已经上升了1.5℃以上。①

人类引起气候变化的"痕迹"正在被发现。正如所预期的那样，温室气体浓度的增加会改变整个大气层深处的加热和冷却剖面，这包括对流层（大气的较低部分）的升温和平流层下部的降温。

IPCC第五次评估报告对目前的气候变暖水平已经造成的影响进行了全面评估。报告的结论是："当前的气候变化已经对人类和所有大陆和海洋自然系统产生了广泛的影响。"这些影响包括气候变化对作物产量的影响，日益减少的冰川和降雨模式的变化对水资源可用性及陆地和海洋物种地理范围变化的影响。

自IPCC发布第五次评估报告以来，人类对极端天气的影响及极端天气对社会的影响的进一步证据被发现。并非所有极端天气事件都是因气候变化而更有可能发生②，然而在全球范围内，大多数陆地地区出现的热浪更加频繁，极端降水加剧，气候变化提高了特定热浪期间与高温相关的死亡率。

最近的详细分析的案例包括：

● 2013—2014年英国冬季洪水（造成约4.5亿英镑的保险损失）③，以及2018年欧洲夏季热浪（导致英国部分地区发生野火）④，都更可能是气候变化造成的。

● 2017年袭击得克萨斯州的飓风"哈维"带来的极端降雨造成了约1 250亿美元的损失，它更可能由人类活动导致的气候变暖所引发。⑤

● 2003年夏季，欧洲出现极端热浪，农作物产量下降，电站因过热而关闭，与高温相关的死亡人数已达数万人。⑥在此期间，人类活动引发的气候变暖被发现是导致伦敦夏季与高温相关的死亡人数增加的重要原因。

很明显，气候变化已经发生。全球变暖不再停留在可以完全避免气候影响的"安全"水平。未来的气候变暖不仅将提高已经存在的气候风险，同时还会引发新

---

① IPCC(2018)Chapter 1-Framing and Context.

② Schaller, N. et al.(2014)The heavy precipitation event of May-June 2013 in the upper Danube and Elbe basins. *Bulletin of the American Meteorological Society*, 95(9), p.S69.

③ Schaller, N. et al.(2016)Human influence on climate in the 2014 southern England winter floods and their impacts. Nature Climate Change, 6(6), p.627.

④ Met Office(2018)Chance of summer heatwaves now thirty times more likely, https://www.met-office.gov.uk/about-us/press-office/news/weather-and-climate/2018/2018-uk-summer-heatwave.

⑤ van Oldenborgh, G.J. et al.(2017)Attribution of extreme rainfall from Hurricane Harvey, August 2017.Environmental Research Letters, 12, 124009.

⑥ Mitchell D. et al.(2016)Attributing human mortality during extreme heat waves to anthropogenic climate change.Environmental Research Letters, 11(7), 074006.

的风险。

(b) 科学理解气候变暖的驱动因素

当前气候变化的驱动因素是人类向大气排放的温室气体。近年来，全球温室气体的排放持续增加：

• 人类排放的二氧化碳在 2018 年达到了每年 41.2Gt 的新高，比 2017 年增长了 2%。[1]

• 《联合国气候变化框架公约》（UNFCCC）下的《京都议定书》（Kyoto Protocol）中规定的所有温室气体的全球排放量预计在 2017 年[2]达到创纪录的每年 55.1GtCO$_2$e[3]，预计在 2018 年还将进一步增加。

大量的文献有力地证明了人类活动对气候变化的主要贡献来自前工业时代以来二氧化碳总的累积排放。[4]

二氧化碳的累积排放预计也是未来气候变暖的主要原因：

• 无论二氧化碳在何时何地排放，每排放一吨二氧化碳，其对全球长期平均气温升高的作用几乎是一样的。

• 为了阻止温升的加剧，全球二氧化碳的排放要实现"净零"。总排放量越少，温升的水平就越低。

IPCC 最新发布了将温升控制在 1.5℃以内（未来总二氧化碳净排放量与将温升控制在一定水平相一致）的剩余碳预算。以当前的全球排放速度计算，有 66% 的可能性将温升控制在 1.5℃以内，排放空间只能允许再排放 10~14 年；而排放空间允许再排放 14~18 年，则将温升控制在 1.5℃以内的可能性为 50%。[5]

非二氧化碳长寿命温室气体（如氧化亚氮）对气候的影响与二氧化碳相似，但较短寿命的温室气体（如甲烷）的影响有所不同：

• 短寿命的温室气体对全球平均气温的影响更密切地取决于其排放率，而非随

---

① Updated from Le Quéré, C. et al. (2018) Global Carbon Budget 2018. Earth System Science Data, 10(4), 2141-2194.

② 使用 IPCC 第四次评估报告中的 GWP$_{100}$ 度量值进行汇总。

③ Olivier, J. & Peters, J. (2018) Trends in global CO$_2$ and total greenhouse gas emissions.

④ 据估计，到目前为止，人类引起的气候变暖中，约 75% 是由 36 种温室气体累积排放造成的。非二氧化碳温室气体和人类排放的气溶胶的冷却效应是其他重要因素，具有整体净变暖效应。

⑤ 给定概率的剩余预算范围对应全球平均气温的不同可能定义。较小的预算对应的变暖程度定义基于所有地点的平均近地表气温，而不是陆地和海洋表面温度的混合。这是因为自 1850—1900 年的参考时期以来，全球气温的上升幅度略高于空气和水的混合温度。

时间累积的排放量。[①]

　　●短寿命的温室气体排放不需要迅速达到"净零"，而是需要先稳定下来，然后缓慢下降，进而防止全球平均气温不断上升。

　　较低的短寿命温室气体排放水平将导致较低的全球气温。但这些短寿命温室气体的排放量无须迅速减少至净零，也可使全球气温稳定下来。

2.2　气候影响：每一点变暖都很重要

　　社会面临的未来气候风险将取决于危害、风险暴露和脆弱性之间的相互作用：[②]

　　●危害指可能对人类或生态系统产生影响的特定天气或气候事件（如洪水）。危害在未来随着气候变化而增大或减少。未来的危害变化是不确定的，因为在温室气体排放的影响下，我们对气候系统的确切变化尚不清楚。然而，全球平均温升是一个很好的指标，可以反映全球与气候相关的危害的总体水平。

　　●风险暴露是指如果发生危害，可能受到影响的自然或人力资产的数量。例如，生活在遭受十年一遇洪水灾害地区的人们在这样的洪水威胁下受到的潜在损害。

　　●脆弱性反映了在某一特定气候或天气事件发生时实际受到影响的暴露资产的比例。人们可以采取行动减少脆弱性。例如，确保位于洪泛平原的房屋设有可淹没的底层，将减少家庭资产在洪水中受损的风险。

　　在全球范围内减少排放的行动能够且正在帮助减少未来气候变化带来的危害。在减少风险暴露和脆弱性的同时，减排也将降低未来气候风险。

　　以下总结了未来全球不同变暖程度下的气候风险。

(a) 气候变化已经发生

　　目前，人类活动导致的气温升高约1℃，对人类和生态系统产生了可测量的破坏性影响。相关影响和案例包括：

　　●在大多数陆地地区，热浪发生的频率已经增加。[③]这对世界各地的人类健康

---

①　Smith,S.M. et al.(2012)Equivalence of greenhouse-gas emissions for peak temperature limits. Nature Climate Change,2(7),p.535.

②　在气候变化风险评估框架下,对英国未来的预期气候风险进行评估。

③　IPCC(2018)Chapter 3 – Impacts of 1.5℃ of Global Warming on Natural and Human systems.

和与高温相关的死亡率造成了负面影响。[1]由于气候变化，全球范围内强降水的频率和强度都有所增加。

- 由于陆地冰川的融化和世界部分地区降雨的转移，水资源供应模式正在发生变化。气候变化使得世界各地的冰川都在融化，径流和下游的可用水量受到影响。[2]

- 生态系统和物种也受到气候变化的影响，许多物种改变了它们的聚居地和迁徙模式。由于气候变化，珊瑚礁和其他海洋生态系统受到了更为严重和频繁的破坏。例如，2016 年澳大利亚海岸附近的大堡礁发生了有记录以来最严重的白化现象，在工业化前的气候条件下，这种情况基本上是不可能发生的。现在预计每三年就有一年出现这种海况。[3]

- 气候变化对农作物产量的负面影响大于正面影响。自 1960 年以来，气候变化使全球小麦和玉米的平均产量每十年下降 1% 左右，阻碍了产量的快速增长。[4]

进一步的温升将带来更多的气候风险，其中有许多风险将在本世纪变得更加广泛且普遍。全球变暖的程度将引发气候系统中突然且不可逆转的变化，目前这些变化尚不确定，但风险会增加至更高的水平。

英国也出现了气候变化的相关证据：

- 与 1961—1990 年的平均气温相比，2008—2017 年间，气温上升了 0.8℃，湿度增加了 20%。[5]

- 自 20 世纪初以来，英国的海平面已经上升了至少 16 厘米，沿海地区洪水泛滥的可能性增加。

- 英国发生一系列极端天气事件的概率变化被归因于气候变化。例如，2018年的热浪预计有 12% 的概率仍将发生在英国的夏季，而在工业化前，这一概率低

① Ebi, K.L. et al.(2017)Detecting and attributing health burdens to climate change. Environmental Health Perspectives, 125(8), 085004.

② IPCC(2014)Chapter 18 – Detection and Attribution of Observed Impacts, Working Group 2 – 5th Assessment Report.

③ King, A.D., Karoly, D.J. & Henley, B.J.(2017)Australian climate extremes at 1.5℃ and 2℃ of global warming. Nature Climate Change, 7(6), 412.

④ IPCC(2014)Summary for policymakers, Working Group 2 – 5th Assessment Report.

⑤ Met Office(2018)State of UK Climate 2017. Warming in the UK relative to 1961–1990 average is similar to warming since 1900.

于0.5%。[①]

气候系统的某些方面将在很长一段时间内继续发生变化，即使是在未来全球最雄心勃勃的减排计划下也是如此。例如，即使全球温室气体排放量迅速降到零，全球海平面也会在几十年到几百年内继续上升。[②]

（b）减排有助于抑制未来气候风险的增加

如果不采取行动减少温室气体排放，全球排放量将继续上升。预计到2100年，全球平均气温将比工业化前上升4℃~5℃，之后气温预计还会进一步上升。这将导致严重和广泛的气候影响：

● 预计许多地区，特别是已经出现干旱的地区，水资源压力将大幅增加。与此同时，极端降水的增加意味着将有更多的人面临洪涝风险。最近的一项研究估计，如果全球气温升高4℃，近80%的人口可能面临严重的河流洪水风险。[③]在许多地区，气温升高和湿度增加可能使户外活动非常困难，甚至变得不可能。这可能对农业、建筑业和旅游业产生重大的经济影响。

● 广泛的生物多样性丧失的风险是可以预见的，许多淡水和陆地物种将面临灭绝的危机，合适的迁徙地点十分有限。

● 全球粮食系统可能面临巨大风险，将有很大的可能性出现大规模歉收。该风险与全球的贫困和弱势人群更加息息相关。粮食系统的大规模失灵和其他气候影响，如与气候有关的极端事件的增加，可能会导致世界各地大规模的人口迁移，对社会和经济系统造成压力。

● 跨越气候系统内不可逆转的临界点（如引发缓慢但不可避免的冰盖崩塌或生态系统的永久丧失）的风险将会变大。这些可能导致气候发生巨大而持久的变化。例如，格陵兰冰盖的不可逆转的消失可能会使全球海平面在数百年至数千年间上升几米。

然而，世界已经开始摆脱"一切如常"（BAU）的未来。按照《巴黎协定》的

---

① Met Office(2018)Chance of summer heatwaves now thirty times more likely, https://www.met-office.gov.uk/about-us/press-office/news/weather-and-climate/2018/2018-uk-summer-heatwave.

② Mengel, M., Nauels, A., Rogelj, J. & Schleussner, C.F.(2018)Committed sea-level rise under the Paris Agreement and the legacy of delayed mitigation action. Nature Communications, 9(1), 601.

③ Alfieri, L. et al.(2017)Global projections of river flood risk in a warmer world. Earth's Future, 5(2), 171-182.

承诺，全球排放继续减少至2100年，预计到本世纪末全球气温将上升3℃左右。[①]气候对温室气体排放的反应的不确定性意味着，仍有一系列结果符合当前的趋势。基于对不确定性的评估，保持当前相对于BAU情景的减排速度，可以将2100年全球变暖超过4℃的风险降低到10%左右。[②]

在3℃温升情景下，气候风险仍然很高，但与BAU情景相比会有所降低：

● 全球范围内的热浪暴露风险预计仍会很大，但比BAU情景下要低。例如，有研究表明，在温升3℃的情况下，2100年全球暴露在热浪风险下的人口可能会从BAU情景下的逾80亿减少到约45亿。[③]

● 陆地生态系统面临的风险预计仍会达到很高的水平，但有证据表明，这些风险将低于较高的温升水平。例如，到2100年，50%以上的哺乳动物将失去适宜栖息地的概率将从BAU情景下的40%左右，降到温升3℃情景下的25%。[④]

● 触发"临界点"的风险降低了。例如，高纬度热带雨林快速和大量的枯死可能会破坏生物多样性和高碳储量的关键区域。在当前情况下，触发这些临界点的风险将比BAU情景下显著降低。然而，在温升3℃时，发生"大规模异常事件"的总体风险仍然很高，部分原因是有新证据表明南极西部冰盖可能不稳定。[⑤]

虽然当前的气候变化轨迹比BAU情景的轨迹具有更低的气候风险，但它仍然会使气候风险的暴露性变高，并不足以避免气候变化带来的破坏。

(c) 更多的全球行动可以避免更大的气候风险

将未来日益增高的气候风险限制在较低水平，需要降低全球长寿命温室气体的累积排放水平，并加大对短寿命温室气体的减排力度。

进一步减排将有助于降低未来日益增长的气候风险：

---

① Jeffery, M.L., Gütschow, J., Rocha, M.R. & Gieseke, R. (2018) Measuring Success: Improving Assessments of Aggregate Greenhouse Gas Emissions Reduction Goals. Earth's Future, 6(9), 1260-1274. 这一假设的前提是，与2030年前一样，2030年后各国将继续努力实现NDC水平的碳排放，并零散地实施国际气候政策。从本质上讲，它假定短期内排放量大致持平，而不是按正常运行轨迹那样假定排放量上升。

② Rogelj, J. et al. (2016) Paris Agreement climate proposals need a boost to keep warming well below 2℃. Nature, 534(7609), 631.

③ Arnell, N. et al. (2015) The global impacts of climate change under 1.5℃, 2℃, 3℃ and 4℃ pathways (AVOID2).

④ Warren, R. et al. (2018) The implications of the United Nations Paris Agreement on climate change for globally significant biodiversity areas. Climatic Change, 147(3-4), 395-409.

⑤ IPCC (2018) Chapter 3-Impacts of 1.5℃ of Global Warming on Natural and Human systems.

• 全球平均气温的小幅上升会对极端气候产生显著影响。虽然 1960—1979 年、1991—2010 年期间全球平均气温只上升了 0.5℃，但地球上 1/4 的陆地地区在同一时期的年度日最高气温上升了 1℃ 以上。[①]

• 气候模型表明，未来每减少 0.1℃ 的温升，都有助于抑制极端气候破坏强度的增加。[②]

加大减排力度，将全球温升控制在 2℃ 以下，将避免当前趋势下可能出现的一系列破坏性气候风险。尽管气候风险将显著高于今天，但将温升控制在 2℃ 以下可以有效地减少人类和生态系统受到的影响：

• 将温升控制在 2℃ 的水平，极端天气事件的风险仍然"很高"，但低于更高水平升温带来的风险。这些极端气候风险降低将为人类和社会带来好处。例如，最近的研究表明，与全球平均气温升高 3℃ 相比，如果气温上升 2℃，全球平均干旱期就会减少近一半，从 18 个月减少到 11 个月。[③]

• 气温升高 2℃ 时，生态系统将发生重大变化，但与较高的温升相比风险还是小了很多，如与气温升高 4℃ 的较高水平相比，全球物种灭绝风险将降至中等水平。[④]然而，对于许多物种来说，气候变化的速度仍然太快了，以至于它们无法迁移到气候适宜的地区。

• 对人类系统和经济的影响将低于更高温升的水平，但不会降到零。举例来说，研究预计，如果温升从 3℃ 降低到 2℃，对农作物产量和洪水风险的影响将会更小。[⑤]

• 由于气候系统的"临界点"存在很大的不确定性，因此在温升 2℃ 时，气候系统中出现"大规模异常事件"的风险仍然适中，低于大幅度温升所带来的风险。

全球加大减排力度也将降低英国未来气候风险增加的可能性（专栏 2.1）。

---

① Schleussner, C.F., Pfleiderer, P. & Fischer, E.M. (2017) In the observational record half a degree matters. Nature Climate Change, 7(7), 460.

② Seneviratne, S.I. et al. (2016) Allowable CO_2 emissions based on regional and impact-related climate targets. Nature, 529(7587), 477.

③ Naumann, G. et al. (2018) Global changes in drought conditions under different levels of warming. Geophysical Research Letters, 45(7), 3285–3296.

④ 例如，与 3℃ 的全球温升相比，2℃ 温升情况下每年北极夏季无冰的概率将从 50% 以上减少到 10%。北极海冰对北极独特的生态系统至关重要。

⑤ Arnell, N. et al. (2015) The global impacts of climate change under 1.5℃, 2℃, 3℃ and 4℃ pathways (AVOID2).

专栏2.1 英国未来的气候风险

英国预计会面临一系列关键的气候风险。这些风险包括英国自身气候变化所造成的影响，以及海外气候变化对相互关联的全球系统带来的间接影响。

在 BAU 情景下，到 2100 年全球温升将达 4℃，预计会发生重大的系统性影响。在很多情况下，为降低这些风险而采取的适应行动都将可能受到限制。这些气候风险包括：

● 酷热。预计整个英国都会变暖，且夏季变暖的程度将超过冬季。与 20 世纪 90 年代相比，英格兰中部的夏季气温在 21 世纪 70 年代将上升 1.1℃~5.8℃；预计到 21 世纪 90 年代，类似 2018 年夏季所经历的高温将发生得更为频繁。

● 水资源供应。预计英国的冬季会更加湿润，夏季会更加干燥，整个夏季的平均降水量将减少 40% 左右（与 1981—2000 年的平均降水量相比），这将导致约 25% 的水资源区出现水资源短缺。

● 海平面上升和洪水。到 2100 年，英国省会城市海平面预计上升 30 厘米至 1.15 米。这会造成破坏性沿海洪水的威胁越来越大。如果升温 4℃，到 2050 年，地表、河流或沿海地区受到洪水严重威胁的人口预计将增加到 330 万。

● 系统性风险。与气候相关的对全球粮食系统和生存方式造成的破坏，可能会使粮食价格遭到冲击，并可能增加移民压力。

到 2100 年，与全球温升 4℃相比，将全球平均温升控制在 2℃以内将使英国未来的气候风险增加幅度显著变小。例如：

● 酷热。与 20 世纪 90 年代相比，英格兰中部的夏季气温在 21 世纪 70 年代将上升 0~3.3℃。到 21 世纪 90 年代，2018 年炎热的夏天将被认为是普通的夏天。

● 水资源供应。水资源短缺将对不到 15% 的水资源区产生影响，而适应措施能有效减少洪水灾害和水资源短缺带来的风险。

● 海平面上升和洪水。到 2100 年，英国省会城市的海平面上升幅度将降至 11~70 厘米。2050 年面临严重洪灾风险的人口约为 260 万人，低于温升 4℃情景下的世界水平。

较低的气候变化水平也有望给英国带来一些机遇和好处：

● 户外活动可能变得更有吸引力，有助于人们拥有更健康的生活方式。

● 随着未来气候变暖，与寒冷相关的死亡人数预计会下降。在英国，与寒冷相关的死亡人数比与炎热相关的死亡人数要多，但由于人口老龄化的影响，预计死亡人数只会略有下降。

> • 生长期可能会延长。农业、林业和渔业的生产力可能会提高，实现这些效益可能需要采取谨慎的行动对土壤和水资源进行管理。
>
> 在英国，将温升限制在1.5℃而不是2℃以内的影响证据正在变多，但仍然有限，预计在未来几年还会进一步发展。
>
> 来源：CCC（2016）Climate Change Risk Assessment 2017 Evidence Report.

联合国发布的一份关于气候风险的报告认为，将温升2℃视为将气候风险保持在"安全"水平的"指标"是不合适的。[1]气候影响已经出现，如果气温升高2℃，影响将会变得更大。将温升控制在尽可能低的水平，有助于尽可能减少未来气候风险的增加。例如，IPCC-SR1.5识别了一些预期的额外气候风险，这些风险可以通过将温升控制在1.5℃以内来避免。[2]专栏2.2对此给出了结论。

专栏2.2 温升1.5℃的气候风险

IPCC《全球升温1.5℃特别报告》总结了全球平均升温1.5℃的气候风险，并将其与更高水平的温升进行了比较。该报告评估了一系列新文献，这些新文献旨在缩小《巴黎协定》在气候风险理解上的差异。

该报告的主要发现包括：

• 0.5℃的温升也会对气候风险产生影响。观察结果和气候模型都表明，这种程度的额外变暖显著增加了气候风险。

• 极端气候。如果全球平均温升介于1.5℃~2℃之间，则极端气温发生频率预计将增加2~3倍。如果全球温升幅度控制在1.5℃而不是2℃以内，那么全球遭受极端热浪袭击的人数将减少约4.2亿人。

• 生态系统。陆地和海洋物种在温升1.5℃下的灭绝风险将低于温升2℃。例如，全球因气候变化而改变生态系统类型的陆地面积比例在2℃温升下为13%，在1.5℃温升下将减少一半，约为7%。

• 风险的分布。温升1.5℃~2℃所带来的气候风险对贫困弱势群体的影响最大。近年来，随着全球平均温升从1℃上升到1.5℃，甚至更高，贫困和不利条件有所增加，且将会有更多的人口面临贫困和不利条件。

• 不可逆转的变化。南极洲海洋冰盖的不稳定性和格陵兰冰盖不可逆转的消

---

① UNFCCC（2015）Report on the structured expert dialogue on the 2013-2015 review.
② 与今天相比，全球气温升高1.5℃，气候风险仍将显著增加。

失可能是由升温1.5℃~2℃引起的。升温幅度越小，引发这些大规模不可逆变化的风险将越小。

IPCC的特别报告强调，温升幅度临时超过1.5℃，并在本世纪末回到1.5℃以内的减排路径将比温升幅度始终在1.5℃以内的减排路径造成更大的气候风险。这些差异意味着，"升温1.5℃的世界"存在着多种可能性。

- 温升幅度显著地临时超过1.5℃（＞0.1℃）的排放路径与温升幅度不超过2℃的排放路径（>66%），在气候风险水平非常高的情况下（如温升4℃）达到升温峰值的可能性非常相似。

- 引发不可逆转的气候系统变化风险在很大程度上取决于温升的最大幅度。例如，一些生态系统对热胁迫特别敏感（如暖水珊瑚），可能在高温下灭亡，但如果温升保持在1.5℃以下，它们则可能存活下来。

总之，IPCC的结论显示，温升1.5℃情景下的气候风险将显著低于温升2℃的情景，同时显著高于当前的水平。

来源：IPCC（2018）Special Report on Global Warming of 1.5℃.

（d）更快和更积极地采取减排行动将有助于实现联合国可持续发展目标

应对气候变化的国际努力与实现联合国可持续发展目标（SDGs）相一致。[①]

- 可持续发展目标涉及17个方面，包括英国在内的各国政府在2015年签署《巴黎协定》之前就对这些目标达成一致。可持续发展目标包括消除各种形式的贫困、消除全球饥饿、为所有人提供负担得起的清洁能源等。

- 各国政府都力争在2030年前实现可持续发展目标。

- 许多可持续发展目标直接或间接受到全球气候系统状况的影响。例如，实现海洋健康和可持续发展的"水下生物"目标受到气候变化导致的海洋变暖和酸化的影响，而"清洁饮水与卫生设施"目标将受到不断变化的干旱和洪水风险的影响。

预计气候风险的增加将主要发生在社会最脆弱的地方。因此，将温升控制在较低水平将有助于实现可持续发展目标。

- 社会中较贫穷和较脆弱的群体将更容易受到一系列气候风险的影响。例如，恶劣

[①] United Nations（2015）Sustainable Development Goals，https://sustainabledevelopment.un.org/? menu=1300.

的住房环境和缺乏有效的医疗保健意味着这些群体更容易受到极端天气事件的影响。

• 在全球升温超过 2℃ 的情况下，预计超过 27 亿人将面临多重严重的气候风险（如土地、水资源或能源风险），其中受影响的人口占比最大的地区是亚洲、非洲和拉丁美洲。[①]如果温升控制在 1.5℃ 以内，这个数字可能会减少到 15 亿。

减少排放和消除大气中温室气体的措施如果不认真实施，可能会与实现可持续发展目标产生冲突。陆地上的温室气体去除尤其如此。例如，大规模使用具有碳捕集与封存功能的生物质能源（BECCS），可能与粮食生产等其他土地用途产生冲突。通过使用一系列直接从大气中去除温室气体的技术，并支持降低温室气体消除需求的全球发展模式可以有效减少这种冲突。总的来说，IPCC 的结论指出，使温升"远低于 2℃"，并努力将温升控制在 1.5℃ 以内，预计会与实现可持续发展目标的努力产生更多的协同效应，并有助于实现这些目标。[②]

2.3 应对气候变化的国际雄心——《巴黎协定》

本节简要介绍《巴黎协定》相关内容，以及其对全球减排路径的影响。

(a)《联合国气候变化框架公约》进程和《巴黎协定》

《联合国气候变化框架公约》是一个将各国团结起来应对气候变化的综合性环境公约。2015 年 12 月，《巴黎协定》在《联合国气候变化框架公约》第 21 次缔约方会议（COP21）上获得通过，这是第一个在《联合国气候变化框架公约》下签署的全球气候协议，它将各国聚集在一套统一的规则下，共同应对气候变化的威胁。

• 《巴黎协定》是 2020 年后（《京都议定书》第二承诺期结束后）国际气候框架长期进程的结果。它是《京都议定书》和 2010 年《坎昆协议》的延伸。

• 《巴黎协定》由排放量占全球排放总量 55% 以上的 55 个缔约方批准后，于 2016 年 11 月 4 日正式生效。

• 2016 年 11 月 17 日，英国批准了《巴黎协定》。截至 2019 年 4 月初，已有 185

---

① Byers，E. et al.（2018）Global exposure and vulnerability to multi-sector development and climate change hotspots.Environmental Research Letters，13（5），055012.

② IPCC（2018）Chapter 5：Sustainable Development，Poverty Eradication and Reducing Inequalities.

个国家批准了《巴黎协定》。

• 《巴黎协定》的实施细则于2018年11月在波兰卡托维兹举行的COP24上得以进一步完善。

第3章和第4章提供了《巴黎协定》中有关英国在全球层面分担的努力和行动的详细信息，以及英国为帮助全球减排所做的努力。

(b)《巴黎协定》长期温控目标

《联合国气候变化框架公约》的总体目标是"将大气温室气体浓度维持在一个稳定的水平，防止人类活动对气候系统产生威胁"。当前，将全球平均气温的上升当作评价总体气候风险的指标成为共识。[1]

《巴黎协定》包含一个长期温控目标，缔约方承诺将"全球平均温升幅度控制在2℃以内，并努力将全球气温控制在比工业化前水平高1.5℃的范围内，这将显著减少气候变化的影响和风险"。

• 这一长期温控目标旨在明确加强《坎昆协议》"将长期温升控制在2℃以内"的目标。

• 《联合国气候变化框架公约》对2015年前的长期目标适当地进行了正式评估，并研究了将长期温控目标提高至温升1.5℃的可能性。[2]

• 本报告使用了与IPCC-SR1.5报告一致的"全球平均气温"的定义，该定义将人为引起的温升与自然因素引起的温升区分开来。[3]

《巴黎协定》中提到的变暖水平代表长期平均水平（如超过30年），而不是特定年份的变暖水平，由于自然气候周期的影响，这一水平将在长期平均水平附近发生变化。一年甚至几年内所观测到的全球平均温升在1.5℃以上，并不能意味着人为导致的温升已经超过了《巴黎协定》长期温升目标的下限。

对长期温升目标的解释

气候对温室气体排放反应的不确定性意味着只有在一定的概率下，排放路径才可能将气候变暖维持在某一给定的水平之内。

---

[1] 在不同程度的全球平均变暖水平下评估与气候变化有关的风险，包括考虑全球变暖模式的预期地理差异。这包括北极地区变暖加剧、陆地比海洋变暖加剧等特征，以及海洋酸化等非温度影响。

[2] UNFCCC(2015) Report on the structured expert dialogue on the 2013—2015 review.

[3] 这个定义混合使用了海洋表面升温和陆地近表面空气升温。全球陆地和海洋表面气温经常用于气候模拟领域，以表示全球平均气温，特别是用于对未来的预测。工业化前水平被定义为1850—1900年间的平均水平。

因此，需要判断将全球变暖控制在《巴黎协定》长期温度目标水平以下的可接受确定性水平，以设定兼容的长期排放目标。

本报告将全球温室气体的排放路径解释为，至少有66%的可能性将峰值温升控制在2℃以内，将中值温升控制在1.6℃~1.8℃之间，这是将温升控制在"远低于2℃"的最低水平。我们认为，至少有50%的可能性将温升峰值控制在1.5℃以内[①]，这与全球将温升峰值限制在1.5℃以内的目标一致。

● 这一定义允许我们使用IPCC-SR1.5中的全球路径，这些路径被分组为"有>66%的概率温升低于2℃""有>50%的概率温升低于或不超过1.5℃"，作为与《巴黎协定》目标相适应的努力范围。该分类包括IPCC-AR5对气候敏感性的不确定性估计、气候的辐射强迫和碳循环反馈。

● 对于"温升远低于2℃的最低目标水平"的解释意味着，基于MAGICC模型，温升峰值的中位数范围为1.55℃~1.83℃（如图2-2所示）。有高于50%的概率将温升控制在1.5℃以内的路径，有6%~14%的概率使温升超过2℃。[②]

● 这一解释与《巴黎协定》之后委员会在2016年发布的《英国气候行动报告》中的解释类似，尽管当时还没有办法将温升控制在1.5℃以内的概率提升到50%以上。

温升峰值与下降

许多全球排放路径的特点之一是全球温升先达到峰值，然后下降。其中一些排放路径将温升峰值控制在1.5℃以内。这将需要从大气中大规模净去除二氧化碳。

在我们的评估中，目前仍不清楚在全球温升达到峰值后，是否有必要降低全球气温：

● 如果二氧化碳的去除主要依赖于土地的大规模使用，如生物质能源、碳捕集与封存（BECCS）、植树造林等去除方法，那么对大量土地的需求可能与粮食生产等其他土地用途产生冲突。

● 无论气温是否会再次下降，都可能需要在适应气候变化方面进行大量投资，以减少温升峰值对气候的影响。

---

① 我们允许在我们的定义范围内出现小的(<0.1℃)过冲，以反映给定排放路径下未来气候结果分布形状的科学不确定性。这是在IPCC-SR1.5中完成的，它使用了两个气候模型来评估排放路径对气候的影响（MAGICC和FaIR）。预测未来变暖程度较低的气候模型（FaIR）表明，温升的中值峰值可能比MAGICC气候模型的模拟值低0.1~0.2℃，这表明，如果将温升峰值划分为略高于1.5℃（基于MAGICC）的情景，实际上有50%或更高可能性会将温升保持在低于1.5℃的水平。

② 这并没有考虑到可能的"地球系统"反馈的影响。例如，长期来看，永久冻土融化可能会提高可能温升范围的上限。

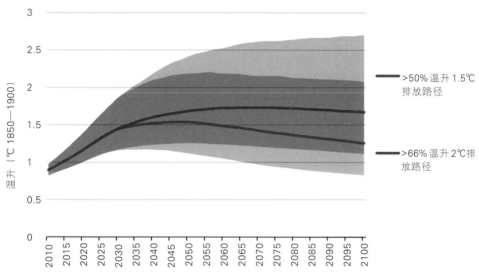

图 2-2 为实现《巴黎协定》长期温度目标而预计的排放路径

注：指示性路径与本报告对《巴黎协定》长期温控目标的解释一致。实线表示中位温度结果，阴影表示 MAGICC 气候模型评估的第 5 至 95 百分位数的不确定性。这些不确定性并不表明选择排放方案的不确定性。这些不确定性也不包括地球系统可能反馈的影响，如永久冻土融化。这里显示的路径是 SSP2-1.9 和来自 AIM/CGE 2.0 模型的 SSP2-2.6 情景。

来源：Huppmann, D. et al. (2018) A new scenario resource for integrated 1.5℃ research. Nature Climate Change, 8 (12), 1027.

• 目前还不清楚在全球温升达到峰值后为降低全球温度而大规模部署碳去除技术的额外投资的成本效益。

虽然在温升达到峰值之后降低全球气温会减少一些气候风险，但在特定水平下那些存在过冲的排放路径比那些没有过冲的排放路径具有更高的气候风险（专栏 2.2），引发气候系统不可逆转变化（如冰盖崩塌）的风险将更大。

因此，我们采取审慎的态度，将《巴黎协定》的长期温升目标视为温升的峰值水平，以此为英国设定一个长期的减排目标。

(c) 本世纪下半叶的源与汇平衡

《巴黎协定》支持通过承诺"尽快达到温室气体排放的全球峰值"，并"在本世纪下半叶实现温室气体源的人为排放与汇的清除之间的平衡"，实现长期温控目标。

• 虽然没有明确的综合指标，但这种"平衡"通常被认为是指全球范围内的温室气体净零排放。

　　●"人为"对应的是排放的源和汇。[1]这就排除了利用独立于人类活动而产生的自然碳汇来实现平衡的可能性。这需要与科学文献相一致，这些文献研究了人类二氧化碳净零排放与限制长期的人为气候变暖之间的关系。

　　在本报告中，我们使用当前定义"二氧化碳当量"的标准方法，将全球"平衡"解释为温室气体净零排放（专栏2.4）。第3章讨论了英国对实现全球"平衡"的有效贡献。

2.4　定义"净零"排放

　　可以只为二氧化碳设定净零排放目标，也可以为全部温室气体设定净零排放目标。本节讨论不同定义的净零排放对全球温升的影响。

　　为了阻止进一步的温升，需要实现长寿命温室气体的净零排放，稳定或减少短寿命温室气体的排放。

　　●长寿命的温室气体在大气中积累，这些气体的持续排放导致全球持续升温。为了阻止全球气温继续上升，这些气体的全球排放量必须接近净零。在几十年到几百年的时间尺度上，由长寿命温室气体造成的气候变暖是无法自然逆转的。因此，减少这种变暖需要从大气中去除长寿命的温室气体。二氧化碳和其他长寿命温室气体（如 N_2O）可以统一用"二氧化碳当量"（CO_2e）来表示，二氧化碳当量将相对准确地刻画它们对全球温升的影响。

　　●短寿命的温室气体，如甲烷，对气候的影响在性质上是不同的。其恒定的排放速率导致全球平均温升的水平大致是恒定的，而不会导致持续变暖（专栏2.3）。[2]"二氧化碳当量"[3]不能体现短寿命和长寿命温室气体排放在影响全球变暖方面的根本差异。然而，其他限制因素，如国际可比性（专栏2.4），目前仍然支持继续使用现有的"二氧化碳当量"指标。

---

　　① Fuglestvedt, J. et al.(2018)Implications of possible interpretations of 'greenhouse gas balance' in the Paris Agreement. Philosophical Transactions of the Royal Society A: Mathematical, Physical and Engineering Sciences,376(2119),p.20160445.

　　② 由于气候系统的热调整缓慢,甲烷排放量的缓慢下降实际上是造成持续变暖的必要条件。然而,这一下降速度在每年小于1%的量级上,可以用恒定排放来近似表示。

　　③ 二氧化碳当量通常是用 GWP_{100} 标准计算的。GWP_{100}(100年全球增温潜力)是根据100多年来一次排放的温室气体在气候系统中产生的总能量来计算的。长期以来,人们都知道,这并不能完美地代表气体排放对全球气温的影响。

专栏 2.3　长寿命和短寿命的温室气体

二氧化碳是人类活动排放的主要温室气体：

- 一旦二氧化碳被排放出来，陆地表面和海洋就会从大气中吸收一部分碳，但其中很大一部分会存留几百年到几千年。

- 二氧化碳排放造成了长期持续的气候变暖。每多排放一吨二氧化碳，就会在大气中增加更多长期存在的二氧化碳，并造成更严重的变暖，这意味着全球气温的上升与二氧化碳累积总排放量成正比。

其他一些温室气体在大气中也有很长的寿命，在大气中积累并导致持续的变暖。N_2O（寿命为 120 年）和一些含氟气体（如寿命达 3 200 年的 SF6）就属于这一类。

在大气中存活寿命较短的气体，如甲烷（寿命为 12 年）和其他一些含氟气体（如 HFC-32，寿命为 4.9 年），具有不同的特征：

- 这些温室气体具有相对较短的寿命，意味着在一个恒定的排放速率下，它们的浓度会迅速增加到某一平衡点，在该点上大气中的短寿命温室气体衰减量等于每年新添加的排放量，其在大气中的浓度保持不变。这只会导致全球气温在几百年的时间尺度上随着深海变暖而缓慢上升。

- 因此，保持短寿命气体的持续排放将维持现有的变暖效应。这与二氧化碳是不一样的，因为二氧化碳的持续排放会使大气二氧化碳浓度和变暖程度持续升高。

- 要想抵消全球持续变暖、保持全球温度不变，短寿命温室气体的排放量只需要每年减少不到 1%，而二氧化碳的排放量必须降至接近净零的水平。短寿命温室气体的排放每年降低 1% 以上，将导致其大气浓度降低，全球变暖水平下降。

航空的非二氧化碳温室气体效应来自氮氧化物和飞机尾气的排放，其对气候系统的影响基本上也是短暂的。在全球气温达到峰值之前找到消除这些影响的方法（这些影响会导致气候全面变暖），在不进行 CO_2 排放抵消的情况下将有助于降低温升的峰值。

来源：CCC analysis; IPCC（2018）Chapter 1 – Framing and Context; Oxford Martin School（2017）Climate metrics under ambitious mitigation.

专栏2.1　《巴黎协定》和《气候变化法》对温室气体指标的影响

不同温室气体的累积可以使用不同的"二氧化碳当量"指标来衡量。最常用的是100年时间跨度的全球增温潜力值（GWP$_{100}$）。英国温室气体清单使用了这一指标。

- GWP$_{100}$是指相对于排放1千克二氧化碳而言，每排放1千克温室气体在未来100年内累积的总吸热潜力。

- IPCC在其第4次评估报告中建议在计算累积温室气体排放量时使用该指标，在第5次评估报告中也推荐使用GWP$_{100}$指标。

GWP$_{100}$将持续的1 MtCO$_2$e/年甲烷排放等同于持续的1 MtCO$_2$e/年二氧化碳排放，但它们对全球气温的影响将非常不同。GWP$_{100}$夸大了甲烷对长期温度变化的重要性。一旦排放量稳定或下降，这一点就尤为重要。

尽管存在科学局限性，国际社会还是在2018年第24届联合国气候变化大会（COP24）上决定，在《巴黎协定》透明度框架下，使用GWP$_{100}$指标对温室气体报告进行标准化。

- 这意味着各国在未来的国家自主贡献中都应以共同的基准来表述，以协助全球整体减排。

- 所使用的GWP$_{100}$值将来自IPCC第5次评估报告，其对第4次评估报告中的值进行了一些修订。这要求英国排放清单在2024年年底前进行更新，以使用这些最新的指标。

- 《气候变化法》要求将所有重新计算的温室气体纳入长期排放目标和中期碳预算，并按照国际报告惯例计算出二氧化碳当量。

因此，在整个报告中，我们继续使用现有的基于GWP$_{100}$的温室气体累积排放量，以保持与国际框架的一致性，并根据IPCC第5次评估报告第5章所提出的修订值，对英国排放的敏感性进行分析。

来源：CCC analysis; Allen, M.R. et al. (2018) A solution to the misrepresentations of CO$_2$-equivalent emissions of short-lived climate pollutants under ambitious mitigation. npj Climate and Atmospheric Science, 1 (1), 16.

如果实现全球温室气体的净零排放[①]，全球气温预计会下降，因为负的长寿命温室气体净值抵消了剩余的甲烷等短寿命温室气体排放。

- 在可预见的时间范围内，不存在完全消除甲烷（甲烷是农业生产过程中产生的，如来自牛的消化系统和垃圾填埋场的降解）等短寿命温室气体来源的解决方案。因此，达到温室气体净零排放将需要从大气中净去除（或"负排放"）长寿命的温室气体，以抵消这些残留的短寿命温室气体的排放。

- 净负长寿命温室气体排放和稳定的短寿命温室气体排放对全球平均气温具有整体冷却效应。达到净零排放所需要的净负长寿命温室气体的数量取决于短寿命温室气体的剩余量。因此，在保持温室气体总量为净零的情况下，一系列的降温方式是可能实现的。

因此，将《巴黎协定》关于实现源和汇平衡的承诺解释为温室气体净零排放，意味着全球气温将在本世纪末之前下降，但该协定没有具体说明全球气温何时或以何速度下降。

英国设定净零目标对全球气候的影响

由于温室气体在全球大气中相对均匀地混合，英国净零排放目标对全球气温与全球变暖水平的定性影响相同。

- 英国长寿命温室气体的净零排放将抑制英国对全球升温的影响。我们在第5章中对英国减排的情景分析表明，英国长寿命温室气体净零排放将使累积温室气体减少97%左右。这将包括每年从大气中净去除 14~16 $MtCO_2e$ 的 CO_2，以抵消每年约 14 $MtCO_2e$ 的 N_2O 排放和 0~2 $MtCO_2e$ 的长寿命含氟气体排放。每年甲烷和短寿命含氟气体的剩余排放量将为 28~30 $MtCO_2e$。

- 如果英国的温室气体排放量达到净零，那么英国对全球变暖的贡献将在达到净零排放之前开始减少。我们设想的温室气体净零排放情景包括更低水平的二氧化碳排放（即更高的二氧化碳净去除量），并可能进一步减少 N_2O 和甲烷的排放。

更早实现温室气体净零排放意味着，英国对全球变暖的影响将会在更早的时间、从更低的水平开始下降。英国当前的目标是：到2050年，在1990年的基础上减排80%，如图 2-3 所示。根据这一目标，2050年后英国对气温的影响将继续上升。

[①] 我们对英国减排的设想是使用 IPCC 第四次评估报告中的 GWP_{100} 值以二氧化碳当量的形式给出的，而使用 IPCC 第五次评估报告值的含义在第 5 章中进行了探讨。

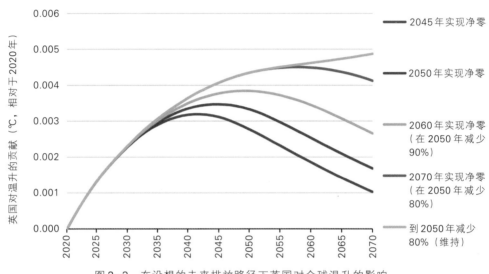

图 2-3　在设想的未来排放路径下英国对全球温升的影响

　　注：计算中不包括含氟气体的排放，但与其他温室气体排放总量相比，含氟气体对全球变暖的贡献相对较小。假设有一条与 CCC 第四次和第五次碳预算期的当前成本效益路径相一致的近期排放路径，对变暖的贡献是用 IPCC-AR5 中计算排放指标的气候响应函数计算的。温室气体净零排放从实现之日起就一直保持。在第 5 章"更具雄心"的情景中，温室气体净零排放通常是被认为通过消除额外的二氧化碳来实现的。

　　来源：CCC analysis.

2.5　与《巴黎协定》目标一致的全球排放路径

　　IPCC《全球升温 1.5℃特别报告》评估了大量气候和能源系统的新情景，这些情景成功地将变暖限制在《巴黎协定》的长期温控目标之内。本节研究这些排放路径的特征，如图 2-4 和图 2-5 所示。这些排放路径背后的全球转型细节详见第3 章。

　　在本节中，我们使用"远低于 2℃"和"1.5℃"来分别表示《巴黎协定》第三节的长期温控目标中最不具雄心的目标和最具雄心的目标。

　　所有符合《巴黎协定》的排放路径都具有以下几个特点：

　　●全球排放量迅速达到峰值。从 2020 年开始减排的路径，其 CO_2 排放峰值和累积温室气体排放峰值在未来 10 年内出现（即 2030 年之前）。1.5℃的减排情景比"远低于 2℃"的减排情景在短期内的减排效果要好得多，将在 2030 年实现更低的 CO_2 排放量。

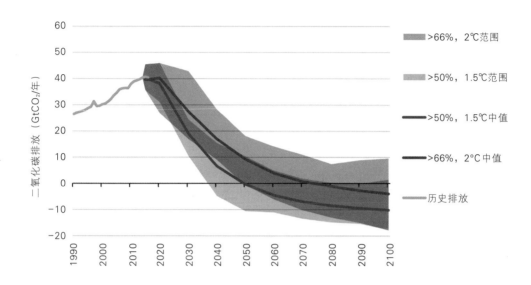

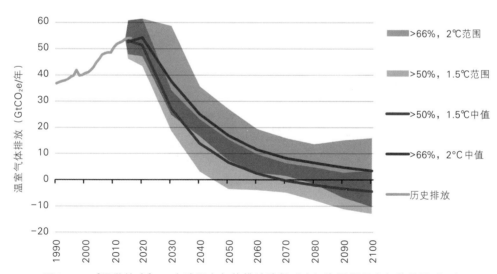

图 2-4　《巴黎协定》下全球温室气体排放路径（上）和累积温室气体总量（下）

注：阴影表示不同情景组合之间对应年份的最大值和最小值。彩色实线是每个情景组合中对应年份的"中值"。下图中温室气体累积排放是使用 IPCC 第四次评估报告中的 GWP$_{100}$ 值进行计算的。

来源：Huppmann，D. et al.（2018）A new scenario resource for integrated 1.5℃ research. Nature Climate Change，8（12），1027.

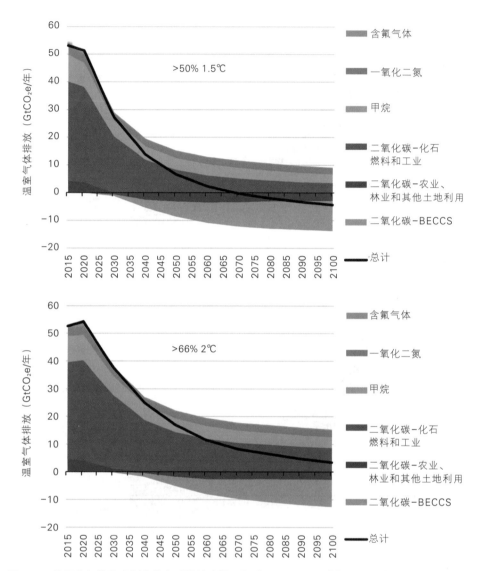

图2-5　按温室气体种类划分的全球排放路径：平均>50% 1.5℃路径（上）和>66% 2℃路径（下）

注：温室气体使用IPCC第四次评估报告中的GWP$_{100}$值进行计算。

来源：Huppmann, D. et al.（2018）A new scenario resource for integrated 1.5℃ research. Nature Climate Change, 8 (12), 1027.

● 在未来几十年迅速减少二氧化碳排放，实现二氧化碳净零排放。总二氧化碳排放量（即在从大气中去除二氧化碳之前）在2030年后继续迅速下降，达到较低水平，但没有达到零。需要从大气中增加二氧化碳的去除量，以抵消这些剩余的总排放量。在几乎所有的情景中，都需要一定数量的主动（人为）二氧化碳去除。温室气体净零排放实现的时间较晚，而且只有在全球平均气温达到峰值后下降的过程中才会实现。

• 大幅削减非二氧化碳温室气体排放。从现在到 2050 年，全球甲烷、一氧化二氮和含氟气体的排放量将显著下降。这些非二氧化碳温室气体排放量的减少为累积的二氧化碳排放留出更多空间，对于全球气温保持在《巴黎协定》长期温控目标范围内至关重要。

对二氧化碳净零排放路径和温室气体净零排放路径的时间分析将分别在下面的两个小节中讨论。

(a) 二氧化碳净零排放的时间

在立即、迅速减少温室气体排放的全球路径中，二氧化碳净零排放的日期虽不完全准确，但是未来二氧化碳的累积排放量（未来全球温升的主要决定因素）的一个有用的指标。

在温升 1.5℃ 情景下，21 世纪中叶前后可实现二氧化碳净零排放，而在温升"远低于 2℃"的情景下，在 2075 年前后可实现二氧化碳净零排放（见表 2-1）。在大多数全球排放路径中，甲烷排放量是在实现二氧化碳净零排放（如图 2-5 所示）之前的几十年里一直下降。这使得全球温升会在二氧化碳净零排放实现时达到峰值（如图 2-6 所示）。然而长期来看，为了防止全球气温进一步上升，需要实现长寿命温室气体的净零排放。

许多排放路径模拟了实现二氧化碳净零排放后，人为从大气中净去除二氧化碳的过程。这种净去除主要是为了使全球气温从峰值水平下降，但并不影响温升所达到的峰值水平。

(b) 温室气体净零排放的时间

正如第 2.4 节所述，实现全球温室气体净零排放并不是达到全球温升峰值的必要条件，也不是完成《巴黎协定》长期温控目标的所有全球排放路径的特征：

• 由于温室气体净零排放与全球气温下降有关，因此只有气温在排放达到峰值后下降的全球排放路径才能实现温室气体净零排放。

• 只是稳定全球气温的路径通常不需要温室气体净零排放。

• 因此，温室气体净零排放的时机并不能决定世界能否完成《巴黎协定》的长期温升目标。

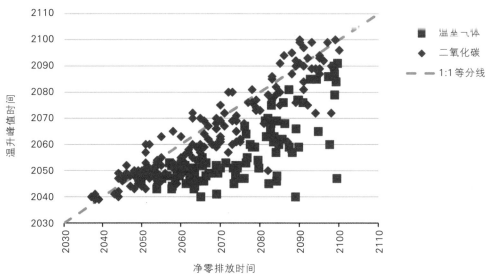

图2-6　温升峰值、二氧化碳净零排放时间，以及累积温室气体排放量

注：每个点表示IPCC-SR1.5数据库中全部情景集合中的一个情景。本图没有绘制到2100年仍未达到净零排放目标的情景数据。如果到2100年温度仍在上升，则绘制2100年的数据点。1:1等分线上的点表示在每个轴上有相等的年份。

来源：Huppmann，D. et al.（2018）A new scenario resource for integrated 1.5℃ research. Nature Climate Change，8（12），1027.

那些温度达到峰值后下降的温升1.5℃情景，通常在实现二氧化碳净零排放后的15年左右才能实现温室气体净零排放。

这些路径可将全球人均温室气体排放从当前的7 tCO₂e降到2050年温升1.5℃情景下的-0.4~1.7 tCO₂e，以及温升"远低于2℃"情景下的0.8~3.2 tCO₂e（见表2-1）。①

（c）为什么在实践中可能需要实现温室气体净零排放

IPCC《全球升温1.5℃特别报告》主要关注的是全球排放路径，即全球排放量在2020年或之后不久开始减少，到2030年大大低于2020年的水平（如图2-3所示）。然而，根据《巴黎协定》，目前的承诺将导致全球排放量接近当前的水平（第3章）。如果全球目标得不到加强，温室气体净零排放可能成为继续"追求"1.5℃的必要条件：

①未来全球人口假设涵盖了一系列不同的人口情景：2050年前后全球人口达到峰值，略高于80亿人，然后开始减少，直到2100年，到21世纪末又持续增长到120亿人以上。

表 2-1　　　　　　　　　符合《巴黎协定》长期温控目标的全球排放路径特征

	＞66% 2℃	＞50% 1.5℃
CO₂净零排放年份	2074 [2050 - 2100+]	2050 [2037 - 2082]
温室气体净零排放年份	2100+ [2078 - 2100+]	2068 [2045 - 2100+]
2050年二氧化碳总去除量（GtCO₂/年）	5.3 [0 - 15]	8.0 [3.3 - 17]
累积二氧化碳排放量（2020年至今）	844 [440 - 1241]	480 [319 - 751]
2050年温室气体排放量（GtCO₂e/年）	17 [7.5 - 27]	6.5 [-3.5 - 15]
2050年二氧化碳排放量（GtCO₂/年）	9.2 [-0.6 - 18]	-0.4 [-11 - 10]
2050年人均温室气体排放量（tCO₂e/年）	1.9 [0.8 - 3.2]	0.7 [-0.4 - 1.7]
2050年N₂O排放量（占2020年水平的百分比）	80%	75%
2050年CH₄排放量（占2020年水平的百分比）	51%	51%
2050年含氟气体排放量（占2020年水平的百分比）	13%	13%

注：所有变量的情景组合的中值都已列出。方括号显示整个情景组合中的最小值和最大值。"2100+"
意味着净零排放在2100年之前不会实现。表中温室气体采用IPCC第四次评估报告中的GWP₁₀₀值计算。

来源：Huppmann，D. et al.（2018）A new scenario resource for integrated 1.5℃ research. Nature
Climate Change，8（12），1027.

- 该特别报告估计，当前预测的 2030 年碳排放量将消耗掉剩余碳预算的
70%～95%，有 50% 的可能性将温升峰值控制在 1.5℃ 以内[①]。那么，在 2030 年之
后，迅速减少全球排放量以防止温升超过 1.5℃ 是不可能的。

- 如果温升超过了 1.5℃，那么全球气温必须达到峰值，然而温升下降到 1.5℃
以下。这将需要大规模地净去除二氧化碳，全球很有可能在 2100 年前达到温室气
体净零排放。

除了温升超过 1.5℃，其他几个因素也可能导致需要全球温室气体实现净零
排放：

- 地球系统的反馈，如永久冻土融化和湿地产生的甲烷预计将在几十年到几百
年的时间里缓慢地向大气释放碳。这可能在一个世纪内排放 100Gt 左右二氧化碳
（是全球年排放量的 2~3 倍）。从长远来看，要抵消这种变暖效应，可能需要从大气

---

① IPCC（2018）Chapter 2 – Mitigation pathways compatible with 1.5℃ in the context of sustainable
development.

中额外去除二氧化碳。

● 对气候反应不确定性的修正使全球变暖更有可能加剧，这意味着最大可行的全球减排速度仍然可能导致温升超过 1.5℃。因此，如果无法避免过度排放，则有必要实现全球温室气体净零排放，以此将全球温升降至 1.5℃ 以内。

● 重新定义到目前为止全球更大的温升幅度（因此在《巴黎协定》的温控范围内，进一步升温的空间更小）意味着，只有过冲路径才有更大的可能将温升保持在 1.5℃ 以内。[①]

因此，尽管从理论上讲，《巴黎协定》的长期目标可以不在所有温室气体净零排放的情况下实现，但在短期内不大幅加强全球减排力度的话，温室气体净零排放可能是将长期温升控制在 1.5℃ 以内的必要条件。

《巴黎协定》包括一个明确的目标，即平衡排放的汇和源——这意味着，如果按照当前使用的二氧化碳当量标准来解释的话（正如我们在本报告中所做的那样），世界已经在致力于实现温室气体净零排放。

---

① 使用所有地点的全球表面空气温度，而不是像 IPCC-SR1.5 那样将陆地表面空气温度和海洋表面温度混合使用，这将把目前人类引起的升温从 1℃ 左右提高到 1.1℃～1.2℃。这也意味着，与 IPCC-SR1.5 的评估相比，1.5℃ 对应的总气候影响水平较低。

第3章 英国对全球努力的适当贡献

引言与关键信息

《巴黎协定》与以往国际气候协定的机制有所不同。以往的协议多为"自上而下"的机制,将减排量分配给每个国家,而《巴黎协定》则以"自下而上"的方式让各国自主决定各自的减排目标。

《巴黎协定》要求各国制定的自主减排目标与"尽可能大的雄心"相一致,"根据本国国情兼顾公平和雄心",并且需要在世界范围内增加减排雄心以实现《巴黎协定》的长期温控目标。

本章回顾了当前的国际减排行动,并将其与《巴黎协定》所需的行动进行了比较。在考虑英国应当作出何种贡献时,我们分析了英国的能力、目标的公平性,以及这些贡献将如何支持当前全球仍需增加的减排努力。

我们得出的结论是,为了实现《巴黎协定》的长期温控目标,英国能够且应当制定一个比全球平均水平更具雄心的国内减排目标。这一结论主要基于以下三个层面的考虑:

能力:英国完全有能力继续瞄准并实现比世界整体所要求的更具有雄心的减排目标。自1990年以来,英国的人均温室气体排放量迅速下降。目前英国人均排放量与全球平均水平相当,并呈下降趋势,而全球人均排放量大致保持不变。《气候变化法》为英国提供了稳定的制度框架,使其能够继续制定和实现比世界整体所要求的更具雄心的长期减排目标。

公平性:如果按2050年全球人均排放量计算,那么英国需要比1990年减少72%~93%的温室气体排放,从而让温升控制在"远低于2℃"的范围内。对于温升不超过1.5℃的目标来说,英国则需要减少85%~104%的温室气体排放。然而,英国对气候变化有着巨大的历史排放责任,与全球平均水平相比,英国是发达的经济体,而且其对一些商品和服务的需求增加了其他国家的排放量。基于这些因素,英国的减排努力超越全球所需的平均努力。

支持全球减排努力:在英国和其他主要国家制定并实现更具雄心的减排目标将为全球减排努力带来诸多好处。其中包括减缓在发展中国家部署昂贵的脱碳方案的步伐，并促进技术和制度的发展及转让。许多现有的政策路径意味着绝大部分所需的减排努力将来自中等收入国家和发展中国家，相比之下，本报告制定的发展路径似乎更加可行，我们重新平衡了各国贡献，从而使得现有的气候领导者和相对富裕的国家承担更多的减排责任。

世界能否实现《巴黎协定》的长期温控目标将取决于英国与其他国家的共同行动。投资需要大规模地转向低碳技术，温室气体排放要尽快达峰并开始迅速减少。关键技术成本的下降意味着未来将不同于过去：在全世界大部分地区，可再生能源（如太阳能、风能）将与现在的化石燃料一样便宜，甚至更加便宜。

本章共分为五个小节：

3.1　《巴黎协定》与国际承诺

3.2　实现《巴黎协定》的长期温控目标所需的全球努力

3.3　英国超越全球平均贡献的能力

3.4　关于公平的考虑

3.5　英国对《巴黎协定》的适当贡献

3.1　《巴黎协定》与国际承诺

《巴黎协定》是于2015年12月在巴黎举行的联合国气候谈判中获得通过的。其目的是相对于工业化前水平，将全球平均气温的上升幅度控制在远低于2℃的范围内，并继续努力将温升幅度限制在1.5℃以内（见第2章）。

本节首先阐述了《巴黎协定》自下而上的机制，然后考虑了当前自下而上的减排承诺如何与长期温控目标保持一致。

(a)《巴黎协定》的机制及对英国排放目标的影响

《巴黎协定》采取了自下而上的机制。所有缔约方都受到一个单一框架和规则的约束，但减排并不是通过一个自上而下的体系来分配的。相反，它们由各缔约方自行决定：

●《巴黎协定》的缔约方必须作出减排承诺，但这些承诺的履行只有在相应国家或地区立法的情况下才具有法律约束力。

●计划每五年进行一次全球盘点并提交新的承诺，以此增加国家自主贡献（nationally-determined contributions，NDC）的雄心，并朝着实现《巴黎协定》的长期目标迈进。这种机制被称为"棘轮机制"。

—缔约方将在2020年年底之前重新提交其更新的国家自主贡献（涵盖2030年

之前的时间段），以此增强减排的雄心。同时，各缔约方还需提交一份"长期温室气体低排放发展战略"。

——全球盘点将以"全面且便利的方式"对《巴黎协定》目标的完成情况进行评估。全球盘点旨在帮助增强国家自主贡献的雄心并促进国际合作。首次全球盘点计划于2023年进行。

——缔约方有义务在每次全球盘点之后的两年内提出新的国家自主贡献目标。这一系列的国家自主贡献应当"随着时间不断进步"，并反映出该缔约方"尽可能大的雄心"。

英国采用新的净零排放目标对上述正在发展的国际形势产生了积极的影响，我们将在第4章详细讨论英国减排目标的范围。

《巴黎协定》影响了英国对全球减排努力的适当贡献的确定

《巴黎协定》的自下而上的机制与此前提出的全球气候协议机制有很大不同。以往的协议主要侧重于建立一个类似《京都议定书》的自上而下的机制，将商定的减排量分配给各个缔约方。

在2008年，气候变化委员会曾提出对英国2050年减排目标的建议，即在1990年的基础上减排80%。该目标正是基于这种自上而下的全球协议的预期而制定的：

• 委员会于2008年的报告中评估了一系列全球排放路径，认为排放将在2016年达到峰值，然后开始下降。

• 在大约有50%的概率到2100年将温升控制在2℃以下的路径中，2050年全球人均温室气体排放量为2.1~2.6 tCO₂e。[①]

• 假设到2050年英国的人均排放量不超过全球平均水平，并考虑到预期的人口变化，这意味着到2050年英国的温室气体排放量需要在1990年的基础上至少减少80%。

根据《巴黎协定》自下而上的机制，英国新修订的长期减排目标应该反映出英国对全球努力的适当贡献。该目标需要满足以下几个方面的要求：

• 《巴黎协定》要求减排目标应当根据缔约方"尽可能大的雄心"来设定。

• 承认和坚持国际进程中的"共同但有区别的责任"原则、不同"国情"原则，以及公平公正的原则。各缔约方必须就其国家自主贡献如何"根据本国国情兼顾公平和雄心"进行沟通。

---

① 基于对气候系统的最新研究和2050年后更具雄心的减排路径，若2020年前后排放达到峰值，且随后全球排放逐渐减少到2050年约2 tCO₂/人的水平，该减排路径能够以50%的概率将全球温升幅度控制在一个更低的水平（1.6℃~1.8℃）。

- 发达国家预计会继续带头承担"全经济范围内的绝对减排目标"。
- 《联合国气候变化框架公约》[①]的第3条要求"应对气候变化的政策和措施应当具有成本效益，确保以尽可能低的成本获得全球效益"。

任何修订后的英国长期排放目标都必须符合上述标准。

（b）当前的排放承诺与排放缺口

2015年12月，《巴黎协定》获得通过时，人们已经认识到，到2030年的预期减排将无法以全球最低成本路径来实现全球温升不超过2℃的目标。[②]不过，到2030年的减排量相对于照常（BAU）排放来说确实代表着一种进步。

2030年之前的减排行动仍然缺少"雄心"（如图3-1所示）：

- 无条件国家自主贡献（即不以国外提供气候融资为条件的减排承诺）下的全球总排放量将在2030年达到56 $GtCO_2e$/年（52~58 $GtCO_2e$/年）。[③]这表明，2030年全球总排放量将比2017年增加5%。[④]
- 有条件国家自主贡献的额外承诺将使2030年的预计排放量减少至53 $GtCO_2e$/年（49~55 $GtCO_2e$/年），与2017年排放量基本持平。
- 如果将温升控制在远低于2℃的范围内，2030年全球温室气体排放量介于38~45 $GtCO_2e$之间。而如果温升不超过1.5℃，这一范围需要减少至22~30 $GtCO_2e$。[⑤]在这些减排路径中，全球温室气体排放将于2030年达到峰值，随后迅速下降。

除了上述缺乏"雄心"的表现，减排目标与现实之间还存在着"实施"的差距，因为当前的全球政策尚不足以确保现有的国家自主贡献的全面落实。在目前的政策指导下，2030年全球排放量将达到59 $GtCO_2e$左右，较2017年增长约10%。[⑥]

---

① 《联合国气候变化框架公约》：在国际层面应对气候变化的首要条约。

② 《巴黎协定》的序言强调了温升不高于2℃的路径所对应的2030年全球温室气体排放量为40 $GtCO_2e$（经过IPCC第二次评估报告中的GWP_{100}值加总），温升1.5℃所对应的排放量在IPCC《全球升温1.5℃特别报告》中有详细说明。在目前的国家自主贡献下，2030年全球排放量预计达到55 $GtCO_2e$。

③ 预计排放量经由IPCC第二次评估报告中的GWP_{100}值加总。由于国家自主贡献承诺的模糊定义与表述（如国家自主贡献中的基准线不确定），这些承诺之下的预计排放量也是不准确的——在此引入范围区间反映了这种不确定性。

④ United Nations Environment Programme（2018）Emissions Gap Report 2018.

⑤ 本报告中关于《巴黎协定》长期温控目标的解读详见第2章。

⑥ United Nations Environment Programme（2018）Emissions Gap Report 2018；排放量经由IPCC第二次评估报告中的GWP_{100}值加总。

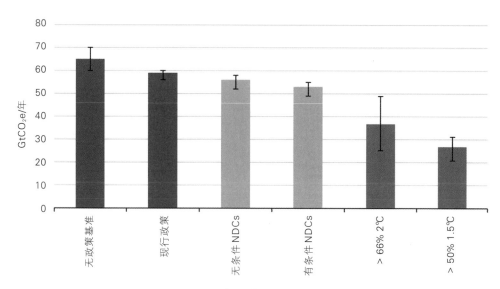

图 3-1　2030 年全球温室气体排放缺口

注：无政策基准、现行政策、无条件 NDC 和有条件 NDC 的评估来自联合国环境规划署发布的《2018 年排放差距报告》。与《巴黎协定》2030 年累积排放水平相比较的情景来自 IPCC《全球升温 1.5℃特别报告》中 ">66％2℃情景"、">50% 1.5℃情景" 或无过冲情景。我们使用了 IPCC 第二次评估报告中的 GWP_{100} 值来计算加总温室气体。误差范围显示了所有情况下的 5%~95% 的范围，实线表示中位数。

来源：United Nations Environment Programme（2018）Emissions Gap Report 2018；Huppmann, D. et al.（2018）A new scenario resource for integrated 1.5℃ research. Nature Climate Change，8 (12)，1027.

高排放地区的当前承诺

全球大部分的温室气体排放来自少数几个地区。中国、美国、欧盟和印度是《巴黎协定》缔约方中的四个最大排放国家（地区），它们贡献了目前全球温室气体排放量的 56％。[1]这些国家（地区）努力实现其自主贡献目标的表现参差不齐：

中国仍有望实现其 NDC（主要目标是在 2030 年之前使 CO_2 排放量达到峰值）。然而，非二氧化碳排放量仍将持续增加，到 2030 年在中国温室气体排放总量中的比例可能高达 25％。[2]中国目前的人均排放量与欧盟大致持平（如图 3-2 所示），预计将超过欧盟现行的 NDC 水平[3]。

---

① 不包括来自土地利用、土地利用变化及森林（LULUCF）的排放。

② Climate Action Tracker（2018）Current polices assessment，https://climateactiontracker.org/countries/china/.

③ 该 NDC 指中国 2015 年向联合国提出的国家自主贡献目标。

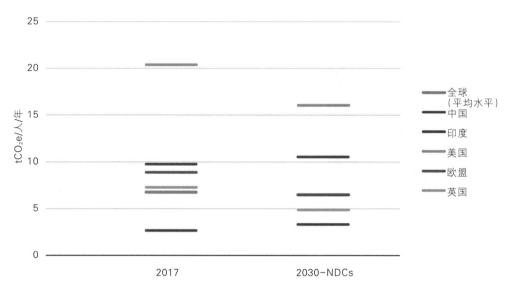

图 3-2　2017年人均排放量和现行 NDC 下的 2030 年人均排放量预测值

注：中国和印度的 NDC 由 Climate Action Tracker 预测。除了美国（是 2025 年）以外，所有国家的 NDC 排放量都是针对 2030 年而设立。根据 NDC，英国 2030 年排放量被假定为符合第五次碳预算。以上所有测算均使用人口变化预测值中值，并用 IPCC 第四次评估报告中的 GWP_{100} 值来计算加总温室气体排放量。

来源：Olivier, J. and Peters, J.（2018）Trends in global CO_2 and total greenhouse gas emissions；World Bank Population Estimates（2018），Climate Action Tracker，United Nations Population Projections（2017）；CCC（2015）Advice on the fifth carbon budget.

美国正在偏离其 2025 年的 NDC（相对于 2005 年减排 26%~28%），即便实现其 NDC，美国的人均排放量仍将明显高于其他排放大国。事实上，从现在到 2030 年，美国的预计排放量将几乎保持不变而非下降。根据本届政府[①]的政策，美国计划在 2020 年 11 月退出《巴黎协定》，然而随着非联邦层面的行动计划被提出，美国气候治理雄心的长期路径尚不明确。[②]

印度有望超额实现其 NDC（到 2030 年将 GDP 排放强度在 2005 年的基础上降低 33%~35%）。预计到 2030 年，其温室气体排放量会继续上升，但印度的人均排放量仍处于较低水平。

欧盟现行的政策几乎可以实现其 NDC（相对于 1990 年减排 40%）。2018 年推

----

① 本书中指的美国本届政府是特朗普执政的联邦政府。
② 第 4 章总结了很多美国非联邦层面的重大举措。

行的更多政策将进一步增强其减排的雄心，使得其 2030 年温室气体排放相对于 1990 年减少 45%。

除了这些排放大国（地区），世界其他国家和地区的排放也在全球排放中占据了很大一部分，且这一比例还在不断上升。G20 国家目前排放了全球约 78% 的温室气体，但其中一半左右的国家都尚未走上实现其 NDC 的减排路径。[1]国际航空与国际海运通常不计入国家排放总量当中，而这部分排放却占全球温室气体排放量的 2.5% 左右，并在近年来持续快速增长。

如果要实现《巴黎协定》的长期温控目标，那么全世界范围内的减排雄心与实践都需要进一步增强。

3.2 实现《巴黎协定》的长期温控目标所需的全球努力

在过去几年中，人们越来越清晰地认识到达成《巴黎协定》的长期温控目标需要实现全球转型。

本小节讨论实现《巴黎协定》长期温控目标所需的全球努力的几个方面。

(a) 所需的全球转型的特征

IPCC《全球升温 1.5℃ 特别报告》（IPCC-SR1.5）对如何改变全球能源和土地利用系统以实现《巴黎协定》的目标进行了全面的评估（如图 3-3、表 3-1 所示）。在所有情景中，全球转型有三个关键环节：

减少能源需求。 减少对能源服务及其他温室气体排放活动的需求有助于降低未来的温室气体排放量。未来能源需求的变化可能来自能源效率的提高或是对某些服务的潜在需求的变化（如饮食偏好的变化）。

能源供应的脱碳。 在能够实现《巴黎协定》长期温控目标的所有情景中，能源的碳强度在本世纪中叶将降低至近零的水平。实现这一目标的关键在于迅速淘汰应用广泛的煤炭、能源的广泛电气化，以及可再生能源和其他低碳能源的广泛和迅速的推广。

温室气体去除。 所有情景都需要从大气中主动去除温室气体。这使得净排放量下降的速度能够超过总排放量下降的速度，实现剩余排放的抵消。目前大多数减排路径仅考虑将生物质能碳捕集与封存（BECCS）和植树造林（或林地复育）作为去除温室气体的方法。

---

[1] den Elzen, M. et al.(2019)Are the G20 economies making enough progress to meet their NDC targets? Energy Policy,126,pp.238-250.

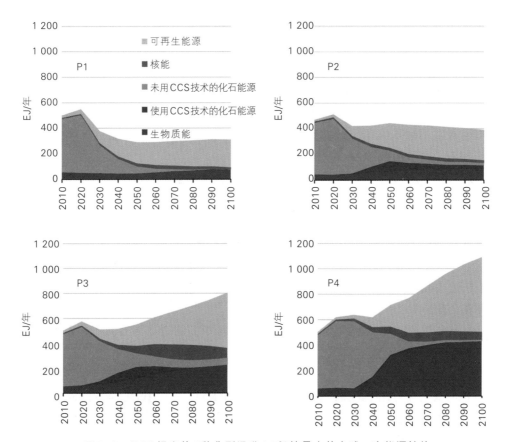

图3-3　IPCC提出的4种典型温升1.5℃情景中的全球一次能源结构

　　注：图中展示了全球一次能源需求。太阳能、风能、水力发电和地热都归于"可再生能源"。IPCC-SR1.5的第2章详细说明了P1-P4的情景。P1-P3控制温升在1.5℃之内，不存在过冲或过冲很小，而P4具有较高的过冲。

　　来源：Huppmann, D. et al.（2018）A new scenario resource for integrated 1.5℃ research. Nature Climate Change, 8（12），1027.

　　当这三个环节以足够的规模和速度相结合时，全球排放量能够迅速下降，足以实现《巴黎协定》长期温控目标所需的全球减排途径。

　　实现这一全球转型将对以下三个环节提出重大挑战：

　　● 全球经济的能源强度一直在下降（自1990年以来每10年下降约12%）[①]，但为了实现温控目标，全球能源强度需要在2020—2050年期间以更快的速度下降

---

① 　BP（2018）*Statistical review of world energy.*

表 3-1　　　　　　　　实现《巴黎协定》情景中的能源系统转型

2050年能源系统特征	>50% 1.5℃	>66% 2℃
终端能源需求相比2010年减少比例（%）	8［-11-22］	26［12-38］
可再生能源供电比例（%）	78［69-86］	71［61-80］
来自煤炭的一次能源（相比2010年的百分比变动）	-82［-95--74］	-66［-79--56］
来自石油的一次能源（相比2010年的百分比变动）	-55［-78--31］	-24［-39--2］
来自天然气的一次能源（相比2010年的百分比变动）	-25［-5-66］	1［-3-423］
来自核能的一次能源（相比2010年的百分比变动）	163［91-190］	157［98-208］
来自生物质能源的一次能源（相比2010年的百分比变动）	203［123-261］	168［112-212］
来自非生物质可再生能源的一次能源（相比2010年的百分比变动）	1060［576-1299］	1061［638-1341］
能源作物的种植面积（百万平方千米）	3［2-3］	2［2-2］

注：以上展示的为各情景中的中位数，括号内的值表示上下四分位的数值。所有数值均为全球总量。

来源：Huppmann, D. et al.（2018）A new scenario resource for integrated 1.5℃ research. Nature Climate Change，8（12），1027.

（温升远低于2℃的情景需要每10年下降17%；温升1.5℃的情景需要每10年下降19%）。[1]

- 尽管可再生能源发电的比例最近一直在迅速增长，但自1990年以来全球一次能源的碳强度几乎没有变化。[2]

- 在许多情景中，从21世纪20年代中期开始，大规模地通过工程手段清除大气中的温室气体将迅速展开，然而完全依赖BECCS可能需要大量土地，并且可能与粮食生产和生物多样性产生冲突。

IPCC认为尽管这种转型的规模将是空前的[3]，但这种转型所需的速度在某些特定领域也有先例可循，如风能与太阳能的部署及电动汽车的推广。

---

①　在本章中，我们使用"温升远低于2℃"来表示与《巴黎协定》长期温控目标相一致的最低目标，并将其解释为有超过66%的概率将温升保持在2℃以下的情景（第2章）。"温升1.5℃情景"指的是有超过50%的概率将温升保持在1.5℃以下，且不存在过冲或过冲很小的情景。

②　根据全球碳计划和《BP世界能源统计年鉴》的数据，全球一次能源的CO_2强度是1990年水平的98%。

③　特别是对于将温升控制在1.5℃之内的目标来说。

实现这一转型需要能源部门（如图3-4所示）以及全球经济其他部门的投资模式发生重大变化。额外的投资是必要的，但最重要的是投资需要从仍在大量使用的化石燃料发电转向低碳技术发电。模拟路径显示，与温升远低于2℃的路径相比，将温升幅度控制在1.5℃内需要更高的减排成本，但高成本也能够带来可观的回报：降低气候风险与增强实现全球可持续发展目标的能力。

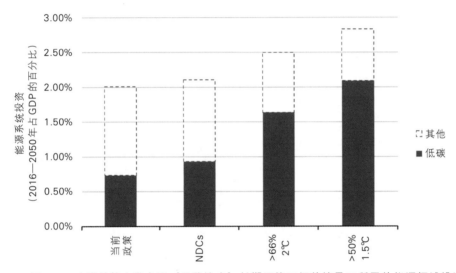

图3-4　在当前雄心和实现《巴黎协定》长期温控目标的情景下所需的能源领域投资

注：条形图代表了CD-LINKS项目中6个模型的平均值。这些模型是IPCC-SR1.5评估的一系列减排路径中的一部分。当前政策和NDC的减排努力都线性推算到2050年。低碳投资包括对基于化石燃料的碳捕集与封存（CCS）技术的投资。

来源：McCollum，D.L. et al.（2018）Energy investment needs for fulfilling the Paris Agreement and achieving the Sustainable Development Goals. Nature Energy，3（7），p.589.

（b）各地区对全球努力的贡献

当前已发布的区域努力情景

为实现《巴黎协定》而设定的全球转型情景通常是基于气候与能源系统的综合评估模型而提出的（IAMs，专栏3.1）。这些情景在排放成本最低的时间和地点减少排放量，从而使累积CO_2排放量不突破总排放限制。

专栏3.1　综合评估模型——优点与局限

综合评估模型（IAMs）是全球能源、农业、土地利用和气候系统的最先进的耦合模型。

- 为了以最低成本实现特定的气候目标，它们模拟了整个世纪中温室气体排放成本最低的地区的减排。
- IAMs需要一些外部假设，如未来人口和GDP的增长率、当前的技术成本，以及随着时间的推移这些成本将如何变化。
- 由于计算上的限制，IAMs通常将所有国家划分为几个区域（通常为10~20个）。它们往往表明发展中国家和地区的减排成本更低，这在一定程度上反映了人均经济产出和工资水平的差异。
- IAMs经常隐含这样的假设：为了将实现气候目标的成本降至最低，存在一个对未来所有年份和世界所有地区具有完美预见力和掌控力的全球规划者。

IAMs可用于展现将温升控制在给定水平以下的转型路径。它们也可以用来测试一些关于气候政策的问题：

- 它们最常用来提供具有"成本效益"的全球转型路径，以最低的总成本将预期的全球温升控制在给定水平以下。
- 它们可以用来了解世界各地不同减排行动的相对成本，并预估当前减排承诺与模拟的"成本效益"路径之间的兼容性。

同时，IAMs也有一些公认的局限性：

- 它们通常不会在减排行动（如消费者行为）中纳入许多非经济壁垒，而这些非经济壁垒往往和技术壁垒一样重要。
- 与供给侧解决方案相比，关于减少能源需求和温室气体密集型活动的减排方案通常不够详细，在IAMs中受到的关注也较少。
- IAMs最近受到了一些质疑，因为其对未来可再生能源价格下降的预期过于保守，且未能反映一些低碳领域的创新如何加速全球经济的创新。
- IAMs途径通常严重依赖于在能源系统中使用大量种植的低碳生物质。然而，种植如此大量的低碳生物质在现实世界中可能是不可持续的。

来源：CCC analysis; Farmer, J.D., Hepburn, C., Mealy, P. & Teytelboym, A.（2015）A third wave in the economics of climate change. Environmental and Resource Economics, 62（2），pp.329-357.

这些已发布的情景给出了不同地区的相对"技术减排潜力"。然而，仅关注"最低成本"（根据建模的技术参数）会导致全球减排努力的区域分解，而这可能与《巴黎协定》的原则相悖：

• 在温升远低于2℃的情景下，2050年欧盟和美国的人均CO_2排放量与当前长期承诺下的预期水平接近，如图3-5所示。相比之下，在一些发展中和中等收入地区，达到目标所要求的2050年人均CO_2排放量远低于当前的轨迹。这可能与《巴黎协定》的棘轮机制相悖。

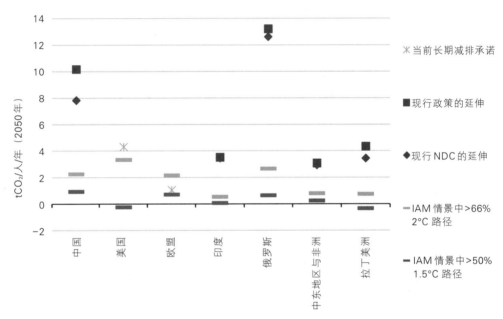

图3-5 IAM情景中的2050年人均CO_2排放量与目前的排放轨迹和减排承诺的对比

注：图中标记的点表示多个不同的IAM情景中人均排放量的均值，这些IAM情景选取自IPCC-SR1.5中评估的情景。图中仅展示了来自化石燃料和工业领域的CO_2排放。"当前长期减排承诺"采用的CO_2减排百分比（相比基期）与所有温室气体所需的减排百分比一致。预计的人口变化已考虑在内。

来源：McCollum，D.L. et al.（2018）Energy investment needs for fulfilling the Paris Agreement and achieving the Sustainable Development Goals. Nature Energy，3（7），p.589.

• 在这些情景中，即使从长远来看，发展中国家和地区的人均CO_2排放量也普遍低于发达国家和地区。这对应了需要发达国家采取更大努力的"基于公平"的分配原则（见第3.4节）。

• 在将温升幅度控制在1.5℃以下的情景中，人均CO_2排放量的地区差异要小得多，到 2050 年左右所有地区的 CO_2 排放量都将达到净零。这是由于全球可用的碳预算非常小，要求所有区域的减排努力都接近假定的技术潜力极限。

这种全球减排努力的区域分解需要在发展中国家和地区挑战性地推行成本更高的"深度脱碳"。例如：

● 该方案要求立即全面部署碳捕集与封存（CCS）技术，到本世纪 30 年代该技术的大规模部署应当覆盖所有地区。在 2018 年，全球只有 18 座大型 CCS 设施投入使用（另有 25 座正在建设中），而这些正在使用的 CCS 设施仅集中在 6 个国家。[①]

● 在许多地区，由于采用了 BECCS 技术，温室气体减排量迅速增加，尤其是在拉丁美洲。在拉美地区，2050 年人均 BECCS 减排量将超过经合组织和欧盟水平的 75%。目前，世界上只有唯一一个大型 BECCS 项目在运行，其封存能力超过 $1 MtCO_2$/年。[②]

● 为了实现减排目标，发展中国家和地区所需要的投资增幅大于发达国家和地区。例如，从现在起至 2050 年，为了将全球温升控制在 1.5℃以下，中国需要增加的投资几乎是欧洲的两倍。[③]要实现这种规模的投资，可能需要各国通过运作良好的国际市场进行有效合作。

以上这些模拟凸显了许多发展中国家和地区巨大的减排潜力。然而，这些情景忽略了一些因素，比如发展中国家和地区缺乏强有力的减排政策或者缺少获得融资的渠道，而这些因素可能会对尽快部署深度脱碳方案构成重大威胁。

这些额外的障碍表明，达成《巴黎协定》下可行的全球减排路径，很可能需要发达国家和地区采取比许多当前情景中所预计的更大力度的减排行动。

探索"领导力驱动"的情景

依靠现有情景来确定对全球努力的适当贡献将无法满足《巴黎协定》所要求的全面考量，如没有考虑由发展中国家发挥领导力的情景和公平因素。这也与不断发展的现实情况相背离。一些发达国家和欧盟已经考虑采取比当前设定的目标更具雄心的减排计划（第 4 章），这将进一步使得这些国家的目标超越情景中的模拟值，特别是《巴黎协定》中温升"远低于 2℃"的目标。

[①] 根据全球 CCS 研究所于 2018 年发布的全球 CCS 现状报告，运行中的项目分布于美国、加拿大、中国、挪威、巴西和澳大利亚。

[②] 美国伊利诺伊州工业 CCS 项目。

[③] Zhou, W. et al. (2019) A comparison of low carbon investment needs between China and Europe in stringent climate policy scenarios. Environmental Research Letters.

气候变化委员会委托伦敦大学学院（UCL）开展相关工作，通过探索"领导力驱动"的全球努力情景，拓展现有的综合情景，以更好地反映现实中全球范围内已有的和不断增强的减排雄心（专栏3.2）。

专栏3.2　与《巴黎协定》长期温控目标一致的"领导力驱动"情景建模

气候变化委员会委托伦敦大学学院（UCL）制定了一个关于全球减排努力的"领导力驱动"情景。这一情景反映了现实中正在作出最具雄心减排承诺的国家和地区，也更能代表《巴黎协定》的机制（如图B3.2所示）。与本报告一同发布的UCL报告总结了这一情景的结果。

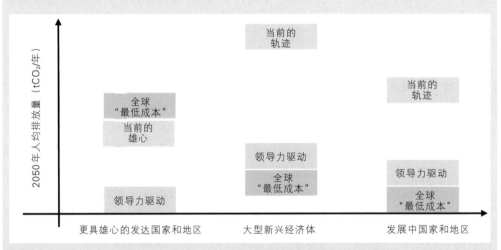

图B3.2　"领导力驱动"情景下全球减排努力示意图

来源：CCC analysis；UCL（2019）Modelling 'leadership-driven' scenarios of the global mitigation effort.

该模型包括了如下限制条件：

● 具有"领导力"的国家和地区包括英国、澳大利亚、加拿大、欧洲、日本、墨西哥、韩国和美国，它们的排放量加起来占全球排放量的30%。这些国家包括目前有希望制定具有雄心的减排目标的国家，或是有责任和能力采取具有雄心的减排行动的全球治理主要参与者，如美国和澳大利亚。这些国家和地区需要在2050年之前实现CO_2净零排放。

● 气候变化委员会于2018年11月发布了《低碳经济中的生物质》报告，该报告提出了全球可持续低碳生物质采集量的"上限"（110 EJ/年）。但这一数值显著低于许多其他综合评估模型的情景结果。

　　这些情景提供了一种更符合当前国际形势的关于全球转型的观点。虽然在现实转型过程中出现的细节将与情景中所展现的有所不同，但这些情景有效地提出了一种可能的全球路径，该路径与《巴黎协定》以及发达国家和地区的领导力相一致。

　　来源：UCL（2019）Modelling 'leadership-driven' scenarios of the global mitigation effort.

　　这些"领导力驱动"的情景通常进行如下的区域划分（如图 3-6 所示）：

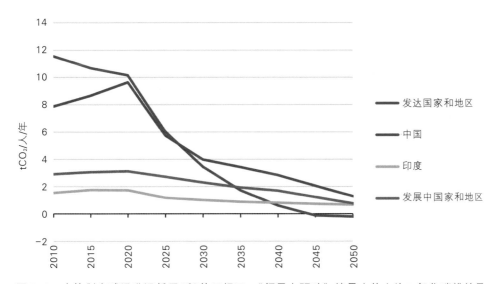

图 3-6　在控制全球温升远低于 2℃的目标下，"领导力驱动"情景中的人均二氧化碳排放量
（2010—2050 年）

　　注：人均 CO_2 排放量如图所示。该情景将 2018—2100 年的全球剩余碳预算控制在 800 $GtCO_2$ 以内，这与 IPCC-SR1.5 中评估的 ">66% 2℃" 情景组合相一致。"发达国家和地区" 这条折线展示了专栏 3.2 中所描述的 "更具雄心" 地区的平均水平。"发展中国家和地区" 包括非洲、美洲中部与南部、中东地区和其他亚洲发展中国家。

　　来源：UCL（2019）Modelling 'leadership-driven' scenarios of the global mitigation effort.

　　● **发达国家和地区**：根据它们不断更新的长期减排承诺，到 2050 年这些地区将实现 CO_2 净零排放，甚至实现 CO_2 的负排放。[1]

---

　　① 　这是情景实现的一个特征。

• **大型新兴经济体**：这些地区的国家，如中国，很快就会达到排放峰值（在NDC的基础上有所提升），并在未来20年内迅速减少排放。这些国家不需要在2050年之前达到CO_2净零排放，但需要在本世纪末之前大致达成该目标。能源效率、低碳电力和电气化都必须在这些经济体中发挥重要作用，并以CCS技术作为补充。

• **发展中国家和地区**：这些地区将实现向低碳发展道路的"跨越"。人均排放量将维持在较低水平，但在2050年后很长一段时间内不需要达到CO_2净零排放。该地区的许多国家在2100年之前也无法达到CO_2净零排放。

在这种"领导力驱动"的情景下，"更加艰难"的脱碳方案将更多地集中于发达国家和地区。例如：

• 到2050年，发达国家和地区人均CCS部署水平（2.0 tCO_2/人/年）将是世界其他地区平均水平的4倍以上。

• 发达国家和地区需要承担更多的从大气中去除CO_2的责任。它们从大气中去除的CO_2（1.7 tCO_2/人/年）是世界其他地区平均水平的7倍以上。

• 到2050年，发达国家和地区的人均CO_2排放量将低于世界其他地区（如图3-6所示）。这与已提出的和不断涌现的减排目标相一致，也与将全球温升保持在1.5℃以内的综合评估模型的结果相一致。

这种"领导力驱动"的情景似乎代表了一种更合理的全球路径，更符合《巴黎协定》的原则。它还将为进一步强化全球减排努力带来一些好处：

• 展示实现净零排放的路径。对气候变化历史责任较小的国家期待历史责任较大的发达国家在实现《巴黎协定》目标所需的全球变革中发挥带头作用。这样做可以为世界其他地区提供实现净零排放所需的知识和技术。

• 推动技术发展。在发达国家部署可再生能源有助于降低其成本，从而使中国和印度等地区能够大规模使用可再生能源。发达国家具有雄心的减排目标有助于建立所需的新兴产业，并降低当前CO_2净零排放所需技术的成本。这些技术包括碳捕集与封存、氢能、低碳供暖，以及从大气中去除CO_2的技术。

• 建立必要的政策、制度与商业模式。实现必要减排所需的创新不仅是技术层面的。像英国这样的发达国家通常具有较强的制度能力，可以在建立支持机制以促进相应的技术创新方面发挥领导力，为CCS技术和温室气体去除技术建立支持机制。

• 为消除温室气体建立市场和可持续性标准。长远来看，实现《巴黎协定》的目标在一定程度上需要应用温室气体去除技术。确保建立有效的市场来完成温室气体去除的任务，同时又不与消除饥饿和保护生物多样性等其他联合国可持续发展目标相冲突，将有助于温室气体的去除在世界各地得到安全部署。

"领导力驱动"的情景仍然需要全球所有地区进行迅速且深度的减排，尤其是在未来人口和GDP增长集中在发展中国家和地区的情况下。[1]特别需要指出的是，要实现《巴黎协定》更具有雄心的温控目标，剩余的累积CO_2排放预算已经非常少了，全球所有地区需要竭尽所能在全经济领域内实现迅速减排。

(c) 未来必须且能够与过去大不相同

前面几节已经表明，要实现《巴黎协定》的长期温控目标，需要全球所有地区都实现具有挑战性的转型。

这些转型的许多因素比几年前的设想更加可行。这一点在电力行业体现得尤为明显，因为该行业拥有从化石能源向可再生能源快速转型的潜力，而这正是全球转型的重要起点：

● 电力行业碳强度的降低将在2050年为温升远低于2℃的情景提供约一半的全球减排量，为温升1.5℃的情景提供约35%的减排量。

● 可再生能源合同招标的最新成本数据和价格显示，在世界大部分地区，可再生能源发电的成本在现在或不远的将来能够降低至与化石燃料发电一样，甚至更低，如图3-7所示。由于这一转型的速度高于预期，近年来国际上对可再生能源发电能力的主流预测经常向上修正。[2]

● 对可再生能源发电的实际技术潜力的评估也表明，如果能有效解决大量可再生能源波动性的问题，可再生能源将有可能满足几乎全球所有地区的未来电力需求。[3]在英国等许多国家和地区，越来越多的证据和经验表明以上预测是可能实现的。[4]

在电力部门之外，全球道路运输业也正在发生转型。全球范围内电动汽车（EVs）的部署近年来急剧增加，特别是近年来中国电动汽车保有量迅猛增长，目前占据全世界电动车的40%，而这一数字在2013年仅为10%。[5]由于电池成本的下降，电动汽车与传统的内燃发动机汽车相比越来越具有成本竞争力。

---

[1] 人口增长会导致这些发展中国家和地区2018—2050年的累积排放量占比(约80%)高于它们目前在全球排放量中的占比(70%)。

[2] BP Energy Outlook 2011–2019.

[3] Deng,Y.Y. et al.(2015)Quantifying a realistic,worldwide wind and solar electricity supply. Global Environmental Change,31,pp.239–252.

[4] 例如,英国系统运营商(国家电网)最近表示,其计划最早在2025年的部分时间段实现英国电网的零碳排放运行。

[5] IEA(2018)Global EV Outlook.

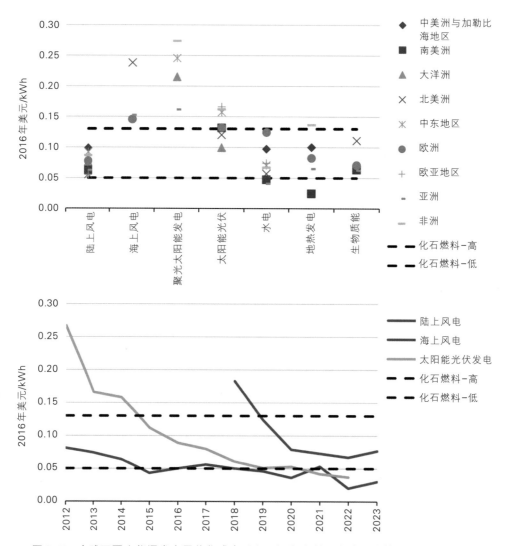

图3-7　全球可再生能源发电平整化成本（上图）和交付日全球平均拍卖价格（下图）

注：散点表示相应地区2016年和2017年的容量加权平均的平整化电力成本。2017年以来的招标行权价格降低了成本，尤其是对太阳能光伏发电和海上风电来说。招标结果显示了价格持续下降的趋势，但与平整化成本没有直接可比性（例如，除了英国，欧洲其他国家海上风电招标结果不包括电网连接成本）。

来源：IRENA（2018）Renewable Power Generation Costs 2017；IEA（2019）Renewable Energy 2018.

尽管这种转型有望在全球范围内持续并加速，但仅凭这些努力还不足以实现全球温升远低于2℃的目标。其他行业的脱碳仍然需要一些昂贵且成本持续增加的减排方案。

- 在我们的"领导力驱动"全球情景中，发展中国家和地区仍然需要部署 CCS 技术，尤其是为了实现工业部门脱碳。在发达国家和地区的带领下该技术的成本会降低，但碳捕集的过程所需的能源和运行成本会一直存在。

- 同样地，发展中国家和地区可能需要发展一定规模的温室气体去除技术，以抵消无法减缓的剩余排放。

除了制定帮助开发这些技术和有效政策机制的国内战略外，英国的国际战略也应该致力于支持这些技术的更广泛应用。我们将在第 4 章中探讨英国领导国际合作的一些途径。

3.3 英国超越全球平均贡献的能力

第 3.2 节阐述了实现《巴黎协定》长期温控目标的"领导力驱动"情景能够为全球努力带来的好处。在该情景中，一些发达国家追求比全球平均水平更具雄心的减排目标。在本节，我们将讨论英国在"领导力驱动"情景中的贡献，并展示与本报告一同发布的伦敦帝国理工学院（ICL）委托气候变化委员会所进行的研究的成果。[1]

英国的经济结构与趋势、过去的进展，以及相对于世界其他国家持续快速脱碳的潜力，都表明英国在减排方面处于领先于全球平均水平的有利地位。以下三个小节将依次考虑这些因素。

(a) 经济结构与趋势

英国的人均经济产出是全球平均水平的 2.5 倍以上。尽管如此，英国人均本土温室气体和 CO_2 排放量接近全球平均水平。[2]2017 年，英国的人均温室气体排放量[3]预计为 7.6 tCO_2/人，而全球平均水平为 7.2 tCO_2/人（包含土地使用变化、国际航空与海运产生的排放）。

这背后有很多原因：

- 英国经济结构的基础主要是服务业，其比例高于全球平均水平，而英国的工业在经济总产出中所占比重约为 18%，远低于世界 25% 的平均水平。这使得英国的 GDP 能源强度在所有主要发达国家中是最低的。

---

① ICL(2019)The UK's contribution to a Paris-consistent global emissions reduction pathway.
② 除此之外，英国还有大量的进口碳排放足迹。这些"消费"排放将在第 3.4 节中讨论。
③ 使用 IPCC 第四次评估报告中的 GWP_{100} 值进行加总。

● 尽管英国的工业产出绝对值高于全球平均水平，但其工业产出主要集中于高附加值、能源强度和排放强度更低的生产活动。这使得英国的人均工业排放量远低于全球平均水平。

● 除了较低的GDP能源强度和相对较高的GDP产出，英国的终端能源排放强度与全球平均水平接近。

● 英国农业部门的人均非CO_2气体排放量与全球平均水平接近。

更广泛地说，较高的经济产出表明英国有更大的能力采取行动以减少排放，尤其是那些最初可能代价高昂的行动。

展望未来，全球人口和经济的预计增长率将高于英国。这意味着英国的BAU排放增长率将低于全球总体水平，这或许能让深度减排相对更加容易实现。

（b）脱碳化的过去进展

近年来，英国一直是全球脱碳速度最快的国家之一，远远超过全球平均水平。自1990年以来，英国的人均排放量已经从全球平均水平的2倍左右降至与全球平均水平一致，如图3-8所示。

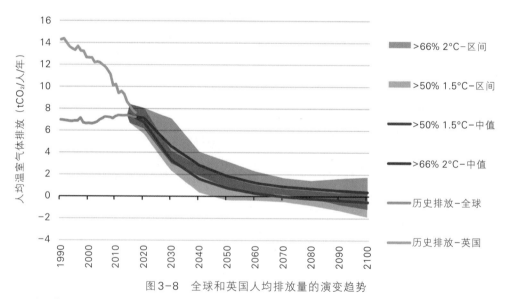

图3-8　全球和英国人均排放量的演变趋势

注：英国人均温室气体排放量包括土地使用变化所产生的排放，以及国际航空与国际海运的排放。全球碳项目（Global Carbon Project）中的土地利用排放包括在"历史排放-全球"当中。

来源：CCC analysis；Huppmann, D. et al.（2018）A new scenario resource for integrated 1.5℃ research. Nature Climate Change，8（12），1027；Olivier, J. & Peters, J.（2018）Trends in global CO_2 and total greenhouse gas emissions.

• 2011 年至 2016 年，英国的人均能源部门 CO_2 排放量平均每年减少 5% 以上。而在几乎同一时段，全球人均能源部门的 CO_2 排放量每年仅下降了不到 0.5%，如果将数据更新至 2018 年的预测值，人均排放量还将呈上升趋势。

• 英国的能源需求也在稳步下降——在过去 10 年里每年减少 1%。

• 在此期间，英国单位经济产出的碳强度潜在改善幅度（约为 2%/年）大于全球和欧盟。

• 英国还实现了终端能耗碳强度平均每年下降 3.5%，而全球水平仅为 0.5%。这在很大程度上是由低碳电力所占的比例迅速上升（2011—2016 年每年增长 3.7%）进而推动发电碳强度降低所导致的。这种转型使得英国发电碳强度以每年 10% 的速度下降，在同一时期内居世界领先水平。

英国在电力和工业部门之外的脱碳进展与全球平均水平相近，但与欧盟成员国相比较为缓慢：

• 2011—2016 年，英国建筑部门和交通部门的人均脱碳速度分别为 0.8%/年和 0.2%/年，与全球平均水平 0.7%/年和 0.2%/年相当。

• 英国上述两个部门的脱碳速度已被其他类似的经济体所超越。例如，在同一时期欧盟在这两个领域的脱碳速度分别为 1.6%/年和 2.4%/年。

• 英国的农业非 CO_2 温室气体人均排放量与全球平均水平相近，但在 2011—2016 年期间基本保持不变，而同期全球的年均降幅约为 4%。

因此，英国面临的挑战与全世界整体面临的挑战截然不同。英国需要继续以过去几十年的速度减少人均排放量。世界作为一个整体，需要阻止排放量的上升，并迅速达到像英国那样的减排速度。

(c) 未来持续快速脱碳的潜力大于全球平均水平

通过持续的努力，未来 10 年全球脱碳的进程可能像英国之前那样迅速推进，从而达到《巴黎协定》的温升目标：

• 全球行动需要立即实现阶段性的转型，以实现与《巴黎协定》长期温控目标相一致的减排路径。这就要求全球人均减排量与英国自 1990 年以来所实现的减排水平相当，如图 3-8 所示。

• 正如英国脱碳历程所展示的那样，电力行业的脱碳可能是全球人均排放量迅速下降的一个重要因素。

—从某种意义上来说，由于世界各地可再生能源价格低廉，脱碳的挑战在当下变得更加容易应对，如图 3-7 所示。

—然而从另一种意义上来说，全球脱碳也将变得更加困难。全球能源需求预计在2016—2030年期间增长12%~21%[1]，而英国的一次能源需求在1990—2017年期间每10年下降约5%。能源需求的上升意味着全球脱碳面临一个更为严峻的挑战，但如果所有的新增能源都来自低碳资源的话（就像英国过去10年所做的那样），这一挑战仍然是可以解决的。

要想继续实现快速的人均脱碳，英国需要解决电力行业以外的部门所存在的问题。来自其他国家的减排经验表明，在英国迄今鲜有进展的那些部门也有可能实现脱碳：

• 在挪威，2017年9月到2018年9月，售出的新车中有47%是插电式电动汽车，这一比例在瑞典为7.5%。电动汽车销量增长的部分原因是税收制度和其他激励措施提供的支持。相比之下，同一时期英国电动汽车占新车销量的比例仅略高于2%。

• 在许多其他欧洲国家，热泵技术的使用明显比英国更加广泛。2017年，各类热泵在法国的销量超过24万台，而在英国却不足2万台。[2]

• CCS技术已经在其他6个国家开始应用，其中挪威的年人均CO_2捕集量最高（~350 kg/人/年）。[3]

我们在第5章、第6章和第7章中详细评估了英国进一步减排的可能性。根据评估的结论，我们认为英国可以继续减少排放，并且能够比世界整体要求更早地实现温室气体净零排放。

英国既定的政策框架使其能够很好地削减排放量：

• 《气候变化法》为英国的气候政策提供了一个长期稳定的治理框架。该法律规定的5年碳预算确保英国政府能够采取相应的短期行动，从而以经济有效的路径实现长期减排目标。

• 英国在制度能力、监管质量和政府效率方面表现突出[4]，反映出英国具有相对强大的能力使政府、企业和其他参与者能够在一个稳定和支持性的政策环境中追求具有雄心的减排目标。

如果英国继续在削减排放方面与其他主要国家保持一致并领先于世界总体水平，这将为全球减排努力提供支持。正如英国在电力行业所做的那样，其可以率先为其他行业展示有效的政策组合，并与其他国家分享从中获得的经验，来帮助其他国家应对即将面临的类似挑战。

---

[1]　BP(2019)Energy Outlook 2018；McKinsey（2019）Global Energy Perspective 2019.

[2]　European Heat Pump Association(2017)Heat pumps-key technology to achieving Europe's energy and climate goals：2017 Market development and outlook.

[3]　Drax(2018)Energy Revolution：A Global Outlook.

[4]　World Bank(2018)World Governance Indicators Dataset.

3.4 关于公平的考虑

本节将讨论公平和公正对英国排放目标的影响，以及长期减排目标与进口商品和服务排放的相关性。

公平与公正是《巴黎协定》确定各国减排量的考虑因素，第3.1节强调了其重要性。各缔约方被明确要求说明它们的承诺（即NDC）是如何体现"公平且具有雄心"的。

在本节，我们将考虑公平的三个方面：消费排放、平均收入和历史排放。

(a) 消费排放

英国通过消费进口的商品和服务额外增加了温室气体排放。基于全球通行的基于国家领土的测算方法（即只计算直接来源于英国领土范围内活动的排放），以防止在全球层面重复计算排放量（专栏3.3），这些排放不包含在英国的温室气体清单内。这也将更好地明确英国减少温室气体排放的可行方向。

专栏3.3 英国的消费排放

根据英国《气候变化法》和《联合国气候变化框架公约》，温室气体排放量是基于"领土"来进行报告的。本土排放包括英国境内实际发生的所有温室气体排放与去除。这与国际公认的防止排放量重复计算的核算规则是一致的。

"基于消费"的排放报告（通常被称为英国的碳足迹）旨在获取在英国消费的商品和服务所产生的排放量，无论这些商品和服务在何处生产。

• 碳足迹包括英国绝大部分的本土排放，除了与英国出口的商品和服务相关的排放。

• 碳足迹还包含与生产进口食品和钢铁、水泥等能源密集型产品相关的排放。英国通过其国际贸易成为温室气体排放的净进口国。

政府每年对消费排放进行监测，但却尚未针对基于消费排放的目标立法。

• 对消费排放的估算比确定本土排放清单具有更大的不确定性，因为计算这些数字需要使用大量的经济数据建模，以跟踪产品供应链上各国之间商品和服务的流动。

• 环境、食品和农村事务部发布的统计数据显示，英国的消费排放比根据英国温室气体清单（2016年）估算的本土排放高出69%。

• 基于消费的排放从1997年到2007年上升了16%，但从那以后下降到1997年水平的91%，如图B3.3所示。

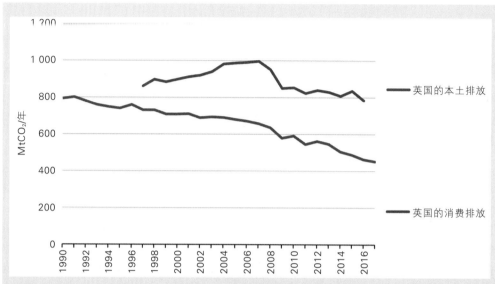

图B3.3 英国的历史消费排放

注：英国的本土排放使用了IPCC第五次评估报告中的GWP_{100}值来计算（没有碳循环反馈），不包括含氟气体的排放。这是为了让英国本土排放与消费排放的统计数据具有可比性。国际航空与国际海运的排放不包含在英国本土总排放量当中。

来源：CCC analysis；Defra（2019）UK's carbon footprint；BEIS（2019）Final UK greenhouse gas emissions national statistics：1990—2017.

● 随着英国本土排放快速下降，进口排放占英国总温室气体足迹的比例有所上升。

气候变化委员会先前的分析表明，英国本土排放的减少并非仅简单通过英国能源系统碳强度的降低来实现。本土排放减少并非消费排放增加的原因，应该说，尽管英国本土排放下降了，但消费排放却增加了。

在追求净零排放目标的过程中，重要的是，减少英国本土排放的方法并非简单地将这些排放转移到世界其他地方。此外，在应对气候变化方面，英国可以采取的减少消费排放的行动可能与减少本土排放的行动同样有效。我们将于第5章的情景中详细说明这一点，这些情景包含了提高资源利用效率和减少废弃物的措施，并提出了一些将同时减少英国本土和进口排放的行动。

环境、食品和农村事务部（the Department for Environment，Food and Rural Affairs，Defra）公布的估算数值表明，英国的消费排放远远高于英国温室气体清单中报告的本土排放。这反映了英国进口产品的碳强度较高。与以服务为主的出口产品相比，英国的进口产品更多的是工业产品。

这也在一定程度上反映了英国在国内减排方面取得的良好进展。

- 在英国，诸如煤炭发电转向可再生能源发电等行动，减少了本土排放而非消费排放（因为根据消费核算，部分功劳将归于别国从英国进口低碳电力生产的产品）。
- 相对应地，其他国家碳强度的降低将有助于削减英国的消费排放，但不会影响英国的本土排放。

即使英国将其本土排放减少至净零，消费排放也只有在世界其他地区的本土排放也减少至净零的情况下才会达到净零。到那时，英国可能会为其进口的低碳商品支付较高的费用。

英国的消费排放较高可以被视为英国应进一步减排的一个原因，因为英国消费排放对全球排放的影响比本土排放的影响还要大。

(b) 平均收入

英国是一个富裕的经济体。作为世界第五大经济体，英国在全球人均GDP排行榜上排名第25位，人均GDP是全球平均水平的2.5倍。[1]从公平的角度来看，这意味着英国应该更多地承担全球向低碳经济转型的成本。

(c) 历史排放

作为工业革命的发源地，英国有着巨大的历史排放量。这意味着在过去人类活动导致的气候变暖中，英国的人均贡献是巨大的：

- 对19世纪初历史温室气体排放的估计表明，可归因于人类活动所产生的温室气体排放的全球升温中，来自英国本土排放的贡献大约为2%~3%。[2]
- 如果考虑到英国目前在全球人口中所占的份额（不到1%），英国成为对当前气候变化人均贡献最大的国家之一，仅次于加拿大、美国和俄罗斯，与德国大致相当。

历史上对温室气体排放和气候变暖的巨大贡献经常被认为是英国等国家的减排速度应当比全球整体减排速度更快的原因。但其减排速度应快多少，取决于减排范围（即只包括CO_2，还是所有温室气体）、计算历史排放的起始日期和评估的时间跨度。

公平的责任分担方式

聚焦于平等、责任及能力的不同方面，目前已经有一系列基于公平的方法被提出，以分配未来的全球减排努力。这些方案通常要求英国承担高于全球人均水平的

---

[1]　World Bank（2018）*World Bank Development Indicators Database.*

[2]　CCC analysis and updated from Skeie，R.B. et al.（2017）Perspective has a strong effect on the calculation of historical contributions to global warming. *Environmental Research Letters*，12（2），p.024022.

减排责任（见专栏3.4和图3-9）。

专栏3.4　基于公平方式分配全球减排努力

各国已经使用了许多不同的公平框架来证明它们的NDC符合《巴黎协定》中"公平且具有雄心"的要求。这些方式可以被归为三个核心原则：

责任：该原则要求那些历史上对气候变暖和温室气体排放量贡献最大的国家在未来承担更具雄心的减排任务。

能力：这一原则要求减排能力最强的国家（如相对富裕的国家）承担更大份额的未来减排量。

公平：公平的原则侧重于平等的人均温室气体排放权（如"契约和趋同"方法学）。

有些分配方案涉及以上多个原则。例如，温室气体发展权的方式在分配未来的减排量时既考虑了国内生产总值，也考虑了历史累积的排放量，并规定了责任分担所适用的经济发展水平最低限度。

由于方案的选择范围较大，比如需要确定责任的起始日期或选择包括所有温室气体还是只包含CO_2，每个单独的公平方案可以产生一系列的结果。图3-9展示了一项特定研究中关于英国的结果。这项研究说明了一个普遍观点，即对历史责任与减排能力赋予权重的方案要求英国进一步实现其"公平份额"的减排。

注：以上分配方案使用的是IPCC-SR1.5中考虑的全球减排路径的一部分，其中人均排放量略低于所有路径的中位数（见表3-2），但完全在其范围内。减排量涵盖所有温室气体，并以1990年排放量水平的百分比来表示。"固定排放比例"通常不被认为是一种"基于公平"分配全球减排努力的方式，因为它保留了现有高排放国家在未来排放更多的权利（祖父原则）——但在此处将其包括在内以供比较。在有超过66%的概率实现2℃温升的情景中，"平等人均累积排放"和"能力"非常接近，以至于在图上难以区分。

来源：CCC analysis；Winkler, H. et al.（2018）Countries start to explain how their climate contributions are fair: more rigour needed. International Environmental Agreements: Politics, Law and Economics, 18（1），pp.99-115.

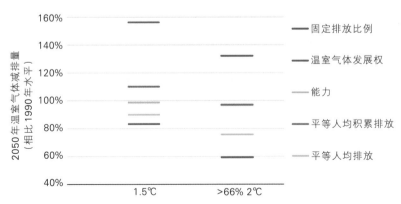

图3-9　各个基于公平的分配方案中英国的2050年"公平份额"排放目标

● 考虑英国的历史排放（"平等人均累积排放"）或高平均收入（"能力"）
的方法通常会要求英国的温室气体排放降低至接近净零（相对于 1990 年减排 100%）
或达到负排放，从而将全球气温升幅控制在《巴黎协定》规定的范围之内。

● 考虑到英国相对富裕且有巨大的历史排放责任（"温室气体发展权"），英
国 2050 年的温室气体排放量需要比 1990 年减少 100% 以上（在温升 1.5℃ 的情景下，
需要比 1990 年减少 150% 以上）。在这种分配下，英国需要把温室气体从大气中全
部去除，以此来补偿其在历史上的高排放，并需要在 2050 年之前实现温室气体净
零排放。

由于英国在当前全球温室气体排放中所占比例相对较小，但其历史排放量大且
人均收入高，要实现公平减排目标的上限，英国所需的减排量很可能远远超过其国
内可达到的减排量。值得注意的是，这些分配努力的方案并没有明确规定减排只能
在英国国内开展，减排任务也可以部分地通过英国承担或资助世界其他地区的减排
来实现，如通过气候融资或购买碳抵消配额（见第 4 章）。

3.5 英国对《巴黎协定》的适当贡献

《巴黎协定》规定了全球温升目标。本报告的第 2 章回顾了与实现这一目标相
一致的关于全球减排的最新气候科学研究成果。第 2 章得出的结论是，全球需要在
2050 年左右实现 CO_2 净零排放，从而将温升幅度保持在 1.5℃ 以内（>50% 的概率实
现）。为了实现最低水平的雄心，即将温升幅度控制在远低于 2℃，全球需要在
2075 年左右实现 CO_2 净零排放。最终，为了稳定全球气温，要在全世界范围内实现
长寿命温室气体净零排放，同时使短寿命气候污染物排放水平维持稳定或下降。

然而，关于英国应该制定怎样的长期减排目标，以上分析并没有给出一个明确
的答案。

我们从本章的分析中得出的结论是，英国应该设定一个比世界整体更加具有雄
心的减排目标：

● 英国的人均温室气体排放量将低于全球整体水平，且减排速度更快。

——英国人均温室气体排放量现已降至全球平均水平，而其 1990 年还是全球平
均水平的 2 倍。

——英国的排放量近几十年来一直在降低，而全球排放量却在不断增加。

——全球人口和能源需求的预期增长率均高于英国。

——英国通过《气候变化法》确立了有效的治理体系，并且在高效决策方面有着
良好的记录。

—英国是一个相对富裕的国家，人均GDP是全球平均水平的2.5倍。

• 从公平的视角来看，英国应该在减排道路上比全球整体走得更远：英国有很高的历史排放与消费排放，同时也是一个更富裕的发达国家。

• 一些发达国家制定并实现更有雄心的减排目标会为全球努力带来很多好处。这些好处包括加快在发展中国家部署成本高昂的脱碳方案的步伐，以及促进技术和体制发展与转型。依据本报告而制定的路径需要重新平衡气候领导国和富裕国家所承担的努力，这似乎比纯粹基于理论上的成本优化来分配减排努力的路径更加合理可行。

表3-2展示了在实现《巴黎协定》温控目标的情景中2050年的全球人均温室气体排放量，以及英国相比1990年应达到的减排水平。英国的温室气体净零排放目标（即减排100%）将超出将温升控制在远低于2℃所需的减排范围，并接近1.5℃温控目标所对应的减排范围上限。

表3-2　　　　　实现《巴黎协定》温控目标的情景中人均温室气体排放量

	远低于2℃	1.5℃
2050年全球人均温室气体排放量（tCO$_2$/年）	0.8~3.2	−0.4~1.7
以相同人均排放量计算，英国温室气体总排放量较1990年需要减少的比例——英国应当超过全球平均减排水平	72%~93%	85%~104%

注：所示的范围对应于IPCC-SR1.5所有情景组合中的最小值和最大值，相应的温控目标分别为有超过66%的概率实现温升低于2℃（远低于2℃）和有超过50%的概率实现温升低于1.5℃。各类温室气体使用IPCC第四次评估报告中的GWP$_{100}$值进行加总。英国的人口变化采用了英国国家统计局提供的"主要"长期预测值。

来源：CCC analysis；Huppmann，D. et al.（2018）A new scenario resource for integrated 1.5℃ research. Nature Climate Change，8（12），1027.

全球能否成功地实现《巴黎协定》设立的长期温控目标，将取决于英国和世界其他国家的共同行动。例如：

• 温升能够被控制在"远低于"2℃，如果：

—英国和其他具有雄心的国家实现了它们"尽可能大的减排雄心"，到2050年至少实现CO$_2$净零排放，在可能的情况下到2050年左右实现温室气体净零排放。对于有超过50%的概率将温升控制在1.5℃之内的目标来说，这些国家的努力超出了目标所需的全球平均努力水平。本报告的第 5—7 章阐述了英国为实现这一目标需要如何做。

——中国等中等收入国家的排放量将很快达到峰值并迅速下降，但要到 2050 年之后才能实现 CO_2 净零排放。能源效率、低碳电力和电气化都必须发挥重要作用，并辅以 CCS 等技术。

——发展中国家，特别是其能源领域应向低碳发展道路"跨越"，并从采伐森林转向植树造林。人均排放量保持在较低水平，但在 2050 年之前不需要达到 CO_2 净零排放（即使可以的话）。

● 对于温升 1.5℃ 的目标来说，像英国这样的国家仍然需要实现其"尽可能大的减排雄心"，同时世界其他地区也需要在 2050 年左右实现 CO_2 净零排放。

● 在长期减排的同时，也需要大幅提高全球的短期减排目标，从而将未来长寿命温室气体累积排放量控制在相对较低的水平，使全球气温被控制在《巴黎协定》长期温控目标所允许的范围之内。

这一章的结论是，英国应该进一步减少排放，使之超过全球整体所需的水平。在第 4 章中我们考虑了英国的国际气候领导者角色，并思考了英国具有雄心的净零排放目标将如何支持世界其他地区的减排雄心不断增长。

第4章 支持日益增长的全球雄心

引言与关键信息

第3章阐述了实现《巴黎协定》长期温控目标所需的全球努力，以及英国为此作出的适当贡献。而本章探讨了英国在气候问题上发挥更广泛的领导作用的机会，它可以支持其他国家的减排行动。

国际合作是《巴黎协定》强调的重点。参与到应对气候变化的全球行动中、减轻持续攀升的气候风险对英国（以及世界）的危害，是符合英国自身利益的。这也可以帮助英国实现自身的减排目标，如通过有力而到位的治理，发展真正可持续的生物质能供给。

本章的关键信息有：

• 从开始推动国际气候行动到现在，英国始终都发挥着关键作用，并有条件继续扮演引领角色：

英国在减排行动中以身作则，证明在减排的同时有可能保持经济的增长。2008年《气候变化法》及英国广泛施行低碳政策的做法，也为其他国家提供了积极的示范。

英国积极参与达成国际协议，支持其他国家的气候变化减缓和适应工作，支持能力建设和知识储备，改善金融市场的治理和规则，这包括披露与气候相关的风险、高效负责地履行在气候融资方面的承诺。

• 为了继续成为一个可信的领导者，英国至少应当设定一个2050年温室气体净零排放的目标。新出现的各项承诺表明，越来越多其他的气候领导者正在制定在2050年或更早实现温室气体净零排放的目标。英国要想继续发挥领导作用，就必须设定一个比全球总体目标更宏大的目标，而且至少要与其他气候领导者的目标保持一致。这意味着英国最迟要在2050年实现温室气体净零排放。

• 英国应该谋求所有新目标的国际影响最大化，并将其作为进一步促进积极国际合作的机遇。这就需要针对英国具有竞争优势的领域，提升减排雄心，并帮助各国走上可持续发展的道路。

• 《巴黎协定》包括几条合作途径，既有集中机制，也有双边机制，还包括碳市场。这些措施可能有助于提供一些更具挑战性的脱碳方案，而这些方案可能是全球实现净零排放所必需的。

本章的分析包括四个部分：

4.1 基于《巴黎协定》与联合国机构开展合作的途径

4.2 英国目前为支持全球应对气候变化开展的活动

4.3 加大努力：形成长期承诺并更具雄心

4.4 英国所支持的加强全球减排的优先事项

4.1 基于《巴黎协定》与联合国机构开展合作的途径

《巴黎协定》是一个广泛的国际气候框架，其关注点远远多于温室气体减排。它设定了三个主要方面的长期目标：

● 减缓：与工业化之前相比，将全球平均温升控制在2℃内，并努力追求将温升控制在1.5℃以内。

● 适应：以不威胁粮食生产的方式，遵循"国家驱动的办法"，提高适应气候变化不利影响的能力，促进气候韧性和低温室气体排放的发展。

● 资金：使资金流动与降低温室气体排放、气候适应性发展的途径相一致。

各方之间的自愿合作被认为是实现《巴黎协定》目标的关键。这些自愿合作在《联合国气候变化框架公约》现有义务的基础上，确立了开展国际合作的若干途径。协议中规定的合作方式反映了从"自上而下"到"自下而上"更为广泛的转型（见第3章），其中缔约方的双边协议可以发挥重要作用：

● 气候融资。第9条呼吁发达国家通过调动各种来源的资金来支持发展中国家。而这种支持应在适应与减缓之间"寻求平衡"，并应考虑到国家驱动的战略及发展中国家的优先事项和需要。

● 技术共享。第10条承认创新在实现减缓和适应目标方面的核心作用，并鼓励合作和技术共享。它期望发达国家提供资金支持，并加强合作行动，在发展中国家传播技术。

● 能力建设。第11条鼓励所有缔约方开展合作，提高发展中国家采取有效应对气候变化行动的能力。能力建设包括开发、传播和部署技术，提供资金支持，以及提高教育和认知水平。

● 减缓成果的转移。第6条为各国提供了在其减排承诺中使用"国际转让减缓成果"（ITMO）的选择（见专栏4.1）。它促使人们努力确保环境的完整性、透明度、强有力的核算和对可持续发展的支持。

专栏4.1 "碳信用"和联合国框架下国际减排成果的转让

在本报告中，我们所涉及的是国内或国际"碳信用"。

• 《2008年气候变化法》如此表示下列单位：温室气体减少的排放量、从大气中去除温室气体的量，或在[交易]机制下允许的温室气体排放量。

• 在更广泛的背景下，经常使用"配额"一词。"抵消"一词也常被使用，特别是在国际环境中，当某地产生的温室气体排放量由其他地方减少或转移的温室气体来补偿时。《巴黎协定》提出了"国际减排成果的转让"（ITMO）。

• 在有关"抵消"的讨论中，必须将用于遵守减排目标的碳信用（如欧盟排放交易体系下的配额）与在自愿市场上产生和交换的碳信用加以区分。

《京都议定书》启动清洁发展机制，允许碳信用的国际转让。但有几个问题影响了清洁发展机制的有效性。主要的问题包括未能激励真正的额外减排，治理缺乏透明度，以及未能有效促进可持续发展目标。

《巴黎协定》第6条概述了两种促进ITMO的机制，允许缔约方通过海外行动实现部分承诺：

• 两个自愿缔约方之间进行直接ITMO转移，要以实现各自的国家自主贡献（NDC）为目的。

• 建立一个国际范围内的市场机制，促进世界范围内基于减排活动产生的减排量的国别间转让。这一机制被认为是《巴黎协定》对清洁发展机制的继承。

与此相关的谈判仍在进行中，相关规则也将在2019年年底的第25届联合国气候变化大会（COP25）上落实：

• 2018年第24届联合国气候变化大会（COP24）未能就ITMO的规则达成协议，当时《巴黎协定》实施细则的其他部分已达成一致。ITMO的规则被推迟到COP25来解决。

• 在设计新的框架时，缔约方都在吸取清洁发展机制实施过程中的经验教训。谈判时要特别注意避免重复计算的规则，以确保国际合作机制健全。

• 然而，正如《巴黎协定》所规定的那样，贸易只需与随后的缔约方会议制定的指导方针"保持一致"，这种未能统一规则的情形并不妨碍缔约方开始考虑以合作方式来实现其国家自主贡献和长期目标。

总的来说，碳信用的转移很可能继续作为一种机制在国际上被采用，以促进成本有效的减排和资金的调动。《巴黎协定》第6条可以提供一个更为有力的框架，通过其新的集中机制和允许缔约方为满足其国家自主贡献而进行双边合作的规则，克服清洁发展机制中的一些关键缺陷。

注：清洁发展机制允许发展中国家的减排项目获得经认证的减排信用，这些信用可在排放交易计划中进行交易。核证的减排量收益的2%用于《京都议定书》所设立的适应基金。第24届联合国气候变化大会商定，基于市场机制的一部分收益将继续用于适应基金。

来源：Marcu, A. (2016) Carbon Market Provisions in the Paris Agreement (Article 6); AEA, et al. (2011) Study on the Integrity of the Clean Development Mechanism (CDM). Final report; Carbon Market Watch (2018) The Clean Development Mechanism: Local Impacts of a Global System; UNFCCC.

除了《巴黎协定》外，联合国还有许多合作机制。它们与国际航空和海运的减排极其相关：

- 这方面由专门的联合国机构负责，即国际民用航空组织（ICAO）和国际海事组织（IMO）。
- 这两个机构最近达成的协议迈出了限制行业排放的第一步（见专栏4.2，CORSIA）。

专栏4.2　合作减少国际航空排放

航空业对二氧化碳和非二氧化碳的增温作用都有贡献。如果任由其温室气体排放量增加，到2050年，在将温升限制在1.5℃或以下的情况下，它们将占全球累积碳预算的10%左右（注1）。

负责制定减少国际航空排放方法的机构是联合国的国际民用航空组织。

航空业的温室气体排放可以通过提高燃料效率、抑制需求增长和采用替代燃料来加以限制。然而，与其他部门相比，在航空部门实现大幅减排将更难（见技术报告第6章）。当前的趋势表明，航空业排放的很大一部分必须通过其他方面的减排或从大气中去除排放等方式进行补偿。

2016年，国际民航组织成员国通过了《国际航空碳抵消和减少计划》（CORSIA）：

- 这一计划将从2021年持续到2035年，在2026年之前是自愿的。计划规定了从2020年开始航空部门排放增长量的碳中和义务，即任何超过2020年水平的未减少的排放都必须通过购买减排量来抵消。
- CORSIA在其实施期（2021—2035年）内需要弥补的减排缺口估计在1.6~3.7 $GtCO_2e$ 之间，这意味着它可能是2020年后排放抵消的最大需求来源（Warnecke

等，2018）。因此，CORSIA下合格碳信用的完整性，对于其真正为全球减排努力作出贡献至关重要。

- 国际民航组织理事会最近批准了一套最终的排放信用资格标准，其中包括"不重复计算"（减排应仅计入一次的减排承诺中）和"永久性"（碳信用应具有永久性）等关键要素。由会员国专家组成的技术咨询机构负责根据这些标准选择合格项目。

从长期来看（注2），关于可靠碳信用的可用性和成本的不确定性，以及国际碳信用市场的更广泛发展可能会影响CORSIA计划的有效性。如果是这样，根据《巴黎协定》第6.2条建立的更广泛的合作机制可以通过双边协定为更强有力的标准提供另一条途径。

尽管面临挑战，CORSIA还是提供了一条限制2020年后航空排放的途径。它可以提供一项临时措施，使新的解决办法成为可能，并支持发展全球碳市场，特别是温室气体去除技术市场。然而，2020年的排放时限仅承诺到2035年，这与实现全球净零排放目标不匹配。国际民航组织应根据《巴黎协定》为航空排放制定一个长期目标，并使CORSIA与此保持一致。

注：（1）基于全球543 GtCO$_2$e的碳预算、IPCC的1.5℃情景（CCC analysis），以及2015—2050年56 GtCO$_2$e的预计航空排放量（2016年公布的碳简要分析）。（2）例如，美国环境保护基金（EDF）最近的一项研究对替代方案下的碳价格进行了建模，估计到2035年，碳价格将在7.6美元（目前的NDC目标）至70美元（兼容2℃）之间。

来源：ICAO（2016）Assembly Resolution A39-22/2; EDF（2018）Carbon prices under carbon market scenarios consistent with the Paris Agreement: Implications for the Carbon Offsetting and Reduction Scheme for International Aviation（CORSIA）; Warnecke, C., et al.（2019）Robust eligibility criteria essential for new global scheme to offset aviation emissions; ICAO（2016）ICAO Environmental Report 2016.

英国一直积极参与《联合国气候变化公约》、国际民用航空组织及国际海事组织的谈判。

4.2 英国目前为支持全球应对气候变化开展的活动

英国在应对气候变化方面一直走在国际前列，发挥了积极的示范作用，并开展了各种国际活动。本节将从如下几个方面进行介绍：

（a）治理和能力建设

（b）外交和谈判

（c）技术开发和共享

（d）气候金融

（e）碳市场

（a）治理和能力建设

英国 2008 年《气候变化法》是全球许多国家气候立法的典范。英国也是绿色金融倡议（见专栏 4.3）的推动者，并正在开展各种加强海外机构能力建设的活动。

专栏 4.3　绿色金融

绿色金融是指将私人投资引入可持续项目和基础设施（即具有积极的环境和/或气候效益），并将环境风险纳入财务决策。它包括"绿色债券"——专门用于对可持续性产生积极影响的项目的债券。

联合国环境规划署（UNEP）2016 年的一项调查显示，英国在全球绿色金融的发展中发挥了主导作用，并且通过提高对气候问题的关注度使其在一些领域成为领跑者。

● 英国有针对性的监管制度有助于推动绿色资产的大幅增长，截至 2016 年，英国占据了欧盟"创新金融"市场 80% 的份额。

● 2012 年成立的英国绿色投资银行是世界上第一家此类机构。它在为可再生能源项目融通资金方面发挥了重要作用，并在此之后会实现私有化。

● 2017 年，英国政府采纳了由 20 国集团金融稳定委员会（FSB）成立的气候相关金融披露工作组（TCFD）的建议，这些建议旨在将气候变化带来的风险和机遇纳入金融披露的主流。根据这些建议，英国于 2017 年成立了绿色金融工作组和一个新的绿色金融研究所，并承诺发布绿色金融战略。

● 在国际上，英国一直致力于通过进一步的举措加快绿色金融的发展，如在 2015 年与中国共同主持了 20 国集团绿色金融研究小组（G20 green finance study group），就如何在全球范围内扩大绿色金融的规模向 G20 成员国提出了建议。英国央行（Bank of England）是绿色金融体系网络（NGFS）的创始成员，为识别气候变化带来的金融风险和机遇开展了开创性的工作，这对其他金融机构来说是一个范例。

● 有些领域也需要进一步开展工作。金融出口往往支持高碳投资，与气候目标存在不一致。英国环境审计委员会（UK Environmental Audit Committee）最近发起了一项调查，调查英国金融出口对发展中国家化石燃料投资和补贴的规模和影响。它将研究可能的替代方案，以及政府解决这一问题的计划。

鉴于英国过去在这一领域取得的成功，以及其金融机构在全球的重要性，英国有能力推动绿色金融在国际上取得进一步进展。

来源：UNEP Inquiry（2016）Building a Sustainable Financial System in the European Union; Nannette Lindenberg（2014）Definition of Green Finance; The Green Finance Task Force（2018）Accelerating Green Finance; ICMA（2018）The Green Bond Principles; UN Environment: https://www.unenvironment.org/regions/asia-and-pacific/regional-initiatives/supporting-resource-efficiency/green-financing; UK Parliament: https://www.parliament.uk/business/committees/committees-a-z/commons-select/environmental-audit-committee/inquiries/parliament-2017/uk-export-finance-17-19/.

《气候变化法》使英国成为世界上第一个设定具有法定约束力的长期减排目标的国家。这部法律涵盖了气候变化的减缓和适应方面。

● 《气候变化法》框架的一个关键部分是，它将长期目标与较近期的政策要求联系起来。该法案要求，每五年一次的碳预算必须符合长期目标，并要求政府提出政策和建议，以实现这两个目标。气候变化委员会（CCC）是一个独立的咨询机构，必须每年向议会报告进展情况。

● 这一框架仍然是世界上最强的框架之一，使英国能够在国际上对气候行动产生影响。自该法案于2008年通过以来，其他几个国家已经通过了全面的气候立法，如墨西哥（2012年）和瑞典（2017年）等明确将该法律作为国内法律的范例。[1]最近，法国成立的气候行动高级理事会（HCAC）是一个独立机构，其作用与CCC类似。[2]该法律还被认为是"使英国能够在《巴黎协定》进程中发挥主导作用的因素之一"。[3]

● 委员会自身的经验是，其他国家对知识共享的需求很大。委员会及其工作人员与许多国家的代表团分享了支持能力建设的经验，这些国家包括加拿大、中国、法国、德国、日本、新西兰、菲律宾、葡萄牙、瑞典和韩国等。

其他成功的能力建设实例包括：英国科学家对国际气候科学和IPCC工作的贡献；加强可持续治理；可监测、可报告和可核查（MRV）；英国在供应链方面的贡

---

① 墨西哥于2012年通过了《气候变化普通法》（General Law on Climate Change），瑞典于2017年通过了《气候法案》（Climate Act）。

② The Tyndall Centre（28 November 2018）'Corinne Le Quére becomes Chair of France's first climate change committee'. Available at: https://www.tyndall.ac.uk/news/corinne-le-qu%C3%A9re-becomes-chair-frances-firstclimate-change-committee.

③ Fankhauser,S.,Averchenkova,A. and Finnegan,J.（2018）10 Years of the UK Climate Change Act.

献（如制止森林砍伐，包括通过《联合国气候变化框架公约》关于减少森林砍伐和森林退化造成的排放的 REDD+ 计划）；[①] 其他新的倡议，如英国加速实行气候转型伙伴关系方案（PACT）等。[②]

（b）外交和谈判

英国在推动国际气候协议方面始终发出积极的声音，并在更广泛的国际背景下产生了积极影响。

● 英国还是欧盟成员时，参与了《联合国气候变化框架公约》的谈判，并常常引领谈判。人们普遍认为，英国在《巴黎协定》的谈判中发挥了主导作用[③]。

● 英国也是雄心壮志联盟（High Ambition Coalition）的发起国之一。这是由发达国家和发展中国家组成的在国际气候谈判中分享最大雄心的联盟。该联盟在《巴黎协定》的制定中发挥了关键作用[④][⑤]。

● 在 ICAO 和 IMO 内部，英国在国际航空和国际海运问题上一直具有一定的影响力。例如，英国为最近通过的 CORSIA 碳信用"附加性"和"不重复计算"标准提供了有力的支持，并领导一批国家来推动 IMO 制定更远大的目标。

● 英国于 2017 年 11 月与加拿大共同启动了电力去煤化联盟（Powering Past Coal Alliance，PPCA）。该联盟向其成员提供知识共享和专家支持，以帮助成员尽快减少煤电使用。越来越多诸如墨西哥的中型煤炭用户国加入了该联盟，而且英国也参与到一些与南非和德国等较大煤炭用户国的早期对话当中。

● 英国已经通过其他渠道，包括外交和联邦事务部[⑥]、G7 和 G20、联合国安理会及其他"软外交"路线积极主动地开展主流气候谈判。英国最近还承诺在 2019 年 9 月举行的联合国秘书长峰会上发挥领导作用。

英国的外交影响力日益增长，因为其在经济增长的同时也能够减少排放（如图 1-3 所示），而且还具有强大的法律框架（如《气候变化法》）。

---

① See for example：PWC（2011）Funding for forests：UK Government support for REDD+.

② 《联合王国公约》(The UK PACT)方案是 BEIS 国际气候融资组合的一部分，在双边关系的基础上提供有针对性的气候融资支持，以支持体制改革，并协助各国进行基础设施和资本建设。该项目为期两年，目前的两年期项目有 6 000 万英镑的可用资金。

③ Fankhauser,S.,Averchenkova,A. and Finnegan,J.(2018)10 Years of the UK Climate Change Act.

④ The European Commission（12 December 2018）COP24：EU and allies in breakthrough agreement to step up ambition.

⑤ 值得注意的是,迄今已通过净零排放目标(见表 4-1)的 14 个国家大多数都是该联盟的一员。

⑥ UK Parliament(2010)The Role of the FCO in UK Government.

（c）技术开发和共享

在全球范围内，由于近年来可再生能源成本的快速下降，脱碳挑战现在似乎变得更加容易应对（见第3章）。

英国海上风电部门为这项技术的进步作出了重大贡献。其一直是全球最大的市场（2017年英国的装机容量超过全球的1/3[①]），海上风电技术的成本大幅度下降，使得在欧洲签订的合同项目都没有或只有很少的补贴支持。促进成本下降的英国机构也参与了国际合作。例如，Offshore Renewable Energy Catapult一直在帮助解决中国市场的技术和工程挑战。

英国工业和研究中心也参与了其他低碳技术和知识领域的国际合作。虽然这些举措的影响难以评估，但是定性证据表明其取得了积极成果（见专栏4.4）。

专栏4.4　英国在低碳技术方面开展的合作

● 碳捕集与封存技术（CCS）。英国已与包括中国、墨西哥和欧盟成员国在内的各国分享CCS的知识。这包括在交付大规模商业CCS项目（如前端工程和设计合同）方面提供实际支持；领导一个国际工作组加速CCS的部署并参与创新使命（Mission Innovation，致力于加速清洁能源创新的全球倡议）；通过英国CCS研究中心进行海外合作（如与加拿大、澳大利亚、荷兰、中国和美国合作）。

● 电池技术。该技术在化工和汽车电池行业中不断进步，有可能在英国国内提供电池制造所需的重要材料。政府通过推动电池在电动汽车方面的应用研究，来支持电池行业发展，如通过法拉第电池挑战赛设立了2.46亿英镑的基金，作为产业战略的一部分。

● 太阳能光伏技术。许多英国研究机构正在引领太阳能光伏技术的发展，其中包括与印度和埃及等国家的国际合作（如斯望西大学领导SUNRISE项目在印度偏远乡村开发太阳能）。

● 英国研究与创新机构（UKRI）为多项合作计划提供资金，其伙伴关系和研究领域的资金总额达70亿英镑。它设立了全球挑战研究基金（Global Challenges Research Fund，GCRF），该基金用来资助具有变革性影响（包括对气候变化）的可持续发展研究计划。

● 在发展中国家、中等收入和高收入国家中开展的知识共享案例还包括：发

---

① Global Wind Energy Council：https://gwec.net/global-figures/global-offshore/.

展创新的生物质供应链，共享微电网技术（用于偏远地区的分布式光伏）和氢能（如与加拿大的合作，以及参与欧洲EUROfusion合作研究项目，旨在开发核聚变动力反应堆）。

更广泛地讲，全球供应链——从太阳能电池板到LED和电池技术——对于降低清洁能源技术的成本至关重要。英国通过其开放的市场和完善的金融机构对此作出了贡献。

基于如上案例，英国完全有能力推动技术在国际上的发展和传播，并不断降低成本。英国政府已采取了一些初步措施来支持这一目标，并且在研究和创新领域进行投资，以此作为其工业战略的一部分。

(d) 气候金融

气候金融是可持续财政的一种形式，也是《巴黎协定》的一种合作机制，可用于资助技术开发和转让、治理和能力建设。

• 英国与其他发达国家一起，在2009年承诺每年从公共和私人来源筹集1 000亿美元，用于支持发展中国家的气候行动。该承诺将持续到2025年，届时将设定新的更高目标。

• 这些资金通过多种渠道提供，包括多边和双边资金（如UNFCCC的绿色气候资金）、多边发展银行（MDB）的贷款，以及私人管理的资金。

在英国，气候融资基金是海外发展预算（Overseas Development Budget，ODA）的一部分，通过国际气候基金（International Climate Fund，ICF）筹集。

• ICF由BEIS、Defra和DfID共同管理，其资金用于减缓和适应活动。

• 它占ODA预算的近8%。ODA预算设定为国内生产总值的0.7%，从2010年的84.5亿英镑[1]增长到2017年的141亿英镑。[2]

• 英国政府为2011—2015年的气候金融活动支付了39亿英镑（每年约8亿英镑），最近承诺在2016—2021年间支付58亿英镑。

• 尽管迄今为止气候金融主要是通过多边基金和开发银行提供的，但这一趋势正逐渐转向双边协议。

援助影响独立委员会（Independent Commission for Aid Impact，ICAI）最近进行

---

[1]　Fitzsimons,E.,Rogger,D. and Stoye,G.(IFS)(2012)UK development aid.

[2]　DfID(2018)Statistics on International Development. Final UK Aid spend 2017.

的绩效评估总体上是积极的。它发现英国作出了"战略选择"，以增强ICF结构的连贯性，并日益致力于产生变革性影响。[1]然而，其捐款的低可见度削弱了其示范作用和影响。

英国的气候金融一直支持全球多项工程和项目。虽然不一定能量化地给出这些措施带来的减排量，但有证据表明，这些举措迄今为止已经产生了积极的影响。

• 资助项目包括减缓和适应（从太阳能到红树林恢复）技术和机构能力建设、购买碳信用以收紧国家排放交易总量（如通过CDM），[2]以及与产生减排的政策相关的支出。

• 这些项目有助于减少排放、建立清洁能源装置和提高清洁能源利用率。它们也有助于降低某些低碳技术的成本，如摩洛哥的集中太阳能发电项目。[3]

• 过去，气候金融主要用于单一项目或计划，以反映CDM下更广泛的UNFCCC合作结构。其重点正慢慢转向支持全国性计划和国家长期战略（如加速实施气候变化伙伴计划，Partnering for Accelerated Climate Transitions programme，PACT）。

其他引领气候行动的国家也采取了许多不同的方法来开展气候金融（专栏4.5）。

专栏4.5　其他引领气候行动的国家采用国际气候金融方法的案例

• 日本－联合信用机制（the Joint Crediting Mechanism，JCM）。这是日本政府发起的基于项目的双边抵消信贷机制，旨在促进低碳技术的传播。JCM产生的信用额在日本和项目所在国之间共享，并计入各自的温室气体减排目标，但目前不能在该计划之外进行交易。项目注册表有助于避免相关减排量的重复计算。JCM被视为《巴黎协定》第6条规定的可能的合作方式之一。

• 法国－法国发展局（the French Development Agency，AFD）。法国发展局将气候变化列为其五个关键的优先发展领域之一，为ICF作出了贡献。贡献总量预计从2015年的每年30亿欧元增加到2020年的每年50亿欧元。法国发展局已经实现了2013年设定的目标，即至少有50%的受支持项目将获得气候协同收益。

• 德国的气候金融强调双边合作。很大一部分联邦气候融资基金来自互促发展的双边合作（这一占比在2015—2016年约为85%，而多边基金的占比为15%）。国际气候资金和传统发展方案的结构相同，但对气候活动的贡献程度不

---

① 　ICAI（2019）International Climate Finance：UK aid for low-carbon development. A performance review.

② 　请注意，通过官方发展援助基金购买的国际碳信用不能计入减排目标。

③ 　IRENA（2018）Renewable Power Generation Costs in 2017.

同（称为"与气候相关"的发展合作）。为确保透明度，德国政府公布了一个从不同来源收集的德国气候资金的信息数据库。

- 挪威的国际气候与森林倡议（Norway's International Climate and Forest Initiative，NICFI）成立于 2008 年，目前计划运行至 2020 年。它主要由挪威发展合作署（Norway's Agency for Development Cooperation，NORAD）管理。该倡议与主要的森林国家建立了一系列大规模的合作伙伴关系，并且承诺每年提供 30 亿挪威克朗（约 3 亿英镑）的资金。

来源：Asian Development Bank （December 2016） Joint Crediting Mechanism: An Emerging Bilateral Crediting Mechanism; the French Government （11 December 2018） France increases its contribution to climate funding; German Climate Finance: http://www. germanclimatefinance. de/; NORAD: https://norad. no / en / front / thematic-areas / climate-change-and-environment / norways-international-climate-and-forest-initiative-nicfi/.

(e) 碳市场

碳市场是国际应对气候变化行动的有力支撑，因为它既能够提供可获得成本效益的减排方案，又能够作为资金来源。有一些证据表明，碳交易有助于降低减排成本和激励创新。[1]然而，为了激励低碳投资，碳价格需要足够高。

英国主要通过欧盟排放交易市场（EU ETS）来参与碳市场，并且英国是其中关键的架构者之一：

- 截至 2016 年，EU ETS 覆盖了欧盟排放量的约 40%，[2]并且是仅次于中国（碳交易比欧盟晚许多年才开始进行）的全球第二大碳市场。

- 英国在碳排放交易系统规则的建立和设计中发挥了关键作用，如在 2002 年开始运行 UK ETS，以此作为 2005 年启动的欧盟计划的试点。

- 该计划涵盖的 11 000 个运营商中，有 1 000 个位于英国，其排放量约占欧盟 ETS 排放量的 10%。[3]

---

① Cludius, J. et al. (2019) Cost-efficiency of the EU Emissions Trading System: An Evaluation of the Second Trading Period.

② 根据公布的欧洲经济区数据，2016 年欧盟温室气体排放量约为 4.4 GtCO₂e，欧盟 ETS 下的验证排放量为 1.7 GtCO₂e。

③ EEA EU (10 July 2018) Emissions Trading System Data Viewer.

● 在 2013—2017 年的 5 年中，英国净购买了 1.05 亿个 EU ETS 排放配额。[①]迄今为止的交易配额还包括购买过的有限数量的国际碳信用。在 EU ETS 的下一阶段（自 2021 年起）将不再允许这样做。

过去，EU ETS 的效率一直受到配额供应过量的限制，从而导致了碳价格较低。为了解决这一问题，一系列机制也慢慢地建立起来以确保更高的碳价：

● 在欧盟层面，EU ETS 的排放总量上限将随时间的推移而降低，而过度分配问题则通过折量拍卖（backloading）和市场稳定储备（Market Stability Reserve，MSR）这两项关键措施得到解决。[②]在进行了这些改革之后，配额价格从 2012 年 3 月的 7 欧元/吨逐渐升高到 2019 年 3 月的 22 欧元/吨。[③]

● 英国于 2013 年引入了排放配额的价格下限政策。到目前为止，这一举措已使 EU ETS 价格每吨增加 18 英镑，并且使英国 2013 年至 2017 年的燃煤发电量下降了 83%。[④]英国还建立了一些机制（如补偿和免税）来处理超高耗能行业的竞争力问题。

退出欧盟后，英国排放交易的未来存在不确定性。委员会此前曾表示希望英国继续留在 EU ETS 中。[⑤]

英国还通过 CDM（专栏 4.1）和其他自愿抵消机制购买了一定数量的核证减排量（CERs）。英国通过各种渠道购买这些核证减排量，如 EU ETS 下的运营商（2020 年以后将不再允许）、国际气候基金（如先收紧总量，之后再冲销）、个人消费者和企业（包括来自 CDM 以外的自愿性计划）。

英国为全球的碳定价机制作出了很大的贡献，包括通过世界银行的各项举措，如市场准备伙伴关系（Partnership for Market Readiness，PMR）、试点拍卖机制（Pilot Auction Facility，PAF）和最新的基于结果来支付的变革性碳资产基金（Transformative Carbon Assets Facility，TCAF）。为此，英国还向 EU ETS 分享了自身的经验，以帮助其他国家建立自己的碳市场。

凭借自身成熟的碳市场和相关的专业知识，英国在进一步推动全球碳市场发展方面处于有利地位。

---

① BEIS(2018)Final UK greenhouse gas emissions national statistics:1990-2017.

② Backloading 是一项短期措施，将 9 亿配额的拍卖从 2014-16 推迟到 2019-20。Market Stability Reserve(MSR)是一项长期措施，以调节流通中的配额数量。DG CLIMA,https://ec.europa.eu/clima/policies/ets/reform_en.

③ Sandbag Carbon Price Viewer, last accessed in April 2019. https://sandbag.org.uk/carbonprice-viewer/.

④ BEIS(2019)Energy Trends.

⑤ 一些非欧盟国家是欧盟 ETS 的成员国(如挪威、冰岛)。

4.3　加大努力：形成长期承诺并更具雄心

本节将介绍其他新兴气候领导者（包括国家和非国家行动者）的长期承诺和雄心。本节旨在让英国意识到，随着新兴气候领导者数量的增加，英国要想保持原有的领导者地位，至少需要与其他主要领导者和欧盟所设定和考虑的减排承诺保持一致。

自从签署《巴黎协定》以来，世界许多国家陆续作出减排承诺，以增强全球减缓气候变化的雄心，但是只有其中少数的承诺被转化为国内框架：

● 阿根廷、印度尼西亚和摩洛哥这三个国家在将其国家自主贡献预案（INDC）（在签署《巴黎协定》之前作出的承诺）转化为国家自主贡献（NDC）时，采用了更加严格的目标。[①]

● 摩洛哥、尼泊尔、斯里兰卡、巴基斯坦、乌拉圭和委内瑞拉这六个国家在修订其国家自主贡献时宣布了新的补充承诺和行动（世界资源研究所，2018）。

● 一些国家对国家自主贡献其他方面的更新增加了国家减排承诺的透明度，如明确了达到其国家自主贡献时的具体排放水平（阿根廷、加拿大、摩洛哥和乌拉圭）、明确了其行动预计可节省的排放量（伯利兹），或提供有关如何实施和监测其国家自主贡献的信息（贝宁、摩洛哥、巴基斯坦和斯里兰卡）。

● 尽管大多数国家和地区都在其 NDC 中制定了整个经济领域的减排目标，但只有少数国家和地区将其转化为国内框架。目前，只有 6 个国家的 NDC 设定了2030 年以后的经济领域减排目标，只有 16 个国家和欧盟在其法律和政策中这样做了。[②]

各国也已开始表示，有意在 2020 年年底之前提高 2030 年前的 NDC 目标。

● 雄心壮志联盟（The High Ambition Coalition）已表示其打算在 2020 年年底之

---

① 根据世界资源研究所（WRI）发布的 2018 年分析报告，阿根廷和印度尼西亚已明确了各自的目标定义，预计 2030 年两国二氧化碳排放量增加约 1 亿吨。摩洛哥将其减排承诺从"一切照旧"的 13% 提高到 17%。https://www.wri.org/blog/2018/04/insider-whats-changing-countries-turn-indcs-ndcs-5-early-insights.

② Alina Averchenkova (2019) Legislating for a low carbon and climate resilient transition: learning from international experiences.

前提高 NDC 目标。[①]

• 马绍尔群岛（雄心壮志联盟的一员）成为第一个提交更新 NDC 的国家，其确定了到 2030 年将温室气体排放量相比 2010 年减少 45% 的指示性目标（此前，它在《巴黎协定》中承诺到 2025 年将温室气体排放量减少 32%）。虽然马绍尔群岛的排放量和 GDP 在全球排放量和 GDP 中只占很小一部分[②]，但它们与小岛屿国家联盟的其他成员一样，受气候变化的影响较大，因此在全球气候谈判中有重要的发言权。

美国已经宣布退出《巴黎协定》，并已停止执行其现有的 NDC。等到 2020 年 11 月 4 日，即下一届美国总统大选后的第二天，美国才会完全退出。尽管如此，雄心仍在次联邦一级留存，许多联盟承诺继续实施美国 NDC。

• "我们仍然在"（We are Still In）、美国承诺（America's Pledge）和美国气候联盟（United States Climate Alliance）等都是次级联邦政府联盟，它们承诺进行具有雄心的气候行动。

• 美国有 19 个州已经作出了可量化的温室气体减排或可再生能源发展承诺。有 16 个州已表示愿意在美国气候联盟的基础上实现《巴黎协定》的目标。其中还包括加州（一个与英国相当规模的经济体），它以行政命令的形式承诺在 2045 年将排放量减少到净零。综合起来，美国所有支持《巴黎协定》的州、城市和企业的联盟，其温室气体排放量占到美国温室气体排放量的 37% 左右。[③]

其他国家也陆续作出其长期减排承诺，包括一些旨在实现净零排放的目标，见表 4-1。

• 已有 11 个国家制定了本世纪中叶的长期温室气体低排放发展战略，这些战略都已提交给 UNFCCC。根据《巴黎协定》的要求，其他国家都必须在 2020 年年底之前提交本世纪中叶的战略。

• 通过 2050 发展路径平台（Pathways Platform），19 个国家和 32 个城市承诺制定长期的、低排放的、具有气候恢复力的发展战略。

[①] European Commission：https://ec.europa.eu/clima/sites/clima/files/news/20181211_statement_en.pdf.

[②] 2017 年，马绍尔群岛的二氧化碳排放量为 12 Mt，而全球二氧化碳排放量接近 41.2 Gt。其 2017 年的国内生产总值约为 2 亿美元，而全球生产总值接近 81 万亿美元。

[③] America's Pledge（2018）Fulfilling America's Pledge.

表4-1   其他国家和地区作出的净零排放承诺

	净零排放：二氧化碳或温室气体	实现目标的时间	执行形式	其他信息
净零目标仍在考虑中				
欧盟	温室气体	2050	委员会提案	提案包括在不使用国际碳信用的情况下实现目标的详细设想，包括土地利用
法国	温室气体	2050	法案：尚未立法	提供在不使用国际碳信用的情况下实现目标的方案
新西兰	待定	2050	法案：起草中	高农业排放使所有温室气体目标面临挑战
已采用净零目标				
瑞典	温室气体	2045	立法	允许最多15%的抵消，不包括航空和海运
丹麦	未知	2050	立法	立法目标是建立"低排放社会"，战略文件规定了"气候中性社会"
挪威	温室气体	2030	议会协议	允许使用国际碳信用
加利福尼亚	未知	2045	行政命令	发布的最新详细信息较少
不具法律约束力的净零目标和愿景				

其他一些国家也有在本世纪中叶或更早的时候实现净零排放的目标和雄心。它们包含在国家自主贡献和战略文件中，但不具有法律约束力。这些国家包括：埃塞俄比亚（长期）、哥斯达黎加（2021年二氧化碳排放量、2085年温室气体排放量）、不丹（已经是碳中和国家）、斐济（2050年）、冰岛（2040年）、马绍尔群岛（2050年）和葡萄牙（2050年）

注：哥斯达黎加和不丹拥有大量的陆地碳汇，并将土地利用纳入其目标。瑞典将其目前的陆地碳汇排除在其目标之外，尽管额外的去除量可以算作15%的抵消。挪威2017年《气候变化法》提出到2050年成为"碳中和社会"的目标（温室气体排放量比1990年减少80%~95%）。最近，挪威政府接受了议会的建议，将该日期提前到2030年，允许通过使用碳信用进行抵消。

来源：CCC analysis.

净零排放承诺的定义也因实现零净排放的时间、实现目标的机构实力（见表4-1）不同而发生变化。目前有许多发达国家和发展中国家作出了净零排放的承诺。欧盟和其他一些富裕的发达国家已经设定或正在考虑在2050年或之前实现温室气体净零排放的目标。

- **欧盟委员会**提出了到2050年实现欧洲温室气体净零排放的愿景。这包括土地利用变化和林业碳汇（LULUCF），[①]但不包括任何国际碳信用的使用。这还不是一项立法提案，但得到了欧盟议会的支持。
- **瑞典**成为2017年第一个对温室气体净零排放目标立法的国家。它承诺到2045年实现净零排放，即与1990年的国内水平相比，至少减少85%的温室气体排放，最多有15%的减排来自国际碳信用、土地碳汇的增加或其他温室气体去除工程。与英国当前根据《气候变化法》制定的2050年目标不同，国际航空和海运业的温室气体排放未包含在瑞典的目标中。
- **法国**拟订了一项气候行动计划，提出了2050年温室气体净零排放的目标，并且正在制定一项法案，将于春季提交给议会。

更广泛地看，一些非国家行为体也在作出具有雄心的承诺。它们包括：企业（如西门子对碳中和的承诺，以及联合利华到2030年消除其运营中所需化石燃料的雄心）；城市（如C40城市承诺实施政策以确保到2030年新建建筑的碳排放量为零，到2050年所有建筑物的碳排放量为零[②]）和地区（如澳大利亚的几个州推出了一些其他形式的净零排放目标）。

总的来说，跟随气候领导者并设定到2050年或之前实现温室气体净零排放的目标，正成为新的发展方向。

4.4 英国所支持的加强全球减排的优先事项

本节主要借鉴了英国国际咨询小组的工作（见专栏4.6）。国际咨询小组是一个由来自公共部门、商界、学术界和非政府组织的独立专家组成的小组。它的成立是为了支持和客观评估气候变化委员会在国际背景下在英国行动方面的工作。具体而言，该小组的工作集中在英国优先支持的领域，以最好地支持全球实施《巴黎协定》。

该小组的总结发现和建议将与本报告一并公布。气候变化委员会同意该小组确

---

① 2015年，欧盟的平均土地利用变化和林业碳汇为 $-0.6\ tCO_2$/人，高于英国（ $-0.1\ tCO_2$/人）。The World Bank（2019）Population，total；the ONS（2018）Population estimates；the EEA（2018）Greenhouse gas data viewer；BEIS（2019）Final UK greenhouse gas emissions national statistics 1990–2017.

② C40城市是一个由94个世界最大城市组成的知识共享网络，代表超过6.5亿公民、1/4的全球经济体量和2.4 $GtCO_2e$ 的排放量。https://www.c40.org/.

定的行动理由和优先领域。

（a） 为什么英国设定一个更具雄心的净零排放目标很重要

其他气候领导者——国家和非国家行为体——已经设定或正在考虑到 2050 年或之前实现温室气体净零排放的目标。如果英国的减排目标实现得更晚或者力度更小，将破坏全球减排信心，尤其是对在 2020 年提出要在 2050 年实现温室气体净零排放目标的欧盟来说。而且，这也将削弱英国在应对气候变化方面的领先地位，因为这可能不被看作对《巴黎协定》目标的可信贡献。

这是咨询小组的主要结论之一：英国应该设定比整个世界更具有雄心的目标。这也反映在第 3 章中提出的证据和结论中。

● 如果要实现《巴黎协定》将温升控制在 1.5℃ 以内的目标，全球最迟要在 2050 年左右实现二氧化碳净零排放。第 3 章的结论是，英国需要设定一个更具雄心的目标，以明确显示与《巴黎协定》全部内容的一致性。第 5 章中的情景表明，英国要实现二氧化碳净零排放，就需要在 1990 年的基础上实现温室气体减排 95% 以上。

● 英国自身的能力意味着其完全能够在全球的目标时间之前实现净零排放。公平理论也指出，英国有能力将这个目标实现得更好。到 2050 年减少 100% 的温室气体排放量，是英国为证明与《巴黎协定》目标一致所需作出的最小程度的努力，英国作为一个历史排量较大的较富裕的发达国家正在发挥表率作用。

因此，委员会同意国际咨询小组的结论，即如果英国想要成为气候变化事务中的国际领袖，它必须至少在 2050 年前实现温室气体净零排放。所以设定这一目标将加强英国对气候变化事务的领导力，并有助于鼓励其他国家加强各自的减排雄心。相反，一个较低的减排目标可能会对其他国家造成消极影响。

英国应该通过积极行动来强化国内达成净零排放目标的雄心，以最大限度地发挥其影响力。同时这些措施还将支持发展中国家进行可持续发展路径转型，并有助于发展长期所需的温室气体去除技术市场（见第 3 章）。英国完全有能力为这一全球努力提供进一步支持。

（b） 英国行动的优先事项

英国的优先事项应该是对全球向低碳经济转型影响最大的行动，同时要与实现可持续发展目标（SDGs）保持一致，并在具有特殊优势的领域发挥作用。

这个时机对于英国支持全球行动是有利的（如图 4-1 中的时间线所示）。在 2019 年 9 月举行的联合国气候行动峰会中，《巴黎协定》下的全球棘轮机制及第 26

届联合国气候变化大会（COP26）等都为增强全球雄心提供了机会。英国可以利用这些机会来鼓励其他国家在类似的时间安排上实现净零排放并共同行动。

图4-1　全球减排努力棘轮机制时间表

来源：CCC analysis.

咨询小组确定的英国减排行动优先领域简述如下（详细内容见专栏4.6）。英国应该：

● 以身作则，包括：在不损害经济增长的前提下继续减少排放（这需要我们不断取得进步，从电力部门逐渐扩展到整个经济领域）；审查公共投资；从高碳基础设施上转移投资；进一步增加对低碳技术的投资并促进其推广。

● 利用自身的外交和政治影响力，包括：引领可持续金融的发展；保持开放的市场，并促进与气候目标和低碳解决方案投资相适应的国际贸易；将气候因素纳入外交和安全政策的主流；加强治理（生物质和碳去除技术），基于现有的最佳证据对气候变化有更广泛的理解；影响谈判。

● 有针对性地利用气候资金来推动发展中国家进入低碳发展道路：在该领域过去的成功基础上，开发具有变革性影响的项目；继续加大对双边项目的重视，最大限度地发挥影响力和提高知名度；发挥多边发展银行的领导作用；加强"迄今为止在供应链方面的出色工作"（如制止森林砍伐）。

● 咨询小组还提出了有助于国际碳市场积极发展的案例。其认为，从长远来看，英国可能需要有条件地使用国际碳信用，将其作为一种应急措施，但这仅限于去除温室气体。

专栏 4.6　国际咨询小组关于气候领导力和标志的建议

国际咨询小组（AG）由独立的外部专家组成，旨在从国际视角支持和评估气候变化委员会的长期目标。该小组考虑了英国采取的额外减排行动如何能够最好地支持全球实施《巴黎协定》。国际咨询小组的发现和建议与本报告一起发布。

国际咨询小组一致认为，迄今为止，英国一直是应对气候变化的全球领导者，并且有充分的理由继续保持这种领导地位。

在设定净零排放目标之时，国际咨询小组成员得出如下结论：

● "英国应设定一个明确和更具雄心的净零排放目标，以反映其政策承诺和法律义务……净零排放目标将是向英国和国际企业发出的有力信号，有助于降低转型成本。"

● 考虑到成本优化模型忽略的历史排放、能力、领导力和政治因素，"英国应将其实现净零排放目标的日期设定得比全球更早"。

● "英国净零排放目标的最新日期将是 2050 年，这一目标在国际上是公认的，并将保持英国的领导地位……其他有类似设想的国家和地区正在提议 2050年（如欧盟、加利福尼亚州）或更早的日期（瑞典）。"

● "英国将实现净零排放目标的日期定在 2050 年之前会在国际上产生更大的影响……可能会有可信的选择来设定这样一个更早的日期……2045 年的温室气体净零排放目标可能会对确保欧盟采纳委员会提出的雄心勃勃的气候中和目标具有影响力。"

除了设定更具雄心且及时的净零排放目标外，国际咨询小组还确定了可供英国使用的更广泛的选项，以影响全球的进一步发展。这些问题主要集中在四个方面：以身作则、发挥其现有的外交影响力、有针对性地利用气候资金，以及国际谈判。通过这四个方面，英国能够对其历史排放问题进行补偿。

国际咨询小组还认识到，长期使用国际碳信用的理由十分有限。这些措施不应替代更具雄心的目标和国内行动，而且它们可能很昂贵。它们应仅限于负排放，并且应通过制定严格的标准来减少相关风险。国际咨询小组还承认，对于航空和海运等行业（目前其减排技术手段有限）而言，碳市场可以在短期内成为实用的解决方案。

注：咨询小组的成员有 Mike Barry（Marks 和 Spencer），Peter Betts（独立顾问，AG 主席），Bernice Lee（英国皇家国际事务研究所），Nick Mabey（E3G），Prof Julia Steinberger（利兹大学）和 Prof Jim Skea（伦敦帝国理工学院）。委员会成员 Corinne le Quéré 也参加了小组会议。

英国表示有兴趣主办 2020 年联合国气候变化大会（COP26），这是《巴黎协定》进程中至关重要的一步。设定一个更具雄心的温室气体净零排放目标将提升英国的国际地位，使其成为气候谈判中有力的东道主和增强全球减排努力的有影响力的召集人。

(c) 国际碳市场的作用

尽管英国的目标是在不使用碳信用的情况下实现新的建议目标，但英国也应采取积极行动以确保开发有效的碳信用市场和规则。

英国可以采取措施，确保其能够在长期内获得真正额外的碳信用。一些碳信用的购买可能会支持《巴黎协定》规定的全球行动，并有助于英国以极具成本效益的方式实现目标。

• 应尽可能获得真正额外的碳信用。《巴黎协定》第 6.4 条提出了减排成果的国际转让，第 6.2 条还允许各国之间签订双边协议，这意味着如果第 6.4 条的谈判无法得出令人满意的结果，英国将被允许自己制定有效的碳信用标准。

• 一些碳信用可以支持必要的全球行动。我们在第 3 章中提出的情景涉及发展中国家和中等收入国家高成本的投入（如 CCS 技术和温室气体去除技术）。这可能需要持续的资金支持，碳市场和碳信用的交易刚好可以作为资金来源。

• 一些碳信用的使用可以被证明是具备成本效益的。我们建议的英国减排目标超出了全球平均水平。有这样一种可能性——即使英国的碳排放量增多一点，只要从其他地方购买碳排放单位，它的碳排放量仍有可能与全球水平相当。我们在第 5 章中提出的情景还涉及大量的温室气体去除技术，其中一些技术在世界其他地区（如土地、太阳能或生物量资源较多的地区）可能更便宜。

任何使用国际碳信用来实现目标的行为都应以其完整性和稳健性为条件：

• 英国应制定明确的原则，以确保这些原则反映的减排量至少等于通过国内努力实现的减排量。

• 国际碳信用的使用应支持真正和永久性的减排或去除，并确保这些减排或去除是符合环境完整性和可持续发展目标的。国际碳信用购买的完整性一般原则见专栏 4.7。

专栏 4.7　稳健的碳信用购买标准

我们建议英国建立明确的原则和规则，以识别稳健的碳信用购买并最大程度提高其完整性，这反映了它们的重要性：

• 任何使用国际碳信用的行为都需要明确有效的原则和规则，以符合目标合规性。《气候变化法》要求气候变化委员会就是否可以将特定机制下的碳信用用于实现该法中的目标而提出建议。

• 通过设立一个基准，这些原则和规则也可以积极促进碳信用国际市场更广泛地发展。

• 这些原则应该借鉴过去的经验教训，并尽可能避免影响清洁发展机制和其他现有计划的缺点。

根据对利益相关者的咨询和有针对性的文献回顾，我们确定了以下原则：

• 等价性。任何一个国际碳信用单位都应该具有明确的长期气候效益，至少应该与英国一个单位的二氧化碳减排效果是一样的。

• 额外性。产生碳信用的活动应真正推动额外的减排（即在没有这种活动的情况下不能实现减排）。

• 永久性。产生碳信用的活动应使温室气体从大气中永久减少或去除。

• 可持续性。产生碳信用的活动需要支持更广泛的可持续性目标：

—它们应尽量不造成净损害，维护和增强环境完整性，与可持续发展目标相一致，不使当地社区处于不利地位。

—在理想情况下，它们应能够为环境和社会带来协同利益（例如，生态系统服务对当地经济发展有支持作用）。

—因此，它们应确保土地和生物质得到可持续利用。

为了实施这些标准，我们需要一个强有力并且透明的治理框架，致力于统计和计量，以及监测和核查问题：

• 第6.2条规定，缔约方应"采用……健全的统计准则"。治理应确保对排放量及活动产生的其他影响进行有效的衡量和核算。

—这包括严格的减排计算及碳信用所有权的明确分配。

—最重要的是，统计准则将需要确保减排量不被重复计算。

—统计准则还应考虑NDC的差异（例如，是否具有整个经济总量的上限，或以非温室气体指标表示），并处理跨年度的碳信用贸易（即不同年份）。

• 治理系统应透明，并应通过独立审计确保强有力的监测和核查。

下面介绍一些可行的方法来实施这些原则。

• 列出合格项目。将碳信用的购买限制在某些类型的活动范围内，这有助于减轻特定的风险，例如：

—将碳信用的购买限制在温室气体去除工程（GGR）范围内，可以帮助实现"等价性"。在其他地方进行（低碳）去除将带来长期的气候效益，而且这一效益至少与英国每单位二氧化碳去除的效果是一样的。像直接空气捕集这样的工程方法，由于其具有可扩展性，本身不受土地供应的限制，所以它们不会降低其他国家的减排能力。

—排除某些类型的项目，如大型水电或风电项目，可以降低不能提供"额外"减排的风险。一些认证标准（如碳核查标准）和国家（如挪威）已经这样做了。

●选定的伙伴关系有助于制定高质量的标准。

—雄心目标。在国家自主贡献范围内购买碳信用，以及从那些有雄心勃勃的NDC的国家购买碳信用，都有助于确保碳信用的质量和额外性（注意，在NDC之外，碳信用仍然可以用作调动资金的工具）。

—双边伙伴关系。这有助于确保交易双方达成明确和有力的协议。比如在避免重复计算的问题上，对于已经与瑞士签订双边条约的国家，瑞士的Klik基金会（代表瑞士汽车燃料进口商履行减排义务）将限制向其活动提供资金，以确保排放单位的具体质量要求得到满足。

●同样，为选择碳信用制定明确和详细的规则也有助于确保更高的标准。但从长远来看，现在很难确定什么是正确的规则。

—不过，这类方法也有一些例子。例如，德国联邦政府通过购买CDM下的碳信用来抵消其工作人员的旅行排放。CDM规定了有资格获得资助的活动和评价项目投标质量的详细标准（例如，根据对可持续发展目标的贡献）。

—规则应鼓励具有最大变革潜力的活动。

—技术机构的任务可以是制定或解释规则（如CORSIA的技术咨询机构），但需要确保机构的独立性。

关于第6条的谈判为国际社会提供了一个建立强有力和可信的集中市场机制的机会。不过，根据谈判结果，英国可能需要制定更具雄心的规则，并通过双边协议（根据《巴黎协定》第6.2条）实施这些规则。《气候公约》之下的国际指导可能不够详细，无法保证有力的原则得到有效执行。

这些标准只是一个起点，鉴于《巴黎协定》机制尚未完全确定，这些标准在现阶段无法完全确定。之后，随着第6条的发展，这些标准也将更加明确。

来源：German Federal Government（2018）Purchase of Certified Emission Reductions（CERs）from the Clean Development Mechanism（CDM）for greenhouse gas offsetting of business trips of the German Federal Government; The KliK Foundation: https://www.international.klik.ch/en/Home.182.html.

在短期内，英国应支持购买碳信用，发展和改善国际市场。这将为英国提供更多的选项，以备未来的不时之需。即使英国最后不需要使用碳信用来实现减排目标，但作为英国更广泛合作的一部分，某些购买还是有价值的（例如，一些英国气候资金已经通过碳交易市场购买碳信用，所购减排量随后被注销）。

英国完全有能力以多种方式支持有效碳信用市场的发展：

• **在UNFCCC框架下制定规则**。英国已经在有关《巴黎协定》第6条和国际航空碳抵消与减少计划（CORSIA）的谈判中发挥了影响力。

—例如，最近批准的CORSIA中合格碳信用的标准就采用了英国大力倡导的"额外性"和"不可重复计算"的规则。

—根据《巴黎协定》第6.4条（专栏4.1），英国可以通过集中机制影响决策，还可以根据第6.2条的非集中机制，通过双边协议制定更严格的规则。

• **国内能力建设**。在实践层面，碳市场需要技能和知识（如用于MRV和检验）的支持。涉足碳市场的国家将需要在国内建立相应的市场。英国应继续提供支持，而这可以通过国际机制进行，如市场准入伙伴关系（PMR）和双边伙伴关系。

• **直接支持系统设计的改进**，包括进行试点项目。英国已经通过现有平台实现了这一目标。转型碳资产设施（TCAF）就是一个例子。

• **出售碳信用**，如开发国内温室气体去除市场。

在短期内，作为一种调动资金的工具，国际碳信用在合规市场之外可能具有价值。这与增强中等收入国家在碳捕集与封存及温室气体去除等方面的雄心尤其相关。

• 这些方案在削减成本和改善空气质量方面没有其他低碳方案（如可再生能源和电动汽车）的短期效益明显。

• 中等收入国家将不会受益于气候资金和更广泛的气候发展支持，而这些支持主要针对发展中国家。

因此，我们建议，尽管英国应力争在2050年实现不使用碳信用的净零排放目标，但英国也应采取积极行动，确保建立有效的碳信用市场和规则。

我们仍将欧盟排放交易机制下的排放配额交易（以及与其他排放交易系统的潜在联系）与本节所述的更广泛使用国际碳信用的合规性分开考虑。排放交易系统作为一种降低减排成本的有效工具，应继续发挥其目前的作用，同时最大限度地减少对产业竞争力的影响（见第6章和第7章）。

第5章　英国实现净零排放

引言与关键信息

在本章中，我们精心设计了一个政策框架，对英国温室气体（GHG）净零排放的技术可行性进行评估。得出的结论是，英国到2050年实现温室气体净零排放在技术上是可行的，但极具挑战性。

我们将在第6章中讨论实现2050年温室气体净零排放目标在实际实施中可能面临的挑战，也将在第7章中对实现这一目标的成本和效益进行讨论。

本章的主要信息是：

• **具备达成目标的基础**。英国已经制定了碳预算，并开始制定相关政策，力争到2050年将温室气体排放量减少80%。本章确定的一系列核心举措将极大帮助英国实现这一目标，并且成本和交付障碍相对较低，政府已经开始着手制定这些政策了。这些措施包括：提高能源利用效率、向低碳能源转型、发展电动汽车和一些低碳供暖、在工业中使用碳捕集利用与封存（CCUS）技术以及实现工业电气化、积极植树造林和在农场实行相应措施，垃圾填埋转向废弃物利用，以及逐步淘汰含氟气体。

• **要实现温室气体净零排放，我们需要实行上述所有甚至更多措施。**

我们提出了更具雄心的目标设想：到2050年，温室气体排放量比1990年减少96%。要解决工业、峰值电力、峰值供暖、重型货车和海运排放的问题将需要低碳氢能经济提供重要的支撑。二氧化碳的捕集与封存将发挥更大的作用，包括在工业和生物质规模应用方面。我们还需要对土地的使用和耕种方式进行重大改革。

为了达到100%的减排（即净零温室气体排放），目前还需要一些探索性方案。这些可供选择的方法包括：进一步改变需求（如航空和饮食），同时更彻底地改变土地利用；广泛使用新兴技术，从大气中去除二氧化碳并将其安全储存（如"直接空气捕集"）；或成功发展碳中性合成燃料的供应（如藻类或可再生能源）。

• **到2050年实现温室气体净零排放在技术上是可行的，但极具挑战性。**在评估实现温室气体净零排放是否可行时，我们还考虑了实际的转型时间表。在 2050 年之前实现国内净零排放，目前看来对整个英国来说并不可能。

• **威尔士**的二氧化碳储存能力较弱，农业排放量又相对较高，难以减排。就目前来看，到 2050 年，它不可能达到温室气体净零排放的目标。

• 与英国整体相比，**苏格兰**在减排方面具有更大的潜力，甚至可以做得更好，可在 2050 年前达到温室气体净零排放。

我们目前无法预知应对气候变化实现温室气体净零排放的技术和行动的准确组合。本章中的分析不是为了预测或规定未来的技术应该怎么组合，而是为了理解合理的组合可能是什么样的，并使我们能够评估在实际工作时可能遇到的挑战和成本。

本章分析借鉴了受本项目委托开展的大量最新的研究成果，以及之前委员会的分析，包括我们最近关于生物质、土地利用和氢的报告，以及对其他更加深入的文献调研。

我们的分析包括如下五个部分：

1. 排放规模的挑战
2. 英国深度脱碳的选项
3. 实现英国温室气体净零排放
4. 净零转型的可行时机
5. 对苏格兰、威尔士和北爱尔兰的影响

5.1 排放规模的挑战

英国 2017 年的排放量为 503 $MtCO_2e$，包括国际航空和海运的排放量。这比 1990 年的排放水平低 39%，接近目前立法规定的 2050 年减排目标的一半，即与 1990 年的水平相比，温室气体排放量至少减少 80%（如图 5-1 所示）。

自 1990 年以来，英国温室气体排放量以每年 12 $MtCO_2e$ 的平均速度下降。如果继续保持这一下降率的话，英国将可实现 2050 年减少排放 80% 的目标。然而，当前的政策不足以支撑这一点（见第 6 章）。此外，还需要加快减排速度（例如每年减少约 15$MtCO_2$），以便在 2050 年前将温室气体排放量减至净零。

我们已经通过低碳技术满足了部分能源和经济需求。2017 年，英国一半的发电量来自低碳能源，包括可再生能源和核能。这种电力的低碳化有助于降低其他用电部门（如建筑和工业）的温室气体排放。

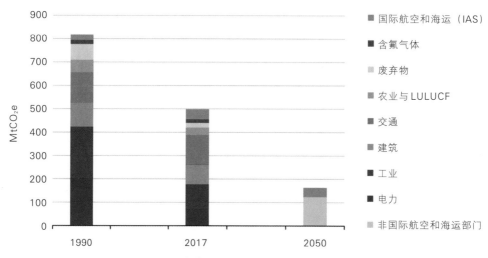

图 5-1　现有的到 2050 年减排 80% 目标的挑战

注：IAS 代表国际航空和海运。该数字基于当前的排放清单，并不反映即将对泥炭地排放量或全球变暖潜力进行的修订（见专栏 5.1）。

来源：BEIS（2019）2017 Greenhouse Gas Emissions，Final Figures；CCC analysis.

在其他部门中，目前的经济活动都很难实现减排：

●地面交通。低碳汽车（如电动或插电式混合动力汽车）行驶的千米数占比不到 0.5%；生物燃料消耗占比约 2%。

●供热。用于家庭和建筑物供暖的能源中，只有不到 5% 来自低碳能源。

●工业。只有不到 5% 的工业能源是低碳能源。

●航空。因为还没有商用的低碳飞机，所以目前所有的航班都依赖化石燃料。

预计英国排放清单将在未来五年内进行修订，这将反映人们对如何测量排放量的理解的提高（例如，考虑到泥炭地的排放量）。这将使目前和 1990 年的估计排放量都有所增加（见专栏 5.1）。但是我们在实现净零排放所做的分析中考虑了这些预期变化。

专栏 5.1　未来排放清单核算的变化

　　未来排放清单的变化包括增加泥炭地排放量和修订用于温室气体排放总量的全球增温潜势值：

●泥炭地。目前的清单仅记录了约 1.3 MtCO₂e 的泥炭地排放量，但从 2020 年起，所有泥炭地排放源都将纳入清单。生态与水文中心（CEH）为 BEIS 湿地补充项目所做的工作（该项目将作为排放清单的基础）估计在 2017 年所有泥炭地源的年净排放量为 18.5~23MtCO₂e，和 1990 年水平相当。

- 全球增温潜势值。它们被用来将不同的温室气体聚合成一个共同使用的度量标准，以显示它们与二氧化碳的等价性。在 2018 年 12 月的 COP24 会议上，国际社会决定在《巴黎协定》透明度框架下使用 GWP_{100} 指标对报告进行标准化，而使用的值来自 IPCC 第五次评估报告（AR5）。目前 AR5 的 GWP 值与当前排放清单中使用的 AR4 的 GWP 值有所不同。该决定要求国家清单在 2024 年底之前使用最新的 GWP 值。这一变化的影响将是，英国在 1990 年的排放量（不包括泥炭地）将增加 10~50 $MtCO_2e$，2017 年将增加 5~20$MtCO_2e$，主要来自甲烷排放量较大的行业（即农业和土地利用行业）。

本报告反映了我们分析中即将发生的两个变化。我们包括了 1990 年和 2050 年较高的泥炭地估计值。我们使用 AR4 GWP 值，但说明了对 AR5 中较高值范围的敏感性。泥炭地和全球增温潜势值变化的总影响范围与目前的清单相比，1990 年和 2017 年分别增加了 25~70 $MtCO_2e$ 和 10~35 $MtCO_2e$。

正如我们在 2018 年提交给议会的年度进展报告中所述，迄今为止温室气体排放量的减少主要是在电力、废弃物和工业部门。其他部门（如交通部门）的排放量没有显著减少或仍有增加（如图 5-2 所示）：

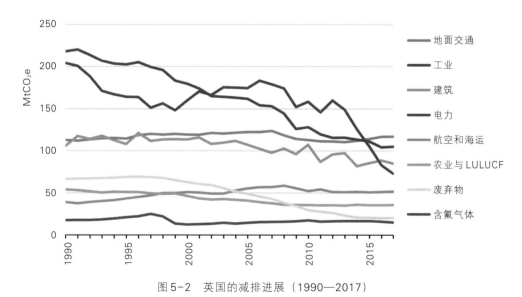

图 5-2　英国的减排进展（1990—2017）

注：2017 年是可获得最新数据的年份。该数字基于当前的排放清单，但是却并不反映即将对泥炭地排放量或全球增温潜势值进行的修订（见专栏 5.1）。

• **电力部门**。来自发电部门的排放量自 2013 年以来下降了 50%，自 1990 年以来下降了 64%。由于电力需求下降和可再生能源供应的增加，近期煤炭发电量大幅减少。

• **废弃物**。自 1990 年以来，由于英国征收了垃圾填埋税，进入垃圾填埋场的可生物降解垃圾的数量减少了，并且由于垃圾填埋场可以捕集更多的甲烷，垃圾所造成的排放量下降了 69%。

• **建筑部门**。自 2013 年以来，建筑部门的排放量下降了 13%，比 1990 年的水平下降了约 20%。但是我们还是对能效措施的重视程度较低，低碳供暖方案（如热泵）的部署也有限。

• **交通部门**。自 2013 年以来，交通部门的排放量增加了 6%，现在也比 1990 年增加了 4%。尽管车辆的燃油效率不断提高，但这已被不断增长的出行需求所抵消。

在 2019 年 7 月向议会提交的下一份年度进展报告中，我们将对 2018 年的排放变化进行更全面的评估。

5.2 英国深度脱碳的选项

我们有一系列的技术和行为转变可以帮助减少排放。在本节中，我们基于当前技术水平总结了减少排放量的一些方案。我们将其分为"核心方案""进一步雄心方案""探索性方案"三个方案：

• **核心方案**是那些低成本、低风险的选项，在大多数战略背景下都是有意义的，以实现目前 2050 年减排 80% 的目标。它们也大致反映了政府目前对于这一目标的决心（但不一定是政策承诺或行动）。

• **进一步雄心方案**更具挑战性，根据目前的估计，这一选项通常比核心方案成本更高。

• **探索性方案**在目前的技术准备程度非常低，但是成本非常高，很难让公众对此有较高的接受度。它们不太可能全部可行。这些方案中的一部分将与到 2050 年实现温室气体净零排放的核心方案和进一步雄心方案一起实施。

我们在（b）～（d）节中将讨论这些技术选项，并对我们的方案进行解释。

（a）确定减排方案的方法

在确定减排方案时，我们考虑了：

• **可行性**。这包括选择不同方案时所面临的障碍（包括非金融障碍，如公众可接受性），以及可能转变的时间安排（如资产的持续时间、更换的速度，以及是否有可能建立供应链，以至于足以实施方案）。

●成本。我们的方案考虑了不同减排方式的相对成本效益。更高的总体要求需要更昂贵和更难实施的方案。我们将在第7章详细介绍我们方案的成本和收益。

《气候变化法》中更广泛的标准。这包括对消费者负担能力、能源安全和竞争力以及更广泛的经济效益的影响。在第7章中，我们将这些方案、成本以及其带来的收益一起进行汇总。

现有政策。我们的方案和政府已经承诺施行的行动和政策是一致的。为了达到减排80%或2050年的净零排放目标，我们还需要额外的新政策。

来自专家咨询小组的建议。我们成立了一个由学者和实践者组成的专家组，就我们的情景方案和相关判断的方法提供建议。他们的相关建议在第6章——净零目标的实现中进行了阐述。

关于减排方案的进一步详细信息，请参见随附的净零排放技术报告。

（b）所有气候战略都可能需要的核心方案

我们所说的核心方案包括降低成本、提高能源效率以及电力部门和交通部门的广泛脱碳。

建筑部门。核心方案反映的是能源效率的提高和对低碳供暖的日益重视。当前政府的愿景和承诺（例如，到2035年安装尽可能多的家庭低碳供暖系统，并从2025年起停止在新家中安装燃气供暖系统）虽然需要加强和扩展，但在核心方案中仍将家庭脱碳作为目标。

工业部门。核心方案大致反映了政府通过提高能源效率和低碳技术来脱碳的一系列政策。其中包括产业集群目标（其目标是到2040年建立世界上第一个净零碳产业集群）、到2030年将商业能源效率至少提高20%的目标以及CCUS行动计划。

电力部门。核心方案是当前政府承诺的继续和扩大，即签订低碳电力合约和履行政府的CCUS行动计划。

交通部门。核心方案反映了政府当前的承诺，即到2040年逐步停止传统汽油车、柴油车和厢式货车的销售。

航空和海运。核心方案是航空排放量与政府规划的2050年排放量保持在或低于2005年的水平（即37.5 $MtCO_2$）的目标一致。海运排放量达到国际协商的目标，即到2050年全球国际海运排放量至少比2008年的水平减少50%。

农业和土地利用。核心方案是基于英国在第五次碳预算建议中确定的措施，但由于这一领域缺乏确定的政策承诺，因而采取的措施较宽松。它包括一些来自牲畜、土壤和粪便管理方面的减排。它还与当前中央政府和地方政府造林决心相一致，从2025年起，森林每年新增27 000公顷。

废弃物。核心方案中的很多内容都已经包括在中央政府和地方政府的计划之中。核心方案包括2030年或更早之前停止向垃圾填埋场输送五类主要的可生物降解废弃物。这也反映了与英格兰中央政府和地方政府当前的目标与计划相一致的不断增长的回收率（例如，从目前英格兰、苏格兰和北爱尔兰的45%左右以及威尔士的60%以上，到2035年英格兰的65%和2025年苏格兰和威尔士的70%）。

含氟气体。核心方案反映了欧盟成员国目前商定的政策，即到2030年，与2014年的水平相比将含氟气体排放量减少2/3。

温室气体去除（GGR）。政府已承诺制定一项GGR的战略方针。在核心方案中，木材作为建筑材料的使用量比今天有所增加，加上生物能源+碳捕集与封存（BECCS），我们在2018年关于低碳经济中生物质的报告中给出其下限范围是20~65 $MtCO_2e$。

我们已经确定的核心方案是在2017年的温室气体排放水平上减少300 $MtCO_2e$，到2050年减少到193 $MtCO_2e$（如图5-3所示）。这比1990年的水平下降了77%。其余的温室气体排放主要来自工业、农业、航空、重型货运和建筑供暖。还有大约70%的剩余排放是二氧化碳源。

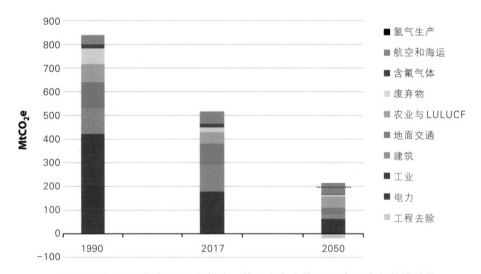

图5-3　与1990年和2017年相比，核心方案中的2050年温室气体排放量

注：虚线表示2050年的净排放量，并且在其中考虑了负排放量。这一数字包括对额外泥炭地排放量的较高估计，并且数据基于当前的全球温室气体排放清单（见专栏5.1）。

(c) 要达到超过80%降幅的目标，我们还需要采取进一步雄心方案

基于本报告所考虑的更高的决策水平，我们对减排最具挑战的领域进行了新的研究。这些最新的相关证据以及委员会 2018 年关于氢能、生物质能和土地利用的报告，为我们尽快实现进一步雄心方案提供了参考。

我们识别了深度减排的新兴潜力行业以及进一步的机会，包括发电、GGR、工业、建筑、农业、交通和航空等部门（见专栏 5.2）。

我们首先着手考虑那些能够将排放量减少到接近零的部门，然后是较难实现这一目标的部门，再之后考虑从大气中去除二氧化碳的技术方案，最后综合给出考虑如上方案的减排效果。

专栏 5.2　气候变化委员会开展关于深度减排（和去除）机遇的新研究

● 发电。我们委托了一个项目组来研究加速电气化进程的潜力，以契合早期电动汽车和热泵技术的发展趋势。该项目涉及对网络影响和系统功能的详细建模。它还对低碳技术（如海上风电）长期部署所受限制的情况进行了数据调研。

● 温室气体去除（GGR）。我们使用了关于 GGR 的潜力和成本的新方案，比以前更多地考虑了 DACCS、增强风化作用，以及生物炭。此外，委员会 2018 年的报告——《低碳经济中的生物质》还考虑了 BECCS 和木质建筑。我们与英国能源研究中心（UK Energy Research Centre）合作对 BECCS 和 DACCS 成本和潜力的方案开展研究，并对增强风化、生物炭和在英国大规模部署 DACCS 潜力进行了文献研究。

● 工业。我们扩展了分析层面，研究更加全面的行业子部门减排潜力。我们还重新对资源效率的减排潜力进行分析。我们也委托相关部门开展新的研究，包括化石燃料生产环节的减排（如海上石油和天然气），以及工业燃料转换的减排。

● 建筑。我们委托开展了新的分析，以期了解在预期最难脱碳的家庭（如传统建筑）中减少排放的可行性。

● 农业。我们委托开展了新的研究，以确定农业中额外的非二氧化碳减排，聚焦在确立一系列措施以减少牲畜非二氧化碳的排放。

● 交通。我们委托开展了相关研究，为零排放重型货车（HGV）可能的三种潜在技术路线及其相应的燃料供应基础设施进行成本估算：这三种潜在的技术路线是：氢燃料 HGV；道路上实时充电的电动 HGV——以便在车辆行驶时为其

充电；充电桩电动 HGV　　有着极好的大功率充电性能的基础设施。

• 航空。我们与交通部共同委托开展了一个项目，以期评估通过新引擎和飞机设计、改变航空公司的经营模式和改进空中交通管理，来减少航空排放的潜力。

• 社会变革。我们与从事社会和行为变化研究的专家合作，对消费模式和技术使用的改变开展调研，以及对如何通过政策干预来激活这些变化的潜在影响进行研究。

（i）将电力、供暖、地面交通、工业、废弃物、含氟气体和海运的排放量降到非常低的水平

再次强调一下我们之前的分析——我们已经识别了到 2050 年将发电、建筑供暖、地面交通、工业、废弃物、含氟气体和海运排放降到非常低水平的可能性：

发电部门。在进一步雄心方案中，我们考虑发电部门到 2050 年排放为 3 Mt-CO$_2$e，这是考虑了将 CCS 设施作为完全脱碳电力供应之后的发电部门还剩余的排放量的一部分。通过将可再生能源和固定低碳电力的排放份额从目前的 50% 提高到 2050 年的 95% 左右，可以实现电力供应的完全脱碳，并且同时还可以满足电动汽车和热泵对电力的额外需求。剩下的 5% 是需要通过 CCS 技术的氢能等脱碳能源。从现在到 2050 年，可再生能源的发电量可能是目前水平的 4 倍，需要持续发展和加强建设力量，并辅之以可靠的低碳电力技术，如核能和 CCS 技术（应用于生物质或燃气发电厂）。总之，这些变化都可以在 2050 年平均减排成本约为 20 英镑/tCO$_2$e 的水平下发生。

建筑供暖。在进一步雄心方案中部署建筑供暖将导致 2050 年排放 4MtCO$_2$e。这就需要推出热泵、混合热泵、氢联合区域供热、新型智能储能供热等技术，并结合高水平的能效技术。从 2025 年起，新建住宅不再连入现有的天然气网络中。到 2035 年，近乎所有家庭取暖系统都将是低碳的，或者使用氢能，这样的低碳技术供热的占比将从今天的 4.5% 增加到 2050 年的 90%。这些变化的平均成本约为 140 英镑/tCO$_2$e。2050 年的剩余排放量主要来自一小部分转型成本非常昂贵的家庭住宅（例如，由于空间限制以及它们所需的供暖系统的成本）。

地面交通。在进一步减排方案中我们得出，地面交通的温室气体排放可在 2050 年减少到 2 MtCO$_2$e。这将需要所有的汽车和小型货车在 2050 年实现电动化，而绝大多数的 HGV 则需要使用电能或氢燃料。这些变化可能会在总体上节省成本。而 2050 年剩余的排放量则主要来自少量的常规动力 HGV 和铁路货运。

到 2050 年，所有的汽车和小型货车都要使用电力，意味着最迟要在 2035 年全

面销售纯电动汽车。与传统车辆相比，这些举措可能会大大节省成本。但是相应地，需要在高速公路附近建设3 500个快速和超快速充电桩以满足长途旅行的需求，而在城镇中则需要21万个公共充电桩。目前，英国总共只有21 000个公共充电桩。

HGV则更难脱碳。我们的最新研究表明，到2050年，通过将这些车辆中的大多数车辆改为氢动力或实现电动化，有机会达到非常低的排放水平。到2050年，氢动力汽车将需要建造800个加氢站，而电动化则需要9万个基于停车场的充电桩来进行夜间充电。

工业。我们对工业部门的减排潜力进行了更全面的分析（见专栏5.3）。我们之前将工业归类为"难减排"行业，但现在我们已经具有将其排放量降到很低水平的潜力。进一步雄心方案中工业将在2050年排放10 $MtCO_2e$，平均减排成本约为120英镑/tCO_2e。这是通过更广泛采取碳捕集与封存、氢能和电气化的多种方式来实现的。通过提高资源利用效率也有可能节省更多的费用。在进一步雄心方案中，剩余的排放主要来自少量的非燃烧过程和CCS技术未能捕集的排放。

废弃物。在废弃物方面我们已经确定了一些机会，可以超过核心方案的效果。进一步雄心方案包括减少废水处理在内的额外减排，到2025年，停止将可生物降解的废弃物进行垃圾填埋，并将整个英国的回收利用率提高到70%。2050年废弃物的排放量为7 $MtCO_2e$。在2050年，一些废弃垃圾填埋场的垃圾降解将不可避免地导致一些剩余的排放。

含氟气体。在进一步雄心方案中，包括向低排放医用吸入器转型的额外减排，以及在制冷、空调和热泵等领域执行更严格的标准产生的排放（例如，通过选用低GWP制冷剂以及采取减少泄漏的措施）。这些变化可以稍微节省成本，但规模较小。总的来说，2050年含氟气体排放量约为2 $MtCO_2e$。

海运业。海运业的进一步雄心方案与核心方案是相同的（即提高能源效率和船舶运营水平，以及使用替代燃料）。然而，进一步雄心方案的部署速度要大大快于预期。2050年海运业温室气体排放量将低于1 $MtCO_2e$。这一目标可在成本约为200英镑/tCO_2e的水平下实现，但这需要全球一致转型以支持新的燃料基础设施建设。

我们进一步雄心方案措施不会在这些领域将温室气体排放量完全减少到净零。但是，如果这些措施得到应用，这些部门将不会继续成为温室气体排放的重要来源。这些部门的排放量可从今天的430 $MtCO_2e$（1990年约为745 $MtCO_2e$）减少到2050年的29 $MtCO_2e$。

专栏5.3　减少工业排放潜力的新证据

进一步雄心方案中工业部门在2050年剩余排放量为10 MtCO₂e。相比之下，在我们的第五次碳预算建议中考虑的雄心情景中，2050年工业剩余排放量为45 MtCO₂e，这与英国目前到2050年温室气体排放量比1990年至少减少80%的目标是一致的。这反映了我们对潜在目标的决心并且提供了最新的证据基础。

改进的证据基础借鉴了以下工作：

• 委员会2018年关于氢能和生物质能的研究。

• 2018年Element Energy and Jacobs为商业、能源和工业战略部（Business, Energy and Industrial Strategy, BEIS）所做的关于燃料转换的研究。

• 关于资源效率的减排潜力的相关证据研究，以及减少非道路交通工具和小型非燃烧过程排放源的减排潜力研究。

• 我们受Element Energy和可持续天然气研究所（Sustainable Gas Institute）委托开展了两部分新工作。

—关于化石燃料生产及其不易收集排放的减排措施成本和减排潜力的新研究。

—对2018年Element Energy and Jacobs的燃料转换研究进行扩展，以便考虑使用低碳燃料在减少工业燃烧排放方面的潜力，而之前的研究并未考虑到这一点。

综合起来看，这些研究扩大了我们证据库的覆盖范围。特别好的一点是增加了我们对小型工业部门、化石燃料生产和不易收集排放等方面的减排以及氢能使用等情况的了解机会。

基于这些完善的证据，我们2050年进一步雄心方案包括削减排放量的以下方面：

• 非燃烧过程的排放（水泥、石灰、氨和玻璃）使用CCS技术，由原料生产燃料的排放部门（铁、石化、炼油和油气生产部门）使用CCS技术，这意味着2050年的减排量约为24 MtCO₂e。

• 在上述未使用CCS技术的制造部门和非道路交通工具中，广泛使用氢能、电气化或生物能源用于固定工业热/燃烧，这意味着2050年约有27 MtCO₂e的减排。

• 随着资源和能源使用效率的提高，以及材料的替代，2050年有望减排14 MtCO₂e。如果不采取这些措施，排放量也可以通过其他途径来大幅度减少，但成本要高得多。

● 通过气体回收、减少排放、持续监测、在有必要时进行燃烧以及部分天然气管网的转换/关闭，来减少甲烷排放和泄漏。以上这些措施可在2050年减少约4 $MtCO_2e$的排放量。

我们估计，在2050年，相对于没有采取任何气候变化政策相关行动的理论情景，采用上述措施将工业排放量削减到10 $MtCO_2e$，其年成本将达到80亿英镑。这是一个具有挑战性的方案，这需要比工业资产的自然周转率更快的低碳技术部署。能源转型委员会（Energy Transitions Commission）最近的工作支持了这一观点，该委员会发现，到21世纪中叶实现重工业的净零排放在技术上和经济上都是可行的。

来源：Element Energy and Jacobs（2018）Industrial fuel switching market engagement study; Element Energy（2019）Assessment of options to reduce emissions from fossil fuel production and fugitive emissions; Element Energy（2019）Extension to fuel switching engagement study.

（ii）减少难减排行业（农业和航空）的排放量

在我们的分析中，农业和航空业在目前看来是所有行业中减排手段最为有限的两个部门。对于农业，它涵盖了一些基本生物过程。对于航空业，它需要高能量密度的燃料作为航空燃料。

在农业和航空部门，我们已经认识到了在一些核心方案之外的可进一步减少排放的措施，但这两个部门在2050年仍有可能成为温室气体最主要的排放部门。

农业、土地利用和林业。 在进一步雄心方案中，农业、土地利用和林业方面2050年排放24 $MtCO_2e$。其中26 $MtCO_2e$来自农业，而土地利用和林业的碳汇是2 $MtCO_2e$。

农业。 我们在核心方案中的相关措施是采取更具雄心的减排潜力策略。我们还考虑农场采取措施挖掘牲畜排放方面（例如改进饲养和饮食）的额外潜力。鉴于作物、土壤和牲畜固有的生物过程和化学反应，很难将农业排放量减少到接近零的水平。农业方面剩余的大部分排放是非二氧化碳排放，特别是甲烷。

土地利用和林业。 我们进一步雄心方案中关于土地利用和林业的措施是基于我们2018年发布的土地利用报告，与土地多功能利用情景一致。这包括牛肉、羊肉和奶制品的消费量减少20%，而用猪肉、家禽和植物性产品的消费量作为替代。加上耕地产量和放牧强度的提高，这将把一部分土地释放出来以用于增加造林（例如每年3万公顷）、泥炭地恢复（例如，恢复土地面积的55%，而当前为 25%），以及能源作物种植（例如，从现在的极低水平增加到 2050 年的70 万公顷）。土地利用的排放还包括用于温室气体去除的生物质种植的排放（见下文）。

航空。在核心方案之外，我们已经认识到了进行额外减排的技术潜力，包括从2040 年开始对核心方案的技术采取更积极的政策，部分使用混合动力的飞机，以及降低飞机设计速度等。在进一步雄心方案下，航空业 2050 年将有 31 MtCO$_2$e 排放。这是因为预计到 2050 年不会出现完全零碳的飞机技术，特别是对于排放量有着较大贡献的长途航班。

在进一步雄心方案下，2050 年这些难减排部门的温室气体排放仍将有 55MtCO$_2$e，而 1990 年和 2017 年的排放量均约为 75 MtCO$_2$e。

（iii）去除大气中的二氧化碳

温室气体去除（GGR）是一个术语，它涵盖了一系列从大气中去除温室气体（主要是二氧化碳）的方法。我们在这方面的举措借鉴了我们在 2018 年的报告《生物质能很少吗？》中对可持续生物质对低碳经济作用的最新评估（见专栏 5.4）。在我们进一步雄心方案中包括采用已经确定的自然方式来清除二氧化碳以及一些不太确定的技术方案：

建立"基于土地"的去除技术。植树造林和其他土地管理的做法（例如泥炭地恢复）是一种公认的利用土地来实现大气中二氧化碳的全面吸收并长期储存的方法。英国每年造林约 3 万公顷（林地覆盖率从目前英国土地面积的 13% 增加到17%），加上积极的林地管理，到 2050 年，森林净碳汇量将增加到每年 22 MtCO$_2$e。我们将这些碳去除量算到土地利用部门当中（即，如果没有这些去除量，土地利用将会是一个重要的排放源，而不是一个小的碳汇）。

建造中使用木材。木制品和木框架结构在英国有着悠久的历史。应用在建筑中，木材中的碳可以实现几十年到几百年时间尺度的碳存储。2050 年，由于受到建筑建造速度的限制，其潜在的碳去除量为 1 MtCO$_2$，相对较小。进一步雄心方案假定 40% 的房屋和公寓采用木质结构建造（高于现在的不足 30% 的比例）。使用木材作为建筑材料的成本基本上可以忽略不计，因为这与使用其他建筑技术的成本相近。

BECCS。考虑到土地的限制和来自其他用途的竞争（例如粮食生产），可持续低碳生物质生产的水平是有限的。因此，重要的解决办法是寻求有效利用这一有限资源的方式，使其对减排的贡献最大化。这意味着将生物质能和 CCS 相结合，广泛应用在发电、制氢或者生物燃料生产，以及那些无法从碳氢燃料转移的领域（例如航空）。生物质能已经在能源系统中大量使用，而二氧化碳捕集与封存在一些国家得以成功应用。然而，迄今为止，生物质能和CCS技术并没有大规模联合使用。

我们认为英国可利用的生物质资源总量约为200 TWh（其中只有17%为进口，其余为英国生产）。这相当于英国2050年一次能源消费量的10%左右。

其中，173 TWh在2050年可以实现BECCS，并实现51 $MtCO_2$的去除量。其所产生能源可以占届时发电量的6%，21 TWh的生物燃料用于航空和天然气管网以外的建筑，在这些最终部门可以节省5 $MtCO_2e$的排放。我们对BECCS成本的估计是基于它在电力部门的使用成本，为158英镑/tCO_2e，这一数据是基于国产和进口生物质原料的混合成本得到的。

通过减少食物浪费，可获得少量的沼气（14 TWh）。这些沼气的一半用于装有CCS技术的燃气电厂发电，另外一半可用于替代工业（79%）和建筑物（21%）中的天然气。

DACCS。二氧化碳也可以从大气中去除，或者从空气中分离，并用CCS技术封存。从空气中捕集二氧化碳是一项挑战，并且鉴于大气中二氧化碳浓度较低，这一技术需要大量的能源投入。

我们的分析所基于的成本假设是DACCS与BECCS工厂位于同一地点，能够提供必要的热能、电力和二氧化碳基础设施。目前正在采取不同的方法来实现这一技术，这项技术仍然处于试验阶段。

在进一步雄心方案中我们假设部署一些，但非常有限的DACCS技术足以推动在实践中学习（learning-by-doing）。目前的DAC设计是模块化的，技术本身是可扩展的（例如，它不受土地种植树木的限制）。如果这一技术能取得突破，它可以使整体净零的挑战变得更加容易。

这种小规模DACCS部署，可从大气中清除1 $MtCO_2$，其成本是300英镑/ tCO_2。

CCS技术在GGR中扮演至关重要的作用。虽然英国在大规模部署CCS方面还没有取得进展，但英国很有可能积极部署，这应该是一项优先政策（见第6章）。其他国家无法获得英国所具有的二氧化碳储存潜力，尽管其他一些资源（如生物质、DAC的能源投入）的成本可能较低，但英国仍然是部署这些解决方案的相对较好的地方。在进一步雄心方案中，2050年，捕集与封存的二氧化碳总量将达到175 $MtCO_2$（如图5-4所示）。

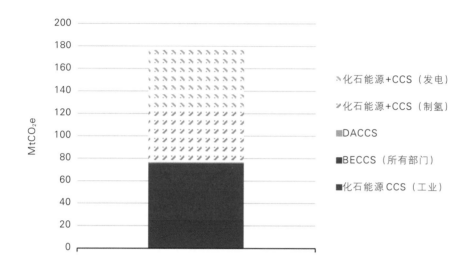

图 5-4　2050 年进一步雄心方案中被捕集与封存的二氧化碳总量

注：1. 这里图示的化石能源 CO_2 捕集与封存的数值包括来自天然气 CCS 电厂生产 148 TWh 电力和来自先进天然气重整制氢的 225 TWh 电力（见随附技术报告的第 2 章）。然而，正如该章所述，不可能预见到 2050 年确切的发电/生产的组合。因此，我们在图中用阴影表示这些不确定量。

2. BECCS（所有部门）包括生物质（包括农林废弃物）、废木材、生物甲烷/沼气的燃烧排放，城市、商业和工业废弃物中的生物部分，以及生产航空用和家庭用生物燃料过程中捕集与封存的二氧化碳（燃气混合热泵中的生物液化石油气）。

3. 发电和工业用的化石能源 CCS 包括化石燃料的燃烧，加上城市固体垃圾/商业和工业废弃物中非生物部分（占总量的 46%）。

来源：CCC 分析。

专栏 5.4　可持续生物质的作用

2018 年，委员会更新了其关于在 2050 年前英国可持续生物质在低碳经济中作用的建议。该建议借鉴了生物质既可用于低碳又可用于可持续发展的最新证据。并提出了未来可持续生物质供应的设想和要求，以及如何将这一有限的资源优先用于最有价值的终端用途，以求最大限度地减少整个经济系统的温室气体排放量。

途径

我们考虑了生物质整个生命周期的排放，包括土地碳储量的变化。这一分析与我们关于英国土地利用的报告同时进行，该报告构成了英国生物质供应情景的基础。我们从广义上界定可持续性，它包括对生物多样性的影响、对生态系统的影响（包括防洪、保持水和土壤质量）以及一些社会问题，如对粮食生产和土地使用权的影响。利用我们 2018 年氢报告一起进行的能源系统的建模以及关于生物质非能源利用的新研究，特别是对建筑中的木材所做的研究，开展整个经济中最有效利用生物质的相关分析。

研究发现

这项工作证实，如果收集并且利用生物质是作为可持续土地利用系统的一部分来完成的话，那么就可以在减少排放方面发挥重要作用。但是要这样做至少需要管理植物和土壤中的碳储量，以便使得它们随着时间的推移而增加碳汇，这包括共同努力扭转森林覆盖率下降的趋势，并在已被人类活动破坏的受管理的土地上发展碳汇。

英国乃至全球都有提高陆地碳储量和提高可持续种植生物质能力的空间。但这必须加强治理，以确保在实施时做到这一点：

• 可持续的生物质可用于建筑、能源生产和其他生物基产品的生产，但要采用恰当的做法并尽量避免与粮食生产产生竞争。

• 对于建筑中所使用的木材而言，它有可能增加可持续木材的数量，从而使每年在英国新建建筑中用于住宅和非住宅建筑的碳固存量增加。

• 同时，英国低等级可持续生物质的产量有可能增加，以满足英国在 2050 年 5%~10% 的能源需求。要实现最低层次目标，就要充分利用英国的生物质废弃物来生产，这要求英国维持目前的农业和林业废弃物的水平。实现最高目标，则要提高植树率，种植超过 100 万公顷的能源作物（约占英国目前农业用地的 7%）。

• 根据英国在全球可持续资源中分配的"公平份额"，通过增加可持续生物质的进口，英国生物质的消费量可在 2050 年增加到其一次能源消费的 15%。

• 如果将这一技术与 CCS 技术相结合，或者利用它在工业上生产氢以及用于航空的生物燃料或电力，那么到 2050 年，英国有机会减排 20~65 $MtCO_2e$。

只有在全球范围内进行强有力的可持续性治理，才能大幅增加生物质的供应。而在生物质的评估中，我们有如下建议：

• 商业、能源和工业战略部（BEIS）和交通部（DfT）应不断更新可持续性的标准，以反映该领域不断增长的证据基础（如森林研究标准）。一般来说，应管制高风险的原料（例如来自原始森林、高碳森林、高生物多样性的森林或生长缓慢的森林的原料），并鼓励最值得推崇的做法（例如使用真正的农林废弃物、生长在边缘土地上的某些多年生作物）。它们还应该采取激励的措施对超过既定门槛的表现进行奖励。

● 我们应该确保在制定可持续性标准时充分考虑陆地碳储量的变化。这意味着，要计算陆地范围的森林碳汇长期变化对气候的影响，避免管理森林碳汇的漏洞。一般原则是避免从碳储量下降的地区采购原料。商业、能源和工业战略部（BEIS）和交通部（DfT）还应明确排除整个森林碳汇仅供能源使用，这符合最佳做法。

● 加强监测和报告，包括利用卫星制图、收集特定地理数据、跟踪并记录具体举措的实施情况以及提高土壤碳监测水平。英国应该领导这一转型，具体措施应该包括对英国的碳汇和供应链进行高质量的独立监测和报告（并将此与国际森林碳汇等其他数据联系起来）。

● 采取更全面的风险管理办法，超越目前对补贴计划设置条件的做法。可持续性标准应被纳入采购和融资规则；更加全面地从贸易和发展政策上作出战略协调将是有益的。

必须确保以最有效的方式使用生物质。这意味着，目前的使用方法需要改变，以便优先封存大气中的碳，同时也提供有用的能源服务以及生产相关产品，例如建筑用木材和BECCS（如图B5-4所示）。

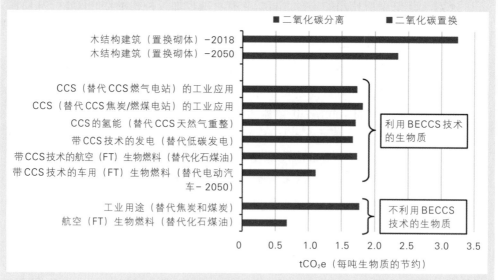

图B5-4　不同生物质使用所带来的温室气体减排的估算

注：考虑到一个适当的反事实情景（即我们预计它将长期取代什么），成本估算基于各部门使用的1吨烘干生物质所提供的温室气体减排量。

来源：CCC（2018）Biomass in a low-carbon economy.

　　为了契合这一长期来看效果最佳的方法，政府必须制定相关的政策和支持机制，并避免在地面交通、建筑物和一次性生物塑料中的非最佳用途。

（iv）进一步雄心方案摘要

　　表5-1总结了进一步雄心方案中整个经济系统广泛推行的减排措施。而图5-5则按部门和温室气体种类来说明剩余排放量。

表5-1　　　　　　　　2050年的核心方案和进一步雄心方案下需要采取的措施

领域	措施	2017年	2050年的方案	
			核心方案	进一步雄心方案
能源	低碳电力装机份额	50%	97%	100%
	低碳电力发电量（TWh）	155	540	645
建筑（低碳供热的份额*）	已有住房的低碳供热	4.5%	80%	90%
	非住宅建筑中的低碳供热		100%	100%
工业	CCS**	0	50%	100%
	低碳供热***	<5%	10%	85%
地面交通（车队所占份额）	纯电动汽车和小型货车	0.2%	80%	100%
	电动和氢燃料载货汽车	0	13%	91%
航空	每人千米产生的二氧化碳排放量/g	110	70	55
	可持续生物燃料的获取	0	5%	10%
海运	氨的消耗	0	75%	100%
土地利用与林业	人工造林（占英国土地面积的百分比）	13%	15%	17%
	泥炭地的恢复（占保持完好的泥炭地面积的百分比）	25%	n/a	55%
工程去除量（MtCO₂）	BECCS	0	20	51
	DACCS	0	n/a	1

　　注：*2017代表来自低碳源的热量份额，2050代表低碳热量的现有住宅数量。**在有工艺排放或内部燃料使用的制造业部门（使用工业原料生产的燃料）。***在有工艺排放或内部燃料使用的部门中排除（2017和2050核心方案排除现有的电力使用）。

　　来源：CCC分析。

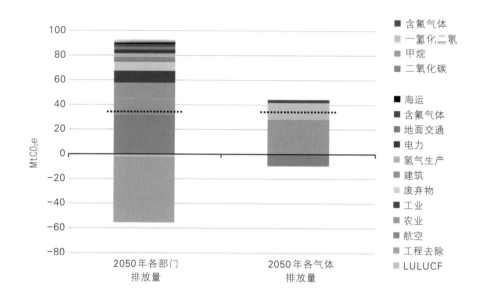

图5-5 在进一步雄心方案中的剩余排放量（以部门类型和温室气体种类为维度，2050年）

注：虚线表示2050年的净排放量，并且考虑了负排放量。本图还包括了对额外的泥炭地排放量的高估计，这一估计基于目前GWPs清单（见专栏5.1）。

来源：CCC分析。

• 如果将核心方案与进一步雄心方案结合起来，那么将使排放量比1990年的水平减少96%，即到2050年减少到35 $MtCO_2e$。这比2017年的水平低93%，其余的排放主要来自农业和航空业。在进一步雄心方案下，二氧化碳排放量将略低于净零排放，而所有长寿命温室气体的排放将略高于净零排放。

• 这些估算结果是反映泥炭地（高指标）排放量的最新证据，这是根据当前整个经济体的排放量进行估算的，并且使用了IPCC第四次评估报告中的全球增温潜势值权重（见专栏5.1）。如果使用第五次评估得出的全球增温潜势值权重，那么剩余排放量的估计值将为37~45 $MtCO_2e$。这反映出了我们方案中会剩余较高比例的甲烷，因为甲烷权重在AR5中发生了变化。这一范围反映了IPCC提出的两项建议（但是国际社会尚未对此发表意见）。

在进一步雄心方案中，约10%的减排与社会和消费者行为的重大变化有关，例如，加速向更健康饮食转变，进而减少牛肉、羊肉和乳制品消费量（如图5-6所示）。然而，超过一半的减排量要求消费者作出一些改变，例如购买电动汽车或安装热泵技术。

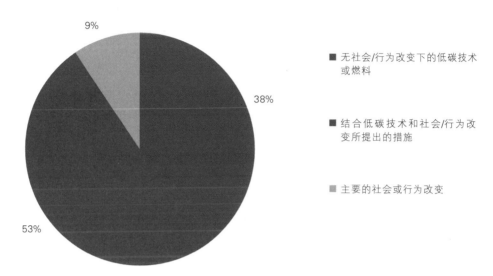

图 5-6　进一步雄心方案中社会及行为改变的作用

来源：CCC 分析。

　　在第 6 章将阐述如何实现进一步雄心方案，包括基础设施建设和相关的政策挑战。

　　与核心方案相比，实现进一步雄心方案的成本更高，因为它消除了经济系统中几乎所有的温室气体排放。我们将在第 7 章对这一方案所需的成本以及可能带来的收益进行分析。

(d) 可以进一步减排但极具风险的探索性方案

　　我们已经明确了一系列比进一步雄心方案中的选项更具探索性的选项。目前，这些探索性方案所需的技术储备非常不足，而且成本非常高，和/或公众难以接受这些探索性选项。因此到 2050 年，它们都不太可能实现，但为了实现国内温室气体的净零排放，探索性方案中的某些技术还是有可能用到的。

　　我们考虑的探索性方案包括如下内容：

社会和行为方式的进一步转变。尤其是那些在 2050 年仍有较大排放量的部门（即农业和航空业），消费者的选择有可能发生更大的改变。

　　农业。通过进一步降低肉类的消费量，有可能进一步改变人们的饮食结构，从而超额完成进一步雄心方案所提出的目标。在探索性方案中，畜牧业的牛肉、羊肉和乳制品消费量比当前减少了 50%。这将更接近，但仍然不能达到政府目前的健康饮食指导标准的要求。如果消费继续保持在较高的水平，那么在探索性方案下是否仍有可能靠增加非农蛋白质发挥替代作用来满足饮食标准（如合成肉）——这将在进一步雄心方案基础上在 2050 年额外减排 11 $MtCO_2e$。

航空。进一步雄心方案是——到 2050 年，各运服务需求将比 2005 年的水平增长 60%（比目前的需求大约高出了 30%）。如果客运服务需求低于这一水平，则可能进一步减少温室气体的排放（例如，假设比 2005 年水平高出 20%~40%，将意味着我们可以进一步减少 4~8 $MtCO_2e$ 的排放）。例如，这可能反映出未来消费者的消费偏好以及社会规范的变化，或是一些限制需求增长的更具雄心的政策。

土地利用方面的变化更加广泛。在进一步雄心方案下，市场对于食物的需求变化可以用来增加造林用地。因此，在探索性方案下，可能会比进一步雄心方案预期的造林率更高，还有可能有额外的泥炭地恢复原貌。

进一步雄心方案中每年 3 万公顷的植树率提高到探索性方案中每年 5 万公顷，这将在 2050 年额外减排 11 $MtCO_2e$，并且到 2050 年，英国的森林覆盖率将增加到 19%。

通过饮食结构的变化所解放的土地也可以用于恢复更多的泥炭地和种植更多的能源作物和丰产林，这将使得到 2050 年分别减排 3.5 $MtCO_2e$ 和 4 $MtCO_2e$。

不需要将土地从农业生产中释放出来的泥炭地的额外减排量可能超出了进一步雄心方案的要求，我们通过更好地利用农业低地泥炭地（例如水位的季节性管理），进而在 2050 年再减排 1.5 $MtCO_2e$。

去除技术。我们的进一步减排方案中的碳去除是通过建筑行业中的木材使用、BECCS 和小规模部署 DACCS 来实现的。但更大胆地实施这些措施是可能的，我们还有更多的探索性选项，包括增加风化和生物炭的使用。

BECCS。如果可以获得比我们假设的 200 TWh 水平更高的生物质资源，就有可能更大规模地部署 BECCS。气候变化委员会在 2018 年所做的生物质报告中提出，英国在全球生物质资源中占 100~300 TWh，这取决于土地供应和国际治理安排。如果生物质资源在这一范围的较高水平，并且所有这些额外的资源可以应用 BECCS，那么这将提供额外的 32 $MtCO_2$ 的去除量。

DACCS 并没有对其潜在的部署规模作出特定的限制。因此，其部署规模完全取决于它的备选方案的成本以及这一行业的发展速度。2018 年英国皇家学会和皇家工程学会关于温室气体去除[①]的报告提到了英国 DACCS 计划中的 25 $MtCO_2$ 去除量，这将需要大约 50 TWh 的能量输入（这一能量相当于海上风力发电 10 GW 装机的能量输出）。相比进一步雄心方案，探索性方案中二氧化碳的捕集与封存的使用

---

① The Royal Society and the Royal Academy of Engineering(2018)Greenhouse gas removal.

率增加了大约14%，并且在2040年前每年会额外投资40亿英镑以及50平方千米的土地用于直接空气捕集设施的建设。

增强风化是一个过程，这一过程需要将岩石粉碎并将这些粉末在地面上扩散开来，以便岩石碎片与空气中的 CO_2 反应，将其从大气中去除。这个技术还没有达到一个比较成熟的地步，但是它增加了相关工作人员的信心——因为它可以有效地实施，并且没有明显的负面影响，但还是应该对其进行进一步的研究，以明确它的可行性。目前，我们甚至不把它作为一种探索性的技术列入本报告。

要**储存生物炭**就需要对生物质进行处理，即使其与土壤混合不易分解，并能够以一种稳定的形式储存生物碳。虽然这个方法比高强度风化更先进，并且与其他技术（如BECCS）相比更可能会有效地永久结合生物质中的碳，但它技术不够成熟，并且还存在与有限的可持续生物质资源相竞争的情况。因此，我们在探索性方案中不会对生物炭潜力进行具体估计。

合成燃料。合成燃料在技术上是可行的，但在热力学和经济上是具有挑战性的，目前看来它可能比其他探索性技术要昂贵得多。如果这些关于合成燃料的难题能够在全球范围内得到解决并且解决方法得到广泛应用，那么合成燃料就有可能产生巨大的减排作用。

合成燃料是通过将二氧化碳输入源（例如来自直接空气 CO_2 捕集）与大量零碳能源（例如储存起来的氢）相结合来生产的碳氢化合物能源。其中的二氧化碳在燃料燃烧后释放到大气中。这些燃料生产步骤较多，这使得热力学效率低，且不具经济性。

例如，要生产115TWh的合成航空燃料来满足进一步雄心方案中航空领域的能源需求，就需要消耗大约200TWh的零碳电力。这相当于在进一步雄心方案下英国发电总需求量的33%。[1]

此外，一旦二氧化碳被捕集，那么封存它所需的额外费用就相对较低，这就意味着实现同等程度减排储存二氧化碳比将其转化为替代煤油的碳氢化合物成本更低。

因此，尽管合成燃料具有巨大的技术潜力，并且合成燃料的积极影响对希望减少自身排放而不是通过清除作用来抵消排放的企业极具吸引力，但在探索性方案中要实现技术突破必须克服非常困难的生产障碍以及经济障碍。

基于方案中没有CCS技术的化石燃料燃烧产生的剩余排放，我们不妨假设合成燃料的技术障碍是可以被克服的，那么就有可能减少多达45 $MtCO_2e$ 的排放。

---

[1] 这是皇家学会提供的分析，其中基本假设列在本报告随附的假设日志中。

　　更高的CCS捕集率。进一步雄心方案假设当CCS技术应用于发电、工业和制氢时，95%的二氧化碳排放将会被捕集。探索性方案中假设有着较高的捕集率（99%），如此一来这将额外减排7 MtCO₂e。虽然并不确定，但在不显著增加成本的情况下，实现较高的捕集率还是有可能的。[①]

　　更广泛的氢能使用。氢气在进一步雄心方案中已广泛应用。它可以在工业上实现进一步推广，更快速地取代建筑和铁路中仍在使用的天然气。这些目前看来还是相对具有挑战性的，所以我们把它放在探索性方案之中。到2050年，这些举措可以再减排7.5 MtCO₂e。

　　甚至在这些探索性方案之外，还有可能出现其他在目前看来不得而知的机会。然而，考虑到商业化和实施这些计划所需的时间框架，它们不太可能在2050年之前为减排作出重要贡献。

5.3　实现英国温室气体净零排放

　　到2050年，英国要达到温室气体净零排放就需要实现核心方案和进一步雄心方案，甚至还需要部分实现探索性方案。在这一节中，我们列出了实现这一目标所需要达成的三种混合方案，然后将这些方案与英国目前的2050年减排目标（相对于1990年减排80%）进行比较。

(a) 到2050年实现温室气体净零排放

　　所有的核心方案和进一步雄心方案如果都能够达成的话，将减少96%的排放量，这意味着可以从探索性方案中额外减少33~45 MtCO₂e的排放量（其范围反映了专栏5.1中排放核算的不确定性）。

　　可以通过深度推进进一步雄心方案的实施，进一步实施温室气体去除措施或使用合成燃料等措施来缩小与实现温室气体净零排放间的差距（如图5-7所示）：

　　深入推动进一步雄心方案的实施。这包括相关需求（如航空和饮食）的进一步改变，土地利用（如造林和泥炭地管理）改变，CCS技术的更高普及率（即发电、工业和制氢），以及加快推进在建筑业、工业和交通运输业中氢能的全面使用。这些措施整合在一起，到2050年就可以再减少56.5 MtCO₂e，这将足以使英国全部温室气体排放量达到净零。

---

① IEAGHG(2019)Towards zero emissions CCS.

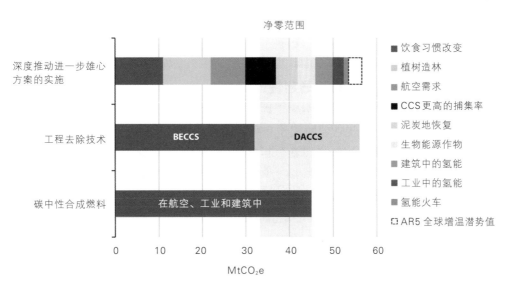

图 5-7 2050 年探索性方案中额外减排的潜力

注：阴影部分反映了在 2050 年实现净零排放（即 33~45 MtCO₂e）的进一步雄心方案之外所需的额外减排幅度。AR5 全球增温潜势值区域反映出，全球增温潜势值越高，排放值和减排值越高，反映到阴影区域的上端。

来源：CCC 分析。

工程去除技术。我们进一步雄心方案中 BECCS 的水平与英国在全球可持续生物质资源中的相对公平的份额保持一致，但其中 DACCS 的部署是有限的（即 2050 年为 1 MtCO₂e）。很大程度上我们有可能同时部署这两种技术，这样可以进一步减排大约 56 MtCO₂e。因此，合理应用这些技术组合可以减少与实现温室气体净零排放的差距。

合成燃料。该设想在技术上是可行的，但在热力学以及经济上都颇具挑战性，由于合成燃料的过程需要消耗大量的能量，这使得合成燃料技术比其他探索性技术都要更加昂贵。因此，在英国实现净零排放的必经之路就是克服这些挑战，在全球范围内推广使用合成燃料，以此将剩余的化石燃料消费部门的排放量减少到零。

这些方案突出反映了所有领域面临着严峻挑战，包括当前用以实现到 2050 年温室气体净零排放的探索性方案。在更多的领域发展探索性方案也是十分重要的，这样就可以在某些方案未能充分发挥其减排作用的情况下提供一个备选方案，作为对未来减排预期不确定性的一种应急措施（见专栏 5.5）。

我们还提出了实现净零排放的其他方法（见专栏 5.6）。具体来说，有一些方案比较依赖推广使用合成燃料来实现某些部门（如航空部门）的低碳化。这种方案或许可行，但考虑到其低效和额外的成本，它可能会提高实现温室气体净零排放的难度和成本。

专栏5.5　减排方案中的不确定性

在减排方面，未来的主要不确定因素有经济因素、社会和人类行为的变化、技术更新换代的速度以及它们的成本和减排潜力：

经济因素。所涉及的经济因素包括经济增长率、未来化石燃料的价格水平，以及人口变化等因素。我们对未来经济增长所做的假设是基于英国预算责任办公室（Office for Budget Responsibility）的权威预测，以及英国政府对化石燃料价格所做的预测。如果经济增长或人口数量超过我们的预期，或者是化石燃料价格下降，所有的这些都可能会导致排放更多的温室气体，因此需要更多的低碳技术并且积极采取措施。

社会和行为因素。这些问题的不确定性涉及对商品和服务的需求，以及消费者对减排的新技术和新方案的反应。在个人和社会层面上，二者都可能受到偏好和品味变化的影响。这些变化的速度相对较快，而且很难预测。

技术的发展、所需成本和减排潜力。我们的减排方案综合考虑了所有已知的方案，并为未来进行技术创新来改善这些方案并降低成本留出了空间。然而，不确定的是，究竟哪些技术能够实现商业化，它们的技术将在多大程度上得到改善，以及成本究竟会降低到什么程度？

我们的方案对那些具有不确定减排潜力的技术采取保守的态度。方案没有假定未指明技术的突破，或者消费者行为的急剧转变。方案考虑到目前排放清单的已知更新，并反映了发展新资源（例如生物质）的有限性。

排放清单的变化。在未来几年，这些变化包括泥炭地排放量的增加和用于计算排放量的全球增温潜势值的变化。预期这些变化将增加目前以及1990年以前的对排放量所做的估算（见专栏5.1）。我们在分析时需要考虑到这些因素，这样就不会低估我们所需的减排量。

技术。我们的方案是基于目前已知的技术和一些减排选项。我们不认为创新会带来未知减排技术的突破，也不认为技术会在不现实的时间跨度内得到开发、商业化和应用。

资源配置。我们的方案更广泛地使用了生物质。我们认为，在部署了这些资源的地方，总体的需求与可持续的供应力度是相平衡的。这意味着和我们在2018年低碳经济中的生物质报告中所确定的一样——英国在全球潜在的可持续生物质资源中的份额在一定限度之内。

这些不确定性表明，如果减排进行得更加困难的话，那么就需要灵活应对。某些领域也有可能出现比预期发展更加良好的情形（例如，成本可能下降得更快，特别是在明确、稳定、精心设计的政策的支持下持续而广泛地实施计划，例如发展海上风电）。这将使我们的目标更容易实现。

专栏 5.6   有更多的证据表明，存在深度减排的机会

自《巴黎协定》签署以来，国际上已经发表了许多相关的研究报告，探讨各国实现深度脱碳的方法。而我们也在设计我们方案的时候研究了它们的方法。

我们的关注点是在特定行动的方案上，这些行动超出了我们此前研究报告所涉及的范围，但是会与英国这样的发达国家相关。发表这类研究报告的组织包括能源转型委员会（ETC）和欧盟委员会（EC）。

能源转型委员会专注于减排比较困难的行业到21世纪中叶实现二氧化碳净零排放的途径，这些行业包括工业、货运和航空。他们提出了三个有效的方法：减少对高碳产品（如钢铁）的需求；提高能源效率；发展低碳技术（CCS、氢能和电气化）。

欧盟委员会提出了两种在2050年前使用不同方法实现温室气体净零排放的方案：大力发展低碳技术（包括CCS技术和BECCS技术），或寄希望于消费者选择更加低碳的消费方式。

这两项研究都有许多与我们的方案相一致的选项：

由于部署了提高能源利用效率和资源利用效率的措施，比如物品的回收和再利用、改进车辆和建筑物的设计方案以及提高物品和建筑物的共享程度，进而大大减少能源的使用量。

在大多数部门中推广低碳能源的使用，发挥电力和氢能的主要作用。欧盟委员会的方案是到2050年电力占最终能耗的一半，氢能占10%，相比之下，在我们的方案里二者的占比分别约为45%和20%。

欧盟委员会的方案中包括了生活方式的改变，如航空旅行需求的减少[①]和饮食习惯的转变[②]。

然而，我们的方法存在一些根本性的分歧：

---

① 长途航空运输活动(2015—2050年)增长70%，而当前预测值为104%。

② 与未提供饮食变化建议的基本情景相比，2050年的动物产品中，卡路里的热量含量约为25%。

能源转型委员会和欧盟委员会都期望合成燃料在工业、交通和建筑中发挥重要作用[①]。但是由于其生产所需的额外能源（见5.2节关于合成航空燃料的介绍）和较低的利用效率（例如，与电动机相比效率比较低），我们还是将其归类为探索性方案。欧盟委员会也认为这是一个潜在的障碍。

在这两项研究中，CCS技术在工业中都起着关键的作用。然而，CCS技术在发电中的作用却低于我们目前所设想的水平，其中BECCS和CCS燃气电厂可能只配备了约1/3的发电机组（见技术报告第2章）。

生物能源：我们的方法是优先将生物能源与二氧化碳的捕集与封存结合，以最大限度地提高负排放水平。然而，能源转型委员会和欧盟委员会的两份报告中都有大量未使用CCS技术的生物能源：例如能源转型委员会报告中有超过一半这样的生物能源用于航空燃料。我们的分析表明，这并不是最有效的使用方式，因为使用CCS技术的生物能源能够实现更低的排放。

来源：Energy Transitions Commission （2018） Mission Possible; European Commission (2018) A Clean Planet for all – A European strategic long-term vision for a prosperous, modern, competitive and climate neutral economy.

（b）净零排放的方案与目前已有的2050年目标的比较

我们提出了到2050年温室气体排放量在1990年的基础上减少100%的方案。这一方案超出了目前立法规定的至少减排80%的目标。

鉴于有可能通过不同的方式实现减排80%这一目标，所以很难确切地说还需要哪些额外措施才能实现温室气体净零排放的目标。从某种意义上说，二者最为关键的区别在于，80%的减排目标具有一定的灵活性，可以不追求某些减排技术，而净零排放目标则要求抓住所有减排机会。但是其在手段上仍有一些灵活性（例如，低碳能源是来自海上风能还是核能？建筑物供暖是用热泵还是氢能？），但这并不是最终结果——在有低碳选择的方面，必须使用其中之一。

然而，由于我们的核心方案比较接近减排80%这一目标，所以进一步雄心方案的措施很好地表明了要达成温室气体净零排放这一目标所需的额外努力，并且还需辅以一些探索性技术。其主要特点是：

建筑物供热应在整个建筑存量中脱碳，包括天然气网络中建筑物供热的峰值，

---

① 欧盟设想的情况是，大约15%的最终能源消耗来自合成燃料。

以及电力生产的峰值。

低碳氢能成为工业、峰值电力、海运以及建筑物供热峰值和重型货车的关键技术。

在提高效率的同时，必须在工业中充分利用CCS技术、低碳氢能和电气化。实施这些措施所花的费用不比在电力部门或供暖领域应用类似的技术高，而且可以在相似的时间跨度上部署，但政策设计则更具挑战性，特别是考虑到竞争力方面的担忧，以及将变化与更广泛的改进结合起来的时候（见第6章）。

重型货车应该进行脱碳处理。最好的解决方案还不是很明确——氢能或者是电能，抑或是二者的结合。技术的进步可能会在全球范围内推动这一问题的解决，但是需要与爱尔兰和欧洲大陆的相关市场相协调。

人们的选择应转向更加健康的低碳饮食。若这一转变得以实现，则将释放英国1/5的农业用地来植树、种植能源作物以及恢复泥炭地，这也将提高气候适应性并且改善生态系统。

BECCS。 可持续的生物质可以作出重要的贡献，但为了实现净零排放，它必须以低碳的方式使用（即在建筑中使用木材，以及生物能源和CCS技术结合）。

一些进一步的减排工作需要物质社会作出脱离高碳的商品、服务以及土地利用方式等更为激进的改变，广泛地部署新兴技术直接去除大气中的CO_2，或者将上述的措施结合起来。

英国实现温室气体净零排放的改变，将减少英国高碳商品和服务的进口，进而支持英国之外地区的减排（见专栏5.7）。我们会密切监测对英国消费所造成排放的估计，并确保消费与地区排放之间的差距至少不会扩大，这一点很重要。如果这样做，可能需要英国采取进一步的行动来减少排放。

专栏5.7 消费所造成的排放

与英国居民日常活动相关的排放量主要可以用两种方式来衡量：基于领土来衡量，包括仅在英国境内产生的排放量；基于消费来衡量，旨在涵盖无论发生在世界何处但是与英国的活动和支出相关的排放（但不包括英国出口产品带来的排放）。

2016年，基于消费估算的排放量要比基于领土估算的排放量高出约70%（见第3章专栏3.3）。由于很难准确地估计整个国际供应链的排放量，所以基于消费估算排放量的不确定性要高于基于领土估算的排放量。

英国应该确保在本土减排的措施不会导致其进口物品消费所造成的排放增

长。这种排放增长可能是由于英国总消费的增长，或是由于相关活动转移到了海外（称为"境外生产"）。

委员会将继续监测基于消费的排放量，以此作为我们定期监测减排进展的一部分。政府应采取成本有效的减排措施以减少所有有效排放，而不仅仅只是英国领土之内的排放。

我们进一步雄心方案包括了一些减少需求的措施，如资源利用效率的提高和饮食习惯的改变，这些措施针对的是在实际生产中可能更难以脱碳的商品制造业和服务业。这些商品包括：化石燃料、工业产品（钢铁、水泥和石灰）以及红肉和奶制品等。之所以优先采取这种方法，主要是因为这些措施可以使英国实现净零排放而成本又相对较低。然而，这些商品和服务对进口有着巨大的依赖性，这意味着，这些措施也可能减少英国消费所造成的总排放量。由于英国出口商品和针对出口的服务的碳含量将更低，这使得英国在本土范围内实现净零排放的进展将为全球减少排放作出额外的贡献。此外，较低的英国本土排放量将减少从英国进口商品的国家的消费排放量。

图 B5-7 显示了进一步雄心方案中从 2016 年到 2050 年，英国基于消费的商品和服务的进口部分排放量。总减排量为 18 $MtCO_2e$，是 2016 年的水平（64 $MtCO_2e$）的 28%。这些减排的驱动因素是：[1]

2016 年至 2050 年间，英国钢铁消耗量减少了 30%，水泥、石灰和石膏消耗量减少了 26%。详见技术报告第 4 章。

2016 年至 2050 年间，英国的牛肉、羊肉和乳制品的消费量减少了 20%。牛肉和羊肉的消费份额被猪肉和家禽类产品所取代；乳制品则被豆类和豆类制品所替代。详见技术报告第 7 章。

化石燃料和进口生物能源的消耗量降低，这是进一步雄心方案中所有措施的结果。这些措施减少的是上述燃料在开采和生产过程中所产生的排放。

我们所统计的不包括英国航空业增长放缓带来的额外排放。英国的领土排放中只包括离境航班，但很明显，离境航班的减少也会导致抵达航班的减少。这些排放量将被计入航班起飞国的领土排放当中，这将有助于减少全球排放量，但不会计入英国的消费排放当中。

在我们的方案中，我们没有去估计增加低碳技术的投资对消费排放的

---

[1] 还会有其他推动这些变化的因素，比如英国对此类商品和服务的总消费额，以及进口所占比例。但是，如果估计这些变化则会超出本报告的范围。

影响。

我们注意到，英国投资总额的变化相对较小（仅占GDP的1%，而总资本支出自1990年以来在15%~24%之间浮动）。此外，我们方案中的英国工业脱碳表明，在不大幅度增加排放的情况下，还是有潜力满足日益增长的投资需求的。

在我们2013年的报告《减少英国碳足迹》中，我们方案中对发电、地面交通和供暖所包含低碳技术的生命周期排放进行了评估[①]。我们发现，与化石燃料技术相比，这些技术的生命周期排放显著减少。例如，我们估算，到2050年，一辆纯电动汽车的生命周期排放将低于20 gCO₂e/km，而同期的一辆汽油车的生命周期排放为125 gCO₂e/km。

总的来说，在我们的方案中，英国本土排放量的减少可能会使得全球排放量大幅减少，特别是如果我们在制定政策时考虑到生命周期所带来的排放量的话。

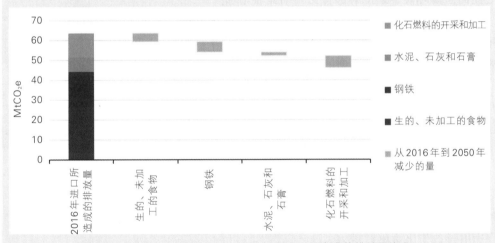

图B5-7　进一步雄心方案下某些商品进口所造成的排放量变化

注：如图所示的排放量仅与以下进口产品有关：未加工的食品、钢铁、水泥/石灰/石膏和化石燃料。因此，2016年的总排放量要低于进口总排放量。温室气体总量的数据使用的是IPCC第五次评估报告中的全球增温潜势值。

来源：2016 statistics from University of Leeds analysis for Defra（2019）UK's carbon footprint 1997–2016; estimated changes 2016–2050 from CCC analysis.

①　从2016年到2050年，天然气减少了34%，石油减少了85%，固体化石燃料减少了89%。

6.4 净零转型的可行时间

我们侧重于对2050年之前的可行减排方案进行分析，但同时也特别考虑了，到2045年不同的排放源能否更早达到相同的减排水平。

有些领域到2045年也很难达到2050年的脱碳量，特别是在建筑、工业和重型运输领域。2045年的植树造林面积也将比2050年少。

建筑和工业。由于战略决策的需要，对于基础设施用途的重新调整/升级以及资本存量的周转，我们很难想象这些部门如何在2050年之前为净零排放作出更大的减排贡献。

重型运输。对于大型运载设备（如卡车、客车和船舶），在研发零排放车辆、推进燃料基础设施建设和保有量方面都存在挑战，这意味着，我们预计在2050年之前的任何时候，碳排放都将比预期显著增加。

植树造林。随着我们种植了越来越多的新植被，植树造林产生的陆地固碳量随着时间的推移而增加。我们进一步雄心方案中2045年比2050年减少排放3 $MtCO_2e$。

虽然在其他领域（如乘用车和小型货车、发电部门、非住宅建筑、BECCS[①]和含氟气体），到2045年的脱碳水平可以与我们2050年的进一步雄心方案相一致，但越是想要更早实现净零排放，反而越是会增加整个地区无法实现这一目标的风险。

探索性方案中弥补这些行业减排量不足的备选技术也会受到尽早实现净零排放时间方面的影响。由于这些备选技术目前尚未确定，任何部署都可能发生在从现在到2050年这段时期之间。因此，任何时间上的减少，都可能大大降低其部署对实现净零排放作出贡献的潜力。

进一步雄心方案所提出的目标已经略低于2050年达到温室气体净零排放所需的要求，但这一差距可以通过探索性方案来弥补。由于仍处在脱碳过程中的行业排放量的增加，时间压缩的风险，以及探索性技术的部署范围缩小，在2050年之前实现净零排放将相当困难。

我们的评估是，在2050年之前实现国内温室气体净零排放对整个英国来说是不可行的。

---

① 到2050年限制部署BECCS的主要因素是可利用的可持续生物质资源总量，而不是推广率。

5.5 对苏格兰、威尔士和北爱尔兰的影响

(a) 地方政府实现净零排放所面临的挑战

对于英国实现长期脱碳这一目标而言，地方政府可以发挥重要作用。本章讨论的技术和行为选择的可行范围在整个英国都大致相似。然而，每个地方政府都有其各自的特点，对技术有不同的倾向性，这给实现温室气体净零排放带来了不同的机会和挑战。

我们在进一步雄心方案中所确定的选项应适用于每个地方政府：

将电力、供暖、地面交通、废弃物、含氟气体和海运的排放降至非常低的水平。

进一步在难以减排的行业减少排放——农业、工业、航空。

通过植树造林和其他陆上碳汇等方法去除大气中的二氧化碳。

影响地方政府实现温室气体净零排放的关键因素包括：难以减排的行业中经济活动的不同占比，将长期影响脱碳工作的现有基础设施，土地的使用方式，工程去碳的机会（例如 BECCS），以及提供探索性方案的潜力。

难以减排行业中的排放

目前来自难以减排的部门的排放量在每个地方政府中是不同的（如图 5-8 所示）。这些难以减排的部门在所有减排措施实施后，当前排放量份额的高低有可能导致剩余排放量的增加或减少。

农业。与英国相比，三个地方政府的农业在总排放量中的比例更高。

航空。与英国相比，三个地方政府航空排放在总排放中所占的比例要低得多。绝大多数（约90%）的英国航空旅客通过英格兰的机场[1]——英格兰的机场是长途航班的枢纽，为来自英国各地的旅客服务。

工业。威尔士的工业排放量占总排放量的比例（30%）比英国整体的比例（22%）高得多，这是由南威尔士的重工业集群造成的。苏格兰的工业排放水平更高，但是北爱尔兰的比例却要低得多。然而，我们的最新分析表明，从长远来看，工业的排放量可以降至更低水平，将低于农业和航空。

---

[1] CAA（2018）Size of reporting airports 2018.

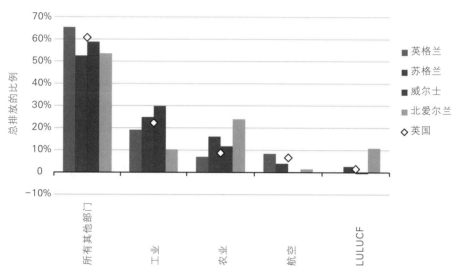

图5-8　英格兰、苏格兰、威尔士和北爱尔兰的各部门的排放份额（2016年）

来源：NAEI（2018）Greenhouse Gas Inventories for England, Scotland, Wales and Northern Ireland: 1990—2016.

注：这些数据包括泥炭地、国际航空和海运的排放。

来自土地使用的排放，特别是泥炭地的排放也很重要，下文将对此进行讨论。

基础设施的差异

基础设施方面的一些差异将一直持续到2050年。这对天然气和电力网络、现有住房存量和重工业集群尤其重要：

北爱尔兰的天然气网络不太发达，2017年只有24%的家庭接入了天然气网络（尽管这一比例在增加），而整个英国的比例为87%。居住在苏格兰和威尔士的家庭没有接入天然气网络的比例也高于英国的平均水平。依靠燃气网络的低碳供热方案在这些特定的情况下是不可能实现的，所以需要更多地使用其他的技术，如热泵和智能蓄热技术等。

除非CCS技术措施实施到位，否则南威尔士的重工业集群将可能成为剩余温室气体排放的一大来源。

土地利用的差异

土地利用及其变化和林业二者产生的排放本质上是"因地而异"的。委员会2018年的《土地利用》报告[①]的最新研究成果使用空间模型为每个地方政府和英格

---

① CCC(2018)Land use: Reducing emissions and preparing for climate change.

兰地区模拟了未来的排放情景。这一最新的研究让我们进一步了解了未来植树造林的情况、木材和生物质能源的增长潜力，以及对退化泥炭地的排放评估：

英格兰。英格兰的农作物用地比例远高于英国其他地区，2016年约占土地面积的1/3，而整个英国这一比例为1/5。在我们进一步雄心方案中，耕种将继续是英格兰主要的土地利用方式，但草地面积将下降40%，这将增加用于林业、泥炭地恢复和农林复合的土地面积。

苏格兰。目前，苏格兰约有20%的土地被森林覆盖，这一比例在英国是最高的，如果未来大幅减排，这一比例可能升至近30%。在苏格兰，泥炭地退化所产生的排放量要远远高于英国其他地区。一旦被列入排放清单，预计它们将使1990年苏格兰的排放量增加9.7 MtCO₂e。然而，到2050年，恢复后的泥炭地面积有可能增加一倍以上，即从目前的60万公顷增加到140多万公顷，这将减少大约7 MtCO₂e的排放。到2050年，苏格兰的固体生物质产量将占英国的33%（其中大部分来自森林管理和新型种植），木材产量将占英国的50%。

威尔士。在威尔士，畜牧业是一项重要的农业活动，这使得草地成为2016年最主要的土地利用方式（74%）。到2050年，草原面积可能减少25%左右，而林业用地将增加70%左右。威尔士拥有非常少的泥炭地，一旦将其列入排放清单，预计将增加不到0.5 MtCO₂e的排放量。到2050年，威尔士的固体生物质和木材产量预计将不到英国的10%。

北爱尔兰。北爱尔兰的农业以畜牧业为主（2016年畜牧业增加值在90%以上），尤其是牛肉和奶制品。北爱尔兰的草地比例很高，2016年占陆地面积的75%。用于种植农作物的土地只占土地总面积的4%，森林覆盖率也低于英国其他地区6%的覆盖率。草原提供了向森林、农林间作和生物质等低碳土地用途转移的最大机会，到2050年，这些土地利用方式可能增加到11%。1990年，预计泥炭地将使北爱尔兰的排放量增加2.3 MtCO₂e，尽管随着泥炭地的恢复，这一数字可能在2050年降至1.8 MtCO₂e左右。

二氧化碳去除和储存工程方面的机遇

进一步雄心方案下英国从大气中去除大量二氧化碳，主要是通过使用BECCS技术。根据现行的配额计算准则，碳去除的排放额度算在二氧化碳储存地而不是算在生物质的生长地。因此，在英国找到既适合二氧化碳储存又适合建BECCS工厂的地点是发展这一减排的关键。

威尔士和北爱尔兰适合二氧化碳储存的地点有限，因此也不是安置BECCS电厂的最佳地点。

苏格兰在北海有极好的二氧化碳储存场所，包括废弃的油气田。不仅如此，它还具有巨大的生物质潜力——可以种植和供应全英国约33%的生物质。这意味着苏格兰是建设BECCS电厂的好地方，当然在这些工厂生产电力或氢能还需要考虑传输限制的问题。

这些在农业、航空、土地利用和二氧化碳储存选址方面的差异是影响我们对苏格兰、威尔士和北爱尔兰实施核心方案和进一步雄心方案的关键因素。此外，还有可能实施探索性方案以进一步减少排放。

探索性方案在进一步减少排放中的潜力

英国实现温室气体净零排放将依赖于一系列探索性技术，而这些技术目前储备程度较低，成本较高，难以获得公众的普遍认同。

到2050年，所有探索性技术全都实现的可能性非常低，但要缩小与净零排放这一目标的差距，就需要一些探索性技术作出一定的贡献。这可以通过更深入地推行进一步雄心方案中所提及的各类措施、进一步部署碳去除工程，以及使用合成燃料来实现。因为英国各地实施这些探索性技术的机会各不相同，这会影响苏格兰和威尔士实现净零排放的能力（见表5-2）。

表5-2   苏格兰和威尔士潜在的探索性措施概述

探索性措施	苏格兰	威尔士
大力推行进一步雄心方案	⬤	⬤
碳去除工程	⬤	⬤
合成燃料	⬤	⬤
总体	⬤	⬤

大力推行进一步雄心方案。 该方案的重点是航空业的需求、农业和土地利用的变化、CCS技术中CO_2的捕集率，以及氢能。这使得苏格兰和威尔士能够超额完成进一步雄心方案所设定的目标。但对二者而言，通过航空需求变化实现减排的可能性都低于整个英国，其必将更依赖于CCS技术的碳捕集率、农业和土地利用的变化

来实现。

碳去除工程。这类技术将依赖广泛应用 BECCS 技术、DACCS 技术或者这两种技术的结合，才能在进一步雄心方案下实现 52 $MtCO_2e$ 的减排量。苏格兰在生产生物质和储存二氧化碳方面处于有利地位，如果 DACCS 能更广泛地部署在英国，我们就有充分的理由将其与苏格兰的 BECCS 技术共同部署在我们的进一步雄心方案中。相反，威尔士的二氧化碳储存地很有限，所以在威尔士大量部署碳去除工程设施不太可行。

合成燃料。在工业、航空和建筑中使用合成燃料，可以为英国带来多达 45 $MtCO_2e$ 的额外减排，所用的合成燃料大约有一半是在航空中使用。在苏格兰，使用合成燃料可以为航空业减排 1.4 $MtCO_2e$，而在威尔士，根据我们进一步雄心方案，期待航空业带来的额外减排还不足 0.1 $MtCO_2e$（如图 5-9 所示）。

鉴于所有的探索性方案都具有不确定性。我们只能认为，如果有多种技术选择来实现必要的减排，那么设定一个需要它们作出贡献的目标是可信的。由于英国已经确定，只有一条技术路线对威尔士而言是具有潜在可行性的，因此为威尔士设定一个依赖于这些探索性技术措施的目标并不明智（见表 5-2）。

（b）地方政府 2050 年的方案

每个地方政府的经济和地理特征不同，意味着整体减排的进展和所需的时间不同，但在整个英国，减排所需的一系列可能的技术选项和社会措施基本上是相同的。

必须认识到，在我们的方案中，2050 年的不同排放水平反映了减少排放的不同机遇，而不是追求脱碳的政治雄心的差异。我们对地方政府脱碳潜力的评估，需要采用与我们在全英国范围内的核心方案、进一步雄心方案和探索性方案相同的一系列减排措施。因此，每项措施产生的减排量取决于每个地方政府的效力。

图 5-9 显示了进一步雄心方案下的剩余排放量。与英国相比，每个地方政府的剩余排放量的主要差异是：

航空。与英国政府相比，各地方政府的航空业剩余排放份额要小得多。

工业。正的剩余排放量份额（即那些不包括 LULUCF 和碳去除工程的净排放量）中，威尔士的工业排放量（22%）远高于苏格兰（11%）、北爱尔兰（4%）和整个英国（12%）。

农业。与英国（29%）相比，苏格兰、威尔士和北爱尔兰的农业剩余排放比例更高（分别为 47%、58% 和 49%）。

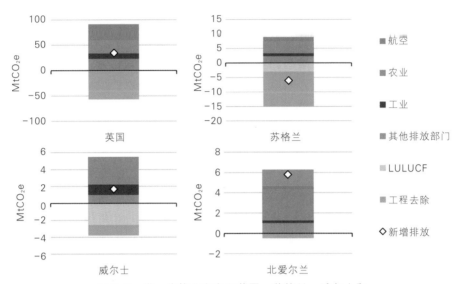

图5-9　进一步雄心方案下英国、苏格兰、威尔士和
北爱尔兰（2050年）的剩余温室气体排放量

来源：CCC分析。

对苏格兰来说，在进一步雄心方案下，到2050年可以将温室气体排放量减少104%~110%，这为2050年或之前实现温室气体净零排放提供了极大的支持。而苏格兰在进一步雄心方案下寻求探索性方案，则可以实现更大程度的减排。到2045年，苏格兰与实现净零排放的差距是0~4 MtCO2e，可通过探索性方案来实现。

对威尔士而言，在进一步雄心方案下减排95%~97%，位于我们对可行性评估的范围之内，因为设定一个依赖探索性方案才能达到的目标将带来更大的风险。鉴于还没有作出方法上的决定，我们因此认为，到2050年威尔士减排幅度的下限（95%）是可信范围内的最大限度。

我们对到2050年可能发生的减排变化进行了评估，发现威尔士和苏格兰的变化明显大于英国整体的变化：

对威尔士而言，根据新的脱碳证据（例如，工业中使用氢的可能性）我们对整个英国工业潜在的脱碳能力的评估发生了巨大变化。由于威尔士当前的工业排放占比很高，其对威尔士的影响不成比例变化。

对苏格兰来说，由于对土地部门在碳封存方面所能提供机遇的评估发生了重大变化，所以我们有更大的能力在英国其他地区来推广这一技术。

土地利用和林业。与正剩余排放量相比，LULUCF部门的碳汇在苏格兰（33%）和威尔士（47%）要比整个英国（3%）大得多。这反映了威尔士植树造林和减少泥炭地排放的良好前景，以及苏格兰森林面积大幅增加来抵消泥炭地退化的重大契机。与英国其他地区不同，由于森林覆盖率低、泥炭地排放量高，LULUCF这一块是北爱尔兰的净排放源，占剩余排放量的26%。

利用工程手段去清除温室气体。在威尔士和北爱尔兰，通过使用BECCS来去除二氧化碳的机会是有限的。我们的土地利用报告里边的新证据表明，到2050年，苏格兰可以为英国提供33%的固体生物能源，以及50%的木材。在我们的进一步雄心方案中，由于苏格兰有机会在国内生产生物质能源，并且有条件建设CCS工厂，因而苏格兰有机会通过工程去除技术减少英国总温室气体去除量的22%（见技术报告的专栏A.1）。

综上所述，这些方案意味着，如果在英国各地推动进一步雄心方案的实施，将导致苏格兰出现净的负排放，而威尔士和北爱尔兰出现净的正排放。

是否能够实现温室气体净零排放，以及何时能够实现温室气体净零排放，我们需要同时考虑在进一步雄心方案下的排放水平和探索性方案下进一步发展的潜力（见表5-3）：

表5-3　英国、苏格兰、威尔士和北爱尔兰（2050年）的核心方案和进一步雄心方案

2050年的情景		英国	苏格兰	威尔士	北爱尔兰
核心方案	2050年的排放量（单位：$MtCO_2e$)	193	12	13	10
	基于1990年水平的减排量	77%	85%	76%	63%
进一步雄心方案	2050年的排放量（单位：$MtCO_2e$)	33~45	-8~-4	2~3	5~6
	基于1990年水平的减排量	95%~96%	104%~110%	95%~97%	78%~80%
探索性方案超越了进一步雄心方案的能力		⚫	⚫	⚫	⚫
实现温室气体净零排放的最早可信年份		2050年	2045年	2050年以后	2050年以后

注：进一步雄心方案的不确定性范围包括全球增温潜势值变化和泥炭地排放方法选择的不确定性（见专栏5.1）。

来源：CCC分析。

气候变化委员会近期的工作重点是在那些极具挑战的领域，这些领域的突破可能对推动英国净零排放产生重大影响。相关工作包括 2018 年关于土地利用、氢能和生物质的报告。[①]随附的技术报告更详细地阐述了我们对苏格兰、威尔士以及整个英国的评估变化情况。

---

① CCC(2018)Land use：Reducing emissions and preparing for climate change；CCC(2018)Hydrogen in a low-carbon economy；CCC(2018)Biomass in a low-carbon economy.

第6章 英国实现净零排放目标

引言与关键信息

第5章列出了到2050年将温室气体排放量减少至净零的技术方法。在本章中，我们重点介绍实现这些减排所需采取的行动。

要实现温室气体净零排放，就需要在整个经济中进行广泛的变革，包括将英国部分资本存量完全转换为低碳技术，并发展碳捕集与封存以及低碳氢生产等新工业。重大基础设施决策需要在近期就被制定出并迅速实施，公众也将需要作出相应的改变。

本章中的主要信息是：

基础已经到位。 为实现温室气体净零排放所需的许多组成部分的相关政策已经开始被制定：低碳电力（到2050年必须翻两番），高效建筑和低碳供暖（整个建筑群都需要），电动汽车（EV），碳捕集与封存（CCS），将可降解废弃物从垃圾填埋场移除，逐步淘汰含氟气体，增加绿化和减少农场排放的措施。这些政策必须得到加强，并且必须被实施。

减排工作必须在紧迫形势下取得进展。 当前许多计划都不够具有减排雄心；其他一些计划的进度推进过于缓慢，即使是对于当前减排80%温室气体目标来说也是如此。

2040年对于淘汰汽油和柴油车以及货车来说为时已晚，而目前的推行计划也过于模糊。

《气候变化法》通过十多年来，仍然没有针对英国供热系统脱碳的完善计划，也没有针对热泵或氢能进行大规模示范。

碳捕集利用与封存（CCUS）对实现温室气体净零排放至关重要，对英国经济具有战略意义，但还尚未开始部署。尽管全球进展也很缓慢，但全球目前有43个大型项目正在运营或正在开发中，然而英国却没有。

未能实现英国全国每年20 000公顷的造林目标（到2025年将增加到27 000公顷），而在过去五年中平均种植不到10 000公顷。迄今为止，农业所采用的自愿性方法并未实现减排。

政府现在必须应对尚未面临的挑战。 工业必须在很大程度上脱碳，重型车辆也必须转向低碳燃料，国际航空和海运业的排放量不容忽视，1/5 的农业用地必须转向支持减排的代替用途：绿化、生物质生产和泥炭地恢复。如果存在剩余的排放量，还必须通过从大气中去除 CO_2 并将其永久隔离的方法，例如使用可持续生物能源与 CCS 相结合，来完全抵消这些排放。

整个政府与企业和社区开展合作并提供清晰的领导。 减少排放的任务不能留给 BEIS 和 Defra 或财政部。这对于英国的整个政府和各级政府都至关重要。政策必须在经济的各个部门得到充分的资金支持和一致执行，以此推动必要的创新、市场开发和消费者对低碳技术的采用，并积极影响社会变革。

本章分为五个部分：

1. 向净零排放经济转型
2. 支持英国实现净零排放的必要条件
3. 实现净零排放的高层政策含义
4. 实现净零排放目标的政策前提条件
5. 对苏格兰、威尔士和北爱尔兰制定政策的影响

6.1　向净零排放经济转型

第 5 章对英国如何实现净零排放进行了定量描述。要实现这一目标，就需要在接下来的三十年中，对每个涉及排放的经济部门采取一致的政策。至关重要的是，这包括在短期内采取更强有力的措施，以使英国在 2050 年之前实现净零排放。

本节考虑了转型会以怎样的速度进行以及这对近期行动意味着什么。

(a) 脱碳速度的限制因素

在没有重大干扰的情况下，向净零排放转型的速度受多种因素制约。市场开发、供应链和基础设施以及资本存量的创新和周转所需要的时间限制了脱碳率，脱碳率可以通过平稳转型而实现，而无须报废大量的资本存量（例如车辆、供暖系统、工业厂房）：

市场开发和成熟的供应链。 社会不能立即从购买现有技术转向购买新技术。人们对新技术的认识以及供应链提供和/或使用新技术的能力存在一些限制。开发电动汽车市场需要花费时间，直到所有新车都是电动汽车才算成功开发。将热泵的安装数从每年 20 000 个的水平直接提高到目前的燃气锅炉的销售水平（每年超过 100 万个）是不可行的，这不仅是因为市场开发不足，还因为没有足够多的有资质的热泵安装人员。

基础设施发展。一些低碳技术需要提供基础设施的支持——新的网络（例如氢或 CO_2 网络）或扩大现有电网的容量（例如加强配电网以支持电动汽车和热泵）。规划和推进这些基础设施（尤其是新基础设施）所花费的时间限制了依赖该基础设施技术的部署速度。

创新。低碳技术大规模部署的成本在很大程度上取决于是否已努力降低大规模推广的技术成本。在广泛推广之前实施旨在降低成本（包括通过部署进行的"在实践中学习"）的策略，可以大大降低以后部署的成本。

库存周转量。即使市场转向只出售低碳技术（例如车辆或取暖设备），也仍然需要时间来周转资本存量，以便所有用户都可以使用这些低碳技术。车辆和锅炉的典型周转周期约为15年，重型车辆的周转周期更短，而其他方面（例如工业厂址、飞机）的周转周期则更长。可以通过大量提前报废资产来减少资本存量周转的时间，但这会带来额外的成本，尤其是资本密集型技术（例如，汽车的成本高于锅炉的成本，因为汽车的资金成本要高得多）。由于供应链必须在正常周转率的基础上先向上扩张，然后再向下收缩，因此这还可能导致更具破坏性的转型。

自然系统。在能源系统之外，净零排放的日期也会影响不同技术选择对实现这一目标的贡献。例如，虽然我们可以迅速采取行动提高植树率（例如每年30 000公顷，相比于最近不到10 000公顷），随着种植量的增长和幼龄树木逐渐成熟，这些碳封存累积的影响也会增加（若每年30 000公顷，碳封存量在十年内将增加大约5 $MtCO_2$）。

我们在第5章中设定的方案是根据这些潜在脱碳速度的约束来构建的。它们反映了市场开发和供应链的需要，并扩大部署以便从早期阶段的学习中获益。它们并不需要假定报废在其中发挥重要的作用。

如果要在2050年实现这些方案，并在2050年之前实现温室气体净零排放，就必须及时采取短期行动，包括提供配套基础设施，制定相关政策并采取行动。

(b) 英国2050年实现温室气体净零排放的关键近期行动

如果没有强有力的短期行动（如图6-1所示），不采取主动的报废计划和/或对生活方式的更大改变，到2050年充分脱碳以实现温室气体净零排放将是不可行的。

根据第5章提出的进一步雄心方案，还需要采取一系列的短期行动，这些行动是实现2050年净零排放目标"关键路径"上的重要选项：

造林。到2050年通过植树造林达到所需 CO_2 去除水平需要早期和持续增加植树。这些造林用地必须从目前每年1万公顷以下增加到每年至少3万公顷。

建筑。需要对建筑物的能源效率进行重大改进，以提高舒适度，降低能源费用，并为改用低碳供暖设施作好准备。对混合热泵进行改造，使其能够继续使用现有的锅炉和散热器，在许多情况下这可以与提高能效同时进行。

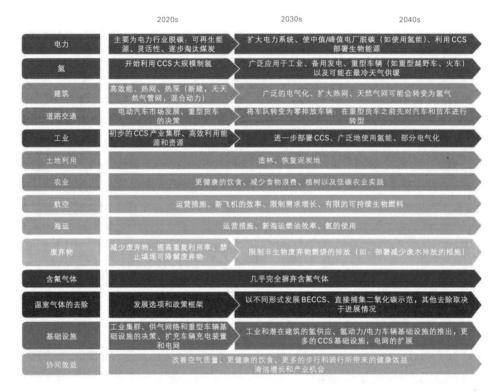

图6-1　到2050年过程中进一步雄心方案所需要的转变

公共参与。

选择健康的生活方式。 公众可以立即采取行动来改善他们的饮食，增加步行和骑自行车的频次。政府必须与公众一起讨论为什么以及如何进行这些改进，并采取支持行动（例如，确保道路基础设施来鼓励人们将骑自行车视为安全的选择）。

供暖的未来。 目前，公众对天然气供暖的必要性以及替代能源的认识还很低。与人们就未来供暖技术选择进行交流、了解他们的偏好并将其纳入能源基础设施的战略决策的机会有限。如果英国不同地区的供暖脱碳解决方案不同，这一点尤其重要。

市场发展。 21世纪20年代需要加速技术发展，例如，通过电动汽车充电基础设施的完善和电力网络的加强，实现交通和取暖的快速电气化。

电动汽车。到2050年，所有轻型汽车都需要被超低排放汽车（ULEV）所取代，这意味着最迟到2035年，所有新乘用车和货车的销售都需要换成超低排放汽车。如果可能的话，提前结束汽油车和柴油车的销售将是不错的选择（例如到2030年如果可行），这将降低财务成本，减少累积CO_2排放，使空气质量更好。这意味着21世纪20年代电动汽车的市场份额将从现在的2%左右迅速上升。

热泵在许多其他国家是一个成熟的解决方案，但在英国还没有。将热泵作为一个面向大众市场的解决方案将需要一些时间，还需要在21世纪20年代取得重大进展。在新建筑、脱离燃气管网的住宅、对现有燃气锅炉改造的非住宅建筑和混合热泵系统中，存在着热泵技术发展的机会。

电力部门脱碳。更快速的电气化必须伴随着更大的低碳发电能力建设规模，同时还要采取措施提高电力系统的灵活性，以适应不灵活发电（如风能）的高比例。计划于2019年发布的《能源白皮书》提出，到2050年将低碳发电量增加3倍。尽管海上风力发电等关键技术越来越有可能在没有补贴的情况下使用，但这并不意味着它们能在没有政府持续干预的情况下达到必要的规模（例如，继续以没有补贴的储备价格招标长期合同）。

氢能和CCS。发展氢技术是我们方案中至关重要的选项，大量的低碳氢生产必须在2030年能够与一个或多个CCS集群配合使用，而在工业和相关应用中使用氢能将不再需要最初主要基础设施的改变（如发电、注入天然气网络和基础仓库运输）。更广泛地说，CCS的早期计划必须紧急部署——CCS是实现净零温室气体排放的必备技术而非可选技术。

基础设施。开发新的基础设施对于开辟新的脱碳路径（例如CCS和氢能）是非常重要的。扩大电动汽车充电网络和电网容量将对推动电动汽车的强劲增长至关重要。在21世纪20年代，需要就未来建筑供暖和重型货车脱碳的路径作出决定，这对基础设施的发展具有重要意义。

使用CCS的生物能源。利用CCS部署可持续生物能源（BECCS）需要尽早开始（例如，到2030年），以便在较长时期内积累BECCS的潜在巨大贡献。

我们将在本章的其余部分中讨论所需进一步开展的工作。

6.2 支持英国实现净零排放的必要条件

在英国实现净零排放对所需的投资和融资、有关基础设施的决策、创新和社会变革具有重要意义。我们将在本节中全面阐述。

（a）投融资

实现净零排放将涉及增加投资，通常增加的投资会被降低的燃料成本所抵消。例如，风能和太阳能发电场地的建设成本很高，但可以避免支付天然气和煤炭的费用；能源效率会增加前期成本但可以减少能源使用量。CCS和氢能是例外，它们既需要增加前期支出，也需要更高的燃料成本。

准确的投资需求很难提前预测——它们将取决于为实现净零目标而部署的技术组合及其未来成本（见本章第2（c）节和第7章关于创新的章节）。

在我们的情景中，电力部门和建筑部门的资本成本增幅最大。电力部门每年的投资将增加到200亿英镑左右。到2050年，建筑部门投资将比没有脱碳的情况下高出150亿~200亿英镑（准确的数字将会取决于所部署的技术组合）。相比之下，2013—2017年，电力部门的平均投资额约为100亿英镑。总而言之，整个经济体的额外投资需求约为2050年GDP的1%。

脱碳的额外投资要求，要么导致英国将部分资本重新投向低碳资产，要么增加资本投资。在过去的30年里，英国每年的资本投资在GDP的15%~24%之间波动，这表明过去经济已经适应了每年的投资在GDP几个百分点内发生变化。

其中一些投资将来自政府资金，但所需的额外投资数额意味着私营部门将需要贡献相当大的比例。可投资性（即具有适当的风险回报标准以吸引私营部门）将需要以相对较低的成本获得所需的资本量。

除了提供直接投资外，政府亦须协助私营机构投资：

一些已经存在的机制——政府成功地鼓励私营部门通过差价合约机制来投资海上风电，就是一个带有适当风险的好的政策设计帮助降低资本成本的好例子——但还需要采取更多行动以进一步提高对低碳技术的投资。

英国政府已经认识到，有必要在《清洁增长战略》（Clean Growth Strategy）和创建绿色金融工作组（Green Finance Task Force）中发展英国的绿色金融能力。重要的是要落实工作组[1]提出的建议（例如，开发重视节能性能的绿色抵押贷款产品，开发新的绿色贷款产品，建立投资基金来支持早期的低碳技术）。

政府在降低金融风险的政策风险因素方面发挥作用。制定明确和稳定的长期目标，表明政府对净零排放目标的承诺以及对实现这一目标的政策和项目的承诺，可以降低政策风险，从而降低风险溢价和低碳投资的融资成本。

---

[1]　Green Finance Task Force（2018）*Accelerating Green Finance*.

政府也应该鼓励从高碳到低碳资产平稳转型的投资以减少金融风险（见第7章关于气候变化的金融风险）和制定更广泛的政策来鼓励投资者优先考虑低碳投资（例如强制披露面临气候风险）。

为了限制所需的投资规模，市场机制应该奖励那些相对有效利用能源的技术选项，以限制成本并建立对低碳能力的要求（见本章第4（e）节）。

考虑到资本密集型技术的重要性，政府成功提供吸引足够数量低成本资本的明确和稳定的机制将是实现温室气体净零排放目标整体成功的关键。它还将是最大限度地降低消费者和纳税人的成本，并最大限度地利用转型可能带来的商业机会的关键。

（b）基础设施发展和决策时机

实现净零排放目标将需要新的基础设施。在许多地区，电力网络需要加强。每个部门究竟需要建设多少基础设施，将取决于实现净零排放的路径选择。然而，基于对技术升级和基础设施开发的准备时间的了解，我们可以设定时间表，提出何时需要作出决定以及何时需要建设基础设施。

碳捕集与封存（CCS）。很明显，要达到温室气体净零排放，需要CCS在工业、制氢、生物能源（如发电）和灵活的化石燃料发电方面作出重要贡献。到2050年可能需要达到每年 $75\sim175\ MtCO_2$ 的封存量。

考虑到2050年大量的CCS技术需求，CO_2 基础设施（特别是 CO_2 存储）的长建设周期和工业上很少进行翻建，发展中地区的基于"集群"的基础设施是实现净零排放的关键路径。除了使工业CCS成为可能，它还将为工业生产低碳氢能提供机会，我们希望用CCS最经济有效地生产低碳氢。

CO_2 基础设施建设应尽早开始，并在所有工业排放量大的地区建设集群设施（见本章第4（a）节）。至少有一个CCS集群将在2026年投入使用，其他集群可在之后尽快投入使用（例如，到2030年）。延迟使用 CO_2 运输和存储基础设施将意味着2050年更高的工业排放，以及更大的破坏风险和成本增加。

对于BEIS[①]（负责工业部门）来说，确定到2050年需要CCS的工业场地何时需要安装CCS以适应其翻新周期也是非常重要的，这意味着要确保不同集群的 CO_2 运输和存储基础设施合适地投入使用。

天然气分布网和氢气的使用。在电气化可能受到可行性和成本效益限制的领域，氢有可能取代化石能源：工业供热、寒冷冬季建筑供暖（例如作为混合供暖系

①　商业、能源和工业战略部（The Department for Business，Energy and Industrial Strategy）

统的一部分）、备用发电和重型车辆。超过80%的目标将要求氢从一种技术选择变成战略中不可或缺的一部分。到2050年，天然气分布网络将无法继续广泛提供天然气——它们要么需要退役，要么在可行的情况下改用氢气。从21世纪20年代中期开始，将需要就电气化和氢脱碳供暖之间的平衡以及对天然气网络的影响作出抉择（如图6-2所示）。

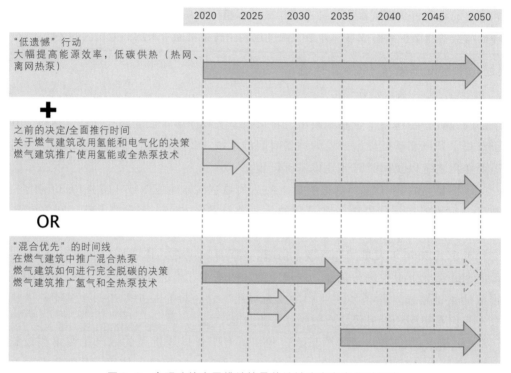

图6-2 实现建筑净零排放情景的关键决定和变化时间表

注："低遗憾"行动是委员会建议应立即采取的行动，将在21世纪20年代中期就燃气建筑中氢气和电气化各自的作用作出决策。氢燃料报告中提出的"混合优先"时间线将要求在46"低遗憾"行动的同时，在燃气特性方面广泛部署混合热泵，而如何实现完全脱碳的决定可能会稍晚一些。

来源：CCC（2018）*Hydrogen in a low-carbon economy*.

零排放汽车基础设施。

乘用车和货车。 在21世纪20年代，电动汽车和货车的社会基础[①]将达到与汽油

---

① 社会层面的分析是免税的，因此忽略了电动汽车不缴纳燃油税对消费者的进一步好处。

车和柴油车相当的水平（见本章第 4 (b) 节），充电基础设施能够确保电动汽车的快速发展。到 2030 年，在主要道路附近至少需要 1 200 个快速充电桩，在当地城镇和地区周围至少需要 27 000 个充电桩才能满足届时的服务水平。虽然这将提供良好的覆盖范围，但在 2030 年之后还需要安装更多的充电设备以跟上电动汽车数量不断增长的速度。

重型货车（HGV）。为了在 2050 年实现净零排放，重型车辆必须从化石燃料和生物燃料的使用转向零排放解决方案（如氢燃料、电池汽车）。鉴于目前基础设施的建设周期和周转量更迭所需的时间，政府需要作出决定，即在 21 世纪 20 年代下半段如何实现重型车辆脱碳。在此之前，在英国或其他地方，这将需要在各种车队中进行小规模的氢燃料重型车辆试验部署。由于重型车辆将在全球范围内运行，最终的技术选择需要与欧洲其他地方作出一致的决定。

电力网络。考虑到电气化在运输和供热方面的重要作用，大多数地区的电力需求将会上升。提高系统灵活性的解决方案（如车辆智能充电和混合热泵）对于确保电力需求峰值可控和最大限度地利用可再生能源非常重要。许多电力网络需要及时升级，并对未来进行规划以限制成本，从而使电动汽车和热泵能够迅速普及：

升级电网容量的成本相对不受容量扩展的影响，因为大部分成本是在土木工程而非设备本身上（例如较粗的电缆）。[1]

因此，电网容量扩展至关重要，这需要一个足够的水平以避免在 2050 年之前再次进行容量升级。

相对较大的容量扩展可能是一种低遗憾（low regret）的方案，"未来适用"的网络可以在必要时实现更广泛的电气化，并/或使需求更容易响应低碳电力供应的变化。

由于电动汽车可能在 2030 年前开始节省成本（见本章第 4 (b) 节），确保电网容量限制不妨碍其在 21 世纪 20 年代增长就尤为重要。因此，在 2023—2028 年监管期间，需要对升级电网进行预期投资和/或重新开放允许投资，以确保能对电网及时升级。

输电网容量须与发电（例如大型海上风力发电）及互连的发展同步，并须确保在无风及有风的情况下所有地区均能可靠地得以满足最高需求。

这些基础设施的发展离不开政府的领导。政府应与国家基础设施委员会合作，

---

[1] Vivid Economics and Imperial College (2019) *Accelerated electrification and the GB electricity system.*

尽快考虑如何最好地确定、资助和建设所需的基础设施。这需要区域协调，包括地方政府的交通基础设施。

(c) 创新的重要性

自《气候变化法》通过以来十年间的创新已经意味着，委员会估计在1990年的基础上减排80%的成本不到2050年GDP的1%，而2008年的估计则是2050年GDP的1%~2%。这反映了可再生能源发电技术和电池成本的迅速下降，以及对深度脱碳的广泛途径有了更好的理解（见第7章）。

创新不仅限于技术，还包括制度、商业模式、政策设计和行为。

由于英国主导的部署，近十年来海上风电成本大幅下降，凸显了"在实践中学习"的成效，包括良好政策设计的重要性，而不是仅仅依靠研发。除了降低英国未来脱碳的成本，英国采用不太成熟的技术也会降低其他国家的成本，使应对气候变化的全球行动更容易开展。

2050年实现温室气体净零排放的目标，使得部署已知的解决方案变得更加重要，包括使不太成熟的技术发挥重要作用。除了支持创新解决方案的研发，政策还需要通过部署来推动创新以降低技术成本和资本成本，并确保政策机制和基础设施为部署新解决方案提供机会：

在实践中学习。在许多情况下，成本降低的最大驱动力是大规模部署，既降低技术成本，也降低资本成本——这两方面的效果在过去10年的海上风力发电中都很显著。政策框架需要推动部署一些不太成熟的解决方案，即使这些方案在短期内的成本高于其他低碳技术。

政策设计。市场框架和监管都在推动创新方面发挥作用，例如发电差价招标合同和由空气质量监管推动的烟气脱硫合同。政策设计具有相当大的价值，其提供了减排目标的确定性，同时允许新的解决方案，包括采用新的商业模式（如供暖服务）。政策还应鼓励"系统级"创新（即能源系统、土地利用和工业过程不同部分之间的相互作用）。

支持性基础设施建设。许多潜在的创新将需要与更广泛的系统（包括支持性基础设施）进行交互。在某些情况下，基础设施已经存在（如电网），但在其他情况下（如氢能和CCS），基础设施还不能提供这种支持。CCS基础设施除了影响CCS在工业、化石能源和生物能源发电中的部署（见本章第4（a）节），还将对诸如CO_2直接空气捕集这类碳去除技术的创新至关重要。

由于开发新技术的时间有限，考虑到新技术商业化需要数十年的时间跨度，并非所有潜在的创新都能对2050年产生重大影响。[1]然而，海上风电项目开发的例子表明，在某些情况下，这些时间框架是可以压缩的，这确实为精心设计的政策提供了空间，使其在有限的时间内完成已知但未开发的解决方案。

一些领域（如发电、建筑、轻型车辆）可实现"准脱碳"的技术组合已经建立，应把重点放在建立确保大规模部署的政策框架上，允许市场提供低成本的资本，同时具有灵活性，进而使创新解决方案在得以应用的情况下作出贡献。

在其中一些领域，虽然存在将排放量减少到极低水平的技术，但这样作的预计成本相对较高（例如为建筑物供暖）。因此，政策框架的设计不仅需要推动必要的脱碳，还需要提供实现和受益于成本削减的最佳机会。

也有一系列的领域提出了解决方案，但是需要创新来超越现有的技术或方法，例如在氢能、重型货车，以及二氧化碳捕集与封存方面。这些还需要一个政策框架，使其价值得以实现（认识到最初一些解决方案不具竞争力），提供支持性的基础设施，推动在实践中学习。

通过全球部署，某些技术的成本将会降低。在其他技术方面，英国或许需要其他国家不需要的一类特定解决方案，英国或许最适合开发这类特定的解决方案，在这种情况下英国应出台特定的政策支持。

英国的挑战。在许多经济领域，英国在脱碳方面面临着与其他国家类似的挑战（例如，将汽车转向电动汽车）。然而在其他一些领域（如脱碳供暖），英国的情况则明显不同。英国的天然气网络比其他大多数国家都要发达得多，因此，英国所面临的挑战性质和解决方案（例如，可能将天然气网转向使用氢气）可能会有所不同。在这些领域，英国需要推动解决方案的发展。

英国的机遇。在早期技术部署中，降低成本的一些潜力来自以一种协调的、成本低廉的方式在英国部署基础设施。例如，在合适规模和较低风险下，与单个项目相比，CCS可有一半的成本下降来自发展CO_2相关的基础设施[2]（见本章第4（a）节）——与全球减排努力相比，英国这些成本的下降直接关系到英国基础设施的建设。

除了对实现进一步雄心方案目标至关重要的技术之外，我们还发现了一系列更具探索性的技术选项，这些技术有助于英国实现净零排放。其中一些技术需要进一步的研发和支持部署，这样它们才能在2050年作出重大的贡献。

---

① 详见 Vivid Economics and UKERC(2019)Accelerating innovation towards net-zero emissions.

② CCS Cost Reduction Taskforce(2013)The potential for reducing the costs of CCS in the UK.

我们在第7章中考虑了创新对2050年脱碳估计成本的影响。

(d) 社会变革

第5章的情景设置中包含了社会变革的重要贡献，其中包含不同行为方式的选择。在我们2050年情景中，社会变革的程度并不剧烈，但是超过60%的减排需要一定程度上的变化（如图5-4所示）。这也进一步意味着在清洁空气和健康生活方式方面存在着协同效益（见第7章）。

也有可能出现我们所需要的并且比我们所设想更剧烈的变化，这取决于其他措施的实施。这些变化在活动选择和采用新技术方面都很重要：

活动的改变。个人或团体作出的选择可以通过许多方式来减少温室气体排放，其中一些选择具有显著的协同效益（见第7章）。

更健康的生活方式。在我们进一步雄心方案中，将有20%的饮食比例从牛肉、羊肉和奶制品转向更健康饮食。这比政府的"EatWell指南（吃得更好指南）"所支持的实现更健康、更平衡饮食的变化幅度要小。然而，这需要比目前更快的转变。实现这一改变将改善人们的健康状况，减少英国农业的排放，并增加可用于固碳和/或种植生物质的土地。我们还主动从短途汽车出行向步行和骑自行车出行方式转变，这也提供了显著的健康效益。

限制航空需求。即便是在21世纪中叶，航空业变成零碳排放的可能性也仍然不大。考虑到预计人口增长和收入增加，预计航空需求也会有所增长。当然，这些需求是可进行约束的。我们维持之前的假设，即到2050年需求相对于2005年的水平增长60%（相对于今天增长25%），但是最新减少飞行碳强度机会的证据表明，其能远远抵消需求的增长，使得整体排放量能够下降20%左右。

采用新技术。成功地采用和使用新技术是实现净零排放的重要组成部分。家庭供暖和汽车脱碳都需要采用新技术，包括用电（如热泵和电动汽车）以及用潜在的氢能（如氢锅炉）。需要智能控制系统（例如车辆充电或操作混合热泵的时间）以满足更广泛系统的要求，为人们提供所需的服务。

在政策的支持下，通过采用低碳技术、推动创新和开发新的商业模式，促进企业向净零排放转变。

在向净零排放转型的过程中，这些贡献取决于政府战略和政策的设计，即在各种方式下与人们适当互动（见本章第3（c）节）。

Energy Systems Catapult公司（ESC）与本报告一同探索了家庭在净零排放社会中的作用（见专栏6.1），着眼于家庭在当前水平上减排的机会和挑战，并支持80%的减排目标向净零温室气体目标延伸。

ESC不仅为不同类型的家庭描绘了一个净零排放的世界，还研究了不同脱碳情景下的平均家庭排放量，以及家庭为脱碳所能作出的贡献。图B6-1显示了自1990年以来英国家庭排放量的下降情况，以及为了实现净零排放目标还需要减少的排放量。

专栏6.1 家庭在净零排放社会中的作用

从1990年到2017年，家庭平均排放量下降了40%以上，从14.8 tCO_2e下降到8.8 tCO_2e。《气候变化法》设定的80%减排目标要求到2050年家庭碳排放再减少60%，达到3.5 tCO_2e。实现净零排放要求大部分行业几乎全部脱碳。根据家庭的选择，届时家庭排放量可能会在1.2~1.7 tCO_2e之间。要实现这一目标，更重要的是家庭要积极参与减少碳足迹的活动：

供暖。几乎所有的家庭供暖都需要低碳，到2050年将平均供暖排放降低到0.1 tCO_2e以下。这将包括改变家庭供暖的方式：

低碳供暖系统将取代目前大多数家庭使用的天然气锅炉。可以使用热泵、热网和氢燃料锅炉。解决方案将取决于一些因素，包括位置（例如在城市和供热密集地区，区域供暖可能是一个比较好的解决方案）和家庭类型（例如在空间有限的家庭中，采用智能电加热将比采用热泵更节省空间，可能是更好的解决方案）。

改善房屋结构（例如隔热、防风、新窗户等），可减少建筑物的供热损失，从而减少维持舒适温度所需的能源。这些改进措施可以与其他家庭改进措施相结合，所节省能源价值可能会超过成本。

交通出行。到2050年，家庭交通出行的排放量必须接近零：

改用电动车辆十分关键。电动汽车的价格正在迅速下降，预计到21世纪20年代中期，电动汽车将比传统汽车更便宜（考虑到燃料节约）。目前，电动汽车的平均行驶里程约为150英里，能够满足大多数汽车行驶的需求（目前的平均行驶距离为8~12英里），但对于较长的旅行来说，行驶里程可能是个限制。随着电池成本的下降，一系列新型电动汽车不断涌现，从而确保更多的家庭能够找到满足其需求的解决方案。

根据地点的不同，以更可持续的交通方式取代私家车是更具成本效益的选择。这意味着更多的步行和自行车出行（这也将通过增加人们的身体活动量来提供健康效益）或利用低碳公共交通（电动巴士和火车）进行长途旅行。

家庭用电。到2050年，家庭用电的排放量也将非常低，低于0.03 tCO_2e。继续减少电力排放将更多发生在电力供应侧（例如更多地部署海上风力发电），但家庭可以安装分布式可再生发电装置（例如太阳能光伏发电）。同样重要的是，要确保电动汽车和热泵能够根据电网供需灵活地工作——通过家庭和电网的智能系统，根据供需驱动的价格信号来实现自动化。

饮食和农业。在我们的净零排放方案中，农业是最大的剩余排放源之一。将英国农业排放与消费者饮食进行映射比对是一项挑战（因为并非所有英国生产的食品都在英国消费，很多消费的东西也都是从国外进口的）。以英国每个家庭的农业排放量为例，在净零情景中2050年的平均家庭排放量在 $0.4 \sim 0.7$ tCO₂e 的范围内，低于今天的 1.6 tCO₂e。虽然农业生产率的提高能够减少粮食生产中的一些排放，但这种减少在很大程度上取决于家庭的努力：

转向更健康的饮食，减少对碳密集型动物产品（如羊肉、牛肉和奶制品）的依赖，将降低英国农业的碳排放。从高肉类饮食转向低肉类饮食可以使一个人减少35%与饮食相关的温室气体排放。即使我们肉类消费的减少没有转化为英国相应的减排量，它们也实际减少了世界其他地方的温室气体排放量。

减少食物浪费是个人减少温室气体排放的关键。目前，很大一部分农业用地生产出来的食品被浪费丢弃，这些食品通常仍处于可食用状态。每年约有1 000万吨粮食被浪费，其中70%来自家庭丢弃，这相当于消费者每周用于食品支出费用的14%。

在净零排放情景下，航空是家庭排放的另一重要来源。家庭平均排放量在 $0.5 \sim 0.7$ tCO₂e 之间（相比之下，从伦敦到纽约的往返航班目前排放量大约为 1 tCO₂e，其中一半可归于英国）。虽然预计技术进步将在一定程度上帮助减少排放（如提高飞机燃油效率），但实现减排仍需要家庭采取行动：

少乘飞机。并非所有英国人都需要乘坐飞机——政府调查显示，半数受访者在前一年根本没有坐过飞机。这些人可以用火车出行代替短途飞行，并选择更少的长途飞行。

抵消排放。从长远来看，选择继续飞机出行的家庭的排放将需要通过去除大气中的二氧化碳来抵消（见本章第4（h）节）。这可以由航空公司直接完成，补偿的成本加到机票价格当中。

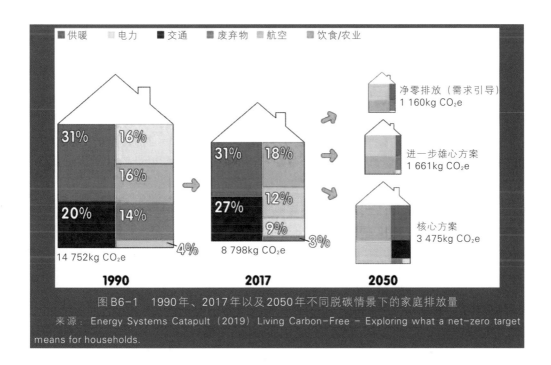

图 B6-1　1990年、2017年以及2050年不同脱碳情景下的家庭排放量

来源：Energy Systems Catapult（2019）Living Carbon-Free – Exploring what a net-zero target means for households.

6.3　实现净零排放的高层政策含义

自《巴黎协定》签署以来，气候变化委员会的工作逐渐从实现减排80%的目标转向实现深度脱碳目标。我们已经确定了一系列将排放降到极低水平的方法，以缩小与净零排放的差距。对许多人（但不是所有人）来说，政策制定正在进行当中，这些政策必须得到加强，必须采取行动。

在从目前的2050年减排目标向净零目标过渡的过程中，那些技术选项涉及的重要领域（在其他部门或技术表现不佳的情况下）将成为当前需要全面采取行动的领域。

英国实现净零排放专家咨询小组强调了政策在实现低碳转型方面需要进行的重大变革，以及近期采取行动的必要性（见专栏6.2）。

本节分五部分：

（a）清洁增长战略为开展行动提供了正确的框架，但还需要更多的框架；

（b）政策必须稳定，且对企业有吸引力；

（c）公众必须参与脱碳战略；

（d）必须消除技能差距；

（e）需要真正的跨政府努力。

专栏6.2　英国成立净零排放专家咨询小组

咨询小组（AG）被任命来支持和批判性地独立评估委员会提出英国实现净零排放的分析方案和政策要求。

该小组的成员主要来自学术界，也包括来自商界和工业界的代表。小组主席、伦敦大学学院的吉姆·沃森教授提供了一份总结报告，列出了小组的主要结论，内容如下：

1.英国经济向净零排放转型是技术可行的。咨询小组的主要关切是这一目标能否实现，特别是政府是否有能力实施到2050年实现这一目标所需的基本和广泛的政策改革。

2.英国有必要对低碳转型的政策方针进行根本性的改变——从目前侧重于某些部门具体行动的零碎方案，转向全经济尺度的明确方针。这应以世界领先的《气候变化法》为基础，包括：

以政府为核心的政策领导。虽然到目前为止，BEIS部门已经发挥了重要作用（例如在领导清洁增长战略方面），但减少排放的行动不能只有一个政府部门来参与。英国财政部（HM Treasury）需要发挥领导作用，让净零排放成为经济政策的一个明确目标（与生产率提高等其他目标相一致）。领导力还应意味着所有部门和机构在执行方面发挥更积极的作用。

将监测温室气体排放提升到与监测经济同等重要的地位，例如将定期排放指标与GDP和生产率统计数据一起发布。

确保所有的政策决定和部门战略都要求在2050年之前实现净零排放，例如通过对"绿皮书"的改革。在净零排放的世界里，没有任何部门可以"不受影响"，包括农业和航空。

灵活应变的政策，如果在实现净零排放方面进展不足，可以迅速采取行动进行调整。

3.2050年的目标应该是在生产侧将英国温室气体排放量减少100%。这可能包括温室气体去除（GGR）技术的重大贡献。

利用抵消机制来实现少量减排是可能的，其也将为政府提供一些灵活性。任何抵消都应支持全球向净零的转型。

在监测净零排放进程时，应同时报告生产和消费的有关排放。

4.应充分探讨所有有助于在国内实现净零排放目标的技术选项。依赖所有技术和措施取得成功的单一转型路径风险太大，而且缺乏灵活性。这些路径也没有考虑未来固有的不确定性。气候变化委员会的分析包括关于需求减少的保守假设。因此，灵活性的一个重要来源可能是需求方面更大的雄心。

5.净零排放不应该仅仅意味着长期目标的转变，而应该留给未来的政府和几代人去实现。它还要求政府和其他行动者在未来五年采取不同的行动。例如：

建议2中讨论的基本政策改革需要现在就开始，同时还有更详细的政策。虽然价格（包括碳价）很重要，但有证据表明，制度可以在推动快速转变方面发挥重要作用。这意味着实施雄心勃勃的、经济有效的制度目标，为公民、企业和其他决策者提供长期可预见性。

尽早有机会最大限度地利用现有的 GGR 技术，包括造林、农林复合和土地管理。

还迫切需要对净零排放关键技术和社会创新进行试验、示范和评估。公共资金应该优先用于那些能够为实现净零排放作出重大贡献的创新，以及那些有可能成为英国发挥全球领导力并带来更广泛经济效益的创新。优先领域应该包括大规模的氢能试点；发展 CCS 运输和储存基础设施；大规模部署 BECCS；扩大直接空气捕集的示范；以及减少航空排放的创新试验。

6.向净零转型的成本和收益，包括分配影响，需要更多的关注。这包括最大限度地增加英国的经济机会（例如，通过在未来的关键行业建立领先地位），以及作为净零排放目标早期采纳者（例如，通过气候外交和有关专门政策和监管的改革）的全球领导地位。然而，确保英国实现向净零目标的"公平转型"也是至关重要的，这样成本和收益才能在收入群体、行业和地区之间，以及当前和未来几代人之间公平分配。

来源：《英国实现净零排放咨询小组报告》，由气候变化委员会（CCC）改编，可在气候变化委员会网站（theccc.org.uk）查阅。

注：顾问小组由吉姆·沃森教授（伦敦大学学院）担任主席，成员包括内奥米·沃恩博士（东英吉利大学）、彼得·泰勒教授（利兹大学）、米歇尔·休伯特（独立）和乔治·黛（Energy Systems Cata-pult公司）。

（a）清洁增长战略为开展行动提供了正确的框架，但还需要更多的框架

第四次和第五次碳预算（2023—2027年和2028—2032年）正处于实现当前2050年减排80%目标的具有成本效益的减排路径上。英国政府的《清洁增长战略》在若干重要领域制定了减排雄心，虽然政策尚未能与这些碳预算相匹配，但仍有可

能实现减排目标。

在《清洁增长战略》当中以及之后，为实现净零温室气体排放所需的许多方面都已经开始制定政策：

低碳发电。迄今签署的低碳发电差价合约，以及海上风电行业协议到2030年部署30 GW海上风电的装机目标，是电力部门脱碳的重要举措。为了在2050年之前将低碳能源供应增加3倍，需要持续大力部署低碳发电（例如，包括至少75GW的海上风力发电）。

建筑。《春季财政报告》最近宣布，从2025年开始，新建住宅将全部采用高效节能、低碳供暖的方式。《清洁增长战略》表示，到2035年，所有已有住宅都要达到EPC级别的C级，这将有助于减少能源账单、减少燃料贫困、提高低碳供暖的舒适性，并逐步淘汰在燃气网外住宅安装的化石燃料供暖系统。《清洁增长战略》还提出，有必要在21世纪20年代的前半期就为燃气供暖的建筑提供低碳供暖作出决定。

电动汽车。政府的净零战略路线图计划在2040年停止销售传统的汽油车、柴油车和货车，并期望2040年英国新销售的轿车和货车中大部分是零排放车，之后所有新销售的轿车和货车将有强大的零排放功能。

碳捕集利用与封存（CCUS）。《清洁增长战略》承诺，CCUS技术将在21世纪30年代伴随着成本下降而大规模部署。BEIS部门于2018年发布了其CCUS发展路径，旨在使英国首个CCUS设施的开发成为可能，该设施将于21世纪20年代中期投入使用。计划在2019年出版一些报告，介绍采取行动和投资框架、共享工业CO_2基础设施，以及CCUS部署的障碍等。

含氟气体。《清洁增长战略》承诺，英国将确保含氟气体的减排幅度至少达到欧盟法规的要求，并在2015年至2030年间将含氟气体的排放量减少68%。为了在2050年之前将含氟气体的排放量减少到接近零的水平，还需要进一步开展减排行动。

造林。英国现有的植树目标已经达到每年2.7万公顷。然而，目前的水平仍只有目标的1/3左右。要在2050年之前将自然界温室气体去除量提高到必要的水平，就必须大幅、持续地增加植树造林。

农业。英国议会目前正在审议的农业法案旨在对提供公共产品的农民给予奖励，以取代欧盟共同农业政策下现有的补贴计划。该机制可以用来促进低碳农业实践，并鼓励转变土地利用方式，以符合我们进一步雄心方案。

因此，《清洁增长战略》为实现温室气体净零目标所需的进一步行动奠定了良好的基础。然而，在清洁增长战略中，关于如何实现减排雄心的政策细节比较少。必须加强相关政策并采取行动。我们在第4节中列出了所需的关键要素。

（b）政策必须稳定，且对企业有吸引力

要在英国实现净零排放，就需要对零碳技术进行大量投资，大力发展和扩大基础设施，并通过创新降低成本，提高低碳技术的性能。要实现这些目标则依赖于企业的投资能力，而投资能力又要求企业有信心获得合理的回报。

然而，一个长期目标——即使是立法目标——也不足以提供这种信心，制定明确、有力、有效的政策至关重要。在对我们征集的证据进行讨论和回应中[①]，我们收到了大量来自业务利益相关者的信息，即政策稳定性和监管环境长期明确性的价值，这些因素使他们能够在可接受的低风险水平上进行投资。

从80%的减排目标转向温室气体净零排放目标将为政府提供一个发展机遇，在不影响实现减排灵活性的情况下，提高经济各个领域所需脱碳程度的清晰目标：

明确目标。考虑到净零排放目标的延伸性更强，实现这一目标的自由度要小得多。尽管这有一些负面影响，但它应能使政府更清楚地阐明各个部门在实现总体净零排放目标中的作用。例如，尽管《清洁增长战略》确定了实现当前2050年目标的三条途径，基于电气化、氢能或温室气体去除，但所有这些都是实现温室气体净零排放目标所必需的。

保持行动的灵活性。明确每个部门的排放水平，并不要求政府强制推行具体的技术（或其他）解决方案，因为这样可能会扼杀创新并导致形成次优的解决方案。政策框架可用来约束结果（例如具体的减排水平），而不是预先确定实现这些结果的方法。

到2050年，更大的减排雄心意味着行动的步伐更为重要。这意味着，制度在提供明确投资信号方面发挥着重要作用，这些信号需要提前提供给企业以便其作好准备，并确保以必要的速度实现所需的减排。这也意味着政府需要在必要时承担一定的风险（例如在基础设施建设方面），进一步释放私营部门的投资机会。

（c）公众必须参与脱碳战略

迄今为止，英国在减少排放方面取得的成功，在很大程度上是不为公众所知的。2012年至2017年，通过部署可再生能源、碳定价减少燃煤发电、提高产品标准降低需求，电力行业的排放量减少了一半，然而这些并不要求公众的用电方式作

---

① 证据征集的所有回应详见 www.theccc.org.uk/publication/building-a-zero-carbon-economy-call-for-evidence/。

出重大改变。自 2005 年以来，强制要求使用更高效的冷凝锅炉，在降低能耗的同时减少建筑物的排放，但这并没有改变公众的取暖方式。

这些政策措施在某些情况下取得了成功，它们使减排在不需要大规模参与的情况下进行。实现净零排放需要公众更多的参与：

• 到 2050 年，在我们的净零排放方案中，超过 60% 的减排涉及消费者不同程度地作出改变（例如，驾驶电动汽车，或安装热泵而不是燃气锅炉）。

• 10% 的减排是由消费者的选择驱动的——更快地转向更健康的饮食，减少航空需求的增长，并选择寿命更长的产品从而提高资源效率。

如果只关注供给侧的改变而不注重人的参与，就不可能实现净零排放的目标：

• 目前，虽然公众普遍支持应对气候变化的行动（见专栏 6.3），但希望能够减少排放的人却没有得到足够的支持。在避免高碳活动和采用低碳技术方面，公众往往需要得到帮助来作出相应的低碳选择（见第 2（d）节）。这将需要使低碳的选择更容易获得，并提供信息和试验甄别哪些"在实践中学习"的政策是有效的（见专栏 6.4）。

• 一些艰难决定（例如替代天然气供暖的电气化和氢能平衡问题），只有在全体公众都致力于实现净零排放的社会努力并了解技术选择和限制的情况下才有可能作出。

• 这一转变将需要就业岗位发生转变，从一些固有的高排放活动（如化石燃料供应）转向高技能工作，以满足所需的减排。需要一项战略来确保整个社会的公平转型，从而保护弱势工人和消费者（见第 7 章）。

在向低碳经济转型的过程中，目前还没有吸引公众参与的政府战略。这种情况需要改变。公众应该知晓为什么需要改变，需要作什么样的改变，低碳选择会带来哪些好处，以及如何获得实现改变所需的信息和资源。制定战略应该认识到协同利益的重要性，例如，英国卫生部（Department for Health）在促进更健康的饮食选择、用步行和骑自行车代替短途汽车出行方面发挥着重要作用，这将改善人们的健康并减少排放。

专栏 6.3　英国公众对净零排放目标的支持

随着公众对气候变化的关注日益增加，也越来越支持更具雄心的气候行动：

• 根据 Opinium 和 Bright Blue 在 2018 年进行的一项民意调查，有 75% 的人对气候变化持相当担忧和非常担忧的态度。有 64% 的英国成年人赞同英国应该致力于在未来几十年里将碳排放减少到零，有 63% 的人认为英国应该成为应对气候变化的全球领导者。

- 绝大多数英国家庭（90%）认为，英国的减排速度至少应该与其他国家一样快。在此前由 Bright Blue 进行的一项民意调查显示，气候变化是 18~28 岁的年轻人最希望听到的高级别政治家的演讲话题。

- 根据政府在 2018 年的公众态度追踪调查（Public Attitudes Tracker poll），支持陆上风能的比例达到了 76% 的历史最高水平，强烈支持的人数是强烈反对的人数的 15 倍。太阳能的支持率也创下历史新高（87%）。65% 的公众愿意居住在风力发电项目 5 英里以内的区域，特别是这些项目是归社区所有。

然而，由 Bright Blue 进行的民意调查显示，公众对气候变化的担忧与对英国经济减排所需措施的认知之间存在脱节。为了让英国公众完全实现向净零排放社会的转型，需要政府提供有意义的参与和明确的指导。

来源：BEIS（2018）Energy and Climate Change Public Attitude Tracker；Opinium and Bright Blue（2018）Poll on Public attitudes to UK climate leadership – Ten years since the Climate Change Act.

注：2018 年 Bright Blue 民意调查的样本数量为 4 707 名英国成年人。2018 年 2 月 28 日至 3 月 5 日期间，民调由 Opinium 通过在线采访进行。

专栏6.4　政策如何帮助人们作出低碳选择

委员会任命帝国理工学院的理查德·卡迈克尔博士与我们合作，了解人们作出有助于减少排放的选择的潜力，以及其对政策的影响。他关于《行为变化、公众参与和净零排放》的报告与本报告同时发布，并明确了一些政策内涵：

- 如果公众要参与应对气候挑战为实现零排放作出贡献，那么就需要更广泛的政策提供支持。我们需要新的、引人注目的故事来激励和动员主流社会参与解决方案、采用技术和改变行为。

- 政府必须营造一个更广阔的环境，鼓励公众参与应对气候变化的行动，让消费者能积极采取实际行动，实现大幅减排。

- 这些变化不一定是昂贵的，其也可以带来巨大的协同效益，包括健康和其他方面。但这些协同效益不太可能迅速发生，除非政策能够首先消除市场变化和不同消费者选择的障碍。

- 对这些干预措施所能带来的变化程度进行预测是非常困难的。实现快速社会变革和技术应用的政策本身就存在不确定性，政府需要采取务实的态度，边干边学。

- 政策将需要相互间协同工作，依次改变人们的行为和市场，建立公众接受度，避免产生负面结果。获得有吸引力的和负担得起的产品和服务，支持明智的选择和新行业实践，应尽可能在干预必需品价格上涨之前实施。

- 数据和信息通信技术（ICT）已成为重要的资产和工具，其能够使消费者对技术应用作出明智的决定（例如电动汽车和混合动力热泵）。在能源和食品方面，数据和信息通信技术都有潜力为消费者提供有关产品信息和购买习惯（如饮食）的反馈，实现系统级的更改。

与本建议同时发布的这份报告列出了一系列政策干预措施，包括鼓励在地面交通、航空、取暖和饮食方面的改变。

来源：Carmichael（2019）Behaviour Change，Public Engagement and Net-zero，可在www.theccc.org.uk查阅。

（d）必须消除技能差距

政府认识到在其工业战略和行业交易中发展技能的重要性。这些战略和政府提供的其他工具应该用来解决可能阻碍进步的技能缺口。

我们在过去的工作中发现，在建筑设计、施工和安装新措施方面存在着技能差距：

- 我们的方案包括要大量部署诸如热泵和墙壁保温之类的基础设施。然而，这两个关键领域的部署工作都停滞不前。

- 如果我们想要在减少排放的同时，为居住者提供舒适的居住环境，并在经济上作到这一点，就必须解决低碳技能方面的差距。虽然技能需要在新的建筑和改造部门中得到发展，但在一些已有地方中存在一些特殊的挑战，例如遗产建筑。

在低碳供暖（尤其是热泵）、能源和水效率、通风和热舒适，以及房地产抗洪级别方面，急需对设计师、建筑商和安装人员进行培训。

我们还没有对满足新的净零排放情景所需的技能进行全面研究。所涉及的迅速变化将会带来相当大的挑战。一些领域与现有工业存在重叠，将随着排放的减少而减少（如CCS和油气行业）。

工业战略和行业协议为应对技能挑战提供了机遇，正在进行的技术和职业培训改革也提供了机遇。区域技能评估将变得更加重要（例如通过技能咨询小组）。

（e）需要真正的跨政府努力

减排必须切实体现在关键内阁部门以及英国各级政府的目标中，这样政策决定才能产生最大的影响。它还必须与企业和整个社会相结合。

由于许多解决方案跨越多个系统，因此全面集成的策略、法规设计和具体执行都至关重要。这可能需要新的框架，以确保除 BEIS 以外的其他部门充分优先考虑净零温室气体排放。跨部门的政策团队必须有足够的资源来开发和实施所需的改变。

要实现净零排放，需要在整个经济领域采取行动，在不同层次、不同职责的各政府行为体中采取行动。这些部门都将需要迎接挑战：

英国财政部。如何实现经济范围内剩余排放脱碳，这一战略问题现在必须要面对。财政部此前批准巨额年度资金来推动可再生能源在电力领域的部署和成本削减。到 2050 年，发电成本将会下降，但其他成本（如供暖和工业）将会上升。因此，我们建议财政部对实现净零排放的成本分配，以及在各个综合部门中获得的收益开展研究。这将需要考虑成本如何落在消费者身上、财政影响、竞争力影响的风险以及整个经济体脱碳的影响。我们在第 7 章中列出了相关的证据。研究应综合评估所有政策手段，包括碳定价、税收、财政激励、公共支出、制度和信息提供。

英国政府部门。最明显的是，英国政府层面的行动将由那些对一个或多个排放部门（即 BEIS 在能源和工业方面，MHCLG 在建筑方面，DfT 在运输方面，Defra 在废弃物、农业和土地利用方面）负有领导责任的机构提出。[①]而其他部门对于实施必要的全范围转变也是很重要的。例如，卫生部在提高公众对减排行动的认识和提高公众参与度方面发挥着重要作用，教育部在技能方面发挥着关键作用。

苏格兰、威尔士和北爱尔兰政府必须充分利用现有的政策手段，并与英国政府密切合作，以确保在地方政府的相关领域内开展减排工作。这意味着即使在供给侧的政策按英国政府的规定执行（如鼓励步行和骑自行车），在需求侧也要利用地方政策手段提供"软"的支持（如建筑改造的建议）以支持英国政府的政策，并使用计划和采购权力进一步驱动脱碳（见第 5 节）。

城市和地方当局能够很好地了解其所在地区的需求和机遇，它们有足够的资源来为减排作出有力贡献。它们在交通规划方面发挥着重要作用，包括为步行和骑自行车提供高质量的基础设施，为电动汽车提供充电基础设施，并确保新建住宅开发项目的设计能够满足公共交通需求。它们还可以通过推行实施清洁空气区域，阻止使用污染车辆和一些其他技术，进而为生活和工作在该地区的人们改善健康状况。

监管机构还需要在一些领域帮助推动向净零排放的转变。

---

① 商业、能源和工业战略部（BEIS），住房、社区和地方政府部（MHCLG），交通部（DfT）与环境、食品和农村事务部（Defra）。

其中最显著的是能源网络基础设施，包括 Ofgem（见第 2（b）节）。随着新的载体的出现和系统间的日益整合，监管框架也将需要改进（例如氢能，需要用 CCS 技术生产得到，并可用于发电、供暖、运输和工业等部门）。

金融机构和养老金监管机构也可以发挥作用，例如要求和监测气候风险的披露以及投资是否符合净零目标。

从减排 80% 目标到净零排放目标的转变，降低了每个部门剩余排放的灵活性：每个部门都必须非常接近第 5 章提出的进一步雄心方案中的减排目标。这就提出了一个问题，即部门目标是否可能成为集中体现本部门需求的一个有力工具。

6.4 实现净零排放目标的政策前提条件

英国议会深知，设定净零排放目标承诺与短期内加大政策力度是协调一致的。这需要关注 2050 年尚未步入转型轨道的关键领域，以及那些对实现净零温室气体目标更为重要的领域。

本节列出了在我们进一步雄心方案中所包含的关键选项。

本节的许多信息不是最新的：委员会推动其中的许多方法已经有一段时间了。在设定净零目标时，必须毫不拖延地解决这些领域中的每一个问题。

(a) 碳捕集与封存（CCS）

委员会一贯强调 CCS 技术以最低成本实现当前 2050 年减排 80% 目标的重要性，并以此为深度减排奠定基础。《清洁增长战略》提出了在 21 世纪 30 年代大规模部署碳捕集利用与封存（CCUS）的雄心，前提是成本得到充分降低。鉴于 CCS 在实现深度脱碳方面的战略重要性，它是实现净零排放目标的必要手段。

到 2050 年，CCS 将在多种应用方式中发挥巨大的潜在作用。在我们进一步雄心方案中，2050 年 CO_2 捕集量要达 175 $MtCO_2$，需要在工业、温室气体去除（应用 GGR）、氢能生产和发电等领域中使用 CCS 技术。虽然化石燃料发电 CCS 数量可能大大低于我们的预期，但我们认为，目前英国国内实现净零排放的所有可信途径都涉及 CCS 的重要作用，尤其是工业和 GGR 方面。

证据基础[1]清楚地表明，英国需要部署 CCS 技术，以挖掘最大限度降低成本的

---

① 例如 Pöyry and Element Energy (2015) *Potential CCS Cost Reduction Mechanisms*；CCSA (2016) *Lowest cost decarbonisation for the UK：The critical role of CCS*。

机会：

英国比世界上任何一个国家都拥有更具潜力的 CO_2 存储资源，并且 2050 年也需要 CCS 能够提供较大的减排贡献。CCS 技术所需的 CO_2 运输和存储基础设施需要资本投资，也受规模经济的影响——相比一次性项目，通过共享的大型基础设施项目可显著降低成本。CO_2 基础设施在英国部署得越早，CCS 在英国部署也将越成本有效。

降低资本成本可以通过在英国提供技术和商业模式来实现。很明显，在英国大规模部署后，离岸风力发电的履约价格大幅下降，很大程度上是因为技术变得更加成熟，供应链和商业模式得到发展，进而导致资本成本的降低。虽然技术成本可以通过全球部署来降低，但要降低 CCS 在英国的资金成本，就需要在英国部署 CCS。

我们的评估是，推广实施 CCS 需要在 CO_2 基础设施、发展氢能技术和能源生产、工业和温室气体去除等方面的政策框架内开展行动：

CO_2 基础设施。需要一种不同于建设单独项目的 CO_2 基础设施建设和融资的方法。CO_2 基础设施推广和初始项目应该促使多个 CCS 集群可在 21 世纪 20 年代中期运行，并且所有主要集群在 2030 年左右都拥有 CO_2 基础设施。

氢能技术的开发。考虑到氢能在我们净零排放情景中的重要性，尤其是在工业领域，以及 CCS 对其大规模生产的重要性，到 2030 年，每个工业 CCS 集群都应该开始大规模生产氢。

政策框架。跨应用领域实施 CCS 项目需要一个涵盖能源生产、工业和温室气体去除的政策框架。除了支持基础设施建设，支持重工业脱碳的框架应该在 2022 年底前制定并实施。在此之前，最初的行业项目可能需要一个支持机制。考虑到 2050 年可能需要的 BECCS 规模，政府的目标应该是在早期（例如 2030 年左右）建立一个初始规模的 BECCS 项目。

考虑到目前在 CCS 方面缺乏进展，以及到 2050 年减排 80% 以上的雄心所带来的更大作用，在 21 世纪 20 年代部署 CCS 方面取得的进展是推动英国实现净零排放目标的关键因素。

（b）提前推进电动汽车替代

由于电池成本的大幅降低，我们预计，到 21 世纪 20 年代中期，在没有补贴的情况下，电动汽车和货车的生命周期成本将达到与内燃机汽车（ICE）相当的水平（即在考虑电动汽车不缴纳燃油税之前）。电动汽车不征收燃油税意味着，从消费者的角度来看，它们甚至会更早达到平价。

早于 2040 年转向电动汽车将会降低 2050 年温室气体排放，改善空气质量，并在经济上对英国有利（如图 6-3 所示）。

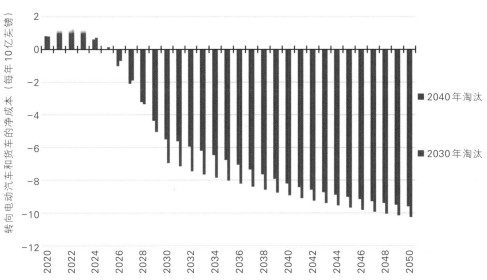

图6-3 2030年改用电动汽车将比2040年改用电动汽车节省更多的成本

注：有关费用与继续使用汽油及柴油车的费用比较，其是车辆生命周期（14年）内所有免费补贴的费用以及该年购买新车的所有费用。包括前期车辆成本、燃料补给成本（3.5%折扣）、充电基础设施成本、发电成本和网络扩张成本。为了更好地代表未来可用的车辆，我们假设汽油车和柴油车的成本和效率也会随着时间的推移而提高。因此，这些数字不能直接与本建议中的其他数字进行比较。在2028年之前，2030年之前逐步淘汰电动汽车的成本会略高一些，这在很大程度上是由于电动汽车在2028年之前会更贵，而充电基础设施的要求也会更高。2035年向电动汽车转型的成本没有显示出来，但略高于2030年转型的成本。

来源：气候变化委员会分析。

鉴于电动汽车在成本、温室气体排放和空气质量方面的优势，电动汽车的发展目标应该是到2030年在新车市场上占据尽可能高的份额。理想的情况是，到2030年或不久之后，超低排放汽车将达到汽车、货车和摩托车销量的100%，但必须在2035年之前实现这一目标。

超低排放汽车要想从目前占汽车销量2.5%的份额进一步扩大，就需要及时投资充电基础设施，以及出台政策鼓励汽车行业采用和提供更多车型：

• 政府必须最迟在2035年（最好更早）结束新的传统轿车和货车的销售，并将其扩展到所有使用汽油或柴油内燃机的轿车或货车方面。这将确保到2050年传统汽油车和柴油车才能全部退出，必要时可以通过制度来解决这一问题。车辆淘汰的范围还应扩大到摩托车。

• 在私人消费者看来，电动汽车、厢式货车、小型重型车辆和摩托车仍处于初期阶段，短期内将需要财政激励措施来支持它们，直至它们与传统汽车成本持平，这种情况可能在 2025 年之前就会出现。电动汽车和厢式货车充电基础设施的推广必须受到监测，以确保充分部署，为日益增长的电动汽车作好准备。

我们还确定了交通部门的几个其他优先事项：

• 从现在到 21 世纪 20 年代初，应该对零排放重型车辆和相关的燃料基础设施进行试验，以形成一个证据基础，使人们能够就最具成本效益和最实用的零排放出行技术提供决策依据。政府必须在国际协调下，在 21 世纪 20 年代中期作出决定，使基础设施能够为 21 世纪 20 年代末和整个 21 世纪 30 年代部署零排放重型车辆作好准备。2020 年以后的车辆和燃油税应该鼓励商业经营者购买和运营零排放重型车辆。

• 政府必须鼓励步行、自行车和公共交通的出行偏好来尽可能减少汽车的使用，包括通过提供基础设施来保障安全、实用的自行车骑行，探索近期的减排机会，以及实现来自活动出行和空气质量改善方面的健康协同效益。

• 应该探索提高重型车辆物流效率的机会，包括增加城市整合中心的部署，以尽量减少前往繁忙城市中心的交通，以及调整部署的时间表，以确保重型车辆能够避免拥堵。

• 铁路电气化应该在运营的基础上进行规划，以保持低成本，必要时应该支持在英国铁路方面进行氢能列车试验。

(c) 确保到 2050 年英国供暖系统完全脱碳

对英国 2 900 万现有房屋进行节能改造应该成为国家基础设施建设的优先事项。英国必须在 2020 年制定出一套成熟的脱碳供暖战略。政府计划的 2050 年供暖路线图必须提出一种方法，确保 2050 年建筑物完全实现脱碳。财政部也必须与 BEIS 等部门在这方面加强合作，并提供足够的资金。该战略必须包括：

关于业主自住、社会出租和私人租赁住房以及非住宅建筑的**标准要有清晰的发展路径**，并尽可能早地公布。这包括能源效率标准，逐步淘汰高碳化石燃料供暖的详细计划，以及改进现有供暖系统的效率。能效是低碳供暖的关键所在，尽早部署将带来更大的效益。

低碳供暖（热泵、生物甲烷和低碳供暖网络）的监管和支持框架还面临数十亿英镑的资金缺口。若要到 2050 年实现家庭的脱碳则意味着最迟到 2035 年，所有新安装的供暖系统都必须是低碳的。为了发展供应链，这还将需要进一步提前发出信号，在 21 世纪 20 年代开始大规模部署热泵。

研究关于燃料的税收和监管成本平衡以提高与隐式碳价的一致性，并反映电力的脱碳进展：电力的成本比用石油或天然气供暖的成本要高，因为全部的碳成本没有完全反映在供暖燃料的价格上。这些因素目前削弱了私人经济电气化的可能。

对房主来说有吸引力的一揽子计划应与房子的某些关键时间节点保持一致（比如当房子出售或翻新时）。能效和低碳供暖的监管和支持框架有助于实现这一目标。至关重要的是，这还包括清除阻止居住者采取必要行动改善其居住和工作建筑物质量的障碍。这可能需要进行立法改革，以解决诸如业主和租赁人激励机制失调等问题。

提高现有劳动力技能的全国性培训项目。拥有适当技能的劳动力对于有效实施节能和低碳供暖措施至关重要。英国政府应利用《建筑行业协议》（Construction Sector Deal）下的措施来解决这一低碳技能缺口。在低碳供暖（尤其是热泵）、能源和水效率、通风和热舒适以及房屋抗洪能力方面，迫切需要新的支持来培训设计师、建筑商和安装人员。

21世纪20年代推动有关供暖基础设施决策的治理框架。对任何政府来说，就未来的供暖和输气网络作出战略决策都是困难的。它需要接受更高的短期成本和超越标准议会执行期的长期前景。尽管如此，作为一个需要较长准备时间的基础设施问题，如果我们要在2050年实现脱碳目标，就必须在21世纪20年代通过战略决策来解决这个问题。

消费者和财政部的成本分配将取决于推动所需变革的相关政策。英国财政部应该对转型成本下降的地方开展研究，并制定相应战略以确保这是公平的（见第3（e）节）。在建筑方面，它应该包括财政工具和国库收入的使用、碳交易机制的成本、工业成本以及对能源支付者（包括燃料贫困者）的影响。它应该涵盖从现在到2050年的全部费用。

政府必须实施相关政策，兑现在未来住宅标准（Future Homes standard）下宣布的承诺——即到2025年，确保新建住宅具有低碳供暖和世界领先的能源效率水平，同时为新的非住宅建筑制定更具雄心的标准。除了实现低碳之外，这些新建筑还必须节能、节水、抵抗气候变化带来的风险。

实现建筑物的大幅减排，需要政府、工业、企业和家庭各个层面的协调与合作。中央政府和地方政府的政策必须在地方一级能有效实施，规划体系的演变要跟上政府的雄心。工业界的合作是核心，其可通过创新降低成本，为家庭和企业提供解决方案。最后，促进公众对这些关键问题的广泛参与，为即将发生的变化作好准备并提供信息，使个人能够立即采取行动，减少与他们的家庭和企业有关的排放。

（d）减少工业排放，而不是向海外转移

迫切需要政府建立一个完整框架，如《清洁增长战略》中承诺的那样以支持长期的工业脱碳。进一步的延迟可能会导致整体成本的增加，因为更可能需要提前报

废资产。

我们设定的英国工业减排方案依赖于保留现有的工业基础并将其脱碳，而不是将排放"外包"给其他国家（即碳泄漏）。实现英国工业减排的政策框架设计，必须确保不会将英国的工业推向海外——这既不利于减少全球排放，也不利于英国经济发展。作为一个碳中和的经济体，英国重振工业将最终改善全球应对气候变化的努力。

政府还应有助于确保英国实现雄心勃勃的脱碳目标。通过提供有吸引力的投资环境，包括稳定的政策，英国可以成为低碳产品生产的领导者，吸引更多的资金投向生产性新工业和现有工业，并开发新的业务和产品（见第7章）。

鼓励有碳泄漏风险的行业进行深度脱碳，需要新的政策机制。欧盟排放交易体系（或英国的同类体系）下的碳价格不可能升至足够高的水平以有足够的准备时间来刺激行业发生所需的变化。有一系列可能的工业脱碳方式可避免近海的碳排放，其中大部分工业脱碳成本要么以更高的价格转嫁给消费者，要么由纳税人承担：

创建低碳产品市场。低碳产品的需求可以通过认证和对最终用途（如建筑）的监管来创造，从而形成了低碳产品的溢价。在这种情况下，消费者将承担成本，或者市场可以由公共采购推动，在这种情况下由政府和纳税人共同承担成本。

部门协议将是一种直接的方式，可以确保一个国家在特定行业不会比其他国家处于竞争劣势。部门协议在只有少数企业的工业部门中（如钢铁）会更有效。在这种方式下，工业将为减排买单，然后以更高的价格转嫁给消费者，进而不会影响竞争力。

边境调节税将提高高碳进口商品的价格，停止对免费配额的需求，从而允许英国所有的排放接受碳定价，而无须补偿国际竞争对手没有面临的成本。该政策或许能够支持那些本来有碳泄漏风险的行业进行深度脱碳。这也将向其他制造业国家发出一个信号，要求它们降低碳排放。在这种方式下，工业将为减排买单，然后以更高的价格转嫁给消费者，而不会影响竞争力。

BEIS最近的一份商业模式研究列出了一些进一步的潜在技术选项（用于支持工业CCS），这些技术很大程度上借鉴了可比较的现有政策[1]。这确定了一系列可能通过纳税人资金为工业脱碳提供资金的方法（如CO_2差价合约、监管的资产基础、可交易CCS证书）。

或许在一段时期，与贸易相关行业的工业脱碳可以由纳税人提供资金，但考虑

---

[1]　Element Energy（2018）*Industrial carbon capture business models*. 来自BEIS的报告。

到随着时间的推移脱碳量越来越多，这种作法在长期内不太可能在财政上可持续。随着其他国家采取行动兑现它们在《巴黎协定》下的承诺，就需要转变对纳税人资金的依赖。

（e）扩大无碳电力供应

电气化在我们进一步雄心方案中电气化具有非常重要的作用，是地面交通、建筑和一些工业过程中减少排放的关键途径。其中大部分是高效的电气化，到2050年保持低碳电力的成本和需求在可控范围内（每年600 TWh），大约是今天系统规模的两倍。如果选择低效率的脱碳方案，2050年的电力需求可能会高得多（如图6-4所示）。

通常在电力使用总效率较低的情况下，电力也有相当大的潜力以较高的费用扩大到这些用途之外。考虑到我们提出的探索性方案，电力需求有可能比我们进一步雄心方案中的结果高得多，将达到目前电力系统规模的4倍。在向净零排放转型的最后阶段，这些更具探索性的技术往往会被采用。

建设一个保持技术开放、比我们在进一步雄心方案下所设想更大的低碳电力系统，将更有助于实现净零排放。为了实现这一目标，在短期内保持较高的建造率是很重要的，这不仅是为了减少以后需要建造的数量，还是为了发展供应链。既可以减少现有系统的排放，又可以通过电气化扩大系统规模：

• 现在可以就21世纪20年代初可再生能源装机（即风能和太阳能）签订合同，与高碳发电相比，这些合同的成本更有竞争力。因此，在21世纪20年代大力部署这些可再生能源的成本不会很高，即使包括为适应高比例不灵活发电而采取的灵活措施成本。随着低碳发电成本的降低，单位电力的碳强度需要到2030年低于100 gCO_2/kWh。

• 通过增加电动汽车和混合热泵等灵活性负载加速电气化，在21世纪20年代大规模增加电力系统，这将增加需求并增强系统适应刚性发电的能力。这将使可再生能源在21世纪20年代同时得到更多的发展，从而降低电力的平均成本。[1]除了保持电力部门的高建造率外，这将使交通部门和建筑部门能够更快地向温室气体净零排放转型，并改善空气质量。

---

[1] Vivid Economics and Imperial College（2019）*Accelerated electrification and the GB electricity system.*

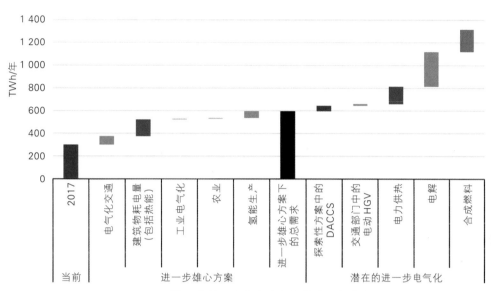

图6-4 进一步雄心方案中电气化的作用和潜力

注：交通部门中的电动HGV是指这些车辆的动力是电力而不是氢能。

来源：气候变化委员会基于帝国理工学院（Imperial College，2018）替代供热脱碳途径研究中有关"Hybrid 10 Mt"情景下的装机容量和发电组合。

(f) 将减少和去除排放纳入农业和土地政策

现在有机会制定更好的土地战略，充分应对气候变化的挑战。政府的农业法案和拟议的环境法案将确定未来的土地使用政策方向。这是一个影响政策设计的重要时刻，而这些政策在很大程度上已经超出了几十年的范围。至关重要的是，《气候变化法》的关键目标——实现深度减排和适应气候变化的影响——是改革的核心。

未来的土地战略要实现英国的气候目标，同时平衡其他方面的压力，就需要对土地的使用方式进行根本性的改变：

• 在当前的土地利用模式下开展低碳实践，可以通过改善土壤和牲畜管理等农业活动来减少排放，但农业仍将是最大的排放部门之一。

• 通过将农业用地改为其他用途用地，在维持目前的人均粮食产量水平下仍可以实现大幅减排。植树造林（将英国土地的森林覆盖率从目前的13%提高到2050年的19%）、恢复一半以上的泥炭地、流域敏感农业及农业多样化有助于实现这些减排。由于气候变化的影响，土地利用将不得不改变，重要的是，未来的土地利用既要减少排放，又要提高土地对气候影响的适应能力。

● 农业实践和饮食偏好的变化将推动土地资源的释放，但这些可以建立在政府已经采取的一些举措上。这些包括：提高可持续的农业生产力；通过政府的营养指导方针来促进健康饮食，进而减少碳密集型食品的消费和生产；减少供应链上的食物浪费；提高森林生产力。通过这些措施释放的土地资源可用于造林、泥炭地恢复和生物质生产，从而控制环境风险。

现有的政策实施不够——英国各地的植树率远低于政府目标。新的土地利用政策应促进土地利用的转型，并奖励土地所有者提供缓解和适应气候变化目标的公共产品。新政策还应更好地反映土地提供的商品和服务的价值。清晰多赢的关键措施包括：造林和森林管理；泥炭地的恢复；低碳农业实践；改善土壤和水质；降低洪水风险，改善半自然栖息地的条件。如果这些措施超出了土地所有者本应达到的最低标准，就应该得到奖励。

应提供资助，帮助土地管理人员向其他土地用途使用者转型。这包括在技能、培训和信息方面对土地新用途的使用提供帮助，以及对高昂的前期成本和替代用途投资的支持。它还应包括采取行动，消除创新农业实践（其可推动生产率提高）的障碍。将气候变化的潜在影响与长期规划相结合对土地管理者成功适应气候变化至关重要。政府应通过国家适应方案（National Adaptation Programme）或新的环境土地管理系统（new Environmental Land Management System）提供支持和信息，以使这一规划得以实施。

除了减少部分土地利用和农业部门的排放之外，还应该激励必要的温室气体去除，包括通过已有自然解决方法（如植树造林和土壤碳封存）和其他温室气体去除方法（如BECCS）。我们在第（h）节中考虑如何激励温室气体去除技术。

(g) 对航空和海运政策的影响

实现净零排放目标需要包括航空业在内的所有行业都要付出努力。委员会的建议是，2050年的净零排放目标应该涵盖所有温室气体排放源，包括国际航空和海运。我们将在2019年晚些时候在给政府的后续建议中提出我们对航空政策的建议。

减少航空排放将需要国际和国内政策的结合，这些政策的实施应避免产生不良后果（如碳泄漏）。应制定一套政策，包括碳定价、支持研究、创新和部署，以及管理需求增长的措施：

国际航空排放的长期目标。国际民用航空组织（ICAO）目前的碳排放政策CORSIA将在2035年结束。CORSIA需要建立在真正实现减排的稳健规则的基础上（见第（h）节）。与《巴黎协定》相一致的全球国际航空排放的新长期目标，将提供一个强有力的早期信号，鼓励对新的、更清洁的技术的投资，这些技术是航空业实现长期目标所必需的。考虑到资产的长寿命，这对航空业而言尤为重要。国际海事组织（IMO）也就全球海运排放问题达成了类似的协议，该组织设定了到2050年温室气体排放至少比2008年水平低50%的目标。

支持研究、创新和部署。我们和工业界的分析表明，减少航空排放的最大贡献将来自新技术和飞机设计。考虑到它们将节省燃料，其中许多开发项目可能具有成本效益。政府应该在航空部门协议（Aerospace Sector Deal）和未来飞行挑战（Future Flight Challenge）中制定一个明确的战略，以确保这些技术解决方案的开发并能及时推向市场。合成燃料不应成为政府政策的优先事项，但如果工业界想要追求它们，就应该证明这些用于航空的合成燃料是真正的低碳燃料，应具有成本竞争力，并可在全球市场上推广。

管理需求增长的措施。进一步雄心方案下假设客运需求到2050年比2005年的水平增长60%（从现在开始增长25%）。如果没有额外的政策出台，政府的预测表明客运需求可能会高于此水平（例如，核心预测是，到2050年，需求将在2005年的基础上增长90%左右）。因此，英国需要出台新的政策来管理需求增长。这些措施可能包括碳定价、航空旅客税（Air Passenger Duty）的改革，或管理机场运力使用的政策。DfT[1]最近委托进行的一项研究表明，考虑到受影响的排放量相对较少，英国管理航空需求的政策总体上不会导致出现从英国到其他国家的碳泄漏。因此可以寻求执行管理需求的政策而不必担心产生不良影响的重大风险。

重视航空非CO_2减排的行动。航空非CO_2排放可引起额外变暖，但考虑到短暂的效果，以及在排放清单中衡量和报告其影响的不确定性，它们不应在这个阶段被纳入目标的考虑范围（见第2章）。然而，政府应该制定一个战略，以确保可以在不增加CO_2排放的情况下减轻未来几十年的影响（例如满足《巴黎协定》2050—2070年排放路径）。需求方面的措施是减少这些影响的一种方式。

政府的目标是在2019年晚些时候发布一份航空战略（Aviation Strategy），并在2018年12月发布一份相关的咨询报告。咨询报告同意定期对航空战略进行更新。这些定期研究工作将提供机会回应英国议会未来作出的决定是否符合《巴黎协定》下英国的减排承诺。最后的白皮书（White Paper）应该为这些研究设定更具体的时间节点，并使之与政府整体气候战略的发展相一致。

国际海事组织（IMO）在国际层面推动国际海运政策。国际海事组织设定了到

---

[1] ATA and Clarity (2018) *The carbon leakage and competitiveness impacts of carbon abatement policy in aviation.*

2050年将全球海运排放量减半的目标。这将需要大量推广低碳燃料（如氨），但仍不足以实现我们进一步雄心方案。因此，海运将需要更大的减排雄心，以及实现这一目标的一系列切实政策。

(h) 英国二氧化碳去除的潜在技术选项

对于一些"难以减排"的行业（如航空和农业），即使有强有力的政策，2050年也极有可能有大量的剩余排放。为了全面实现净零排放，这些剩余排放量将需要用温室气体去除量来抵消（如图6-5所示）。

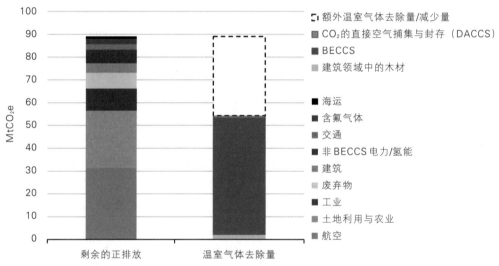

图6-5 平衡2050年剩余排放量所需的温室气体去除量

注：进一步雄心方案提出了部门排放和温室气体清除量的贡献。"额外温室气体去除量/减少量"的贡献是指超越进一步雄心方案实现净零排放，这可以通过额外的去除量和/或进一步减少排放来实现（见第5章）。

来源：气候变化委员会分析。

实现这一目标的一个潜在方法是，通过减少排放和支持温室气体去除，实现每个部门的温室气体净零排放。我们注意到，行业（即工业、能源生产和航空）已经部分或者全部参与到欧盟层面的碳排放交易中。在我们的进一步雄心方案下它们在2050年净排放量将低于零，该情景下能源生产部门使用了BECCS的温室气体去除技术。

要求那些需要抵消剩余排放的部门，要向温室气体去除技术支付费用，既可以向那些"难以减排"部门实现尽可能低的排放施加财政压力，又可以为那些确实在其他地方额外增加了温室气体去除的部门提供资金激励：

- 该行业要实现净零排放，可以通过一系列措施来减少排放（例如，在我们进一步雄心方案中），或者通过购买温室气体去除量（GGR）进行抵消来实现净零排放：

    需要购买温室气体去除以抵消剩余排放，有效地为碳密集型活动设定碳价格，为供给侧推动减少排放和抑制潜在需求的措施提供了财政激励。

    该部门的任何剩余排放量都将需要通过部署 GGR 以获得额外真实的减排量进行抵消。

- 或者，政府可以对排放征收碳税来增加收入，用于支付政府所购买的温室气体去除量。这可以通过适当收紧排放总量的交易机制来实现，也可以通过征收足以产生必要收入的税收来实现。

- 由于一些 GGR 技术选项（例如造林）成本相对较低，但范围有限，因此应该假设这些机会无论如何都会被利用，并且不会提供额外的范围来抵消其他地方的正排放。用来抵消"难以减排"部门排放的适当的 GGR 技术选项是那些可高度扩展的且接近 GGR 成本上限的技术，例如使用 BECCS 或 CO_2 的直接空气捕集与封存（DACCS）。

- 原则上，温室气体去除可以在英国或海外进行。考虑到英国有较好的 CO_2 存储资源的潜力、近海工程经验以及市场监管和设计，对于基于 CCS 的去除技术，在英国国内大比例部署是比较符合逻辑的。不管 CCS 位于什么地方，都需要有适当的标准以确保温室气体去除量是其他地方额外产生的，同时还要有强有力的管理措施以确保温室气体去除量是按预期的方式实现的。对于 BECCS 来说，这包括对生物质使用（无论在英国还是海外生产）的严格的可持续性标准。

    原则上，航空业可以使用合成碳中性燃料，而不是用 BECCS 或 DACCS 来抵消剩余的排放，从而使该行业在"总量"（gross）而非"净额"（net）方面实现排放降至零。然而，这样的合成燃料可能是昂贵的，必须要循环捕集 CO_2（例如通过直接空气捕集）来替代煤油。在第 5 章中，我们预计这些合成燃料的成本更昂贵，这比地质封存相同数量的 CO_2 来抵消等量煤油使用所产生的排放成本更高。然而，考虑到这些技术选择在排放方面的等价性，政策框架没有必要限制选择哪个技术。

    对于农业部门，除了减少正在产生排放的活动以外，还需要将重点放在增加农田的碳汇上面（例如，通过植树）。非常令人鼓舞的是，全国农民联盟（National Farmers' Union）已经表明了到 2040 年实现温室气体净零排放的雄心。

    为了以最低的成本可持续地发展温室气体去除技术，将需要有一个合适的治理框架和政策来支持它们的开发和部署。通过提供财政激励措施、CO_2 运输和存储基础设施促进部署 BECCS 和 DACCS，以及支持创新等政策，来支持温室气体去除技术的开发和部署（见第 2（c）节）。

6.5　对苏格兰、威尔士和北爱尔兰制定政策的影响

要在2050年之前在英国实现广泛脱碳，需要在英国和地方政府层面都建立一个强有力的政策框架。苏格兰、威尔士和北爱尔兰（全部或部分）的地方政府拥有一些减排相关领域的权力。这些措施因管理而异，但关键领域包括规划、需求侧交通措施、能源效率、农业、土地利用和废弃物（见专栏6.5）。

苏格兰、威尔士和北爱尔兰的政策在地方政府管辖地区至关重要：

需求侧交通措施。地方政府必须实施有效的政策，提供低碳公共交通，鼓励公众积极出行。

建筑物能效。为了尽早实现净零排放，需要对新建建筑和既有建筑的能效进行重大改进，以提高舒适度，降低能源成本，并为转向低碳供暖作好准备。在苏格兰、威尔士和北爱尔兰，实现这些目标的政策将主要通过地方建筑标准和政策来实现。

农业和土地利用。到2050年，低碳农业、造林、农林复合经营和泥炭地恢复都将在减排方面发挥关键作用。地方当局应确保制定有效的政策，在私人和公共土地上支持造林、农林复合经营和泥炭地恢复。地方行政机构遵循共同农业政策（Common Agricultural Policy）的框架，为更密切地将财政支持与农业减排和增加碳汇联系起来提供机会。

废弃物。地方行政机构负责减少废弃物的排放，重点是废弃物的减量化、可循环和再利用，减少可生物降解废弃物的填埋，以及从填埋区和废水中收集甲烷。

北爱尔兰的能源。与苏格兰和威尔士不同，北爱尔兰地方政府拥有电力部门的控制权，尽管北爱尔兰电网可能受到英国和爱尔兰共和国政策的影响。要让英国实现净零排放，北爱尔兰必须在电力行业实现同样富有雄心的脱碳目标。

在由英国政府行使管理权的领域，地方行政部门在确保实现减排方面发挥着重要作用。特别是，地方政府关注下列领域：

规划。规划框架是另一个在基础设施方面有用的工具，需要与地方政府的减排目标相一致（例如通过鼓励步行、自行车和公共交通的使用，确保新的发展地区准备或安装电动汽车充电桩，低成本的陆上风力和有利的规划制度）。

采购。地方政府的公共部门可以积极利用采购规则，帮助推动一些领域的减排（例如超低排放车辆的使用、建筑节能、低碳供暖以及低碳产品）。

召集者的角色。重要的是，地方政府要最大限度地发挥其潜力，将利益相关者聚集在一起，促进对话和加强关系，以便能够开发有助于脱碳的互利项目。

与英国政府合作，确保英国层面的政策适用于地方政府。

获得英国范围内的资金。 地方政府应设法确保家庭和企业能够在可能和适当的情况下获得良好的英国资金资助的机会。

本报告建议更新威尔士和苏格兰的长期排放目标，使之与我们建议的英国净零排放目标相一致（北爱尔兰目前没有长期减排目标）。英国政府开展的减排行动对实现威尔士和苏格兰的减排目标很重要，同时地方政府的减排行动也对英国实现减排目标至关重要。

专栏6.5　中央政府和地方政府的政策范围

中央政府的权力（即只有英国议会才能制定法律的问题）和地方政府的权力因类型不同而有所不同：

经济和财政政策： 大部分由中央政府制定。

能源政策： 在苏格兰和威尔士，能源供应政策大多是由中央政府制定的。能源（除了核能）供应政策在北爱尔兰是由地方政府制定的。

规划政策： 除了威尔士重要的国家基础设施外，大部分都由地方政府制定。威尔士政府有权批准或拒绝最高350兆瓦发电厂的规划许可。

地方政府和住房政策： 包括如何解决家庭燃料贫困和公共能源效率低下的问题，大部分政策都由地方政府制定。

工业： 大部分由中央政府制定，但规划和批准活动由地方政府制定。

交通： 需求方面的措施大多由地方政府制定。

农业和土地使用： 完全由地方政府制定。

废弃物： 完全由地方政府制定。

第7章 英国净零排放目标的成本和收益

引言与关键信息

英国在发展经济的同时减少温室气体排放，政府已将清洁发展作为英国工业发展战略的核心。

在本章中，我们将探讨气候行动的成本和收益，特别是英国实现2050年净零温室气体排放目标的额外影响。我们考虑了总成本、财政成本、用户成本以及如何确保平稳且公平地转型。

我们所作的估算是基于第5章中提到的减少排放的行动。

我们得出以下结论：

行动比不作为更可取。减少排放对经济的总体影响和增强实现净零排放雄心的成本可能在全球和英国都很小，并且产生的效果是积极的。考虑到全球和英国直接或间接受到不可控的气候变化带来的风险范围，接受这一成本要优于不采取任何行动。

2050年的温室气体净零排放目标可以在当前目标的预期成本范围内实现：

像海上风电和电动汽车电池等关键技术成本的快速下降意味着，我们2008年估算的到2050年相对于1990年减排80%的预期成本将大幅下降，2008年时的估算认为到2050年期间每年的成本为国内生产总值（GDP）的1%~2%，然而根据我们当前的估计，成本将不到GDP的1%。

我们对在2050年实现温室气体净零排放这一雄心目标的主要估计符合议会在确定当前目标时可接受的预期成本，即到2050年期间每年成本占GDP的1%~2%。如果技术革新再次超出预期，这个成本还可能会进一步下降。

如果世界其他国家不为实现《巴黎协定》达成的温控目标而大幅提升减排努力，那么技术进步可能会变慢，成本也会相应增加。这尤其涉及低碳重型货车（HGV）等全球技术。然而，在这种情况下，可能会有廉价的国际碳单位（"碳信用"）出现。如果有需要，《气候变化法》允许对英国的减排目标进行修订。

协同效益将更加广泛。在英国实现温室气体净零排放将为人体健康带来显著的好处，这包括更好的空气质量、更小的噪声、更多的旅行以及公众转向更加健康的饮食。减少温室气体排放引起的土地利用和耕作方式的变化也可以提高空气质量和水质，有利于生物多样性，应对气候变化并带来休闲的收益。这些收益可以部分或完全抵消成本。

可能存在的产业机遇。英国资源的转型从进口化石燃料转向投资将促进更广泛的经济活动。此外，通过适当的政策和支持，英国有可能成为一些关键部门（如碳捕集与封存，以及对诸如金融和工程等低碳技术的支持服务）的早期推动者之一，这可能对产业有推动作用，对出口、生产力和就业有潜在的益处。然而，我们并没有把这些潜在的益处涵盖到我们的成本计算之中。

转型中的成本分配至关重要。尽管总成本较低，但如果没有采取适当的政策来减轻结构变化带来的主要影响，某些行业、地区和家庭在转型时期将会受到影响。英国财政部应对成本和效益及其分配进行全面研究，并采取适当的政策手段，以实现有效和公平的转型。

我们的结论是基于 2050 年达到温室气体净零排放并立即着手实现该途径。试图提前实现这一目标，或推迟实现该目标的政策出台，都存在显著增加成本的危险。

在本章中，我们将从六个部分进行分析：

1. 成本和收益分析的背景
2. 创新的重要性
3. 英国追求温室气体净零排放目标的额外成本
4. 英国追求温室气体净零排放目标的额外收益
5. 《气候变化法》中的成本分配及其对其他因素的影响
6. 确保向零碳经济的公平转型

7.1　成本和收益分析的背景

在 2008 年提议英国当时的气候目标时，我们得出的结论是：气候行动的理由很明确——考虑到不作为后果的严重性，可以合理地判断出重大气候变化的危险性是如此之大，以至于减少排放而导致占 GDP 几个百分点的潜在成本是一个合理的代价。这与英国财政部《斯特恩报告》[①]的结论相呼应。

---

① HM Treasury (2006) Stern Review on the Economics of Climate Change.

　　承诺实现低碳经济并履行我们在《巴黎协定》下的承诺，我们现在需要作出的决定是何时达到净零排放，而不是能否实现承诺。[1]

　　我们对成本和效益的评估部分反映了本报告专业咨询小组的结论，该报告提供了有关英国实现净零排放目标的成本和收益的建议（见专栏7.1）。咨询小组支持了2050年左右英国温室气体净零排放的目标：

　　● 到21世纪中叶的时间可以为该明确目标的尽早行动提供一个平衡，这可以降低成本（通过"在实践中学习"，对低碳技术和方法的投资可为进一步降低成本提供更大的空间），同时可为高碳资本存量周转留出时间，无须对之大量提前淘汰。

　　● 英国将跻身脱碳领域的全球领导者之列，这将会带来经济优势，同时在降低气候风险方面遥遥领先于世界其他地区。

　　因此，本章从定性和定量方面对英国（以及全球相关范围）到2050年实现温室气体净零排放目标的成本和收益进行了评估。但是，这不是完整的成本效益分析，该分析在本研究中并不适用。

　　在英国，人们可能倾向于将避免温升带来的收益货币化，并与实现温室气体净零排放目标所增加的成本相比较，但气候变化委员会并不完全认同这一作法：

　　● 英国增强的努力与减少的全球变暖之间的联系是复杂的——例如，目前温升控制的基础还不清楚是按全球当前所处的3℃排放路径计算还是以英国现行2℃的目标为基础。然而，我们可以自信地说，英国的温室气体净零排放目标将支持增加国际行动并减少整体变暖，这符合英国和全世界的利益（详见第4节）。

　　● 英国的更严格的目标导致的成本增加是基于一个相对静态的成本评估。在现实中，成本的发展是动态化的（详见第2节）。因此，相比于减排方案下两个不同情景导致的成本增长，我们对总成本的规模水平更有信心。事实证明了这一点，十年前我们预计为完成80%减排目标的最后10%~20%减排量的成本是昂贵的，而现在，我们预计实现净零排放最后的10%~20%减排量的成本是昂贵的（详见第3节）。

　　● 更普遍地讲，气候变化所涉及的不确定性、不可逆性和复杂的政治经济学意味着，在减排努力方面作出决定并不适合这种边际成本效益分析。这也是我们专家咨询小组的确切反馈。

　　成功转型的关键不仅仅在于其总成本或影响，还在于它如何影响社会的不同阶

---

[1]　英国政府于2016年向议会确认了对这一问题的理解（《气候变化公约：巴黎》：书面问题-34423）。因此，政府于2018年10月寻求关于实现净零排放目标的合适日期的意见。

层。因此，除了总体影响之外，本章还考虑了净零目标的分配和转型的影响（详见7.5节和7.6节）。

7.2　创新的重要性

事实证明，许多对低碳转型至关重要的技术比十年前英国设定长期目标时作出的最乐观假设的成本还要低。这些成本的降低使更严格的排放目标得以实现，而这些减排成本与实现先前较为容易达到目标的成本大体相当。

本节简要总结了一些历史经验，并提出了对未来较为谨慎的假设。本节包括三个部分：

（a）创新和技术成本的历史下降

（b）创新对实现零碳目标成本的影响

（c）对未来创新的设想

（a）创新和技术成本的历史下降

迄今为止，成本的降低一般由技术的大规模部署所引起，通常会得到补贴和国际供应链的支持（如图7-1所示）：

海上风电。最新的关于21世纪20年代初交付的海上风电技术的合同以69英镑/兆瓦时的价格成交，比我们之前预期2030年的技术成本低40%。[1]成本降低可归因于多种因素，例如设计方面的创新（包括升级至更大的涡轮机）、运营和维护、简化的供应链以及制定合适的融资安排。补贴驱动的部署和良好的政策（即长期合同的招标）相结合，再辅之公私合作伙伴关系以支持创新，减少了投资者的风险并推动竞争（例如，the Offshore Renewable Energy Catapult公司）。[2]

太阳能。自2000年《可再生能源法》颁布以来，德国一直投资于太阳能。德国在太阳能技术成本高的时候加大部署，促进了世界范围内产能的大幅度提升，并促进全球和英国太阳能成本的下降。早期的投资、开放的全球市场，以及中国等大规模安装和生产太阳能电池板的第二波开展行动的国家，进一步降低了太阳能的成本。

---

[1]　对应于2018年海上风电拍卖的平均价格。最低的中标价格为2012年的57.50英镑/兆瓦时。CCC（2011）《可再生能源评论》预计2030年价格将超过100英镑/兆瓦时（2012年价格）。

[2]　此公司是11个技术和创新弹射器中心之一，它通过公共和私人资金相结合，将企业与英国的学术界联系起来。

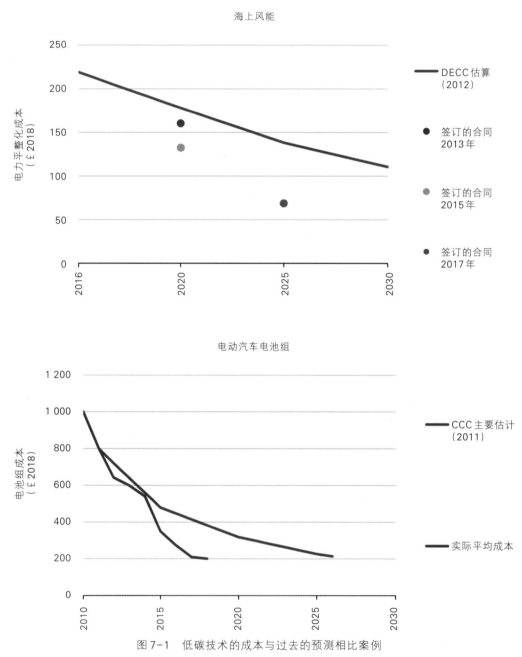

图7-1　低碳技术的成本与过去的预测相比案例

来源：基于DECC（2012）发电成本和LCCC（Low-Carbon City in China）（2019）CfD记录的CCC分析得出的海上风能成本。2011年的电池组成本预测已在CCC（2015）第五次碳预算的行业情景中发布，BNEF（2018）的电动汽车成本将在2022年达到平价。

电动汽车电池。电子产品的全球消费需求引起了对锂离子电池研究、开发和生产的大量投资。在过去十年中，这促进了成本的显著下降和电池性能的提升，从而加速了锂离子电池在汽车领域的应用。近年来，挪威和中国等国家出台政策加速电动汽车的大量使用，这有望加速电池技术的发展并进一步降低其成本。

从长远来看，这些部署对技术成本的降低将发挥重要作用，但初期可能会付出高昂的代价。从 2000 年到 2018 年期间[①]，德国平均每年对太阳能支付的补贴金额接近 50 亿欧元；在过去五年中，英国对海上风力发电机支付的补贴平均每年为 15 亿英镑（并将在 2030 年前增加至每年 35 亿英镑）。

低碳技术的成本下降并不是一个普遍的情况。像核电、碳捕集与封存（CCS）和热泵等尚未大规模部署的技术，它们的成本并没有下降。

• 缺乏部署在一定程度上与这些技术的性质有关——诸如电池和太阳能电池板之类的小型模块化技术可更容易进行大规模部署，然而核电或碳捕集与封存技术则需要大量的协同投资，很难复制。如果这些项目可以复制，其相应的成本可能会进一步下降。

• 这还与缺乏对部署的支持有关，减少了创新并缩小了在实践中学习的范围。

到目前为止，未来的技术成本降低将直接影响全球技术部署和采取的行动。但创新的动力是十分复杂的，创新发生的可能性比通常设想的要快得多（见专栏 7.2）。

> **专栏 7.1　气候变化委员会专家咨询小组关于英国净零排放目标的成本和收益的研究**
>
> 咨询小组（AG）被任命独立支持并严格评估 CCC 对净零排放目标的成本和收益的评测。专家给出的传统成本和收益分析边界问题的意见非常宝贵。
>
> 该小组的成员主要来自学术界，还包括工商界的经济学家。该小组的主席、伦敦大学学院的 Paul Ekins 教授提交了一份总结报告，列出了该小组的主要结论，具体如下：
>
> **气候行动的总体成本和收益**
>
> • 气候行动的相关成本和收益包括（避免）气候破坏的成本，（避免）气候适应成本，（避免）其他破坏的成本（例如，所谓的温室气体减排协同效益的空气污染）和减排成本。减排成本是动态的（随时间而变化）和内源性的（其变化

① CCC 根据德国联邦经济和能源部发布的数据估算的这一时期内的平均补偿金。Bundesministerium für Wirtschaft und Energie（2018）EEG in Zahlen：Vergütungen，Differenzkostenund EEG-Umlage 2000 bis 2019.

方式取决于政府、企业、其他社会团体和个人的行为）。

- 在这种情况下，不适合使用静态成本效益分析（CBA）。逐步提高边际减排成本（MAC）曲线无法获得动态响应来减少MAC曲线技术的成本。静态的CBA不能捕集（数据）到气候对温室气体排放的不确定性、不可逆性和潜在的临界点的反馈。

- 深度脱碳的成本和收益是无法精确确定的。它们从根本上取决于不确定的因素，例如长期气候变化造成的损害以及数十年来低碳技术成本的演变。

- 尽管深度脱碳的宏观经济成本可能很小（对于像英国这样的化石燃料进口国来说，这是负面的），但总成本的结构变化将非常巨大。结构性变化的收益不同于损失。如果要在政治上接受这些结构性变化，则需要谨慎对待这个转型期。

净零目标与80%目标的特别之处

- 总体而言，气候行动的争论仍然是支持净零目标的。只要政策设计合理，就没有理由认为它将对经济增长产生重大影响。

- 到2050年实现净零排放目标的减排行动是完全合理的。即使在英国实现净零排放目标的成本相对于80%的目标而言是巨大的，但由于将温度控制在1.5℃（而不是2℃），可以避免的气候损失也可能是巨大的。英国是最有可能从净零排放转型过程中受益的经济体之一。

- 明确净零目标有助于激发创新。在净零排放目标下，所有行业都需要脱碳或抵消其排放。这消除了不确定性，并防止部门尝试对剩余20%排放量中更大份额的争夺。这种清晰的目标既能削减资金成本，又能刺激创新，从而降低总的减排成本。

关于CCC评估净零目标成本和收益方法的反馈

- CCC的方法既稳健又切合实际，但不应将资源成本与GDP的影响相混淆。需要宏观模型来反映GDP影响。领域内的宏观模型表明，净零目标的GDP成本可能很小，甚至可能促进GDP增长。尚不清楚CCC是否可以通过进一步的宏观建模来实质性地改善证据基础。

- 考虑转型期影响以及成本和收益的分配至关重要。转型期不应给弱势家庭带来不利影响。诸如减少空气污染之类的协同效益可能不成比例地偏向低收入和弱势人群，而这些人往往生活在受空气污染影响最严重的地区。重要的是必须对此进行正确的分析和沟通。

- 良好的政策设计对于保持低成本和效益最大化至关重要，其中包括稳定的长期方向和透明的管理，定期审视灵活性，利用市场寻找最佳解决方案，支持大规模部署研发新技术。方法应适应每个部门的需求，同时保持整个系统的一致性。

注：咨询小组由 Paul Ekins 教授（UCL）主持，成员包括 Mallika Ishwaran（Shell），Rain Newton-Smith（CBI），Philip Summerton（Cambridge Econometrics），Karen Turner 教授（University of Strathclyde）和 Dimitri Zenghelis（UCL）。

来源：改编自 CCC 成本和收益咨询小组的报告，该报告可访问 www.theccc.org.uk。

专栏 7.2 创新的动力

成本和收益问题专家咨询小组强调，创新动力的范围比第 2（a）节所述的范围更广泛：

- 新的供应链已经构建起来了，并且行为的变化不仅导致了新的商业模式，而且推动了更多支持新技术的政策。

- 随着技术预期风险的降低，成本的下降以及对市场规模和未来机会预期的不断提高，导致了投资的增加和融资成本的降低。政治和商业的壁垒较少。需要成立新的机构，重新任用旧的机构。

- 这些因素最终将会到达一个临界点，在这个临界点处现有的技术和网络将变得冗余。太晚接受转型，可能会面临资本搁浅或贬值的风险。

这表明在适当的政策环境下，创新发生的速度可能比通常设想快得多：

- 投资于这些技术可以产生多种动力，来推动它们越过临界点，降低成本，其幅度远超预期。

- 为了适应不断变化的环境，还需要在商业部署、金融工具和系统管理工具方面进行创新。

- 由于未来具有不确定性，因此采取灵活的脱碳策略对于降低成本至关重要。如果某些技术比预期更便宜，而另一些技术比预期更昂贵，那么可以灵活地进行调整，将重点放在更便宜的替代技术上（对于经济领域中有多个低碳技术的领域）。

来源：CCC 成本和收益咨询小组报告改写，详情请访问 www.theccc.org.uk。

（b）创新对实现零碳目标成本的影响

总体而言，创新和技术成本下降意味着英国 80% 的排放目标可以比 2008 年的估计以更低的成本来实现——到 2050 年不到 GDP 的 1%，而不是 GDP 的 1%~2%

（请参见7.3节）。

这延续了历史的经验，即排放指标得到了提高，但成本估算并未增加（见表7-1）：

表7-1　　　　　　　　　　　长期排放目标成本估算的变化

温室气体减排目标 （相对于1990年）	年份和报告	2050年的预估成本范围
减少60%的二氧化碳（约减少55%的温室气体）	2003年：《能源白皮书》	GDP的0.5%~2.0%
减少80%的温室气体	2008年：《构建低碳经济——英国应对气候变化的贡献》	GDP的1%~2%
减少100%的温室气体	2019年：本报告	GDP的1%~2%

来源：贸易和工业部（2003）《我们的能源未来——创建低碳经济》；CCC（2008）《构建低碳经济——英国应对气候变化的贡献》。

• 2003年《能源白皮书》提出了英国的减排雄心，即到2050年将其二氧化碳排放量从1990年的水平减少60%（相当于减少约55%的温室气体）。报告估计，实现这一目标的年经济成本将占2050年GDP的0.5%~2.0%。

• 在2008年，委员会建议英国将2050年目标更新为相对于1990年将温室气体排放量减少80%以上，当时估计年成本将占2050年GDP的1%~2%。

• 如本章第3节所述，本报告的最新估算表明，实现更严格的净零温室气体排放目标的年成本将占2050年GDP的1%~2%。

随着时间的推移，不断下降的成本估计突显了对未来30年成本预测的内在不确定性，以及快速的技术创新在降低气候行动成本方面的潜力。

(c) 对未来创新的设想

温室气体净零目标需要什么

第5章和第6章列出了实现温室气体净零排放目标所需的低碳技术和行为。总而言之，它将涉及：

• 资源和能源效率（例如生产过程、家用电器）和一些社会选择，它们减少了对碳密集型活动的需求（例如更积极的出行和公共交通，更健康的饮食，对牲畜的依赖更少）。

• 低碳发电的大规模推广促进了供热和交通的电气化（到2050年，电力需求将增加一倍）。

● 发展氢经济，以满足长距离重型货车、海运和工业等能源密集型应用的能源需求。到2050年，英国的氢气生产能力需要与英国目前的燃气发电厂规模相当。

● 工业、生物能源和潜在的化工制氢和电力生产中应用CCS技术，需要CO_2的运输和存储的基础设施建设（每年捕集75~175Mt CO_2）。

● 耕种和使用土地的方式发生变化，我们要更加重视固碳和多样化农业，而不是畜牧业（英国1/5的农业用地转变成用于植树、能源作物和泥炭地恢复）。

这些措施在没有技术突破的情况下是可行的，但相关支撑技术假设有所革新。

实现净零排放的技术成本

尽管未来的技术创新存在很大的不确定性，但某些低碳技术的创新空间要更大。我们在分析中对未来的技术成本降低作出了相对保守的假设（见表7-2）：

可再生能源发电。我们假定可再生能源的成本会适度降低，通过在实践中学习部署海上和陆上风能以及太阳能光伏等技术的成本仍有下降的空间，这种部署在全球范围内呈持续上升的趋势。

核电。核技术是一项成熟的技术，但是我们认为在欣克利角C核电站之后，通过使用类似的核电站设计和更低的成本融资安排（政府目前正在考虑），未来的核电站成本将会降低。

电池。像可再生能源一样，电池已大规模商业化，并且近年来成本大幅度降低。随着全球范围内预期的电动汽车大量增加，电池成本将继续下降。

热泵。热泵在其他国家很普遍，并且技术已经相当成熟，因此我们不承担降低主要技术成本的责任。但是，随着英国工业规模的扩大，未来热泵技术的成本节约应该来自安装效率的提高。总体而言，这可能是一个保守的假设，因为设备成本也可能会下降，比如开发了不同的热泵技术。

氢能。氢气的成本取决于氢气的生产方式（例如天然气重整、电解、气化）以及氢气是在英国生产还是进口。在我们的净零排放情景中使用的氢气设想是，主要在英国进行采用CCS技术的天然气重整来生产。目前看来这是成本最低的方案，我们预计不会大幅度降低成本。这个领域可能会取得突破，而且其他技术最终也可能会发挥更大的作用。

碳捕集与封存。尽管全球有43个大型项目正在运营或正在开发中，但是CCS仍处于技术开发和示范阶段。[①]随着脱碳工作的增加，全球可能需要CCS技术的商

---

① Global CCS Institute（2018）Global Status Report.

表7-2 关键低碳技术的成本假定和成本降低

技术	2025年成本	2050年成本	成本降低的百分比
发电部门			
海上风电	69（英镑/MWh）	51（英镑/MWh）	26%
光伏发电	47（英镑/MWh）	41（英镑/MWh）	13%
核能	98（英镑/MWh）	71（英镑/MWh）	28%
带CCS的天然气发电	79（英镑/MWh）	79（英镑/MWh）	0
供暖部门			
空气源热泵	6 500（英镑）	5 800（英镑）	11%
混合热泵			
氢能	7 300（英镑）	6 600（英镑）	10%
生物燃料	7 500（英镑）	6 900（英镑）	8%
运输部门			
电动汽车电池	73（英镑/kWh）	50（英镑/kWh）	32%
重型货车用燃料电池	500（英镑/kWh）	300（英镑/kWh）	40%
温室气体去除技术			
采用CCS的生物能源			
来自英国的生物质	125（英镑/t）	125（英镑/t）	0
来自进口的生物质	300（英镑/t）	300（英镑/t）	0
直接空气捕集的CCS技术	450（英镑/t）	300（英镑/t）	33%
氢能生产	44（英镑/MWh）	39（英镑/MWh）	11%

注：热泵成本四舍五入至最接近的100英镑，成本对应资本和安装成本（它不包括安装热水缸或加热电池或升级散热器的成本）。氢气生产成本与天然气重整制氢成本相当，后者可以将其用作低碳燃料（因此氢气成本无法与发电成本相比）。根据BEIS（2017）的化石燃料价格假设，2050年的天然气价格假定为69p/therm（2017年为46p/therm）。

来源：CCC分析。

业化和大规模开发。随着技术的发展，碳捕集工厂的成本下降空间很大，而CCS技术的运输和存储基础设施的成本下降空间将越来越小。我们保守地假定CCS技术的成本不变，尽管这些成本十分不确定，并且取决于燃料（例如天然气）批发价格的变化。[1]

---

[1] CCS costs based on Wood Group（2018）Assessing the Cost Reduction Potential and Competi-tiveness of Novel（Next Generation）UK Carbon Capture Technology.

使用 CCS 技术的生物能源（BECCS）。可持续的低碳作物生物质与 CCS 技术一起使用可减少净排放量。表 7-2 中显示的成本是 BECCS 的发电成本，但还有其他 BECCS 的应用（例如氢气生产、工业燃烧、航空生物燃料生产），这些应用可以提供类似的总体净减排量。对于 CCS 技术，我们预计不会降低成本。

二氧化碳的直接空气捕集与封存（DACCS）。DACCS 技术目前处于试点阶段，全球有少量规模测试设施试点正在运行。由于很难评估试验技术的成本，因此现在和将来的 DACCS 成本都十分不确定。表 7-2 中显示的成本基于英国能源研究中心与本报告一起开展的研究。尽管对能源需求仍然很高，但 DACCS 方法的模块化特性使得大规模部署可以更快地降低成本。

实现净零排放所需的某些减排措施（例如植树）对技术的依赖程度相对较低。这些措施的成本未反映在表 7-2 中，但将在 7.3 节中进行讨论。

我们的技术成本估算本质上是静态的，没有尝试预测全球行动和成本下降之间的动态相互作用。尽管对于净零排放目标而言，其中某些技术（例如海上风电、热泵）的部署要比减排 80% 的目标大得多，但我们并未假定单位成本会因此变得更加便宜。显然，随着"在实践中学习"的增加、政策的完善设计以及前瞻性避免供应链瓶颈，在现实中实现成本下降还是有很大空间的。

在净零排放目标下，低碳创新的步伐和广度可能会更大。这个目标清楚地表明了低碳技术和实践在经济各个部门的价值。

如第 6 章所述，尽管不同国家（例如运输）在一些脱碳方面的挑战十分相似，但其他挑战对英国来说是特别的（例如可能将天然气供应网转换为氢气供应网）。这些挑战将需要英国采取更多行动来开发必要的技术。

7.3　英国追求温室气体净零排放目标的额外成本

根据本报告提供的最新证据，我们预计，将温室气体排放量降至净零目标的年成本与我们 2008 年估算实现减排 80% 目标的成本相当，即占 2050 年 GDP 的 1%~2%。这与 2008 年议会在跨党派的大力支持下通过《气候变化法》时所接受的成本相一致。

我们在下文中进一步分析：

（a）边际减排成本的估算

（b）总资源成本的估算

（c）成本估算的不确定性

（a）边际减排成本的估算

表7-3列出了2050年实现净零排放情景的关键排放源的减排成本（每吨减排量），以及2050年各个部门的加权平均减排成本。它着重指出，许多行动的成本较低，而另外有些行动的成本却较高。

表7-3　　行业平均减排成本和措施（2050年）

部门或措施	减排成本（英镑/tCO₂e）	部门或措施	减排成本（英镑/tCO₂e）
电力部门	20	农业部门	−55
间歇性可再生能源	−5	农用土地	−80
稳定低碳动力	50	土地利用	85
中等指标的CCS	80~120	植树	10
住宅建筑物	155	林业管理	−50
新建房屋	70	泥炭地恢复	见表下注
房屋空间内的供暖	310	废弃物	10
脱离燃气供应网的家庭供暖	−20	交通部门	−35
非住宅建筑物	95	汽车	−40
工业部门	120	公交	200
钢铁	100	重型载货汽车	−35
水泥	95	航空部门	−10
固定燃烧	120	燃油效率	−50
工程温室气体去除	—	生物燃料	125
采用CCS的生物能源	125~300	海运部门	200
二氧化碳的直接空气捕集与封存	300	含氟气体	−10

注：成本与"进一步雄心"方案相对应，并四舍五入至最接近的5英镑/tCO₂e。并非所有部门排放源都包括在内。需求措施（航空需求、饮食转变和运输方式转变）的成本假定为零。CCS成本范围反映了CCS的不同用途（下限是固定发电厂的CCS成本，上限是电力峰值的CCS成本）。

泥炭地的恢复成本相差很大，在75~5 885英镑/tCO₂e之间（取决于恢复的泥炭地类型，进入该地区的便利程度等因素），但这些估计值忽略了恢复带来的重大协同效益。BECCS成本下限对应于使用国内生产的生物能源的成本，而上限对应于进口的生物能源成本。

来源：CCC评估报告。

一些部门的平均减排成本较低或为负：

电力部门。随着电气化水平的提升使得网络进一步强化，到 2050 年电力行业的平均边际减排成本约为 20 英镑/tCO_2e。相比于高碳的替代品，CCS 较高的边际成本（80~120 英镑/tCO_2e）和用电高峰时氢气的边际成本被可再生能源的成本下降（-5 英镑/tCO_2e）所抵消。

交通部门。预计到 2030 年，电动汽车的购买价格将比传统汽车便宜，并且可大大节省其运行成本（不需要现有补贴或税收优惠政策）。尽管部署低碳的重型载货汽车可能会遇到障碍（例如，推出低碳燃料供应基础设施），本报告的最新分析表明，这可能会通过降低燃料成本（-35 英镑 / tCO_2e）来节省总成本，使得交通部门的平均边际成本为负（-35 英镑 / tCO_2e）。

农业和土地利用。尽管某些土地使用措施的减排成本为正，有时甚至更高（例如，泥炭地的恢复），但农业中的许多减排措施都能够提高生产率和降低成本（例如，提高氮的利用效率，其成本为 -80 英镑/tCO_2e）。转向更健康的饮食并减少对牲畜的依赖将不会导致资源成本的增加。

航空部门。在我们的方案中，航空部门的平均减排成本为负，因为提高燃料效率产生的成本下降（-50 英镑 / tCO_2e）更多抵消了生物燃料的高成本（125 英镑/tCO_2e）。尽管公众的飞行时间减少可能会造成个人损失，但航空需求的减少不会导致资源成本的增加。

废弃物。相应的减排措施包括禁止垃圾填埋、提高垃圾回收率（成本为 30~100 英镑/tCO_2e，反映出与垃圾填埋场相比垃圾处理替代方法的成本更高），以及减少家庭食物垃圾（这代表成本的节省）。

建筑部门、工业部门和工程温室气体去除领域的平均减排成本较高：

建筑部门。尽管可以通过一些节能措施来节省成本，但在新建建筑和既有建筑中，采用低碳采暖（例如热泵或氢气）的成本很高（住宅建筑减排的平均成本为 155 英镑/ tCO_2e），非住宅建筑平均减排成本为 95 英镑/tCO_2e。新建建筑的成本将较低（但仍为正），并且可以节省燃气供应网络的费用，但与既有建筑中的天然气供热相比，热泵涉及更高的安装成本和类似的运行成本。

工业部门。低碳工业依赖于转向低碳燃料和在工业排放中采用 CCS 技术等措施，这将导致相对较高的成本，通常约为 100 英镑/tCO_2e。资源和能源效率将通过减少对材料投入和能源投入的需求来降低成本。

工程温室气体去除领域。预计 BECCS 和 DACCS 都很昂贵。BECCS 的成本因生物能源而异，使用国产生物能源的 BECCS 成本（125 英镑/tCO_2e）要比使用进口生物能源的成本低（我们假设价格上涨到 300 英镑/ tCO_2e，以反映其碳含量和提供减排信用的潜力）。根据我们进一步雄心方案中的成本组合，BECCS的加权平均成本约为160英镑/tCO₂e。

因此，我们下面的总成本估算主要由建筑部门和工业部门的脱碳成本以及从大气中大规模去除 CO_2 的成本决定。

（b）总资源成本的估算

脱碳成本是根据第5章中的情景估算的，而低碳方法的估算成本则如表7-3所示。

这些资源成本代表实施减排措施的技术成本。为了便于比较，我们经常将资源成本表示为所占GDP的百分比，但是资源成本没有必要转化为对GDP的影响。专栏7.3说明了我们估算成本的方法以及资源成本和GDP影响之间的区别。

图7-2显示了英国在2050年实现温室气体净零排放目标的年度资源成本，以及实现当前80%减排目标的成本：

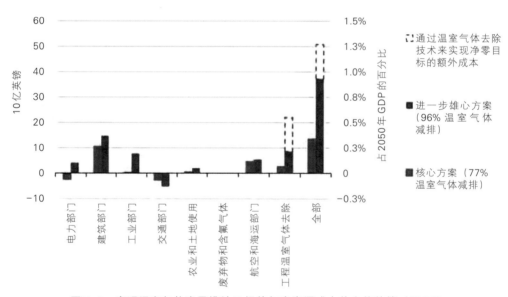

图7-2 实现温室气体净零排放目标的年度资源成本的中值估算（2050）

注：成本取决于发生低碳行动的部门（例如，低碳氢生产的成本包括在使用该碳氢化合物的部门中）；政策将决定费用实际的下降水平（例如，某些费用可能由纳税人提供；一些去除的费用可由航空部门支付）。不包括协同利益（例如，空气质量改善带来的健康收益）。根据预算责任办公室（Office for Budget Responsibility）的GDP增长假设，到2050年GDP估计约为3.9万亿英镑。

来源：CCC评估报告。

80%减排目标的成本。我们核心的估算是，当前80%目标能够以2050年GDP的0.3%的年资源成本来实现。

这是基于低成本、低遗憾的方案达到我们核心方案的成本，这些方案相较于1990年的水平实现了77%的减排。

我们假设可以通过成本中立的方式实现额外3%的减排（例如，通过增加HGV的减排量，我们希望这样可以省成本，但考虑到采用HGV的重大障碍，因此不包括在核心方案中）。

如果采取一系列更昂贵的措施，成本可能会更高（例如，如果采用进口生物质的BECCS而不是解决低碳HGV的壁垒，成本将上升至2050年GDP的0.6%）。

专栏7.3　我们如何计算减排成本

气候变化委员会过去通过研究实施减排措施的技术成本（资源成本）以及使用经济模型评估脱碳的更广泛的经济影响（GDP影响），来评估脱碳的成本。

资源成本

在量化减排目标的影响时，我们倾向于关注"资源成本"：

● 通过将碳减排措施的成本和成本节省相加，并将它们与替代方案（通常是没有气候行动或气候损害的假想世界）中的成本进行比较，来估算资源成本。

● 例如，在家庭中安装能效设施（例如，阁楼隔热、空体墙隔热）具有前期成本，但可以减少需求和排放。安装这些设施会产生投资成本（例如人工成本、建筑材料成本），然后是持续不断的燃料消耗和成本节省。这项工作将适用于经济中的所有减排措施，以估算总的资源成本。

GDP影响

为了提供比较基础，我们经常将资源成本表示为GDP的百分比，但是资源成本不一定等同于GDP的影响：

● 向低碳经济的转型将导致经济活动平衡下（即动态影响）的多次调整，而这些调整并未被资源成本估算所涵盖，并且将取决于为实现碳目标而制定的政策。

● 由于资源成本显示出高碳替代方案和低碳替代方案之间的净成本差异，因此它们可以掩盖所需的结构性变化。例如，风电场在其整个生命周期中可能与燃气发电厂发电的成本相似，因此资源成本为零。但风电场将需要从年度燃料（天然气）支出向建设风电场的前期投资进行结构性转变（没有未来的燃料成本）。尽管我们对脱碳的资源成本估算相对较小，但实现目标所需的结构性变化却很大。

尽管资源成本具有有限性，但它们是评估脱碳影响规模的一种有用方法。为此项目任命的咨询小组对这种方法表示支持，同时指出：

• 要评估脱碳对 GDP 的影响，就需要使用经济模型。不同的模型提供不同的结果——一些模型认为脱碳将对 GDP 产生负面影响，而另一些模型则表明产生正面影响。

• 不同之处在于经济理论所支撑的模型和假设，例如经济是否考虑了闲置产能（例如相对于资金来源或闲置劳动力产能），以及创新动力是否被考虑在内。

本报告随附了咨询小组主席关于这些机制详细描述的报告。我们不考虑不同模式或经济思想流派的优劣。但是，无论是正面的还是负面的，模型都倾向于认为低碳情景的经济影响占 GDP 的几个百分点左右——与我们的资源成本估算值处于同一范围水平。

净零温室气体目标的成本。我们核心的估计是，每年实现温室气体净零排放目标的成本可能达到 2050 年 GDP 的 1.3% 左右（即比已有的 80% 减排目标的成本高出约 1%）：

该估算基于我们的"进一步雄心方案"，与"核心方案"相比，该方案包括更具挑战性或更昂贵的减排措施，与 1990 年相比，温室气体排放量减少了 96%。这些额外措施的成本大约相当于 2050 年 GDP 的 0.6%（相对于核心方案中的措施成本）。

对于我们的总资源成本估算，我们假设其余 4% 的排放被进口生物燃料的 BECCS 以及 DACCS 所抵消，成本为 300 英镑/tCO_2e（总成本约为 2050 年 GDP 的 0.3%）。如果"探索性方案"无法提供有效的减排措施，而是需要采用国际碳信用，那么这也是对反映了海外额外真实行动成本抵消的合理估计（例如，基于 CO_2 去除量）。

这是一种谨慎的方法。相反，如果可以通过成本中立的探索性方案（例如，进一步转向更健康的饮食，减少航空需求和增加绿化）来实现额外的 4% 减排，那么到 2050 年实现温室气体净零目标的年估计成本将减少约 1%。

考虑到更广泛的不确定性（下文将进一步讨论），将温室气体净排放目标定为零的年度成本最好为 GDP 的 1%~2%：

GDP 的长期增长。我们使用预算责任办公室（OBR）的基准 GDP 增长假设来估算 2050 年的 GDP，该假设假定从 2027 年到 2050 年 GDP 年增长率为 2.2%。[1]如果

---

① OBR(2018) Fiscal Sustainability Report.

到 2050 年 GDP 年增长率降低（例如，长期来看 OBR 的中期趋势是每年 1.6%），则实现净零目标的年成本将是 2050 年 GDP 的 1.5%。此估算值没有考虑在 GDP 增长率较低的情况下，能源需求下降而导致绝对减排成本的任何降低。

较低的化石燃料价格。上面的核心成本估算使用 BEIS 的中心值来预测未来的天然气和石油价格。如果化石燃料价格处于 BEIS 估计的较低端，则低碳技术的相对成本将会更高。这将使我们的年成本估算值增加到 2050 年 GDP 的 1.8%（或一个较低的 2050 年 GDP 的 2.1%）。较高的化石燃料价格将使估计成本降至 GDP 的 0.9%。

技术成本。前文我们讨论了创新潜力在降低技术成本方面将快于预期。我们在 2012 年对 2050 年目标进行的分析中，技术成本的敏感度表明，主要成本估算将增加 GDP 的 +/- 0.3 %~ 0.4%。[①]

这 1%~2% 的 GDP 成本反映了 2050 年所有减排措施的年度成本。2050 年的年度成本概况将在各个行业有所不同，但在转型的前几年可能会更低：

● 在第五次碳预算分析中，我们估计 2030 年的年度总成本不到 GDP 的 1%。

● 我们的第五次碳预算方案基于可再生能源和电池成本高于近几年的观测值，因此这些成本可能被高估了。

● 但是，要使 2050 年的温室气体净排放量达到零，在 2030 年可能需要在我们第五次碳预算方案基础上进一步脱碳，这可能就会导致成本增加。

苏格兰、威尔士和北爱尔兰的资源成本平衡大致符合其排放份额（见专栏 7.4）。但是，支付的地点将取决于推行它的政策（例如，目前，在整个英国能源市场中，低碳电力的补贴已在所有能源账单支付者中实现了社会化）。

专栏 7.4　地方政府的资源成本

在评估英国减少排放给社会带来的经济成本时，我们考虑了苏格兰、威尔士和北爱尔兰的减排成本，但没有针对每个区域进行单独的详细成本分析。

重要的是要认识到，在各地方政府中，减排的平均成本会有所不同，因为与英国整体相比，减排措施的模式将有所不同。例如，英国成本中较大的份额在于威尔士的工业脱碳，苏格兰的泥炭地恢复和工程去除技术涉及较高的成本。"探索性方案"实现净零排放目标的总成本中，最多有 11% 可能用于减少苏格兰排放的行动。

[①]　CCC（2012）International Aviation & Shipping Review. 我们估计了实现相对于 1990 年减排 80% 目标的年度成本为 2050 年 GDP 的 0.1%~1.0 % ,而中心案例估计值为 GDP 的 0.5 % 。

这些成本大部分将在整个英国范围内进行社会化，许多减排行动将由英国政府买单，因此苏格兰和威尔士的任何社会成本都不能被认为是地方政府或苏格兰和威尔士企业和消费者的财政成本。

根据我们的"进一步雄心方案"中2016年至2050年部门排放的总体变化，英国总成本的10%~13%将用于减少苏格兰的排放，6%~9%用于减少威尔士的排放，2%~3%用于北爱尔兰（如图B7-4所示）。这与它们目前的排放量占比大致相符。

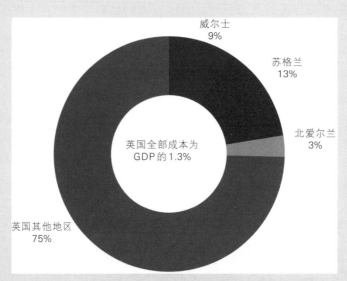

威尔士 9%

苏格兰 13%

北爱尔兰 3%

英国全部成本为 GDP的1.3%

英国其他地区 75%

图B7-4 苏格兰、威尔士和北爱尔兰的脱碳估算费用

注：英国成本指的是实现净零目标的成本估算中值。所示的地方政府相对于英国总费用的比例是该范围的上限。

来源：CCC分析。

（c）成本估算的不确定性

图7-2中列出的成本是我们对一系列未来假设的最佳评估，这些假设包括技术成本和可用性，以及投融资成本和行为改变。这些评估是不确定的，但年度总成本在数量级（2050年GDP的1%~2%）方面相对比较稳定。

不确定性

将这些类型的假设应用到未来的时候，本质上存在很大的不确定性（如过去的成本估算所表明的），如下几个因素可能导致成本的降低或升高：

技术成本。与可再生能源和电池的最新经验相比，我们对未来成本下降的估算相对保守（请参阅7.2节）。上一节中描述的创新动力意味着实现净零排放（包括温室气体去除）所需技术的最终成本将低于我们的预期，进而降低了实现净零排放目标的总成本。

需求减少。我们也对行为改变和数字化/自动化可以在多大程度上降低各个部门的需求持谨慎态度。例如，向共享经济的更大转变将会减少对碳密集型商品的需求，并降低其产品脱碳的成本。

政策无效。我们的成本估算假设政策能够有效实现脱碳。设计不当的政策可能会导致更高的成本。例如，未来对技术支持的政策方向不确定性可能会增加政策风险溢价，从而导致更高的融资成本。

政策延迟。方案的设计和成本的估算是基于所采取的行动没有延迟，以便有时间作出创新、市场渗透以及存货周转等方面的决策。决策延迟可能会导致作出尽早撤资的这类与减排目标不符的决定。

创新和投资风险。相反，现在制定一个修订过的长期目标并确保稳定的政策框架来实现净零排放目标，可有助于刺激创新并降低投资风险，这可促进低碳技术的成本下降。对于许多资本成本在总成本中占很大比重的低碳技术，这样作的好处已经日益显现（例如可再生能源发电）。

这些不确定性意味着在报告成本估算时过于精确是不明智的（例如，我们强调的是我们的估算值是GDP的1%~2%，而不是我们1.3%的中值估算）。然而，如果政策制定得及时有效，那么意味着低成本上行带来的机遇要大于高成本下行带来的风险。

风险与灵活性

实现当前目标与实现温室气体净零排放目标之间的主要区别在于灵活性的损失。在80%的目标下，经济中一些较昂贵或更难减排的元素可能不需要脱碳，但在净零排放目标下，所有部门都需要脱碳（或通过从大气中去除等量的排放量来抵消其排放量）。

尽管我们的成本估算基于合理的假设，并不涉及额外的20%减排成本，但最后几百万吨排放（例如最后5%）的成本可能比我们预期的要高得多。

有多种缓解因素可以控制这一风险：

● 迄今为止的经验表明，随着创新发挥作用，最昂贵的减排措施可能成为早期的减排行动。例如，我们在2008年预计海上风电将是一项昂贵的技术，尽管初期成本很高，但现在认为它的成本未来将会进一步降低。

● 即使最后5%减排的单位成本昂贵，总成本也能够得到控制。根据对温室气体去除技术的成本削减保守假设，我们在成本估算已经假定了较高的单位成本（300英镑/tCO₂e）。即使所有额外的20%减排量（即170Mt）的成本为300英镑/tCO₂e，年度总成本仍不会超过2050年GDP的2%。

● 如果世界其他地区未开展有效的脱碳努力，则最后的一些减排成本可能非常昂贵。而如果世界其他地区正在努力减少碳排放，则全球范围内的部署将有效降低技术的成本。

● 如果世界其他地区未能跟上英国的脱碳努力，并且英国的边际减排技术成本过高，那么其他国家脱碳的边际成本很可能保持较低的水平。在这种情况下，英国可以通过购买国际碳信用来避免过高的成本。《气候变化法》还将允许在这种情况下重新修正减排目标，因为它将涉及当今国际环境的重大变化，而当今国际社会已对《巴黎协定》作出了广泛承诺。

因此，对于我们的成本估算的总体规模应该有合理的信心。如果由于其他地区缺乏行动而使我们的实际成本大大增加，则可以灵活应对。

外部成本估算

实现净零排放目标的外部成本估算支持以下结论：成本在GDP中的比重可能会很小（并且可能会有收益）：

欧盟。欧盟委员会的2050年长期战略估计显示，相比2050年实现80%的减排目标，2050年实现净零排放对欧盟2050年GDP的年影响在降低1%和增长0.6%之间。如以当前政策为基准，其对2050年GDP成本影响范围在降低1.3%和增长2.2%之间，估算的范围是由使用不同的模型给出的（见专栏7.3）。[①]

20国集团。经合组织的模型还表明，减缓气候变化对GDP的影响很小。模型估计，相对于50%概率的情景，在66%概率实现2°C温控情景下，到2050年G20国家的年均成本为GDP的0.3%；相对于基准情景，到2050年将带来2.5%的GDP增长。[②]这些估算设定了一个"决定性转型"假设，包含了碳减排政策以及结构改革、财政举措和绿色创新。

能源转型委员会估计，到21世纪中叶，使"难减排"部门（重工业和重型运输业）实现减碳将花费不到全球GDP的0.5%。[③]

尽管这些分析表明存在一系列不确定性，但它们都表明总体影响较小，并且在

---

① 欧盟委员会（2018）深入分析支持委员会通信COM（2018）773——一个清洁的地球——一个繁荣、现代、竞争和气候中性经济的欧洲长期战略愿景。

② OECD（2017）Investing in Climate, Investing in Growth.

③ 能源转型委员会（2018）的任务可能是：到21世纪中叶实现更难减排行业的净零碳排放。

采取强有力的减排行动情况下，GDP最终可能会增长。

7.4 英国追求温室气体净零排放目标的额外收益

相对于成本而言，温室气体净零排放将会带来显著收益，包括避免成本。这些收益并不容易货币化，但是很重要。我们将在本节中讨论这些内容，其中包括三个部分，涵盖了温室气体净零排放目标所带来的三个主要收益：

（a）避免气候破坏

（b）经济机会

（c）对健康和环境的影响

（a）避免气候破坏

第2章介绍了气候变化的全球影响以及采取全球行动的收益，这些收益包括更快地降低风险以及限制未来气候风险的增加。

达到的最大温升水平将取决于在全球 CO_2 达到净零排放之前的总 CO_2 排放量。这意味着所有国家都将必须迅速减少排放，以避免未来大范围的温升和巨大的气候风险。第3章和第4章建议英国制定一个富有雄心的温室气体净零排放目标，努力帮助全球更快地减少排放，并限制未来气候风险的增加。

与3℃温升排放轨迹相比，任何使未来温升更接近今天水平的努力，都将通过限制全球气候风险的增加而带来好处（第2章）。这也将有助于控制英国未来的气候风险：

● 在英国，直接气候风险包括洪水、极端高温和海岸侵蚀。诸如2018年夏季的热浪造成了火灾并影响了农业产量。由于气候变化，2013—2014年度英国冬季发生了更大的洪水，造成了4.5亿英镑的保险损失。这些风险在将来会增加，但也会受到全球减排进程的控制。例如，如果到2100年全球变暖幅度提高4℃，则将有大约25%的水资源区域出现缺水，但如果将温升控制在2℃，则仅有15%的水资源区域出现缺水。[①]

● 来自国外的间接气候影响也将影响英国，因为气候变化可能会破坏相互关联的全球系统：

极端天气事件带来的风险越来越大，可能导致大量人口受到天气灾害的影响并

---

① CCC(2017)Climate Change Risk Assessment 2017 Evidence Report.

流离失所，这可能会增加世界其他地方的迁徙压力和冲突风险。

气候变化已经对世界各地的农作物产量产生了影响。如果不尽快控制温升，全球粮食系统将面临严重风险，英国作为食品净进口国也将受到这些风险的影响。必须有效管理土地以避免与粮食生产发生冲突，减少排放的行动将有助于限制这些风险的增加（例如，确保对生物能源作物的需求增加不会通过与农业竞争土地来推高粮食价格）。

将气候风险保持在较低水平的收益通过货币来显示是很困难的：

• 模型模拟的成本与许多嵌入式假设和包括气候适应行动范围在内的较大不确定性有关。如何对将来远期的成本和不可逆转且影响深远的风险给予适当的权重，在道德和经济方面也存在判断上的困难。

• 模型模拟的成本由于采用的模型和方法不同而有很大差别，每一个模型都包括不同范围的部门和相互之间的影响。

• 未来气候的突发变化（例如生态系统崩溃）很难预测，其经济后果也很难模拟。

尽管存在这些挑战，相比于更高的温升水平，最近的研究已经开始着眼于将温升控制在《巴黎协定》长期温升目标的下限（1.5℃）所造成的经济影响。一项研究发现，到21世纪中叶，将全球温升幅度控制在1.5℃而不是2℃，每年避免的损失将为全球 GDP 的 1.5%~2.0%。[1]另一项研究强调，将温升控制在1.5℃将对热带地区的贫困国家特别有利，因为热带地区通常受气候变化的影响最大。[2]

(b) 经济机会

到 2050 年，实现温室气体净零排放将涉及英国经济的重大转型，因为这减少了英国对化石燃料进口的支出，并增加了英国对低碳的投资。这些变化是在日益变化的全球经济中发生的，而全球经济中，对低碳商品和服务的需求正在迅速增长，而传统的碳密集型商业模式正在受到威胁。

本节从现有的经验出发，考虑对英国的经济意味着什么机会。本节我们一并考虑了对生产力和财务稳定性的潜在影响。

---

① Burke et al.(2018)Large potential reduction in economic damages under UN mitigation targets. Nature 557,49553.

② Pretis, F.(2018)Uncertain impacts on economic growth when stabilizing global temperatures at 1.5℃ or 2℃ warming. Philosophical Transactions of the Royal Society A：Mathematical，Physical and Engineering Sciences 376(2119)，p.20160460.

迄今为止英国清洁增长的经验

近几十年来，英国在经济增长的同时成功地减少了排放：

• 英国排放量的下降速度远远快于七国集团（G7）的平均水平，而英国经济与这些国家的平均经济增长大致相当（如图7-3所示）。

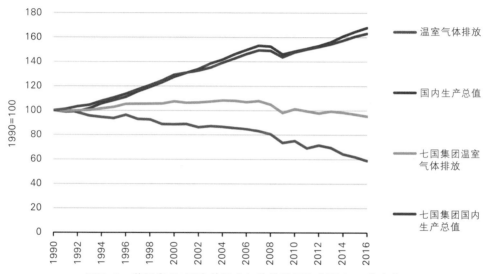

图7-3　英国和G7国家的温室气体排放量和实际GDP的变化

来源：IEA（2018）CO₂ Emissions from Fuel Combustion Statistics：Indicators for CO₂ emissions；IMF DataMapper；BEIS（2018）2017 UK Greenhouse Gas Emissions，Provisional Figures；ONS（2018）Gross Domestic Product：chained volume measures：Seasonally adjusted £m；CCC calculations.

• 经济增长与能源使用脱钩情况的一些进展反映了能源效率的提高。

政府的工业战略已将全球向绿色经济的转型视为主要的工业机会，其清洁增长战略也认识到这一点对经济的积极贡献，而不是一种需要减轻的负担。

近年来，低碳行业的增长已超过英国的整体经济增长。随着全球脱碳工作的进展，低碳行业仍有进一步增长空间：

• 英国的低碳和可再生能源经济在2017年直接创造了445亿英镑的营业额（比英国非金融商业经济低1%），比2016年增长了6.8%。[①]这些估算值仅限于直接活动（即不包括供应链），并使用了对低碳部门的狭义定义（例如不包括金融服务），这

---

① 定义为提供能显著降低温室气体排放的商品和服务的经济活动；主要是二氧化碳。ONS（2019）Low carbon and renewable energy economy，UK：2017.

表明低碳经济实际上远比这些数字所表明的更大。

• 包括间接活动和直接活动在内的数据显示（尽管仍使用相同的狭义定义），2017年低碳经济的营业额达796亿英镑，比上年增长8.2%，[①]而英国整体商业经济在同期增长了5.6%。[②]

• 要实现《巴黎协定》的目标，到2050年全球每年在能源市场上的平均投资将为1.6万亿~3.8万亿美元，其中大部分将转向低碳技术投资（请参阅第3章）。[③]英国处于充分利用这些市场并继续发展其低碳经济的有利位置。

低碳部门的较高增长部分表示，资源已从其他生产用途转移到这些部门，因此这种增长不一定意味着对整体经济增长的促进。更准确地说，这标志着低碳行业对整体经济日益重要。

英国的产业机会

随着国际脱碳努力的加强（请参阅第2章和第3章），低碳产品、服务和相关知识的全球市场将不断增长。英国有机会抓住一些机遇。

2017年，委员会委托里卡多（Ricardo）对全球控制温升不超过2℃下向低碳经济转型的潜在经济机会进行评估。[④]里卡多的评估表明，全球采取行动减少排放，低碳商品和服务的全球市场将扩大若干倍：

• 与低碳电力生产相关的产品和服务的全球市场在2015年至2030年间的年均增长率将达5%~7%，2030年至2050年的年均增长率将为4%~5%。

• 与低排放车辆（包括纯电动汽车、插电式混合动力汽车和燃料电池汽车）相关的产品和服务的全球市场到2030年可能会以年均25%~30%的速度增长。在2030年到2050年，年均增速则为大约7%。

• 到2030年，全球低碳金融服务市场的年平均增长率可能超过10%，然后在2030年至2050年恢复到2%~3%的年增长率。

全球减排雄心的增长表明，全球低碳市场的增长甚至比里卡多所估计的还要快。

如果英国到2050年将温室气体排放量减少到净零，英国将成为部署许多关键

---

① 间接的低碳经济活动统计数据是实验性的。

② 英国商业经济营业额对应于非金融商业经济的临时估计。ONS(2018)Non-financial business economy,UK(Annual Business Survey):2017 provisional results.

③ 对应于供应方能源市场的投资，按2010年价格计算。IPCC(2018)Chapter 2 – Mitigation Pathways Compatible with 1.5℃ in the Context of Sustainable Development.

④ 里卡多(2017)英国向低碳经济转型的商机,请访问www.theccc.org.uk。

低碳技术和服务的早期行动者（请参阅第3章和第4章）。在对低碳商品和服务的需求急剧增加的世界中，越早行动可能意味着将会越早在其中一些领域形成竞争力，并且其他国家需求的不断增长将为英国提供出口机会。

丹麦（风力）和德国（太阳能）的经验表明，可以发展本地产业来满足本地需求。但是，这些不一定会持续下去（例如，丹麦仍然拥有庞大的风能产业，但是许多太阳能生产已从德国转移到了中国）。

产业收益通过发展低碳市场是可能得到的，但并不能保证，通常这取决于是否有有效的产业政策。

脱碳可以在一些领域为英国提供产业机遇，如果英国的目标是实现温室气体净零排放，那么其中许多机遇就更有可能出现（见专栏7.5）：

专栏7.5 英国在全球低碳经济转型中的机遇

基于英国对重点技术部署实现低碳转型的潜在时间表，里卡多（Ricardo）开发了一种方法学来评估脱碳给英国带来商业机会的潜在规模。评估具有不确定性，但它识别出英国许多具有潜在商机的领域（见表B7-5）。

表B7-5　　　　　　　英国抢占市场份额的潜力以及当前优势案例的评估

低碳经济部门	抢占市场份额的潜力	英国当前优势的案例
节能产品	中等	智能电网、先进的建筑设计、材料和制造系统
废弃物和生物质能能源部门	低至中等	生物燃料、废弃物循环技术
低碳电力	中等	海上风能、储能、太阳能光伏发电
低碳服务	高	金融、保险、咨询服务
低排放车辆、基础设施、燃料电池和储能	中等至高	电力系统和传输、电池、物流、远程信息处理
其他产品和服务	中等至高	膜、催化剂、生物加工

来源：Ricardo（2017）UK business opportunities of moving to a low carbon economy, available at www.theccc.org.uk

金融和保险。英国已经是金融和保险领域的世界领先者。向净零排放转型的投资需求在全球范围内都将是巨大的，英国在开发低碳投资产品（例如绿色债券、绿色抵押产品）和排放信用市场方面处于领先地位，而这些低碳投资产品和排放信用市场都是在全球脱碳努力中可能需要的。英国在考虑这些问题方面也已经走在世界的前列——政府已成立绿色金融工作组（Green Finance Taskforce），就提供脱碳所需的投资以及最大限度地扩大英国在全球绿色金融市场中的份额提供建议。

低碳电力和车辆。在富有雄心的脱碳努力下，低碳电力和电动汽车在全球的广泛部署将要求英国拥有具备竞争力的产品和服务，例如低碳金融、保险和咨询、电力系统转型、膜和催化剂等。这并不意味着英国将成为这些产品的主要制造商，而是要在这些供应链的一部分高附加值行业中具有相对的优势。

温室气体的去除和储存。温室气体去除（GGR）技术是大多数满足《巴黎协定》温控目标的全球方案的重要特征，对英国实现净零排放也至关重要。英国现有的供应链、基础设施和地质存储能力在这些领域具有潜在的优势。

低碳生产投入。英国将需要对钢铁和水泥等行业进行更深度的脱碳，以实现净零排放。如果英国能够早日开始降低其制造工艺过程中的碳排放量，那么国际市场对低碳工业产品需求的增长对英国而言可能是一个机遇。

能否获得这些经济利益将取决于是否有良好的实现净零目标的政策。特别是，它需要政策来支持英国供给侧的发展，以获得净零转型所需要的技术。

政府已经将发展早期低碳技术的资金确定为优先事项（例如，成立了产业战略挑战基金（Industrial Strategy Challenge Fund)）。[①]为了将早期资金转化为实际的经济利益，需要制定一致的、可预测的以及稳定的政策体系提供支持。稳定和可靠的资金流也可能撬动私人投资，从而带来额外的经济利益。

创新和生产力的机遇

尽管将投资从缓慢增长的高碳行业转移到新的低碳技术上存在一定的前期成本，但这样作也增加了创新和提高生产力的可能性：

• 许多高碳行业的技术和实践已经比较完善，这限制了进一步的创新和生产力的提高；而诸如可再生能源等较不成熟的技术则有更多的"在实践中学习"和提高生产力的空间。

• 对碳密集型产业的排放目标进行限制会鼓励企业采用更高效的技术和流程，从而提高生产力。例如，制造业中的资源和能源效率提高可导致单位生产成本降低，从而提高生产力。

• 我们在体现清晰目标价值的《证据征集》（Call for Evidence）中得到明确反

---

① 产业战略挑战基金承诺投资英国已经较有优势、全球市场快速增长和可持续发展的领域，并入围了以下领域，例如电力交通（包括未来飞行器）、智能可持续包装和工业脱碳，这些产业可以得到政府和行业的联合资助。

馈。净零目标将使政府的意图和发展方向变得更加明晰，并增加其对低碳产品未来市场的信心。这会进而降低风险预判，并降低为这些产品融资的资本成本。

● 收益可能会超出获得投资的技术或领域。有证据表明，绿色投资和创新的溢出效应远大于高碳支出的溢出效应。[1]

这些收益并不能够得到保证，这还将取决于是否有更好的政策来推动。

金融稳定性

实现温室气体净零排放目标的好处之一是减少了金融部门遭受与气候灾害相关的物理风险。它还可以减少系统性暴露于没有作好资本和投资转型准备的风险。

英格兰银行强调了气候变化给金融体系带来的两个潜在风险：

● 气候变化的物理风险（例如，气候损失导致财务损失或高额保险索赔）。

● 向低碳经济转型给金融体系带来了转型风险，促使人们重新对资产价值进行评估。

英格兰银行已经采取措施，通过加强英国审慎监管局（Prudential Regulation Authority）监督这些风险的方式以及英国金融体系对气候变化的适应力，来管理气候变化的金融风险。[2]英格兰银行将很快阐明它希望银行、保险公司和投资公司如何应对气候变化带来的金融风险。

（c）对健康和环境的影响

减少温室气体排放的许多行动也能够减少与化石燃料燃烧有关的其他污染物排放。这些措施和其他措施将带来协同效益，例如，使房屋更舒适（通过提高能源效率），改善健康状况（通过减少红肉消耗和更积极的出行选择）和提高生态系统收益（如植树造林）。

到 2050 年实现温室气体净零排放的协同效益将是巨大的，并可部分或全部抵消为实现该目标所支付的资源成本。我们首先考虑那些可以货币化的影响，然后再考虑那些难以量化的影响。

货币化影响

2013 年我们委托里卡多（Ricardo）开展一项调查，该项调查是关于在实现当前目标的路径上 2030 年低碳情景对健康和环境的影响：

---

[1]　Dechezlepretre et al.（2017）Knowledge spillovers from clean and dirty technologies. Grantham Research Institute Working Paper series ISSN 2515-5717.

[2]　Batten, Sowerbutts and Tanaka（2016）Let's talk about the weather：the impact of climate change on central banks. Bank of England Staff Working Paper No. 603.

● 低碳措施的最大协同效益是：通过减少汽车使用（以及相应增加步行、骑自行车和公共交通工具的使用），来减少交通拥堵和改善健康状况；转向更少的肉类密集型饮食使健康获益；低碳车辆的推广改善空气质量并减少噪声污染。

● 根据政府的绿皮书指南将这些影响货币化，指出通过部署满足第五次碳预算所需的措施，年净收益将与2030年GDP的0.1%~0.6%相当。[①]

● 这些估计表明，货币化收益最多可以抵消2030年满足第五次碳预算所估计资源成本的一半。

将我们的新净零排放方案与里卡多在2013年考虑的方案进行比较，可以发现一些重要行动将导致可量化的巨大协同效益：

减少汽车出行：

从汽车出行转移到其他交通方式（步行、骑自行车和使用公共交通工具）是减少车辆排放的有效方法，并且这也减少了因拥堵而花费的时间，还能通过更多的体育锻炼获得健康益处。

里卡多2013年的估算发现，有5%的汽车出行方式转变为其他出行方式带来货币化的年收益将为2030年GDP的0.5%。

我们的净零排放方案假设交通方式发生了10%的转变，这表明到2050年的收益将会更大。

更健康的饮食：

转向更健康的饮食，更符合政府的指导，将导致对牲畜的依赖减少，农业排放量减少，并给人类健康带来好处。

里卡多在2013年估计将红肉消费减少50%对健康的影响，并发现其年货币化收益将占2030年GDP的0.5%。

我们的净零方案包括牛肉、羊肉和奶制品消费减少20%（对于"进一步雄心方案"，碳含量较低的肉类（如猪肉和鸡肉）有所增加），这样会导致更低的排放，也带来更重要的健康收益。在"探索性方案"中，我们将减少50%作为其选择之一。

改善空气质量及减少噪声污染：

通过减少或替代化石燃料的低碳措施可改善空气质量。在人口稠密的地区，减少空气污染对健康的好处将更加明显，因此降低交通的碳排放可能会产生重大影响（因为发电厂和重工业往往远离人口稠密的地区）。电动汽车也比内燃机汽车更安静，降低了噪声，从而进一步为健康和环境带来了好处（噪声可能导致心脏问题、

---

① CCC(2013)The Fourth Carbon Budget Review – part 2：the cost effective path to the 2050 target.

睡眠障碍、学习效率降低和烦恼，并可能破坏自然环境）。

其他低碳措施，例如生物能源的使用，可能会对空气质量造成负面影响。这是否是净成本，取决于它所替代的技术以及它所处的地理位置，利用生物质为建筑物供热可能会产生净成本。我们的方案主要是将生物质与CCS一起使用，并通过热泵和氢气进行低碳化供热，因此空气质量成本不会超过收益。

里卡多2013年的估算表明，低碳情景对空气质量和噪声的影响将使得年货币化收益接近2030年GDP的0.1%。世界卫生组织在2016年[1]发布的新证据强调了空气质量差与人类健康负担之间的联系，并表明收益可能超过里卡多的估计。

到2050年，我们的净零情景将进一步提高空气质量和减轻噪声，因为该情景中假设内燃汽车的减少量远大于里卡多在2013年评估的情景（到2050年接近零）。

根据我们的方案中较高的推广比例，对里卡多估算值进行简单的换算，意味着这些协同效益的最大值约为GDP的1.3%。但鉴于里卡多分析涉及的复杂性且年代较为久远，该估值应谨慎对待。此外，估计的效益主要取决于假定的交通方式转变，在我们的方案中，这对2050年的排放影响很小。在这一领域需要进一步的研究。

非货币化影响

将温室气体排放量减少到净零还有许多其他方面的积极影响，但很难采用上述类似的方式进行货币化：

舒适的房屋。我们的净零情景意味着在新建建筑和既有建筑中将大量采用节能措施（约600万个空心墙、600万个实心墙和21 000个阁楼隔热措施）。正如我们在最近的报告《英国住房：适应未来？》[2]中所阐明的那样，新建建筑的高效率和既有建筑的改建可全面解决热效率差、过热、室内空气质量差和湿度大等问题。这将使房屋变得温度舒适，减少与热和冷相关死亡的风险。目前，因住房状况恶化而使NHS（英国国家医疗服务体系 National Health Service）承担的医疗费用仅在英格兰每年就有14亿~20亿英镑。

土地利用和农业。实现温室气体净零排放所需的农业和土地利用措施在适应气候变化、健康和更广泛的环境目标方面具有多重效益：[3]

恢复泥炭地。净零情景下，到2050年每年约20 000公顷的泥炭地恢复（相比

---

[1]　World Health Organisation（2016）Ambient air pollution：A global assessment of exposure and burden of disease.

[2]　CCC（2019）UK Housing：Fit for the future?

[3]　CCC（2018）Land use：Reducing emissions and preparing for climate change.

之下，在减排80%的情况下未进行泥炭地恢复）将增加陆地泥炭地生物多样性，这使得在21世纪余卜时间里能够不同更热、更干燥坏境转变。泥炭地恢复还将为空气质量、水的质量、生物多样性、生物栖息地以及为进一步适应气候变化带来好处（减轻洪灾和提高水质）。

增加林地和灌木丛种植。与80%减排目标的情景相比，净零排放目标有关的植树量（包括农场）几乎是其2倍。我们的净零情景还涉及将灌木丛面积扩大40%，但在实现当前情景中没有考虑这方面内容。这两种措施都通过创造栖息地为生物多样性带来收益（因为我们假设混合种植而不是单一种植，而单一种植可能会对生物多样性产生不利影响），并且可以帮助减轻洪灾。根据种植的树木和种植地点，可能还会带来空气质量的改善。靠近人口稠密地区的更多林地也将带来娱乐性，而增加农业用地的树木覆盖率则可以改善动物福利（在炎热的日子为牲畜提供遮荫）。至关重要的是，选择种植的物种时要考虑到气候变化带来的未来气候适应性问题。

改变耕作方式。在我们的净零情景中，假设可以优化农田和草地上氮肥的有效利用，这些作法可以减少农业土壤上的N_2O排放。减少氨气还可以改善空气质量。如果农场位于水道附近，这些措施将有助于减少水污染，对水质、生物多样性、栖息地条件和抵御气候变化都有好处。

因此，净零排放目标下可观的协同效益超出了可以货币化的效益。

威尔士政府已采取措施，确保长期脱碳所带来的广泛效益能够得到认可。威尔士通过2015年《后代福祉法》（威尔士）（Well-being of Future Generations（Wales）Act 2015）制定了全面的可持续发展方法，其中制定了七个目标，以改善威尔士的社会、经济、环境和文化福祉。该法案还设立了威尔士未来世代委员（Future Generations Commissioner for Wales），它将气候变化确定为四个新出现的优先事项之一（见专栏7.6）。

专栏7.6　《后代福祉法》（威尔士）

我们在2017年提出了关于威尔士低碳目标的建议，在其中广泛开展了气候政策对《后代福祉法》福祉目标的影响评估。特别是，该评估集中在威尔士脱碳更广泛的福利方面：

- 低能源消耗和舒适度改善有利于缓解燃料缺乏。
- 消除煤炭燃烧、改用超低排放车辆（ULEV）、在取暖和造林中不再使用有污染的能源，都可以改善空气质量。

- 积极的出行措施带来多种健康和其他福祉。
- 来自可再生能源和低碳制造业的更广泛的经济利益，包括创造就业机会、供应链和社会利益。
- 根据 2016 年自然资源状况报告（SoNaRR）定义的自然资本收益：

提供服务（从生态系统获得的产品），包括可再生能源的生产以及粮食和木材的有效利用。

调节服务（从调节生态系统过程中获得的收益），包括空气质量和造林带来的防洪效益。

文化服务（公众从生态系统中获得的非物质利益），包括造林的娱乐和舒适福利。

生产所有其他生态系统服务所需的辅助服务，例如栖息地创造以及水和土壤质量改善。

该建议是基于威尔士实现现有的长期目标情景（2050 年温室气体在 1990 年基础上减少 80%）得到的。在我们的进一步雄心方案中，威尔士在 2050 年可以实现相对于 1990 年减排 95% 温室气体排放的目标。

要实现减少 95% 的目标，威尔士就必须执行与减排 80% 有关的所有核心措施并取得预期的收益。此外，在已确定的威尔士减排潜力最大的领域，还可以为威尔士带来进一步的收益：

工业部门。 工业进一步减排可以来自资源和能源效率的提高以及政策措施的支撑。这些可以使威尔士的低碳制造业在国际竞争中具有优势。

造林和灌木丛种植。 威尔士较高的播种率可以提供更优质的空气质量、生物多样性、防洪和娱乐/文化等方面的协同效益。

农业部门。 在农田和草地上更有效地使用氮肥，通过减少氨气排放获得空气质量改善的收益，通过减少水污染来改善水质、增加生物多样性、改善栖息地条件和提高抵御气候变化的能力。在我们的进一步雄心方案中，向更健康的饮食转变会带来更多的健康和福祉收益。

工程温室气体去除领域。 在威尔士种植生物质和木材，可用于温室气体去除，并将提供自然资源状况报告所定义的额外"供应服务"。

7.5 《气候变化法》中的成本分配及其对其他因素的影响

达到净零排放目标的总成本和收益是本章前四节的重点。我们强调指出，预计的年度成本不会很高，尤其是在经济增长的情况下还会带来很多大于成本的收益（量化的或以其他方式）。

但是，总体影响只是需要考虑问题的一部分。实现净零排放目标所需的结构性变化很大，并将对不同经济部门和社会群体产生不同的影响。因此，考虑净零排放目标的成本（和收益）分配至关重要。

脱碳的一些成本将来自财政部支付（财政影响），一些将来自家庭支付（例如通过能源账单，这可能会产生负面影响），而一些则来自企业支付（这些在出口贸易中可能会导致竞争风险）。

《气候变化法》强调了在评估排放目标的影响时适当考虑这些问题的需要，我们将在本节中对此进行探讨。《气候变化法》也考虑了提高减排目标对能源供应的重要影响。因此，我们在本节中还评估了净零排放目标对能源安全的影响。

在家庭、企业和财政部之间进行脱碳成本和收益的精确分配将取决于政府如何选择和设计相关政策来实现净零排放目标。我们没有尝试对这种分配进行估算，而是建议英国财政部对实现净零排放目标的成本和收益分配开展全面研究，并采用适当的政策措施来实现公平有效的转型。

第6节将进一步探讨分配的影响，研究净零排放转型对就业的潜在影响。

本节涵盖的研究内容包括：

（a）财政收支平衡

（b）能源账单

（c）竞争力风险

（d）能源安全

(a) 财政收支平衡

我们的分析表明，实现净零排放目标的成本不高于2008年时设定目标的预期成本。净零排放目标的净财政影响不应显著超过英国同意设定80%减排目标时已经签署的数额。

这并不意味着不会发生公共支出和收入的改变。我们的估算表明，某些行业（例如建筑部门、工业部门和温室气体去除领域）的脱碳成本很高，因此需要仔细考虑资金来源：

• 在建筑领域采用低碳供暖仍然是一个重大挑战。该项目目前由财政部资助，但部署规模有限，2018年的支出不到1亿英镑。我们预计，采用低碳供暖的年成本约为150亿英镑，这反映了较高的前期成本。大规模部署必须在2030年之前开始。将成本完全转嫁给家庭支付将是一种倒退，并且有可能会限制进步。因此，纳税人的资金在低碳供暖中可能会继续发挥作用（有关净零排放目标对能源费用和燃料贫困的影响，请参见第5（b）节）。

- 在我们的方案中，工业部门脱碳每年的成本为50亿~100亿英镑。其中一些成本可能会传递到工业中去，但这一部分增量成本很小，不会影响国际竞争。但是，贸易出口的工业将需要一个公平的竞争环境，以确保减少排放，而不是向海外排放。这可能需要在一个与当前类似的机制——欧盟排放交易系统中免费分配配额，并补偿英国气候政策导致的成本。它还可能涉及诸如边境调节税或产品和建筑标准之类的新机制，这些机制将推动对低碳商品的需求（有关减轻对行业竞争风险的更多信息，请参见第5（c）节）。

- 电动汽车目前受益于资本补贴以及较低的燃料和车辆税收。从长远来看，随着电动汽车达到成本平价，这些政策都可以逐步淘汰。我们预计，到2050年，向电气化等低碳选项转型将使英国交通部门的年成本减少约50亿英镑。这可以在保持交通部门税收贡献的同时实现，并可以支付充电桩和其他基础设施的成本。

- 农民和土地管理者目前获得欧盟共同农业政策（CAP）的大量补贴，但补贴并不是为了减少温室气体排放。《英国农业法案》打算将补贴转向公共产品，并可能支持实现温室气体净零排放目标所要求的土地使用和农业实践的重大转变。在我们的方案中，我们对土地和农业的成本估算（每年低于20亿英镑）低于英国在CAP下的支出（超过30亿英镑）。

- 在我们的方案中，每年从大气中去除温室气体排放的成本可能很高（例如，大约100亿英镑，也可能高达200亿英镑）。我们假设这些费用将主要由航空业等尚未将其自身排放量减少到零的行业支付。这不会对财政部造成影响，意味着从2035年起航空业的成本将会增加，这是由于在我们的情景中去除的排放量会有所增加。

- 低碳电力目前由账单支付者（家庭和企业）提供资金，它们目前每年为低碳电力发展支付约70亿英镑。预计到2030年，这将增加到120亿英镑左右，然后到2050年前持续下降。这主要是因为现有可再生能源发电机组的合同将终止，并由更新更廉价的发电机所取代（例如，我们的方案中2050年的年度资源成本约为40亿英镑）。其对支付者的影响详见下节内容。

政府资产负债表的大部分变更将是渐进的。年度预算中的时间和范围可用来调整财政框架，并制定适当的政策和筹资手段，以避免从根本上改变税收负担。

（b）能源账单

考虑碳政策对能源账单的影响很重要，因为它们在低收入家庭的支出中所占的比例更大。我们首先列出历史上发生的事情，然后考虑将来的账单水平以及所需的政策回应。

过去和当前的气候政策对家庭能源账单的影响

我们在 2017 年《能源价格和账单——满足碳预算下的影响》（Energy Prices and Bills – impacts of meeting carbon budgets）报告中评估了气候政策对家庭能源账单的影响：[1]

当前账单。2016 年，典型的双燃料家庭（供暖使用天然气，照明和家用电器使用电）的年度账单约为 1 160 英镑，其中约 105 英镑（9%）是低碳政策的结果。[2]

迄今为止的账单变化。与通过《气候变化法》的 2008 年相比，2016 年的总账单实际（即扣除一般性通货膨胀）降低了 115 英镑。低碳政策和网络设施的成本导致家庭能源价格的上涨被这一时期能源使用量的减少所抵消。

到 2030 年的账单变化：

我们的分析表明，达到第五次碳预算标准将使 2016 年至 2030 年的年度双燃料费用增加 85~120 英镑。

家庭可以通过提高能效来抵消这一增长，这可以每年平均节省约 150 英镑（如果价格保持在当前水平）。通过在家用电器、照明设施和锅炉等设备使用寿命结束时更换为最新的同等型号的设备，可以实现大部分费用的节省（85%）。

与气候政策无关的因素，尤其是天然气批发价格的上涨，预计将使账单增加 200 英镑以上，到 2030 年，典型的账单实际值将增加至 1 220~1 410 英镑区间。如果批发价格确实上涨了，那么提高能源效率所节省的资金将更多。

净零排放情景对家庭能源账单的影响

在整个经济实现净零排放目标中，住宅建筑的低碳供暖改造是成本更高的挑战之一。但是，预计其他经济领域的成本下降将抵消这一影响：向电动汽车的转变将降低汽车成本，而在 2030 年至 2050 年之间，低碳电力的成本预计也将下降。

我们的成本估算表明，电力成本下降和交通部门成本的节约，其范围完全可以抵消供暖部门脱碳带来的额外成本（如图 7-4 所示）：

交通部门。到 2025 年左右，由于电池成本的持续降低，驾驶电动汽车比驾驶汽油或柴油汽车出行成本更低。我们的分析表明，在 2030 年至 2050 年之间，从柴油和汽油车转向低碳交通每年可节省多达 60 亿英镑。即使取消现有对购买电动汽车的补贴，或对汽油和柴油销售征收更高的税率，这一结论仍然成立。

---

① CCC(2017)Energy Prices and Bills – impacts of meeting carbon budgets.
② 低碳政策成本包括：碳价，对可再生能源发电的支持以及与提高能源效率以减少碳排放相关的成本；大部分是对用电征收的。

　　电力部门。到2030年以后，随着可再生能源的价格变得更低廉，电力成本将下降。随着已有合同的终止，对以往发电项目的高额支付也将停止（征税控制框架（Levy Control Framework）下的支付额，涵盖了向低碳发电者支付的总金额，将在2025年左右达到峰值），并且成本可从能源效率进步中进一步下降。总体而言，我们预计在2030年至2050年之间，在净零排放情景下，电力部门年成本将减少70亿英镑。我们注意到，这些费用目前是由所有消费者支付的，包括企业、工业以及家庭。

　　供暖部门。与采用天然气相比，将供暖部门的排放量减少到接近零的水平将十分昂贵。在我们的净零排放情景下，低碳供暖系统（包括家庭改建）年供暖成本总计增加100亿英镑。安装节能设施每年的成本高达70亿英镑，但每年可节省燃料成本达50亿英镑。

　　如图7-4所示，到2050年，这些变化的总体影响将基本上是中性的。这表明，完全有可能在不增加消费者成本的前提下，实现更严格的碳减排目标。能否实现这一目标将取决于如何设计更合适的政策，因为成本增加和节约的支出并不会自动落到同一消费者身上。

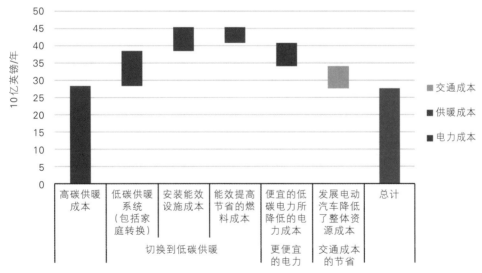

图7-4　零碳电力和交通成本的下降可以抵消供暖成本的增加

　　注：数字代表2030年至2050年之间的成本。交通部门节省的费用是税前费用，与英国目前不征收燃油税的事实无关。它们仅代表乘用车节省的费用，如果包括货车，则节省的费用会更高。

　　来源：CCC分析。

政策影响

政府面临的挑战是制定能够推动必要变化的政策，而又不会制造太多的受益者和受损者。

将全部供暖部门脱碳化的成本都转嫁给家庭是一种退步。一种选择是，从目前为可再生能源提供补贴的消费者账单中支付一大部分费用，随着可再生能源成本的下降，到2050年将不再需要对可再生能源进行补贴。

解决燃料贫困问题（见专栏7.7）应继续作为优先事项。成功确定措施目标并非易事（例如，由于数据可用性以及人们陷入和摆脱燃料贫困之类的问题），但可能有助于以更低的成本实现碳减排和解决燃料贫困的目标。还应考虑影响的区域分布。

专栏7.7　脱碳与燃料贫困

考虑到家庭收入，如果家庭成员负担不起合理的费用以确保家庭拥有足够的温度，则认为该家庭燃料贫困。燃料贫困是由家庭收入低、能源需求高和能源成本高综合引起的，低能效住房是其中的主要诱因。

尽管在2008年至2016年期间总能源账单没有增加，除了征收低碳税之外，更重要的是要清楚低碳政策成本将如何影响未来的燃料贫困。2014年可持续能源中心为气候变化委员会作了一项评估，具体评估了低碳政策对英国至2030年燃料贫困的影响：

● 在未来能源效率没有进步的情景下（成本已传递到能源账单），将导致燃料贫困家庭数从2013年的290万增加到2030年的310万，或从2013年的560万增加到2030年的800万（取决于使用的燃料贫困的具体定义）。

● 在支持家庭隔热改造和支持贫困家庭低碳供暖的情景中，燃料贫困水平大大降低。

这表明，针对燃料贫困的家庭采取节能措施是十分重要的。

我们的净零情景假设了有330万实心墙绝热措施为燃料贫困家庭带来更广泛的利益。当然，这可能需要采取进一步针对性的措施，以确保脱碳不会对燃料贫困家庭造成严重影响。

来源：CCC analysis；CSE（2014）Research on fuel poverty：The implications of meeting the fourth carbon budget，available at www.theccc.org.uk.

（c） 竞争力风险

如第 4（b）节所述，脱碳可能为英国企业带来许多机遇。但是，英国企业的竞争力也存在风险，需要加以考虑。

依赖能源密集型或碳密集型业务并在国际市场上参与竞争的企业，如果面临脱碳带来的重大成本变化（国际竞争对手未面临的挑战），则可能面临竞争力挑战：

- 如果这导致生产地点改变到其他国家（"离岸"或"碳泄漏"），那将对经济不利，可能会增加英国的消费排放量，并可能增加全球排放量。

- 尽管英国主要减排目标是减少领土排放，但考虑到国家的减排目标，消费排放不应增加（如第 5 章所述）。

我们首先考虑当前减排 80% 目标的影响，然后拓展到实现净零目标意味着什么。

当前目标的影响

我们在 2013 年《管理低碳政策的竞争力风险》（Managing competitiveness risks of low-carbon policies）[1]的报告以及 2017 年《能源价格和法案》（Energy Prices and Bills）[2]的报告中对这个问题进行了深入研究，并得出以下结论：

- 迄今为止，低碳政策尚未对英国制造业的竞争力产生重大影响。受碳成本上涨的影响，处于风险中的行业已在很大程度上受到保护。

- 碳预算造成的竞争力风险仅限于经济的一小部分（能源密集型且依赖国际贸易的部门）且可控。为了保持现有的情况，政府应确保对存在碳泄漏风险的公司进行的补偿和免税是可预测的、可靠的和及时的。

净零排放目标的影响

本报告的最新证据强调了工业脱碳的重大机遇，这比我们之前的脱碳情景要深远得多。我们的分析表明，到 2050 年，有可能将工业排放量减少到 $10MtCO_2e$，而实现当前 80% 减排目标的情景，工业排放可能还剩下 $56MtCO_2e$。

在所有经济领域中，实现这一减排水平的成本都是最高的（年度成本为 80 亿英镑，相当于 2050 年 GDP 的 0.2%）。如果工业要承担全部成本，这可能是一个真正的挑战。但是，有一些因素可以缓解此风险：

- 正如我们之前的分析所强调的那样，这对于英国的一小部分行业来说应该是

---

① CCC（2013）Managing competitiveness risks of low-carbon policies.
② CCC（2017）Energy Prices and Bills - impacts of meeting carbon budgets.

真正的风险：这些行业既是贸易领域的行业，又是碳密集型行业。

• 向低碳经济转型带来的竞争力风险部分取决于英国相对于其他国家的发展速度。正如第2章所强调的那样，全球对气候变化的雄心正在增加——世界各地的减排雄心意味着更少的碳泄漏和更大的低碳工业产品全球市场。

工业要实现净零排放目标所面临的更高成本意味着，无论是工业界还是政府主导，都需要新的解决方案来保护英国工业的竞争力。

依照可比的现有政策，BEIS关于支持工业CCS商业模型的最新研究已经提供了一些选项，其中包括二氧化碳差价合同、受监管的资产基础和可交易的CCS证书。[1]

还有其他已知的技术可以总体上支持工业脱碳（即CCS技术之外）：

英国的补贴和免税。目前，英国政府向工业提供补偿和免税，以抵消碳定价和可再生能源发电支持政策所导致的电力成本增加。如果竞争对手继续降低成本，这些政策可以在向净零目标的转型中更广泛地应用（例如，用以支付CCS的成本）。政府应表明这一意图，并继续研究有哪些行业需要免税/补偿。

排放交易机制。如果英国退出欧盟排放交易体系（EU ETS），则将需要制定自己的政策以在不产生竞争力风险的情况下推动行业的减排（例如，区域排放交易机制或与EU ETS相关的英国机制）。区域排放交易机制通过在各个辖区采用相似的碳价来帮助解决竞争力问题，并将排放配额免费分配给更多贸易出口的工业部门。

建立低碳产品市场的标准。可以通过公共采购或产品材料法规等政策来帮助激励/创造低碳产品市场（例如，要求英国的建筑在建造过程中使用低碳材料）。这些将推动最终用户对低碳产品的需求，为英国和海外公司创造一个公平的竞争环境，但前提是它们已经充分脱碳并满足标准要求。

国际部门协议。在各国缺乏统一的气候政策的情况下，在存在碳泄漏风险的行业和企业之间形成国际协议，将可能降低竞争风险。这包括以降低生产实践排放强度为目标的集体行业协议（通常设定截止日期），还包括以实现减排为目标的知识共享。一些行业，例如水泥、化工和纺织（以及航海和航空）已经开始建立这类协议（见专栏7.8）；实现净零目标需要采取更多行动。

---

[1]　Element Energy（2018）Industrial carbon capture business models. Report for BEIS.

> ### 专栏7.8 国际部门减排协定
>
> **全球水泥和混凝土协会（GCCA）**
>
> GCCA于2018年启动，其目标是在水泥和混凝土的生产和使用中推动负责任的行业领导力，并改善该行业活动对社会和环境的影响。
>
> 它的成员约占世界水泥生产能力的30%，并且还在不断扩大。
>
> GCCA的《可持续发展宪章》（Sustainability Charter）规定了可持续性的五个方面，所有正式成员均应针对这些方面制定行为准则。《可持续发展宪章》还包括可持续性指南，其中规定了成员必须对其行为进行监测和报告，以符合该组织的可持续性合规。例如，水泥生产排放的监测和报告准则。
>
> 除了发布措施和监测进展外，GCCA还希望全体成员制定减缓气候变化的战略。
>
> **国际化学协会理事会（ICCA）**
>
> ICCA在《巴黎协定》之后发布了一份关于气候政策的声明。该声明明确指出了ICCA的目标，即"实现全球温室气体净减少，避免排放在地区或国家之间转移"。
>
> ICCA成员占全球化学品销售的90%以上。
>
> 作为其可持续发展驱动力的一部分，ICCA发布了针对行业的生命周期排放评估指南和技术路线图。这份技术路线图概述了政府和行业如何加快化学品创新以提高可持续性。
>
> **时装业气候行动宪章**
>
> 在2018年COP24气候大会上发布的《时装业气候行动宪章》提出了到2050年实现该行业净零排放的愿景。
>
> 《可持续发展宪章》的中期目标是到2030年减少30%的温室气体排放，并承诺为时装业设立脱碳路径。《可持续发展宪章》的签署国将致力于加强合作并分享最佳实践。
>
> 签署方包括43家全球领先的时装公司以及支持组织（例如国际商会、世界野生动物基金会、可持续服装联盟）。

边境关税调整

当英国在欧盟以外谈判新的贸易协议时，应考虑使用边境调节税的可能性（根据国内消费产品的足迹对进口产品征收边境碳税）。

尽管实施这种关税既有政治上的挑战，也有实践上的挑战（例如，要求对所有进口产品的碳含量进行认证，目前尚未开展这方面的工作），但这最近在国际上（包括发达国家和发展中国家）受到了一定的关注。例如，欧盟委员会的2050年长期战略和墨西哥的国家自主贡献都提到，边境调节税作为一种可能机制，可为脱碳作出贡献。

只有工业排放大幅减少，才能实现温室气体净零排放的目标。为了英国经济和气候的利益，需要在英国采用低碳措施，而不是将高碳业务推向海外。制定有效的政策以确保实现这一目标，并在企业计划和响应之前采取足够的行动，必须作为政府采用净零温室气体目标的关键优先事项。

(d) 能源安全

向低碳经济的转型将减少英国对化石燃料进口的依赖，但也将对加强能源安全管理提出新的挑战。

英国能源供应的进口依赖

多样性的能源结构有助于保障能源供应安全。英国对进口燃料越依赖，经济越容易受到燃料价格波动的影响。

实现温室气体净零排放目标，可通过减少对进口化石燃料的需求来增强英国的能源主权，并避免价格波动的损失和对经济造成破坏的相关风险：

天然气：

英国2017年的天然气消费量为875TWh，净天然气进口量接近400TWh。[1]英国的天然气产量预计将从2017年的416TWh逐渐下降到2050年不足85TWh（减少80%）的水平。[2]

我们实现净零排放目标的方案表明，到2050年，天然气消耗量将下降32%（达到600TWh），建筑、工业和电力部门中天然气消耗的显著减少在一定程度上被天然气制氢的新需求所抵消。

鉴于天然气消耗量的减少，实现净零排放目标可使英国的天然气进口依赖性低于世界水平。

石油：

2017年英国的石油产品消费量为752 TWh，净进口量为121 TWh。与天然气一样，英国的石油产量预计将从2017年的592 TWh逐步下降到2050年的130 TWh左

---

① BEIS(2018)Digest of UK Energy Statistics.
② 根据美国石油和天然气管理局(OGA)2035年的预测和长期预测,天然气净产量到2050年将下降。

右（减少78%）。

我们的净零情景显示，到2050年石油消耗减少82%（约为140TWh）。这表明净零目标将要求英国进一步减少对石油进口的依赖，使其低于世界水平。

保障可靠的电力供应

电力系统需要保障电力供应与需求间的实时匹配。随着更多与天气相关的电力供应上网，电力供需间的匹配变得更具挑战性。

我们构建的所有方案都要求供电始终满足需求，而我们的电力成本包括保障供电安全所需的备用成本。

经验和证据越来越清楚地表明，可实现对高比例间歇性可再生能源系统进行管理（例如，英国的电力系统运营商已经计划改进对电网的管理，使其最快可从2025年开始在必要时段"零碳、安全、可靠"地运行）。[1]

尽管如此，我们还是采取谨慎的方法，将情景中的间歇性可再生能源份额限制在60%以下，即使它们是最便宜的发电技术。如果实现更高的可再生能源份额，这将有可能进一步降低系统成本，因为与核能和CCS技术相比，预计可再生能源成本将更低。

有关电力系统间歇性的更多详细信息，请参见"净零"技术报告的第2章和随附的技术附录。

7.6 确保向零碳经济的公平转型

经济总是处在转型当中。由于工业革命、英国煤炭开采的减少、北海天然气和石油开采量的增加、私有化以及最近的脱碳需求的影响，英国的能源部门已经发生了转型。

当前正在进行的、更广泛的转型，包括持续的数字革命和随之而来的新的颠覆性技术浪潮（通常被称为"第四次工业革命"），以及人工智能、自动化和机器人技术。全球化不仅塑造了全球经济与英国经济，也形成了英国未来的贸易关系。

向零碳经济的转型与其他转型不同，因为这个转型需要以政策为主导，而不是对不断变化的技术和环境作出反应。转型所需的速度要快，而且规模要大，要涉及经济的大多数方面。

像过去的转型一样，向净零温室气体排放的转型将导致新市场和新产业的建

---

[1] National Grid(2019)Zero Carbon Operation 2025.

立、旧产业的转型，进而影响就业。转型还将降低某些商品和服务的成本，也会增加某些商品和服务的成本。

对这一转型进行管理，以使负担和利益在社会中公平分配，以确保公平转型。

(a) 公平转型

国际劳工组织（ILO）引入了"公平转型"的概念，以期认识到向脱碳世界转型对当代人的影响，并提出人人享有体面工作应成为可持续发展基石的想法。[①]

该概念现已被广泛认为是低碳转型的关键要素——由53个政府（包括英国）在2018年COP24气候大会上签署了一项公平转型宣言，随后是一份由全球100多家机构支持、资产总额超过6万亿美元的投资者声明。

苏格兰已经取得了进展。苏格兰政府最近成立了公平转型委员会，专门就对所有人都公平的低碳经济提供建议（见专栏7.9）。

尽管公平转型概念的重点主要在于其对工作和工作质量的影响，但该术语通常还包含对生活成本方面的考虑（比如，转型对燃料成本和燃料贫困的影响）。由于这些问题已在第5节中讨论，因此本节重点介绍转型对就业方面的影响。

专栏7.9　苏格兰公平转型委员会

除了苏格兰的《气候变化法》（目前正在由苏格兰议会审议）之外，苏格兰政府还成立了公平转型委员会，以就对所有人都公平的低碳经济提供建议。该委员会旨在向苏格兰部长们就如何将国际劳工组织的"公平转型"原则应用于苏格兰提供建议。

该委员会将向苏格兰部长们提交一份书面报告，其中提出了以下行动建议：

- 最大化地实现2050年前向碳中和的经济转型所带来的经济和社会机遇。
- 以苏格兰的现有优势和资产为基础。
- 识别并减轻与地区凝聚力、平等、贫困（包括燃料贫困）以及可持续的、包容的劳动力市场有关的风险。

---

① International Labour Organisation (2015) Guidelines for a just transition towards environmentally sustainable economies and societies for all.

(b) 受转型影响的就业

在某些领域可能会有更多的工作机会，而在另一些领域则可能会减少。就业需求可能会因地理位置和技能水平而不同。尽管委员会尚未对可能的变化进行全面研究，但本报告中的情景分析得出了一些可能的影响结论：

● 我们的情景方案包括去化石能源的重大转变，这将导致未来石油和天然气的就业机会减少（开采、发电和供热），从而影响这些部门相关的供应链。

● 尽管我们的情景方案仍然涉及大量的燃气发电厂，但这些电厂位于不同的地理位置，并且需要不同的技能——这些电厂将用来生产氢气或采用二氧化碳捕集与封存技术，且通常在较低的负荷系数下运行。燃煤电站已经将要被关闭或转换为（使用）替代燃料。

● 可再生能源发电，特别是在其开发和建设中将有更多就业机会（可再生能源的运营不耗费人力），其供应链中也将有就业机会。尽管英国目前是可再生能源技术的进口国，[①] 但政府最近发布的《海上风电领域协议》（Offshore Wind Sector Deal）提出，到 2030 年海上风电行业的就业机会将从今天的 7 200 个增加到 27 000 个，其中大部分与制造业和出口的增长有关。[②]

● 汽车行业也将受到向电动汽车转型的影响。该行业目前面临许多严峻的挑战。长期的成功将取决于能否向英国和不断增长的国际电动汽车市场提供更优质的汽车。

● 采用节能措施对房屋进行改造，并在新建建筑和既有建筑中安装低碳供暖设施。这将需要新技能，并且可能在建筑业中创造更多高技能的就业岗位。

● 在碳市场、气候金融和咨询服务（包括工程咨询）等领域，还将有更多与低碳行业相关的服务工作机会。鉴于英国现有的专业知识，英国在这些领域中也将具有一定的竞争优势。

伦敦政治经济学院最近的一份报告指出，大约 10% 的工人掌握向脱碳世界转型所需的技能，而有 10% 左右的工人需要重新学习新技能。受影响最大的行业是制造业、建筑业和运输业。[③]

失业和就业不会同等程度地影响英国的所有地区，其中有一些地区受到的影响

---

① ONS(2019)Low carbon and renewable energy economy,UK:2017.

② HM Government(2019)Industrial Strategy – Offshore Wind Sector Deal.

③ LSE Grantham Research Institute(2019)Investing in a just transition in the UK:How investors can integrate social impact and place-based financing into climate strategies.

将会更大：

● 伦敦政治经济学院的报告指出，在西米德兰兹郡、东米德兰兹郡、约克郡和亨伯，受到低碳转型影响的工作岗位机会最多。

● 公共政策研究所（Institute for Public Policy Research）估计，到2030年，英格兰北部的煤炭、石油和天然气产业可能会损失28 000个工作岗位。[①]目前，有75%的石油和天然气开采的工作机会在苏格兰，[②]这也意味着其也具有失业的风险。我们还注意到，这些地区也具有部署可再生能源的巨大潜力（陆上和海上风能），并且由于它们可以将CO_2储存在北海，因此非常适合CCS集群的发展。

● 威尔士的工业排放比例高于整个英国（2016年威尔士排放的30%来自工业，而英国为22%）。因此对威尔士来说重要的是要制定适当的支持性政策来降低这些行业的碳排放，以减轻对竞争力和就业的潜在影响。

(c) 结论以及进一步的工作

考虑到巨大而快速的潜在变化，与雄心较低的目标相比，确保净零温室气体目标的公平转型更为重要。

如果未解决和未能妥善管理净零排放转型对就业和生活成本的影响，没有邀请受影响最大的人群参与讨论，那么将存在很大的抵制转型的风险，这有可能导致转型停滞。

我们将在第六次碳预算中进一步考虑这个问题，届时我们也将更详细地考虑从现在到2050年的转型路径。

加强脱碳（伴随自动化）对就业和就业质量的影响管理应该是实现脱碳政策设计的优先事项，政府应立即着手解决。这些影响是可以管理的，不应作为无所作为的借口。

---

① Institute for Public Policy Research (2019) Risk or reward? Securing a just transition in the north of England.

② CCC analysis based on provisional 2017 figures, ONS (2017) Business Register and Employment Survey.

第 8 章　建议

引言与关键信息

英国、威尔士和苏格兰政府要求气候变化委员会就设定净零排放目标及相关问题提供建议。

本报告提供了有关气候科学、国际背景以及英国范围内大幅减少温室气体排放机遇的最新证据。基于这些证据，本章列出了委员会的建议：

● 英国应尽快将 2050 年温室气体净零排放立法。该立法目标可设定为：在1990 年以来的温室气体（GHG）排放基础上减少 100%，并应涵盖所有经济部门，包括国际航空和海运。

● 该目标应通过英国的国内努力来实现，而不能依赖国际碳单位（或"碳信用"）。当采取了适当的政策和努力仍未实现预期的减排目标情况下，可应急采取国际碳信用。

● 只有在减排政策不断强化的情况下，这一目标才是可信的：

只有各级政府部门采取强化的减排措施，才能实现该目标。这将需要政府核心部门强有力的领导。

政策的制定必须考虑到企业和消费者。政策必须稳定、长期并鼓励投资，必须让公众参与，必须解决其他关键障碍，例如缺乏必要技能的障碍。

在本报告中，我们强调了那些进展太过缓慢的优先发展事项，包括低碳供暖、氢能、碳捕集与封存（CCS）以及农业和土地利用。政府除了推动其部署外，还必须确保开展必要的基础设施建设。

● 英国财政部应研究转型的资金筹措方式以及成本下降的领域，并且制定相应的战略，同时也确保战略被认为是公平的。英国还需要一个更广泛的战略，以确保整个社会的公正转型，保护弱势工人和消费者。

● 英国可以通过制定更宏大的目标发挥国际影响力，并以此为契机进一步开展积极的国际合作。

● 威尔士二氧化碳存储的机会较少，农业排放量相对较高，温室气体排放难以减少。根据目前的了解，到 2050 年，不太可能实现温室气体净零排放。所以威尔士应该设定一个相对适宜的目标，即到2050年相对于1990年将排放量减少95%。

苏格兰的减排潜力比英国整体的减排潜力要大得多，而且可设定一个更加富有雄心的目标，即到2045年实现温室气体净零排放。苏格兰的阶段性减排目标（相比1990年）应该在2030年达到70%，2040年达到90%。

其他气候领先国家已经或正在考虑到2050年或之前实现温室气体净零排放的目标。假如英国采取的行动晚一些，或者设定一个较保守的减排目标，都将损害所有这些进展以及英国更广泛的气候领导地位。这样的决定将导致全球范围的减排努力下降以及更大程度的全球变暖，从而增加对英国和全世界的直接和间接损害。

如果世界其他气候领导国家都设置2050年的温室气体净零排放目标，同时在世界其他地区实现二氧化碳净零排放目标，再加上近期富有雄心的减排行动，将有超过50%的机会将全球温升控制在1.5°C，即使在其他地区有所延迟和/或温室气体排放量略高于净零水平的情况下，也能将温升控制在远低于2°C的水平。

我们在五个方面提出了建议：

1.为什么现在是在英国设定净零目标的合适时机

2.英国净零排放的建议目标

3.威尔士和苏格兰的建议目标

4.英国净零目标的国际推广

5.在英国实践净零排放目标

8.1 为什么现在是在英国设定净零目标的合适时机

2016年，我们当时建议政府不应设定净零目标，而应随着情况的发展不断对目标进行跟踪研究。

现在，我们得出结论，目前正是在英国设定净零温室气体排放目标的合适时机。因为目前可以找到我们所需的最新且可靠的证据，而且这也将是英国产生积极国际影响的重要时刻：

• IPCC《1.5°C特别报告》中，全球实现《巴黎协定》控制温升不超过2°C并努力控制在1.5°C以内的证据确凿。我们在报告的第2章和第3章总结了这一证据。

• 气候变化委员会为本报告委托和汇编的最新外部证据和分析表明，我们了解如何在英国实现净零目标以及该目标的成本。我们在第5、6和7章总结了这些证据。

• 《巴黎协定》开启了一个提高气候雄心的进程，其目的是不断缩小当前的减排承诺与实现《巴黎协定》温控目标之间的排放差距。该协定缔约方目前正在努力更新减排承诺，并且计划在2020年提交。所以英国设定2050年的净零温室气体减排目标，将发出一个强有力的信号，以支持在这些承诺中不断增长的减排雄心（见第 4 章）。

英国此前进一步制订了实现现有目标的计划，为增强减排雄心奠定坚实的基础。尽管"清洁增长战略"并未完全弥补与英国现有碳预算之间的政策差距，但它代表了英国减排方法的实质性进步。在许多情况下，清洁增长战略中提出的方案仍然需要有详细的政策设计作为支撑，要涵盖需要采取行动实现净零目标的大多数领域，而且该战略能够持续提供适当的行动框架。

8.2　英国净零排放的建议目标

(a) 净零目标的时间和范围

我们的总体建议是，英国应该设定一个目标，到 2050 年将温室气体排放量减少到净零。目标应涵盖所有经济部门，包括国际航空和海运。

为什么是 2050 年？

到 2050 年将温室气体净排放目标定为零（即比 1990 年减少 100%）符合最新的气候科学，并且可以满足英国的国际减排承诺，同时支持全球减排的雄心。我们的分析表明，将其与其他政府目标一起实现是可行的。图 8-1 总结了我们的结论。

气候科学。英国的温室气体净零排放目标（即 100% 减排）将超过全球 2°C 温升路径中的人均减排量，并且将更接近 1.5°C 温控目标减排范围的上限。这意味着英国到 2050 年将积极地减少其在全球变暖中的巨大历史排放量。

国际承诺。《巴黎协定》要求发达国家发挥领导作用，而英国完全有能力这样做。所有缔约方都应提交其"最高可能的减排雄心"。其他气候领导者已经或正在考虑到 2050 年左右或之前实现温室气体净零排放的雄心（如欧盟、瑞典、法国和美国加利福尼亚州）。

英国情景。考虑到政策的不断强化，我们在第 5 章中的情景分析表明，英国无须依赖探索性方案就可以减少温室气体排放，并使其接近净零排放，其成本与议会所通过的减排 80% 目标时的预期成本相当（即 2050 年占 GDP 的 1%~2%，转型中的成本相近或更低）。

实现目标时间更晚或目标力度更弱将不能体现英国符合《巴黎协定》中"最高可能的减排雄心"的要求。而且我们的情景分析表明，到 2050 年，以可接受的成本可以确保实现温室气体净零目标，所以委员会建议减排目标不要设定得更晚，力度也不能设定得更弱。

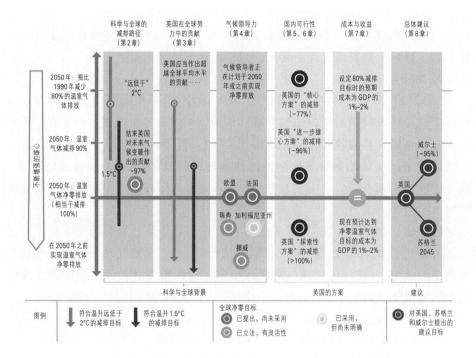

图8-1　本报告中的分析支持英国设定2050年温室气体净零排放目标

　　任何较迟或较弱的净零目标都可能破坏英国在气候领导力方面的地位以及其他国家的减排雄心。如果全球减排目标得不到实现，那么英国和所有其他国家都将面临气候变化带来的巨大风险。因此发挥领导力作用，鼓励和支持其他国家提高减排雄心，完全符合英国的利益。

为什么是全部温室气体？

我们建议设定一个净零温室气体目标，而不仅是二氧化碳目标，这对减少全部温室气体很重要，并可为其提供一个清晰的信号：

- 这将符合《巴黎协定》第 4 条中温室气体源汇平衡的要求。
- 这将在国际上发出更强烈的信号。包括欧盟在内的其他气候领导者正在考虑设定全温室气体净零排放的目标。如果英国采取了较弱的减排雄心，将会破坏气候谈判进程。

在英国国内，100% 的全温室气体减排目标发出了一个明确的信号，即所有温室气体都很重要，都需要减排。任何排放源都不能得到特殊对待。所有部门的所有排放都必须消除或抵消。

所有温室气体的净零排放目标意味着英国将积极减少其历史排放对全球变暖造成的重大责任。

为什么不早于 2050 年？

我们已考虑是否将目标设在 2050 年之前。一些组织[①]已经提出了一个更早的日期，并有可能向国际上那些考虑增加其减排雄心的机构发出更强烈的信号，但前提是这一日期是可信的。

虽然我们的情景分析表明，某些行业（例如电力行业）到 2045 年可能会达到净零排放，但对于大多数行业而言，目前看来最早的可信日期是 2050 年。较早实现净零排放目标也意味着，可用于开发当前探索性方案的时间就会变少，这也将导致无法用其来弥补其他措施的减排不足。这就可能出现惩罚性政策和早期资本报废来确保目标的实现。

作为推动国内变革的工具和一个国际信号，英国的《气候变化法》的部分效力在于，它设定了必须遵守的具有法律约束力、基于证据的、可信的目标。在 2050 年之前大幅降低温室气体到净零排放目前看来并不可信，所以委员会目前不建议将净零排放目标设置在早于 2050 年。

具有法律约束力的 2050 年温室气体净零排放目标（涵盖所有经济部门且不依赖国际碳信用）将使英国处于世界领先地位，尤其是对于像英国这样土地碳汇量不高、有很高国际航空排放的经济体而言。至关重要的是，它将得到《气候变化法》

---

① 例如，一个由 180 多名议员组成的跨党派团体提议在 2050 年之前实现温室气体净零排放，一个非政府组织联盟提议在 2045 年之前。

强有力的法定减排框架的支持。

(b) 使用国际碳信用

英国的目标应该通过国内努力实现，而不依赖国际碳信用：

• 如果要实现《巴黎协定》的目标，所有国家都需要大幅减少其排放量。因此，不应期望国际碳信用会很多或很便宜。

• 英国有责任解决自身的排放问题，而不应试图通过付钱给其他国家来购买减排量，从而将解决方案转移到英国之外。我们在第5章中的情景讨论表明，英国本身有能力实现温室气体净零排放目标。

• 从历史上看，国际碳信用的市场在推动真正的额外努力方面遇到了困难，并且在没有额外缓解措施的情况下，其减排效果通常比直接气候融资要差。

但是，如果计划无法满足国内减排目标，我们并不完全排除国际碳信用作为一种有用的应急措施：

• 《巴黎协定》启动了碳信用的核心进程，并允许缔约方之间进行双边贸易。

• 碳信用有助于为发展中国家和中等收入国家更昂贵的减排措施（或去除大气中的排放）提供持续的收入来源。

• 要在2050年实现英国的温室气体净零排放目标，就需要在所有部门全面实施既定的减排方案，并提供一些更具探索性的方案。但在探索性技术被证明极其昂贵或边际成本过高无法满足减排目标的情况下，国际碳信用也可以被用作应急方案。

• 英国的减排方案还涉及从大气中去除大量的温室气体。某些碳去除技术可以更好地部署在其他国家/地区，这对全球气候产生的影响是相同的（例如，直接进行空气捕集可能更适合太阳能资源较为丰富的国家）。或者，考虑到英国可以在北海拥有强大的二氧化碳封存能力，英国本身也可以成为英国碳去除所获得碳信用的卖方。

如果需要碳信用，则应该只允许其提供真正额外的和永久性减排产生的碳信用，而且这些碳信用必须是支持可持续发展计划的一部分。这对于涉及生物能源或影响土地利用的项目尤其重要，因为IPCC担心全球土地利用的巨变可能带来国际粮食安全问题。

英国不仅能够很好地帮助发展全球碳市场，并且应积极参与规则制定、能力建设和早期市场开发的工作。

(c) 立法确定净零目标

政府应考虑何时及如何宣布新减排目标，以最大限度地发挥其国际影响力。例如，将英国新目标与《巴黎协定》或重大国际首脑会议的外交活动时间表联系起来。

根据这些考虑，应尽快确立新目标，并在《气候变化法》中将2050年目标（该法第1节）从1990年基础上至少减排80%提高到100%。这将向国际社会发出强烈信号，并且将新目标纳入英国的法律框架之中。

必须尽快确定目标，以便在此基础上开始后续行动：

● 委员会将在2020年提出第六次碳预算的水平建议，并希望对具有法律约束力的新目标进行实现路径的分析。

● 英国需要迅速制定新的强化的政策，为实现新的减排目标作好准备。这是实现2050年温室气体净零目标的先决条件，所以该筹备工作不能拖延。我们在第6章提出了应取得的主要政策成果，并在下文加以总结。

《气候变化法》要求在碳预算开始之前不允许对碳信用设定限制（例如，2046年的碳预算涵盖2050年，第11条）。它要求委员会在使用任何新型碳信用之前就其适用性提出建议（第28节）。我们在第4章中列出了我们希望采用的标准，但不建议现在就立法。

政府必须制定并发布政策和建议，以实现碳预算和2050年关于国内气候变化行动需要的目标（该法第13条、第15条）。我们建议将此解释为强制计划（requiring plans），即该计划必须完全通过国内努力实现温室气体净零排放目标，而无须依靠购买国际碳信用。

净零目标应涵盖所有经济部门，包括国际航空和海运。这就需要在《气候变化法》之外制定一项新的法律文书：

● 由于所有温室气体排放均导致气候变暖，委员会清楚地意识到，英国的排放目标应适用于所有经济部门。这是在本报告中进行分析并提出建议的基础。

● 《气候变化法》（第30条）允许在未来的任何年份将国际航空和海运的排放包括在内。由于当前的碳预算是在没有这些排放的情况下制定的，因此我们建议从第六次碳预算的第一年（即2033年）将其计算在内。

● 应根据《国际燃料仓船用燃料手册》（bunker fuels）方法计算排放量。[①]

我们尚未为本报告制定实现净零目标的全部成本效益路径，我们计划在2020年开始第六次碳预算工作中对此提出建议。我们不建议在这个时候改变第四次和第五次碳预算，但是要认识到，第四次和第五次碳预算设置在现有80%目标的减排

---

① 《国际燃料仓船用燃料手册》（bunker fuels）是用于向联合国估算和报告国际运输排放量的公约。这基于在英国销售的航空和运输燃料的数量。

路径上，因此可能过于宽松。我们已经建议了一条成本效益高的路径，使碳排放量低于第四次和第五次碳预算的水平。[①]

我们在《2018年度进展报告》中再次提出，英国减排目标应超越目前立法的碳预算，我们建议在第六次碳预算中应考虑在立法中将其收紧。而当务之急应该是加强落实政策，以确保第四次和第五次碳预算的表现超出预期，进而更严格地作好第六次碳预算，从而走上2050年实现温室气体净零排放的路径。

8.3 威尔士和苏格兰的建议目标

我们根据威尔士和苏格兰各自的能力为其制定了适当的目标。例如，苏格兰的人均土地面积较大，可以通过植树造林来封存更多的二氧化碳，但苏格兰泥炭地所占的比例很高，因此减排工作更具挑战性。

总体而言，苏格兰有能力稍稍领先英国整体而提前实现净零排放目标。而对于威尔士，我们无法确定其实现零排放温室气体的方案是否可行。

我们的方法还反映出，第5章中的方案是为威尔士《环境法》（2016年）、《后代福祉法》（2015年）、苏格兰《气候变化法》（2009年）以及英国《气候变化法》（2008年）中的目标设定标准。

(a) 威尔士的建议目标

我们建议威尔士提高其2050年的目标，即相对于1990年减少95%的温室气体。这取决于我们提出的英国温室气体净零排放目标是否得到接受和为此立法。实现这一目标将使长寿命温室气体的净排放量降至零以下（剩余的5%是甲烷排放量，主要来自农业），从而消除威尔士对全球温度上升的贡献。

进一步雄心方案支持我们在英国全国水平上设定净零排放目标，在这一框架下，威尔士和整个英国的脱碳水平将非常相似，然而，威尔士不太可能和整个英国一样超越进一步雄心方案而达到净零排放，因为其部署额外温室气体去除技术（即适合储存捕集的二氧化碳的地点较少）或使用合成燃料减少航空排放（因为威尔士航空排放量已经接近于零）的机会有限。

该目标代表了威尔士对英国目标以及对《巴黎协定》的公平贡献。它并不意味

---

① 这在很大程度上反映了政府排放预测的变化（能源需求和排放量现在预计会降低）。详见 CCC (2018) Progress Report to Parliament。

着降低威尔士的政策雄心或努力，而是真实反映出威尔士农业排放量大以及适合封存所捕集 CO_2 的地点较少的情况。

这是我们对威尔士到 2050 年减排潜力评估的一个很大变化，我们之前对威尔士的评估是其在 1990 年的基础上减排 85%。[1]虽然我们的评估在所有部门都进行了修订，但最大的变化就是工业减排潜力更大（见第 5 章和技术报告附录），而这对威尔士尤为重要。所以除了其他行业的微小变化外，这一变化使得威尔士能够大幅提高 2050 年的减排雄心。

因为威尔士能有多少地区实现脱碳取决于英国政府的政策，所以如果英国不追求委员会建议的温室气体净零排放目标的话，威尔士到 2050 年将不可能实现 95% 的减排目标。

基于英国层面的雄心增强，威尔士的新目标可在 2020 年与威尔士第三次碳预算（涵盖 2026 年至 2030 年）一起立法。

（b）苏格兰的建议目标

我们建议苏格兰现在立法，到 2045 年实现温室气体净零排放。不过这要视英国是否采用我们建议的 2050 年温室气体净零排放目标而定。

苏格兰的环境

为苏格兰提出建议的时候考虑了两方面因素，一个与未来采用的科学方法有关，另一个与立法有关：

• 关于如何在未来排放清单中反映泥炭地排放的全部范围，有一些方法可供选择（请参见第 5 章）。由于苏格兰在英国泥炭地中所占的比例很高，所以这些方法将对苏格兰产生重要影响。英国政府将其纳入排放清单的方式，将影响其到给定日期实现净零排放的可行性。关于这一点，英国政府必须在 2022 年或更早作出决定。

• 目前苏格兰议会正在通过一部新的《气候变化法》。这对我们如何建议目标有两个关键影响：

我们的建议将会影响一个处在变化中的形势，并且我们认识到，在设定新的苏格兰目标之前，不太可能等到英国政府对我们提出的净零目标建议给出最终决定。

该法案不仅要求设定 2050 年和/或净零目标，而且还要求设定 2020 年、2030 年和 2040 年的每个十年的目标。

我们的目的是最大程度地提高目标设定的透明度，避免之后目标再被改动，因

---

[1]　CCC(2017)Building a low-carbon economy in Wales – Setting Welsh carbon targets.

为这种改动可能会被认为是一种倒退：

● 我们建议2045年为实现净零排放目标的日期，2030年和2040年为实现中期目标的日期，在此基础上充分考虑泥炭地排放量。这样的话，就算存储量发生变化，苏格兰也能避免改变其目标的"标志雄心"（headline ambition）。所以我们认为这是最透明的目标设定方法。

● 在我们的分析中，一旦将泥炭地排放的全部范围包括在排放清单当中，将增加排放量的较高估计值。所以如果要选择较低估计值，可能需要修订目标。

这种作法符合《巴黎协定》的精神，即随着时间的推移，承诺的努力应该有一个"进步"，而不会比以前的承诺退步。

为苏格兰设定净零目标

到2050年，苏格兰的减排量将超过整个英国，这主要是由于其大片土地可用于造林，既可通过植树造林，也可通过使用可持续的苏格兰生物能源结合碳捕集与封存（BECCS）进行碳封存，而二氧化碳将被储存在苏格兰沿海。委员会2018年报告《土地使用：减少排放并为气候变化作准备》（Land use: Reducing emissions and preparing for climate change）的详细分析，加深了我们对苏格兰固碳机会的理解。

在进一步雄心方案下，我们提出要设置与英国相当的净零排放目标，即到2050年，苏格兰的排放量可比1990年减少104%~110%（即去除量大于排放量）。[①]若从2020年开始，温室气体减排量呈直线下降，则苏格兰可在2045年实现温室气体净零排放，在2050年比1990年减排110%。

鉴于苏格兰有潜力通过进一步的植树造林、泥炭地恢复以及温室气体去除工程超过"进一步雄心方案"（比英国1990年的水平减少了95%~96%）的减排量，我们对苏格兰在2045年实现温室气体净零排放充满了信心。

同样，如果英国不对委员会建议的净零排放目标立法，而苏格兰脱碳的领域取决于英国政府的政策，在这种情况下苏格兰不太可能在2045年之前实现如此之大的减排目标。

新的苏格兰《气候变化法》目前正在苏格兰议会讨论，我们认识到我们需要一个可以立即立法的目标，而这一目标无须等待英国是否通过了我们建议的净零目标。

因此，我们建议苏格兰在2045年实现温室气体净零排放立法。不过该日期取

---

① 104%~110%的范围反映了未来选择的潜在影响,这些选择来自IPCC第五次非二氧化碳温室气体全球增温潜势评估报告中的数字,以及用于包括泥炭地全部排放量的方法。

决于英国是否采用我们建议的减排目标，如果英国政府不承诺在2050年之前实现温室气体净零排放目标，那么苏格兰可能需要将其温室气体净零排放的目标年修改为2050年。

苏格兰的中期目标

苏格兰《气候变化法》要求为2020年、2030年和2040年设定"中期"目标。

本报告中的分析重点是：21世纪中叶的适当排放水平及其对设定净零时间的影响。在这些目标施行的前些年里，还不可能对整个经济体的排放成本效益路径进行详细分析。所以我们将对2020年的碳排放路径进行详细分析，为英国第六次碳预算（2033—2037年）提供建议——届时我们将清楚地了解净零排放目标对前期的排放路径意味着什么。

但是，我们认识到，苏格兰目前的立法程序迫切地需要对此进行详细分析。因此，我们设定了审慎的中期目标。但这建立在将来可能需要对这些目标进行修订的基础上，一旦确定了英国排放路径范围，就可以进一步对苏格兰的排放路径作出相应分析。

我们对中期目标的评估采用的方法是从2020年[①]的排放量到净零排放日期（如图8-2所示）画一条直线。这显然是一种简化，但反映出我们之前详细的自下而上分析所确定的大致呈直线的轨迹，并且这是实现苏格兰目前长期目标的具有成本效益的途径。较迟的净零排放目标（即2050年）将意味着更为宽松的中期目标，但我们仍要求减排的百分比至少与法案中目前的百分比一样高（见表8-1）。

对应于我们建议的苏格兰2045年实现温室气体净零排放目标，其中期目标应定为相比1990年到2030年减少70%，到2040年减少90%。

我们预计，下列事项完成后，我们将可以提供新的建议：

- 2020年针对我们的建议进行路径分析，并就英国第六次碳预算提出建议；
- 确定了泥炭地排放计算的精确方法。

我们预计这将不早于2020年底（英国第六次碳预算建议的截止日期），并且可能是2021年或2022年，具体取决于将全部泥炭地排放量纳入排放清单的时间[②]。

我们不建议对2020年中期目标进行任何修改，因为没有时间采取额外的政策来实现这一目标。因此，根据2018年6月公布的排放清单，我们建议在1990年的基础上保持减排56%的排放目标。

---

① 由于我们提出的2020年后目标是将泥炭地的全部排放量包括在内,2020年线的起点原本是根据2020年目标的56%,现在调整到包括额外的泥炭地排放量。在这些额外排放量的基础上,2020年排放量将减少49.5%。

② 泥炭地的全部排放量要求最迟在2022年列入排放清单(即在公布详细说明2020年排放量的清单时)。

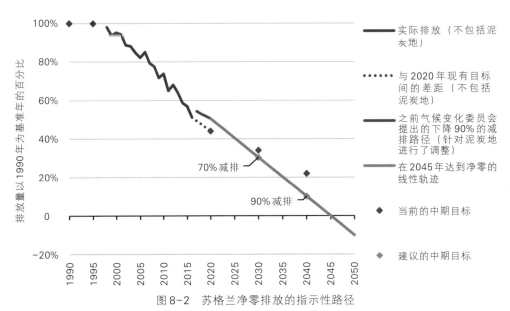

图8-2　苏格兰净零排放的指示性路径

注：2030年和2040年的中期目标是基于泥炭地排放量和当前全球增温潜势的较高估计值，并在2020年至2045年的净零排放量上线性外推的（这意味着2020年比1990年降低49.5%）。

来源：CCC分析。。

表8-1　　苏格兰2020年、2030年和2040年相对于1990年的减排量中期目标

	2020年中期目标	2030年中期目标	2040年中期目标
苏格兰《气候变化法》中的建议目标	56%	66%	78%
2045年净零温室气体排放量的建议目标	56%	70%	90%
2050年净零温室气体排放量的建议目标	56%	66%	83%

注：2030年和2040年的中期目标是基于泥炭地排放量和当前全球增温潜势的较高估计值，并在2020年至2045年的净零排放量线性外推的（这意味着到2020年比1990年降低49.5%）。

来源：CCC分析。

8.4　英国净零目标的国际推广

英国的排放量仅占全球排放量的1%，与其人口的全球比例相当。英国必须最大限度地发挥新目标对其他国家行动的影响，以应对气候变化，避免可能发生的严重风险。通过激励低碳技术创新和降低成本来促进全球推广，可以使英国更容易地

完成减排任务。

2050 年温室气体净零目标与《巴黎协定》第 2 条的最具雄心的解释相一致，其目的是将温升幅度控制在或低于 1.5℃。然而，全球平均温升是否限制在远低于 2℃ 或 1.5℃ 水平将取决于全世界的行动（见第 3 章）。全球排放量将需要很快达到峰值，然后迅速下降，与现有的承诺和政策相比，我们需要更大的雄心。

通过继续扮演气候领导者的角色，并抓住机会设定一个富有雄心的净零排放目标，英国可以帮助和支持其他国家制定和实现它们更富有雄心的目标。

在第 4 章中，我们为英国领导层提供了许多建议，以支持《巴黎协定》的其他内容，增强全球减排雄心。包括：

以身作则。《气候变化法》是世界上第一个以法律约束力制定长期排放目标的法律，其也为实现该目标提供了支持框架——它已成为许多其他国家/地区气候立法的典范。英国还是欧盟排放交易体系（EU ETS）的试点。从更广泛的角度来看，英国证明了一个国家可以在经济增长的同时（1990 年至 2018 年 GDP 增长超过 70%）减少排放量（从 1990 年至 2018 年下降 40% 以上）。设定净零温室气体目标，并力争在国内实现这一目标，是英国继续树立榜样的下一步工作。

外交和能力建设。英国在气候谈判中一直发挥着重要而积极的作用，包括在联合国、欧盟以及国际民用航空组织（ICAO）和国际海事组织（IMO）中。英国还与加拿大建立了后煤炭电力联盟（Powering Past Coal Alliance），并帮助发起了高雄心联盟（High Ambition Coalition）。英国外交和联邦事务办公室持续开展了十多年的气候参与活动，以支持其他国家政治、经济和实践方面应对气候变化的行动。设定一个强大的净零目标将增强英国的外交影响力，英国应继续积极地利用这一点，以加强对生物能源和碳去除技术的治理，促进可持续的金融，并成为联合国第 26 届缔约方大会（COP26）的东道国。

技术开发。英国在某些关键的低碳技术的开发和部署中发挥了领导作用。例如，英国通过部署降低了成本，最终成为世界上最大的海上风电市场。现在这一进步可以支持其他地方实现以较低的成本脱碳。在第 3 章我们考虑的全球路径中，像英国这样的发挥领导力的国家比全球平均水平提前十年开始减少排放并部署关键技术。温室气体净零目标将与这些路径保持一致，而这些路径看起来比没有发达国家领导的途径更合理。

气候融资。英国通过援助预算，每年在气候融资活动上的支出约为 10 亿英镑。独立委员会最近的一项援助影响评估报告指出，英国积极地影响了它所参与的国际机构，并日益促进转型进程。[1]有效利用气候融资对帮助发展中国家走上低碳发展道路至关重要。

尽管目标应该是在没有国际碳信用的情况下实现温室气体净零排放的目标，但英国应采取措施开发碳信用的市场，将其作为潜在的有效机制来支持国际上的努力，并作为英国的应急机制：

《巴黎协定》允许在国际上转移减排成果。它还允许各国之间进行双边安排，如果核心规则（central rules）未能取得令人满意的谈判结果，这将使英国能够为有效的碳信用设定自己的标准。

碳信用可能有助于支持一些必要的全球行动。实现《巴黎协定》的目标情景中，将包含对发展中国家和中等收入国家来说代价高昂的减排措施。这可能需要一个持续的收入流来支撑，而碳市场和碳信用的转移刚好可以提供这个收入流。

一些碳信用的使用被证明是具有高成本效益的。我们建议的英国目标中人均温室气体排放量要低于全球将温升限制在1.5°C的减排路径要求的排放量。这开辟了一种可能性，也就是说即使英国作的减排工作少一点，只要能够从其他地方购买碳信用，英国至少会把减排工作作得和世界整体水平相当。我们在第5章中的情景分析中还谈到大量的温室气体去除，其中一些去除量可能在世界其他地区（例如，有更多土地资源、太阳能资源或生物质资源的地方）部署起来更具经济性，当然也需要谨慎地考虑可持续性的问题。

英国完全有能力帮助开发全球碳信用市场：

英国已经在有关《巴黎协定》第6条和CORSIA（为国际航空业开发的碳交易机制）的规则制定谈判中发挥了其影响力。

英国参与了市场准备伙伴关系（Partnership for Market Readiness）和双边伙伴关系等项目，以帮助提升建立有效碳市场的能力，包括技能、规则和技术等方面（如监测、报告和核查）。

英国早已开始支持系统设计的改善，包括试点项目（例如转型碳资产融资机制（Transformative Carbon Assets Facility））。

如果英国开发国内二氧化碳去除市场，将为更广阔的国际市场奠定基础。

任何使用国际碳信用来实现目标的条件，都应以完整性和稳健性为前提：

• 英国应制定明确的原则，以确保碳信用反映的减排量至少等于通过国内努力

---

① ICAI（2019）International Climate Finance：UK aid for low-carbon development. A performance review.

实现的减排量。

- 碳信用应支持真正和永久的减排或去除。

任何机制都需要确保碳信用与环境可持续发展目标相一致。

在短期内，英国应支持国际碳信用市场的发展和改善。如果需要，这将为英国提供更多将来的选项。即使英国最后不需要碳信用来达到减排目标，但作为英国更广泛合作的一部分，某些碳信用的购买还是有价值的（例如，一些英国气候融资已经通过碳信用市场进行，这些碳信用随即被注销）。

目前，英国对《巴黎协定》的官方贡献是通过欧盟集体承诺到 2030 年比 1990 年至少减少 40% 的排放量来确定的。在欧盟之外，英国需要向联合国提交自己的国家自主贡献（NDC）。目前来看，该 NDC 目标可能是基于英国第五次碳预算中更高的减排雄心（该预算要求英国从 1990 年到 2030 年减少 57% 的碳排放量），但最终应该是基于委员会明年将建议的更加富有雄心的减排路径，即 2050 年实现温室气体净零排放的途径。

《巴黎协定》要求各国"制定并提交长期低温室气体排放发展战略"。英国此前已提交了政府《清洁增长战略》。设定温室气体净零排放目标并提出实现这一目标的长期计划，将为清洁增长战略奠定坚实的基础。

8.5 在英国实践净零排放目标

英国 2050 年的温室气体净零排放目标是可行的，但只有在大力加强和加快政策努力的情况下才能实现。英国、苏格兰及威尔士的政府和议会在考虑建议目标时应该明确——跨部门的挑战必须要及时、有效地加以解决。

(a) 在英国实现净零目标的可行性

尽管很难预测实现温室气体净零排放的技术及行动的最佳组合，但是我们仍在本报告中进行了分析，以便我们更好地了解合理的组合可能是什么样子的。第 5 章根据现有的技术，进行了到 2050 年英国实现温室气体净零排放的情景分析。包括：

- 资源和能源效率，以及一些减少碳密集型活动需求的社会选择。
- 广泛的电气化，特别是交通和供热的电气化，同时大力扩大可再生能源和其他低碳发电领域。
- 发展氢经济，以满足某些工业过程、长距离重型货车和船舶的能源密集应用，以及高峰时期的电力和供暖需求。
- 碳捕集与封存（CCS）技术用于工业，与生物能技术（用于从大气中去除温室气体）结合，以及极有可能与制氢和发电技术结合。总之CCS是必不可少的。

• 改变我们耕作方式和土地使用方式，更加注重固碳和生物质生产，同时从畜牧业转移。

这些情景极具挑战性，但考虑到足够的减排雄心和精心设计的政策，它们可以在实践中实现：

• 总成本是可控的。根据一组保守的假设，我们估计到2050年实现温室气体净零排放目标的总成本为GDP的1%~2%。这些成本将分散在整个经济中，这意味着对于正在增长的经济而言，变化相对较小。一个关键的政策挑战是确保（并且被认为）合理地分摊成本并且不阻碍英国工业发展。

• 英国公民可以从这些转化中受益。这些情景包含了减排时可以为客户提供同等或更加优质服务的技术：

许多转化（例如工业和电力脱碳）发生在生产链中，不会直接影响消费者。

具有足够大电池的电动汽车和充足的充电基础设施可提供卓越的驾驶体验。配备热泵和智能控制，甚至可能有备用氢气锅炉的节能住宅，可以与当前的住宅同样舒适或比其更加舒适。

我们的情景还考虑了民众行为的改变，这将带来更广泛的收益。例如，骑自行车和步行的人增多，以及人们主动减少红肉的平均摄入量，这些改变还可以改善民众的健康状况。

• 好的政策还可以消除变革的障碍。这些障碍涉及公众对某些挑战的低参与度，包括：基础设施和协调决策的需求、不恰当的激励措施、获得资本的机会、缓慢的技术创新以及具备所需技能的工人。良好的政策设计可以克服所有这些挑战，而且在许多情况下，政府早就考虑过这些挑战，并进一步设计应对这些挑战的政策。

我们的结论是，英国能够在2050年前以可接受的成本实现温室气体净零排放目标，但这完全取决于出台明确、稳定和精心设计的政策，所以政府必须确定方向并且提出紧迫要求。

（b）克服实现净零排放的障碍

我们的分析指出，政府要克服实现温室气体净零排放的障碍，应优先考虑如下事项：

加强政策设计。净零排放目标必须嵌入并整合到所有部门、各级政府以及影响排放的所有重大决策当中，还必须与企业和整个社会相融合。由于许多解决方案要跨越行业（例如，氢在发电、运输、工业和供暖方面发挥作用），因此，全面综合的政策、监管设计和实施至关重要。这可能需要新的框架，例如，以确保除BEIS

之外的其他部门都充分重视温室气体净零排放，并且跨部门的政策小组必须有足够的资源来制定和实施所需的变化。

确保企业响应。先前的一些政策已经完全实现了期望的商业响应（例如，在2005/06年建筑法规中禁止了低效燃气锅炉的使用，并向海上风电场提供了长期合同）。而其他的诸如绿色协议和车辆排放标准，却没有获得预期的响应。所以对于温室气体净零排放目标，需要严格执行标准，并且必须在考虑企业和投资者的情况下制订激励计划。目的（即停止温室气体排放）应明确，但也应具有灵活性，以最有效的方式实现这些目标。至关重要的是应该有一个稳定而长期的方法。

让公众参与行动。迄今为止，在减少排放方面取得的许多成功（如电力部门的脱碳，甚至逐步淘汰低效燃气锅炉）都是在公众所需的改变或所需的意识最小的情况下取得的。然而，如果英国要达到净零排放，这种情况就不能继续下去。公众的参与和支持对于低碳取暖的变革尤为重要——人们需要在他们的家里作出改变，除此之外，还必须在电气化和氢能使用之间作出协调一致的中央决策。人们应该理解为什么改变以及需要什么样的改变，应该看到低碳选择带来的好处，并获得实现变革所需的信息和资源。

确定支付者。如果政策得到的资金不足或其成本被视为不公平，那么它们将遭遇失败。英国财政部应研究转型期的资金筹措方式以及成本可下降的方面。研究应涵盖财政杠杆和财政收入的使用、碳交易计划的成本、对能源账单支付人和汽车司机的影响，以及行业的成本，特别是那些碳密集型行业和出口贸易行业的成本。这一研究应该涵盖从现在到2050年的成本。

提供技能。政府已认识到在其工业战略和行业发展中开发技能的重要性。这些政府提供的资源应该用来解决技能间的差距，否则就会阻碍减排进展。例如，在低碳供暖（特别是热泵）、能源和用水效率、通风和热舒适性以及抗洪能力方面，迫切需要为设计师、建筑商和安装商提供新的技术支持。

确保公平的转型。在研究支付和研究技能的基础上，政府应更广泛地评估如何确保整体转型是公平的，并保护弱势的工人和消费者。这必须对区域和特定工业部门开展分析。我们注意到，苏格兰已经任命了一个独立的公平转型委员会（Just Transition Commission），以就"对所有人都公平的碳中和经济"提供建议。

发展基础设施。实现净零排放将需要发展或加强共享基础设施，如电网、制氢和输送以及二氧化碳运输和储存。政府应与国家基础设施委员会（National Infrastructure Commission）合作，全力考虑如何最好地确定、资助和交付这些基础设施。这也需要区域间的协调，包括在交通等管理权限下放到地方政府的领域。

(c) 具体领域的政策建议

现在需要具体的政策来解决整个经济体的关键排放领域，这是到 2050 年实现净零温室气体目标的先决条件。我们在这里提出的许多建议并不是第一次提出：委员会已经建议加强对供热脱碳、CCS 和氢能、电动汽车、农业、废弃物和低碳电力的处理。我们必须充分考虑到这些部门之间的相互依存关系，强调总体战略连贯的重要性。

建筑供暖。需要全面改革低碳供暖和提升能源效率的方法。政府提出的 2020年供暖路线图计划必须找到一种新方法，以在 2050 年之前实现建筑物供暖的完全脱碳。按照《支出审查报告》（Spending Review），这必须得到充分的资金支持，财政部现在必须承诺与 BEIS 合作。我们还必须发布有关新建筑的最新公告。

碳捕集与封存（CCS）。碳捕集与封存是必不可少的。我们先前建议，第一个碳捕集与封存集群应在 2026 年前投入使用，另外两个集群在 2030 年前投入使用，碳捕集能力至少为 10 $MtCO_2$。若要实现净零目标，可能需要更多的 CCS，其中应该至少还需要一个集群具备大量低碳氢的生产能力。政府需要在基础设施建设方面发挥带头作用，签订长期合同，对碳捕集工厂进行奖励，并鼓励投资。

电动汽车。最迟到 2035 年，所有的新车和货车都应该是电动的（或者使用氢等低碳替代品）。如果可能的话，最好能够提前（如 2030 年），这样可以降低汽车拥有者的成本，并改善空气质量。这也有助于英国在全球市场的转型中获得机遇。政府必须继续支持加强充电基础设施的建设，包括为无法街边停车的司机提供服务。

农业。农业已经处在一个巨大的变革时期。未来的成功将依赖收入的多样化，并抓住土地利用变革带来的机遇。鼓励减少排放的农业实践政策必须超越现有的自愿方式。《英国农业法案》中的财政支出应与从 2022 年起生效的减少和隔离排放行动联系起来。

废弃物。2025 年后，不应将可生物降解的废弃物送至垃圾填埋场。这将需要政府的监管和执行，并通过废弃物链采取支持行动，包括强制分离剩余废弃物。

低碳电力。低碳电力的供应必须持续快速增长，并且从 2030 年左右开始，有些可能只需要在部分时间保持运行。尽管许多技术不再需要补贴，但仍可能需要政府的干预，例如支持那些符合预期批发价格的长期合同。政策和法规框架还应增强灵活性（例如需求响应、存储和互联互通）。

在确定净零目标时，这些行动必须辅之以更有力的工业、土地使用、重型货车、航空和海运以及温室气体去除政策：

工业。政府必须采取一种方法，通过提高能源和资源效率、电气化、氢和碳捕集与封存，以不影响其竞争力的方式，鼓励各行业减少排放。从短期来看，这可能要依靠财政资金。从长期来看，这可能涉及国际部门协议（例如钢铁等这类全球公司总数相对较少的行业）、采购和产品标准，这些标准通过要求消费者购买或使用低碳产品（例如，英国消费占行业市场的很大一部分）或通过边境关税调节来反映进口碳含量的变化。支持 CCS 和氢气发展的更广泛的基础设施建设将支持工业作出所需的改变。

土地使用。应采用面向消费者的政策，支持其转向更健康的饮食结构，减少牛肉、羊肉和奶制品的消费。这将实现在不增加对进口依赖的情况下改变英国的土地使用结构。到 2050 年，森林覆盖率将从英国土地的 13% 增加到 17%。而政策同时也必须向土地管理者提供技能、培训和相应的信息。

重型货车（HGV）。政府将需要在国际协调下，在 2025 年左右决定零排放 HGV 所需的基础设施建设，以便在 21 世纪 20 年代末和整个 30 年代进行部署。为此作准备，现在需要试验零排放的 HGV 和相关的燃料供给基础设施。从 20 年代起的车辆和燃油税应旨在激励商业运营商购买和使用零排放 HGV。

航空和海运。国际民用航空组织（ICAO）和国际海事组织（IMO）已经制定了应对排放的目标。本报告提出了长期所需的更具雄心和更强力度的情景目标，超出了国际航空和海运机构的目标。2019 年底之前，我们将根据本报告中的建议向政府提议在航空方面应采取的措施。

温室气体去除。政府应加大对各种温室气体去除方案早期研究的支持，包括试验和示范项目。政府还应通过制定治理规则和市场机制来支付碳去除技术的成本，这显然是实现净零目标所需要的长期市场信号。航空业是一个排放量显著的行业，所以可能需要进行去除以抵消其排放量——无论是通过 CORSIA、欧盟 ETS 还是英国单方面采取行动，都可以支持航空业所要求的"所有排放量都由去除量抵消"的净零排放目标。

温室气体净零排放目标带来了更多挑战，但同时也使政策目标和每个部门的目标变得更加清晰。英国企业有机会获得竞争优势，因为它们向英国和世界要求的未来零碳基础进行转型。政府应充分利用这些机会，推出大胆的新减排计划，并应立即开始实施。

碳达峰与碳中和丛书　　何建坤　主编

Net Zero
The UK's Contribution to Stopping Global Warming

净零排放
英国对缓解全球气候变化的贡献
（技术报告）

Committee on Climate Change

气候变化委员会　著

张希良　王海林　译

东北财经大学出版社　大连
Dongbei University of Finance & Economics Press

目录

第1章　简介

气候变化委员会向英国政府提交了"净零"建议报告①，向英国政府和地方政府提出制定净零排放目标和时间表的建议，并建议修订苏格兰和威尔士的长期目标。这份技术报告为"净零"建议报告提供支撑。

本章分为以下四节：

1.本报告的目的和结构。

2.评估各经济部门的脱碳方案。

3.基于技术选项构建经济系统的情景。

4.实现温室气体净零排放目标的成本和效益估算。

1.1　本报告的目的和结构

对经济各部门进行的详细分析，以及将去除含氟气体和温室气体统一纳入考虑范围之内，共同支持了我们建议报告中的相关结论。本技术报告主要是阐述这一分析。

英格兰、苏格兰、威尔士和北爱尔兰在实现英国净零排放目标方面各自发挥了重要作用。然而，在实现净零排放方面，每个地方政府都各自面临一系列的机遇和挑战，这意味着英国各地区的技术选择组合将有所不同。因此，我们已经完成了相关评估，包括英国范围内的每一种减排方案对地方政府意味着什么，以及每一个地方政府是否能够实现国内温室气体净零排放、何时能够实现国内温室气体净零排放。该分析将在建议报告第5章中进行介绍，并在本技术报告的附录中与我们之前在苏格兰和威尔士的最大限度脱碳情景进行比较。

本报告包括以下各章：

第2章：发电和制氢。

第3章：建筑。

第4章：工业。

第5章：交通。

---

① 以下简称"建议报告"。

第6章：航空和海运。

第7章：农业、土地利用、土地利用变化和林业。

第8章：废弃物。

第9章：含氟气体排放。

第10章：温室气体去除。

技术附录：英国、苏格兰和威尔士与之前减排情景的变化。

1.2　评估各经济部门的脱碳方案

第1章至第9章分别对每一个行业的现状进行描述：2017年的排放水平（最新的可用年份最终排放数据；在2019年年底提交给议会的委员会年度进展报告中包含了2018年度的临时数据），以及近年来排放水平是如何变化的，包括低碳技术的贡献。

然后，我们将各行业的排放划分为不同的来源，例如未接入天然气管网的家庭或重型货车，并提出了到2050年将这些排放降到尽可能低水平的方案。为此，我们采用了广泛的证据基础，其中包括：

我们现有报告中的研究成果，尤其是我们2018年关于生物质、氢能和土地利用的报告以及2015年关于第五次碳预算水平的报告。[①]

我们最近委托第三方进行了有关脱碳排放源的新研究。研究成果汇总在专栏5.2中，并已纳入本报告的分析当中。

我们在专栏5.6中对最近发表的有关实现净零排放替代方案的研究成果进行了综述，包括这些研究所用方法与我们以前使用方法的比较。

为了在建议报告中给出整个经济系统的减排情景，我们依据达成减排目标的挑战程度，对每个行业的可选技术方案进行分组，目的是确保每个行业能够均衡地承担温室气体减排量。这些减排情景分别命名为"核心方案"、"进一步雄心方案"和"探索性方案"：

"核心方案"是那些低成本、低风险的技术选项，在大多数情况下它们都适用于2050年实现减排80%的目标。它们也基本能够反映出政府目前的雄心（但不一定是政策承诺）。

---

① CCC（2018）*Biomass in a low-carbon economy.* CCC（2018）*Hydrogen in a low-carbon economy.* CCC（2018）*Land use: reducing emissions and preparing for climate change.* CCC（2015）*Advice on the Fifth Carbon Budget.*

"进一步雄心方案"则更具挑战性，根据目前的估计，这些方案通常比"核心方案"成本更高。

"探索性方案"因目前的技术准备度很低，而成本却非常高，在公众接受度方面存在巨大障碍，所以不太可行。

对每个地方政府，我们都研究了哪些方案是可行的以及相应的规模。我们的分析方法涉及以下三个步骤：

为英国确定一套可能的"核心方案"、"进一步雄心方案"和"探索性方案"。

确定这些方案在每个地方政府中的适用范围，以及实现此目标的可能日期。

根据在国内可实现的温室气体去除量，向地方政府分配这些温室气体去除量。

这种方法使我们能够确定在英国每种减排方案具体分配到地方政府的减排量，并评估各地方政府可以实现国内净零排放的具体年份。重要的是要认识到，在我们的情景设定中，2050 年的不同排放水平反映的是减少排放的不同机会，而不是追求脱碳目标雄心的差异。

在全英国范围内，每章中按类别列出了具体的技术选项，并详细讨论其各自影响，其中包括：

每个方案所需要采取的行动，其中涉及投资和融资、技术创新、社会或个人行为的转变以及关键角色的领导。

时间安排，即达成目标可能的时间跨度。需要考虑的因素包括库存周转率、开发和部署新技术与基础设施的时间周期，以及制定、完善和执行政策的时间表。

成本，即与不采取减排措施相比，每种减排技术的成本和总减排成本。同时，还强调了成本对基础设施投资的影响。我们的成本估算方法将在 1.4 节中详述。

协同效应，即为实现净零排放而采取行动可产生的协同效益。如与人类健康和环境有关的减排行动。

挑战，即每种减排方案所对应的挑战规模。例如，所需的新基础设施、供应链的就绪情况以及可能需要作出的社会或个人行为的任何转变等。

当务之急，即现在应该优先采取的行动是完善未来其他方案所需的基础设施。例如，碳捕集与封存所需的基础设施就是其中一个例子。

1.3 基于技术选项构建经济系统的情景

各行业关于脱碳方案的分析，与整个经济系统的减排情景相一致，这些会在建议报告的第 5 章中介绍。这些分析采用"自下而上"的方法，我们可对每种排放源相关的技术进行详细评估。

我们的情景描绘了英国到2050年经济上可实现大规模脱碳的方案。这使我们能够从所需的行动和所涉及的成本方面证明，到2050年实现净零排放目标是合理的。在每个行业的章节中，我们还考虑了实现"进一步雄心方案"的最早可能日期，以便评估2050年前脱碳的潜力。

这些情景的出发点是"基准"，即在未来不采取脱碳行动的情况下，对2050年的排放量的预测。所有部门的"核心方案"、"进一步雄心方案"和"探索性方案"都适用于该基准，以探索到2050年英国实现温室气体净零排放的潜力，这些将会在建议报告的第5章中详细介绍。尽管"基准"是我们方法中的一个重要因素，但在净零排放情景中，"基准"通常不是一个很重要的排放量决定因素——那些能够将排放量削减到净零的技术通常会被全面部署，因此较高的基准意味着要部署更多的减排技术，而不是更高的排放量。

我们的方案代表了整个经济系统的脱碳，但是这些方案是通过查看各个排放源的技术选择并考虑到它们之间的相互作用而形成的。顾名思义，也可以采用自上而下的方法，更直接地将经济视为一个集成系统而不是由单个行业组成的系统。这种评估技术可以通过采用能源系统模型来实现，能源系统模型能够给出一种以最低的总成本实现给定排放目标的方案。

这两种方法都有各自的优点，因而它们之间的关系更应被视为互补而不是替代。但是我们认为，自下而上的方法是了解如何实现净零排放经济的最关键的一步。有关减排技术的新证据仍在不断涌现，而仅采用自上而下的方法无法使我们在排放源问题研究上使用这些新的证据。

目前，我们已经采取一系列步骤来确保我们的方案在整个经济系统层面上是一致的：

在实施脱碳方案之后，各部门的剩余排放量已被仔细汇总，以获得英国2050年的总排放量。其中多个部门（例如发电、制氢）所使用的能源载体的脱碳不会被重复计算。

我们汇总了所有行业对电力和氢的需求，作为我们分析低碳电力和氢的生产与运输的关键输入值。该分析使用了英国在地方和国家层面的电力、天然气、氢气和热力系统的模型。该模型旨在满足碳排放目标的同时，将长期基础设施的总成本和短期运营成本（按小时解析度）降至最低。考虑到不同技术提供的灵活性以及高级需求控制，该模型使我们能够确定电气化和氢对建设必要的发电与封存设施及网络的影响，以便将它们与需求联系起来。该分析将在本报告的第2章中进行。

我们还汇总了所有行业的CO_2捕集需求，以调查所需的封存规模。这将在建议报告的第5章进行介绍。

我们考虑了生物质的整体使用，因此其不超过我们给出的2050年英国可获得的可持续来源限制的判断。我们还汇总了与CCS（BECCS）结合并将产生的二氧化碳从大气中去除所使用的生物质的量。这将在本报告有关温室气体去除的第10章进行介绍。①

在计算实现减排方案的成本时，与氢气脱碳有关的成本已分配给使用氢气的部门，而不是供应氢气的部门。对于电力脱碳，只有在需要采取相应技术来实现额外电气化的情况下，有关成本才会被分配给终端部门。除此之外，其成本将计入电力部门。在需要CCS的每个部门中，CCS的成本也仅计算一次。

我们借鉴了迄今为止广泛使用的能源系统模型，并将其纳入到本研究中。

管理向净零排放转型过程中存在的不确定性和风险

在建议报告第5章中详细讨论了主要的不确定因素，包括：

经济和人口因素，例如经济增长率、人口增长和燃料价格。

可能影响未来偏好的社会和行为因素。

低碳技术的成本、减排潜力以及开发和部署速度。

与实现净零排放目标相关的不确定性范围很大，具体包括其涉及的时间跨度很长，而且受影响的对象可能涵盖英国的所有个人和机构。因此，我们在分析中采纳了多种处理不确定性的方法：

我们采用相对较为保守的方法，把无法实现我们建议目标的风险降到最低，或把比我们当前估计要高得多的成本实现目标的风险降到最低。因而我们要避免过度依赖探索性方案，并将未来预期的变化纳入排放清单中（建议报告专栏5.1）。

我们提出了三种而非一种净零排放方案，它们依赖于三种不同的探索性技术，因而实现目标的方式可能不同。考虑到探索性方案的性质，所有这些技术不可能都可行，但是如果要实现净零排放目标，那么在短期内制订这三种方案就至关重要。

我们的行业分析师找到一些实现相同减排效果的替代方法。例如，氢或混合式热泵可以提供更多的低碳热量，而纯热泵则更少。尽管我们没有列出影响这些可能性的具体替代方案，但这些可能性表明在我们描述的方案中，有许多方案可实现一致的减排效果。

① 关于建模方法的更多细节可以在 Imperial College（2018）*Alternative UK heat decarbonisation pathways.* 中找到。

我们明确给出了所做的主要假设，以便其他人可以理解影响我们结果的因素。这些假设的内容将会与本报告一起发布。

对其他组织实现净零排放的策略开展研究，以对比我们自己提出的假设，并在适当的时候纳入这些替代观点。专栏 5.6 对此进行了说明。

识别可能影响我们分析的主要不确定因素，包括对延迟实现目标的影响估计、不实现目标的影响估计，以及以较高成本实现目标的影响估计。

强调管理那些会造成未来实际情况比我们所设定的情景要差的风险的方法。例如，在不确定性可以降低并且最佳策略得以明晰之前，依旧采用那些减少碳排放的替代方案。

1.4　实现温室气体净零排放目标的成本和效益估算

建议报告的第 7 章概述了英国实现净零排放目标的一系列成本和收益，其中一些可以被量化而有些则不能。这些成本包括低碳系统相对于高碳替代方案（资源成本）的额外成本、潜在的经济影响和投资需求。收益中则包含与人类健康和环境相关的收益，以及潜在的经济效益。

资源成本

该技术报告主要讨论整体经济范围内净零排放方案的资源成本。通过将最开始的成本和碳减排措施节省的成本相加，并将它们与通常没有气候变化或气候破坏的替代方案中的成本进行比较来估算资源成本。

例如，在房屋中安装隔热层，虽然具有前期成本，但可以减少能源需求和碳排放量。前期成本主要包括劳动力成本和建筑材料成本，之后就是持续在燃料成本方面节省开支。

该措施在 2050 年的总资源成本将是其年化资本成本加上年内运营成本和节约成本之和。这项工作将应用到所有减排措施中，以估算总资源成本。

本报告各行业章节中列出的资源成本代表了该年度所有减排措施的成本。

同时，我们还考虑比较了这些成本与议会已签署的实现英国在 2050 年至少减排 80% 目标的成本。

为了提供背景信息，我们经常把这些成本用其占当年预计 GDP 的百分比来表示，但是资源成本不一定等同于其对 GDP 的影响。一些复杂的因素会决定实现净零排放目标所需的资源成本以及结构变化如何影响到经济的其他方面，而这些影响还将取决于实现脱碳的机制。更多详细信息参照建议报告的第 7 章。

第2章　电力及制氢

简介及关键信息

本章阐述了电力行业的发展情景，为委员会就修订英格兰、苏格兰和威尔士地区的长期排放目标提供建议。本章还阐述了我们对低碳氢的分析——生产低碳氢几种选项以及其在经济发展中的作用。

我们发现，即便满足运输和供热行业的电力需求，把当今电力系统的规模扩大一倍，英国电力系统的排放量也可以减少到几乎为零。我们的发现也部分借鉴了热泵和电动汽车对英国电力系统影响的最新研究结果。

将电力排放减少至净零的状态，需要持续地增加对可再生能源和核能的部署，以及备用电源的脱碳管理。系统灵活性的改进（如储能电池、互联和灵活需求），可以帮助发电系统以低成本容纳大装机容量、间歇性可再生能源。然而，一些灵活的发电系统仍然是必需的，并且需要通过 CCS（碳捕集与封存）和氢能进行脱碳化。

氢能（氢或氨）可用作建筑、工业、交通（包括航运）和电力部门的低碳燃料。通过开发先进的配备 CCS 技术的天然气重整设施，以低排放低成本生产氢气。我们的氢能分析主要基于《2018 年氢报告》。[①]

本章关键信息为：

背景。电力行业的排放（几乎全部是二氧化碳），来源于发电过程中燃烧的煤和天然气。2017 年，英国电力行业占英国排放量的 15%（7 300 万吨 CO_2e），比 1990 年少 64%。在 2006—2016 年，可再生能源的供应增长迅速，加上核能，英国目前一半以上的电力来自低碳能源。英国目前生产的氢相对较少（27 TWh），来自高碳能源，用于非能源用途。

- **"核心方案"。**可再生能源比英国其他发电方式便宜，可以大规模部署以满足 2050 年增加的电力需求。因此，我们认为电力行业深度脱碳是核心措施。核能和天然气发电等稳定的低碳能源结合 CCS 技术可以实现比预期更低的碳价来减少碳排放，碳排放可以在 1990 年的基础上降低 97%。

---

① CCC (2018) *Hydrogen in a low-carbon economy.*

- **进一步雄心方案**。我们的"进一步雄心方案"满足了对电气化的更高需求，并部署了更多配备 CCS 技术的制氢基础设施，使发电系统中剩余的燃气发电也达到脱碳，与 1990 年的水平相比，减少 99% 的排放量。假定在此情景中使用的所有氢气都来自低碳能源，那么需要一批配备了 CCS 技术的天然气重整工厂，其发电能力与现有的燃气发电水平相当。

- **探索性方案**。一些还没有经过商业验证的替代可再生技术，如潮汐和波浪发电技术，使电力部门未来有更多的脱碳选择。随着碳捕集率的提高，电力部门的排放可以进一步降至零。低碳氢的进口可以补充国内生产。

- **成本和收益**。到 2050 年，净零碳电力系统的成本与高碳电力系统的成本大致相同，同时提供包括改善空气质量和低碳就业机会在内的协同效益。虽然核能、CCS 技术和制氢的成本（尤其是峰值发电成本）较高，但这将被低成本可再生能源的成本节约量和系统灵活性的提高所抵消。我们计算了在行业中提供低碳氢能的成本。

- **输配**。利用英国电力市场改革方案制定的政策工具和原则，继续推广低碳发电，可使高达 95% 的发电量脱碳。其他部分的脱碳，则需要通过推广 CCS 和氢能基础设施以获得低碳天然气。市场需要进一步改革，以确保市场机制有足够的灵活性，且该机制始终能良好运行。氢能需要持续的发展、示范和部署计划方案，辅之以公众参与，并优先选择低风险的机会，包括到 2030 年在至少一个 CCS 集群中生产低碳氢。

本章的分析包括六个部分：

1）电力行业的当前和历史排放。

2）电力行业的减排。

3）电力行业最小化排放情景。

4）电力行业深度减排的成本收益分析。

5）在电力行业实现深度减排。

6）低碳经济中的氢能生产。

表 2-1 总结了电力、氢气和 CCS 的不同情景。

表 2-1 对能源系统基础设施的净零影响总结

整个系统的聚合	含义	可行性评估
2050 年用电量：594 TWh（2017年 300 TWh）	• 所需发电量：645 TWh • 峰值需求：高达 150 GW • 发电装机建设速度：9 GW /年~12 GW /年	需要增加基本负荷和可变低碳电力的部署，发展 CCS 和氢基础设施
2050 年氢的使用：270 TWh（2017年 27 TWh）	• 2050年的生产能力：29 GW 先进的天然气重整工厂和 6 GW ~ 17 GW 的电解生产能力（取决于负载因素）。 • 产能建设速度：2 GW/年~3 GW/年。	需要通过先进的天然气重整和一些电解技术来大规模生产低碳氢。还将需要氢气网络，或替代运输基础设施，以及发展 CCS 基础设施
2050 年碳捕集与封存：176 MtCO$_2$ 2017年（0）	整个经济系统脱碳所需的 CCS 基础设施： • 制氢量：46 Mt • 发电量：57 Mt • BECCS：35Mt • 工业：24 Mt • 生物燃料产量：9 Mt	到 21 世纪 30 年代，需要大规模的 CCS 运输和存储基础设施

注：天然气重整假设在每单位天然气输入中产生 0.8 单位氢气（效率为 80%），并捕集 95% 的 CO_2。假设电解槽每单位电力输入产生 0.74 单位氢气（效率为 74%），负载系数为 30% ~ 90%。对 CCS 在电力和氢方面的估计应该被认为是上限。

来源：CCC analysis.

2.1 电力行业的当前和历史排放

2017年电力行业的温室气体排放量为 7 300 万吨 CO_2e，占英国总量的 15%（如图 2-1 所示）。

电力行业的排放来自发电过程中煤和天然气的燃烧。

• 99% 以上的温室气体排放是二氧化碳，其中 0.9% 的排放量来自 N_2O 和 CH_4，主要来自生物质、城市固体废物和煤电。[①]

①　由于电力部门超过 99% 的排放量来自二氧化碳,本章重点讨论二氧化碳排放。在我们的"进一步雄心方案"中,非二氧化碳排放量中 0.02 百万吨二氧化碳当量来自甲烷排放,0.03 百万吨二氧化碳当量来自一氧化二氮排放。

图2-1　2017年电力行业CO₂排放量

● 排放量比1990年的水平下降了64%（如图2-2所示）。这在很大程度上反映了从煤炭发电向可再生能源和天然气发电的转变，以及能源效率的提高。

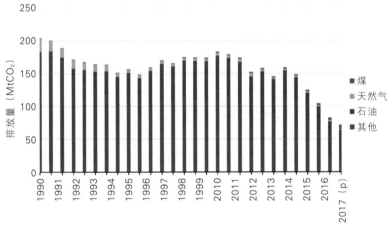

图2-2　1990年以来电力行业的排放量

注："其他"包括城市固体废弃物。

来源：CCC analysis based on BEIS（2018）UK Greenhouse Gas Emissions 1990-2017 and BEIS（2018）Energy Trends：Table 5.1.

2.2　电力行业的减排

(a)　低碳资源目前的作用

2017 年，52% 的电力来自低碳能源，比 1990 年增加了 23%：

- 21% 的发电量来自核能。
- 19% 来自间歇性可再生能源，如风能和太阳能。
- 11% 由生物能源（9%）和水力发电（2%）提供。
- 其余 48% 由化石燃料发电（41% 天然气、7% 煤炭）提供。

英国 9 GW 核电站中的大多数将在 21 世纪 30 年代初期退役，这限制了这一时期电力脱碳的步伐。如果没有这些核反应堆，2017 年低碳发电量仅为 33%（100 TWh，总发电量为 300 TWh）。如果不增加低碳发电比例，现有的燃气发电厂很可能被用于补充不足的发电量，从而增加温室气体的排放。

(b)　到 2030 年低碳资源增加的潜力

政府现有的承诺，如逐步淘汰煤电，以及新的低碳发电合同，将使低碳发电的份额从 2017 年的 52%（155 TWh）增加到 2030 年的 57%（210 TWh），同时需求增加：

- 2018 年，政府承诺到 2025 年年底在英国电力系统中逐步淘汰煤电——英国大规模发电形式中的碳排放最为密集的发电形式。

- 在我们的方案中，电力需求将增加 12%，来自 1 250 万辆电动汽车和 200 万台热泵，部分抵消了能源效率的提高。

- 到 2030 年，欣克利角的新核电站的合同将使低碳发电量增加 69 TWh，低碳发电量提高到 46%（如果不替代即将退役的核电站，这一比例将为 33%）。

- 政府已经宣布为 2020 年上线的低碳技术提供额外资金和拍卖轮次，到 2030 年，低碳发电总量将增加 43 TWh，达到 57%（210 TWh）。下一轮拍卖将于 2019 年 5 月开始，计划每 2 年进行一次续拍，作为到 2030 年支持 30 GW 海上风电承诺的一部分。

气候变化委员会 2030 年的电力情景[①]表明，低碳电力可以达到总发电量的 75%~85%，消费者只需要付出最小的额外成本（如果有的话）。这个比率高于已承

---

① CCC (2018) *Progress Report to Parliament*.

诺的57%，并且可能需要在2020年签订更多的低碳发电合同。

- 我们向议会提交2018年进度报告建议，除了目前的承诺外，还需要在2030年前再签订50TWh~60 TWh的低碳发电合同，以便将排放量降至100 gCO_2/kWh（75%低碳发电）。

一些方案认为，在低碳部署方面取得更迅速的进展，可将碳排放强度降至50 gCO_2/kWh（85%的低碳发电）。

- 可以在这段时间内开发大量的陆上和海上风能项目，以及太阳能光伏项目，不需要提供补贴，但可能仍然需要政府合同。

——如果没有政府合同的支持，这些低碳发电是不可能大规模实现的，因为政府支持的合同降低了投资风险以及项目成本。

——所谓可再生能源"商业"（不依赖政府支持的合同项目）在数量上可能受到限制，而且被认为不太可能用于海上风电。[1]

- 在此期间，进一步新建的核电站和CCS发电厂也可以填补低碳发电的缺口。

到2030年，低碳电力行业的排放量将达到18 $MtCO_2$~3 4$MtCO_2$，50 gCO_2/kWh~100 gCO_2/kWh。

（c）电气化和效率

英国2017年的用电量为300 TWh。住宅部门使用36%、其他商业使用34%、工业使用31%。对于大多数家庭来说，大部分耗电量来自电器的使用（71%）、照明（16%）、烹饪设备（7%）和水加热（6%）。[2]

近年来，英国的电力需求一直在下降，因为照明和电器效率的提高已经抵消了人口增加和经济活动对电力的需求。我们预计，随着更多照明灯具改为 LED 灯（其效率比白炽灯泡高7倍，效率几乎是 CFLs 的2倍），以及移动计算的持续增长（比固定电源供电的计算机效率更高），设备效率将持续提高。如果没有新的电力需求，我们预计到2050年需求将下降20%，降至240 TWh。

然而，本报告其他章节的方案强调电气化是减少排放的关键途径。因此，我们更有雄心地假设电气化水平提高（如图2-3所示）。

- **核心方案**：小轿车、厢式货车、一些工业过程和一些制热过程实现电气化。这些电力需求增加约200 TWh，到2050年总需求量将略高于500 TWh。

---

① 举例参见 Arup（2018）*Cost of Capital Benefits of Revenue Stabilisation via a Contract for Difference.*

② BEIS（2018）*Energy Consumption in the UK（Table 3.02）.*

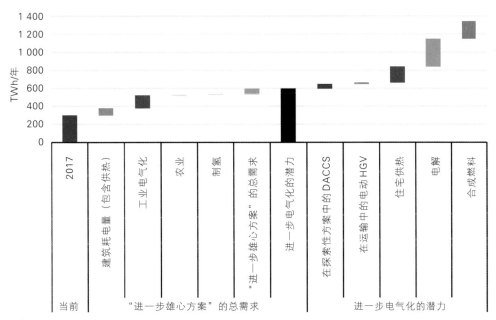

图 2-3　新电力需求潜力 (2017—2050 年)

注：运输部门中的电动 HGV 是氢燃料车辆转为电力燃料车辆。

来源：CCC analysis.

● **进一步雄心方案**：更多的工业过程和大多数建筑物的热量通过电气化（一些氢）实现，同时也要实现更多的车辆脱碳，并增加用于制氢的电力供应。到 2050 年，总需求大约翻倍，达到略低于 600 TWh。

● **探索性方案**：在探索性方案中我们认为会进一步增加电力需求。例如，2 500 万吨直接从空气中捕集的 CO_2 去除量（见第 10 章）将增加 50 TWh，仅通过电解法生产氢气就可增加 305 TWh。

此前关于低碳供热和交通的 CCC 模型建议，2050 年电力需求可能会增加一倍以上，达到 750 TWh/年。[1]

这些方案假设英国大多数供暖系统都转向电热泵技术，但我们认识到氢能可以发挥更大的作用。如果方案中的供热采用氢能而不是热泵，电力需求可能会降低 90 TWh，但氢能产量必须相应提高（270 TWh）。

电力需求可能高于我们方案中的考虑：

---

[1] Imperial College (2018) *Analysis of alternative heat decarbonisation pathways.*

● 在我们的方案中，到2050年，HGV将主要转向使用氢燃料。然而，我们注意到，电气化也可以是一种选择——如果用于所有HGV部分的电力需求将增加约20 TWh。

● 我们的方案假设，通过热泵实现电制热是高效的，因为热泵每单位电能可产生超过三个单位的热量，而电阻式或浸入式加热仅可产生一个单位热量。如果用电阻式加热，电力需求将高出180 TWh。

● 我们的方案假设，大规模制氢是通过配置CCS技术的天然气重整，而不是通过电解来实现的。如果我们方案中的所有氢气都是通过电解产生的，那么发电量将增加超过305 TWh。

● 使用电解氢以及在英国产生的二氧化碳生产航空合成燃料，到2050年可能需要200 TWh的额外电量。

2050年，核心方案和进一步雄心方案的总电力需求分别为511 TWh和594 TWh，发电量分别为554 TWh和645 TWh。[①]

(d) 进一步减少排放的备选技术

实现净零排放将需要继续部署可再生能源、核能和其他低碳能源，如碳捕集与封存以及氢能[②]，同时通过提高能源效率或减少需求来实现。

委员会委托本报告对英国的低碳电力技术部署潜力进行最新研究。[③]这些技术选项在有需要的情况下可使低碳发电的机会倍增。

可再生能源

英国拥有丰富的风能和太阳能资源，可以低成本大规模发展可再生能源电力。

我们最新的资源估算与其他评估一致，表明英国有29 GW ~96 GW的陆上风能、145 GW~615 GW的太阳能和95 GW ~245 GW的海上风能。[④]

公共和环境的可接受性以及成本，可能决定陆上和海上可再生能源技术的适当组合。

海上风电厂还面临位置限制，如海底深度，以及避开对野生动物敏感的区域

---

① 根据2013—2017年的BEIS (2018) *Energy Trends Table 5.5*的平均数据，我们的分析假设电力系统损失(主要是沿网络输送电力)为8.5%。

② 氢在电力部门一般是指氢能源载体，所以可以包含氨。

③ Vivid Economics and Imperial College (2019) *Accelerated electrification and the GB electricity system.*

④ 参见CCC (2015) *Power sector scenarios for the Fifth Carbon Budget and Vivid Economics and Imperial College* (2019) *Accelerated electrification and the GB electricity system.*

（包括鸟类迁徙路线）、捕鱼和航运路线以及军事区。然而，如果限制在英国陆地上部署陆上可再生能源，那么额外的海上风力发电也许可以作为补充。

——我们的最新研究表明，在英国水域中，固定海上风能具有高达 245 GW 的技术开发潜力。然而，对实际开发潜力进行更详细和协调的研究——考虑到英国水域的潜在能源需求、生态限制以及军事和航运需求——这一数字可能会大大减少。

——我们的"进一步雄心方案"（参见第 3 节（a））预计到 2050 年会使海上风能高达 75 GW。这需要多达 7 500 台风机，可能占英国海床面积的 2%~12%（约 9 000 平方千米）。

● 目前英国水域约有 2 000 台风机，平均容量为 4 MW，总容量为 8 GW。到 2050 年，这一风机群将需要升级，更新、更大的风机将以更低的成本取代它们。

● 正在开发容量在 10 MW~ 15 MW 的海上风机，预计其生产率将高得多（从低于 40% 升至 58% 以上）[1]。

● 在平均 10 MW 的情况下，由 7 500 台风机组成的机群可以提供 75 GW 的容量和大约 370 TWh 的电力。

英格兰和威尔士的皇室财产（The Crown Estate）已经出租了大约 8 600 平方千米的海床，相当于英国海床的 1% 左右，并正在考虑新一轮租赁。苏格兰的皇室财产也出租了 2 800 平方千米海床。

浮式风机将增加在更深的水域开发的可能性。

英国现有 8 GW 装机的海上风电。政府承诺将对 2030 年部署 30GW 的海上风电提供支持。在我们的方案中部署高达 75 GW 的海上风电可能需要在 2030—2050 年再次部署相同装机容量，同时对现有机组进行升级。

历史部署率表明，此类部署不会成为主要问题。

● 可能需要高达 4 GW/年的海上风能部署率（包括现有发电厂的升级）。在我们的"进一步雄心方案"中，将再部署 1 GW/年的陆上风能和高达 4 GW/年的太阳能。

● 这表示最近海上风能的装机水平有所增加，但陆上风能和太阳能发电的装机容量却没有增加。2012 年至 2017 年间，英国平均部署了 1.7GW/年的海上风能、超过 2GW/年的陆上风能和 4GW/年的太阳能光伏发电。

● 海上风能的部署速度高达 4GW/年，是历史部署率的两倍多。然而，海上风

---

[1] 参见 BEIS（2019）*Draft Allocation Framework for the Third Allocation Round*，该框架估计海上风能负载系数为 58.4%。

能市场已经从十年前的几乎没有，到现在部署规模扩大。此外，英国在不断增长的海上风能市场中所占份额较小，建议可以加强增量部署管控。然而，海上涡轮机和地基规模的扩大可能表明需要扩大英国海上风能生产设施的规模。

因此，我们相信，在我们的方案中部署可再生能源的水平是可以实现的，如果有需要，应该能够进行更多的部署。

是否需要部署，取决于对可再生能源间歇性特征的限制：

• 天气的可变性意味着风能和太阳能等可再生能源的利用将受到限制，而可再生能源是目前电力部门脱碳成本最低的技术选项。我们在2030年和2050年的方案中看到不同的可再生能源提供全部电力50%~75%的生产，当然这也取决于系统灵活性的提高。

• 提高系统灵活性可进行储能电池、互联和灵活性发电厂的部署，以及需求侧管理和系统运行的改进。

进一步的渗透率也是有可能的，但取决于系统的灵活性（见专栏2.1）。

核能和CCS

"基础负荷"的电力生产，可以作出信心十足的提前计划，并继续在英国电力行业发挥重要作用。"中间负荷"的电力，由能够在短时间内（例如，在一小时内）灵活调整输出的发电站提供。电力系统建模表明，部署"基础负荷"和"中间负荷"低碳电力依旧十分重要，可以有效地补充间歇性可再生能源电力，特别是采取供热过程电气化。[1]

核能和配备CCS的天然气或生物能源发电站可以提供"基础负荷"和"中间负荷"的低碳电力，具有巨大的部署潜力。

• ETI已给出，英国现有核设施的核电潜力高达35 GW。如果小型模块化反应堆也可以部署在非核场址，潜力可能会更高[2]。

• CO_2 存储潜力不被认为是在英国部署CCS的约束，总存储量预计为78 Gt（相当于每年超过150 00万吨 CO_2，可支持全年运行的50 GW 天然气 CCS 发电厂运行500年）。[3]

• 除了在燃气发电站应用，我们还考虑CCS与生物能源结合的潜在用途。在英

---

① 举例参见 Imperial College（2018）*Analysis of alternative heat decarbonisation pathways*；Ofgem（2018）*The role of baseload*；Zappa et al.（2019）*Is a 100% renewable European power system feasible by 2050.*

② ETI（2015）*The role for nuclear within a low-carbon energy system.*

③ Energy Technologies Institute（2016）*Strategic UK CCS Storage Appraisal.*

国使用 CCS 部署生物能源取决于能否提供可持续的生物质来源。委员会 2018 年的报告《低碳经济中的生物质》确定了 45 TWh 的潜在生物能源以及碳捕集和封存（BECCS）的发电范围①。同一研究表明，由于英国现有的地质二氧化碳储存水平，BECCS 的潜在发电量可增加到 200 TWh，英国有可能成为 BECCS 负排放的中心。

应能够根据我们的方案部署"基础负荷"和"中间负荷"的装机建设：

● 在我们的"进一步雄心方案"中，包括除了 1 GW/年 ~ 2 GW/年的"中间负荷"电厂（我们假设为 CCS）之外，还增加了 1 GW/年 ~ 2 GW/年的"基础负荷"发电厂。

● 类似大规模的装机建设在英国已有先例，20 世纪 60 年代和 70 年代建造了 3 GW/年的煤电设施，在 20 世纪 90 年代，天然气发电的年装机容量高达 3 GW/年。

同样，邻近的欧洲国家也实现了大型发电厂机组的持续建设，例如法国在 19 世纪 80 年代建设的 5GW 核电设施。

因此，我们的方案是合理的、持久的且建立在电力设施基础上的。除了不同的可再生能源，到 2050 年，这将使低碳电力的普及率提高到 85%~95%。

成本

即使考虑到其间歇性的影响，可再生能源也比英国的其他发电方式成本更低，可以大规模部署以满足 2050 年增加的电力需求。非间歇性低碳技术也有望实现成本效益。

● 建造大规模风能和太阳能发电厂比新建天然气发电厂便宜，而且从现在到 2050 年，在计算碳成本时，我们发现运行风能和太阳能发电厂也比现有的天然气发电厂更便宜。据估计，2020 年建成的天然气发电厂在运行期内的平均成本为 70 英镑/MWh（包括 20 英镑/MWh 的碳成本），而建造风能和太阳能发电厂的价格为 50 英镑/MWh~70 英镑/MWh。②到 2050 年，我们预计在不包括碳价的情况下，可再生能源的成本将低于天然气发电厂（见表 2-2）。

● 尽管间歇性可再生能源增加了对容量、平衡和备用电厂以及新输电网络的系统要求，但研究表明，在英国电力系统中可以管理高渗透率的可再生能源，并且增加更多可再生能源将继续降低能源系统的总体成本，实现更高的渗透率。③

① CCC（2018）*Biomass in a low-carbon economy.*
② 本章所有成本数字均以 2018 年的英镑为不变价。
③ 举例参见，Imperial College（2018）*Analysis of alternative heat decarbonisation pathways*,采用可变可再生能源渗透率为 57% ~ 74% 的模型，以及 Aurora Energy Research（2018）*System cost impacts of renewables*,采用可再生能源渗透率为 80% 以上的模型。

表 2-2　　　　　　　　　　　　　　低碳发电技术的成本

英镑/MWh	2020 英镑/MWh	2025—2030 英镑/MWh	2050 英镑/MWh	边际成本 英镑/tCO₂
天然气发电厂（不包括碳价）	501	551	562 (39 ~ 66)	—
可再生能源（风能、太阳能）	50~703	50 ~ 703	40 ~ 504	−6
基础负荷低碳电力（核电、天然气加 CCS）	—	70 ~ 805	70 ~ 805	50
中间负荷的天然气加 CCS 发电	—	—	1 082	115~120
BECCS	—	1 732	2 052	125~158

注：本章中的所有成本数字均以 2018 年的英镑为不变价。成本是当年项目调试的水平成本。可再生能源的减排成本包括支付能力。

来源：

1）BEIS（2016）*Electricity Generation Costs（converted to £2018）.*

2）CCC Analysis based on Wood Group（2018）*Assessing the Cost Reduction Potential and Competitiveness of Novel（Next Generation）UK Carbon Capture Technology.* Higher BECCS costs in 2050 reflect an increase in cost of imports.

3）Renewables costs based on Baringa（2017）*An analysis of the potential outcome of a further 'Pot 1' CfD auction in GB*，Solar Trade Association（2018）Cost reduction potential for UK large-scale PV and BEIS（2016）.

CCC Analysis based on Imperial College（2018）*Analysis of alternative heat decarbonisation pathways.*

4）Nuclear and CCS costs based on Wood Group（2018）*Assessing the Cost Reduction Potential and Competitiveness of Novel（Next Generation）UK Carbon Capture Technology*，and BEIS（2018）Nuclear sector deal.

• 非间歇性低碳发电厂，如核电厂或配备 CCS 技术的天然气或生物质发电厂，比可再生能源发电更昂贵，但系统影响较低。最新评估表明，核电和 CCS 发电厂在 2025—2030 年的部署可能花费 70 英镑/MWh~80 英镑/MWh（见表 2-2）。运营 CCS 发电厂因为要提供更灵活和响应迅速的电力输出，所以会增加总体运营成本。我们假设，这会给中等运行水平的 CCS 发电厂增加 30 英镑/MWh 的成本。

即使没有碳价，间歇性可再生能源也具有成本效益。而核电、天然气加 CCS 发电全年运行时，需要约 40 英镑/tCO₂~ 80 英镑/tCO₂ 的碳价格。中值或峰值的天然气加 CCS 发电需要 115 英镑/tCO₂~120 英镑/tCO₂ 的碳价格才能具有成本效益。

总体而言，鉴于可再生能源预期可节省成本，大规模部署低碳发电技术可以使电力行业脱碳，以极低的成本可实现对高碳发电行业的替代。

（e）避免电力行业所有排放的挑战

峰值、后备和中间负荷发电

在进一步建设低碳能力的同时，电力部门面临一个特殊挑战，即峰值、后备发电以及在某种程度上的中间负荷发电的脱碳。这些角色目前主要由天然气电厂提供，主要因为其可以在短时间内灵活地改变其电力生产方式。

"中间负荷"天然气发电的脱碳将需要部署 CCS 技术，以捕集天然气发电厂或氢气发电厂的碳排放。

- 这两个选项都需要 CCS[1] 以及潜在的氢气的运输和存储基础设施，目前尚未在英国大规模部署。这可以提供我们方案中剩余电力生产的 5%~15%。
- 在发电厂设计中需要将短时间内灵活调整电力生产的能力考虑进来（及其合同和业务模式），对于 CCS 技术而言，具有这种能力是一个特别重要的因素。

峰值需求排放脱碳将需要一种可储存的低碳燃料，如氢，作为电力需求高或可再生能源低的时期的备用发电来源。备用发电的排放量在平均年份可能很低，但在天气极端寒冷的时期可能很高（见专栏 2.3）。

- 发电峰值可以通过燃气轮机或发动机燃烧氢气以及氨来实现脱碳，前提是这些低碳燃料可以输送到发电站并在发电站储存。
- 如果英国天然气网络的燃料部分或全部转换为氢气，发电站应能够在高峰时段获取和储存低碳燃料。[2]

在没有广泛的氢气网络的情况下，发电厂可以位于氢气生产或进口设施的附近，或者氢气可以通过公路或铁路输送到发电厂。

来自 CCS 的剩余排放

碳捕集与封存发电厂不会 100% 捕集排放的碳。低捕集率可能导致大量剩余碳排放，尤其是 CCS 技术在电力生产中占很大份额的情况下。我们的方案假定捕集率达到95%。因此，CCS 政策必须鼓励高捕集率和行业推广，否则 CCS 的作用将会受到限制。

网络

英国电力系统脱碳，同时要满足额外的电力需求，这将给英国的电网带来越来

---

① 通过甲烷重整制氢被认为是英国主要的氢气生产方式，但要想实现低碳，需要 CCS 技术及相关基础设施，参见 CCC（2018）*Hydrogen in a low-carbon economy.*

② 将天然气网络转化为氢气的成本、可行性和安全性仍存在不确定性。参见 CCC（2018）*Hydrogen in a low-carbon economy.*

越重的负担，需要对输电和配电网络进行投资，并利用与其他国家的更多互联合作。网络升级将特别重要，并将适应电动汽车和热泵在配电网中的新需求。

● 传输网络容量需要跟上发电（如大规模海上风能）和互联网络的发展，并需要确保在无风天或大风天都能够可靠地满足所有地区的用电峰值需求。输电投资在很大程度上取决于新的发电资产的位置，离需求中心越远的可再生能源成本越大。在我们的"进一步雄心方案"中，额外传输投资的成本仅占电力系统总成本的2%。[①]

● 考虑到电动汽车以及全部混合式热泵的接受数量，大多数地区的电力需求将上升。委员会最近的工作表明，只要管理得当，升级配电网络容量的费用并不与增加的装机规模挂钩，因为大部分费用花在土建工程上，而不是设备（例如较粗的电缆）上（见专栏2.2）。

——因此，在增加电网容量时，必须将其提高到足够的水平，以避免在2050年之前再次升级容量。

——相对较大的装机扩张可能会是低风险的，"面向未来"的电网在必要时可以实现更广泛的电气化或使低碳电力供应更容易对需求的变化作出反应。

● 与其他国家建立长距离高压互联也有助于共享电力系统资源，提高系统灵活性。

专栏2.1　电力系统灵活性

电力系统需要实时匹配电力供应和电力需求。随着更多依赖天然气的电力供应源接入，与需求相匹配的电力供应可能变得更加困难。另外，电动汽车和热泵的新电气化需求可以提供利用不同可再生能源的机会。两者都将受益于提高系统灵活性。

增加可再生能源部署可产生四个主要的系统影响：

● 满足峰值需求。有些时期电力需求高，而可再生能源发电量低，这意味着可能需要安装备用容量，以确保随时满足需求。

● 平衡和备用。发电厂可能需要处于备用状态，以平衡可再生能源产出的短期变化或电力需求的变化。

● 发电量使用。可能存在可再生能源电力生产超过需求的时期。如果该发电

---

① 传输运营商国家电网（National Grid）编制了一份评估陆上传输需求的10年预测，参见 National Grid (2018) *Network Options Assessment.* 海上风电厂的海上传输费用由项目开发商承担。

量不能被使用，将被白白地浪费，并且没有价值。

• 网络。可再生能源——如苏格兰的风能，或者北海的风能——距离需要电力的地方很远。这需要对电力网络进行额外投资，以输送这种电力。

市场化改革正在进行中，以减少英国电力市场灵活性提供商的进入壁垒。这将允许进一步部署需求侧管理、储能电池、互联和灵活性天然气发电，以帮助将不同可再生资源集成到英国的电力系统中。系统灵活性的提高有可能到2030年将电力系统的成本每年降低30亿英镑~80亿英镑，到2050年每年降低160亿英镑。新的电力需求（如电动汽车和热泵）可以帮助降低整个系统的成本，前提是它们使用"智能"充电（见专栏2.2）。电动汽车在电力需求旺盛时也有可能向电网供电，从而减少了对额外储能或备用容量的需求。

如果系统灵活性继续提高，有证据表明，可再生能源在渗透率约为40%的时候成本为10英镑/MWh，渗透率在50%或以上（与50英镑/MWh的风电场相比）成本为20英镑/MWh。超出这些水平的渗透率取决于能否利用可再生能源发电。随着时间的推移，同一来源的可再生能源发电的边际成本将会增加，这意味着在英国电力系统内对可再生能源部署的限制将变得高而实际。

本报告同时发布了技术附件，总结了在可再生能源渗透率较高的情况下可能出现的挑战。

注：见CCC（2017年）进展报告，了解系统灵活性的重要性和部署障碍。

来源：Imperial College for the CCC（2015）*Value of flexibility in a decarbonised grid and system externalities of low-carbon generation technologies*；Imperial College for the CCC（2018）*Analysis of alternative heat decarbonisation pathways.*

（f）本报告使用的强有力的证据基础

在本报告中，我们借鉴了CCC报告及其后公布的证据，包括关于第五次碳预算，氢能、生物质和热能的研究报告的建议，以及随本报告同时发布的关于间歇性的技术说明。[①]

• 委员会的氢能报告中的模型表明，天然气在电力部门脱碳方面可以发挥作用，并作为对大量可变和基载低碳发电的补充。这个结论与其他相关研究的结论相似。

---

① CCC（2015）*The Fifth Carbon Budget*；CCC（2018）*Hydrogen in a low-carbon economy*；CCC（2018）*Biomass in a low-carbon economy*；CCC（2016）*Next Steps for UK Heat Policy.*

• 同样的建模也考虑了运输和热电气化对电力部门的影响，指出需要对新的低碳发电、备用天然气发电厂和电力网络进行重大投资，以满足这些新需求。[①]

• 委员会的氢能研究提供了关于氢燃料发电可能用途的新证据，表明需要进一步研究燃气轮机在发电过程中使用氢能的可行性。这包括考虑英国新的燃气发电厂是否具备"预备制氢"模式。

• 之前的 CCC 报告证明，将不同的可再生能源发电集成到电力系统中的成本是可控的，而提高系统灵活性有助于适应高水平的间歇性低碳发电。[②]本报告附有一个技术附件，总结并作了深入分析。

• 委员会 2018 年的生物质报告建议将生物能源和碳捕集与封存（BECCS）结合作为温室气体去除和低碳电力的来源，有可能提供高达 45 TWh/年的发电量。[③]

我们还对本报告进行了新的分析（见专栏 2.2）。

• 与第五次碳预算中央方案相比，Vivid Economics 和帝国理工学院的工作已经考虑了电动汽车和混合式热泵加速采用对能源系统的影响，重点是对电网的影响。

• 它们得出的结论是，21 世纪 20 年代的网络升级应该能够适应未来电动汽车的普及程度，并有可能实现供热的电气化。大幅调整这些升级以适应未来的需要，只占总成本的一小部分。此外，部署系统灵活性（如需求侧管理和储能电池）是最大限度地减少新电力需求所需的网络成本升级的关键。

我们的发现和假设与其他一些最新文献的发现和假设相一致：

• 多项分析都考虑了英国电力行业的未来，认为从技术上讲，75%~95% 的基础和可变低碳电力比例是可行的，可以在不损害电力系统可靠性的情况下向消费者提供电力。[④]

• 同样的研究表明，剩余的 5%~25% 的电力涉及一些天然气发电厂，它们可作为基本负荷和可变低碳电力高效的补充。

在第 2.3 节的方案中，我们融入了这些新证据并给出了我们现有的证据基础。

---

① Imperial College（2018）*Analysis of alternative heat decarbonisation pathways*.

② CCC（2015）*Power Sector Scenarios for the Fifth Carbon Budget*, and CCC（2017 and 2018）*Progress Report to Parliament*.

③ CCC（2018）*Biomass in a low-carbon economy*（Figure 5.9）.

④ 举例参见 European Commission（2018）*2050 long-term strategy*；Aurora Energy Research（2018）*System cost impacts of renewables*；Bloomberg（2018）*New Energy Outlook*；Energy Transitions Commission（2017）*Low-cost, low-carbon power systems*；Eurelectric（2018）*Decarbonisation pathways*.

专栏2.2　加速电气化相关挑战的新研究

部署混合式热泵和电动汽车（EV）是建筑和交通部门脱碳的关键技术选择。我们委托 Vivid Economics 和帝国理工学院在低成本可再生能源满足所需的发电要求情形下考虑快速推出这些技术对英国电力系统的影响。具体来说，它们调查了以下的可行性：

- 以可控成本适应加速电气化；
- 对配电网络进行必要的升级；
- 部署必要的发电能力和需求响应，以适应加速电气化。

它们得出的结论是，到2035年，可以低成本实现1 000万个混合式热泵和1 500万台电动汽车的新增电力需求：

- 电动汽车和混合式热泵本质上是灵活的，不太可能增加电力成本。如果可再生能源满足这种需求，电力成本可能会降低。
- 如果混合式热泵得到有效使用，其节碳量几乎可以与电热泵一样大，但对电力成本的影响大大降低。
- 电动汽车的"智能"充电可以满足80%的车辆在非高峰时段充电，从而避免了巨大的成本。
- 需要大量新的可再生能源发电装机，以适应电动汽车和混合式热泵的快速推广。到2035年，可能需要高达35 GW 的陆上风能、45 GW 的海上风能和54 GW 的太阳能光伏发电。到2050年，可能需要进一步部署。英国的陆上风能、海上风能和太阳能光伏资源可能足以满足2050年电力系统的扩展和脱碳需求。

此外，它们的结论是，需要进行大规模的网络升级，以满足这些新的需求。这些网络的部署需要在21世纪20年代大规模进行，并反映出全面升级这些网络以满足未来的电力需求将是一个"低风险"的选择：

- 可能需要大量网络升级，以适应电动汽车和混合式热泵的快速推广。总体而言，到2035年电动汽车和混合式热泵的快速采用，维护和加固配电网络的成本将增加40%。然而，配电费用仍将占电力系统成本的不到10%。
- 网络升级成本高昂且具有破坏性。此外，网络基础设施全面升级的成本非常低，因为电缆容量仅占升级成本的8%~10%。因此，通过全面升级电网基础设施来防范未来的投资风险是一个非常明智的选择，可以避免高达340亿英镑的电网升级再支出。
- 电动汽车和热泵推广的不确定性是准确预测网络投资需求的一大挑战。RIIO价格控制框架应足够灵活，使分销网络运营商能够对未来推广情况的新证据作出反应，即使在单一价格控制期间也是如此。

● 电池和需求响应可以减少对配电网络扩容的需求。RIIO 价格控制框架应继续激励分销网络运营商减少总支出（TOTEX），并在可能的情况下使用这些解决方案。

来源：Vivid Economics and Imperial College （2018）*Accelerated electrification and the GB electricity system.*

2.3 电力行业最小化排放情景

我们的电力生产情景是基于整个能源系统建模的，以满足脱碳能源系统中电力生产和需求的实时要求[①]。我们认为，电力生产的排放量只是正排放，温室气体减排的任何负排放都计入其他经济部门当中（见第 10 章）。

我们首先阐述了方案，然后考虑近零方案的实现速度。

（a）将排放量削减为零的方案

在本节中，我们总结了减少排放的技术选项。我们将这些融入 CCC （2019）净零建议报告第 5 章的"核心方案"、"进一步雄心方案"和"探索性方案"的技术选项之中。

● **核心方案**是那些低成本的低风险技术选项，在大多数策略下，这些技术选项都有意义，能够实现当前提出的到 2050 年减排 80% 的目标。对大多数技术而言，政府已经作出承诺或开始制定相应的政策（尽管在许多情况下，这些政策需要进一步加强）。

● **进一步雄心方案**的技术选项比核心方案更具挑战性和/或更昂贵，但都可能是实现净零目标所需要的技术支撑。

● **探索性方案**的技术选择目前技术准备程度非常低、成本高、公众不易接受。这些技术选项不太可能全都可行。其中的一些技术选项可能会作为实现国内温室气体净零排放的备用技术。

图 2-4 列出了这些技术选项如何在电力部门减少排放量。

[①] 参见 Imperial College （2018）*Analysis of alternative heat decarbonisation pathways.* CCC 的分析基于"混合 1 000 万吨"方案，该方案包括通过电动汽车实现地面交通的广泛电气化，以及通过混合热泵实现建筑物的供热。

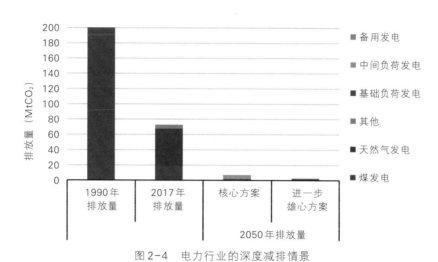

图 2-4   电力行业的深度减排情景

注："其他"包括燃油发电排放和城市固体废弃物的排放。

来源：基于帝国理工学院"混合 1 000 万吨"情景中的容量和发电组合的 CCC 分析（2018）替代热脱碳途径的分析。

核心方案

在核心方案中，超过 95% 的发电（随着运输和供热电气化而增长）由成本相对有效的可再生能源、核能和 CCS 来提供。

- 通过建设 1 GW ~ 2 GW 的基础性低碳发电装机容量，以及每年 5 GW ~ 8 GW 的间歇性可再生能源发电装机，可以在很大程度上满足新增的电力需求。到 2050 年，可提供 615 TWh 的发电量（电力生产的 95%），利用 CCS 技术实现剩余 200 万吨 CO_2 的减排（如果全部由燃气发电机组供电，则约有 18 000 万吨 CO_2 的埋存量）。

- 可再生能源成本的下降意味着，这种基础性的和可变的混合发电方案在 2050 年的平均成本约为 60 英镑/MWh。这符合天然气的预期成本（在应用碳价之前），也涉及有限的额外费用。相比之下，2018 年的平均批发电价为 57 英镑/MWh。[1]

- 2050 年的核心方案将需要大量中间负荷的燃气发电厂。这可以通过捕集其排放物、使用 CCS 或燃烧氢能等低碳燃料来实现部分脱碳。

——帝国理工学院（2018 年）为委员会建模表明，需要 16 GW ~ 43 GW 的中间负荷的天然气发电厂，在 50% 以上的小时内运行（但负载系数为 20% ~ 25%）提供 5% ~ 15% 的发电量。如果继续新建天然气发电厂，将导致 900 万吨 CO_2 的排放。

---

[1]   Aurora Energy Research（2019）*EOS platform.*

——这意味着与今天相比，中间负荷发电量有所减少，由于系统内有大量基础性的和间歇性的低碳发电装机，与其他国家的互联也有所增加，并且使用混合式热泵以满足对峰值供热的需求（这可能是中间负荷电厂发电量的两倍）。

——我们的核心方案使这些发电机组实现一般的脱碳，需要高达 8 GW ~ 22 GW 的中间负荷低碳电厂。这意味着在 2030—2050 年，CCS 发电站的年建设量将高达 0.4 GW ~ 1 GW，才能将排放量降至低于 500 万吨 CO_2/年的水平。

——对 CCS 发电厂的最新估计表明，减排成本为 80 英镑/吨 CO_2~ 120 英镑/吨 CO_2，范围的较高数值反映了较低的负荷系数。

• 在核心方案中，使用更多的备用燃气发电厂在高峰时段发电，排放量约为 30 万吨 CO_2。

核心方案中的排放量约为 700 万吨 CO_2（CCS 发电厂残余排放量为 200 万吨，稳定的天然气发电厂的排放量为 500 万吨 CO_2）。这意味着碳强度略高于 10 gCO_2/kWh，平均减排费用为 17 英镑/tCO_2。

"进一步雄心方案"在 2050 年进一步减少电力部门排放的技术选项

我们的"进一步雄心方案"技术选项将在满足电力需求增加的同时将排放减少至净零。实现英国现有的 2050 年目标可能需要这些技术，而且要实现净零目标这些技术一定是必需的。

• 在"进一步雄心方案"下进一步电气化可能会增加 83 TWh 的电力需求，需要 90 TWh 的发电量。

• CCS 发电厂在"进一步雄心方案"中的部署增加，在 2030—2050 年将从 0.5 1 GW/年~ 1 GW/年增加到 1 GW/年 ~ 2 GW/年，中间负荷的发电厂排放量可能降至零，减排成本为 115 英镑/tCO_2 ~ 120 英镑/tCO_2。

• 尤其对于负载系数较低的中间负荷的发电厂（可能适用于所有电厂），使用 CCS 生产氢能并将其用作发电燃料，比 CCS 用于发电厂可能更具成本效益。这也将有助于达峰和后备发电设施脱碳化（见专栏 2.3）。

"进一步雄心方案"中的排放量为 300 万吨 CO_2（几乎全部来自 CCS 残余排放）。平均减排成本为 19 英镑/tCO_2。

专栏 2.3 备用发电机组的脱碳

备用发电机组是维持英国电力系统供电安全的一个关键组成部分，以确保在电力需求高、可再生能源产出低时满足电力供应。备用燃气发电厂随时可用，但平均一年的运行时间较短。如果持续增加，这些发电厂在我们的方案中平均可产生高达 30 万吨 CO_2/年的排放，但在持续寒冷天气和低可再生能源电力产出的时期，排放量可能会更高。

• 帝国理工学院的建模表明，到 2050 年，需要大约 40 GW~120 GW 的备用天然气发电厂，在超过 15% 的小时内运行，但提供不到 1% 的发电量。在此期间，天然气的发电在整个发电量中的比例很小（±1%），如果不加速退出，排放量可能达到约 30 万吨 CO_2。偶尔可能会有电力需求高、可再生能源产出较低、持续时间更长的时期，特别是在依靠电力实现供暖的情形下。

• 对这些发电厂进行脱碳将需要部署备用天然气发电厂，这些发电厂可以在风能和太阳能低产出和高电力需求期间储存和燃烧氢（或氨）等低碳燃料。这样，电力部门的峰值排放量可降至零，减排成本约为 120 英镑/tCO_2（与氢气生产相关的排放量为 20 万吨 CO_2）。

备用发电机组的脱碳需要开发氢或氨等低碳燃料（以及 CCS 基础设施）的运输和储存装置。

注：装机范围取决于使用氢能（对电网影响不大）还是电力（高冲击和相应容量）进行脱碳。也可以通过增加系统灵活性或电力储存来减少装机。

来源：Imperial College（2018）Analysis of alternative heat decarbonisation pathways.

指示性发电组合

给出精确的发电组合是不可能的。这些组合将最好地满足我们方案中增加的需求（至少满足成本要求），同时保证供应安全。我们的方案对可能的组合作出假设，以评估可行性和成本。它们具有以下特点：

• 可再生能源占主导地位。目前，可变可再生能源（例如陆上风能、海上风能和太阳能光伏）发电似乎是成本最低的低碳发电选择，部署障碍最小。我们以前对间歇性发电的分析表明，在管理电网和避免高成本必要装机的限制下，间歇性发电的份额可高达 50%，通过提高系统灵活性，其份额可能超过 50%。[1]我们假设，到 2050 年，可再生能源至少贡献了 59% 的发电量，尽管这不应该被视为英国可再生能源部署的上限。[2]

• 生物能源和碳捕集与封存（BECCS）发挥作用。我们的《生物质评论》的结论是，在可能的情况下，生物质应和碳捕集与封存（CCS）结合使用，以最大限度

---

[1] See CCC（2015）*Power Sector Scenarios for the Fifth Carbon Budget*；CCC（2018）*Progress Report to Parliament*（Box 2.2）.

[2] 其中包括水力发电和废弃物发电，相当于发电量的 2%。

地提高碳封存效率。目前尚不清楚 BECCS 的生产能力是否有效地用于生产电力、氢或航空生物燃料。在我们的方案中假设该技术用于电力领域。因此，我们的 2050 年"进一步雄心方案"中有 5 GW 的 BECCS 提供 41 TWh 电力（占总发电量的 6%），每年封存 3 500 万吨 CO_2 的排放量（参见第 10 章）。

• **核能发挥了一定的作用。**一座 3.2 GW 的核电站目前正在欣克利 C 角（Hinkley Point C）建设，预计 2050 年以后将能更好地运行，这意味着到 2050 年其最低可贡献 26 TWh（占发电量的 4%）[1]。西斯韦尔 C 点（Sizewell C）和布拉德韦尔（Bradwell）的新核设施可能使核电贡献增加到 11%。

• **氢或氨作为备用能源。**我们的方案包含大量的备用装机，这些备用装机仅在一年中运行很短的时间——当间歇性可再生能源发电量低、需求高，同时储能无法弥补电力缺口时，才会使用备用机组。这些备用机组的发电量不到总电量的 1%。我们假设，大部分备用机组是由循环燃气轮机或其他灵活燃气发电机组提供备用装机的，燃料是氢气或氨，我们假设这些燃料是使用甲烷加上 CCS 技术生产的。

• **我们假设燃气 CCS 发电满足剩下的需求。**其余 23% 的电力生产有多种可能性。一些分析家提出了可再生能源超过 60% 的方案[2]，另外还可以再建 15 GW 的核电站，只占 ETI 认定的现有核电站的一半左右。我们的方案假设，剩余的 23% 的发电量来自装有 CCS 的天然气发电机组。鉴于天然气 CCS 发电有一些剩余排放（可再生能源和核能没有），而且预期成本高于可再生能源，因此，对于我们而言，这是一个保守的假设。

图 2-5 阐述了 2050 年"进一步雄心方案"在装机和发电方面的潜在组合。

减少电力排放的替代技术选项

我们的方案侧重于可以实现减排的技术途径。在许多情况下，会有替代的技术或行为方法，尽管替代办法能够实现排放量比现在更低，但现在没有必要在这些技术和方法中作出决定。

• 在我们的方案中电力行业的剩余排放，主要来自天然气 CCS 发电厂产生的被捕集的 95% 的排放量。提高电力系统的灵活性或提供新的储能形式，可以使进一步的间歇性可再生能源融入系统，从而减少电力系统对天然气 CCS 发电机组的需求。部署更多的核能或可再生能源替代技术也能够进一步减少排放。

---

[1] 此外，目前在 Sizewell 运行的 120 万千瓦核电厂如果能达到英其他核电厂的使用寿命，将会运行到 2050 年以后。

[2] Aurora Energy Research（2018）*System cost impacts of renewables.*

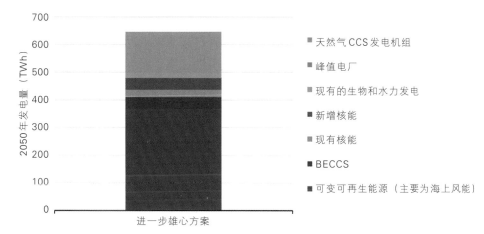

图 2-5　2050 年低碳电力系统的发电组合

注：天然气 CCS 发电机组在提供企业电力方面的作用是示范性的，可以被核电或其他可再生技术所取代，从而减少剩余排放。

来源：基于帝国理工学院"混合 1 000 万吨"情景中的容量和发电组合的 CCC 分析（2018）替代热脱碳途径的分析。

——我们的方案围绕电力组合进行了优化，在发电量超过需求时，最大限度地减少了可再生能源发电的需求。将可再生能源增加到这一最佳水平之上可能会降低其价值，从而增加成本。新的储能形式——例如多日持续储能，或将电力转化为其他能源载体，如氢——可以提高可再生能源发电的经济性。可再生能源发电成本的持续下降可以降低安装可再生能源发电机组的总体成本，即使某些发电量没有被利用。

——我们的方案包括到 2050 年新建 3 座核电站。核电站的进一步部署可以取代天然气 CCS 发电厂的建设。

——我们的方案侧重于将太阳能光伏和风能作为目前成本最低的技术进行部署。部署波浪能和潮汐能等可再生能源替代技术可以减少可再生能源发电的间歇性，并进一步减少排放。

● 减少能源需求（即通过提高能源效率）可以减少所需的发电量，进而减少排放。

——我们的方案包括提高普通电器和照明电器的效率，到 2050 年每年减少 61 TWh 的电力需求。有可能存在进一步减少电力需求的潜力。

——我们的方案还包括，热泵效率随着时间的推移将不断提高，到 2050 年平均热泵性能系数（COP）达到 3（每单位电力提供 3 单位热量）。进一步提高热泵效率可以减少制热用电的需求。

——我们的交通方案假设从使用汽车转向公共交通或步行和骑自行车，从而减少交通用能的需求。进一步减少汽车使用，或通过自动运输进行潜在改变，可以减少运输需求，进而减少总体电力需求。

探索性方案中到2050年将电力排放削减的技术选项

整个经济的探索性方案技术选项可能会进一步减少电力行业的排放。

• 我们在电力部门的"核心方案"和"进一步雄心方案"中假设，实施CCS技术可以捕集95%的燃烧排放。国际能源署建议，在不大幅增加成本的情况下，将这些捕集率提高到接近98%或99%是可能的。[1]如果电力部门99%的排放能由CCS技术捕集，则可以减少80%的剩余电力的排放，即减少到60万吨CO_2。[2]增加核能和可再生能源发电份额，或增加电解制氢可以避免这些剩余排放。

• 我们的方案假设英国生产的电力足以满足英国的所有电力需求。英国可以与其他国家合作进口低碳电力。先前和目前的提案都考虑从撒哈拉地区进口太阳能，从冰岛进口低碳地热发电，或与荷兰和德国合作，在北海建立海上风力发电中心。

• 在CCC的方案中没有考虑低碳氢的进口，但在2050年前可能会发生。这可以减少国内氢气生产的需求，其中一些来自电解，需要消耗电力；有些使用CCS，因此涉及剩余排放。同样，提高电解器的效率可以减少这些制氢过程中的电力需求。[3]

• 我们的方案假设，在电源和电力用户之间的电力损失占总发电量的8.5%。有更多的机会可以减少这部分的电力损失，并有可能实现减排。

经济系统中的一些"探索性"技术选项（如直接空气捕集与封存技术（DACCS）和合成燃料生产技术）可能会增加电力需求。后面将详细介绍这些内容。

（b）将排放量削减为零的时机

第五次碳预算（2028—2032年）已经要求在实现净零方案方面取得显著进

---

[1] IEAGHG (2019) *Towards zero emissions CCS.*

[2] 或者，捕集率可以更低。见第5（b）节。

[3] 详情见CCC (2018) *Hydrogen in a low-carbon economy.* 我们的方案假设电解槽每生产1单位氢气需要消耗1.35单位的电力，一些估计表明这可以减少到1.1单位。

展。委员会已经证实，在一定程度上加强具有成本效益的现有政策，可将低碳发电的比例从目前的 50% 增加到 2030 年的 75% 以上，并同时提高系统的灵活性。

通过承诺和精心设计的政策努力，到 2050 年左右，就可以完全实现"进一步雄心方案"（见表 2-3）：

• 我们 2030 年的电力行业方案包括 75%~85% 的发电是由低碳资源来满足的。继续部署低碳发电将使这一份额在 2030—2050 年得以维持。

• 政府目前承诺采取技术措施在 2020—2030 年大规模部署 CCUS，并正在研究运输和储存基础设施的交付模式，这些基础设施需要从捕集与封存二氧化碳的角度长期运行。到 2030 年建立这些基础设施的任何延误都可能大大减缓电力部门实现脱碳的速度。

——在我们的方案里，2030 年以后天然气发电将继续发挥作用。如果未能使天然气发电脱碳，此部分排放将有增无减。从现在到 2050 年建成的天然气发电厂可能需要脱碳才能继续运营。

——持续的政策努力——包括基础负荷和灵活性 CCS 发电厂以及碳运输和储存基础设施的融资模式——在 2040—2050 年，中间负荷的发电将基本实现脱碳。

• 备用发电机组脱碳需要生产低碳燃料并建设基础设施来运输或储存这些燃料，以便在需求高峰时使用。到 2050 年，这种基础设施的成功开发可能使峰值发电脱碳产生的排放量减少。

此评估允许在实际变化速度下考虑到各种限制因素，而无须大量早期投资报废：

• 大多数（82%）英国的不可再生能源产能建于 2005 年之前，预计到 2050 年将关闭。电力部门面临的挑战是建设新的机组，而不是转换现有机组。

• 预计发电技术的部署率不会成为取得进展的主要障碍（见第 2（d）节）。

实现英国电力部门的大幅减排取决于到 2030 年提供 CCS 基础设施的数量和部署支持的力度。这既能利用 CCS 发电，又能生产用于天然气发电厂（以及可能一些基础负荷的发电厂）的低碳氢。

图 2-6 列出了关键的时间点。

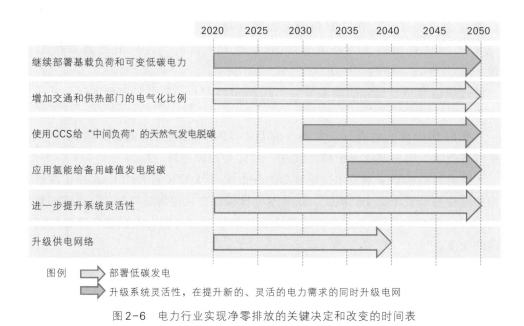

图 2-6　电力行业实现净零排放的关键决定和改变的时间表

表 2-3　　　　　　　　　　　电力净零排放减碳中的机会

来源	2030年第五次碳预算中剩余排放量（MtCO₂）	2050年"进一步雄心方案"的剩余排放量（MtCO₂）	达到"进一步雄心方案"的最早时间	2050年的成本（英镑/tCO₂）
可再生能源	0	0	2030—2050	−6
基础性低碳电力	0	2.3	2030—2050	48
中间负荷的发电	16~30	0.6	2040—2050	115~120
备用峰值发电	2~5	<0.1	2050	120

注："英镑/tCO₂"成本数字代表2050年实施措施的平均成本，即适用于同一排放源的多种减排措施的算术平均值。

来源：CCC analysis.

2.4　电力行业深度减排的成本收益分析

本报告第1章总结了我们评估成本和收益的总体方法，并在所附建议报告的第

7 章中对此进行了全面阐述。

我们电力行业净零排放方案中包括的一些低碳技术选项将避免与高碳替代技术（如燃气发电）进行成本比较，而其他技术选项可能更昂贵（如图 2-7 所示）。

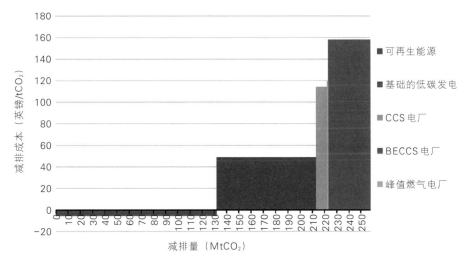

图 2-7　在"进一步雄心方案"中的电力行业深度减排的边际减排成本曲线

来源：基于 2018 年 Wood 集团的 CCC 分析评估"新（下一代）英国碳捕集技术的成本降低潜力和竞争力"和"CCC（2018）分析：低碳经济中的氢能"，帝国理工学院（2018）"对替代供热脱碳途径的分析"。

● 一些可再生能源比英国的替代发电技术便宜，可以大规模部署，以满足 2050 年增加的电力需求。在英国，新建和运营新的风能和太阳能发电厂，已经比建造和运营新的燃气发电厂便宜。[1]在 2020—2050 年，建造新的可再生能源发电厂可能比经营现有的燃气发电厂更便宜。

目前的估计是，核能发电的成本将继续高于仍在使用的燃气发电。

● 以天然气为原料的 CCS 和氢能电厂将比未采用减排措施的天然气发电厂成本更昂贵，因为其不会面临反映减排成本的碳价问题。

● 其他发电技术选项，如波浪能和潮汐能技术，以及浮动海上风能技术，目前的成本比其他发电方式都高，尽管已经确定了这些技术有进一步成本降低的潜力。[2]这些技术选项暂不包括在"核心方案"和"进一步雄心方案"中。

––––––––––

① 在第 2 节中，我们对不同选择的天然气价格和发电成本进行了假设。

② ETI（2015）*Insights into Tidal energy*；ETI（2015）*Wave Energy：Insights from the Energy Technologies Institute.*

总之，与没有采取任何行动的理论相比，这些成本（电力系统仍然继续使用天然气发电机组）意味着每年要花费 40 亿英镑（按 2018 年实际价格计算，约占 2050 年预期 GDP 的 0.1%）用于电力行业将排放量降至零，符合我们 2050 年的"进一步雄心方案"。

● 2050 年，一个提供 645 TWh/年电力的天然气电力系统，维护和运行费用大约为 460 亿英镑，同时产生 2.25 亿吨二氧化碳的排放量。我们的估计表明，将排放量降至 300 万吨 CO_2 将额外花费 40 亿英镑/年。

● 我们的成本估算有一个反向的假设，即根据政府公布的未来天然气价格情景的中心值，以 56 英镑/MWh 继续使用未脱碳的天然气发电机组。然而，未来的天然气价格很难预测。如果天然气价格处于情景的低端，那么天然气发电的价格明显便宜（38 英镑/MWh）；如果天然气价格处于情景的高端，那么天然气发电的价格明显贵（66 英镑/MWh），则方案的成本将分别变为 20 亿英镑/年和 150 亿英镑/年。[①]

● 我们的成本估算还假定，电力系统灵活性的部署降低了将可再生能源集成到英国电力系统的成本。如果降低系统灵活性，系统总成本每年将增加 30 亿英镑。相反，进一步提高系统的灵活性可使系统成本每年降低 10 亿英镑。[②]

这一方案还将通过改善空气质量、减少对进口燃料的依赖和减少对化石燃料价格波动的影响而带来协同效益，并可能为英国创造更多的经济机会。这些建议在建议报告第 7 章中阐述。

可再生能源发电成本的显著降低意味着本报告中公布的成本估计数将低于以前的 CCC 报告。例如，在委员会 2012 年关于 2050 年目标的报告中，电力部门脱碳的成本估计在 2050 年将占 GDP 的 0.3%，而我们现在预计这些成本届时约为 GDP 的 0.1%。[③]

下一节将考虑如何实现这些方案，包括为了电力部门顺利实现净零排放的政策设计。

---

① 根据 BEIS (2018) *Energy and Emissions Projections 2017 – Annex M. A*,天然气价格为 41 p/therm，69 p/therm 和 85 p/therm，2 p/therm 的增长被计入天然气运输成本。

② 在通过(非混合)热泵更多使用电加热的情况下,系统灵活性的提高将带来更多的好处。

③ 随着更早期、更昂贵的可再生能源项目从 21 世纪 20 年代后半期退出,电力部门的脱碳成本预计将大幅下降。

2.5　在电力行业实现深度减排

本节分三个部分：

（a）需要克服的障碍；

（b）不确定性；

（c）推动电力行业深度减排的主要政策影响。

（a）需要克服的障碍

要实现"进一步雄心方案"中的排放水平，需要各级政府强有力的领导，并且需要民众和企业行动的支持。

表 2-4 按照第 1 章提出的方法，总结了我们对诸多减排机会和障碍的评估。

● **成本**。电力系统脱碳成本较低（2050 年约占 GDP 的 0.1%）。因此，适量的长期资金供应并不是障碍，确保能够跟得上快速规模化的趋势才是障碍。

● **投资**。随着电力行业资本密集程度的提高，英国电力行业所需的投资水平可能会提高，用于提供低碳发电技术和建设电力网络的支出可能会增加。然而，减少燃料燃烧和以零边际成本低碳发电取代燃料燃烧的成本节约，将大大超过资本支出。政府政策已经支持这一转变：

——2013—2017 年，英国发电和电网的资本投资为 100 亿英镑/年。[1]我们的分析表明，"进一步雄心方案"需要增加投资，并到 2050 年一直维持在约 200 亿英镑/年的水平。

——2017 年，用于发电的化石燃料燃烧成本约为 45 亿英镑。2050 年，如果我们的"进一步雄心方案"中所有电力都由天然气发电来提供，那么随着需求和天然气预期价格的上调，这一价格将升至 280 亿英镑/年（由于天然气价格的波动，预计价格范围在 160 亿英镑/年~340 亿英镑/年）。[2]

——在实施电力市场改革时，政府认识到了英国电力系统日益呈资本密集型的特征：

● 低碳发电机组的差价合约降低了未来电价波动带来的收入风险，降低了投资者的资本成本。

---

[1]　BEIS（2018）*UK Energy in Brief.*

[2]　根据 BEIS（2018）*Energy and Emissions Projections 2017 – Annex M. A*，天然气价格为 41 p/therm，69 p/therm 和 85 p/therm，2 p/therm 的增长被计入天然气运输成本。

- 英国容量市场认识到，在边际发电成本为零的情况下，不可再生能源发电机组可能不会在电力系统中获得足够的回报。[1]
- 若要吸引这种水平的新投资，需要投资者对政府政策的一致性和雄心充满信心。
- **供应链**。使英国电力行业去碳化，需要改变制造业和供应链，从而带来新的挑战和机遇：

——海上风能、陆上风能和太阳能光伏等低碳技术的供应链已扩大，在2010—2020年将低碳发电规模扩大至每年5 GW。某些技术的供应链，特别是依靠英国供应链的海上风能，可能需要从现在到2050年进一步扩展。[2]

- 在"进一步雄心方案"下，陆上风能和太阳能光伏的建造率与英国的部署水平一致，陆上风能和太阳能场的组件已基本进口到英国。这表明，供应链已经而且将能够在英国提供陆上风能和太阳能光伏发电的支持。
- 大型海上风能的部署更依赖于英国的供应链。政府和工业的目标是，到2030年，本地供应的部件从近50%增加到60%。[3]BVG Associates最近的一份报告强调了英国海上风能制造设施可能需要扩大的几个领域。[4]

——捕集、运输与封存电力行业（和其他来源）的排放将创造一个全新的行业，尽管与现有的发电和化石燃料行业相似。氢能基础设施的发展可能带来类似的挑战和机遇。

——委员会2018年的氢能报告确定了通过燃气轮机或发动机燃烧氢气或氨等低碳燃料发电的可能性。还需要进一步的工作来了解这一成本及可行性，这可能与目前化石燃料发电厂的运作有所不同。

- **系统操作**。向低碳电力系统的过渡既包括改变消费者的用电方式，也涉及电力系统的运行。

——消费者在消耗能源的时间上变得更加灵活，尤其是对于电动汽车和热泵等潜在的新增电力需求，可以节省大量成本。最大的好处是，从冬季的高峰期转移需求。采用所谓的"智能"技术应使消费者能够参与灵活的电力系统，而不会对其行

---

① 英国的发电容量市场目前处于停滞状态，等待欧盟委员会的政府援助批准。英国政府已经表示，它将继续运行容量市场并承诺履行所有的容量支付的意向。

② 参见 Vivid Economics and Imperial College（2018）*Accelerated electrification and the GB electricity system.*

③ Whitmarsh（2019）*The Offshore Wind Industry: Supply Chain Review.*

④ BVG Associates（2017）*Unleashing Europe's offshore wind potential: A new resource assessment.*

为作出重大改变。

——电力系统的电力供需变化可能会增加。不断增加的储电技术部署、与其他国家的互联以及灵活的发电能力（以及其他系统要求）将增加系统操作员和参与者的复杂性，但从长期来看，这将降低系统成本。系统运营商已经计划管理电网，以便早于2025年实现零碳情况下的安全运行。[①]

• **技术**。我们关于英国电力行业的方案是基于当今已经验证技术的。到2050年，发电和灵活性技术的创新可以降低成本，以提高英国能源组合的多样性：

——这些方案依赖于一系列的低碳技术，包括陆上和海上风能、太阳能光伏、核能、CCS、生物能源和水力发电。其他较新的技术，如波浪能和潮汐能，或浮式风电作为基础风电的替代品，可以在电力部门脱碳中发挥更大的作用。

——可变可再生能源的部署以及新增加的电力需求将对电力系统的运行构成挑战。英国已经开展了大量研究工作，以了解系统灵活性的好处，并且已经开始部署相关支持技术，如储能电池、互联和灵活性天然气发电厂。研究、开发和创新支持需要了解英国电力系统面临的下一组挑战，并制订解决这些问题的方案。[②]

• **技能**。向低碳电力部门的转型很大程度上建立在当今电力系统的技术上，但是在2050年，拥有新技术或从业人员年龄较大的领域可能需要增加技能培训：

——尽管我们的方案仍然涉及大量燃气发电站，但这些发电站可能处于不同的位置，需要不同的技能，因为它们需要使用氢气或CCS运行。燃煤发电站已经预期关闭或改用替代燃料。

——可再生能源发电，特别在开发和建设方面将有更多的就业机会，而可再生能源的运营则不是劳动密集型的。供应链行业中也有就业机会。尽管英国目前是可再生能源技术的进口国，但政府最近宣布的海上风能部门协议设定了发展目标，到2030年海上风能行业的就业岗位将从目前的7 200个增加到27 000个，其中很大一部分与制造业和出口的增长有关。[③]

——英国拥有大量熟练的民用和军用核就业人员，尽管许多工人已接近退休年龄。核电投资方面的差距可能带来技能差距。

——随着北海燃料开采量的减少，部署CCS运输和储存基础设施可能会为石油和天然气工人提供机会，因为在所需的技能和地点方面存在一些交叉。

——提高电力系统的灵活性将涉及扩大目前存在的基础设施（例如互联器、灵

---

① National Grid（2019）*Zero Carbon Operation 2025.*

② 参见本报告附带的关于间歇性影响的技术附件。

③ BEIS（2019）*Offshore wind: Sector Deal.*

活性发电机组、储能技术）和信息技术，同时带来挑战和机遇。英国的电力电子行业发展迅速，由于其可能处于运营电力系统挑战的前沿，所以其可再生能源、技能和解决方案的开发可能适用于英国和全球市场。

这些障碍表明，需要采取综合措施，支持业界提供各种方案。在政府的有效领导下，特别是提供明确的方向和稳定的政策环境，障碍是可以克服的。

表 2-4　　　　　　　　　电力行业面临各种挑战的减排成本评估

	减排措施	壁垒和实施风险	资金机制	协同效益和机会	替代技术
基础性和可变低碳电力	部署低碳生产规模以满足额外需求	●需要更高的建设率（装机容量和网络）。可能需要核能或CCS以及可再生能源	●预计会削减成本	空气质量●可能产生负面景观影响	陆上风能；海上风能；太阳能光伏；核能；天然气CCS；BECCS
中间负荷（和备用）发电	进一步部署CCS和氢能	●CCS基础设施和政策	●总成本较低		氢能或天然气CCS可能的其他形式的储存
电力系统灵活性	支持以上措施的推广	●电动汽车智能充电水平，消费者使用热泵	●节省消费者成本的可能性	●减少系统运维费用	

注：表中的措施评级基于以下标准：如果有证据表明某一特定措施特别难以实施，则"壁垒和实施风险"被评为"红色"，否则被评为"绿色"或"琥珀色"；如果某一措施的交付成本高，并且这些措施对企业的竞争力产生负面影响或使用户减少，则被评为"红色"，否则被评为"绿色"或"琥珀色"；如果有证据表明存在积极的"协同效益和机会"，则被评为"绿色"，否则就不给予评级。

来源：CCC analysis.

(b) 不确定性

从现在到2050年存在着重大的不确定性，尤其是无法实施CCS基础设施或无法完全避免电力系统灵活性的风险。但在某种程度上，依然存在着弥补相关不足的备选办法。

● 我们假设CCS发电厂的碳捕集率为95%，尽管现在少有天然气CCS发电厂在运行，但可以实现什么样的碳捕集率还存在高度的不确定性。如果碳捕集率为85%，电力部门的排放量可能高达1 500万吨 CO_2，而"进一步雄心方案"中的排放量仅为 300 万吨 CO_2。为了避免更高的排放，CCS 必须发挥较小的作用，而其他技术如核能和海上风能则要发挥更大的作用。

- 在没有碳捕集与储存技术的情况下，电力部门对剩余气体进行脱碳，也需要低碳燃料，如不含 CCS 的氢气。委员会对 2018 年氢能报告的分析表明，氢气可以通过电解产生，也可以从其他国家进口。这两种选择都增加了成本或不确定性：预计英国的电解氢的成本大约是天然气重整制氢成本的两倍，而且目前全球没有低碳氢交易市场。然而，可再生能源成本的持续快速下降或 CCS 的高成本将改变这一切。

- 电力系统灵活性的不确定性被广泛关注，特别是在需求方面（例如，消费者是否支持增加灵活性）。如果灵活性部署受到限制，将产生额外的成本，但电力系统仍然可以运行。

- 与其他国家的电力互联的总体水平和碳强度仍具有不确定性。我们的分析假设，英国未来进口的电力不会超过出口，以抵消进口更多高碳电力的风险。互联作为灵活性的来源仍然很有价值——在需要的时候进口，在盈余时出口。

- 电力系统的损失是跨电网输送电力造成的。由于网络和系统运行的改善，未来损失是否会减少，或者输配电级别增加的电气化需求是否会增加总体损失，依然存在不确定性。[①]

- 分析中还有许多其他不确定因素，例如低碳技术的未来成本和性能，以及间歇性可再生能源在英国电力系统中高比例的影响等。[②]

电力行业的一个关键减排因素是提供多种技术来产生低碳电力和提供灵活性。委员会一贯建议对电力部门脱碳采取一揽子办法，认识到替代技术（如潮差或泻湖）在其他技术的部署被推迟或取消时所能够发挥的作用。

(c) 推动电力部门深度减排的主要政策影响

本报告的目的不是确定完整的策略组合来实现上述方案。然而，确实存在更重要的、优先级更高的政策影响，政府和议会应在考虑制定英国净零排放目标时充分认识到。

为稳定部署可变低碳电力买单

电力行业去碳化与电气化要求将低碳发电规模扩大至目前水平的四倍，这包括

---

① 我们假设 2013—2017 年的平均损失率为 8.5%。

② 有关更多信息，参见附带的关于间歇性影响的技术附件。

海上风能电力增加七倍，同时增加大型核电的建设和CCS机组的数量。在电力市场改革期间制定的政策工具，如降低风险和降低成本的差价合约，将继续发挥重要作用。

可再生能源项目迄今需要大量补贴，而且今后仍需要市场干预，但我们预计它们在现有承诺之外不需要额外资金。

当前支持。低碳发电项目前通过上网电价、可再生能源义务和差约合同计划获得高于批发电价的收入，尽管前两个计划已经停止。2017年，英国对90 TWh低碳发电项目给予了70亿英镑的年度支持。可再生能源的成本下降意味着它们可以很少或不超过电价的水平来签订，而且随着旧的项目退出系统，低碳发电机组的资金支付预计在2025年左右达到峰值。[①]

可再生能源的部署。可再生能源在英国比替代发电方式便宜，可以大规模部署，以减少英国的电力排放，同时可满足不断增长的电力需求。我们的方案表明，可变可再生能源的作用可能比现在高四倍，需要增加和持续部署可再生能源技术组合。重要的是，这样做可以在不增加英国电力系统总成本的情况下完成。

未来核能项目对财政的成本尚不清晰。对核能项目的投资通常比单个可再生项目需要更多的资本，因此可能更难融资。它们还需要很长的准备时间，而且开发前的成本可能较高。这可能使它们不太适合差价合约拍卖机制。政府正在考虑为核项目提供相应的财政条件，以支持其部署。

- 政府成功地通过电力市场改革的长期合同结构，向EdF和CGN正在开发的欣克利C角核设施提供支持，直到最近，该设施还是英国几个拟建的新核项目之一。

- 最近，Wylfa、Moorside和Oldbury的项目被取消，有人提出，如果要开发新的核电站，可能需要其他投资机制。

- 政府目前正在考虑为核能提供替代资助机制，例如受管制资产基础模式，这种模式允许通过诸如直接股权持有和债券融资方式在建设期间赚取收入。这可以降低为新核电融资的成本。

CCS的成本也将以不同的方式下降，但结果如何尚不确定。政府可能不得不带头为早期基础设施提供资金，而具备碳捕集与封存条件的工厂可以通过长期合同获得资金。

CCS 和氢能的重要作用

电力行业完全脱碳依赖于电力行业的天然气脱碳。CCS是中间负荷发电脱碳的

---

① HMT（2017）*Control for Low-Carbon Levies.*

关键，在低碳基础负荷发电中也将发挥一定的作用。这需要发展CCS和氢能基础设施，以及支持其部署的策略。

灵活的中间负荷发电。如果灵活运行，而不是以基础负荷运行，电力部门的CCS技术可能会提供更大的价值。CCS技术可以为电力系统提供价值，但需要为其制定投资机制并开发CO_2运输和存储基础设施。

——随着碳价的上涨，CCS可能会变得更具成本竞争力，而燃气发电技术却丝毫未减。不过仅凭这一点，还不足以激励人们去建造新的大规模电力碳捕集与封存技术项目，至少在一开始是这样。需要为其制定投资机制并提供可行的商业案例，让投资者认识到，碳价格或燃料价格波动不会影响长期合同的价值（并需要认识到CCS在系统中可以发挥的不同作用）。在这里差价合约框架是合适的，并作出调整以反映CCS的特殊特性（例如燃料价格指数）。此外，激励机制必须激励高的碳捕集率。

——今天建造的天然气发电厂可能在2050年仍在电力系统中。在2020年（及以后）建造天然气发电厂的决定应考虑到2050年将电力排放降至净零的必要性，并考虑在此期间采用CCS技术或改用氢以及氨等低碳燃料的机会。

• **去碳化的备用发电机组**需要基础设施和激励措施，以促进氢等可存储低碳燃料的供应。这需要一种机制，以鼓励使用长期低碳燃料的。碳价格可以发挥这一作用，只要更广泛的氢工业和基础设施发展起来。近期，应研究并示范在燃气轮机和发动机中燃烧低碳燃料的情景，以便以后能够采用这一技术。

• **负排放**。当生物能源与CCS结合时，发电厂可实现负排放。需要发展投资机制，承认和奖励一系列温室气体去除（GGR）技术中负排放的价值，同时鼓励能源生产。

开发和部署电力行业的CCS和氢能政策必须与更广泛的CCS和氢能政策结合在一起。

选择性和电气化

可再生能源比我们十年前想象的要便宜。这可能为低成本和更快速的电气化和脱碳提供机会。

在2020—2030年大规模部署可再生能源。现在可以签署在2020年前后的可再生装机合同（如风能和太阳能），相比高碳发电具有成本竞争力。因此，在2020年前后大力部署这些可再生能源将不会有很高的成本，即使包括部署灵活措施以适应高水平的不灵活发电。随着低碳发电成本的降低，它使得2030年可实现碳强度低于$100\ gCO_2/kWh$。

• **加速电气化**。在2020—2030年，通过大规模向系统增加电动汽车和混合式热泵等形式的灵活性负载，将增加需求，提高系统的适应性。这使得2020年前后大规模增加可再生能源，同时这样做降低了电力部门的平均电力成本。[1]除了维持电力部门的高建设率外，这还使运输和建筑部门更迅速地实现温室气体零排放，并改善空气质量。

●**新网络**。电动汽车和全热泵或混合式热泵的预期需求，意味着大多数地区的电力需求将上升。委员会最近的研究表明，[2]配电网络扩容的费用与扩容增加的规模相比不敏感，因为大部分费用花在土建工程而不是设备上（如较粗的电缆）。因此，在增加电网容量时，必须将其提高到足够的水平，以避免在接下来的几年里再次扩容。相对较大的产能扩张可能会是低风险的，"未来适用"网络能实现更大范围的电气化，如有必要还应该使需求更容易应对低碳电力供应的变化。

●**额外的电气化**。保持开放的选择，比我们假设的"进一步雄心方案"拥有一个更大的低碳电力系统，将允许以更广泛的方式实现净零排放。为了实现这一目标，近期的建造率必须相对较高，这既是为了减少以后需要建造的低碳电力系统的数量，也是为了发展供应链。

市场设计

我们设想的许多政策手段是政府在电力市场改革（EMR）过程中提供的，并符合国务大臣提出的电力行业的四项原则。[3]这些法律文件已基本具备并执行良好，并认识到在向低碳电力系统转型时需要应对的挑战。毫无疑问，虽然有某些限制，但在设计这些法律框架方面已有很大改进，我们必须证明它比目前的设计更好。

●**市场原则**。政府在市场设计方面显然起着一定的作用。在设计良好的市场中，竞争和技术的市场原则可应用于大部分电力系统，有助于提高效率和降低成本。事实证明，这在海上风能合同的拍卖和基础产能方面是成功的，这些价格远低于大多数分析师的预期。

●**发电的长期合同**。差价合约承认低碳发电技术的资本作用，并提供一种投资机制，降低开发商的风险，降低这些合同在消费者账单上的成本。差价合约可用于继续和加速电力低碳转型。如果没有差价合约，电力脱碳速度可能会放缓，随着现有低碳发电厂的退役，排放量可能会上升。尽管短期内没有理由进行重大改革，但

---

① Vivid Economics and Imperial College（2018）*Accelerated electrification and the GB electricity system.*

② Ibid.

③ Greg Clark（2018）*After the trilemma – 4 principles for the power sector.*

可以调整现行制度，从长期来看，可能会出现将更多市场风险转移给低碳发电部门的可能。

●**容量与发电**（例如容量市场）。作为低碳发电的补充，将继续需要一批基于天然气的中间负荷和备用发电机组。尽管历史上高碳发电机已经能够通过批发市场收回投资，但随着可再生能源和核能等低边际成本发电部门的投产，这一收入将减少。容量市场的收入将变得越来越重要，为系统安全提供激励。

碳定价将继续成为调度较低碳化石发电的重要信号。它还将确保煤炭发电量在关闭期之前不会增加，并为低碳灵活性技术提供激励与天然气发电竞争，作为对可再生发电的补充。

●**系统灵活性**。低碳电力系统需要高度的系统灵活性才能有效运作。委员会2017年进展报告建议对英国电力市场进行一系列改革，以确保价格反映完整的系统价值，并降低复杂性，支持创新，鼓励消费者参与。这些随后反映在政府的智能系统和灵活性计划中。到2021年成功实施上述计划所确定的行动，应为今后继续改进系统灵活性奠定基础，使电力系统实现最低成本的脱碳。

当前的政府政策

电力行业的许多机会已经列入政府的计划，尽管可能需要推行政策才能提供这些机会：

●政府到2030年的计划包括：到2030年将电力行业的排放强度从现在的250 gCO_2/kWh 降至150 gCO_2/kWh。需要进一步部署低碳发电，将排放强度降低至100 gCO_2/kWh 以下。

——目前，政府通过上网电价、可再生能源义务和差价合约计划等政策支持超过 90 TWh/年的可再生能源电力，并已签订合同。在 2020 年左右，政府再提供 70 TWh/年的可再生能源电力和核电。这将确保到 2030 年低碳发电量占总发电量的46%。

——政府还承诺每年提供 5.57 亿英镑的资金，用于 2020—2030 年进一步签订合同。我们估计，这笔资金可用于增加 43 TWh/年的发电量，使低碳发电份额达到57%；到 2030 年，我们的方案中该比例可达 74 %~ 87%。这笔资金主要集中于海上风能，政府建议到 2030 年海上风能的发电量将占总发电量的 1/3 左右，发电装机可达 30 GW。

●2030 年以后，政府在 2017 年提出的《清洁增长战略》（CGS）提到，到 2050

年英国电力行业脱碳的挑战，包括：[①]

——2050年电力部门的排放量可能接近于零，电力来源十多种低碳能源；

——供热和运输电气化将增加英国电力系统的年发电量和峰值发电需求；

——电力系统需要更加智能和灵活，以适应新的发电形式和新的需求形式；

——CCUS可以在电力部门发挥作用，指出可持续生物能源与CCS相结合的潜力。同样，政府2018年CCUS的部署路径表明，在2030—2040年大规模部署CCUS的雄心，并为此制定了详细的实施路径，包括开发二氧化碳运输和存储的基础设施。

• 政府承诺根据国务大臣2018年11月讲话中概述的四项原则，在2019年编写一份能源白皮书。委员会的政策建议符合所有这些原则（见专栏2.4）。

委员会向议会提交的年度进展报告包括详细进展评估。我们2018年6月的报告确定了一些需要推行的政策以实现现有的计划[②]。这是支持更多努力以实现英国净零排放目标的一个必要条件，我们将在2019年7月报告进展情况。

专栏2.4　未来市场改革

2017年Dieter Helm教授在《能源成本评论》中呼吁进行广泛的改革。2018年11月，英国国务大臣对此进行了回应并提出了英国电力行业的四项原则，它们是：

市场原则：尽可能充分利用创新和竞争的市场机制。

保险原则：鉴于未来的内在不确定性，政府必须准备干预，以提供保险和保持选择权。

敏捷性原则：能源监管必须敏捷且响应迅速，才能抓住智能数字经济的巨大机遇。

"不搭便车原则"：各类消费者应支付相当一部分系统成本。

我们同意这些原则，并很高兴政府正考虑比近期更长远的问题，比如电力部门的需要。

改革的理由

目前的制度运作良好，我们预计其有效性在近期内不会受到实质性挑战。对政府能源成本研究咨询的回应显示，这符合业界的强烈共识。电力市场改革（EMR）下推出的一揽子文件正在减少低成本的排放量，同时保证供

[①] HMG (2017) *The Clean Growth Strategy*.

[②] CCC (2018) *Progress Report to Parliament*.

应安全。

从长期来看，应该考虑更广泛的改革，但经验表明，这是一个漫长的过程，涉及市场参与者的重大适应性问题，不应草率行事。实现净零排放目标所需的较高和持续建设率表明，必须避免中期风险。任何改革都应比现有的替代方案更好，以确保符合当前和未来系统的需要，并允许项目能够获得反映其对系统价值的回报，同时承认 EMR 的一些原则继续存在。

• 低碳发电和容量市场合同的竞争性拍卖价格低于预期，而英国的碳价格支持机制在限制煤电排放方面发挥了重要作用。

——竞争性的差价合约拍卖已经采购了大约 45 TWh 的低碳发电量，价格比拍卖价格的上限低 40%。这些拍卖合同中的价格既表明了竞争压力，也表明开发商获得了更低的资本成本（见 Newbery 2016，Arup 2018）。可再生能源现在能够以低于平均批发价格的价格签订合同。这些合约不需要政府的任何补贴，只会向融资者和开发商提供可担保的收入流。

——容量市场正以低于预期的价格提供高安全性的供应。这提出了新的解决方案，如电池、需求方响应和峰值发电厂各方的改进，并揭示了较高的系统安全供应利润率，大量厂家的竞价都高于拍卖底价保证金。

——通过英国碳价格支持机制的碳定价，连同其他因素，如欧洲空气质量指令、化石燃料价格和发电厂厂龄，使煤炭发电量从 2008 年的 32% 降至 2017 年的 7%。

• 从长期来看，电力市场需要继续激励建设新发电厂并提供新装机组，对于 2030 年后投产的项目，将有机会进行市场改革。

——可再生能源成本的下降，可能允许在没有长期政府合约的情况下部署可再生能源，但通常有短期的《电力购买协议》。然而，随着更多的风能或太阳能发电进入系统，其边际价值降低，收入波动增加（称为"价格挤出"）。这可能导致可再生能源投资和脱碳的放缓。持续脱碳可能仍然需要长期合同。

——从长期来看（即 2030 年后），随着低碳发电成本的不断降低，长期合同的成熟市场可能成为现实（例如通过能源供应商或公司电力采购协议），从而减少政府干预的需要。减少发电风险的长期合同可能依然很重要。政府还可以通过简单的法规来支持这一发展，例如将排放绩效标准设定在非常低的水平。

——原则上，所有市场参与者都应面对其行为的成本和收益。例如，应对有助于供应安全技术的装机进行奖励。同样，提供系统灵活性的项目要面临承认其为系统提供的价值而带来的处罚或奖励。

——可再生能源已经面临许多外部因素的成本，尽管可以采取措施将消费者目前承担的一些风险转移到市场参与者身上。同样，辅助服务市场和网络定价的不断演变可能会提高现有系统的成本反应。

——委员会支持向技术中立（市场原则）迈进，辅之对不太成熟技术的创新支持，这些技术可以扩大英国可用的低碳电力选项组合（保险原则）。

——目前，政府关于CCS和在英国进行新核电部署的建议，承认政府在降低风险、为未来收入流提供保险方面可以发挥的作用。政府还可以继续发挥作用，支持更广泛的电力部门技术组合，如海洋可再生能源，这些技术可能有助于未来的脱碳。

——低碳技术项目开发期从18个月到10年或更长时间不等，在接下来的几年里，这要求产业能对2030年后的任何改革有预见性。值得庆幸的是，政府现在正在考虑这一问题，只要政府这样做不会损害目前正在考虑的投资和项目开发。

来源：Newbery（2016）*Towards a green energy economy?*；NERA（2017）*Offshore revolution*；Gross R, Rhodes A, Staffell I（2018），*Is EMR working? Are Britain's electricity market arrangements fit for purpose or broken*；UKERC（2018）*Response to the Cost of Energy Review*；Energy UK（2018）*Energy UK's Vision for the Five Year Review of Electricity Market Reform*.

2.6 低碳经济中的氢能生产

委员会2018年关于《低碳经济中的氢能》的报告，考虑了氢使用的潜在需求，以及筹备这些需求所需的氢能基础设施。本节和报告中的更多分析借鉴了这项工作，比我们对其他部门的分析更详细。

（a）氢能生产技术选择

当前

英国每年生产约70万吨氢气（27 TWh），其中大部分是在15个工厂通过天然气重整或原油氧化生产的。氢气主要用于化学和农业（如氨）生产，而不是用于能源或供热的燃烧，还有些用于氢能公交。

来自这些来源的氢气生产排放的二氧化碳，但可以使用CCS进行脱碳。

未来

目前，基于CCS技术的天然气重整制氢似乎是生产低碳氢成本最低的方式，尽管以这种方式生产大量氢气可能产生大量的剩余排放。受可持续原料量或成本以及技术对电力系统（电解）的影响限制，其他技术可能发挥更合适的作用。随着时间的推移，低碳氢的国际贸易可能会继续发展，允许其进口。然而，这存在一定的不确定性，而且成本可能不低于国内低碳氢生产的成本。

- 基于 CCS 技术的天然气重整制氢似乎是英国低碳氢生产最便宜的选择，成本在 27 英镑/MWh ~ 46 英镑/MWh 之间，与天然气相比，全生命周期可减排 60 % ~ 85 %，如果仅考虑剩余 CCS 的排放量，那么排放可减少 95%。虽然通过天然气重整制氢没有真正的技术部署限制，但实际上，该技术的部署可能受到可行的建造速度、天然气进口供应以及该技术在脱碳能源系统中的剩余排放水平的限制。[①]

- 利用 CCS 大规模部署生物气的潜力受到现有可持续生物资源量的限制，但该技术提供了一种将生物能源和碳捕集与封存（BECCS）一起使用的方法，以最大限度地减少有限的可持续生物资源的排放量。生物气的部署将取决于现有的可持续生物能源资源的数量。在我们的"进一步雄心方案"中假定的 BECCS 量可用于生产 104 TWh 的氢。

- 电解预计成本将高于天然气重整，但该技术是零碳技术。电解槽成本的下降可以降低成本，但电力成本仍将是最重要的因素。电解的电费必须低于 10 英镑/MWh，成本与我们预计的英国基于 CCS 技术的天然气重整制氢成本相当，否则电解的能耗必须显著降低。虽然有一些机会利用"过剩"的电力（例如，在需求不足时产生的可再生能源）来生产氢气，但我们的模型表明，与潜在的氢气需求规模相比，该方法生产的氢气数量可能较小。通过电解技术大量生产氢气将十分昂贵，并且对零碳发电能力的开发率极具挑战性。

- 进口的不确定性。世界某些地区低成本能源（天然气和可再生能源）的供应可能意味着氢气国际贸易的发展。这种通过国际贸易而来的氢气可能与直接在英国生产氢气的成本相似，即使包括转换和运输成本也是如此。然而，这些进口产品的成本和可用性的不确定性意味着，在今后所有情况下，国内氢气的生产将发挥很小的作用。

我们的分析假设，英国对氢气的需求可通过国内生产得到满足，英国未来大多数氢气生产都基于 CCS 技术的天然气重整制氢（53 TWh ~ 225 TWh），电解制氢

---

① 虽然通过天然气重整生产低碳氢的排放量约为 10 gCO₂/kWh，但天然气生产的上游排放可能导致额外 15 gCO₂e/kWh ~ 70 gCO₂e/kWh 的排放。本章中来自氢的排放仅为二氧化碳。除天然气生产过程中的甲烷泄漏外，制氢和燃烧不产生任何非二氧化碳温室气体。

（44 TWh）在"进一步雄心方案"中的贡献有限。[①]

（b）氢能基础设施

英国的天然气管网目前正在进行一项翻新计划，将现有的天然气输送钢铁管道换成塑料管道，这些管道将可能用于输送氢气。这将为英国广泛使用氢气提供机会，但在英国，氢气的生产和消费可能需要重要的新基础设施——包括全新的氢气和二氧化碳管网、以及储氢等基础设施。如果没有广泛的氢气管网，尽管氢气数量有限，但英国的氢气可以通过公路或铁路运输，或在现场生产。

● 在核心方案中，氢气的使用仅限于利基、本地化应用，需要额外的氢气输送或储存基础设施。

● 在"进一步雄心方案"下，氢气的使用更为普遍。天然气管网可用于向建筑物、发电和工业设施以及加油站输送氢气。我们的分析假设一些新的氢气输送基础设施也正在建设中。额外的储氢（如盐洞中的储存）可能也是必需的，但由于氢气在建筑物供热中的作用有限，因此未包含在我们的方案中。

（c）委员会方案中的氢能

核心方案

在核心方案中，氢气的需求限制在53 TWh左右，其中大部分用于船运。

51.5 TWh的氢气作为氨用于国内（25%）和国际（75%）船运当中（见第6章）。

氢能公交车使用约2 TWh。

氢气生产在很大程度上是本地化的，假定都是基于CCS技术的天然气重整制氢。通过采用基于CCS技术的天然气重整制氢可生产53 TWh氢气，如果在此过程中假设可以捕集95%的排放，则可产生60万吨二氧化碳排放。

进一步雄心方案

在"进一步雄心方案"中，氢气需求最为广泛，约为270 TWh，广泛用于工业、陆路交通、建筑供热和电力生产的原料之一等领域（如图2-8所示）。

● 70 TWh的氢气作为生成氨的原料之一用于国内（25%）和国际（75%）

[①] 假设每单位的天然气输入，天然气重整能产生0.8单位氢气(效率80%)，并能捕集95%的CO_2排放。假设电解槽每单位电力输入产生0.74单位氢气(效率74%)，并且运行负荷率在30%~90%。电力和氢气的CCS估计应该被考虑为上限。其中电解生产数据来自CCC（2018）*Hydrogen in a low-carbon economy* 基于 Imperial College（2018）*Analysis of alternative heat decarbonisation pathways.*的论文。

的船运中（见第 6 章）。

- 120 TWh 的氢能用于工业燃烧，取代煤炭、石油和天然气（见第 4 章）。
- 氢能在地面运输中的应用更为广泛，重型货车使用 22 TWh、氢能公交使用约 3 TWh、氢能货车使用 0.3 TWh（见第 5 章）。
- 氢能也用于建筑的峰值供热，需要 53 TWh（见第 3 章）。
- 氢和/或氨作为可储存的低碳燃料，使用 2 TWh 的氢能（见上文）。
- 在农业部门，2 TWh 氢能被用于农用交通工具（参见第 7 章）。

在我们的"进一步雄心方案"中，基于 CCS 技术的天然气重整制氢更加集中，氢气通过气体网络分配，电解制氢将很有限。

- 通过先进天然气重整可生产 225 TWh 氢能，将需要高达 30 GW 的氢生产装机，相当于 30～60 个氢生产厂。
- 根据工厂的负载系数，通过电解产生 44 TWh 氢可能需要 2GW～7 GW 的电解槽。电解槽成本很低，而且是模块化技术，目前规模高达 10 MW 左右。这意味着 200～700 个电解槽单元，可以同时组装。

2050 年，假设可捕集该工艺中 95% 的排放量，因此 2050 年氢生产的剩余排放量为 310 万吨 CO_2。如果捕集率只能达到 85% 的排放量，则可能高达 930 万吨 CO_2。

我们的氢能研究确定了对氢气进行更大的最终用途需求的可能性。例如，我们的"进一步雄心方案"仅包括四分之一家庭的混合式热泵，混合式热泵的使用可能更高，而通天然气的一些社区可能更喜欢改用氢气而不是热泵。这不会显著改变成本或排放（例如，即使我们假设建筑物的能源需求增加四倍，CO_2 排放也将增加 200 万吨以下）。然而，它可能使本已具有挑战性的工业发展和规模扩大变得不可逾越，并将进一步增加对天然气进口和碳捕集与封存的依赖。

到2050年削减制氢排放的替代性和探索性技术选项

我们的方案借鉴了委员会的 2018 年氢能报告，提出了在英国生产低碳氢的合理估计。可能会出现其他生产机会，以降低英国氢能生产的碳足迹（生产和供应链排放）：

更高的 CO_2 捕集率或进口可再生氢气，至少减少 250 万吨至 600 万吨 CO_2 排放。

我们的方案假设电解器生产每单位氢气使用 1.35 单位电力（效率为 74%），一些估计表明，这可以减少到 1.1 个单位左右（效率为 90%）。

我们的方案假设，可持续生物质用于 CCS 发电，可实现低碳发电和负排放。在英国，使用生物气 CCS 是一种可行的但不够完善的低碳制氢手段。

新型制氢方法比天然气重整制氢具有更低的碳足迹。[①]

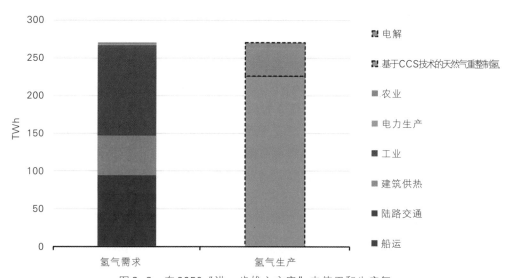

图 2-8　在 2050 "进一步雄心方案" 中使用和生产氢

注：我们的分析假设英国未来的制氢大多来自基于 CCS 技术的天然气重整制氢（225TWh），电解制氢的贡献有限（44TWh）。

来源：CCC analysis.

(d) 发展一个提供低碳氢的新兴产业

在英国建立低碳氢经济将涉及对氢能生产设施、管网和设备的投资。这些投资的成本和生产氢气的燃料成本包括在个别部门的氢气使用成本中。

广泛使用氢能是 2050 年全经济脱碳的关键推动因素，但依赖于近期的行动。委员会建议就战略、部署、公众参与、示范、技术开发和研究采取以下一系列行动：

●**氢能部署**。我们建议，到 2030 年，一个或多个产业集群应生产大量低碳氢，并用于不需要重大基础设施变革的工业和应用（例如发电、利用天然气网络和基于储存的运输）。

●**识别低风险的氢能部署机会**。政府应评估整个能源系统使用氢气的短期机会范围，并为 21 世纪 20 年代低风险使用氢气设定战略方向。

[①]　参见 The Royal Society（2018）*Options for producing low-carbon hydrogen at scale*.

• **公众参与**。目前，公众对放弃天然气供热以及替代方案的认识有限。与人们就未来的供热选择进行接触、了解他们的偏好并将这些因素纳入能源基础设施的战略决策，是一个有限的窗口。供热脱碳的解决方案在英国的不同地区可能有所不同，这一点尤其重要。

• **示范**。为了确定氢气的实用性，需要对其在建筑、工业和运输业方面的用途进行试验，除此之外，还必须证明，基于 CCS 技术的天然气重整制氢足够低碳并可以发挥重要作用：

——在任何决定将天然气管网重新用于氢气在建筑供热方面的应用之前，有必要进行试点，以证明这种转换的现实可行性。这些试点必须有足够的规模并具备多样性，使我们能够了解氢是否在大规模应用上是一个真正的选择。

——氢气的使用应该在工业"直接燃烧"应用中得到证明（如熔炉和窑炉）。①

——根据氢能在重型货车方面取得的国际进展，交通运输部应考虑在 2020—2025 年进行试验，以便在 2025—2030 年就实现零排放货运部门的最佳途径作出决定。

——基于 CCS 技术的天然气重整制氢的有效性，取决于在生命周期内实现我们估计的 60% ~ 85% 减排目标的较高值。这意味着以合理的成本通过天然气重整实现很高的二氧化碳捕集率（例如至少 90%）是可行的。

• **技术开发**。有些技术尚未大规模部署，但到 2050 年，它们在能源系统的氢气使用中可能发挥重要作用。其中包括氢气预准备技术，如锅炉和涡轮机，以及氢能重型货车和生物质气化。重要的是，这些是政府资助的重点，以便创造足够广泛的应用场景，实现长期排放目标。

需要在若干领域开展进一步研究，以确定在一系列应用中使用氢气的可行性：

——除了在工业和船运中发挥重要作用外，氢气在高峰时段提供低碳能源也是一个关键机会，发挥了天然气目前发挥的作用。关键是能够在短时间内输送大量氢气。因此，重要的是要确定储存氢气的各种技术选项在所要求的不同操作模式下如何运行。

——需要研究和开发用于工业制热的氢气技术，特别是在氢气使用可能存在技术障碍的情况下。

——与化石燃料和任何低碳替代品相比，必须确定氢燃烧对氮氧化物排放的影响，包括在建筑、工业和电力领域的应用。这包括识别能够减少这些氮氧化物排放

---

① 直接燃烧是指以燃烧为基础的加热过程（如熔炉和窑炉），燃烧气体直接接触被加热的产品。

的潜在技术。

——应确立燃气轮机发电用氢的可行性，并考虑使新的天然气发电也做好使用氢气的准备。

——应考虑到氢的纯度要求和如何满足这些要求，评估最具成本效益的生产和分配氢的方法，以便为重型车辆提供一个全国性的加氢网络。

——完成目前为确定氢气使用安全而进行的工作，并了解这一点对氢能部署的影响。

目前正在进行的质量标准和计费工作，包括与天然气混合的氢气和100%的氢气供应，也应及时得出结论。

——需要进一步的工作，以确定氢气是否以及在多大程度上存在间接温室气体排放。

氢气在我们核心方案中的作用（这将广泛实现英国现有的排放目标）和我们的"进一步雄心方案"（实现净零排放目标）的差异是惊人的。低碳氢从一个有用的选择转变为一个关键的推动者。政策的更新和采纳我们建议的目标应该反映这一点。

任何氢的使用都必须是低碳的，因此CCS的发展是重中之重，从一开始就对制氢起着重要的作用。到2030年将开发的集群中至少有一个应该包括大规模生产低碳氢。

供求必须结合起来，有力地协调和整合支持政策与监管网络，并在基础设施发展方面有强有力的政府支持和领导。

在我们的方案中提出的规模无疑具有挑战性（完全采用低碳方法使如今的氢工业增长十倍）。然而，这也为在英国发展另一个关键的低碳产业提供了重要机会，并有助于在减少全球排放方面发挥重要作用。

第 3 章　建筑

简介及关键信息

本章阐述了建筑行业的多种情景，为委员会就英格兰、苏格兰和威尔士的长期排放目标进行评估提供建议。本章借鉴了我们委托进行的新研究项目的成果，以便更详细地了解哪些特征造成了住宅减碳困难，以及这些特征给解决方案和相关成本带来的影响。

建筑供热的完全去碳化是"2050能源系统净零排放"的最大挑战之一。推动变革的政策将决定这些去碳化的成本在消费者和纳税人之间的分配方式。政府须尽早研究这些成本的分配计划，以确保对工人和能源支付者而言，这些转型是合理的。

不孤立看待各项减排措施是非常重要的。为了提供低碳、热效率高、气候变化适应性更强，而且能够维持一定湿度和优良空气的建筑，我们需要采用全面的方案。

本章的关键信息包括：

- **背景：**

建筑物的直接排放主要来自供热消耗的化石燃料。电力消耗主要来自住宅和非住宅建筑中照明和电器设备的使用，但与此相关的排放量已被纳入我们对电力部门的评估中[①]。2017年，建筑物的直接温室气体（GHG）排放量为 85 $MtCO_2e$，占英国温室气体排放量的17%。这些排放中大部分是 CO_2。建筑物直接排放的 CO_2 相比1990年减少了11%。[②] 这在很大程度上反映了建筑物能源效率的提高和生物能源利用的增长[③]。

- **"核心方案"的措施**

——一般来说去碳化措施更容易在成本低的住宅中推行，包括：新建住宅、未接入燃气管网的住宅、适合区域供热的住宅以及接入的燃气管网且改造限制较少的

---

① 直接排放的源头由报告中实体单位所拥有或掌控。间接排放源头则是报告中实体单位活动的后果，但其源头由其他实体拥有或掌控。建筑部门的间接排放源头目前通常与电力使用相关。

② 温度调整后的排放量，以展现潜在的趋势。

③ 建筑物所消耗的生物能源多用于炉灶或明火，而非与集中供热相关的高效锅炉。

住宅（比如没有空间或遗产保护限制）。在我们的核心方案中，这些住宅采用提高能效和低碳供热相结合的措施减碳，可减少 66 $MtCO_2e$ 的直接排放，到2050年剩余排放为 20 $MtCO_2e$。这一方案还考虑了照明和电器设备效率的提升。

——政府的愿望和承诺固然重要，但当前的发力点应放在住宅的去碳化上。这些发力点包括设计未来的住宅标准，承诺逐步淘汰燃气管网外的高碳排放的化石燃料供热装置，以及更积极主动地推行住宅改造（2035年前达到 EPC 的 C 级）和低碳供热。

——对非住宅建筑而言，综合采用提高能源效率、使用热力管网及热泵等措施可达成近乎完全的去碳化，剩余的 3 $MtCO_2e$ 排放量来自热力管网中供热尖峰负荷所消耗的天然气排放以及医院中用作麻醉剂的 N_2O 排放。

• "进一步雄心方案"的措施

——对于住宅建筑，我们的"进一步雄心方案"会为那些被认为成本更高或难以去碳化的住宅额外配置低碳供热和节能装置。这些住宅包括接入燃气管网、改造空间受限的住宅，以及具有遗产保护价值的住宅（被列入清单及位于保护区内的建筑）。这一方案还包括用氢气补充未能满足的天然气需求，以及将生物甲烷注入燃气管网。总体而言，这些措施总共将减少 83 $MtCO_2e$ 的排放量，至2050年剩余排放量至多为 4 $MtCO_2e$。

——对于非住宅建筑，我们的"进一步雄心方案"将完全去除剩余 CO_2 排放。热网将采用氢气取代天然气以满足供热尖峰负荷，从而实现去碳化。医院中用作麻醉剂的 N_2O 仍会带来 0.6 $MtCO_2e$ 的剩余排放。

• "探索性方案"技术选项

——在我们的"进一步雄心方案"中，2050年的剩余排放主要来自住宅。这些排放特征各异，且在去碳化成本最高的约10%的住宅（各项措施的综合成本超过420英镑/tCO_2e）中，这些排放可能与持续使用化石燃料供热相关。或者，这些剩余的排放有一半也相当于天然气未转换为氢气的混合式热泵和区域供热系统所产生的排放。在这两种情况下，去碳化均可能实现，但由于不确定性因素、成本或其他困难，可能需要到2060年才能接近零排放目标。

——在非住宅建筑中，可以用其他形式的麻醉剂代替 N_2O。

• 成本及收益。我们的分析证实，建筑物达到净零排放是可以实现的，但需要付出高昂的代价：与理论上不采取任何减排措施的情形相比，至2050年每年的减排总成本估计将达到150亿英镑。政府面临的一个关键问题是如何在全社会分配这些成本：对分配方式的考量将成为推动低碳供热的政策关键。除了这些成本之外，还存在一系列预期的协同效益，包括缓解燃料匮乏问题，提高居住者的舒适度、健康水平和幸福度，以及释放与低碳、韧性建筑相关的重大工业机会。

●**实施推广。**当务之急应为：

——为 2020 年供热去碳化制定完全成熟的策略。这一策略的设计必须使得英国各地的建筑完全实现去碳化，以全面支撑净零目标。英国财政部须承诺在此事上与 BEIS 合作，并投入足够的资金。

——设定清晰的路径标准。这包括未来的住宅标准要履行承诺、新建的非住宅建筑执行更严格的标准、存量建筑履行能源效率标准的承诺，以及制定低碳供热的长期监管措施。

——解决建筑性能和合规性问题，以确保新建筑和既有建筑的改造措施符合要求。这包括彻查建筑合规性和实际执行情况，重新关注高质量"竣工"建筑的性能。

我们将从以下几个部分展开分析：

1.建筑行业的当前和历史排放；

2.建筑行业减排策略；

3.建筑行业的最小化排放情景；

4.建筑行业实现深度减排的成本效益分析；

5.实现建筑行业深度减排。

3.1 建筑行业的当前和历史排放

2017 年英国建筑行业温室气体直接排放量为 85 $MtCO_2e$，占总温室气体排放量的 17%（如图 3-1 所示）。如果将间接排放包括在内，那么建筑部门将占英国温室气体总排放量的 26%。

建筑物的直接排放主要来源于供热所消耗的化石燃料。英国约 75% 的建筑供热来自天然气，8% 来自石油，其余部分来自电力。电力消耗主要用于住宅建筑中电器和照明设备，以及非住宅建筑中制冷、烹饪和信息通信技术设备[①]。

2017 年建筑物的 CO_2 直接排放量约 83 $MtCO_2$，分别来自住宅（77%）、商业建筑（14%）和公共建筑（10%）。

英国 66% 的电力消耗来自建筑，相当于 48 $MtCO_2e$ 的额外间接排放。自 2009 年以来，由于电力需求的减少及电力生产的去碳化，间接排放量平均每年下降 8%。

---

① 在现有住宅中,照明和电器需求约占每年能源消耗的 16%。在新住宅中,该值估计占总需求的 1/3。
CCC(2018)UK housing: Fit for the future?

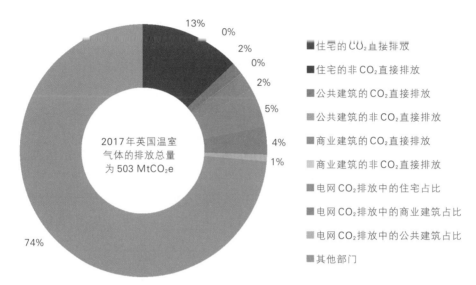

图 3-1　建筑行业的排放源分类（2017）

注：2017 年的排放量基于当前暂有的排放数据得出。英国的住宅、公共建筑和商业建筑的非 CO_2 排放量近零，但并未达到净零。

在 2017 年，约 2 $MtCO_2e$ 的非 CO_2 排放（甲烷及一氧化二氮排放）与建筑物相关。

建筑物的 CO_2 直接排放量相比 1990 年下降了 11%。排放量的减少在很大程度上体现了建筑物能效的提高和生物质能源的使用（如图 3-2 所示）。

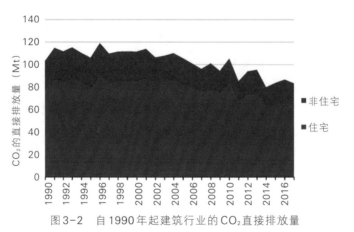

图 3-2　自 1990 年起建筑行业的 CO_2 直接排放量

来源：BEIS（2018）Final UK greenhouse gas emissions national statistics 1990-2016；BEIS（2018）Provisional UK greenhouse gas emissions national statistics 2017.

注：2017 年的排放量为当前暂时情况，排放数据并未进行温度修正。

3.2 建筑行业减排策略

(a) 低碳能源目前发挥的作用

2017年，4.5%的建筑物供热总负荷由低碳能源供应。然而，其中约82%为生物能源[①]，由于生物能源资源有限，这并非长久之计。

- 生物质燃料目前主要用于家用锅炉（约100万户家庭）中，生物质锅炉数量较少。燃烧生物质不仅不符合最佳长期资源利用策略，还会引发空气质量问题。
- 热泵的部署仍停滞不前，在供热系统的年销量占比中不足1%。
- 在非住宅建筑中，目前的电力供热负荷的数据质量较低，可逆式空调机组的水平存在不确定性，但在可再生供热激励机制的支持下，生物能源利用水平不断提高。
- 热网中只有7%的热量由低碳一次能源供应。目前，每年约有2 TWh的生物甲烷被注入燃气管网。

(b) 进一步减排的技术选项

在建筑行业，进一步减排的机遇主要存在于三个方面：转变以化石燃料为基础的供热模式，提高存量建筑的能源效率，以及提高照明和电器的能源效率。

- **低碳供热**。根据委员会为第五次碳预算设定的核心方案，到2030年，建筑物中低碳供热的占比至少增加到1/4。我们的核心方案包括将非住宅建筑部门的低碳供热能耗控制在略低于50 TWh，同时在230万户住宅中采用热泵，在150万户住宅中采用低碳热网。

- **住宅建筑的能源效率**。在为2030年第五次碳预算制订的核心方案中，我们计划在住宅建筑中，通过一些提高能效的措施，减少6 MtCO$_2$e的直接排放。这些措施包括，让200万户家庭住实心墙住宅、让600万户家庭住中空墙住宅、让900万户家庭住加装隔热层的阁楼。此外据我们估计，到2030年，通过选用最高效的家电、电烤箱和电视，可减少30 TWh的用电量；通过更换更高效的照明灯具，还可有7 TWh的节电量。

---

① 包括农业建筑中的生物质使用、家庭的生物质锅炉用材、动物生物质和厌氧消化产物、植物生物质、沼气和填埋气。不包括明火燃烧的木材。

● **非住宅建筑的能源效率**。在我们为第五次碳预算制订的核心方案中，到2030年，通过提高能效将减少 5 $MtCO_2e$ 的直接排放。这些措施包括优化能源管理和供热、制冷及通风的能源效率。同时通过高效率的照明、供热、制冷与通风及其他具有低碳功能的设备，还可削减 20.5 TWh 的电力需求。

为进一步减排以实现净零排放，需要在低碳供热环节上采取更具雄心的行动，而提高能源效率正是实现这一愿景的关键策略。同时，烹饪环节的去碳化也必不可少。一系列技术支持能够推动一户住宅乃至整幢建筑发生转变：

● 提高能源效率始终是低碳供热的重要促进手段，这同时有助于减少排放量和能源费用，提高企业竞争力和资产价值，改善人体健康和舒适度并助力应对燃料匮乏问题。

● 在委员会对第五次碳预算的提议中，除了对热泵、区域热网和蓄热式供热的作用评估外，我们在最新的工作中还对更多技术手段进行了详细的调查，包括燃气管网内外的混合式热泵[①]、公共供热系统及太阳能热电池等。[②]

● 有许多便捷的技术可以发挥重要作用，其中包括储能和灵活性手段。这些措施具有为企业和住户节省开支的潜力，同时会带来更多的系统效益（如有助于尖峰负荷管理）。

● 通过将燃气设备转换为耗电或耗氢的设备，可以减少烹饪产生的排放。[③]

不孤立地考虑低碳措施的推行是非常重要的。住宅设计及居住方式既会影响温室气体的排放水平，也会影响人们在气候变化后果（如炎热天气和洪水）面前的暴露程度。特别是在改造或新建住宅时，必须综合考虑热效率、过热、室内空气质量和湿度等问题的应对策略。

(c) 建筑行业各领域所面临的减排挑战

存量建筑中的一些排放源相对更容易实现去碳化，其耗费成本较低或者障碍较少：

● 新建建筑是最容易推行去碳化措施的领域之一。我们在 2019 年英国住房报

[①] 混合式热泵可以与现有的供热系统一同安装,其中的二次燃料将转换为低碳能源。对于接入燃气管网的混合式热泵,高峰时段可使用氢气替代天然气,而在燃气管网之外,可以使用生物燃料(在我们的模型中假设采用的是生物液化石油气)。

[②] 热电池使用相变材料,相变材料通过熔化和冻结储存能量。一块大小相当于小型洗碗机的热电池,就可以满足一户典型家庭的热水需求。试验证据表明,热电池与热泵的结合使用已在住宅建筑中取得成功,比我们的模型更小的住宅也可以使用。参见:Sunanp(2018)Eastheat Interim Report。

[③] 烹饪环节的去碳化可以通过一系列途径实现,包括使用电烤箱及炉盘、电磁炉,以及全部或部分使用氢能为能源的烹饪设备。

告中建议，最迟到 2025 年，新建住宅将不再接入燃气管网。作为替代，这些住宅应配备超高能效水平的低碳供热系统（同时满足房间采暖和生活热水供应）。由 Currie、Brown 和 Aecom 进行的研究还发现，新建的非住宅建筑有可能在保证成本效益的条件下提升标准。[①]上述措施与烹饪环节去碳化措施相结合，将彻底消除新建筑的 CO_2 直接排放。

- 在未接入燃气管网的建筑中配置低碳供热设备（尤其是热泵），先前就被认为是一项低风险的机遇。我们最新的模型模拟进一步证实了这一点。该模型表明，对未接入燃气管网的住宅进行改造有助于节约净成本。就住宅而言，最新统计数据估计英国有 13.9% 的住宅未接入燃气管网[②]。与英国其他地区相比，北爱尔兰接入燃气管网的住宅比例显著偏低。在 2016 年，只有 24% 的住宅采用以燃气为热源的集中供热。大多数公共和商业建筑都使用燃气或电力供热，而采用石油供热的建筑产生的排放量只有约 3 MtCO₂e。

- 我们在为第五次碳预算进行的分析中发现，低碳热力管网具有成本效益潜力，到 2030 年将有 150 万户住宅和能源消耗 27.5 TWh 的非住宅建筑采用该技术。与其他一些低碳供热技术手段相比，区域供热可以降低对建筑的干扰程度。该技术可广泛适用于不同类型的住宅，因为它易于整合到现有的供热系统中，直接用热交换装置替换现有的锅炉（无须任何额外空间），并且在采用热泵等技术、使得热网工作温度升高的情形下，降低对散热器升级的需求。因为非住宅建筑对热网有更大的热负荷需求，它们更适合作为热网的基础负荷。

- 目前接入燃气管网且处在并不适合热网供热区域内的建筑物面临着去碳化成本更高的难题（相较于天然气供热而言）。然而，我们的分析表明，在接入燃气管网的住宅中，去碳化的障碍和成本也存在巨大差异，其中更易实现去碳化的是可以采取更多措施的住宅——关键在于它们不受空间或遗产保护的限制（如图 3-3 所示）。存在这些限制的住宅数量有较大的不确定性，但在本分析中，我们假设约 80% 的住宅不存在空间上的限制。

在部分存量建筑中，一些限制因素可能使得节能措施的推行和低碳供热的改进更为困难且成本更高。这些建筑包括受空间限制以及具有遗产保护价值的建筑：

---

① 对于有限的研究原型，与 L 部分相比，减少 15% 的碳排放在 2020 年对中心碳值具有成本效益，根据供热系统和原型，到 2020 年或 2025 年可带来 20%～25% 的成本效益。来源：Currie and Brown and Aecom for the CCC (2019) The costs and benefits of tighter standards for new buildings.

② BEIS (2018) Sub-national electricity and gas consumption statistics, Regional and Local Authority.

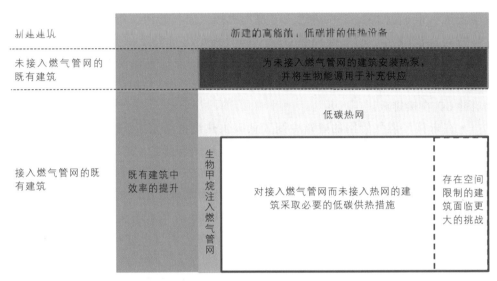

图 3-3　接入燃气管网的既有建筑可采取的保守措施及面临的挑战

注：方格面积大致反映了减排规模，但不十分精确。除了上述接入燃气管网的住宅，供热网络还有一些减排潜力存在于新建建筑中及燃气管网之外。在难以独立考虑的乡村地产中，生物质供热也可能发挥减排作用。上图未对遗产建筑作出讨论，但它们也将在燃气管网内外以及适合部署低碳热网的区域发挥作用。

• 如果建筑受到空间限制，可能会限制可采用的低碳供热技术的范围，以及/或者增加应用这些技术的成本。[①] 例如，热泵和电加热技术需配置热水储存设备来满足热水供应的需求，而一些住宅可能没有足够大的房间或橱柜来放置传统的热水箱。还有一些解决方案不需要使用大型热水箱，例如使用"点"式热水器或采用循环材料的热电池。然而，它们可能带来更高昂的成本，住宅更小的住户是否愿意接受任何额外空间需求存在更大的不确定性。住宅大小也可能限制可采用的节能措施，例如一些措施要求使用薄型内墙（气凝胶）进行隔热。

• 由于受一些遗产保护形式的影响，比如建筑被列入遗产清单或在保护区内，这些建筑将受到更为严格的规划限制，并且可能需要成本更高、量身定制的方案，使建筑能够维持遗产风貌。可能有必要对规划框架作出调整，对遗产问题保持敏感，并对规划官员和设备安装人员进行专业培训。

---

① 在我们最新的分析中，住宅空间是否受限由平均房间面积决定，该数值可由建筑物的总建筑面积除以可居住房间的数量得出。

（d）本报告所采用的强化证据基础

在本报告中，我们引用了委员会最近公布的报告证据——包括我们对第五次碳预算的建议，对氢能、生物质和供热的综述，以及我们关于英国住宅的最新报告[①]：

• 我们在 2016 年的供热报告确定了减少建筑供热排放的保守路线。其中反映了我们在情景分析中对存量建筑的分类方式。

• 我们在最近的氢能报告中得出结论，氢能最好选择性地应用于可带来最大增值的场景，同时需要配合广泛推行的电气化和提高能源资源效率的措施。这反映在我们的情景分析中，这些模式基于电气化背景发展而来，并与氢能的长期使用相结合，其中氢能用于满足混合式热泵和区域的峰值供热负荷。

• 此前我们的分析强调了建筑中生物能源的限制，从厌氧分解到其他方法生产生物甲烷的重要性（作为未接入燃气管网的住宅及当地热网中混合式热泵系统的一部分）都有阐述。我们的情景分析将生物能源的使用限于生物甲烷，并满足未接入燃气管网且使用混合式热泵的建筑的峰值需求。

• 我们在最近关于英国住宅的报告中提出了一系列迫切的政策措施，以实现住宅减排。在本章末尾，我们列出了其优先政策。

我们还委托研究者为本报告进行新的分析。这项工作的重点是了解存量建筑减碳过程所面临的挑战及解决方案，而这些挑战往往是最难实现的（见专栏 3.1）。在第 3 部分的情景分析中，我们列出了这些新的依据及其基础。

我们对非住宅建筑的分析采用了与第五次碳预算类似的方法，但使用了更新的基准、基于建筑能源效率调查（BEES）作出的对能源效率的新假设和关于成本及系统效率的新情报。专栏 3.2 汇总了来自 BEES 的依据，以及我们在非住宅建筑中应用的提高能源效率的措施。

专栏 3.1　关于"难以去碳化"住宅的新研究

我们委托 Element Energy 和 UCL 对如何在"难以去碳化"住宅中减少温室气体排放进行了分析，这类住宅去碳化的成本更高、存在更难克服的障碍或解决方案更复杂。

这项新研究是借助英国的存量住宅空间模型开展的。研究中体现了影响脱碳困难的各种建筑特征的普遍性和一致性，以及不同地区的差异性。已经探讨过的

[①]　CCC（2016）Next steps for UK heat policy；CCC（2018）Hydrogen in a low-carbon economy；CCC（2018）Biomass in a low-carbon economy；CCC（2019）UK housing：Fit for the future？

特征包括物理建筑属性（如墙体类型、尺寸和遗产保护价值特征）、位置属性（如当地供热密度和燃气管网的可用性）以及用户属性（如燃料匮乏和占用情况）。

该项研究还综合了与采取措施相关的成本和节能效益的最新依据。在能源效率模块中，所使用的成本和节能效益数据是基于现实案例研究及建模得到的，这些数据可以提供在不同建筑原型中采取相关措施的真实节能效益估算。我们假定将节能效益提升16%，以使得实际效果和我们在2019年报告《英国住房：是否适应未来?》[①]中提出的建议尽量保持一致。

该项分析考虑了每种类型住宅中能源效率与低碳供热技术的综合成本最理想的情形，并选取了能以最低成本减少碳排放的一系列策略：

• 我们模拟了三种提升能源效率的策略：轻度干预（目标为减少25%的供热需求）、中度干预（目标为减少40%的供热需求）和高度干预（代表可实现的最优改进）。

我们对一系列低碳供热技术进行了模拟，包括热泵（空气源、地源及共用式）、混合式热泵（接入及未接入燃气管网）、电力供热、蓄热、区域供热，以及包含了太阳能供热器和附加蓄热装置的设备。氢能和生物质锅炉也被囊括其中，但在我们的主要情景中，它们的应用受到限制，以回应过去研究中发现的建筑中氢能的使用占据利基地位及最小化生物能源使用的优势。

• 我们还对更多相关家用开销进行了模拟，包括散热器和管道的升级、热水储存、从天然气到氢气的能源转换成本、通风措施（重点在空气净化和排风）以及应对过热的措施。

• 情景分析基于去碳化的可行性和成本，将存量建筑分为多个核心群组。重点分析最难实现去碳化的建筑群组，即存在空间限制的住宅和具有遗产保护价值的住宅。

该项研究体现了我们过去在许多领域建模工作的进步，包括对多项特征进行空间映射的进展，现实生活中数据的集成，以及它所涵盖的范围更广的一系列技术。尽管如此，仍有一些关键的动态趋势尚无法被纳入其中，这仍将是今后的工作重点。其中包括管网系统相互作用和系统层级动态趋势（如关于氢电网转换临界点的决策）的空间展现。

来源：Element Energy and UCL for the CCC（2019）Analysis on abating direct emissions from 'hard-to-decarbonise' homes, with a view to informing the UK's long term targets.

---

① 参见 Element Energy 和 UCL 以获取文章：The CCC（2019），Analysis on abating direct emissions from 'hard-to-decarbonise' homes,这篇文章提供了一个了解英国长期目标的视角。尽管缺乏可靠的数据，但许多研究表明,实际最佳案例的节能量与"预期/可交付"节能收益测算值的平均差异为16%。这与实际情形和模型模拟之间的节能绩效差距(如在SAP中)有所不同,后者预计会更大。

专栏 3.2　建筑能源效率调查（BEES）

2013年，建筑能源效率调查（BEES）在能源和气候变化部（现为 BEIS）的委托下展开，旨在获得更多的非住宅建筑节能减排的基础数据。它报告了英格兰和威尔士在2014—2015年非住宅建筑的能耗情况和节能潜力。

这项调查基于一个通过电话采访和后续跟踪建立的大样本库展开。它涵盖了10个行业：社区、艺术和娱乐、教育、紧急服务、卫生、酒店业、工业、军事、办公、零售和仓储。

- 能源消耗最大的行业依次为办公（17%）、零售（17%）、工业（16%）、卫生（11%）和酒店业（11%）。这些行业的总能耗占非住宅建筑能源需求的71%。
- 四项最主要的能源终端用途是空间供暖、室内照明、餐饮和冷藏（用于储存食物和饮料），共占总能耗的70%。

据判断，当前能源消耗存在削减39%的潜力。其中近一半潜力可通过私人投资回收期在三年以内的设施来实现。最有利于节能的措施包括：碳和能源管理、建筑设备使用和管控、照明节能、空间供暖节能以及改进建筑围护结构等。

建筑能源效率调查（BEES）成果在本项分析中的应用

在本章的分析中，我们舍去了建筑能源效率调查中工业建筑的数据，因为它们已经被纳入了工业部门的分析中。我们分别考虑了热泵和热网的能耗，从而避免可能重复计算空间供暖减排潜力的问题。

本研究根据 BEES 的能源消耗和减排成本数据，按比例估算了全英国的存量建筑的情形。我们采用 BEES 得出的非电力燃料节约量来表示供热领域的节能量（当表示电力供热情况时，根据系统效率调整数据）。此外还纳入了节电潜力（已扣除电力供热的节能潜力）来削减非住宅建筑的电力需求，从而减少间接排放。

本项研究得出的节能潜力低于 BEES 所提出的主要结论，其中非电力燃料供热可节能25%，电力供热可节能20%，非供热用电可节能21%。这是将工业（具有46%的节能潜力）和空间供暖的节能潜力排除在外，并采取保守方案的结果，以免人们认为 BEES 提出的节能潜力必然代表所有非住宅建筑的情况。

由于缺乏将总节能成本在节电和节省非电力燃料之间进行拆分的数据，我们自行进行了拆分。我们将建筑围护结构措施、生活热水措施和一小部分其他节热措施的成本归为供热节能的成本，其余则归为非供热用途的节电成本。

来源：BEIS（2016）Building Energy Efficiency Survey 2014-15：Overarching Report and BEES Overarching Tables.

我们为本报告研究审阅的其他证据包括委员会要求提交的《零碳经济》推行依据，以及最近由能源技术研究所、能源系统弹射器（Energy Systems Catapult）、欧盟委员会和国际能源署等发布的关于建筑和净零排放目标的报告。[①]

3.3 建筑行业的最小化排放情景

(a) 实现零排放的机遇

如第1章所述，我们将零排放的技术选项分为三类：

● **核心方案的技术选项**：指那些低成本、保守的选项，它们在大多数战略下能够发挥作用，以实现目前制定的2050年减排80%的目标。大多数政府已作出减排承诺或开始制定政策（尽管在许多情况下，这些政策还需推行）。

● **进一步雄心方案的技术选项**：该技术选项相比核心方案技术选项更具挑战性，并且成本更高昂，但均有可能是实现净零排放目标的必要手段。

● **探索性方案的技术选项**：目前此类技术选项成熟度很低，而成本很高，或在公众接受度上存在巨大障碍。这些选项不太可能完全可行。其中一些选项可能只能在英国国内试行，以实现温室气体净零排放的目标。

基于不同类存量建筑的去碳化困境（主要由建筑或地理特征决定），以及各类建筑的去碳化成本，我们为住宅建筑制定了去碳化的核心方案情景和进一步雄心方案情景。我们没有根据住宅的产权或燃料匮乏情况将它们直接划分至不同情景，尽管这些特征确实是影响去碳化难度的重要因素并且需要借助适当的政策加以解决。[②]

对于非住宅建筑，我们的情景反映了不同类型建筑去碳化难度和成本的差异。我们认为，非住宅建筑最终是可能实现零碳的，各个情景间的差异基本只是实现时间的问题。

我们在以下小节中分别阐释住宅建筑和非住宅建筑的各种情景，然后在最后一

---

① Energy Technologies Institute (2018) Clockwork and Patchwork – UK Energy System Scenarios, Options, Choices Actions (Updated); Energy Systems Catapult (2019) Smart Energy Services for Low Carbon Heat; European Commission (2018) A Clean Planet for all; International Energy Agency (2019) Perspectives for the Clean Energy Transition – the critical role of buildings.

② 对各类存量建筑的评估表明，从整体上看存量建筑的产权分布相当均衡，尽管限制面积的地方政府和私人租赁房地产的比例稍高。

小节中综合两者得出结论。

住宅建筑

我们的住宅建筑情景阐明了如何在不同程度上实现减排目标。尽管仍存在巨大的不确定性，但新的分析进一步证实了迄今的一些研究结论，包括短期内提高能源效率的重要作用，以及利用氢能作为电气化的补充所能发挥的作用。这也是对存量建筑中最难实现去碳化的部分进行特征分析的第一步。

住宅建筑的核心方案技术选项

我们为住宅建筑设计的核心方案包括在低成本或"更易去碳化"的存量建筑中应用节能和低碳供热的措施，这部分建筑指新住宅、未接入燃气管网的住宅、适合接入低碳热网（无论有无遗产保护价值）的住宅，以及接入燃气管网而改造障碍相对较小（即没有空间或遗产保护价值限制）的住宅。如果在燃气管网上应用混合式热泵，则假定它们消耗天然气，供热尖峰负荷未实现去碳化。

在核心方案中，每组住宅的平均去碳化成本加权值低于 250 英镑/tCO$_2$e（见专栏 3.1），但显然在该情景下一些住宅的成本高于平均水平，达 420 英镑/tCO$_2$e 左右[1]。去碳化成本最高的住宅往往更小、能源效率更高，它们即便采用成本更高的低碳供热系统，仍缺乏显著提升能源效率的潜力。尽管如此，在能源效率提升的情况下，预期还将有其他未计入成本的额外协同效益（如舒适和健康）。

我们将假设简化，将这些住宅划分至核心方案情景中，但实际上，这些住宅有望在 2050 年预期排放路径的后期实现去碳化。

在我们的核心方案中，总共约 85% 的存量住宅可实现去碳化，并直接减排 66 MtCO$_2$e，剩余排放量达到 20 MtCO$_2$e。

• 我们设定的核心方案是结合一系列隔热措施，将家庭能源需求减少 21%。这可达成我们在第五次碳预算中所设定的最宽松情景，即到 2050 年能源需求减少 17% 的目标[2]。达到情景中更高水平的能源效率需要一系列因素支持，包括对阁楼的隔热层潜力的更乐观假设[3]，以及我们的新研究（见专栏 3.1）中整合的关于能效提升措施的成本及节能效果的最新证据与确定成本效益的方法。这些措施的及早实施可以在最大程度上削减能源支出和碳排放（包括扶持燃料匮乏的家庭），并为存

---

[1] 如果住宅原型在核心情景中的去碳化成本超过 420 英镑/t，则在更极端的情景中，这些住宅将采用提升能源效率的措施，但其供热系统仍无法达到要求；仅在探索性情景中，它们能实现完全去碳化。

[2] 表示住宅相较于 2015 年所减少的能源需求，锅炉效率提升的效益除外。

[3] 其中包括对隔热层厚度小于 50 mm 的隔热阁楼性能的优化，以及对隔热层已达 200 mm 厚的阁楼性能的进一步优化。我们计划在第六次碳预算中进一步考虑能源效率水平。

量住宅向低碳供热转化做足准备。

• 在低碳供热方面，我们的核心方案采取的措施除将为 500 万户家庭接入低碳热网以外，还包括在 1 700 万户家庭中使用热泵（包括空气源热泵（ASHP）、地源热泵（GSHP）、公用热泵和混合式热泵）。未接入燃气管网而安装了混合式热泵的住宅将转而使用生物燃料，以满足供热尖峰负荷。接入燃气管网和低碳热网且安装了混合式热泵的住宅则继续使用天然气来满足尖峰负荷。该技术组合还包括在一小部分住宅（约 26 万户）中采用电蓄热供热。

• 我们假定照明和电器的能源效率与第五次碳预算中的最宽松模式（等价于到 2050 年电力需求减少 27 TWh）一致，并且假设从 2030 年起，所有炊具均使用电。[①]

尽管仍需强化和拓展，但政府愿景和承诺的目的在于实现各类住宅的去碳化。目前政府的承诺包括：

• 关注住宅改造的《清洁增长战略》目标（对于切实可行、成本效益高且价格合理的改造项目，到 2035 年达到 EPC 的 C 级），这将普遍提高接入及未接入燃气管网的住宅的能源效率，并为这些住宅转向低碳供热做好准备。[②] 为实现这一目标，需要扭转近期高能效设备安装速度趋缓的形势（2017 年的安装率仅为 2012 年市场交付峰值的 5%）。

• 2019 年春季声明提出的《未来住宅标准》，确保到 2025 年新建住宅均配备低碳供热系统且达到世界领先的能效水平。

• 至 2020 年左右，逐步禁止未接入燃气管网的住宅中安装高碳排放的化石燃料供热系统，并计划就监管框架征询意见。

履行《清洁增长战略》中关于在全国范围内建设和延伸热网的承诺，以及近期为热网制定市场框架的征询意见。

目前投入低碳供热的资金可满足 2020—2021 年的需求。除此之外的资金情况尚未公布。

---

① 这是一个简化的假设。可供选择的技术包括电磁炉及可获取氢气的氢能锅炉。电磁炉相对而言更节能，但它同时会对起搏器造成干扰，因此不适用于所有家庭。

② 我们还未对我们设定的模式和 EPC 评级中能源效率水平的等效性进行分析。由于 EPC 评级以成本为基础，它们更适于应对燃料匮乏问题，而非实现能源效率的提升或减少排放。由于评级受燃料价格时时波动的影响，如果减排措施涉及燃料转换，可能激励会有偏差。进一步讨论参见：CCC（2019），UK housing: Fit for the future?

进一步雄心方案中住宅建筑的技术选项

在我们为住宅建筑设定的进一步雄心方案中，改造难度更大或代价更高昂的存量建筑均实现了去碳化，这些建筑包括接入燃气管网且存在空间限制的住宅，以及具有某种遗产保护价值形式的住宅。与核心方案一样，改造成本最为高昂的 10% 的住宅至 2050 年仍使用化石燃料供热（但能源效率的提高可带来效益）。

进一步雄心方案中的住宅优化可带来总计 83 MtCO₂e 的减排量，其中包括将生物甲烷注入燃气管网所减少的 0.2 MtCO₂e 排放量，至 2050 年剩余排放量达 4 MtCO₂e。

进一步雄心方案中增加的部分减排措施是可行的，但相比核心方案中的措施难度更大或成本更高：

● **用氢气满足剩余的燃气需求**：未来氢能发挥的作用取决于英国推进供热去碳化的战略决策。鉴于碳捕集与封存技术（CCS）对氢能大规模低碳生产的重要影响，氢能利用还有赖于 CCS 的实现情况。在技术可行性得到证实并作出大规模生产氢气的决定之后，须配备一项重要的基础设施计划，建设专用的新型氢气输送管道、储氢容器（如盐穴）以及大体量的 CCS 和氢气生产容器以支持燃料生产（原先为天然气）。在此基础上，我们将燃气管网所采用的燃料转换为氢气，以实现进一步雄心方案的目标。用氢气满足剩余燃气需求的成本是在假定混合式供热的住宅备有氢能锅炉的基础上作出的估算①。

● **接入燃气管网且存在空间限制的住宅**：与核心方案中接入燃气管网的住宅相比，存在空间限制的住宅（如房间较少）通常被认为去碳化成本更高。这反映出适用于这些住宅的技术有限，且即便采用对空间需求小的技术也要付出更高的成本（见专栏 3.3）。

专栏 3.3　存在空间限制的住宅的去碳化

在最新的研究中，我们采用了一套基于房间面积的算法来判定住宅是否存在空间限制，该算法的作用是筛选出房间面积最小的 20% 的住宅。②

对于存在空间限制的住宅而言，由于适用的技术种类有限，且对空间需求小的技术耗费成本也更高昂，通常认为它们的去碳化成本更高：

● 热泵和电力供热通常要求配有热水存储设备，以满足对热水的需求，其形式

---

① 如果该假设不能成立，预计现有锅炉在达到使用期限之前需要进行更换，导致成本增加。

② 基于 EPC 的数据，将空间受限的住宅定义为每间居室的平均总居住面积不超过 16m²。

往往是大型热水箱。摆脱传统热水箱的创新方案可减少上述技术对住宅空间的需求。

——热电池有潜力在较小的空间提供更好的储热支持（可增大储存容量并降低损耗）。

——使用"点"式热水器，利用可安装于出水口下方的电阻加热模块局部供应热水，并输送至水槽、浴缸或淋浴喷头。

——在适用这些技术的住宅中，目前以家庭为单位采用这些技术比采用传统技术的代价更高昂。随着这些技术手段得到更多的应用和创新，仍有降低成本并优化技术的空间，安装和维护环节预计也可节约成本。我们假设，到2030年热电池的成本将与热水箱相当。

在我们所做的保守假设中，即便采用空间要求小的技术，由于用户对其空间要求的接受程度存在不确定性，热泵仍只适用于50%的存在空间限制的住宅。我们假设，带蓄热器的混合式热泵无法应用于空间受限的住宅（因为除蓄热器外，还须安装热泵和锅炉），而没有蓄热器的混合式热泵只适用于50%的空间受限的住宅。

住宅过小也可能会限制节能措施的应用，因此必须使用薄型内墙（通常为10~18 mm厚）代替传统内墙（通常为60mm厚）进行隔热。由于缺乏详细依据以估算薄型内墙隔热材料成本和节约潜力，我们作出了一个简化的假设，即空间受限的住宅也可采用传统的实心墙体隔热，然而它们很有可能必须采用薄型内墙隔热。与传统隔热墙体相比，预计薄型内墙的成本更低，而相关节能效益也更低，这反过来又会影响去碳化战略部署的成本效益。这是未来分析仍需关注的领域。

来源：Element Energy and UCL for the CCC（2019）Analysis on abating direct emissions from 'hard-todecarbonise' homes, with a view to informing the UK's long term targets；Sunamp（2018）Eastheat Interim Report.

注：根据假设，在空间受限而安装了热泵的住宅中，热电池必不可少，而采用电阻式或蓄热式供热系统的住宅则要求在使用"点"式（point-of-use）热水器。在上述各种情况下，采取的替代技术都是可行的。如果安装无蓄热设备的混合式热泵，它们将能够实现住宅空间供暖的去碳化，但对热水供应无能为力。

• 具有遗产保护价值的住宅：尽管具有遗产保护价值的住宅数量存在不确定性，但据我们的分析估计，具有遗产保护价值的住宅总共约有130万座（包括I/II*/

II级遗产清单中的建筑和保护区内的建筑）。①对这些住宅而言，不同措施的成本和适用性存在很大的不确定性，但相比其他类型的住宅建筑，其去碳化被认为更具挑战性（见专栏3.4）。

专栏3.4　具有遗产保护价值的住宅的去碳化

英国拥有全欧洲历史最悠久的一些房屋，根据BRE（英国建筑研究院）的数据，英国近38%的住宅可追溯到1946年之前，其中许多住宅都将具有某种形式的遗产地位。

一般而言，具有遗产地位的住宅可能会受到更为严格的规划限制，且可能需要成本更高、量身定制的去碳化方案，使建筑能够维持遗产风貌。

根据我们在方案中的假设，130万座遗产住宅中约有450 000座位于适合安装低碳热网的地区。我们作出了一个简化的假设，认为这些住宅可能更易实现去碳化，因为这些住宅中热交换器的改造相对容易，且在低碳热网以高温供热的地方，对能源效率的要求有所降低。

除此以外还有825 000座遗产住宅，我们认为它们所能采取的适宜措施有限，且需为改造措施付出更高的成本：

• 据设定，一些地区将采用更严格的规划制度。在此基础上，我们假设热泵和太阳能供热仅适用于50%的遗产住宅，并且假定一系列隔热措施适用性有限，如双层玻璃不适用于遗产清单中的建筑。我们对此类建筑的考虑包含了谨慎的假设，这些措施的可接受度与当前的普遍观念一致。

• 据设定，使去碳化成本增加的主要是被列入遗产清单的住宅，而非保护区内未被列入清单的住宅。在列入清单的住宅中，我们的主要假设是散热器成本升高50%，电阻式和蓄热式供热成本提高，以充分考虑与管道和布线相关的额外开销，以及系统安装过程中对建筑原有特征的维护。至于能效措施，我们假设在保护区内的住宅中木框窗扇的成本上升80%，列入遗产清单的住宅中双层玻璃、墙壁、地板和阁楼的隔热措施成本均有所升高（假定升高的幅度分别为100%、150%、100%和15%），其目的是在应用这些技术的同时，维护建筑

---

① 出自 Element Energy 和 UCL 为 CCC(2019)撰写的 *Analysis on abating direct emissions from 'hard-to-decarbonise' homes, with a view to informing the UK's long term targets.* 遗产清单中的建筑数量和位置等基础数据来自英国文化遗产的GIS图层，以及 Bottril, C.(2005)所著的 *Homes in Historic Conservation Areas in Great Britain: Calculating the Proportion of Residential Dwellings in Conservation Areas.* 然而，建筑的总数仍无法确定。除此以外，位于保护区的住宅与自身具有遗产保护价值的住宅之间的重复程度也存在不确定性。

的原来面貌。

在"进一步雄心方案"中，基于我们的主要假设，我们发现具有遗产保护价值的住宅采取去碳化措施的加权平均成本约为200英镑/tCO₂e。[①]这相较于其他建筑分类显得较低，可能是由于措施可行性受限的情况仅发生在约50%具有遗产保护价值的住宅中，且未列入遗产清单而位于保护区内的住宅比例很高（这些住宅成本上升的空间非常有限）。在"进一步雄心方案"中，能够以较低成本获得供热（如采用热泵或混合式热泵）的遗产住宅可以实现去碳化。

被我们归入探索性方案的遗产住宅，主要采用相对昂贵的电蓄热供热系统，这是对它们最经济可行的技术。归入探索性方案的住宅建筑往往更小，其中由可再生供热系统供应每一单位热量的成本也更高。

到2060年，供热密集地区以外的所有遗产住宅采取去碳化措施的总加权平均成本约为275英镑/tCO₂e。然而各项成本是极为不确定的。我们采用所假设的成本上限值进行模拟，发现这导致加权平均成本增加了12%。

这些成本不包括为获得规划部门批准所付出的额外费用。

除了需要进一步研究遗产住宅去碳化的成本和困难外，两个重点领域的政策也可能支持这部分存量住宅降低去碳化成本：

• 在颇具雄心和前瞻性的规划框架背景下，实现高成本效益去碳化的潜力将不断增加。未来需要考虑调整规划框架以保持对建筑遗产保护价值问题的敏感性。

• 应用这些措施的成本也将与设备安装人员的技能和经验水平密切相关。这应被视为建设部门在低碳目标下应对技能差距问题的举措的一部分。

来源：Element Energy and UCL for the CCC（2019）Analysis on abating direct emissions from 'hard-todecarbonise' homes, with a view to informing the UK's long term targets；BRE（2016）The cost of poor housing in the European Union；Sustainable Traditional Buildings Alliance Responsible retrofit guidance wheel；engagement with Historic England, Historic Environment Scotland, Welsh Government, PDP London, Gannochy Trust, and the Passivhaus trust.

注：我们认为热泵或太阳能供热系统不适用于任何具遗产保护价值的住宅。对此类住宅作出假设的依据包括UCL的研究和经验、STBA的改造情况，关于老旧及具有遗产保护价值住宅改造成本的案例研究数据，以及向相关团体及少数遗产建筑改造领域专业人员进行咨询的结果。

---

① 还包括用于满足住宅供热峰值需求的混合式热泵所使用的氢和生物燃料的成本。
② 对于列入遗产清单的住宅，去碳化成本达上限的情况包括散热器和电阻式及蓄热式供热设备的成本增加了75%，墙体、楼地板和阁楼的隔热层的成本分别增加了300%、200%和80%。但以上情况对总成本的影响不大，因为在此模式下，这些增加成本的能效措施应用相对较少。

在对核心方案的分析中，我们强调了提高能源效率和电气化的效果，同时还阐明了低碳供热中氢能可发挥的补充作用：

• 总的来说，在"进一步雄心方案"中，综合应用提高能源效率的措施可使能源需求降低 25%。这一模式将大约 600 万面空心墙和 600 万面实心墙（其中 325 万面实心墙能获得更高效益）考虑在内。相较于第五次碳预算，这一模式还对阁楼的隔热层潜力作出了更乐观的假设。

• 除了 500 万户家庭接入低碳热网之外，"进一步雄心方案"还包括在约 1 900 万户家庭中安装热泵。其中约 3/4 的住宅安装的是全热泵，其余 1/4 的热泵则成为混合式系统的一部分，依靠替代燃料来满足供热尖峰负荷——接入燃气管网的住宅采用氢气，未接入燃气管网的住宅则使用生物燃料（模型中假定为生物液化石油气）。以这种规模部署热泵，需要大幅提高住宅对这一技术的采用率。除了在更换供热系统的地点按要求增加安装热泵的数量外，还可在提高能效的同时通过改造手段发展混合式热泵。到 2035 年应达到一定的部署规模，使混合式热泵得到广泛应用（如应用到 1 000 万户家庭中），从而减轻后续剩余天然气使用带来的挑战。在"进一步雄心方案"中，所采用的技术还包括在约 46 万户家庭中采用电蓄热供热。

• 在"进一步雄心方案"中，我们假定照明和电器效率水平与在第五次碳预算中所制定的标准相一致（相当于在 2050 年将电力需求削减 27 TWh），我们还假定到 2030 年，不会再有住宅安装新的天然气烹饪设备。

在住宅中推广"进一步雄心方案"的技术选项

在许多情况下，都有可推动减排的技术或行为途径可供选择。对于住宅建筑，"进一步雄心方案"可以通过综合应用一系列不同的供热技术来实现。

我们的最新分析和最近的氢能调查结果表明，实现住宅建筑去碳化有三种途径，其成本大致相同：

• 混合式热泵：最新分析表明，传统热泵和混合式热泵在成本效益方面是高度平衡的，成本最优的组合在很大程度上受到资本和运营成本微小变化的影响（见专栏 3.5）。能源效率水平也将成为一个决定性因素。至 2050 年，接入燃气管网的混合式热泵的作用也从根本上取决于接入管网的区域采用氢能作为替代能源的可行性，这些区域正力图实现净零排放的目标。

专栏 3.5　住宅中的热泵和混合式热泵

最新的分析证明传统热泵和混合式热泵在成本效益方面是高度平衡的。

对我们的模型进行的敏感性模拟表明，输入值中假定变量的微小变化可导致技术的应用发生巨大变化。例如，在混合式热泵的维护成本（运营成本）减少约50英镑的情况下[①]，成本最低的技术组合中，混合式热泵在所有热泵中的占比将由25%上升到61%。如果混合式热泵的投资成本减少约500英镑（如避免了住宅燃气管道更换的需求），混合式热泵的应用比例将增加到77%。假设投资成本增加（我们在主要情景中的假设由3.5%升至7.5%），敏感性模拟也会得出以混合式热泵为主导的组合方案。[②]

我们在以下部分列出了用于不同模式开发的输入假设值。这些假设值均由最新的研究和依据得出，包括Element Energy为BEIS所做的对混合式热泵的分析（2017）。

供热技术成本

对热泵成本的假设与第五次碳预算中的假设大致相当。根据第五次碳预算，我们还假设至2030年，热泵机组自身及其安装成本将降低20%。

各种技术的投资成本通常设定在100英镑/年左右。然而，对于混合式热泵系统，我们假设投资成本相当于混合系统两个部分的总和，由于规模经济效应，可节约50英镑。对于接入燃气管网的混合式热泵，由于需要更换催化剂以减少氮氧化物排放，氢能锅炉的投资成本提高了50%。未接入燃气管网的混合式热泵则需要更高的运营成本，以满足液化石油气的运输和储存需求。热泵和混合式热泵的成本假设值如表B3-5所示。

除了供热技术成本外，我们还根据需求计算了一系列相关措施的成本。这些措施包括：安装热水箱或热电池，以便为住宅提供热水；[③]在必要处升级住宅供热管道和散热器，以便实现低温供热；更换烹饪用具以适应供热系统从燃气式向非燃气式的转换；氢气管道布置和转换（包括在氢能转换点换用氢能锅炉所需的

---

① 这相当于假设不计入应用供热技术的额外运营成本(即热泵的运营成本相当于锅炉加热泵)，但仍需计入为减少氢能锅炉的NOx排放而使用催化剂的额外运营成本。

② 这反映了一旦将住宅供热技术转换成本计入在内(如散热器升级和热水箱安装，普通热泵对这些转换的需求通常多于混合式热泵)，平均而言混合式热泵的投资成本相比普通热泵更低。

③ 对于2020年的一座中型建筑，我们假设一个热水箱的成本在1 060英镑左右，而一块热电池的成本在1 720英镑左右，到2030年电池的成本可降至与热水箱相同的水平。对于混合式热泵，模型提供了采用或不采用蓄热设备的选项。如果采用蓄热设备，空间供暖和热水需求均可实现去碳化。如果不采用蓄热设备，混合式热泵只能降低空间供暖的需求。目前为止，大多数研究仍着重考虑后一种配置。

约 50 英镑劳动力成本）。

效率

热泵和锅炉的效率与第五次碳预算的假设基本一致。我们对热泵效率作出了调整，使其与住宅中假设的温度波动同步变化，散热器的任何改进均与此相符。我们假设到 2030 年，季节性绩效系数（SPF）增加 0.5（例如 SPF 从 2.5 增加到 3）。如果混合式热泵安装有蓄热设备（形式为热水箱），则我们假设热泵能够满足 80% 的空间供暖和热水需求；如果未采用蓄热设备，则假定其仅能满足 80% 的空间供热需求，所有热水需求均由锅炉满足。

表 B3-5   热泵和混合式热泵的成本假设值

供热技术	固定资本支出		边际资本支出		运营成本
	2025	2050	2025	2050	
空气源热泵	4 404	3 914	264	235	102
地源热泵——共用接地回路	8 478	7 988	264	235	102
混合式热泵——接入燃气管网且采用氢气	5 677	5 187	264	235	191
混合式热泵——未接入燃气管网，采用生物能源	5 963	5 480	264	235	219

注：全部成本均为 2018 年的价格。热泵的成本包括热泵机组自身及安装成本，不包括低温散热器和热水存储设备的成本。对于地源热泵，我们假设接地回路的成本由各个物业分摊，每个物业配置一个单独的热泵。混合式热泵的成本包括热泵配件、氢能锅炉、控制器配件自身的成本及安装成本。一个单元的总资本支出是固定资本支出的总和，而边际资本支出以千瓦为单位根据比例换算得出。

来源：Element Energy（2018）Hydrogen supply chain evidence base，Report for BEIS；Element Energy（2017）Hybrid Heat Pump analysis for BEIS https：//assets.publishing.service.gov.uk/government/uploads/system/uploads/attachment_data/file/700572/ Hybrid_heat_pumps_Final_report-.pdf.

使用寿命

与我们在第五次碳预算中所作出的假设相一致，空气源热泵的使用寿命为 18 年，地源热泵的使用寿命为 20 年，锅炉和混合式热泵的使用寿命则为 15 年。

来源：CCC；Element Energy and UCL for the CCC（2019）Analysis on abating direct emissions from 'hard-to-decarbonise' homes，with a view to informing the UK's long term targets.

• 完全电气化：我们还研究了停止采用氢气和天然气以实现完全电气化可能带来的效益。在"进一步雄心方案"下，这可促使 1 900 万户住宅采用热泵。与混合式热泵和全热泵之间成本效益高度平衡的情形相似，这种替代方案的成本与原方案大致相近。即便未计入生物甲烷，排放量仍可减少到约 4 $MtCO_2e$。

●氢能锅炉：如我们最近的氢能报告所述，我们设定的模式基于这样一个假设：氢能最好选择性地应用在那些使得在广泛电气化和能源资源效率提高的同时，还能带来最大增值效益的地方。而且，氢能可能发挥更大的主导作用。将1 600万台氢能锅炉投入使用可以实现与"进一步雄心方案"（主要采用热泵）相似的减排效果。在建筑层面上，其成本可能更低（假定氢能锅炉的成本与传统锅炉相当），但我们先前的研究表明，在系统层面（涵盖国家基础设施成本的详细数据）建模时，去碳化供热的一系列途径成本都是相近的。[①]

除了在各种综合手段中占据主导地位的不同核心技术外，还有其他一些技术可发挥利基或支持作用，如太阳能供热等（见专栏 3.6）。

专栏3.6　我们方案中考虑的其他技术

我们在不同方案中模拟了一系列的供热系统配置。除空气源热泵、蓄热设备或电阻加热系统之外，还包括太阳能供热，以及在有热泵的家庭中允许采用额外的蓄热设备，以将热能转移至高峰时段使用。

●太阳能供热借助安装在屋顶上的太阳能板，利用太阳的能量加热水。这并非一项独立的供热技术，而是可以集成到一个系统中，在太阳辐射较强的数月里提供热水。如果与大型蓄热设备一同运行，它还可为空间供热。这种方法可较好地与热泵配合使用，因为蓄热设备同时会通过减少回收再加热来提高热泵的效率，并且允许客户在非高峰时段以较低的电费储存能量。

●额外的蓄热设备可以是一个更大的热水箱，或一块热电池。同时，住宅建筑的构件也有充当蓄热体的潜力，从而允许住户在非高峰时段预先为住宅储存热能，尽管模型中未对该做法的效益进行模拟。

在我们设定的方案中，模型所使用的输入假设值限制了这些技术的应用。然而，它们在综合供热方面仍有进一步发挥作用的空间。

●为全面了解太阳能供热在存量建筑中的成本效益，需要详细考虑一系列问题，如备用供热器的效率在夏季和冬季之间的差异，以及其与供热系统其他部分（如电淋浴）的相互作用，本报告无法对这些问题进行评估。更大型的系统也有可能发挥更好的经济潜力，尤其是纳入低碳热网系统。

●帝国理工学院最近的模型模拟结果证明，在住宅建筑中可使用蓄热设备来

---

① CCC（2018）Hydrogen in a low-carbon economy；and Imperial College London for the CCC（2018）Analysis of Alternative UK Heat Decarbonisation Pathways.

转移电力供热的需求，这是替代其他提升电力系统灵活性措施（例如储能电池或电解）的可行手段。

来源：CCC；Element Energy and UCL for the CCC（2019）Analysis on abating direct emissions from 'hard-todecarbonise' homes，with a view to informing the UK's long term targets；Imperial College London for the CCC（2018）Analysis of Alternative UK Heat Decarbonisation Pathways.

住宅建筑的探索性技术选项

到 2050 年实现与"进一步雄心方案"相当的减排目标任重而道远，但在政府的协调和强有力的政策框架下，这还是可以实现的。尽管如此，仍然存在诸多不容忽视的不确定性，这使得到 2050 年，仍有一些部门难以实现去碳化。

在我们的"进一步雄心方案"中，至 2050 年未能将减排量削减到 4 $MtCO_2e$ 左右的水平：

● 至 2050 年，这一水平的剩余排放量可能主要来自去碳化成本最高昂的 10% 的住宅建筑，这些住宅仍使用化石燃料供热。

——这些住宅通常为小型或中型房屋，其能源效率相对较高（有隔热的墙体和屋顶），但同时要求采用更为昂贵的低碳供热系统（如电力蓄热供热系统）。其中半数住宅存在空间限制。

——对这类住宅而言，适合采用那些低碳供热存在更大不确定性的方案。如果这些住宅位于改用氢能的地区且接入了燃气管网，那么采用氢能锅炉很可能是简单而经济有效的解决方案。然而，在未接入燃气管网或未改用氢能的地方，这类住宅去碳化的成本仍将非常高昂，因此它们将在最长的时间内仍旧使用化石燃料供热。

● 或者，假如所有住宅均安装了低碳供热系统，那么这 4 $MtCO_2e$ 的剩余排放量相当于半数混合式热泵和区域热网至今仍未用氢燃料满足剩余的燃气需求。

——正如我们在 2018 年的报告《低碳经济中的氢能》中所述，我们面临的不是一个简单的选择：将所有燃气管网所用能源转换为氢能还是在所有地方实现电气化供热，不同的解决方案可能适用于不同的地域，这是由公众偏好或当地实情（如产业活动集群、与碳储存点的距离或燃气管网状态）所决定的。

——对于某些地区而言，将燃气管网的燃料需求转换为氢能可能并非经济之选，这些采用混合式热泵的住宅或区域供热系统将在很长的时间内持续使用天然气满足峰值需求，且可能最终实现完全电气化的转变。

● 在集中供热区域之外且具有遗产保护价值的住宅可产生至少 3.3 $MtCO_2e$ 的排放量。因此在"进一步雄心方案"中，这些在 2050 年未能去碳化的住宅贡献了很大一部分剩余排放量。一些遗产住宅由于规划限制而不适于安装热泵，或由于建筑对供热的需求超过了电力安全供给的限制而不适于采用电力供热，因此它们最难实现减排。事实上，即便在这些住宅中，去碳化方案也有望得到实施（如在人们对热泵的接受度提高或安装了氢能或生物质锅炉的情况下）。

住宅建筑在2050年后会产生一定的剩余排放量，与一系列情形相关。在这些情形下，去碳化在技术上是可行的，但代价高昂或困难重重。因此我们假设，采取探索性方案可能要到2060年才能接近零排放目标。

非住宅建筑

非住宅建筑的核心方案技术选项

我们为非住宅建筑所设定的核心方案依赖于提高能源效率、采用低碳热网和热泵等手段的结合，使供暖和热水几乎实现去碳化：

● **能源效率**的提升在我们的核心方案中对减少供热需求至关重要。由于能效提高，供热所需的非电力燃料减少了25%，这被我们计入到直接减排量当中。到2050年，能效的提高将使非住宅建筑的供热需求减少28 TWh。我们最新分析的基础来自由BEIS委托进行的建筑能源效率调查（BEES）（见专栏3.2）。

● **低碳热网**部署在集中供热地区。这一方案与我们在第五次碳预算中设定的核心方案一致，且已经过调整以反映我们的新基准。这些低碳热网可满足2050年非住宅建筑剩余供热需求（41 TWh）的46%。与第五次碳预算中的核心方案相一致，我们假设在热网中采用燃气锅炉以满足尖峰负荷。这将使得核心方案中2050年热网的剩余排放量降至2.3 MtCO_2e。

● **热泵**假定将被应用于非集中供热区域的非住宅建筑中。考虑能效的提高之后，这些热泵将满足余下54%的供热需求（49 TWh）。在核心方案中，我们假设到2045年，天然气、石油和传统电力供热系统均被热泵所取代，到2050年生物质锅炉也将被热泵取代。这与热泵只要具有成本效益即可进入建筑市场并得到安装的规律是一致的，也符合《清洁增长战略》计划到2030年逐步停止高碳化石燃料供热系统安装的承诺。

除了考虑供暖和热水需求之外，我们为非住宅建筑所设定的核心方案还包括如下内容：

● 餐饮业电气化及天然气和石油的其他非供热用途实现了4 MtCO_2e的减排量。[1]

● 由于能源效率提高，非供热用途的电力需求将显著减少。根据BEES的数据（见

---

[1] 据ECUK 2018估计，餐饮业约占这类能源需求的53%。由于缺乏关于"其他"需求构成的信息，我们在分析中将所有其他能源需求均视作餐饮业的需求。

专栏 3.2），预计电力需求将减少 21%。这相当于 2050 年的电力需求减少了 35 TWh。

- 至 2050 年，用作医院麻醉剂的 N_2O 仍会产生 0.6 $MtCO_2e$ 的剩余排放。

非住宅建筑的"进一步雄心方案"技术选项

与核心方案相同，我们假设供热系统转变后低碳热网和热泵各负责满足一半的供热需求，两种方法的结合有利于提高能源效率。而"进一步雄心方案"与核心方案的主要区别在于这些转变的时间设定，且前者相比后者进一步削减了 2.3 $MtCO_2e$ 的剩余排放，从而在 2050 年之前实现非住宅建筑的直接净零排放目标：

- 在"进一步雄心方案"中，我们假设不再使用天然气满足高峰时段大型热泵维持热网运行的热能需求，替代方式可以将大型热泵和大型蓄水设备组合使用，或者将氢气用作燃气管网的燃料。

- 在"进一步雄心方案"中，至 2050 年，用作医院麻醉剂的 N_2O 仍会带来 0.6 $MtCO_2e$ 的剩余排放。

对于非住宅建筑供热系统去碳化转变的时间，"进一步雄心方案"的设想呈现在 3b 小节中。

在非住宅建筑中推行"进一步雄心方案"的替代技术选项

推行"进一步雄心方案"的另一技术选项，是通过增加氢能利用、减少电气化来重新平衡减排策略。在我们所设定的"进一步雄心方案"中，氢能仅被用于一部分低碳热网。而我们最近的氢能报告[1]表明，氢能若是与热泵配合使用而形成混合式供热系统，将在英国建筑供热去碳化方案中发挥重要作用。热泵可以在大部分时间内高效地提供热量，而氢能锅炉主要用于满足冬季最寒冷时日的峰值需求。这一选项在住宅中（早晨和晚间供热需求最大）和对热水有大量需求的建筑物（如住宅和酒店）中尤其有效。在诸如办公室等热水需求量和冷负荷水平较低的建筑物中，可逆式空气–空气热泵通常更适用且更有利于提高整体效率水平。

非住宅建筑"探索性方案"的技术选项

在"进一步雄心方案"中，仅存的剩余排放量来自医院用作麻醉剂的 N_2O，而采用其他形式的麻醉剂替代 N_2O 是可行的。氙气就是一种具有类似麻醉性质的气体，尽管目前其价格还相当昂贵（超过 N_2O 价格的 1 000 倍）。

所有建筑物的减排方案总结

在"进一步雄心方案"中，至 2050 年建筑物整体仍会产生约 4 $MtCO_2e$ 的剩余排放量（如图 3-4 所示）。这些排放量来自住宅建筑中剩余的化石燃料使用及医院

---

① CCC（2018）*Hydrogen in a low-carbon economy.*

N₂O麻醉剂的使用。

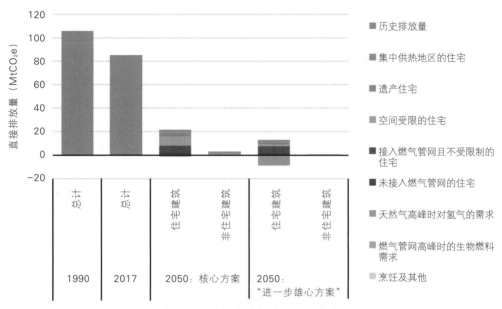

图3-4　建筑行业深度减排的方案

注：1990年和2017年的排放量是基于BEIS得出的排放数据。排放数据的基础则是CCC的分析和Element Energy及UCL研究工作的结果。列出的排放量未涵盖在燃气管网中使用的生物甲烷，它可进一步削减0.2 MtCO₂e的排放量。在住宅建筑中，混合式热泵和区域供热的排放量是根据化石燃料供热系统的峰值需求计算得出的。其中剩余部分化石燃料的去碳化（通过转换为氢或生物燃料）被单独列出，且表现为负排放。因此，总剩余排放量计为这些排放的净值之和。"烹饪及其他"类别中包括烹饪和餐饮业、非住宅建筑中化石燃料的其他非供热用途、用作麻醉剂的N₂O、家用电器和照明的效率（由于供热系统置换效应，可能产生一些直接排放）、非气溶胶消费品的使用和意外火灾。

来源：CCC；Element Energy and UCL for the CCC（2019）Analysis on abating direct emissions from 'hard-todecarbonise' homes，with a view to informing the UK's long term targets；BEIS（2018）Final UK greenhouse gas emissions national statistics 1990-2016；BEIS（2018）Provisional UK greenhouse gas emissions national statistics 2017.

（b）实现零排放的时间规划

住宅建筑

第五次碳预算（覆盖2028—2032年）已作出要求，在实现净零排放情景方面须取得重大进展。委员会已确定的具有成本效益的途径包括：

● 到2030年，建筑部门的CO₂直接排放量相比1990年减少32%，其中住宅建筑的CO₂直接排放量减少24%，非住宅建筑的CO₂直接排放量减少58%。

● 到 2030 年，建筑的供热中至少 1/4 来自低碳能源，低碳热网提供的热量约为 40 TWh，向电网注入的生物甲烷产生的热量约为 20 TWh。

● 在 2022 年前对所有可改造的阁楼采取隔热措施，在 2030 年前对所有可改造的空心墙和 200 万面实心墙采取隔热措施。

正如我们向议会提交的 2018 年进度报告所述，目前仍存在重大的政策缺失，会为第五次碳预算的推行带来风险。目前的政策未能推动提升能效措施的普及，因此迫切需要采取进一步行动来促进具有成本效益的低碳供热措施的推行。如果有坚定不移且计划良好的政策支持，应该有可能达到超越当前情况的去碳化水平，推行前文所述的"进一步雄心方案"的技术选项，而无须提前退出大量的投入资本：

● 未来住宅标准的实施，将在 2025 年或更早使所有新住宅实现完全去碳化。

● 在现有住宅中，提高能源效率的手段预计在未来 20 年内即可得到实施（一些更深入的改造则需更长时间）。Element Energy 为委员会进行的研究表明，住户拥有的土地使用权类型可能会对改造的可行性产生至关重要的影响：

——社会租赁住房进行改造的时间规划所面临的限制最少，因为这并不受限于租约终止点或其他重要节点。政府先前针对社会住房所制订的社区节能计划（CESP），在最近 6 个月中，其主体措施的推行为每年 340 000 套住房，占社会租赁存量住房的 9%。这意味着，社会租赁存量住房可能会在 10～11 年的时间内得到合理改造。[1]考虑到监管手段、庞大的住房投资组合以及低收入群体的更多利益，这类住房也非常适合及早采取行动。[2]《清洁增长战略》计划在 2030 年将尽可能多的社会租赁住房升级到 EPC 的 C 级水准，尽管相关政策尚未宣布；同时苏格兰政府承诺 2032 年将使尽可能多的社会租赁住房达到 EPC 的 B 级水准。

——每年有 25% 的私宅租赁者搬家，相比之下，仅有 3% 的自住者和 5% 的社会住宅租赁者搬家。[3]这部分存量住宅由于租赁期较短，实施改造的时间可能早于自住者的住宅。此外，最低能效标准中也有了明确的监管手段，可用于提高私人租

---

[1] Element Energy and UCL for the CCC（2019）*Analysis on abating direct emissions from 'hard-to-decarbonise' homes，with a view to informing the UK's long term targets.*

[2] 诺丁汉地区按照 Energiesprong 标准进行的社会住房改造也可证明在 30 年的时间跨度内如何在推行去碳化的同时减少社会住房的总支出。更详细的讨论参见：https://www.theccc.org.uk/wp-content/up-loads/2019/02/UK-housing-Fit-for-the-future-CCC-2019.pdf.

[3] Element Energy and UCL for the CCC（2019）*Analysis on abating direct emissions from 'hard-to-decarbonise' homes，with a view to informing the UK's long term targets.*

赁住房的标准。《清洁增长战略》中一个雄心勃勃的目标是到2030年将尽可能多的私人租赁住房升级至EPC的C级，苏格兰政府也同样致力于此。私人租赁住房相关法规主体的推行仍存在风险，最新的政府法规仅要求到2020年，将48%目前属于EPC的F级和G级的租赁住房升级到EPC的C级。[①]

　　——对于自住型住宅，在过去十年中只有一半以上进行了修缮，另有11%计划在未来进行修缮。[②]按照目前的速度，若有足够到位且强有力的政策鼓励节能策略的采用和绿色经济的发展[③]，预计可以在未来20年间将能效提升措施作为住宅修缮计划的一部分推行。但也有证据表明，自住者更倾向分期修缮住宅，这意味着可能需耗费更长的时间来进行深层次修缮。这些时间规划的可行性还与改造的便捷程度相关，在一定程度上，它是技术进步水平的函数。根据《清洁增长战略》中的承诺，应在2035年前将尽可能多的住宅升级为EPC的C级，对于确保所有苏格兰住宅在2030年前达到EPC的C级的提议，苏格兰议会给予了更多的支持。苏格兰节能路线图中提出的支持性强制要求，将确保政策的稳定并推动创新和发展。按照我们先前的提议，应将最低标准逐步引入到所有自住房中（如在住宅销售的节点）。

　　● 对于现有住宅的供热而言，将时间期限定为2050年是现实的，届时在"进一步雄心方案"中，供热系统可实现完全去碳化。这意味着最迟应在2035年进行管制，以确保所有更换过的供热系统都是低碳的（假设有额外的政策来确保剩余的所有化石燃料供热均被取缔）。同时，还需及时对燃气管网未来的应用作出决策，从2030年或2035年开始，在接入燃气管网的建筑中推广氢能或全热泵的应用：

　　——若要在最大程度上实现低碳供热，设施部署的时间至少为15年（假设基于化石燃料的供热系统平均寿命期为15年）。[④]

　　——政府承诺在21世纪20年代逐步停止在未接入燃气管网的地区安装高碳化

---

　　① BEIS（2018）*Domestic rented sector minimum level of energy efficiency - Government response*；BEIS（2018）Final stage impact assessment：Amending the private rented sector energy efficiency regulations.

　　② Element Energy and UCL for the CCC（2019）*Analysis on abating direct emissions from 'hard-to-decarbonise' homes，with a view to informing the UK's long term targets*.

　　③ 在2016年的供热报告中，我们提出了设定一系列有吸引力的措施的必要性，这些措施瞄准支付能力充足的市场，并且与搬家或住宅修缮等关键节点相配合。如我们在2019年的住宅报告中所考虑的那样，须趁绿色经济大幅增长时大力推进这些措施。

　　④ Element Energy的分析表明，根据报告中的燃气锅炉销售额，存量建筑的平均周转年限为15年。为了在15年内取缔剩余的所有化石燃料供热，可能必须报废一些高碳供热系统。参见：Element Energy and UCL for the CCC（2019），*Analysis on abating direct emissions from 'hard-todecarbonise' homes，with a view to informing the UK's long term targets*.

石燃料供热系统，其中重要的一步是采取监管措施以确保这些住宅安装低碳供热系统。如果在 2030 年之前出台相关规章制度，那么到 2045 年，未接入燃气管网的住宅的供热将能够实现去碳化。

——对更多存量建筑而言，15 年的部署期限意味着最迟必须在 2035 年制定相关规章制度，以确保经更换的所有供热系统都是低碳的，同时保证报废剩余的高碳化石燃料供热系统。

——尽管部署期限至少为 15 年，但必须从现在开始加快低碳供热措施的推行，从而扩大供应链并减少碳排放。在提高能效的同时，还可对混合式热泵进行改造，以尽可能减少对住宅的影响并提升去碳化效果。[①] 在部署规模方面，应确保到 2035 年混合式热泵得到广泛应用（如应用于 1 000 万户家庭中），从而迎接将来减少剩余天然气使用的挑战。

非住宅建筑

根据预期，非住宅建筑在采用低碳供热系统和节能措施上面临的障碍相对较小。在制定周详且及时的政策支持下，到 2050 年，非住宅建筑的直接二氧化碳排放量可得到充分削减，且部分建筑的表现将远远超过这一目标：

• 我们假设技术随时间的推移可逐步实现平稳推进，且分阶段的低碳热网发展策略得到采用，到 2050 年低碳热网即可得到充分部署。[②]

• 在不同类型的非住宅建筑中，热泵的采用率可能会有所不同，这取决于现有供热系统的状态和热泵的相对成本效益。我们制订各种减排方案的基础是采用化石燃料供热系统的建造周转年限为 15 年。

——在核心方案中，我们假设到 2045 年，热泵将完全取代天然气、石油和电力供热系统。预期到 2030 年左右，在燃气供热的非住宅建筑中采用热泵将具有成本效益，因此有望在 2045 年时充分改进这些存量建筑的供热系统，而无须报废过多设施。对未接入燃气管网的建筑而言，热泵已经呈现出成本效益，因此这一目标的实现可能提前。在《清洁增长战略》中，政府表示将致力于在 2030 年前逐步停止安装高碳化石燃料（如石油）供热系统，而我们对 2045 年作出的假设与这一节点之后存量住宅的周转率是一致的。在我们设定的核心方案中，替换生物质锅炉的时限延长至 2050 年，以便在过渡期间利用生物质来减少排放。

——在"进一步雄心方案"中，我们仍坚持核心方案所提出的在 2050 年前替换生

---

① 作为"住宅整体式"策略的一部分，将低碳供热措施与提高能效的改造措施同步推行，会给住宅带来诸多益处。

② Element Energy，Frontier Economics and Imperial College（2015）*Research on district heating and local approaches to heat decarbonisation.*

物质锅炉的设想。如果有迅速到位的政策支持利用这部分建筑现有的成本效益，基于存量建筑的周转率，我们设想采用电力和石油供热系统的建筑物在2035年前就可以完全转换为采用热泵。这一设想延伸到了政策推行和供应链发展层面。我们还提出了一个比核心方案更雄心勃勃的设想，即在2040年前替换所有燃气锅炉。这意味着到2025年时，采用热泵将具有成本效益（与我们在乐观设想下的发现相一致），或在该时间点之前热泵就已得到一定的采用，同时一小部分旧的供热系统被报废。

实现零排放的机遇总结见表3-1。

（c）建筑部门实现零排放的机遇总结表

表3-1　　　　　　　　　　　实现零排放的机遇总结表

来源	2030年第五次碳预算剩余排放量（MtCO₂）	"进一步雄心方案"下至2050年的剩余排放量（MtCO₂）	最早实现"进一步雄心方案"目标排放量的时间	2050年的减排成本（英镑/tCO₂e）
住宅建筑				
新建住宅		0.0	2050	69
烹饪		0.0	2045	240
未接入燃气管网的住宅供热		1.4	2045	−18
集中供热地区的住宅供热		2.0	2050	195
接入燃气管网且无限制条件的住宅供热		6.2	2050	223
存在空间限制的住宅供热	62	2.0	2050	311
具有遗产保护价值的住宅供热		0.9	2050	196
在既有住宅采用氢气替代天然气满足峰值需求		−7.4	2050	215
既有住宅采用生物燃料满足非天然气供热的峰值需求		−1.4	2045	47
非住宅建筑				
集中供热地区的供热——核心需求		0.0	2050	195
集中供热地区的供热——峰值需求		0.0	2050	144
非集中供热地区的供热——取缔天然气	11	0.0	2040	59
非集中供热地区的供热——取缔石油		0.0	2035	−41
餐饮业及其他非供热用途		0.0	2050	189
用作麻醉剂的 N₂O		0.6	2050	

来源：CCC analysis；Element Energy and UCL for the CCC（2019）Analysis on abating direct emissions from 'hardto-decarbonise' homes，with a view to informing the UK's long term targets.

注：第五次碳预算中的排放量仅限于CO₂，"进一步雄心方案"则将所有温室气体计入排放量中。以英镑/tCO₂e为单位的成本数据表示在2050年各项措施到位的情况下减排的标准化成本，它们是用于同一排放源的多种减排措施成本的平均值。在住宅建筑中，混合式热泵和区域供热的排放量是根据使用化石燃料来满足各类存量建筑的供热峰值需求而计算的。化石燃料残渣的去碳化（通过转化为氢或生物燃料等方式）计为负排放并单独列示。并非所有领域的排放量和减排量都被列出，如表3-1中未涵盖照明和电器、使用非气溶胶消费品以及意外火灾的排放量。表3-1所示的排放量亦未考虑在燃气管网中采用生物甲烷的情形，该情形下的排放量可进一步减少0.2 MtCO₂e。

3.4 建筑行业实现深度减排的成本效益分析

本报告第 1 章对我们评估成本与效益的总体方法作出了简要介绍，相关方法的详细阐释见《净零排放建议报告》的第 7 章。

在我们针对建筑行业设定的净零排放方案中，一些低碳技术选项相比高碳技术选项更有利于削减成本，采取其他减排技术代价有可能更高昂。

与理论上不采取任何减排措施的情形相比，若采用"进一步雄心方案"并在 2050 年将建筑部门排放量削减到 4 $MtCO_2e$ 左右，每年的成本总计为 150 亿英镑（按 2018 年的价格计算，占 2050 年预计 GDP 的 0.4%）。

我们尚未对本项报告中实现 2050 年目标的路径作出详细分析，但随着更多存量建筑实现去碳化，预计相关成本将随时间推移而上升。

建筑部门的去碳化成本在整个经济成本中占了相当重要的比例，这反映了到 21 世纪中叶在建筑部门实现必要的整体减排的重要性和面临的挑战。政府所面临的一个关键问题是如何在全社会分配这些成本——对分配方式的考虑将成为推动低碳供热的政策机制关键。

除减少排放量之外，根据预期这些减排方案还将带来一系列重要的协同效益，而这些效益在我们所测算的成本中并未得以体现。这些效益包括减少燃料，改善居住者的舒适度、健康水平和幸福感，以及释放与低碳、韧性建筑相关的重要行业机遇：

• 我们预期这些减排方案将为缓解燃料匮乏带来实质性的协同利益。除了立即采取具有成本效益的节能措施外，我们还额外对 325 万面实心墙采取了隔热措施，从而在更大程度上助益于解决燃料匮乏问题。

• 在合理规划下，建筑可以实现低碳目标，且运行更经济，居住更舒适，同时更有利于人的健康。重要的是，在改造存量建筑及建造新的建筑时，应考虑如何采取措施应对热效率低下、过热、室内空气质量和湿度不宜人等问题。这些举措应给居住者带来舒适和健康的效益。仅在英国，据估计目前由于住房条件差而增加的国民保健服务（NHS）医疗支出就达 14 亿英镑/年 ~ 20 亿英镑/年。[①]

• 在低碳及韧性建筑领域发挥专业知识技能是一个重要的机遇，既可以在英国创造高质量就业岗位，又有利于英国创新产业和技术的出口。2016 年，英国建筑

---

① Nicol S. et al. (2015) The cost of poor housing to the NHS.

部门所出口的产品和服务（包括承包、产品制造和专业服务在内）产值超过80亿英镑。[①]欧洲对净零能耗建筑的需求，以及加拿大和中国等市场对这一领域日益增长的兴趣，可能会为英国的创新产业和专业知识带来更多出口的机会。[②]

《净零排放建议报告》的第7章对各情景方案为经济领域带来的更广泛效益作出了阐述。

下一节将讨论如何实现这些减排方案，其中包括为确保实现与低碳建筑相关的更广泛效益所需制定的政策。

3.5 实现建筑行业深度减排

(a) 实现各减排方案的条件

只有在各级政府强有力且高效的领导下，通过一套可吸引人们参与并建立区域供应链的明确推广计划支持，才能推行"进一步雄心方案"并实现目标排放水平。

表3-2总结了我们根据第1章所述的方法，对主要减排技术所面临的各个维度的挑战所作的评估。

尽管前面已阐述了影响我们所检测的各类存量建筑去碳化难度的一系列建筑特征，但还存在一些交叉领域的事项，说明在建筑以外的哪些方面需要采取行动来实现雄心勃勃的减排目标：

● 投资水平和财政管理。供热去碳化相关的开支预计仍占英国经济脱碳总成本的很大一部分。与不采取任何政策的情况（资本投资取决于得到部署的技术组合）相比，到2050年去碳化所需的投资金额预计将达到每年约200亿英镑。然而，由于其他部门去碳化成本的下降，有可能重新调拨资金，以满足建筑部门去碳化的资金需求。在税收控制框架下，去碳化开支将在2025年左右达到每年约90亿英镑

---

① Published in HM Government（2018）Industrial Strategy：Construction Sector Deal，based on Office for National Statistics – UK Balance of Payments Pink Book（2017）. Table 9.11 and Table 3.8 for data construction contracting and services exports. BEIS，Monthly Statistics of Building Materials and Components，2017 for data on construction products exports.

② British Columbia 设定的目标是，到2030年，所有新建筑都能实现净零能耗。2017年，它颁布了 the British Columbia Energy Step Code，这一自愿性省级标准为实现目标的进程铺平了道路；见：British Columbia（2017）BC Energy Step Code：A Best Practice Guide for Local Governments.

表 3-2　　　　　　　对建筑行业减排技术所面临的多维度挑战的评估

来源	减排措施	障碍及交付风险	资金机制	协同效益和机遇	替代技术选项
住宅建筑					
新建住宅	2025 年超高能效的低碳供热	合规性、技能和绩效差距	成本可能由开发商、土地所有者或住户承担	舒适和健康效益、行业机遇	更快提高要求
烹饪	电炊具	相关的行为模式转变	成本转移至终端用户	改善室内空气质量	氢燃料炊具
为未接入燃气管网的住宅供热	提高能源效率及低碳供热	合规性、技能和绩效差距；相关行为的转变	风险融资递减被认为是不公平的。政府需对分配方式的影响和成本的分配进行审查	减轻燃料匮乏带来舒适和健康的效益、带来行业机遇	热泵和混合式热泵的多种比例组合、完全电气化，或配置氢能锅炉
为集中供热地区的住宅供热					
为无限制条件的住宅供热					
为存在空间限制的住宅供热		合规性、技能和绩效差距；供应链；相关行为的转变及住户的接受度			
为具有遗产保护价值的住宅供热					
天然气供热尖峰负荷	转换为氢气	技术可行性仍需证明/要推行重要的基础设施项目			
非天然气供热尖峰负荷	转换为生物燃料	资源需求竞争			
非住宅建筑					
集中供热地区供热——基本负荷	低碳供热网及能源效率	合规性、技能和绩效差距；供应链；相关行为的转变	商业部门：由企业承担前期成本。公共部门：征税重新平衡各种燃料的税收和监管成本	能效提升措施有利于改善住户的健康；带来行业机遇	一系列能够提供类似结果的技术组合，包括采用氢能锅炉或混合式热泵的技术
集中供热地区供热——尖峰负荷					
非集中供热地区供热——取缔天然气	采用热泵及提高能源效率				
非集中供热地区供热——取缔石油					
餐饮业及其他非供热用途	电气化	行为模式转变	前期成本相当。应对燃料成本进行再平衡	改善室内空气质量	采用氢能

注：*障碍和交付风险包括供应链。表 3-2 中各项措施的评级基于以下标准：对"障碍及交付风险"一项，如果有证据表明某项措施尤其难以实施，则评级为红色，否则评级为绿色或黄色；对"资金机制"一项，如果某项措施的交付成本较高，且这对企业的竞争力有负面影响，或导致家庭生活水准下降，则评级为红色；而绿色或黄色则与此相反；当有证据表明存在积极的"协同效益和机遇"时，评级为绿色，否则不予评级。

的峰值[1]。到2050年，对遗产建筑项目的投资将降至10亿英镑以下——节省下的资金可能会被用作低碳供热的一部分投资资金（如安装热泵的前期成本）。

- **技术和供应链**。英国政府政策的迅速变化抑制了建筑设计、施工和新措施应用方面的供应链与技术发展。

——在我们的减排方案中，包含大量措施的部署，如使用混合式热泵和低碳的墙体隔热层。然而在这两个关键领域，相关措施的部署都已陷入僵局。

——除了增加对去碳化措施的采用之外，若要以可支付的成本在减排的同时维持住宅中居住者的舒适度，必须解决低碳技术层面的缺口。在发展适用于建筑去碳化技术的同时，还需应对某些类型存量建筑的特殊挑战，例如对于遗产建筑可能需要采取不同的措施。

- **研究和创新**。在一系列领域，目前仍需开展进一步研究，以决定如何在英国实施推广去碳化供热，并且降低关键技术的成本。其中包括更深入地研究混合式热泵及其在不同类型住宅中降低供暖和热水需求的潜力，通过研究和试验为燃气管网未来的决策提供支持、探索将燃料转换为氢气的可行性，[2]以及通过研究与创新以应对最难实现去碳化的建筑类型（包括空间受限的住宅及具有遗产保护价值的住宅）所面临的挑战。

- **公众意识、公众参与和行为转变**。为实现建筑部门的深度减排，公众的接受度将成为推行相关措施必不可少的条件。然而，目前人们对转变的意识的认识程度非常低，[3]并且即便在居住者愿意作出转变的地方，去碳化措施的采用仍存在一定障碍。此外，重要的是，一旦施行这些措施，就应保证它们能达到应有的效果——在某些情形下，这需要公众行为的转变加以配合。

——即使建筑居住者意识到低碳措施的必要性，仍有可能存在一些障碍，阻止他们接受这些措施。例如，在财产所有权方面，不动产所有权/租赁权的区别可能对建筑物的翻修造成巨大障碍。

——一旦低碳措施得到部署，就应确保它们能够有效实施。我们在减排方案中假设，平均而言居住者对采用低碳措施的"知情"度逐步提高，例如，适当开窗以利于通风并避免湿气积聚，为空调系统设定适当的温度，保护隔热层并避免其受到损坏。达到这一目标要求公众行为的转变，但有效的设计也可以发挥重要作用，在

---

① HMT (2017) Control for Low-Carbon Levies.
② 包括氢能锅炉以及在短时间内输送大量氢气以满足尖峰负荷的能力。
③ Madano for the CCC (2018) Public acceptability of the use of hydrogen for heating and cooking in the home.

某些情况下甚至可以完全消除居住者介入的必要性。[1]

——除了更智能的技术之外，新的商业模式也有可能支持居住者有效采用低碳供热措施，"将供热作为服务"的主张就是此类模式之一。[2]

对于在建筑行业实现净零碳排放目标的关键决策时间安排，详见图3-5。

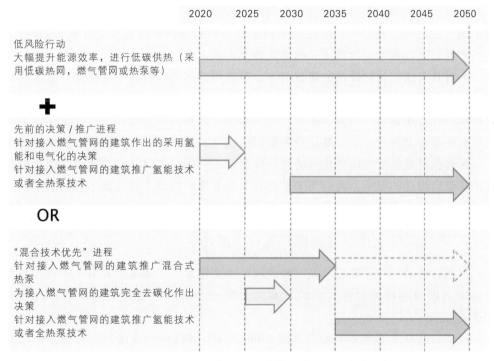

图 3-5　在建筑部门实现净零碳排放的关键决策时间表

注："低风险"行动是指委员会在 2016 年建议应立即采取的行动，到 2025 年左右，针对在热网区域以外接入了燃气管网的建筑，应作出决策以界定氢能和电气化各自的作用，并在 2030—2050 年期间推广实施（如图表中间部分所示）。"混合技术优先"进程在计划为接入燃气管网的建筑部署混合式热泵的同时，还要求采取低风险行动，这一决策将使实现完全去碳化的时间略微延迟。

来源：CCC.

---

① "可持续行为设计"概念的基础是，如果在产品设计中采取适当的策略，设计师可为产品的可持续使用带来积极影响。进一步讨论参见：Delzendeh，E. et al. (2017) *The impact of occupants´ behaviour on building energy analysis: A research view. Renewable and Sustainable Energy Reviews*，80，1061−1071.

② Energy Systems Catapult (2019) *Smart Energy Services for Low Carbon Heat.*

目前仍然存在一些不容忽视的不确定性，它们将对去碳化成本和最佳路径选择产生影响：

• **建筑中最适用的电气化和氢能的组合比例**仍存在不确定性。除了从建筑物和系统层面了解不同替代方案的成本之外，还有一些需要关注的重要问题，如公众对不同供热去碳化措施的接受程度，以及大规模推广氢能的可行性。[①]

• 对空间受限的存量建筑进行改造可能需投入额外的资金。除了住宅可用空间的不确定性之外，住户对去碳化技术的额外空间需求的接受程度也存在不确定性，这可能导致这些额外支出可覆盖的建筑数量不确定。

• **对具有遗产保护价值的建筑**而言，改造措施的成本存在不确定性。成本和适用性的限制在很大程度上因具体情况而异，因而无法确定。具有遗产保护价值的建筑数量同样不能确定——关于遗产住宅确切数量的数据质量较差，且存量住宅中可能还有更多的老房子，由于其住户希望保留历史特征和细节，而使改造成本升高。

• **数据质量**是对非住宅建筑的评估中的一个问题，尤其是在空间受限的小型建筑中热泵适用性的影响。我们尚未对公共和商业遗产建筑去碳化成本更高的情形进行模拟，但如果存在更大障碍，可能导致2050年的排放量增加约 $0.5\ MtCO_2e$。

(b) 推进建筑行业极深度减排的关键政策含义

本报告的宗旨并非确定一套完整的政策来实施推广上述减排方案。不过，在考虑制定英国净零排放目标时，政府和议会应充分理解本报告对重要高层政策的含义。[②]

对建筑行业尤为重要的是，英国2 900万座存量住宅的改造必须被视作国家基础设施的优先事项。至2020年，英国须发展一套全面的去碳化供热战略。如我们在2019年住宅报告中所提及的，政府应在未来18个月至3年内制定出战略。净零碳排放目标及其对明确政策的迫切需求意味着越早采取行动越有利。政府必须在其规划的2050年供热路线图中构建一套新方法，使建筑物到2050年能实现完全去碳化。英国财政部与BEIS合作应对问题并投入足够资金的承诺亦必不可少。该战略

---

① 我们委托Madano进行的关于公众对氢能和热泵技术接受程度的研究表明，若要在氢能和热泵之间作出选择，人们的偏好并不固定。受访者会受信息呈现方式的影响，更倾向选择只需对现有系统作出很少改变的方案。见：See CCC (2018) *Hydrogen in a low-carbon economy*; Madano for the CCC (2018) *Public acceptability of the use of hydrogen for heating and cooking in the home*.

② 更多细节可参考我们最近的一系列报告：CCC (2016) *Next steps for UK heat policy*; CCC (2018) *Progress Report to Parliament*; CCC (2018) *Hydrogen in a low-carbon economy*; CCC (2018) *Biomass in a low-carbon economy*; CCC (2019) *UK housing: Fit for the future?*

须包括：

• **一套涵盖自住住宅、社会及私人租赁住宅和非住宅建筑且及早公布的明确标准**。其中包括制定能源效率标准、制订详细计划以逐步取缔高碳排化石燃料供热系统的安装，以及现有供热系统效率的提升。提升能源效率是低碳供热的重要前置性措施，它将为及早部署应用的地方带来最大的效益。

• **为低碳供热（热泵、生物甲烷利用和低碳热网供热）制定一套监管和支持框架**，以解决数十亿英镑的资金缺口。若要在 2050 年实现住宅去碳化，最迟到 2035 年，所有新安装的供热系统都应是低碳的。这一过程要求提前释放政策信号，并在 2020—2030 年大规模部署热泵，从而更好地发展供应链。

• **研究各种燃料的税收和监管成本的平衡**，从而更好地与隐性碳价格相匹配，并反映电力的去碳化效益：电力供热的成本远高于天然气或石油供热，这些供热燃料的定价并未完全反映出节碳的效益。当前这些因素削弱了私营经济中发展电气化的动力。

• **一套与住宅寿命期关键节点（如住宅出售或修缮）相匹配的有吸引力的策略**。在能源效率和低碳供热方面，应构建出监管和支持框架。至关重要的是，还应为居住者移除障碍，允许他们采取必要行动改善其生活和工作的建筑环境质量。这可能要求立法改革，以解决诸如永久产权人和租赁产权所有人激励机制失调等问题。

• **一项提升现有劳动力技能的全国性培训计划**。一支技术娴熟的劳动力队伍对于提高能效和低碳供热措施的有效部署与实施至关重要。英国政府应利用《建筑部门协议》（the Construction Sector Deal）中的举措来填补劳动力的低碳技能缺口。在低碳供热（尤其是热泵）、能源和用水效率、通风和舒适性以及建筑抗洪能力等方面，迫切需要提供新的支持以对设计师、建筑工人和设备安装员进行培训。

• **一套推动 2020—2030 年供热基础设施改造决策的管理框架**。对任何政府而言，对供热和天然气网络的未来发展作出战略决策都是困难的。这要求政府接受较高的短期成本并拥有长远视野，而这一进程是超过了议会通常的时间表的。然而，若要实现 2050 年的目标，对于该项需要较长预备期的基础设施问题，我们必须在 2020 年作出战略决策。

减排成本在消费者和财政之间的分配将取决于变化的政策。英国财政部应研究转型成本的来源并据此制定成本分配策略，确保其被认为是公平的。在建筑领域，应考虑的事项包括财政手段和财政收入的调用、碳交易计划的开支、工业成本以及对能源账单支付者（包括燃料匮乏者）的影响。对减排成本的考虑应从现在覆盖到 2050 年整个时期。

政府必须通过政策实施以履行在未来住房标准下宣布的承诺，即到2025年确保新建住房均配置低碳供热系统，并达到世界领先水平的能源效率，同时为新建非住宅建筑制定雄心勃勃的标准。除了低碳之外，这些新建筑还应具备节能、节水以及气候韧性。

新的建筑标准和去碳化供热战略必须与照明和家电产品的高标准同步推行，以推动最高能效产品的普及。

若要实现建筑行业的深度减排，需要各级政府、行业、企业和居民的协调与合作。中央政府和地方政府所制定的政策必须在地区得到有效执行，规划制度的演变必须紧跟政府的愿景和目标。来自行业部门的合作有利于通过创新降低成本，并为住宅和企业提供发展方案，因而是深度减排的核心。

最后，必须解决在这些关键问题上公众参与缺位的问题，为即将进行的转变做好准备并向公众提供信息，使个人能够即刻采取行动，减少其住宅和企业所产生的排放。

第4章　工业

简介及关键信息

本章给出了工业减排的情景，以支撑委员会对英国、苏格兰和威尔士的长期排放目标的建议研究。本章的关键信息包括：

- **背景**：2017年，英国工业领域的排放量为105 $MtCO_2e$，占英国温室气体（GHG）排放量的21%。其中制造业的排放量占60%，其余40%则源于化石燃料生产[1]、精炼和逃逸排放[2]。工业排放中的93%为 CO_2，7%为 CH_4 和 N_2O。

- **"核心方案"**：一些减排技术可以以相对较低的成本实施，且其中部分技术已被纳入政府的减排雄心当中，尽管在政策上还需加大推行力度。这些减排措施包括提高能源和资源效率，减少甲烷的排放和泄漏，将碳捕集与封存技术（CCS）应用到制氨、水泥、钢铁等工业部门，以及利用热泵进行少量电气化。采取这些措施可使工业排放量在2050年削减到56 $MtCO_2e$。

- **"进一步雄心方案"**：我们的"进一步雄心方案"可在2050年将工业排放量减少到10 $MtCO_2e$，该方案采用的措施包括氢能利用、电气化、碳捕集与封存（含生物质能碳捕集与封存，即BECCS）、使用低碳移动机械、减少甲烷排放和泄漏以及提高能源和资源利用效率等。这是极具挑战性的一种方案，它要求低碳技术迅速发展，以匹配工业资产的自然周转率。

- **探索性方案**：我们主要考虑了两个可供长远发展的进一步措施。

通过提升碳捕集地点的碳捕集率，以及对更小、更具挑战性的碳源进行碳捕集，可能进一步将排放量减少2 $MtCO_2e$。这些技术尚未被证明是可行的。

加快低碳燃料技术的部署，可在2050年将排放量进一步减少2 $MtCO_2e$。这可能要求更早报废现有的工业资产。

- **成本及效益**：在我们的工业部门净零排放方案中，一些低碳技术相比高碳技

---

① 主要是石油和天然气的提炼。

② 此处"逃逸排放"包括来自天然气分配和输送网络的甲烷泄漏、在石油和天然气的生产过程中燃烧和排放的甲烷。

术更有利于节约成本，如提高能源和资源效率，尽管燃料转换及CCS等措施的成本更高昂。为了在2050年将工业排放量削减至10 $MtCO_2e$以实现"进一步雄心方案"的目标，与不采取任何气候变化政策行动的理论情景相比，估计每年所需总开支为80亿英镑（占2050年GDP预计值的2%）。与此同时，此方案还将产生一些重要的协同效益，如空气质量的改善，区域就业市场的壮大，吸引更多投资进入新老工业部门，以及新产业和产品的发展。

● **实施**：若要使委员会建议的净零碳排放目标成为可能，政府急需履行其在清洁生产策略中所作的承诺，确立整体框架以支持长期的工业脱碳进程。推迟行动将导致工业部门脱碳的可能性降低，或需为报废工业资产付出更高代价。

——设计英国工业减排政策框架必须保证它不会导致英国工业向海外转移，这既无助于全球排放量的减少，又会对英国经济造成损失。该政策框架应当要求，一旦出现碳泄漏的风险，消费者或纳税人必须承担工业子部门或工厂脱碳的大部分成本。

减排政策应包含工业脱碳融资机制，以资助包括氢能利用、电气化和CCS（含BECCS），在2019年年底形成的支持二氧化碳运输和储存的机制，以及为能源和资源效率的提升所提供的支持。

——到2026年，CO_2运输和储存基础设施应在至少一个产业集群中投入使用，并可在不久后提供给所有主要产业集群，同时在以氢能为最佳燃料替代的地点为所有产业集群供应氢气。到2035年，应建成为主要产业集群以外的企业供应氢气的网络，如果在此之前能在各产业部署好以氢气为燃料的设备，可以略微延迟氢气网络建设。

通过打造有吸引力的投资环境（包括稳定的政策），英国可以成为低碳产品生产的引领者，吸引更多投资进入新兴和既有工业，并开发新的产业和产品。对于英国可能取得竞争优势的工业子部门和技术，需要鼓励其发展。

我们将从以下五个部分展开分析：

1.工业部门的当前和历史排放。

2.工业部门的减排策略。

3.工业部门最小化排放情景。

4.工业部门实现深度减排的成本与效益分析。

5.工业部门开展深度减排的行动。

4.1 工业部门的当前和历史排放

2017年，英国工业部门产生的温室气体排放为 105 MtCO₂e，占英国总排放量的 21%（如图 4-1 所示）。这些排放量主要来自制造业和能源供应：

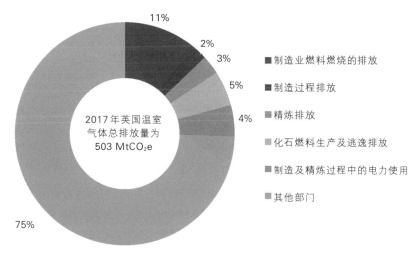

图 4-1 当前工业部门的排放（2017）

注：2017 年非 CO₂ 排放量暂时估计与 2016 年最终排放量保持一致。

- 制造业产生的排放量占 60%。其中，85% 来自燃料燃烧（用于高位和低位发热、干燥/分离、空间加热和离网发电），15% 来自过程排放（产生自一系列化学反应，例如水泥生产中的石灰石煅烧）。制造业排放涉及的子部门种类繁多（如图 4-2 所示）。
- 其余 40% 的排放量来自化石燃料生产（主要是石油和天然气的提炼），精炼和逃逸排放。

大多数（93%）的温室气体排放为 CO₂、5% 为 CH₄、1% 为 N₂O。半数的 CH₄ 排放源于燃气管网的泄漏。

- 自 1990 年以来，工业部门的排放量已下降了 52%（如图 4-3 所示）。这在很大程度上反映了能源效率的提高和燃料替代、经济结构的变化以及非二氧化碳排放的减少。
- 1990—2017 年间，工业部门的排放量下降了 52%，而产出增长了 8%。这在很大程度上反映了能源强度的提升和使用更低碳能源的转变。

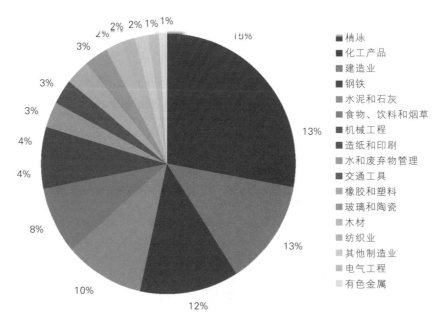

图4-2　工业部门制造及精炼过程中的温室气体直接排放情况（2016）

注：由于数值保留有效位，图中百分比数值总和未必为100%。图4-2根据英国国家统计局（ONS）环境账户的最新数据作出，该账户于每年7月发布，较其统计数据滞后18个月。

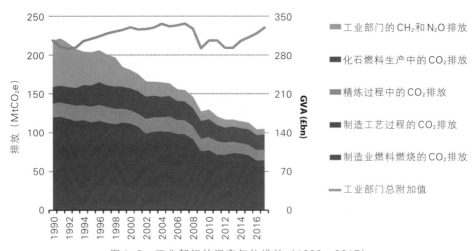

图4-3　工业部门的温室气体排放（1990—2017）

注：2017年排放量为暂定的估计值。其中非CO_2排放量假定与2016年最终非CO_2排放量保持一致。

● 英国工业生产已向能源强度更低的部门转移。自 1990 年以来，英国经济中的排放密集型部门已逐步缩减（如精炼厂的总附加值（GVA）下降了 25%）。

● 自 1990 年以来，由于减少了煤矿和天然气配送网络的甲烷泄漏，且在工业生产过程中用技术手段减少了 N_2O 排放，非二氧化碳的温室气体排放量有所下降。

4.2　工业部门的减排策略

本节阐述了工业部门的减排选项、当前政府的雄心，以及工业减排所面临的挑战。

(a)　工业部门的减排选项

图 4-4 是对工业部门减排选项的总结。我们对减排选项的认识是基于一系列新的研究证据所构建的，专栏 4.1 列出了这些新证据和既有的证据基础：

● **氢能、电力和生物质能**都可用于满足工业供热（及动力）需求，从而取代化石燃料的使用并减少温室气体排放。[1]

——一系列氢能、电力和生物质能供热技术已得到开发，以满足不同类型的工业用热需求（见表 4-1）。

——一些燃料种类或供热技术相较其同类技术而言具有更大的潜力。例如，生物质燃料并非总适于代替天然气用于直接高温供热，因为其燃烧过程产生的气体成分不如天然气理想。根据 Element Energy 和 Jacobs 为英国商业、能源和产业战略部（BEIS）所做的分析，除了热泵（仅适用于部分工业流程）之外，氢能的应用最为广泛，且可能比大多数电力供热技术更经济。本研究的更多分析内容及本报告委托进行的拓展性研究见专栏 4.2。

——根据我们对生物质评估的分析，从长远来看，生物质必须同碳捕集与封存（CCS）技术相结合，方可应用于工业部门。[2]这一技术组合被称为生物质能碳捕集与封存（BECCS）技术，具有去除大气中二氧化碳排放的净效益。上述评估还认为，可将适量生物甲烷注入燃气管网。

——这些能源类型中的每一种都已在工业部门得到一定程度的应用，尽管大多数情况下并非出于对气候政策的考虑，且它们有时不能满足低碳要求，或并非作为

---

[1]　适用于氢能和电力为低碳能源且生物质燃料具可持续性。

[2]　CCC (2018) *Biomass in a low-carbon economy.*

能源使用。2017年，34%的工业能源需求通过电力满足，另外5%则来自生物质燃料和废弃物衍生燃料。

● 电力目前被用于满足各种工业能源需求，包括驱动电机（35%）和生产工艺供热（27%）。用电最多的工业部门是化工、橡胶和塑料生产。

● 生物质和废弃物当前用于生产电力，以及水泥和造纸工业中的供热。

● 氢气主要用作精炼厂的原料，负责将较重的碳氢化合物"裂解"成较轻的碳氢化合物，此外还用于哈伯博施工艺中的氨生产。这种氢气不是由CCS或电解产生的，因此不能称其为低碳氢。

——低碳燃料可用来替代"内部燃料"，即由工业原料（炼铁部门的高炉煤气和焦炉煤气，以及炼油和石化部门的一些价值较低的碳氢化合物）生产的燃料。然而，低碳燃料可能面临更多经济性上的挑战，因为内部燃料作为工业流程的残余物，其成本对工业产品消费者而言可能相对较低。我们在本报告的分析中未考虑这一选项，工业部门减排选项示意图及CCC报告分析范围如图4-4所示。

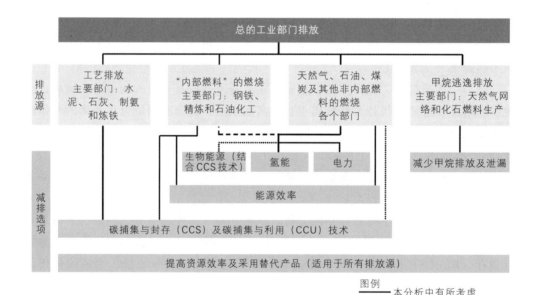

图4-4　工业部门减排选项示意图及CCC报告分析范围

注：移动机械的使用包含在天然气、石油和煤炭的燃烧这一排放源中，通过燃料替代可减少这部分排放。上述工艺排放中考虑了CO_2逃逸排放。CCS和CCU技术的选项涵盖了对CCS的考虑；而CCU在本分析中尚未得到考虑。"内部燃料"是由工业原料（炼铁部门的高炉煤气和焦炉煤气，炼油和石化部门的一些价值较低的碳氢化合物）生产的燃料。

——这些燃料还可用于移动机械（如铲车和移动发电机）的引擎，这些机械目前通常使用汽油作为燃料。氢能尤其可以为其提供在不同环境下使用的自主性和灵活性。

• **碳捕集与封存（CCS）** 可用于捕集较大的 CO_2 工业点排放源，并将其运至储存地点，从而减少大气碳排放。捕集的二氧化碳也可用于碳捕集与利用（CCU），尽管可被利用的量预计将远远小于可被存储的量。

——CCS 可以捕集燃烧排放（包括来自内部燃料燃烧的排放）和非燃烧过程中的 CO_2 排放（来自化学反应，如水泥生产中石灰石煅烧）。

——当捕集排放源自生物质燃烧、还原或发酵时，形成了生物质能碳捕集与封存（BECCS）技术。

• **能源效率和资源效率**。更高效地使用能源有利于在减少排放的同时降低成本。作为更进一步向循环经济转型的一部分，减少产业中的原材料运输及更高效（且更长时间）地使用产品也可以削减工业部门的排放。专栏 4.3 汇总了本报告对资源效率和原材料替代品作出分析时所采用的最新依据。

• **减少甲烷排放或泄漏**。一系列措施可用于减少石油和天然气生产及勘探过程中以及来自天然气网络的甲烷排放量。通过提高天然气回收率，或在必要时进行燃烧处理，可减少石油和天然气生产过程中的排放[①]。截断甲烷排放过程则有助于削减勘探井的排放。通过定期的"泄漏检测和修复"或成本更高昂的"持续监测"，可以减少天然气网络中甲烷的泄漏。专栏 4.4 总结了在本报告委托下研究的新证据，可为上述措施和其他减少化石燃料生产排放的措施提供支持。

专栏 4.1　本报告所采用的强有力的证据基础

我们收集了一系列新的证据以支持本章第 2~5 小节所做的工业部门长期脱碳分析。这主要是为了更新和补充我们为第五次碳预算中的提议而整理的证据基础，其中对脱碳的考虑延伸到 2050 年，重点仍放在第五次碳预算涉及的时段，即 2028—2032 年。

首先，我们借鉴了委员会最近在对氢能和生物质能的评估中公布的证据：

• 对氢能的评估借鉴了由 Element Energy 和 Jacobs 提出的工业燃料转换的新

---

① 非必要时不采取该措施,以防发生健康或安全事故。

依据，表明采用氢能在技术上有潜力减少大多数工业燃烧形式产生的排放。这份评估还表明，在火焰（以及燃烧产生的气体）需要直接接触原材料或生产产品的地方（如熔炉或窑炉里），低碳氢能对于减少直接燃烧产生的排放可发挥独特作用。大多数直接燃烧可采用的唯一其他选项是生物甲烷；然而，生物甲烷和生物质能的供应也相当有限。

• 对生物质能的评估则考虑了生物质能在工业部门的应用效果，尤其是生物质能碳捕集与封存技术相结合的作用。根据 2018 年 Element Energy 和 Jacobs 所做的燃料转换相关研究以及为本评估进行的能源系统模拟，生物质能可促进工业部门的近期减排。但从长期来看，除非生物质能是取代燃煤的唯一选择，否则生物质能只能在与 CCS 结合的前提下应用于工业。评估表明，工业部门采用 BECCS 技术可能实现约 10 MtCO₂e 具有成本效益的减排，[①]这一结果对假设条件高度敏感，仍需开展进一步的研究工作来确证这一潜力。

我们还为本报告委托进行了新分析：

我们委托 Element Energy 和 Jacobs 在 2018 年燃料转换研究的基础上开展进一步探索，针对之前研究未涉及的某些工业燃烧排放，评估采用低碳燃料的减排潜力。进一步研究的结论见专栏 4.2。

我们委托 Element Energy 和可持续天然气研究所（the Sustainable Gas Institute）对化石燃料生产和逸逸排放的减排情况和成本进行了新的研究，目前这些排放源每年产生的排放量约为 25 MtCO₂e（见专栏 4.4）。

我们回顾了一系列低碳措施减排潜力的评价依据，这些措施包括提升资源效率（见专栏 4.3），削减移动机械排放，以及削减一些较小的非燃烧工艺过程排放。

资料来源：CCC（2018）Hydrogen in a low-carbon economy and CCC（2018）Biomass in a low-carbon economy，Element Energy and Jacobs（2018）Industrial Fuel Switching Market Engagement Study.

---

① 包括碳封存和避免二氧化碳排放。

表4-1 工业热处理过程以及适用的燃料替代技术

驱动方式	工艺类型	适用的燃料替代技术	依赖于该过程的主要工业部门
直接加热	低温型	电加热器，氢能加热器	汽车及其他小型制造业部门
	高温型	固态生物质燃烧、氢能加热器、电力窑炉/熔炉、射频加热、电弧等离子气体加热器	玻璃、陶瓷、水泥及其他非金属矿物
间接加热	低温型（包括空间供暖）	固态生物质锅炉、氢能锅炉、电力锅炉、电加热器、热泵、微波加热器	汽车及其他小型制造业部门
	高温型	电加热器，氢能加热器（燃烧炉中用氢气替代天然气）	精炼、石油化工产品和制氨工业
	蒸汽式	固态生物质锅炉、氢能锅炉、电力锅炉，有限应用的热泵	食品和饮料、造纸、化工

注：直接加热是指火焰和随后的燃烧气体需要直接接触正在生产或加工的材料或产品。其他小型制造业部门在我们的数据中没有进行详细分类，无法确定具体种类。

来源：Element Energy and Jacobs （2018）Industrial Fuel Switching Market Engagement Study.

专栏4.2 关于工业部门燃料替代的新研究总结

2018年氢能报告借鉴了Element Energy和Jacobs在BEIS委托下所研究的对工业跨部门燃烧过程进行燃料替代的新依据。这项研究仅涵盖了制造业中超过一半的化石燃料使用量（215 TWh中的120 TWh），从中识别出约90 TWh的工业能耗可在2040年转换为氢能。其中15 TWh为燃烧过程的能源需求，该过程中生物质能和电力在技术上基本不适用。

我们委托进行了一项拓展研究以进一步深化依据，将先前缺漏的减排技术考虑在内，例如：焦炉和高炉减排（12 MtCO2e），将作为工业过程一部分生产的"内部"燃料（如高炉和焦炉煤气）用于燃烧（14 MtCO2e），利用其他工业燃烧产生的废热，以及需结合多种技术以取得成本效益、同时充分减排的排放源（如使用氢燃料和热泵）。这项研究涵盖了将燃料转换为氢能、生物质能和电力以及碳捕集与封存技术的减排潜力与成本。

我们考虑了燃料替代在主要的能源密集型工业中的潜力，这些工业部门包括化工、食品饮料、造纸、汽车、炼油、乙烯、氨（制氢电解）、非金属矿产、有色金属和钢材二次生产和加工。此外，本研究还涵盖能源密集度较低的工业部门，这是我们先前证据基础较弱的领域。

我们考虑碳捕集与封存（CCS）技术在以下工业部门中的应用：初级铁生

产、精炼、制乙烯、水泥生产（包括与BECCS技术结合使用的生物质能）和制氨。研究还考虑了各部门工艺过程的减排。

在工业部门的 105 $MtCO_2e$ 排放之中，超过 40 $MtCO_2e$ 的排放量不在本研究范围之内。

研究结果表明，借助氢能、CCS、BECCS 和电气化技术可以实现制造业固定燃烧的完全脱碳。相关成本估计为：采用最成熟技术（氨成本最低）的碳捕集与封存成本范围为 30 英镑/tCO_2e~120 英镑/tCO_2e，采用最佳可用技术的碳捕集与封存成本范围为 30 英镑/tCO_2e~190 英镑/tCO_2e；采用氢能成本范围为 65 英镑/tCO_2e~240 英镑/tCO_2e；电气化成本为 90 英镑/tCO_2e~400 英镑/tCO_2e，其中包括用于空间供暖的热泵成本。

对于一些有卡车运输需求的工业部门而言，接入氢气和二氧化碳管道将更为困难，例如未接入燃气管网的产业和早期"脱碳集群"之外的产业。对沿海水泥厂的评估包含了由此产生的额外成本。

注：以上碳捕集与封存技术（CCS）成本是基于捕集率为90%的假设所作出的评估。电气化成本的最低阈值代表采用热泵的情形。

来源：Element Energy and Jacobs （2018）Industrial Fuel Switching Market Engagement Study，Element Energy （2019）Extension to Fuel Switching Engagement Study，for Committee on Climate Change.

专栏4.3　关于资源效率和原材料替代品的最新证据总结

我们主要根据利兹大学和曼彻斯特大学最近的一项研究结果，评估了提高资源效率对英国减少温室气体排放的潜力。所考虑的措施总结如下（见表4-2）。

该研究提出了三种情景：材料低、中、高生产率，它们反映了对于改变生产和消费习惯的不同程度的愿景。材料中、高生产率情景可分别使英国工业排放量减少6%和12%。同时还可减少英国之外的温室气体排放，因为这些措施对进口产品有所影响——详见《净零排放建议报告》第5章。

这些情景都是极具雄心的，我们认为在实现这些情景的同时，其他国家也会随之采取行动提高资源效率。然而有证据表明，甚至更大程度的减排也是可能的，据能源转型委员会（the Energy Transition Commission）估计，通过循环经济战略可以避免重工业40%的排放。

表 4-2	资源效率和原材料替代品策略总结	
工业部门	减少生产过程中资源使用的措施	减少资源消耗的措施
服装和纺织业	提高纤维和纱线生产、染整效率	减少弃置，增加回收利用 延长衣物使用时间
食品饮料	减少食品服务和酒店业的食物浪费	减少家庭食物浪费
包装业	去包装化或减轻包装（金属、塑料、纸、玻璃） 增加可再生玻璃的使用	—
汽车工业	在不改变材料或合金成分的条件下减少钢、铝和额外的重量； 通过切割技术提高汽车结构（金属）的成品率； 提高钢材加工成品率； 利用废弃钢材	从回收转向翻新 从汽车俱乐部租用汽车 延长汽车使用时间
电子产品、电器、机械和家具	在不改变材料或合金成分的条件下减少钢材使用 提高钢材加工成品率 废弃钢材在工业设备中的再利用	共享使用频率低的电器、电动工具和休闲设备 延长产品使用时间 选择再制造而非丢弃 减少弃置，增加回收利用率
建造业	优化设计以减少材料投入 增加木材在建筑中的应用 提高水泥熟料替代率 材料再利用	—

注：Scott 等人设定的情景已作出调整，从而涵盖气候变化委员会（CCC）所分析的采用水泥熟料替代品、在建筑中更多使用木材、增加再生玻璃的使用等措施，并且参考政府的 2050 年工业脱碳和能源效率路线图对提高钢材加工成品率作出分析。我们假设 Scott 等人所提出的措施推行时间是 2050 年之前，而非其研究所设定的 2032 年。

来源：Scott, K., Giesekam, J., Barrett, J. and Owen, A. (2018) Bridging the climate mitigation gap with economywide material productivity, *Journal of Industrial Ecology*, https: //doi. org/10.1111/jiec.1283, Energy Transitions Commission (2018) Mission Possible, http: //www. energy-transitions.org/mission-possible.

专栏4.4　关于化石燃料生产和逃逸排放的最新研究总结

我们委托 Element Energy 和帝国理工学院的可持续天然气研究所（the Sustainable Gas Institute）对减少英国化石燃料生产排放和逃逸排放的成本与减排潜力进行了研究，目前其总排放量为 24 MtCO2e。

该研究所考虑的减排技术包括由海上平台供应电力或氢能、石化公司火炬气回收、小规模就地碳捕集，以及对甲烷的泄漏检测与修复（LDAR）。

这些排放源的基准排放量预计将在2050年削减到10 $MtCO_2e$（如图B4-4所示）。这主要是海上石油和天然气产量下降的结果，而目前投资开展的铁质主管道更换计划贡献率不大。基于采用国家电网的情景，预计新的陆上石油开发计划将带来2 $MtCO_2e$ 的排放量。总体而言，到2050年，管道和天然气网络的甲烷泄漏预计将贡献总排放量的29%，陆上和海上石油生产的贡献与此相似，由城市固体废弃物燃烧和已关停煤矿的甲烷泄漏带来的排放量则相对较小。

研究表明，成本最低的减排选项是天然气回收、减少天然气空燃和甲烷泄漏检测与修复技术。通过持续监测，本研究判断这些措施的减排潜力为3 $MtCO_2e$，成本约为90英镑/tCO_2e。到2050年，碳捕集与封存技术（CCS）和燃料的氢能及电力替代可分别发挥3 $MtCO_2e$ 和2 $MtCO_2e$ 的减排潜力（基于本报告中值推广率的评估）。

推广率是基于对技术成熟度的评估，用技术就绪指数（Technology Readiness Level）来表示，可对技术部署最早和最广的年份进行计算。

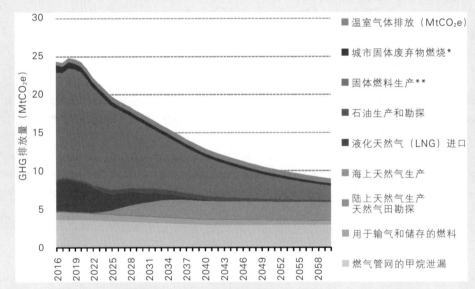

图B4-4　英国化石燃料生产和逃逸排放的基准排放量（2017—2060）

资料来源：Element Energy（2019）Assessment of Options to Reduce Emissions from Fossil Fuel Production and Fugitive Emissions，report for the Committee on Climate Change.

注：*以及烟气脱硫。**包括关停煤矿的排放量，但不包括大部分焦炭生产的排放量。

（b）当前政府的宏愿

目前政府的长期目标包括推进燃料替代（转向使用氢、电或生物能源），碳捕集与封存，以及在提高能源和资源效率上取得更多进展：

● 政府的"产业集群使命"是到 2040 年建立世界上第一个净零碳产业集群，到 2030 年至少建立一个采用燃料替代和碳捕集与封存技术的低碳产业集群。一些较近期的政策和雄心为此提供了支持：

——政府在碳捕集与碳利用（CCUS）行动中设定了一项计划，以促成在英国部署第一座 CCUS 设备，并从 21 世纪 20 年代中期开始投入使用。

——政府在《清洁增长战略》中提出雄心，决定在 21 世纪 20 年代在未接入燃气管网的商业建筑中逐步停止高碳化石燃料供暖系统的安装。

——工业能源转型基金将投入高达 3.15 亿英镑的资金，促进能效提升技术和低碳技术的发展，从而支持工业脱碳。

● 政府已制定了到 2030 年将产业能源效率提高 20% 的目标。在 2018 年 6 月的年度报告中，我们预计到 2030 年，能源效率可充分提高，并与我们到 2050 年实现 80% 减排目标的成本效益的路径相一致。

● 通过资源和废弃物战略，政府为英国设定了 2050 年零废弃物经济的战略框架。21 世纪 20 年代提升资源效率的政策包括让生产商通过改进产品设计承担更多责任，采用可持续材料，以及调整分销模式等。

● 用塑料管道替换老旧的铁质燃气分配网络（铁质主管道更换计划）的进程将持续到 2040 年，在 2020—2040 年，这样能使甲烷泄露减少约 40%。[①]

（c）工业部门减排所面临的挑战

在工业中实现大幅度减排将是一项极具挑战性的任务。这些挑战包括成本、更换和翻新周期、资本约束、对基础设施的需求、技术限制和公众行为模式：

● **成本和竞争力。**不同减排措施的成本（单位为英镑/tCO_2e）各不相同。大体而言，提高能源和资源效率、减少甲烷排放和泄漏、氨生产中的碳捕集与封存（CCS）以及电热泵的使用都是工业部门较经济的减排选项。其他碳捕集与封存（CCS）和燃料替代技术的成本则更高，且我们的分析表明，选用氢能可能比电气

[①] Element Energy and the Sustainable Gas Institute（2019）*Fossil Fuel Production and Fugitive Emissions*，*report for the Committee on Climate Change.*

化（热泵除外）更为经济。这些成本可能会影响部分产业的竞争力。为英国工业减排设计政策框架，必须确保它不会将工业转移至海外，因为那样做既无助于减少全球温室气体排放，也无益于英国经济发展。

- **翻新和更换周期**。工业设备和资产的使用寿命通常都比较长，除非现有资产在寿命期结束之前被废弃，或某种技术提前用于转型部署（如用于空间供暖的氢预备式燃气锅炉），否则新技术引入的速度将受到限制。一般而言，为避免错失引入低碳技术的机会，必须根据翻新周期做好减排准备，但在此期间可能发生更为复杂的情况。

——同一地点的不同设备可能有不同的寿命期，但这些设备需同时进行更换（例如在需将传统燃料转为使用氢燃料的地方）。

——人们可能会尽量延长资产使用寿命，而不做翻新或制订更换的计划。例如，相比于开发剩余经济寿命有限的海上油气田，对剩余寿命较长的油气田减排技术的研发投入动力不足。

- **基础设施**。某些减排措施需要特定行业管理范围之外的基础设施支持。例如，要充分发挥 CCS 在工业部门的潜在减排优势，就需要足量的 CO_2 运输和储存设施。类似地，若要在较大范围内将燃料转换为氢气，就必须有氢气输配网络的支持。

- **资本约束**。在能源密集型行业中，许多减排措施都有很高的前期资本要求，且投资回收期很长。为使企业对减排措施进行更好的计划和投资，需要一套长期稳定的机制来呈现减排的价值。

- **技术限制**。某些技术目前尚未实现商业化，尤其是使用氢能的技术（如氢气锅炉）。这将限制技术部署的速度。

- **消费者行为**。一些提升资源效率的措施要求消费者对其行为习惯作出改变（如减少购买新衣服的频率）。

4.3 工业部门最小化排放情景

(a) 实现零排放的技术选项

在这一小节中，我们基于前文概述的各项措施的评估（如图4-4所示），对减排技术作出总结，①并将其分为"核心方案""进一步雄心方案""探索性方案"技术选项。

核心方案的技术选项：指那些低成本、低风险的技术选项，它们在大多数战略下

---

① 图4-4概述了本项分析中如何考虑各项减排措施，并说明了考虑有限之处。

能够发挥作用，以实现目前已制定的2050年减排80%的目标。对大多数技术而言，政府已作出减排承诺或开始制定政策（尽管在许多情况下，这些政策还需强化）。

进一步雄心方案的技术选项：相比核心方案技术选项更具挑战性，并且/或者成本更高昂，但这些技术选项都可能是实现净零排放目标所必需的。

探索性方案的技术选项：目前此类选项技术成熟度很低，而成本很高，或在公众接受度上存在巨大障碍，它们不太可能全部可行。其中一些技术选项或许在国内可行，用以助力实现温室气体净零排放目标。

图4-5展现了这些技术选项将如何助力工业部门减少排放。

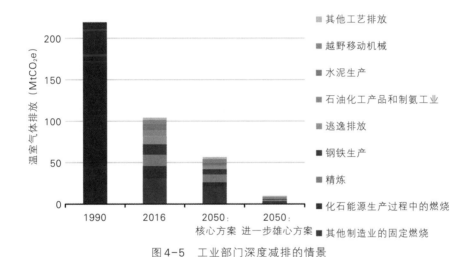

图4-5　工业部门深度减排的情景

来源：CCC analysis，National Atmospheric Emissions Inventory.

"核心方案" 技术选项

到2050年，我们的"核心方案"技术选项将使工业部门排放量减少到56 MtCO₂e。这些技术选项包括：

● 从《2050年工业脱碳和能源效率路线图》中的最优技术情景中提炼的能源效率提升手段。[①] 其中包括针对各个部门的一系列措施，大致可分为：能源和工艺流程管理，可用的最佳创新技术，余热回收和利用，以及将产生废热的行业与利用废热的行业进行组合。到2050年，这些措施可带来5 MtCO₂e的减排量。

---

① Parsons Brinckerhoff and DNV GL (2015) *Industrial Decarbonisation and Energy Efficiency Road-maps to 2050 – report for DECC and BIS.*

● 基于碳排放中等情景，采取措施提升资源效率（专栏 4.4），到 2050 年共计可减排 5 MtCO₂e。

● 对于制氨、水泥及钢铁工业高炉所产生的排放，采用碳捕集与封存（CCS）技术，可在 2050 年减少 6 MtCO₂e 的排放。这一情景的假设条件是 CCS 技术从 2030 年开始大规模部署，且所采用的是第二代技术（相较第一代技术成本更低）。

——此处假设在应用碳捕集技术的地方，90% 的烟气排放可被捕获。这一假设适用于几乎所有制氨和水泥产业，但在钢铁行业捕获率只有 60%。

● 对一些采用热泵低温加热的工业流程进行电气化改造，到 2050 年减排量可达到 1 MtCO₂e。

● 通过燃气回收、持续监测和必要的燃烧处理，以减少甲烷的排放和泄漏，[①] 到 2050 年可减排 4 MtCO₂e。

● 在工业中应用生物甲烷以满足剩余的燃气需求。我们考虑了将 5 TWh 的生物甲烷用于工业的情形，这可在 2050 年实现 1 MtCO₂e 的减排量。

政府的宏愿已涵盖这些核心机遇的一部分（第 2b 节），仍需大力加强政策手段才能实现这些目标。为进一步减排以实现净零目标，必须让这些技术选项发挥更大的作用，如增加 CCS 技术的部署，以及促进燃料替代。

进一步雄心方案技术选项

"进一步雄心方案"的技术选项将在 2050 年前使工业部门的排放量减少到 10 MtCO₂e。这可能是英国实现当前的 2050 年减排目标需采取的方案，也几乎是英国实现净零排放目标的必要之举。"进一步雄心方案"的技术选项包括：

● 在由非燃烧过程产生排放的工业部门（水泥、石灰、氨和玻璃），以及使用由其原料生产的"内部"燃料的工业部门（铁、石化和精炼行业）中，采用碳捕集与封存技术。到 2050 年，这可使排放量减少约 22 MtCO₂e。

——该情景假设碳捕集与封存技术从 2025 年开始大规模部署，且采用的是第一代 CCS 技术（成本高于第二代技术）。

——该情景假设在应用碳捕集技术的地方，90% 的烟气排放可被捕获。碳捕集与封存技术几乎适用于上述所有部门的全部类型排放源，但在精炼部门只适用于 90% 的排放源。

● 对于生物质能碳捕集与封存（BECCS）技术的工业应用，我们在分析中所做的考虑非常有限，仅对目前使用生物质能的工业部门有所考虑。在第 10 章的分析中，我们阐述了这些技术选项所实现的温室气体去除的效果。

---

① 在紧急情况下，出于健康与安全的考虑才采取该措施。

- 在未采用碳捕集与封存技术的制造部门中，广泛使用氢能、电力或生物质能进行固定式工业加热/燃烧。

——到 2050 年，应用氢能和电气化可带来约 19 $MtCO_2e$ 的减排量，使未采用碳捕集与封存技术的制造业固定式工业加热/燃烧的排放量减少到 4 $MtCO_2e$。[1]

——根据上述核心方案技术选项，在工业部门使用生物甲烷满足剩余燃气消费的需求，可在 2050 年将排放量进一步减少至 3 $MtCO_2e$。

——燃料替代技术到 2055 年将得到更大推进。由于我们假设技术部署速度存在一定限制，到 2050 年尚未能实现推进目标（第 3b 节对此进行了更多探讨）。

- 2050 年前，在越野移动机械中广泛部署氢能或电气化技术，使其覆盖率达到 90%。到 2050 年，这可实现约 4 $MtCO_2e$ 的减排量。

- 通过燃气回收、截断排放过程、持续监测、必要时燃烧处理[2]和关停部分天然气管网，减少甲烷排放和泄漏。到 2050 年，这可实现约 4 $MtCO_2e$ 的减排量。

- 随着碳捕集与封存技术和电气化在近海和陆上的普及，将这两种手段相结合，可减少石油和天然气生产中燃料燃烧产生的排放。到 2050 年，这可实现约 5 $MtCO_2e$ 的减排量。

- 根据利兹大学和曼彻斯特大学在研究中提出的高减排情景来优化资源效率（专栏 4.3）。这是一种极具雄心的情景，我们假设，在英国采取行动的同时，其他国家也会采取措施提升资源效率。到 2050 年，总共可实现 9 $MtCO_2e$ 的减排量。

- 如核心方案技术选项所述，根据《2050 年工业脱碳和能源效率路线图》的最优技术情景，采取优化能源效率的措施（到 2050 年可减排 5 $MtCO_2e$）。

"探索性方案"技术选项

我们的"探索性方案"技术选项是在进一步雄心方案基础上附加的技术选项，其中包括：

- 在装有碳捕集装置的地点，提高碳捕集率。[3]在该技术选项中，碳捕集率应达到 99%，而不仅限于 90%。[4][5]这一技术选项可带来额外的 2 $MtCO_2e$ 减排量。若在砖块生产行业应用碳捕集与封存技术，还可进一步减排 0.1 $MtCO_2e$。

---

[1] 尚未计入生物甲烷的减排效果。

[2] 例如在紧急情况下，出于健康与安全的考虑才采取该措施。

[3] 对于精炼行业，我们假设 90%（按排放量计算）的工厂装有碳捕集装置。

[4] 砖块生产除外。

[5] 结论来自 IEAGHG（March 2019）*Towards zero emissions CCS from power stations using higher capture rates or biomass.*

● 加快氢能和电气化技术的部署。这将要求报废更多设备，或是在可能的情况下提前安装氢能设备。第 3b 节对部署速度进行了更深入的考虑。到 2030 年，这一选项可额外减少 2 $MtCO_2e$ 的排放量。

● 使用电缆连接海上平台和电网，从而利用海上平台实现更多的电气化。这可额外减少 0.2 $MtCO_2e$ 的排放量。

推行核心方案/进一步雄心方案/探索性方案的替代方案

在许多情况下，会有替代性技术或手段来实现我们设想的减排目标。当前也许没有必要做决定。

氢能利用、化石燃料的碳捕集与封存技术、生物质能碳捕集与封存（BECCS）技术和电气化在工业燃烧减排方面将呈现出竞争局面。我们的核心方案、进一步雄心方案和探索性方案均对至少适用一种减排技术的排放源进行了识别。然而，这些方案均没有充分考虑目前看来哪种技术最具成本竞争力。通过碳捕集与封存而消减的一些工业燃烧排放，可能通过氢能利用、电气化或生物质能碳捕集与封存等手段也同样可以实现，同时具有成本效益。类似地，借助氢能或电气化技术减少的工业燃烧排放，也可通过碳捕集与封存技术或生物质能碳捕集与封存实现，同时仍能保证成本效益。

（b）实现零排放的时间表

第五次碳预算（涵盖 2028—2032 年）已作出要求，在实现净零排放情景方面应取得显著进展。委员会已识别了具有成本效益的减排路径，并且可以通过在当前基础上强化政策来实施，相关措施包括：

● 到 2030 年，通过碳捕集与封存实现 3 $MtCO_2e$ 的减排；

● 到 2030 年，通过低碳能源替代实现 5 $MtCO_2e$ 的减排；

● 到 2030 年，通过提高能源效率实现 5 $MtCO_2e$ 的减排。

在明确承诺、精心设计的政策支持下，有可能在 2050 年之前采取上述进一步雄心方案的技术选项，并在 2055 年之前进一步部署所列措施：

● 到 2050 年，我们将有可能在进一步雄心方案中的以下技术部署上发挥最大潜力：在水泥、炼油、钢铁、氨和石化行业应用碳捕集与封存技术；在石油和天然气生产部门采用碳捕集与封存和电气化技术以减少排放；将氢能或电力用于越野移动机械。

——根据进一步雄心方案的设想，碳捕集与封存技术从 2025 年开始大规模部署，所有电厂的设备应在 2025 年至 2050 年之间进行更换或翻新，使得 CCS 技术适用于这些设备。该方案的规划非常宏大，实际上对一些工厂而言，碳捕集与封存技术部署的可行时间并不确定，在工厂生命周期的多个时间节点，实施改造从实践或经济层面考虑都是可行的。即便具有这种灵活性优势，我们仍希望发展区域性的

"集群式"基础设施，使碳捕集与封存技术的部署成为实现净零排放的"关键路径"。这也是因为该模式要求到2050年大规模进行碳捕集与封存，且研发CO_2减排相关基础设施需要较长时间。

●根据我们的进一步雄心方案，在未采用碳捕集与封存技术的制造业部门中，通过将燃料转换为氢能或电力，到2050年，固定式工业加热/燃烧过程可减少85%的排放量，到2055年，这一比例将超过95%。

——这一方案假设氢能技术和电气化从2025年左右开始部署，届时产业集群内半数经过翻新或更换的设备都是低碳的；到2030年，产业集群内几乎所有经翻新或更换的设备都是低碳的；到2035年，全英国范围内几乎所有经翻新或更换的设备都是低碳的。[1]2045年后，开始加快燃料替代相关技术的部署，[2]这会导致减排成本升高，因为在其预期使用寿命之前报废了高达20%的资产。

——若要在2050年实现我们在进一步雄心方案中提及的燃料转换技术的部署，另一途径是从20年代中期开始采用氢能（或低碳）技术，这将减少到2050年工业资产报废的需要。然而，我们目前还不知道这些技术是否可行或可投入使用。

●到2050年，我们的模型中所描述的提升资源效率和能源效率的措施可以得到充分实施。

●到2040年，减少甲烷排放或泄漏的措施可以全面部署。

该评估考虑了现实中低碳转型速度的各种限制因素：

●到2045年前，所有低碳技术的部署速度均不应超过现有技术设备的自然周转率。

●预计CO_2运输和储存基础设施在2025年前尚不可用。

●根据假设，输送氢气管道的基础设施可用性将逐渐增加。从2025年起，部分产业集群可通过管道获取氢气，其余产业集群到2030年左右方可实现，产业集群之外的各类产业则需等到2035年左右。

●氢能锅炉、加热器和窑炉/熔炉预计将在20年代后期投入商业使用。

这些因素之间存在着复杂的地理作用。例如，某些工业场地可能在2030年已做好部署氢能锅炉的准备工作，但附近尚无氢气供应网络，因而可能无法在此时进行燃料替代。对于其中的一部分工业场地，在一定限度内提前报废一些工业资产可能是具有成本效益的。或者，在技术允许的前提下，"氢预备"技术[3]应在氢能策略

---

[1]　氢能锅炉的部署从2025年开始,氢能加热器的部署从2026年开始,氢能窑炉/熔炉的部署则从2027年开始,这反映了不同技术商业化所需时间的差异。2030年和2035年的技术部署时间计划也存在类似的滞后问题。

[2]　比翻新和更换的自然速率快75%。

[3]　当前所用的燃料(如天然气)仍可用于这些设备中。

推行之前完成部署。

如果氢气生产和管道基础设施、CO_2 运输和储存基础设施或低碳加热/燃烧技术延迟部署，可能导致工业部门脱碳的实现程度降低，并且/或者需要报废更多的高碳工业资产。

在我们的进一步雄心方案中，到 2050 年排放量将减少到 10 $MtCO_2e$。展望 2050 年以后，固定式工业加热/燃烧过程还可实现额外的 2 $MtCO_2e$ 工业减排，这是该方案经济系统在 2050 年之后脱碳的额外贡献。

(c) 工业部门实现零排放的选项汇总表（见表 4-3）

表 4-3　　　　　　　　　　工业部门实现零排放的机遇

子部门	当前排放量	进一步雄心方案下 2050 年的剩余排放量（$MtCO_2e$）	实现零排放或进一步雄心方案下的最小排放量的最早时间	2050 年的减排成本（英镑/tCO_2e）（进一步雄心方案）	2050 年的减排成本（英镑/tCO_2e）（进一步雄心方案，无效率优化措施）	2050 年的减排成本（英镑/tCO_2e）（核心方案，无效率优化措施）
钢铁	13	0.7	2050	102	174	81
水泥	7	0.5	2050	94	131	84
精炼	14	1.8	2050	132	165	—
制氨	2	0.1	2050	18	30	30
石油化工	5	0.2	2050	113	184	—
其他制造业部门的固定式燃烧*	32	3.0	2055	119	156	2
化石燃料生产过程的燃烧	14	0.5	2050	291	299	—
甲烷和 CO_2 的逃逸排放	10	1.2	2040	32	33	55
越野移动机械	6	0.5	2050	102	105**	—
其他工艺排放（非燃烧过程）***	2	1.2	2050	113	152	0

来源：CCC analysis.

注：2050 年排放量计入了所有温室气体；成本数据（单位：英镑/tCO_2e）表示 2050 年已实施措施的平准化成本，并且对于同一排放源，取适用的多个减排措施成本平均值。*包括以上未列出的所有制造业部门，如食品和饮料、纸张和纸浆生产。**由于缺乏关于越野移动机械的数据，参照了氢能重型货车的成本估算该指标。***包括砖块、玻璃和一些化工产品生产过程的工艺排放。

4.4 工业部门实现深度减排的成本与效益分析

本报告第 1 章对我们评估成本与效益的总体方法作出了总结，相关方法的详细阐释见随附的净零排放建议报告的第 7 章。

在我们针对工业部门设定的净零排放方案中，一些低碳技术选项（如提升能源与资源效率）相比高碳技术选项更有利于削减成本，采取其他技术选项代价则可能更高昂。

总体而言，该成本水平与完全不采取任何气候变化政策行动的理论情景相比，相当于每年花费 80 亿英镑，从而在 2050 年将工业排放量削减至 10 $MtCO_2e$（按 2017 年的实际价格计算，减排成本为 2050 年英国预期 GDP 的 0.2%）[1]。在 21 世纪 20 年代初期，减排技术开始小规模部署，随着采用低碳技术的工业子部门占比越来越大，尤其是随着现有工业资本存量结束寿命期，年度成本逐步达到上述水平。

与不采取任何减排措施的情形相比，在进一步雄心方案下，对英国新的和现有的工业部门整体投资可能会增加。为了筹得足够资金，政府和工业界需要在拥有竞争优势和稳定政策的基础上，打造有吸引力的投资环境。这项投资可以带动工业部门就业发展，从而带来社会经济效益。工业部门的就业优势和活力还可能进一步创造价值，因为它可为当地社区发展打下重要基础。

此外，推行减排措施还将促进空气质量的改善，从而带来健康效益。在净零排放提议报告的第 7 章中，我们对这些效益作出了阐述。

下一节将讨论如何实现这些方案，其中包括为确保英国工业竞争优势不受影响而需要制定的政策。

4.5 工业部门开展深度减排的行动

(a) 进一步雄心方案推行的条件

若要实现进一步雄心方案，政府需要在融资机制方面发挥领导作用，根据资产翻新和更替周期、基础设施、创新和技术发展以及社会和行为变化，为减排措施的推行做好准备。表 4-4 总结了我们对进一步雄心方案中关键减排措施推行所面临的挑战程度的评估。图 4-6 总结了在工业部门推行净零排放方案的时间设定：

---

① 与进一步雄心方案相同。

表 4-4　　　　　进一步雄心方案下工业部门关键减排技术面临的挑战评估

排放部门	减排选项	障碍及推广风险*	融资机制	协同效益和机遇	替代性选项
钢铁、精炼、水泥、制氨、石油化工，以及其他工艺排放	碳捕集与封存技术	资产存量周转率限制下的部署速度 ● 对运输和储存基础设施的支持 ●	根据竞争风险，决定出资方为消费者、行业本身或纳税人 ●	清洁增长；提供区域就业岗位；改善空气质量 ●	针对燃烧排放，采用生物质能碳捕集与封存（BECCS）技术，氢能及电气化技术
	提高能源效率	投资回收期和资本限制 ●			
	提高资源效率	消费者的行为惯性 ● 制造商的行为惯性 ●			
其他制造业部门固定式燃烧和越野移动机械	氢能技术	资产存量周转率限制下的部署速度 ● 氢气供应管道（和卡车运输）网络 ● 氢能利用技术的快速发展 ●			碳捕集与封存（CCS）技术；生物质能碳捕集与封存（BECCS）技术；电气化（包括越野移动机械的电气化）
	提高能源和资源效率	提高资源和能源效率的挑战（如上所述）●			
化石燃料生产过程中的燃烧	碳捕集与封存技术和电气化	由于相关工业领域将结束寿命期，投资动力匮乏（同时成本效益下降）●			
甲烷和二氧化碳逸逃排放	燃气回收，截断排放过程，持续监测				泄漏监测和修复

来源：CCC analysis.

注：*障碍及推广风险包括供应链。表中各项措施的评级基于以下标准：对"障碍及推广风险"一项，如果有证据表明某项措施尤其难以实施，则评级为红色，否则评级为绿色或黄色；对"融资机制"一项，如果某项措施的推广成本较高，且对企业的竞争力有负面影响，或导致家庭生活水平下降，则评级为红色；而绿色或黄色则与此相反；当有证据表明存在积极的"协同效益和机遇"时，评级为绿色，否则不予评级。

●**融资机制**。进一步雄心方案的推行需要大量的投资与融资支持。据估计，到2050年资本存量的额外年化资本成本将达到30亿英镑。为了实现这项投资，并且在2050年承担约50亿英镑的额外年度运营成本，工业部门需要明确且稳定的政策支持。这将需要适当的筹资机制和政策设计（第5b小节）。在2018年6月呈递至议会的年度报告中，我们对政府的建议如下：

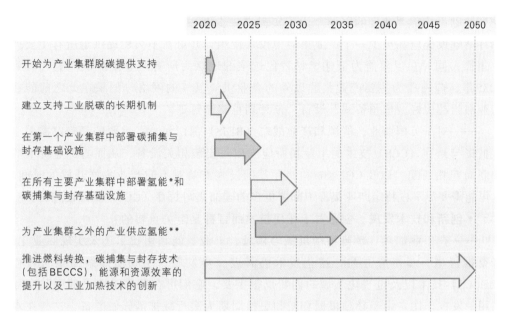

图 4-6　在工业部门推行净零排放方案的关键决策时间设定

注：*前提条件是至少在集群内部工业场地中，氢气是最佳的燃料替代选项。**如果在将所供应的燃气转换为氢气之前，可以在工业上部署"氢预备式"设备，那么箭头末端代表的时间点可能会略微延迟。

——制定并实施支持重工业在 2022 年底前实现脱碳的政策框架。

——在 2021 年底前构建一项机制，以支持 CO_2 运输和储存基础设施部署以及工业碳捕集与封存（CCS）项目的初步推进。

这些举措是进一步雄心方案的最低要求，我们将在 2019 年 7 月向议会提交年度进展报告时审查其实施情况。

● **根据工业资产翻新和更换周期，为减排措施的推行做好准备。** 为了实现进一步雄心方案，在工业场所改用低排放技术是必要的，这通常在工业资产翻新和更换周期到来时进行。鉴于这些周期比较长，低排放技术可能需要尽快开始大规模部署，安装成熟的氢预备式或碳捕集设备可以为将这些设备连接到基础设施提供少量的灵活性。在该方案中，要求所有新设备均在 2025—2037 年之间部署，具体取决于设备所属的子部门和其用途。政府迫切需要详细了解限制低碳技术在各工业场所中部署速度的因素，并制定相关政策以克服这些限制。对"低碳预备式技术"（如氢预备式燃气锅炉）的考虑应成为政府的高优先级事项，因为这将极大影响技术部署速度和工业资产报废的要求。

● **基础设施。** 使用碳捕集与封存（CCS）技术和燃料转换为氢气的技术选项将受到基础设施部署速度的限制。为了实现进一步雄心方案，到 2026 年，CO_2 运输和储存基础设施应在至少一个产业集群中投入使用，并可在不久后提供给所有主要产业集群，同时在以氢能为最佳燃料替代选项的地点为所有产业集群供应氢气。到 2035 年，应建成为主要产业集群以外的企业供应氢气的网络，如果在此之前能在工业部门部署好"氢预备式"设备，该计划可略微延迟。

——对于英国商业、能源和产业战略（BEIS）部门而言，重要的是确定需采用碳捕集与封存（CCS）技术的工业场所应当何时安装相关设备，从而与工业资本的翻新周期相匹配，以及 CO_2 运输和储存基础设施需要对不同产业集群开放的时间。这可能需要尽早在特定产业集群中部署更多的碳捕集与封存（CCS）基础设施。

• **创新和技术发展**。创新对于任何技术而言都是至关重要的：

——在工业加热、越野移动机械等领域，工业氢能利用技术还未实现商业化，若要推行进一步雄心方案，这些技术仍需进一步发展。生物质能碳捕集与封存（BECCS）技术以及电气化领域的创新也很重要，它们可在某些工业子部门和实际应用中发挥作用。由于必须根据翻新和更换周期为实行减排措施做准备，这些技术的创新迫在眉睫。这些限制条件还表明，开发氢预备式技术应是紧迫的优先事项。

——可提高碳捕集率的创新手段也很重要，因为碳捕集与封存技术减排效果的优化将抵消其他技术推广不足的风险。

• 为了实现专栏 4.3 中所述的资源效率的提升，需要根据进一步雄心方案进行社会和行为的转变。相关措施包括延长消费者使用产品（如衣服和电器）的时间，增加再利用和再循环等。

(b) 推进工业部门大幅度减排的关键政策设计

本报告的宗旨并非确定一套完整的政策来推广上述方案。不过，在考虑制定英国净零排放目标时，政府和议会应充分领会本报告对重要高层次政策的启示。

对工业部门尤为重要的是，政府急需履行其在《清洁增长战略》中所做的承诺，确立整体框架以支持长期的工业脱碳进程，这样才能实现委员会所提议的净零排放目标。推迟行动将导致工业部门脱碳的可能性降低，或需为提前报废工业资产付出更高的代价。

设计英国工业减排政策框架必须保证它不会推动产业向海外转移，这既无助于全球排放量的减少，又会对英国经济造成损失。该政策框架应当要求消费者或纳税人承担工业子部门或存在碳泄漏风险的场所脱碳的大部分成本。

政府还需确保英国人能够意识到实现雄心勃勃的脱碳目标所带来的效益。通过打造有吸引力的投资环境（包括稳定的政策），英国可以成为低碳产品生产的引领者，吸引更多投资进入新兴和既有产业，并开发新的产业和产品。对于英国可能取得竞争优势的工业子部门和技术，需鼓励其发展。

设计政策机制及避免碳泄漏风险

设计鼓励工业部门大幅度脱碳的政策可能需要新的政策机制支持，因为在欧盟碳排放交易体系（或相当于英国的体系）下，碳价不太可能上涨到相当高的水平，并提供充足的交货期（及稳定性）来鼓励推行进一步雄心方案所需进行的一系列转变。

必须同时支持有碳泄漏风险行业（通常是碳密集型工业和存在大量国际贸易的工业）和没有碳泄漏风险行业的脱碳。针对有碳泄漏风险的行业，政策上应要求直接由纳税人或消费者（无碳泄漏风险的家庭或企业）承担成本。对于没有碳泄漏风险的行业，政府可以直接从工业部门筹集资金进行资助。

在由消费者或纳税人承担成本的条件下，有一系列可实现工业脱碳而同时避免碳泄漏的措施：

• **将排放权交易与免费配额的发放相结合**，是一条现成的路径。然而，这一体系还需加以管理，以确保碳价格的水平和稳定性足以激励脱碳措施的推行。此外，若碳价格高于某地区减排的成本，免费配额的发放制度需要管理暴利的风险。

• **构建与当前能源市场相似的机制**。最近 Element Energy 在为 BEIS 部门所做的商业模式评价中提出了一系列政策措施，这些措施主要由纳税人出资，并采用与此相符的现有政策（见专栏 4.5）。

• **建立低碳市场**。通过对终端使用的认证和监管，可以创造对低碳产品的需求，从而为低碳产品行业带来额外收益。在这种情况下，可以由使用者（消费者）承担减排成本。或者，可以由公共部门进行采购并推动低碳市场发展，在这种情况下，政府和纳税人将承担减排成本。

• **边境关税调整**，将上调高碳进口商品的关税。这可能有助于原本有碳泄漏风险的行业实现大幅度脱碳。这也将向其他制造业大国发出产品脱碳的强有力信号。在这种情形下，工业部门和消费者将承担减排成本。

• **行业协议**将号召国际范围内的整个行业部门共同商讨出一条脱碳路径，以确保在某一特定工业部门，一国的企业相比其他国家企业不会处于竞争劣势。在企业数量较少的工业部门，该做法的效果往往更好。在这一情形下，工业部门将承担脱碳成本，同时有助于避免碳泄漏。

在一段过渡时期内，贸易外向型工业部门的脱碳可以由纳税人提供资金，但考虑到脱碳程度将随时间推移而提高，从财政角度看这一模式不太可能长期持续。随着其他国家开始采取行动以履行《巴黎协定》中的承诺，未来有必要逐步取消由纳税人出资的模式。我们将在下一步的工作中探讨这些方案。

专栏4.5　BEIS工业部门碳捕集商业模式报告

最近Element Energy在为BEIS部门所做的商业模式评价中列举了一些有潜力的技术选项（以支持工业部门碳捕集的发展），这些技术选项在很大程度上参照了与此相符的现有政策：

• CO_2排放证书履约差价合约：对于进行碳捕集的排放者，将向其支付（或退还）合同约定的CO_2排放履约价格（单位：英镑/tCO_2）与碳市场现行的CO_2排放证书价格之间的差价。CO_2"减排"量是通过对比行业基准（而非企业初始排放量）来确定的，以确保尽可能部署最佳可用技术，并且企业不会在CO_2减排收入的激励下预先部署高排放技术。该选项的成本可能由纳税人承担。

• 成本及公开账目：通过政府拨款直接补偿排放方产生的所有适当的运营成本，并且排放方的任何资本投资均以约定的回报予以偿还。该技术选项的成本将由纳税人承担。

• 可交易税收抵免：税收抵免政策将减少实施低碳措施的企业的纳税义务（按英镑/tCO_2计算），这可以通过合同逐步实现。为了充分实现其价值，抵免必须是可交易的，同时可能还需要政府回购担保以及资本支持。该选项的成本将由纳税人承担。

• 受监管资产基准（RAB）模型：RAB模型可评估在受监管的领域应用的资产，例如英国天然气分配所需资产，并设置关税以将这些资产的成本分配给消费者。RAB模型被认为主要适用于供热用途的氢气生产，其成本的回收可通过消费者支付天然气账单来实现。然而在这种情况下，氢气的消费者往往是能源密集型行业，因此需要另设机制以避免将成本转嫁给有碳泄漏风险的行业。

• 可交易式CCS证书+减排义务：可交易式CCS证书将根据所去除的每吨CO_2授予碳捕集者，减排义务方必须交出一定数量的证书，该数量的设定可能会随着时间的推移而增加。此类政策的成本可以由工业部门或纳税人承担。

本项评价并未关注工业部门其他大幅度脱碳措施（如燃料转换为氢能或电力）的支持机制，上述政策方法也可能适用于这些技术。

来源：Element Energy（2018）Industrial carbon capture business models: Report for BEIS.

委员会提交至议会的年度进展报告中包含我们对相关进展的详细评估。我们在2018年6月的报告中识别了需要强化政策方可实现当前减排雄心的一系列领域，它们是支持英国通过进一步努力实现净零排放目标的必要条件——我们将在2019年7月汇报这些领域的进展。

第5章 交通

简介及关键信息

本章阐述了交通部门的减排情景分析，这些分析为委员会评估英格兰、苏格兰和威尔士的长期排放目标提供了参考。本章借鉴了零排放轿车、厢式货车和重型货车（HGV）成本、配套加油基础设施成本以及可能推广的新研究成果。

本章的关键信息如下：

• **背景**。轿车、厢式货车和重型货车是交通部门温室气体排放的最重要来源。2017年，地面交通产生的温室气体排放量占英国温室气体排放总量的23%，以CO_2为主。

• **核心方案的减排措施**。根据政府现行政策，轿车和厢式货车可以经济高效地转变为电动汽车，可占2040年新销量的100%。公共汽车也可以改用电力和氢作为燃料。通过鼓励步行、骑自行车和乘坐公共交通工具而不是乘私家车出行，以及支持货运经营者改善物流进而减少对运输的需求，与1990年的基线相比，到2050年，这些变化可使排放量减少79%。

• **进一步雄心方案的减排措施**。我们的进一步雄心方案额外包括：

——非零排放轿车、厢式货车和摩托车的销售至2035年结束，非零排放车辆的监管审批最迟在2050年。

——重型货车在30年代过渡到零排放的可选技术措施包括：氢能和电气化。

——一个更雄心勃勃的计划：铁路电气化和推出氢能列车。

——更雄心勃勃的目标设定了通过转向步行、骑自行车和公共交通来减少10%的轿车行驶里程，并通过改善货运物流，将重型货车行驶里程减少约10%。

——与1990年的基线相比，这些措施加在一起，到2050年可减少98%的排放量。

• **成本与收益**。轿车、厢式货车和摩托车的电气化以及减少需求的举措都节约了成本。虽然重型货车车辆和基础设施的成本目前高度不确定，但相对于较高碳的替代品而言，这仍可能达到节约成本的效果。这些方案在改善空气质量、健康、减少拥堵、降低噪声，以及为制造零排放车辆提供经济机会方面，有显著协同效益。

• **实施**。应尽快采取以下优先行动，支持公路运输向零排放转型：

——承诺在2035年停止销售传统轿车和厢式货车，包括停止销售混合动力和插电式混合动力汽车。到2050年，停止在英国道路上使用汽油和柴油车辆（包括混合动力和插电式混合动力汽车）。

——宣布继续实施电动汽车财政奖励的计划，承诺继续实施补贴计划，或通过在税收制度中实现更大差别化，例如车辆消费税（VED）、增值税（VAT）和燃油税，这仍是短期内支持早期市场的必要手段。

——继续发展充电基础设施，特别是提高现有供应的可靠性，在城镇推广充电桩，为路外停车的人提供充电服务。

——通过英国境内的相关基础设施进行零排放重型货车试验。

本章的分析包括如下5个部分：

1. 地面交通的当前排放和历史排放
2. 减少地面交通排放量
3. 地面交通部门最小化排放的情景
4. 实现地面交通深度减排的成本和收益分析
5. 地面交通深度减排的措施

5.1　地面交通的当前排放和历史排放

据估计，2017年英国地面交通产生的温室气体（GHG）排放量为117 $MtCO_2e$。运输是英国最大的排放部门，占温室气体排放总量的23%。轿车、厢式货车和重型货车仍然是3个最重要的排放源，占地面交通排放量的94%（如图5-1所示）。

地面交通2017年的排放量比1990年高出3.6%。在连续3年排放量增加之后，2016年至2017年维持不变（如图5-2所示）。

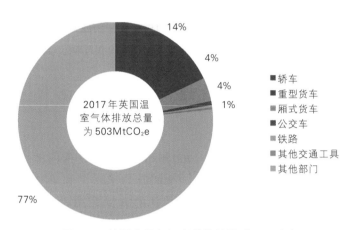

图 5-1 地面交通部门当前排放量（2017年）

来源：BEIS（2019年）英国1990—2017年温室气体排放国家统计。

注：其他交通工具包括轻便摩托车、液化石油气（LPG）燃料车辆和其他引擎的公路车辆。

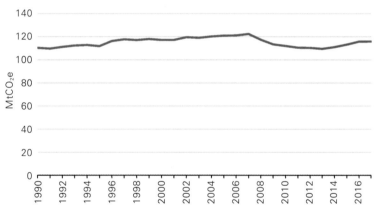

图 5-2 自1990年以来地面交通部门的排放量

来源：BEIS（2019年）英国1990—2017年温室气体排放国家统计。

5.2 减少地面交通排放量

（a）低碳资源目前的作用

2017年，大约0.3%的轿车和厢式货车行驶里程是使用电力完成的，不产生直接碳排放。此外，2017—2018年，3.1%的交通工具的燃料是生物燃料：

- 2018年，电动汽车（EV）占新车销量的2.5%。这比2017年增加了22%。它

包括纯电动汽车（BEV）和插电式混合动力汽车（PHEV），其市场份额分别为
0.7%和1.9%。2010年至2018年，共注册电动汽车19.9万辆，其中插电式混合动力
汽车13.8万辆，纯电动汽车6.1万辆。

· 2017年，2.3%的车辆行驶里程是使用生物燃料完成的。[①]

（b）进一步减少排放的技术选项

根据目前的承诺，到2030年，与1990年相比，地面交通的排放量将减少27%：

· 在交通部门道路零排放战略中，英国政府承诺，如果英国脱离欧盟，将
采用至少与目前汽车排放法规同样雄心勃勃的方针。2019年1月，欧盟确定了
新的目标，即到2030年新车的二氧化碳排放量比2020—2021年的水平减少
37.5%，货车的二氧化碳排放量减少31%。欧盟也制定了卡车的排放标准，即相
比2019年的水平，卡车的排放量到2025年减少15%，到2030年减少30%。在英
国立法中回应这些标准的方法尚未制定，但任何国内标准至少都应该同样雄心
勃勃。

· 政府还设定了到2030年，新轿车销量中电动汽车的比例在50%到70%之间、
新厢式货车销量中电动汽车比例最高达到40%的目标。政府同样计划到2040年停
止销售传统汽油和柴油的轿车和厢式货车。苏格兰政府承诺在2032年早些时候，
推出汽油车、柴油车以及厢式货车的"逐步退出计划"。

· 道路零排放战略还包括货运行业自愿承诺到2025年将重型货车的温室气体
排放量在2015年的水平上减少15%。

· 自行车和步行投资战略，只涵盖了英格兰地区，目标是从2013年至2025
年，使自行车骑行量翻倍，并提高步行水平。苏格兰制订了一项自行车行动计划，
目标是到2020年，10%的日常出行将依靠骑自行车。[②]威尔士目前正在评估积极出
行的期望，并计划制定具有挑战性的目标。[③]北爱尔兰有雄心到2040年使1英里以
内的40%的交通出行，1至2英里的20%的出行，以及2至5英里的10%的交通出
行通过骑自行车来完成。[④]

---

① Department for Transport（2019）Renewable Transport Fuel Obligation statistics：period 10
（2017/18），report 6，Final Report.

② Transport Scotland（2017）*Cycling Action Plan for Scotland 2017-2020.*

③ Welsh Government（2019）*Prosperity for All：A Low-carbon Wales.*

④ Department for Regional Development，Northern Ireland（2015）*Northern Ireland Changing
Gear：A Bicycle Strategy for Northern Ireland.*

- 2018 年 2 月，交通部制订了到 2040 年逐步淘汰纯柴油列车的宏伟计划。

进一步将排放降低到近零水平需要尽早停止汽油车和柴油车的销售，将出行方式从开私家车转变为步行、骑行并更加广泛地使用公共交通，物流货运行业全面转为使用零排放重型货车并提高物流效率：[①]

- 英国道路上行驶的车辆平均寿命为 14 年，部分车辆寿命可达 20 年以上。为确保到 2050 年所有汽油车和柴油车退出车辆行业，所有在 2035 年前售出的非零排放车辆都必须在 2050 年前获得在英国道路上行驶的认证。

- 尽管摩托车占交通排放量的比例相对较小（＜1%），但在与轿车和货车相似的时间范围内，可以经济高效地为电动化所替代。

- 在用步行和骑自行车出行取代轿车出行方面，有可能更进一步。全英出行调查显示，2017 年 58% 的汽车出行里程低于 5 英里，占汽车总里程的 14%。其中占汽车里程 10% 的出行，可以通过步行、骑自行车、使用电动自行车或公共交通工具完成。

- 公共汽车（在可能的情况下为零排放）、有轨电车和轻轨的全部潜力可以在短期内减少汽车出行的需求。增加步行、骑自行车和乘坐公共交通工具有许多协同效益，包括降低噪声水平、改善空气质量和公共卫生条件、减少交通拥堵。

- 货运零排放技术选项包括氢能重型货车、通过高架电气线路持续充电的电动重型货车，以及使用高速公路服务区中快充设备充电的电动重型货车。通过在未来几年内示范和测试零排放方案，在 21 世纪 20 年代末向大众市场迈进，以及在 21 世纪 30 年代广泛使用，重型货车排放量在 21 世纪 50 年代可降至近零水平。

- 采取额外措施以提高重型货车物流效率，包括利用城市整合中心，延长派送时间，将派送时间转移到高峰拥堵期以外，可进一步减少对货运的需求。

- 随着接下来 20 年的快速推广，到 2040 年，电动、氢能巴士和客车将达到 100% 的市场份额。

- 通过进一步电气化和用氢能火车替代柴油火车，可以减少铁路的排放。到 2040 年，在低速市区道路和区域线路上，至少 54% 的轨道里程完成电气化改造，其他线路上的柴油列车可由氢燃料电池动力列车取代。

行李输送带、客梯、餐饮牵引车和飞机拖船等飞机辅助车辆也可电气化，工业界已经开发了一些原型。

---

① 本技术报告的其他章节包括其他类型的车辆，包括农业章节中的农用车辆和工业章节中的越野车。

专栏 5.1　电动汽车供应链风险和机遇

为了更雄心勃勃地向零排放车辆转型，汽车制造商必须提供足够的电动汽车车型，以满足不断增长的需求。从汽油车和柴油车生产向大批量电动车生产转型具有挑战性，需要解决政策、工业和供应链问题：

● 目前有迹象显示，电动汽车产量难以满足需求，导致等待新产车辆的时间变长，汽车制造商正在综合比较用于研发和生产传统汽车的投资回报。因此需要更强有力的政策和监管框架，为工业界提供向零排放车辆转型的确定性和激励因素。

● 生产电动动力系统的技术和制造方法与传统汽车生产有很大不同。与汽油车和柴油车相比，电动汽车的零部件更少，机械复杂性也较低，这意味着它们更容易组装。然而，是内部制造电池和电池组，还是与电池制造商建立新的供应链，汽车制造商需要做出选择。设计车辆和生产线的工程师需要了解电池化学和管理系统。制造商需要时间和支持来进行调整。

● 锂离子电池有多种关键原材料投入，如锂、石墨、钴和镍，未来的需求量较大。电动汽车所需的电池大小和数量可能会给这些供应链中新的不熟悉的部分带来压力。人们担心，锂离子电池的原材料供应可能成为电动汽车推广的瓶颈。

——欧洲运输和环境联合会对电池制造中使用的原材料进行了全生命周期的研究。原材料的供应确实让人担忧，但是可以通过供应多样化、电池技术的进步和回收工作来缓解这些问题。特别是钴，在采矿方面有着道德方面的问题，因为全球一半以上的钴供应来自刚果民主共和国。然而，总体而言，他们得出的结论是，关键金属和稀土矿物的可用资源不会限制电动汽车的供应。

——虽然这些商品的价格随需求变化较为敏感，但它们在电池总成本中只占很小的比例。彭博新能源金融公司最近对电池价格敏感性进行分析后发现，锂成本增加50%将导致电池组成本增加不到4%。同样，如果钴的价格翻倍，他们估计这只会使电池组成本增加3%。

● 预计全世界对电动汽车和相关投入的需求将会增加。为了从全系列电动汽车车型的供应中获益，英国应该身先士卒，在逐步取消传统汽油车和柴油车销售方面采取强有力的政策。

● 英国汽车制造业有机会在超低排放汽车（ULEV）的开发和生产方面成为世界领导者。早期对电动汽车的投资将有助于实现这一点。Vivid Economics发现，到2030年，向电动汽车市场占有率100%的转型可能会增加对电动汽车行业的投资，并有可能将英国电动汽车的产量从现在的约16 000辆增加到每年约88

万辆，并为电动汽车行业新增89 000个工作岗位。

来源：Vivid Economics for WWF（2018）Accelerating the EV transition: environmental and economic impacts；Bloomberg New Energy Finance（2018）Electric Vehicle Outlook；McKinsey（2017）https://www.mckinsey.com/industries/automotive-and-assembly/our-insights/trends-in-electric-vehicle-design.

（c）地面运输各部门所面临的减排挑战

地面交通部门有一些排放源相对容易脱碳，成本更低，壁垒更少：

● 2017年，乘用车占地面交通排放量的60%，但技术发展意味着这一行业可以迅速实现电气化。电动汽车购置的障碍——更高的前期成本、续航里程的焦虑以及充电基础设施的可用性——都可以得到解决。[1]挪威已经出现了向电动汽车的快速转型，2019年3月，其电动汽车占新车销量的60%：[2]

——在目前的政府补贴下，买入和维护一辆电动汽车的总费用仍比汽油车或柴油车的成本高。[3]然而，超出的成本正在不断下降，预计在21世纪20年代中期将达到成本平价。我们的分析表明，在2030年之前，电动汽车的免补贴购买价格也将降低。电动传动在机械上更简单，移动部件比传统车辆传动系统少，因此预计需要更少的维护费用。一旦行业适应了电动汽车服务业务，我们可以预期，在车辆的生命周期内，这一成本将更低。

——电动汽车的可选款型有限，迄今为止，英国市场上只有20款零排放车型。[4]大众汽车集团宣布，他们计划在未来十年内推出70款全新的纯电动车型。[5]

——纯电动汽车的电池续航里程也在增加，2019年3月有9款车型的续航里程超过200英里，而在2018年6月仅有5款。[6]

——各类充电连接设施的数量从2018年6月的16 700个增加到2019年3月的

---

[1] Department for Transport（2016）*Public attitudes towards electric vehicles: 2016.*

[2] Reuters（2019）https://uk.reuters.com/article/uk-norway-autos/tesla-boom-lifts-norways-electric-car-sales-to-58- percent-market-share-idUKKCN1RD2B7.

[3] 计算所有权的总成本包括购买成本、燃料成本（按零售燃料价格计算）以及维修保养费和车辆税。假设年行驶里程为10 800公里。我们的分析是基于私人拥有的一辆大众e-golf汽车的汽油和柴油版本数据。

[4] Next Green Car（2019）www.nextgreencar.com.

[5] Business Green.（2019）. https://www.businessgreen.com/bg/news/3072457/vw-revs-up-electric-ambitions-by-50- per-cent

[6] 比较使用NEDC范围估计，除非NEDC范围估计不可用，在此情况下才使用WLTP。

20 900个。[①] 同时期，快速充电网络也快速扩张，从1 100个地点的3 500个连接点增加到1 400个地点的4 800个连接点。

● 厢式货车车主更可能将厢式货车作为业务或工作的一部分，因此在购买之前，更有可能考虑车辆的全生命周期成本，包括燃油和维护费用。在目前的政策激励下，纯电动厢式货车在某些业务领域内已经更加经济。[②] 当有广泛选择的车型时，厢式货车市场可能比乘用车市场更快地转向电动汽车：

——包括UPS和Gnewt Cargo在内的公司已经在英国运营大型电动厢式货车车队。然而，这些公司反映，在升级其仓库的电力连接，以便能够在供电的同时在夜间为厢式货车充电方面遇到了困难。因此，在广泛采用电动厢式货车前必须消除这些障碍。

——可能还需要扩大公共快速充电基础设施。

● 电动摩托车面临着与电动汽车和厢式货车不同的挑战。虽然安装在摩托车上的电池尺寸要小得多，但摩托车出行的平均距离只有11英里左右，运输的重量也少得多。[③] 电动摩托车还受益于更广泛的电动汽车市场的发展和充电基础设施的部署。到目前为止，上市电动摩托车车型相较于电动汽车更少，但随着主要制造商发出相关公告，我们预计这种情况会改变。

● 对于小型的重型货车，一般侧重于市区和地区派送，在较慢的停止-启动交通中其路程相对较短且可预测，与有着更长的运输距离和更重的重型货车相比，其更易转向插电式混合动力或零排放。闹市区对空气质量的重视也将推动零排放重型货车的采用，特别是在那些拥有清洁空气区的城市，使运营商在降低燃料成本的同时，能够避免收费。

● 步行、骑自行车和公共交通具有很高的成本效益，需要通过促进积极的出行选择、建设步行和骑自行车基础设施以及扩大公共交通的覆盖范围作为支撑。这种模式转变除了减少排放外，还有许多协同效益，例如减少拥堵、改善空气质量和健康福利。需要进行有效的沟通，以鼓励这种社会转变。

● 改善物流业务，虽在计划初期可能需要相关支持，但从商业经营者的角度来看，这通常是经济可行的。应适当放宽派送时间限制，使更多的派送避开交通高峰期；重新确定土地使用的优先次序以促进城市综合中心的发展，将助力改善物流业务。

[①] Zap-map (2019) www.zap-map.com.

[②] CCC在假设年行驶里程为21 570公里的情况下，基于对尼桑NV-200电动和柴油面包车的所有权成本的分析。

[③] Department for Transport (2017) *National Travel Survey: Motorcycle use in England.*

- 鉴于公共交通有可预测的路线，车队经营者可以评估何时可以实现电气化，并只安装最少的充电基础设施以满足需求。

其他排放源更具挑战性：

- 对于行驶里程更长、体积更大和质量更重的重型货车，完成远距离出行所需的电池或储氢罐的质量和体积使得这种车辆的脱碳相对困难。由于大多数零排放大型、重型货车处于早期试验和原型阶段，可用的车辆也相对较少。就剩余排放量的规模而言，这是最重要的领域。

- 最近的铁路电气化项目已证明其成本高于最初的预估值。氢能列车最近才在德国投入运营，而英国铁路运输标准不同于德国，氢能列车尚未在英国试行。

- 鉴于在机场中运营的车辆多种多样，到 2050 年，各类车辆能否完全电气化，还存在一些不确定性。

(d) 本报告中使用的强有力的证据基础

我们在本报告中就委员会最近报告以及委员会报告所发表的证据——关于第五次碳预算的建议，以及氢和生物质能报告的审阅得出了以下结论：

- 委员会对生物质能在低碳经济中用途的研究表明，生物质能的最佳用途是永久封存碳，例如在建筑中使用木材和生物质能开展碳捕集与封存技术。[1]生物燃料在地面交通中使用应在 21 世纪 30 年代逐步淘汰。

- 委员会对氢在低碳经济中的应用进行的研究发现，氢最好在普及电气化的同时有选择地使用。[2]氢可以作为长途重型车辆（包括公共汽车、火车和货车）的零排放选择以发挥重要作用。

我们还对本报告委托并开展了新分析：

- 电池成本的下降有望大大降低电动汽车的成本。我们的分析表明，在 2030 年之前，电动汽车的前期成本将与传统汽车相当，无须补贴。然而，一些研究表明，这个时间可能要早得多（见专栏 5.2）。与汽油车和柴油车相比，电动汽车更高效，电力成本更低，因此运行成本显著降低。

- 与电动汽车供应增加的需求相匹配的能力对于实现转型至关重要。我们的分析是通过评估汽车制造商在增加电动汽车产量时可能面临的困难而得到的。这包括证据审查及与行业专家和组织的协商。虽然这些方案给行业带来了一定挑战，但考

---

[1] Committee on Climate Change (2018) *Biomass in a low-carbon economy.*
[2] Committee on Climate Change (2018) *Hydrogen in a low-carbon economy.*

虑到适当的规划和支持，这些挑战是有可能被克服的（见专栏 5.1）。

- 我们借鉴了 Element Energy 为能源技术研究所开发的零排放重型货车成本数据集。我们还参考了自己的研究，为零排放重型车辆可能需要的加油基础设施规模展开成本估算：氢燃料重型车辆；电动重型车辆配备道路充电设备，使得车辆可在行驶过程中充电；并对电动重型车辆，配备极快的高功率充电基础设施（见专栏 5.3）。

我们的发现和假设与近期其他评估的结果和假设一致：

- 能源转型委员会（Energy Transitions Commission）的报告《可能的任务》（Mission Possible）发现，对于中短途出行，以及长途运输，电动传动系统很可能在重型车辆领域占据主导地位。[1]乘用车和厢式货车行业将导致电池成本的降低，这可能导致在 21 世纪 20 年代降低新电动卡车拥有者的成本。然而，在长途领域，氢燃料卡车可能具有竞争优势，因为更快的燃料补给速度和电池尺寸可能是我们所需的。

- 欧洲运输与环境联合会（European Federation for Transport and Environment）公布了一份路线图，其中列出了如何实现欧洲运输的脱碳。[2]为了在 2050 年实现公路运输的净零排放，从汽车到重型货车的车辆脱碳的最有效方式是电气化，这样一来，只有在没有其他替代品的情况下，才会使用氢等低经济效率燃料。提高燃油税和道路收费，以及鼓励汽车共享、步行、骑自行车和公共交通的使用，可以减少排放，同时解决交通拥堵问题，使城市更加宜居。货运需要电力基础设施才能方便使用，城市将需要零排放货运战略。

- 商用车制造商斯卡尼亚（Scania）发表了一项路径研究，说明如何在 2050 年从商业运输中去除化石燃料的使用。[3]燃料电池电动卡车可以在 2027 年之前就达到柴油货车的平价，而燃料电池汽车可以在 2047 年达到平价。事实上，对于公共汽车和城市配电应用，瑞典的电动汽车已经达到了成本平价。特别是在未来十年电池组成本相对较高，能量密度有待进一步改善的商业化情况下，电动高速公路（高架电线，使重型货车在行驶时充电）将有助于卡车电气化的普及。电动高速公路还可以减少电动重型货车所需的电池尺寸和数量，从而减少卡车的生命周期排放。研究发现，整个系统的总费用较低（包括基础设施、车辆和燃料），但就目前情况而言，需要增加 4 至 5 倍的基础设施投资。

---

[1] Energy Transitions Commission（2018）*Mission possible: Reaching net-zero carbon emissions from harder-to-abate sectors by mid-century.*

[2] Transport and Environment（2018）*How to decarbonise European transport by 2050.*

[3] Scania（2018）*The Pathways study: Achieving fossil-free commercial transport by 2050.*

● 麦肯锡未来移动中心（McKinsey Centre for Future Mobility）一份关于电动卡车的报告指出，随着零排放卡车达到持有成本平价，基础设施更具有价格竞争力，商业车队可以迅速实现电气化。通过监管环境、全国排放标准和当地清洁空气区，可以采用向更多排污卡车收取出入费用的措施。

在第 3 节中，我们呈现了这些新证据以及我们现有的证据基础。

专栏 5.2　电池成本

我们使用彭博新能源财经（Bloomberg NEF）的数据更新了我们对电池成本的预测。电池的效率和成本比我们先前的分析建议有更大的提高，从而降低了预计成本（图 B5-2）：

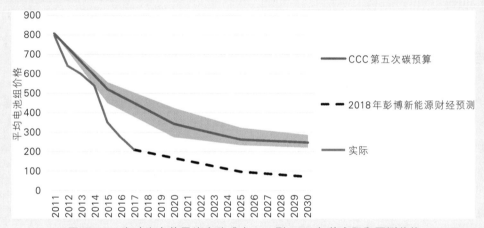

图 B5-2　电动汽车的平均电池成本——到 2030 年的实际和预测价格

来源：BNEF（2018）电动汽车到 2022 年将达到同等价格；CCC（2015）第五次碳预算的部门情景。

● 电池技术和制造方法的进步提高了电池的能量密度，并比预期更快地降低了每千瓦时的能量成本。预计未来成本将进一步下降。

● 随着电池成本的下降，汽车制造商倾向于增加电池尺寸和电动汽车的行驶里程以解决电动汽车的问题，而不是降低前期成本。一旦达到足够的续航里程，我们预计，前期购买成本会进一步降低。我们的模型表明，电动汽车前期成本将在 2025—2030 年间达到与传统汽车平价。尽管其他几项研究表明，这个日期可能要早得多。

● 虽然大多数日常驾驶可以由只有 50 英里续航里程的电动汽车完成，但电动汽车购买者也会考量是否能够行驶更长的距离，即使只是偶尔需要。有证据表明，大约 370 公里（230 英里）的范围足以抵消对续航里程的焦虑。随着电池成本的下降，纯电动汽车的平均里程范围有所增加，预计到2030年将达到300公里（190英里）。为了反映这一趋势，我们更新了建模中的续航范围假设，到2050年，纯电动汽车的续航里程将增加到平均450公里（280英里）。

结合预计燃料成本，我们从社会角度的分析表明，新电动轿车和货车可能在2020年变得更经济平价。这个估算包括了车辆的购买和全生命周期的燃油及税费，并按照3.5%的社会贴现率进行折现。

来源：Department for Transport（2013）National Travel Survey 2012；Cenex and Oxford Brookes University（2013）Assessing the viability of EVs in daily life；CCC（2015）Sectoral scenarios for the Fifth Carbon Budget；Deloitte（2019）New market. New entrants. New Challenges. Battery Electric Vehicles；BNEF（2017）Electric cars to reach price parity by 2022.

注：2012年是在全英出行调查的最新年份。

专栏5.3 零排放重型货车和相关燃料补给基础设施的成本

零排放重型货车技术近年来发展迅速。

• 氢燃料电池重型货车的成本，以前被认为严重依赖于氢能汽车和氢能厢式货车的使用情况。然而，用于重型货车的氢燃料电池与汽车和厢式货车使用的氢燃料电池明显不同，因为重型货车每天比轻型车辆行驶的时间更长。鉴于电动汽车预计仍将是国际上汽车和厢式货车更具成本效益的选择，预计短期内不会大量使用氢燃料汽车和厢式货车，因此氢燃料重型货车很可能使用寿命更长的电池组。重型货车氢燃料电池组的许多组件尚未大规模生产，因此，随着销量的不断增加，成本有望显著降低。在欧洲各地采购燃料电池巴士将有助于降低成本。然而，不同组织对重型货车氢燃料电池成本的估计存在很大差异。

• 我们使用大型汽车电池成本（以英镑/kWh为单位）估计了重型货车的电池成本，按为大型重型货车供电所需的千瓦时值进行扩展。鉴于电池能量密度的改善，到2030年，电池的体积可能相当于安装在车辆上的标准35 MPa储氢罐的体积，这意味着重型货车上储存氢和电池需要相似的体积。氢仍然具有优势，因为它可以提供更快的燃料补给时间，并且重量比电池轻。75 MPa以上的高压罐和液氢储存也能够将更多的燃料储存在同一空间。

• 鉴于氢燃料电池可与电池一起使用，以创造混合动力技术，因此可以通过将不同尺寸的燃料电池和电池组合来优化车辆。例如，使用电池不太可能满足长距离的重型货车的能源需求，除非在移动时有某种充电方式，因此氢燃料电池为电动机提供大部分能量，并配以非常小的电池来从再生制动中获取能量并支持高功率时的需求（如从斜坡启动）。然而，对于市政公用卡车来说，由于距离较短，考虑到电力和氢气的相对成本，较小的燃料电池与大型电池之间的组合可能更具成本效益。

- 对于本报告中研究的车辆，被内置于卡车的氢储存装置和电池大小、重量是经过计算机模型设计的，以确保零排放技术所采用的体积是切合实际的。

鉴于对零排放重型货车成本的认识有所提高，委员会委托里卡多（Ricardo）开展研究，提出 3 种不同的零排放技术选项——氢燃料电池重型货车；通过高架电线和连接线进行公路充电的电气化重型货车；与快速高功率充电器结合的电气化重型货车。

- 部署大型氢气加气站基础设施的主要障碍，是目前设备（包括压缩机、冷水机组、分配器和存储设备）的投资成本很高，并且需要提高建筑工人的技能，以便建造设备基础设施。如果承诺在全国范围内推广，并有足够的时间培训工人技能，那么需求将拉低成本，这些障碍可以消除。假设获得规划许可的过程可以简化，加气站可以在 12~18 个月内建造完成。

- 在德国，目前正在试验推出公路高架电线充电，安装 1 公里大约需要一个月的时间。然而，鉴于高速公路运营商针对高速公路施工的规定可能有所不同，而且需要经过培训的安装人员和特种车辆，英国所需的时间长短可能有所不同。不同的组织估计，到 2050 年，德国高速公路网的电气化程度在 4 000~10 400 公里之间。与德国相比，整个英国高速公路网约为 3 700 公里。有人担心，如果发生暴风雨或事故，基础设施会遭到破坏，重型货车可能不得不驶入其他车道，但考虑到所有使用此基础设施的重型货车都需要足够的续航里程或替代燃料来源才能在不覆盖高架电线的车道行驶，只有一小部分基础设施受到影响的情形不会导致严重的问题。

- 部署高速高功率充电器的成本有很大一部分来自所需的电力网络升级。推出此类充电网络的主要不确定性来自对变电站升级需求的不确定性，这高度依赖于配电网络运营商的合作，可能需要很长时间。其他阻力来源包括需要获得地方当局的规划许可，以及在必要时需要让路，以便在第三方土地上安装电缆，这可能将项目推迟数月。充电桩本身可以在 6~8 周内安装完成，但以上不确定性和阻力可能意味着必须至少提前 6 个月计划部署。今后需要开展工作，以尽可能减少这些延误。

鉴于所有这些考虑，在规定的时间范围内推出这 3 个技术选项中的任何一个，以支持到 2060 年重型货车车队的转型，应该是可行的。因此，必须考虑全系统的费用。里卡多（Ricardo）考虑了以下方案（除基线外，所有方案包括小型有刚性需求的重型货车的一些电气化）：

●基线显示汽油车和柴油车的持续使用。维护这一网络的费用假定已经包括在燃料费用中。

●氢能代表为所有大型和一些小型重型货车提供的氢燃料。

●电池代表所有重型货车的电气化，包括高功率的充电器，用于在驾驶员休息和过夜时为重型货车充电。

●Battery-ERS表示安装公路高架电线，为高速公路和主要道路上的大型重型货车在行驶时充电，车辆在离开该网络时使用电池行驶。

●H2-ERS代表安装公路高架电线，为大型重型货车在高速公路和主要道路上行驶时充电，车辆在离开该网络时使用氢燃料行驶。

●H2-REX假定大型重型货车主要使用电池驱动，但具有氢燃料电池里程扩展功能，用于长途出行。

●插电式混合动力汽车（PHEV）假定大型重型货车主要使用电池驱动，但具有柴油里程扩展功能。

单单查看基础设施时，在高速公路服务区安装高功率的充电器似乎是最昂贵的选择（图B5-3a）。

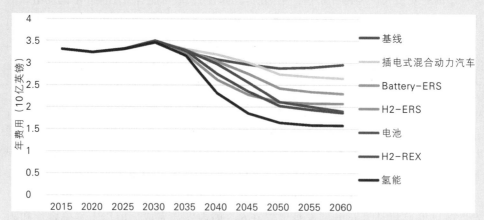

图 B5-3a　不同的重型货车燃料和基础设施选项的累计资本支出（不含税）

来源：里卡多（Ricardo），CCC（2019）零排放重型货车基础设施要求。

如果将燃料（不含税）和基础设施（包括投资成本和运营成本）的年度成本考虑在一起（图B5-3b），氢情景似乎是零排放车辆补给燃料最具成本效益的选择。在零排放选项中，安装公路高架电线为重型货车充电似乎是最昂贵的选择。插电式混合动力重型货车成本更高。估计所有潜在的低排放技术选项相对于基线可以节省成本。

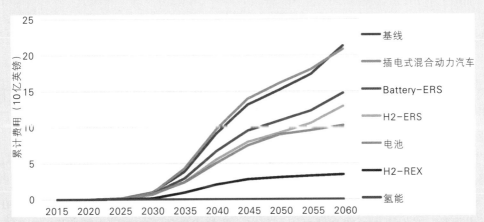

图 B5-3b　零排放重型货车燃料和基础设施的年度成本（包括基础设施投资成本和运营成本）
来源：里卡多（Ricardo），CCC（2019）零排放重型货车基础设施要求。

在估算将重型货车排放量降至零的最具成本效益的技术选项时，考虑车辆本身的成本也很重要。对于较大型的重型货车，此处概述的所有 3 个零排放技术选项均可在 2050 年实现成本节约，包括车辆、燃油（不包括燃油税）以及基础设施投资成本和运营成本。氢和电动混合动力大型重型货车的成本在 -100~+50 英镑/tCO₂e 之间，具体取决于车辆的类型。对于较小的重型货车，考虑到确保每个小型电动重型货车都有一个站点充电器的费用，估计减排成本在 100~150 英镑/tCO₂e 之间。通过优化每辆车的载重（在电池和氢燃料电池尺寸方面），将车辆和基础设施成本降至最低，有可能降低减排成本。

零排放重型货车和基础设施的成本及潜能仍存在很大的不确定性。此外，整个欧洲大陆都需要采取协调一致的办法，以确保国际货运能够继续在英国有效运作。鉴于这些不确定性，现在不是为重型货车选择特定的零碳选项的时候。政府应集中力量消除上述各项办法的监管障碍，并在近期内进行试验和试点，以进一步夯实实证研究的基础。

来源：Element Energy for the Energy Technologies Institute（2017）HDV – Zero emission HDV Study Report；Ricardo for the CCC（2019）Zero emission HGV infrastructure requirements；Department for Transport（2018）Road lengths statistics.

注：本分析不包括基础设施的电力网络升级成本，但可能与电动汽车和厢式货车充电的网络加固同时进行。

5.3 地面交通部门最小化排放的情景

(a) 实现零排放的技术选项

如第1章所述，我们将实现零排放的技术方案分为3类：

• 核心方案技术选项是那些低成本、低风险的技术选项，它们在大多数战略下能够发挥作用，以实现目前已制定的2050年减排80%的目标。重要的是，政府已经作出承诺并开始制定政策（尽管在多数情况下，这些政策需要细化）。

• 与核心方案相比，进一步雄心方案技术选项更具挑战性和/或更高的成本，但这些技术选项都可能是实现净零目标所必需的。

• 目前，探索性方案的技术成熟度很低，而成本很高，或在公众接受度上存在巨大障碍，它们不太可能全部可用。其中一些技术选项可能在国内被选用，以实现温室气体净零排放目标。

图5-3显示了这些技术选项如何减少地面交通部门的排放量。

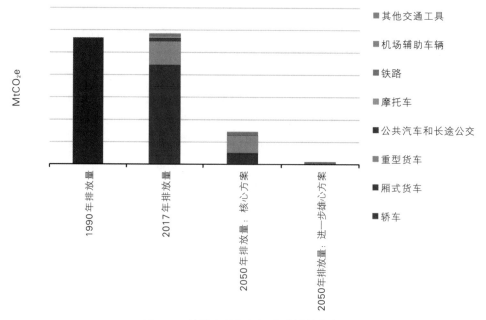

图5-3　地面交通部门深度减排的方案

来源：CCC analysis.

注：其他交通包括来自空气质量改善地区的剩余柴油车以及润滑油的排放。

核心方案技术选项

地面交通部门的许多核心方案技术选项已经列入政府的计划，尽管需要出台细化政策来履行这些现有承诺：[1]

• 根据政府先前在道路零排放战略中的承诺，我们的核心方案假定到 2040 年停止所有传统轿车和厢式货车的销售（停止销售完全由化石燃料提供动力的车辆，符合 2040 年后销售条件的只有完全电动和插电式混合动力轿车和厢式货车）。考虑到轿车和厢式货车的寿命，到 2050 年，将有大约 80% 的车队是零排放车辆，在路上留下约 980 万辆的汽油车、柴油车和插电式混合动力汽车。

• 2016 年 10 月，政府将插电式厢式货车的补贴范围扩展到涵盖所有重量超过 3.5 吨的重型货车。这将为首批 200 辆此类车辆提供高达 20 000 英镑的补贴。然而，在 2018 年 7 月公布道路零排放战略时，没有超过 3.5 吨的车辆申请补贴。在核心方案中，超低排放的小型重型货车的数量必须要增加。

• 插电式摩托车补贴目前为零排放助动车和摩托车购买价格的 20%，最高为 1 500 英镑。在零排放摩托车达到成本与汽油车型的经济平价前，补贴仍是必要的。

• 在英格兰、苏格兰、威尔士和北爱尔兰，政府已经制定了增加骑自行车和步行的战略。城市转型基金（Transforming Cities Fund）还旨在投资于基础设施，以改善一些英国城市的公共和可持续交通连接。在核心方案中，我们假设 5% 的汽车里程可以转移到步行、骑自行车和公共交通上。

• 在货运协会（Freight Transport Association）和公路运输协会（Road Haulage Association）的支持下，政府已与业界商定，2025 年重型货车的排放量将在 2015 年的水平上减少 15%。这一目标可以通过多种物流措施、提高燃油效率和超低排放车辆来实现。要实现核心方案，必须通过提高物流效率的办法，将重型货车的行驶里程数减少 6%~8%。

• 政府提供了 4 800 万英镑的资金，以加快低排放公共汽车和配套基础设施的使用。在核心方案中，到 2050 年，低排放公共汽车和长途公交的占有率必须达到销售额的 80%。

进一步雄心方案的技术选项

进一步雄心方案的技术选项将减少排放至近于零。这可能是实现英国现有的 2050 年目标所必须达到的，而且几乎肯定也是实现净零目标所必需的：

• 进一步雄心方案中，假设传统轿车和厢式货车的停止销售最迟提前到 2035

---

① CCC (2018) *Reducing UK emissions: 2018 Progress Report to Parliament.*

年，这也适用于插电式混合动力汽车（PHEV）。此外，从 2030 年起开始实施对化石燃料汽车、厢式货车和摩托车的监管审批，持续到 2050 年。

- 为了实现到 2050 年道路交通部门接近零排放，必须加快零排放重型货车的推广，到 2040 年达到近 100% 的销售占比。小型重型货车单车可能会实现电气化，但对于较大的重型货车单车和铰接式重型货车，有多种选择——可以转型到氢燃料的重型货车、带高架电线的电气化重型货车（由公路旁系统充电），或配备位于高速公路服务区域的高功率充电器的电气化重型货车来脱碳。

- 我们假设 10% 的汽车里程可以转移到步行、骑自行车和公共交通。需要制定一项国家战略，解决公共汽车使用率下降的问题。还应利用公共汽车快速公交、有轨电车和轻轨，这不仅可以减少排放，还可减少交通繁忙城市中心的拥堵。

- 通过包括扩大城市整合中心和扩大付费窗口的使用在内的各种措施，可以进一步改善物流，使重型货车行驶里程减少约 10%。

- 我们的进一步雄心方案中假设到 2040 年，至少 54% 的轨道交通里程实现电气化。铁路电气化在最繁忙的线路上最具成本效益，因为铁路的部署具有运行效益。假定氢能火车将被部署到 2040 年还未实现电气化且时速低于 75 英里的所有火车线路上，重点被部署在不太繁忙的区域线路，因为那里的电气化不太可能具有成本效益。几个关键的货运通道也必须电气化，不能完全脱碳的列车必须实现混合方式，将这些措施结合在一起，到 2050 年铁路排放量将减少 55%。

- 机场辅助车辆必须受到管制，以确保它们电气化。虽然这些车辆相对多样化，但机场充电所需的距离较短，且充电方式灵活，以及存在电气化原型，这表明到 2050 年，它们可以大部分实现电气化。

实现进一步雄心方案的替代技术方案

在许多情况下，存在其他技术或行为方法可以减少排放，只是现在可能没有必要在它们之间作出决定：

- 通过对从汽车到步行、骑自行车以及使用（电动或氢燃料）公共交通的能力进行更雄心勃勃的估计，出行需求可以大大减少，这可能意味着需要更少的电动汽车。电动自行车的广泛使用可能会说服那些认为步行或非电动自行车难以替代汽车出行的人。电动货运自行车也为必须搬运大型或重型物品的人们提供了机会。

- 如果企业以出租车队形式进行运营，则互联无人驾驶汽车（CAVs）的引入可以加快向电动汽车的过渡。由于与私人消费者拥有的汽车相比，这些汽车的使用频率更高，因此它们将更快达到成本平价。如果道路上需要的车辆更少，它们还可以从生产中获得资源效率的收益。但是，这些车辆的使用可能会增加对汽车出行的需求，因为无法驾驶的人可以使用它们，并且将提供一种替代公共交通工具的有吸引力的选择。必须认真管理这种转型，以避免对排放和拥堵产生不利影响。

• "按需"共享的电动汽车车队使用率的增加，可以减少全球交通部门的能源需求，并减少道路上的电动汽车数量。[①]这些被认为是"出租巴士"的新型交通工具，可以在汽车和公共交通工具的标准尺寸之间进行调整，也可以将其视为可以更好地适应每种路线需求的一种公共交通工具。在繁忙的城市中心仍需要高容量、高频率的公共交通路线，这就为利用快速公交车腾出了道路空间。

• 由于我们生产和消费商品的方式可发生社会性的变化，重型货车行驶里程的大幅减少为车队部分转向零排放车辆提供了替代方案。可以推动这些变化的选择包括：延长电器、电子产品和衣服的使用寿命，必要时修理和翻新它们，或者减少消费，同时注重再利用商品，使用当地生产的食品，减少浪费。使用3D打印技术，改变原有的物流供应链模式，进一步提高物流效率，也具有增长潜力。

探索性方案的技术选择

考虑到进一步的技术发展，有可能使用氢气来解决地面交通部门中的任何剩余排放，或者通过电气化来解决，这似乎更具成本效益。当然，也有可能用合成燃料代替任何剩余的化石燃料，但是这些燃料可能非常昂贵：

• 地面交通部门使用的任何剩余化石燃料都有可能被合成燃料代替，合成燃料由电解氢和通过直接空气捕获（DAC）技术从空气中捕获的 CO_2 制成。鉴于DAC 在提供原料 CO_2 方面的高昂预期成本，工艺的低热力学效率以及需要多个处理阶段，即使输入电能来自低成本的可再生能源，合成燃料的成本仍可能会很高（请参阅建议报告的第5章）。通过 DAC 捕获的任何 CO_2 与碳捕集与封存结合使用时，都可能以较低的成本实现减排，而不是将其低效地再循环生产燃料（关于直接从空气中进行二氧化碳捕集与封存（DACCS）的碳清除潜力，请参阅本技术报告的第10章）。如果氢存储技术取得突破，氢列车将覆盖电气化未覆盖的所有其余铁路网络。

（b）实现零排放的时间表

第五次碳预算（涵盖2028—2032年）已经要求在实现这些净零方案方面取得

---

① Grubler et. al（2018）A low energy demand scenario for meeting the 1.5°C target and sustainable development goals without negative emission technologies. Nature Energy，3，551-527.

重大进展。委员会已经确定并可通过现有政策提供（并得以加强）的具有成本效益的途径包括：

- 到2030年，大约60%的新车和厢式货车以及40%的小型重型货车销售是插电式混合动力车和纯电动汽车。[①]25%的新公共汽车和长途客车是电动的，而25%则是改用氢气。

- 在2010年至2030年间，通过传统车辆改进可使轿车的实际排放量减少37%，厢式货车排放减少33%，重型货车排放减少24%。

- 21世纪20年代和30年代生物燃料使用有限，到2030年可提供约11%的道路燃料，之后生物燃料越来越多来自可持续、先进的原料种植，包括废弃物。

- 通过鼓励人们转向步行、骑自行车和乘坐公共交通工具，对乘用车出行的需求得到缓解，特别是在城市地区。

- 货运运营商通过改进物流、驾驶员培训和使用安装在现有车辆上的节油技术（如空气动力学改进）来减少油耗和排放。

- 增加铁路电气化和在不适合架设电缆的轨道上部署纯电动火车。

通过履行承诺和精心设计，有可能在2020年至2050年间全面实施上述"进一步雄心方案"中的技术选项：

- 将停止常规汽车和货车的销售至少提前到2035年，包括终止插电式混合动力汽车（PHEV）的销售，并限制使用化石燃料汽车、厢式货车和摩托车，以更快地推广零排放车辆使用并减少到2050年的剩余排放量。通过汽油车或柴油车许可来限制其使用时间和行驶距离，可确保2035年之前销售的车辆到2050年超过其平均使用寿命，不会继续在英国道路上行驶，从而实现汽车、厢式货车和摩托车零排放。

- 在21世纪20年代，零排放重型货车的销售额必须在我们的进一步雄心方案中显著增长。电池动力和插电式混合动力小型重型货车单车的销售需要在2030年达到45%的市场份额，零排放大型重型货车单车和铰接式重型货车需要达到10%的市场份额。

- 到2040年，公共汽车和长途公交必须完全实现零排放，到2030年，大约50%的新车销售为零排放汽车。

- 在21世纪20年代早期，为减少汽车出行需求，向步行、骑自行车和公共交通转变的模式化应该加快。同样，到2030年，重型货车的物流改进也应到位。

---

① CCC（2015）*Sectoral scenarios for the Fifth Carbon Budget: Technical report.*

● 到2040年，至少54%的轨道里程实现电气化。氢能列车应于2020年开始在英国铁路上部署，目标是到2040年实现最大里程，这与政府到2040年淘汰柴油列车在轨道上行驶的雄心是一致的。

● 机场辅助车辆电气化应在21世纪20年代和30年代推广。

此评估允许在实际变化速度上考虑各种限制因素，而无须提前报废大量车辆：

● 为了避免车辆提前报废，必须考虑车辆的预期使用寿命。乘用车的平均寿命约为14年，但有相当一部分车辆的使用时间远不止于此。这意味着，到2040年停止销售汽油或柴油车辆为时已晚，无法确保到2050年所有车辆都实现电气化。

● 目前超过14%的摩托车的使用时长超过了20年，其中约7%的摩托车（为92 000辆）使用时长超过40年。[1]为了便于分析，我们假设摩托车在20年后与汽车和厢式货车一起报废。在现实中，一些摩托车将保留更长的时间，虽然尚未对这些老旧的摩托车的确切使用模式进行评估。也许有必要制定法规，以确保老旧的柴油摩托车在2050年以后不会继续行驶。小型和大型重型货车单车在英国车队中平均使用13年，许多在出售后20年仍在英国公路上使用。铰接式车辆寿命较短，平均运行6年。这促使人们有必要在30年代大力推广零排放技术，因此到2050年，寿命较长的重型货车将不再在英国道路上行驶。

● 公共汽车和长途公交在英国道路上平均行驶16年，这导致需要对其尽快部署零排放技术。这项举措还具有在城市中心带来空气质量改善的额外优势。

● 火车的寿命很长，大约20年。[2]因此，可能需要对列车进行一些改造，才能成为氢能列车、双模列车（在电气化轨道和柴油列车轨道上运行的火车）或至少和柴油混合，以避免它们过早报废。列车的改造市场目前正在发展，已有几个完成的改造案例。燃料电池系统有限公司（Fuel Cell Systems Ltd）、伯明翰大学（University of Birmingham）和日立铁路欧洲公司（Hitachi Rail Europe）合作完成了一项建模工作，以表明氢燃料电池技术可以改装到现有的柴油列车上。[3]

(c) 减少地面交通部门排放 实现零排放的选项汇总表

表5-1显示了2050年各类地面交通车辆的排放量及其相关的减排成本。

---

① Department for Transport (2018) *Vehicle Licensing Statistics*.
② Rail Delivery Group (2018) *Long term Passenger Rolling Stock Strategy for the Rail Industry*.
③ Fuel Cells Bulletin (2017) *UK project shows that fuel cells can be retrofitted to power trains*.

表 5-1　　　　　　　　　　　　　　交通部门实现零排放的机遇

来源	2030年第五次碳预算剩余排放量（MtCO₂e）	2050年进一步雄心方案中的剩余排放量（MtCO₂e）*	实现进一步雄心方案目标的最早日期	2050年成本（英镑/tCO₂e）
轿车	32.8	0	2050	−39
厢式货车	10.0	0	2050	−64
公交车	2.3	0.3	2050	198
重型货车	14.5	0.9	2050	−39
摩托车	0.5	0	2050	−22
铁路	1.6	0.9	2050	N/A
机场辅助车辆	0.6	0	2050	137

来源：CCC analysis.

注：2030年和2050年排放量包括所有温室气体；英镑/tCO₂e 成本数字表示 2050 年已实施措施的平准化成本，并且对于同一排放源，取适用的多个减排措施成本均值。一般从运营角度来说，由于铁路在具有成本效益时会转为零排放方案，因此此处并未计算减排成本。

5.4　实现地面交通深度减排的成本和收益分析

我们在本技术报告的第 1 章中对评估成本和收益的总体方法进行了概述，并在随附的建议报告第 7 章中进行了全面阐述。

我们的地面交通净零方案中包括的一些低碳技术选项将比高碳替代技术更便宜，而一些其他方案可能更昂贵：

• 到 2030 年，即使随着不断增长的电力需求包括开发公共充电网络和升级电力网络的成本，但与汽油车或柴油车相比，新型电动汽车在使用寿命期间仍将节省成本，并有必要用燃油税替代财政收入：

——到 2030 年，一款新的中型纯电动汽车的资金成本估计比同等的传统车低约 160 英镑，而新型插电式混合动力汽车的资本成本溢价约为 910 英镑。

——到 2030 年，一款新的中型纯电动汽车将在 14 年使用寿命内节省约 1 930 英镑的燃油成本（燃油税前，忽略碳排放成本），而插电式混合动力车将节省约 810 英镑。

——家用充电桩的成本包含在电动汽车的前期成本中，预计到 2030 年为 180 英镑。对公共充电基础设施的必要投资预计不会是每辆车的显著投资（关于到 2050 年所需基础设施水平的更多详细描述见第 5（a）节，其中涉及实现这些方案所需的内容）。

• 鉴于电动汽车购买成本和燃油成本的预期降低，我们的分析表明，从社会角度来看，21世纪20年代新的电动汽车可能会变得具有成本效益（包括车辆成本和不含税的燃油成本，以3.5%的社会贴现率计算）。

● 我们估计，到2030年，与汽油车或柴油厢式货车相比，在车辆的全生命周期内，新的纯电动厢式货车也将节省成本：

——新纯电动车的资本成本平均将降低约510英镑，而一辆新的插电式混合动力厢式货车的前期资本成本溢价约为410英镑。

——到2030年，平均使用寿命期内新纯电动车的节省成本为4 860英镑（燃油税前，忽略碳排放成本），而插电式混合动力车将节省约4 300英镑。

——由于年行驶里程增加，改用电动厢式货车节省的燃油成本比汽车更显著。因此，我们的分析表明，从社会角度来看，新的电动厢式货车很可能在20年代中期变得具有成本效益（包括车辆成本和不含税的燃料成本，以3.5%的社会贴现率计算）。

● 图5-4显示了从社会的角度分析纯电池电动汽车（BEV）、插电式混合动力汽车（PHEV）以及汽油车或柴油车在车辆生命周期内以及私人消费者超过5年时间跨度的成本比较。电动汽车在2030年更便宜，即使成本只在5年时间内进行评估。

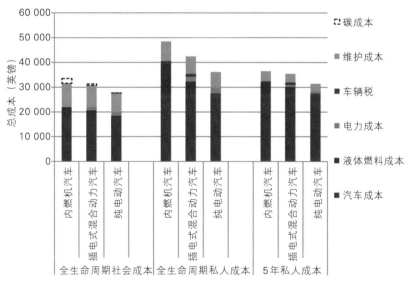

图5-4　从私人和社会角度考虑2030年传统车辆和电动汽车成本

来源：CCC analysis.

注：成本是以2018年的价格计算的2030年新的中型车成本。车辆寿命假定为14年。私家车成本包括增值税和制造商利润。私人燃料和电力成本包括燃油税、增值税以及低碳发电和电网升级的额外费用。我们使用3.5%的社会成本贴现率和7.5%的私人成本贴现率计算。

- 所有新型电动汽车和厢式货车的减排成本都低于政府目前预测的 2020 年碳价。2030 年后，我们的分析表明，纯电动汽车的成本将继续下降，但插电式混合动力汽车成本下降的机会将减少。

- 目前存在改善传统车辆效率的机会，但到 2030 年以后将减少。这些机会在 2030 年及以后减排经济成本为正，从而增加了转向电动汽车的需求。

- 对零排放重型货车减排成本的指示性估计表明，从社会角度来看，与政府目前预测的 21 世纪 20 年代碳价相比，大型氢燃料重型货车具有成本效益。然而，在零排放重型货车基础设施、车辆和燃料的成本方面仍存在很大的不确定性。在 2050 年之前，零排放重型货车燃料补给的基础设施部署总资本成本可能在 30 亿~160 亿英镑。

- 减少轿车、厢式货车和重型货车的出行需求对经济产生的资源成本为零。这些行为上的变化可能会对福利产生影响，但这些影响可能很小，并且取决于随时间的变化社会对不同出行方式的偏好。

与不采取任何行动的理论情况相比，这些成本总计意味着每年节省了 5 亿英镑（按 2018 年的实际价格，相当于 2050 年预期 GDP 的 0.01%），这将使地面交通的排放减少至近零，与我们的减排目标相一致。

到 2030 年，电动汽车可能比汽油车和柴油车更节省成本。在此基础上，如果将配备汽油和柴油发动机的汽车和厢式货车的停止销售期提前到 2030 年，2018 年至 2050 年英国客运的累计成本可能会低于 2040 年。图 5-5 显示了轿车和厢式货车的累计成本（车辆、燃料（不包括税收）和基础设施），并决定在 2030 年比在 2040 年停止销售更好。最好在更早的时间实现 100% 的新电动车和新电动厢式货车销售，但汽车制造商供应这种数量电动汽车的能力存在不确定性。

该方案还可通过改善空气质量和减少零排放车辆的噪声带来显著的协同效益，并可能在英国创造更多的经济机会。改善步行和骑自行车的措施具有相关的健康效益，物流措施有助于减少交通拥堵。电动汽车有可能在电力需求强劲时向电网供电，从而减少对额外存储或备份容量的需求。这些协同效益在我们建议报告的第 7 章中列出。

鉴于需要建立燃料补给基础设施网络，而且随着需求的增长，车辆的资本成本可能会下降，因此在 2050 年之前，地面交通成本可能会达到峰值：

- 在 21 世纪 20 年代和 30 年代，可能需要大量基础设施投资，包括轿车和厢式货车的公共电力充电基础设施，以及氢燃料站、充电站或重型货车的高功率充电桩。这将使基础设施能够在大量采用之前进行部署，使消费者和车队运营商相信，他们将能够在日常出行中补给燃料：

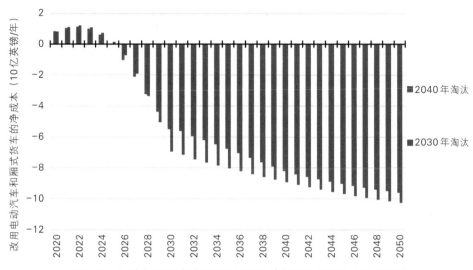

图 5-5 分别在 2030 年和 2040 年停止销售汽油和柴油发动机汽车
情形下轿车和厢式货车的累计成本

来源：CCC analysis.

注：与汽油车和柴油车的持续使用相比，成本是该年度购买的所有新车的无补贴总寿命（14 年）费用，包括前期车辆成本、燃料成本（折扣率为 3.5%）以及基础设施充电、电力生产和网络升级的成本。为了更好地代表未来可用的车辆，我们假设汽油车和柴油车的成本和效率也会随着时间的推移而提高。因此，这些数字不能与本建议中的其他数字直接比较。到 2028 年、2030 年逐步淘汰的成本会略高一些，这主要是因为电动汽车在这一点上更加昂贵，以及充电基础设施的要求更高。2035 年淘汰日期的成本未显示，但略高于 2030 年转换。

——此前，委员会在第五次碳预算评估中公布了支持采用电动汽车所需的电动汽车充电基础设施网络费用。这项工作已推开，涵盖到 2050 年将 100% 的车队转换为电动汽车的费用。

——用于汽车和货车的公共电动充电基础设施网络的充电桩的总成本约 93 亿英镑（从现在到 2050 年的时间里），这些车辆和货车无须路旁停车即可充电。初步结果还表明，部署 22 kW、43 kW 和 150 kW 充电桩的混合方案比 7 kW、43 kW 和 150 kW 充电桩的混合方案便宜，但这些结论需要进一步探讨。

——到 2050 年，长途出行的快速充电网络成本约 3 亿英镑。该网络将由 43 kW、150 kW 和 350 kW 充电桩组成。

——电力部门章节涵盖升级电网和相关基础设施的可能费用。本章通过电价考虑了这些影响。

——到 2050 年，重型货车加油基础设施可能需要 30 亿至 160 亿英镑的资本投资，具体取决于技术选择。纯粹从基础设施的角度来看，加氢站是最便宜的选择，而仅在基础设施成本方面，在驾驶员休息区安装超快速充电桩为重型货车充电似乎是最昂贵的。着眼于基础设施，针对车辆和燃料成本的初步分析表明，氢气、电气化（伴随着公路用高架线为重型货车行驶时充电）和电气化（伴随着超快速充电桩）与继续使用柴油相比，到2050年可实现成本节省。目前仍然存在很大的不确定性，现在评估哪种技术最具成本效益还为时过早。

● 由于转型时期的规模经济和技术发展，随着销售量的增加，车辆的前期成本可能会下降。这可能意味着最高的资本支出发生在2050年之前。

下一节将考虑如何实施这些方案，包括如何设计政策以确保英国在行业竞争上处于有利地位。

5.5　地面交通深度减排的措施

（a）实现方案所需的条件

实现在我们的进一步雄心方案中的排放，需要各级政府强有力的有效领导，并得到人民和企业行动上的支持。

表5-3总结了我们按照第1章介绍的方法，对若干减少排放的主要机遇的挑战程度的评估。图5-6列出了需要进行关键改变的时间表：

● 需要一个强有力的监管框架，使行业有把握和信心投资于零排放技术，让消费者调整其购买决策和行为。

● 零排放车辆的早期市场需要通过短期的财政激励来支撑，要么继续实施目前的补贴计划，要么通过税收调节。这将有助于加快电动汽车的推广速度，支持行业发展，并帮助解决有关拥有电动汽车的一些知识障碍。地方政府还可以发挥主导作用，提供更温和的激励措施，如进入公交专用道、免费使用拥堵收费区或清洁空气区以及免费停车。挪威的早期政策干预有助于加速推广电动汽车（见专栏5.4）。

> **专栏5.4　挪威加速电动汽车推广的经验**
>
> 在挪威，早期政策干预加快了电动汽车的推广速度，包括为所有新车设定2025年零排放目标，比欧盟更雄心勃勃的新车碳排放目标，减少财政激励措施（包括进口税、增值税和公路通行费），摆渡车半价，免费停车，并允许电动汽车使用公交专用道。自2001年以来，这些税收优惠政策一直延续，使得电动汽车的成本与汽油车和柴油车基本一致，尽管前期资本成本较高，但比其他国家施行

得要早得多。这表明，必须结合财政激励措施和干预措施，提高电动汽车的易用性，以支持电动汽车的早期市场。

来源：Ecofys for the Federal Ministry for the Environment， Nature Conservation and Nuclear Safety of the Federal Republic of Germany （2018） Incentives for Electric Vehicles in Norway： Fact Sheet.

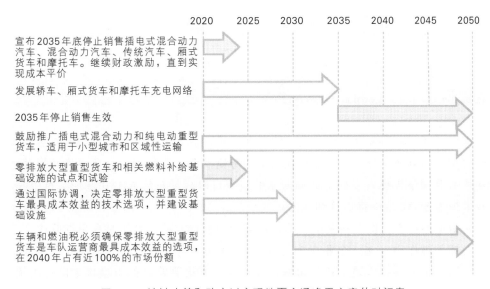

图 5-6　关键决策和改变以实现地面交通净零方案的时间表

来源：CCC analysis.

- 采用高比例插电式车辆将需要推出配套基础设施，这需要满足许多不同的充电要求。

- 表 5-2 将 2050 年所需的公共充电桩数量与目前使用的充电桩数量进行了比较。

- 如果大量插电车辆需要在同一地点同时充电，例如商业车队在单个站点充电，则可能需要升级本地配电网络。这需要升级到何种程度目前是不确定的，将取决于智能充电技术的部署程度。这项技术将允许插电式车辆充电，以应对电价和当地电力需求的峰值，并可降低基础设施升级的成本，以及提供有价值的需求平滑服务。插电式车辆可以通过允许从电池中传输电力来满足高峰时段的本地电力需求来执行额外的服务，从而减少了对额外发电能力的需求。这种系统目前正在开发中。

表 5-2　　　　　　　与现有基础设施相比，2050 年所需的电动汽车充电桩

充电桩种类	2050 年所需数量	2019 年 4 月部署量
22kW	56 000	11 500
43kW	51 000	4 400
150kW	105 000	—
350kW	2 100	

来源：CCC analysis；Zap-Map（2019）www.zap-map.com.

注：根据 SYSTRA 发布的 CCC（2018 年）建模工作进行推断，Plugging the gap – An assessment of future demand for Britain's EV public charging network。

● Vivid Economics 为委员会执行的咨询项目评估了实现电动汽车充电所需的额外电力需求和电网支持：可能需要大力加强分销网络，这是因为只要更换网络基础架构就需要调整规模，以确保面向未来的投资可以降低总体成本并避免项目中断。在技术报告的第 2 章中将更详细地考虑这项工作。

● 为重型货车提供燃料基础设施可能需要政府的支持，特别是在早期阶段。政府可发挥关键作用，支持企业在 21 世纪 20 年代初试行及试验新的零排放重型货车技术，以确定哪些技术最实用及最具成本效益。考虑到跨境的重型货车出行比例，任何基础设施的推广都需要在欧洲各地进行协调。英国可以在展示技术方面发挥关键作用，推动这些技术在 20 年代末前在欧洲得到全面部署。到 30 年代，税收和关税（包括地方和全国）的设计必须向零排放车辆倾斜，突出其比传统的柴油卡车更具有成本效益。

● 如果作为持续推广计划的一部分进行扩建，铁路电气化可能是最便宜的。铁路工业协会建议，一个推广计划足以保持两到三个团队在英国各地持续部署至少十年，将发展英国在设计和交付电气化铁路方面的技能，并进一步减少欧洲规范的当前成本。[①]

● 氢能列车应于 2020 年初开始在英国铁路网运行。目前，阿尔斯通（Alstom）和埃弗斯霍尔特铁路（Eversholt Rail）的合资企业和 Vivarail 正着手进行试验。必要时，政府应支持这些工作。

---

① Railway Industry Association（2019）*RIA Electrification Cost Challenge.*

表 5-3   根据交通部门面临挑战的维度评估减排技术

来源	减排措施	障碍和实现风险*	资金机制	协同效益和机会	替代技术
轿车	电气化、步行、骑自行车和公共交通	●消费者行为、制造商供应链、基础设施的推广	●消费者	●空气质量、噪声水平、公共卫生	氢能
厢式货车	电气化	●制造商供应链、仓库电源	●工业	●空气质量、噪声水平	氢能，通过电动汽车满足需求
公共汽车	电气化、氢能化	●获得资本，使公共汽车运营商能够支付额外的前期成本	●消费者	●空气质量、噪声水平	100% 电气化或100% 氢能化
重型货车	电气化、氢能化、物流改进	●基础设施推广、制造商供应链	●工业，纳税人资助（对于一些技术的基础设施）	●空气质量、噪声水平、拥堵情况	100% 电气化或100% 氢能化
摩托车	电气化	●消费者行为、制造商供应链	●消费者	●空气质量、噪声水平、公共卫生	
铁路	电气化、氢能化	●基础设施的推广、氢能技术开发	纳税人、基金	●空气质量、运营效益	混合动力列车（减排潜力有限）
机场辅助车辆	电气化	●车辆开发，所需车辆种类	●工业	●空气质量	氢能

来源：CCC analysis.

注：表中的措施评级基于以下标准：对"障碍和实现风险"一项，如果有证据表明某项措施特别难以实施，则评级为"红色"，否则为"绿色"或"琥珀色"；如果某项措施的交付成本高，对企业的竞争力有负面影响，或让家庭生活水平有倒退，则"资金机制"被评定为"红色"，否则为"绿色"或"琥珀色"；当有证据表明有积极的"协同效益和机会"时，这些被评定为"绿色"，否则将不给予评级。

● 创新在这些方案中起着重要的作用。只有电池成本降低和能源密度开发工作必须实现，才能实现这些雄心勃勃的路径。同样，对于重型货车、公共汽车和火车，氢燃料电池成本必须降低，同时改进氢气储存技术。为了加快基础设施建设的推进，确保新车能够设计、制造、维修并最终回收，还需要发展新的劳动力技能。

● 行为改变在鼓励人们转向骑行出行和使用公共交通工具方面可以发挥更大的作用。鼓励骑自行车出行还需在相关基础设施上花费大量资金，应保证有独立的自行车道。应尽可能避免开车进入城市中心，交通缓解措施和较低的速度可以帮助骑自行车的人增强信心，使这项活动对更多人具有更大的包容性。土地使用政策也可以形成密集的城市足迹，以确保步行和骑自行车都能轻松到达目的地。维塞利亚是一个例子，尽管最初没有骑自行车的文化，但通过提供高质量的基础设施迅速提高了市民骑自行车出行的兴趣和比例。

● 改善重型货车物流的措施可能需要在早期阶段获得财政支持，同时在地方一级采取较宽松的激励措施。地方政府将受益于如何鼓励使用城市合并中心的更多指导和建议，同时进行案例研究，证明现有计划的成功之处。延长交货时间以确保可以在高峰期以外进行交货，也有助于实现更高的物流效率。这些措施需要近期提供政策支持和信息保障，才能产生最佳的效果。

● 许多关于电动汽车使用的误解是必须解决的。误解包括电动汽车是否比传统车辆更环保，担心车辆在何处、如何充电以及电动汽车中的电池持续供电多长时间。假设电网碳排放强度平均为 265 gCO_2 / kWh（就 2017 年英国发电而言），电动汽车在其生命周期内将比柴油车少排放 60% 至 65% 的二氧化碳，包括电池制造和发电产生的排放。[1][2] 现实中，英国的电网强度将在汽车的使用寿命内继续下降，从而实现更大的减排量。

虽然这些技术选项存在重要的不确定性，主要围绕氢燃料和电池技术的预期发展，以及人们是否会通过改变他们的行为来改变出行方式，但有一些选择可以弥补相应的不足：

● 如果乘用车部门的电气化速度不能如预期的那样快，那么通过增加将汽车出行转向步行、骑自行车和使用公共交通的雄心壮志，有可能进一步减少排放。同样，通过部署电动汽车和提高物流效率，可以减少厢式货车出行里程。提高物流效

[1]　CCC（2018）*Reducing UK emissions: 2018 Progress Report to Parliament.*

[2]　Transport and Environment（2018）*Electric vehicles: The truth.*

率还可以减少重型货车的排放。

● 2050 年交通中剩余的化石燃料都可以被合成燃料所取代，但这些燃料可能代价高昂。电气化方面的一些不足也可能被氢技术所弥补，例如乘用车和厢式货车。

(b) 推动地面交通部门深度减排的关键政策启示

本报告的宗旨并非确定一套完整的政策来推广上述方案。不过，在考虑制定英国净零排放目标时，政府和议会应充分领会本报告对重要高层次政策的启示。

特别地，为了支持在所有地面交通中增加零排放车辆的采用：

● 政府必须把新型汽车和货车的销售提前到 2035 年或更早，替换任何装有汽油或柴油内燃机的汽车或货车。到 2025 年，政府必须向所有消费者表明，到 2050 年，配备汽油或柴油内燃机的车辆不能继续在英国道路上行驶，限制范围也应扩大到摩托车。

● 短期内将需要财政激励措施配合，以支持仍处于早期的电动汽车、货车、小型重型货车和摩托车的市场，直到从私人消费者的角度来看与传统汽车实现成本平价（很可能在 21 世纪 20 年代中期）。电动汽车和厢式货车充电基础设施的推出必须受到监管，以确保在准备就绪的情况下进行充分部署，并实现更高比例的纯电动车队。

● 从现在起至 20 年代初期，应计划进行零排放重型货车的试验和相关的燃料补给基础设施建设，以夯实证据基础，从而能够根据最具成本效益和最实用的零排放方案作出决定。政府必须在国际协调的基础上，在 20 年代中期作出这一决定，为基础设施的发展做好准备，以便在 20 年代后期和整个 30 年代部署零排放的重型货车。如果此决定延迟 5 年，则假设推出减排路径同样被延迟，那么到 2050 年，重型货车的排放量可能会增加 3 $MtCO_2e$。应设计税收或其他措施，以鼓励运营商从 20 年代起购买和运营零排放重型货车。

● 政府必须鼓励步行、骑自行车和尽量使用公共交通工具代替使用汽车，以利用这些机会在近期内减少排放。

● 必须探讨提高重型货车物流效率的机会，包括推广城市整合中心，以尽量减少前往繁忙城市中心的出行，并调整配送时间，以确保重型货车能够避免拥堵。

● 应按推广方式规划铁路电气化以降低成本，并在必要时支持在英国铁路上试验氢能列车。

　　委员会向议会提交的年度进展报告中包括我们详细的进度评估。我们在2018年6月的报告中确定了需要加强政策以实现现有减排雄心的诸多领域。^①这些条件是支持为实现英国净零排放目标而加大努力的必要条件——我们将在2019年7月针对其进展情况进行报告。

---

①　CCC (2018) *Reducing UK emissions: 2018 Progress Report to Parliament.*

第6章　航空与海运

简介及关键信息

本章阐述了航空和海运部门的减排情景，为委员会研究英格兰、苏格兰和威尔士的长期排放目标提供建议。

本章的重点：

● **背景**。2017年，航空业和海运业排放的温室气体占英国总排放量的10%。来自国际航空的二氧化碳排放是最大的来源，占总量的7%。自1990年以来，航空的排放量增加了一倍多，而海运的排放量下降了近20%。

● **核心方案的措施**。我们给出的航空业核心方案是，按照政府当前的政策，将排放量稳定在2005年的水平（37.5 $MtCO_2e$）。这是1990年排放量水平的两倍多，只要在一定程度上提高燃料效率，并将需求增长限制在2005年水平的60%以内，就可以实现这一目标。为响应当前的全球承诺，我们给出的海运业核心方案要比1990年的排放水平减少75%左右。

● **"进一步雄心方案"的措施**。我们的进一步雄心方案指出到2050年航空业有额外的减排潜力，可将排放量减少到30 $MtCO_2e$的水平。但考虑到飞机的寿命较长以及开发和部署新技术存在一定挑战，航空业的碳排放将保持相对较高的水平。另一方面，海运业的进一步雄心方案是通过更加广泛地使用替代燃料（如氨），将其碳排放减少到接近零的水平。而这一方案可以通过建立一个低碳供应和全球燃料补给网络来实现。

● **探索性方案的技术选项**。目前存在一些技术选项可实现航空业的排放量低于"进一步雄心方案"。我们考虑了进一步限制需求增长的两种情景（例如，需求比2005年的水平高出20%~40%），以及通过使用合成燃料来替代航空燃料。虽然这些措施在实施推广和成本上都存在重大阻碍，但有可能将航空业的排放降低至约22 $MtCO_2e$（在限制需求情况下），或近零（通过合成燃料）。

● **成本和收益**。在减少航空业和海运业排放的措施中，有一些措施是节约成本的（如燃油效率更高的新型飞机），但也有一些措施将产生减排成本（如替代燃料）。2050年，要达到"进一步雄心方案"中的排放水平，海运成本将达到50亿英镑左右，相当于 GDP 的 0.1% 左右。航空减排是可以节约成本的，但我们采取了谨慎的做法，并没有对此作出假设。

• **实施**。要实现"进一步雄心方案"，英国需要结合应用国际社会的做法，以避免负面结果（例如碳泄漏）。

——航空业和海运业都需要结合国际层面出台相关政策。航空业应该为排放设定一个全球长期目标。海运业应该建立一个政策框架，以实现之前商定的 2050 年目标。同时海运业需要一个更具雄心的全球目标，以释放"进一步雄心方案"中的技术减排潜力。

——政府应确保即将出台的"航空战略"和"清洁海事计划"支持创新、研究和部署，以确保及时将新技术推向市场。"航空战略"还需要拿出一些方法来限制航空需求的增长。我们将在 2019 年晚些时候向英国交通部（DfT）提出航空方面的后续建议。

我们的分析主要基于以下 5 个部分：

1. 航空与海运业的当前排放和历史排放
2. 减少航空和海运业的排放
3. 航空及海运业最小化排放的情景
4. 航空和海运业减排的成本和效益
5. 在航空和海运业实现深度减排

6.1 航空与海运业的当前排放和历史排放

2017 年，航空业的温室气体排放量为 36.5 $MtCO_2e$，占英国总排放量的 7%，而海运业的排放量为 13.8 $MtCO_2e$，占英国总排放量的 3%（图 6-1）。绝大部分航空业的排放来自国际航班，尤其是长途航班。海运业温室气体排放在国内和国际航线中的分配更为平均，反映出在途中有更多的加油选择。几乎所有的航空和海运业的排放都是二氧化碳排放，但同时也有一些重要的短寿命周期非二氧化碳排放，目前并未包括在国际报告框架内（专栏 6.1）：

• **航空**。英国排放清单以燃料销售为基础来衡量航空排放。这与离境航班的排放密切相关。2017 年，国际航班的温室气体排放占英国航空排放量的绝大部分（96%），国内航班占航空排放量的 4%。

• **海运**。2017 年，国际航线的温室气体排放占海运排放量的 57%，国内航线占 43%。

• **非二氧化碳排放效应**。在国家排放清单中，几乎所有来自航空和海运的排放

（99%）都是二氧化碳，剩下的1%来自燃料产生的非二氧化碳。航空业和海运业都具有其他非二氧化碳排放，这在报告给联合国的排放清单中均未涵盖。这些影响可能很重要，但是很短暂（专栏6.1）。

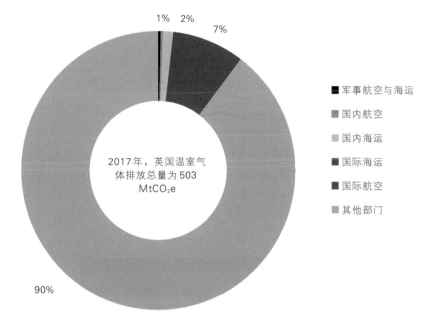

1%   2%
7%

2017年，英国温室气体排放总量为503 MtCO₂e

■ 军事航空与海运
■ 国内航空
■ 国内海运
■ 国际海运
■ 国际航空
■ 其他部门

90%

图 6-1　航空及海运业当前的排放量（2017 年）

来源：BEIS（2019）2017 Greenhouse Gas Emissions, Final Figures.

自1990年以来，航空业的排放量增加了一倍多，而海运业的排放量下降了近20%（图6-2）。2010年前后，这两个行业都受到了全球金融危机的影响。

• **航空**。航空排放量的增加反映了乘客对飞行需求的提升，自1990年以来，乘客对飞行的需求增长了将近3倍。大多数乘客的需求是短途航班，但出行里程数累积最多的还是长途航班，所以排放大部分来自后者（图6-3）。金融危机之后，需求和排放增长出现了脱钩（例如，自2010年以来，乘客需求每年增长4%，而排放量每年仅增长1%）。但是，这种永久性转变的程度尚不清楚。

• **海运**。从1990年到2008年，海运业的排放量基本保持稳定，但自那以后下降了1/4。这在很大程度上反映了全球金融危机后船舶航行里程的下降。

目前，只有国内航空和海运的排放被纳入碳预算。国际航空和海运的排放量在2050年减排目标的涵盖范围之内，并且已纳入碳预算予以考虑。

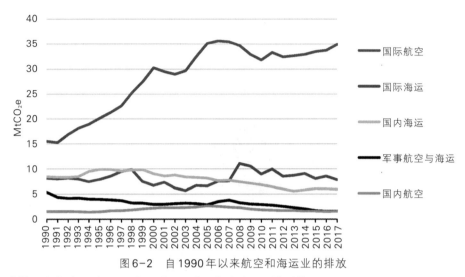

图 6-2　自 1990 年以来航空和海运业的排放

来源：BEIS（2019）2017 Greenhouse Gas Emissions，Final Figures.

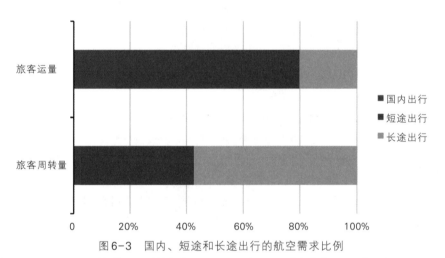

图 6-3　国内、短途和长途出行的航空需求比例

来源：基于 CAA 机场数据的 CCC 计算和基于 CAA 机场/航空公司数据的英国交通部分析。

专栏 6.1　航空和海运业的非 CO_2 效应

　　航空和海运业都会排放极少量的受管制的非 CO_2 温室气体（甲烷和一氧化二氮），但也具有其他非 CO_2 效应，这些效应未包括在《巴黎协定》所涵盖的一揽子气体中：

　　●航空业会产生一系列污染物，它们以不同的方式影响气候。其中包括对气候有直接冷却作用的排放物（例如能反射日光并造成低空云雾的硫酸盐），以及对气候有总体变暖作用的排放物（如一氧化二氮）。飞机还会根据大气条件产生凝结尾迹（飞机通过过饱和空气飞行而导致的长云轨迹）。由于这些云在大气层的高处，因此它们对气候的变暖作用相对较大。总体而言，因航空业产生的非CO_2效应使气候变暖，而且大约是过去和现在的航空业CO_2排放效应的两倍。

• 海运业的非CO_2效应来自硫酸盐气溶胶的排放。它们通过直接反射阳光并通过影响云的亮度和寿命而对气候产生冷却作用。由于全球法规减少了海运燃料中的硫含量，预计海运中的硫酸盐排放量将在未来减少。预计这些措施将于2020年生效。

在航空和海运领域，这些非CO_2的影响主要是短期的，这意味着如果停止排放，它们对气候的影响将迅速消失。这与CO_2不同，因为即使停止排放CO_2，气候变暖仍将持续很长时间。

这些非CO_2效应可能会根据这些气体排放到大气中的位置特性而大有不同，这与混合均匀的温室气体不同，后者无论排放到哪里，对气候的影响都是一样的。因此，这些非CO_2效应目前还没有包括在国家或国际排放清单中，也没有明确地作为我们减少英国航空和海运业排放方案的一部分加以解决。

如果减少航空业非CO_2影响的相关措施能在全球CO_2净零排放日期之前实施（例如，到2050—2070年实现符合《巴黎协定》的路径），并且不以额外的CO_2排放为代价的话（这将在长期内造成更多的变暖），将会有助于降低温升现象的峰值水平。虽然目前尚不清楚这些备选方案在非CO_2效应减少与CO_2排放可能性增加之间的相互关系，但应努力对这些选项进行分析和甄别，并在可能的情况下加以实施。

6.2 减少航空和海运业的排放

有一系列技术可以运用于航空和海运业的减排。在本节中，我们列出了减少航空和海运业排放的技术选项，以及我们在本报告中考虑的进一步证据。

（a）减少航空和海运业排放的技术选项

（i）航空

目前还没有商用的"零碳飞机"。这种情况可能会持续到2050年，特别是长途飞行，因为长途飞行是航空排放的主要来源。所以，管理航空排放将需要在一系列领域采取行动，包括提高发动机和飞机的燃油效率、改进空域管理和航空运营、使用可持续的替代燃料以及采取措施减少飞行需求增长：

• **技术**。可以通过设计新的发动机和飞机来提高燃油效率。我们考虑的发动机措施包括传统喷气发动机（如超高涵道比涡轮风扇）的更有效迭代和混合动力发动机的使用。我们还考虑在飞机设计中使用复合材料和大展弦比机翼。我们不考虑采用转子发动机、全电力推进或混合翼飞机的潜力，这些都被认为在2050年的时间框架内存在严重的交付障碍。纯电动飞机可能会在2050年后成为一种选择，特别是对短途飞行而言，但这需要在电池能量密度方面取得突破，才能成为商业上可行的方案。

• **空域管理和航空公司运营**。让飞机飞行更直接的航线将减少燃料消耗，从而减少排放。这将依赖于国际合作（如整个欧盟）来实现所有的好处。结合更多的直航路线，设计巡航速度较慢的飞机可以在维持相同的飞行时间情况下节省大量的燃料。其他节省燃料的操作措施还包括使用电动拖轮，以减少滑行时间等。

• **替代燃料**。使用可持续的生物燃料有助于减少航空业的排放量。替代合成燃料可能在技术上是可行的，但在热力学和经济上具有挑战性，因此比其他技术选择要昂贵得多。

——使用可持续的生物燃料。生物燃料有可能在航空领域取代化石燃料，前提是这些燃料是以可持续的方式开发，从而真正地减少排放。考虑到生物质能可能是一种稀缺资源，具有多种替代用途，可以减少更多的排放（包括通过碳捕集与封存（CCS）技术实现的负碳排放），所以我们应考虑航空领域是否是使用生物质能的最佳场所。

——使用合成燃料。合成碳中性燃料使得航空业排放量降至零成为可能。生产这种燃料需要将捕获的CO_2（如直接空气捕获，DAC）与电解氢一起循环利用，以代替煤油。鉴于DAC在提供原料CO_2方面的高昂预期成本，工艺本身的低热力学效率以及此合成工艺需要多个处理阶段，即使输入的电能来自低成本的可再生能源，合成燃料的成本仍可能会很高（请参阅建议报告的第5章）。通过DAC捕获的任何CO_2都有可能在与CCS技术结合时以较低的成本提供减排，而不是低效地被转化为燃料（关于直接捕获和储存空气中CO_2的减排潜力，见第10章DACCS）。

• **管理需求**。可以通过间接方式（如通过改用高铁或使用视频通话）或通过直接管理需求的政策来减少人们对航空出行的需求。如果偏好或社会规范发生变化，未来的航空需求可能会更低。鉴于大多数排放来自长途航班，而80%的旅程是出于休闲目的，因此通过高速铁路和视频通话减少排放的潜力可能非常有限。

（ii）海运

有一系列技术选项可以用于海运减排，其中一些方法可能会使海运业接近零排放。这些技术选项包括更节能的船舶和发动机设计，改进船舶操作，以及使用替代燃料：

- **提高燃油效率**。这些措施包括降低水中阻力的措施（例如，更有效的船体涂层）、提高能源效率的措施（例如，余热回收）以及使用替代推进源（例如轻帆、弗莱特纳旋翼）。

- **船舶操作**。考虑到功率需求随着速度（三次方）的增加而增加，降低船舶行驶的速度可以大大减少燃料的使用。这样即使行程更长，也可以节省燃油。其他操作措施包括使用软件在预期天气条件下规划最高效的路线，并优化压载和配平。

- **替代燃料**。在船舶航行过程中，有可能采用氢或氨作为替代燃料，这两种燃料都需要以低碳或零碳的方式生产（即使用零碳电力或 CCS）。这些技术选项还有一个优点，那就是它们可以被改装到现有的船舶上。生物燃料在船舶运行方面技术上是可行的，但考虑到这种资源的其他用途，它不太可能成为优先考虑的对象。船舶可以实现电气化，但考虑到能源和电池的需求，电气化可能仅限于相对较短的航线。从低碳制氢成本较低的国家运来的氢（如氨）在国际市场上的潜在发展，增加了这种燃料成为船舶在港口补给主要低碳燃料的可能性。

考虑到可对现有船舶进行改造，替代燃料可最大限度地减少排放。剩余的减排潜力大致平均地分布在燃料效率和操作措施方面。

（b） 本报告使用的强有力的证据基础

在这份报告中，我们参考了最近委员会报告中公布的证据，包括对生物质能和氢能的评估：[①]

- **航空**。在我们最近对生物质能的评估中，建议政府不应该长期计划在航空业中高比例使用生物燃料，因为对于这种资源，航空业的使用可能会与其更好的用途形成竞争。一个务实的规划设想是，到 2050 年，航空领域的生物燃料使用量将达到 10%。航空生物燃料的生产需要与 CCS 相结合，才能与生物质能的其他竞争性用途（如工业、发电或制氢）相竞争。

- **航运**。我们对氢能的评估，确定氢和氨是可以通过燃料电池、内燃、双燃料或混合燃料的使用实现海运脱碳潜在的技术选项。低碳氨可以直接由电解法生产，

---

① CCC（2018）*Biomass in a low-carbon economy*，CCC（2018）*Hydrogen in a low-carbon economy*.

也可以利用可再生能源向低碳氢中添加氮气制取。氨气可能比氢气更受欢迎，因为它更容易以液体形式存储，也就更容易被使用，但是需要采取进一步的措施以确保其可以安全使用（专栏6.2）。氢和氨都需要全球性的燃料补给基础设施，并且需要对这些燃料进行低碳供应。

我们还在本报告中进行了新的分析，并考虑了其他新的研究：

● **航空**。我们与英国交通部联合对有关减少航空排放的技术潜力开展了最新研究。我们还对有关运输模式转换和视频通话的文献和证据开展了研究（专栏6.3）。我们使用 DfT 的航空模型，使用这个修订后的证据基础构建了新的航空排放情景。[①]这些情景基于目前和计划中的机场容量，包括伦敦希思罗机场的第三条跑道。

● **航运**。在国际海事组织（IMO）同意到2050年将全球国际航运排放量较2008年的水平至少降低50%之后，DfT 承诺在2019年春季之前发布一项新的"清洁海事计划"。为了支持这一计划，他们委托了一个项目来研究减少海运排放的潜力，以开发新的英国排放情景，并评估"零碳转型"的障碍和经济机会。这项工作的结果将与"清洁海事计划"同时公布。

我们将在第3节的情景中进一步阐述这个新证据以及我们现有的证据基础。

专栏6.2　在海运中使用低碳燃料的挑战

在海运中使用替代燃料（例如，氢、氨，甚至可以是甲醇）会给船舶集成和安全性等方面带来一系列挑战：

● 船舶集成。从船舶整合的角度来看，氨通常比氢更好。氢气在室温下是一种气体，需要很大的空间来储存。液化氢需要的储存空间较少，但需要低温条件，而低温条件本身运行和占用空间的成本很高，空间的损失又会降低载货能力。氨的沸点是 $-33℃$，而不是 $-253℃$，所以氨比氢更容易以液体形式储存，因此需要的存储设备更便宜、体积更大。

● 安全注意事项。氢和甲醇的燃点（可燃蒸汽的点燃温度）较低，因此需要遵守相应的安全规定。氨和甲醇是有毒的，需要安全储存和处理。以液态形式储存氨可以降低氨气泄漏的风险。

---

① 有关该模型的说明，请参见英国交通部（2017）*UK Aviation Forecasts*。

专栏6.3 减少航空领域排放的新证据

我们已经安排了一个关于航空减排潜力的新项目，并对模式转换和视频通话的潜力进行了内部评估：

• 减少航空排放。我们与英国交通部（DfT）联合安排了一个项目来评估减少航空排放的潜力。[①]该项目研究了关于发动机改进（例如超高涵道比涡轮风扇、电气化）、飞机设计（如高展弦比机翼、使用复合材料）、航空业务（如飞机速度）和可部署到2050年及以后的空中交通管理（如确保最佳航线）的证据。该项目提出了一些貌似合理的方案，说明如何将这些改进应用到未来的4种尺寸的飞机设计中，最多可容纳500个座位。它还估计了这些新飞机设计和改进的成本。一个关键的发现是，到2050年，与2000年的飞机相比，有可能减少40%左右的航空排放。这些新飞机节省的燃料将超过额外的资本成本，这意味着它们总体上节省了成本。因此，减排成本为负，在2050年大约为−50英镑/tCO_2。

• 从航空到高铁的模式转变。航空与铁路和高速铁路之间的模式转变范围取决于线路距离。我们的分析表明，在800公里以内的旅程提供了从航空到高铁的替代选择。适合联运的航线有国内航线和一些短途国际航线。考虑到只有一小部分旅程是在该距离之内，因此其减排潜力非常有限。在我们的方案中采用的模式转换假设对应的是国内和欧盟需求减少1%~5%。[②]

• 使用视频电话。鉴于视频功能和可用性的提高，这些可能会影响商务航空出行的需求。然而在实践中，现有的证据尚不清楚，视频通话主要是作为商务出行的替代品或是补充物。鉴于商务出行仅占总出行需求的20%左右，这一举措减少航空排放的潜力也很有限。在我们的模型中，我们测试了这种不确定性，并对其潜在影响进行了假设，范围从商务航空出行需求减少10%到增加10%。而对于主要情景，我们假设视频通话的需求并不会减少。

6.3 航空及海运业最小化排放的情景

在第2节中，我们总结了减少航空和海运排放的可选方案。在本节中，我们将

---

① ATA and Ellondee（2018）*Understanding the potential and costs for reducing UK aviation emissions.*

② CCC（2009）*Meeting the UK aviation options for reducing emissions to 2050.*

这些技术选项组合成到2050年减少航空和海运排放的情景。我们还考虑了低碳转型时机的影响。

（a）降低航空及海运业排放的情景

如第1章所述，我们把减排方案分为"核心方案""进一步雄心方案""探索性方案"3类：

- **核心方案技术选项**是指那些低成本、低风险的技术方案。它们在大多数战略下能够发挥作用，以实现目前已制定的2050年减排80%的目标。重要的是，政府已经作出了承诺并开始制定政策（尽管在许多情况下，这些政策需要加强）。
- **"进一步雄心方案"技术选项**比核心方案技术选项更具挑战性和/或成本更高，但这些技术选项都有可能是实现净零排放的目标所必需的。
- 目前，**探索性方案**的技术成熟度还很低，而成本很高，或在公众接受度方面有着巨大障碍。它们不太可能全部可用。其中一些技术选项存在国内施行的可能性，以助力实现温室气体净零排放目标。

图6-4和6-5显示了这些技术选项将如何减少航空和海运部门的排放。

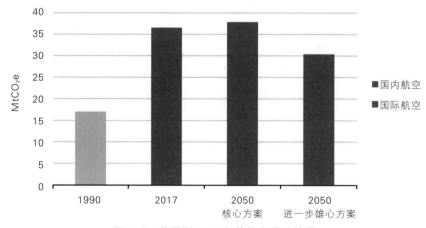

图6-4 英国到2050年的航空排放情景

来源：BEIS（2019）*2017 Greenhouse Gas Emissions*，*Final Figures*，CCC analysis.

注：情景模型使用的是基于CCC假设的英国交通部（DfT）航空模型。

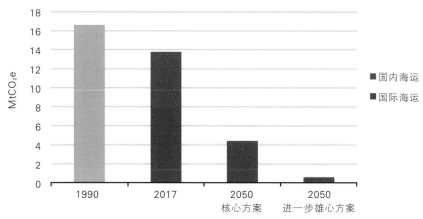

图 6-5　英国到 2050 年的海运排放情景

来源：BEIS（2019）*2017 Greenhouse Gas Emissions，Final Figures*，Frontier Economics et al
（2019）*Reducing the maritime sector's contribution to climate change and air pollution*（Draft outputs），forthcoming reports for the DfT.

军用航空和海运的排放量相对较小（2017 年为 1.6 $MtCO_2e$，占总排放量的 0.3%），我们认为这些排放量到 2050 年将保持不变。

（ⅰ）航空

如果没有真正的零碳飞机，就不可能将航空排放量减少到零。因此，我们所面临的挑战是尽可能地减少航空排放：

●**核心方案**。这与规划假设一致，即目前立法规定的 2050 年减排 80% 温室气体排放的目标（37.5 $MtCO_2$）。

——这一方案能使航空排放量保持在 2005 年的水平，是 1990 年排放水平的两倍。这是一项慷慨的分配，要求其他部门将其排放量减少 85%，以实现总体 80% 的目标。政府已经接受了这一规划假设，将其作为航空战略和政策的基础。

——要使 2050 年的航空排放量维持在 2005 年的水平，可以通过每年提高约 0.9% 的燃油效率（例如，通过采用更先进的传统喷气发动机，以及使用更高展弦比机翼和复合材料）、有限使用可持续生物燃料（2050 年为 5%），以及将需求增长限制在 2005 年水平的 60% 以内来实现。

●**"进一步雄心方案"**。这一方案明确了将航空排放量降低到核心方案以下的更多机会，即到 2050 年将其排放水平减少到 30 $MtCO_2e$。这些措施包括更进一步地提高燃油效率，以及对可持续生物燃料的进一步但仍然有限的利用。

——通过采取其他措施，包括降低飞机的设计速度，以及更广泛地使用高展弦比机翼和复合材料，燃油效率的年均提升率可提高至1.4%。该方案包括在21世纪40年代部署混合动力飞机，这占2050年飞行公里数的不到10%。在此方案中没有纯电动飞机。该方案还反映了在空域管理方面的一些效率改进。考虑到全球性或至少是区域性的航空需求，我们不认为通过更高效的航线管理来节省成本是协调的解决方案。

——生物燃料的使用量较高，但仍很有限，预计到2050年将上升到10%。我们的情景是基于具有强有力管理的可持续生物质能的供应而建立的，以确保它们能反映出真正的减排。因此，根据我们2018年生物质能报告中的分析，假设这些生物燃料可节省100%的排放量。

• **探索性方案技术选项。**我们已经识别了航空领域内的一些探索性技术选项，这些技术选项在能源需求和替代燃料方面都超越了"进一步雄心方案"，但同时也存在着巨大的挑战。

——为了将增长限制在2005年水平60%以下，可能会进一步限制需求。我们通过两种情景模拟了额外的需求约束可能带来的潜在减排效果：一种是到2050年将需求增长限制在2005年水平的40%以内；另一种是将增长限制设定为20%。这些可以分别在2050年节省额外的4~8 $MtCO_2e$，并且可以反映出消费者偏好和社会规范的未来变化，或者是更进一步限制需求增长的政策。

——我们的探索性技术选项中的合成燃料的生产水平足以抵消航空业所剩余的化石燃料排放（技术上可行，但成本可能要比封存排放所花的费用高得多）。

在"进一步雄心方案"中，2050年航空业最终产生的排放量为30.4 $MtCO_2e$。来自国际航班的排放是所有这些剩余排放中的绝大部分，为29.0 $MtCO_2e$。国内航班的排放量为1.4 $MtCO_2e$。探索性方案的技术选项具有巨大的实现和成本壁垒，但有可能将航空排放量减少至约22 $MtCO_2e$（需求约束）或近零（合成燃料）。

(ii) 海运

鉴于存在将海运排放量降低到近零的技术选项，我们的方案反映了以不同程度的雄心推行这些技术选项的情况。核心方案与国际海事组织（IMO）商定的目标一致，即到2050年，全球国际海运排放量与2008年的水平相比至少降低50%。"进一步雄心方案"将超越此目标，设想到2050年将海运排放量减少至接近零。

核心方案和"进一步雄心方案"有着大致相似的转变。这两种方案都包括了采取提高能源效率的措施，其中许多措施对运营商来说是可以节省成本的。因此，不同情景下排放的差异主要反映了替代燃料的使用速度。在各种情况下，到2050年，氨将是最普遍的燃料，但燃料替代的程度和速度各不相同：

• 在核心方案中，燃料向氨过渡主要发生在21世纪40年代中期，这意味着到2050年，氨在燃料需求中约占3/4。

• 在"进一步雄心方案"中，到21世纪40年代，燃料向氨的过渡将会更快，因此到2050年，氨几乎满足海运业的全部燃料需求。

核心方案中的剩余排放量在2050年为 4.4 $MtCO_2e$，其中 4.0 $MtCO_2e$ 来自国际海运，0.4 $MtCO_2e$ 来自国内海运。而在"进一步雄心方案"中，到2050年，海运总排放量将减少到不足 1 $MtCO_2e$，其中国际排放量为 0.5 $MtCO_2e$，国内排放量为 0.1 $MtCO_2e$。

（b）减少航空与海运业排放的时间表

我们设定的减排方案考虑了航空和海运部门的现实变化速度。这两个部门共同的关键因素在于资产的使用寿命长，以及发展替代燃料国际供应链的必要性。我们的方案不需要在航空或海运业中尽早进行资产报废。

• **资产寿命长**。飞机和船只都可以使用 20~30 年。我们的模型考虑了资产周转率。这意味着，从2030年起或更早，所有新的飞机和船舶都需要达到零碳排放，以便整个机（船）队在2050年前实现零碳排放。但考虑到航空业的发展周期和技术准备，以及海运业的改造潜力，这显得并不实际。

——在航空领域，唯一有潜力的零碳推进系统是全电池电力推进系统。考虑到目前的技术水平和市场准备程度以及安全认证程序所需的时间，到2030年甚至2050年，所有航班（包括长途航班）都不太可能实现这一目标。我们的"进一步雄心方案"是，混合动力飞机将在21世纪40年代进入机队，但这只占2050年总飞行公里数的不到10%。在以技术为基础的减少航空排放的解决方案中，凸显了管理需求增长、开发化石燃料完全替代品，或为抵消剩余航空排放量而创造真正的去除负排放温室气体市场的重要性。

——在海运方面，考虑到将现有船舶改装为以氨为燃料的潜力，有可能逐步推出新的零碳船舶。这方面的制约因素更有可能与该部门所需的能力和技能有关，只有具备提供必要的翻新和新建速度，才能确保船队在2050年之前能够使用零碳燃料。

• **发展国际供应链**。如果运输业以及潜在的航空业要转向替代性非化石燃料（如氨或合成碳氢化合物），那么这将要求这些替代燃料在全球范围内可用。这反过来也意味着全球低碳燃料供应和全球燃料供给基础设施网络是关键所在。特别是，在全球供应网络建立之前，资产所有者可能不想投资使用替代性燃料的飞机或船舶，而机场和港口则可能不想投资于支持性基础设施，直到需求能够得到可信的证明。所以我们可能需要制定策略来克服这一协调问题。

（c）减少航空和海运业排放的选项汇总表

表6-1　　　　　　　　　　　减少航空与海运业排放的机会

部门	2017年的排放量（MtCO₂e）	2050年"进一步雄心方案"下的排放量（MtCO₂e）	实现"进一步雄心方案"的最早时间	2050年的减排成本（英镑/tCO₂e）
国内航空	1.5	1.4	2050	−10
国际航空	35.0	29.0	2050	
国内海运	5.9	0.1	2050	200
国际海运	7.8	0.5	2050	

来源：基于图6-4和图6-5的CCC分析。

6.4　航空和海运业减排的成本和效益

本报告第1章概述了我们评估成本和收益的整体方法，并在随附的建议报告的第7章中进行了全面阐述。

我们的航空和海运净零排放情景中包括了一些可以降低成本的低碳方案。因为这些低碳方案与高碳方案相比更便宜，而其他方案则可能更贵。

总的来说，与不采取任何行动的情形相比，为实现我们2050年"进一步雄心方案"的总资源成本为：航空为−2亿英镑（按2018年实际价格计算，占预计2050年GDP的0.0%），海运为54亿英镑（占预计2050年GDP的0.1%）：

●**航空**。减少排放量的方案预计将包括正的资源成本和负的资源成本。提高飞机燃油效率的技术措施在减少排放方面具有最大的潜力，由于节省下来的燃油成本可能超过投资成本（专栏6.3），因此预计其总成本（并且从社会角度考虑碳和其他方面的节省）将更低。我们假设限制需求增长的措施没有资源成本，但是我们认识到可能存在福利成本，具体取决于这在多大程度上反映了偏好的变化或政策的影响。可持续生物燃料将具有正的减排成本，我们认为这与BECCS的成本相符（约为125英镑/tCO₂）。总体而言，在我们"进一步雄心方案"中，2050年航空业减排的平均成本约为10英镑/tCO₂e。在我们的整体经济分析中，我们采取了谨慎的方法，没有假设任何的成本节约。

● **海运**。据估计，减少海运排放的一系列措施可以节省成本或对成本是中性的（例如，降低速度和采取一些节能措施）。但是，减少排放的最大潜力来自替代燃料（如氨），但这些燃料相对昂贵。总体而言，这意味着到 2050 年，海运业的减排成本可能约为 200 英镑/tCO_2e。

随着新技术和新燃料在各个机队和船队中的推广，到 2050 年，航空和海运的总体减排成本预计将平稳地上升到前文提及的水平。考虑到飞机和轮船的使用寿命很长（超过 20 年），这将是一个渐进的过程，因为效率较低的旧设备会在使用寿命结束时被新设备取代。

下一节将考虑如何实现这些方案，包括需要制定政策以确保在这些国际部门中避免出现不利的结果（如碳泄漏）。

6.5 在航空和海运业实现深度减排

航空和海运是国际部门，这意味着英国和国际社会都需要推动脱碳进程。在本节中，我们列出了实现脱碳方案所需的关键变化和策略措施。

(a) 实现方案所需的条件

要实现我们"进一步雄心方案"中的排放水平，就需要各级政府和国际社会在人民和企业行动的支持下，发挥强有力和有效的领导作用。

表 6-2 总结了我们根据第 1 章所述的方法，对在多个方面减少排放的主要机会所面临的挑战程度进行的评估。

● **航空**。要实现"进一步雄心方案"，需要克服一系列挑战，这需要在创新和低碳技术以及社会和行为变化方面进行投资。需要政府通过制定政策来实现这些目标。

——**挑战**。鉴于航空业的国际性和相对集中性（有几家大型发动机和飞机制造商，主要是在欧洲和美国），许多技术解决方案将需要协调一致的全球做法（第 5b 节）。需求措施有较低的技术壁垒，但也面临其他限制，特别是在公众可接受度方面。调查显示，尽管英国有一半的人口在一年内不会乘坐飞机，[1]但限制需求的意愿可能有限。[2]

---

① DfT (2018) *National Travel Survey.*
② 10:10 (2018) *10:10 Climate Action response to CCC Call for Evidence.*

表6-2　　　　　　　　　　航空和海运部门减排方案所面临的挑战评估

来源	减排措施	障碍和实施风险	融资机制	协同效益和机会	备选方案
航空	限制需求增长	政策和消费者接受度 ●	消费者 ●	N/A	N/A
	燃油效率提升	全球政策及产业发展 ●	工业 ●	英国工业的机会 ●	进一步限制需求增长
	替代燃料	供应链、基础设施、资源可用性 ●	消费者 ●	N/A	进一步限制需求增长
海运	氨	全球政策、供应链和基础设施 ●	工业 ●	N/A	氢

来源：CCC analysis.

注：表中措施的评级基于以下标准：如果有证据表明某项措施特别难以实施，则将"障碍和实施风险"评为"红色"，否则评为"绿色"或"琥珀色"；"融资机制"如果存在高成本且对企业竞争力有负面影响或对家庭有负面影响，则被评为"红色"，否则被评为"绿色"或"琥珀色"；如果有证据表明存在积极的"协同效益和机会"，则被评为"绿色"，否则不予评级。

　　——**需要投资和创新**。如此可以提供有助于减少排放的新技术和实践。开发和购买新型飞机的成本可能高达数十亿美元。除政府支持外，航空业目前在研发方面投入了大量资金。这项正在进行的投资需要继续下去，但今后的目标是实现低碳解决方案。创新的关键领域包括新的飞机设计（如高展弦比机翼、复合材料的使用）和用于混合动力飞机的电池。航空业还需要支持碳捕集与封存技术的使用，因为这对于在2050年实现可持续生物燃料、合成燃料以及用于抵消剩余航空排放所需的负排放方面至关重要。

　　——**社会和行为的变化**。"进一步雄心方案"将需求增长限制在2050年的需求比2005年高出60%。虽然这是在目前水平上的增长，但还不到正常情况下预计的90%，[1]因此需要制定相应政策来限制需求的增长，除非偏好或社会规范发生重大

---

　　① 　DfT（2017）*UK Aviation Forecasts.*

变化。考虑到在一年中有一半的人口不乘坐飞机，有1/4的人乘坐两个或更多的航班，这意味着在不减少航空出行的情况下，有重新平衡的机会。

● **海运**。要实现海运业的"进一步雄心方案"，最重大的挑战是确保全球低碳替代燃料的供应。考虑到可能存在的障碍，可能还需要制定相应政策来鼓励其他措施的采用。海运业最大的减排潜力是使用替代燃料（如氢或氨）。确保这一点需要各方相互协调，以便船舶能够在全球范围内补充燃料。其他措施，如减速或提高能源效率，可能有较低的技术壁垒或低成本，但可能存在其他障碍。例如，租用常常是船舶减排的一个关键障碍，因为这样船东就不一定能从任何提高燃油效率的投资中获益。非金融壁垒也很重要，这些措施包括确保克服任何安全问题，发展供应链中的技能、知识和能力，以便实施新船和改装船所需的一系列新技术。

图6-6列出了为实现航空和海运业的"进一步雄心"方案而需要进行关键变革的时间安排。探索性方案的技术选项（如进一步限制需求增长、合成燃料）提供了应急能力，以弥补在某些技术选项未能如期实现时出现的减排缺口。

图6-6　实现航空和海运业"进一步雄心方案"的关键决策和变革时间表

(b) 推动航空和海运业大幅减排的关键政策启示

英国政府应该设定一个净零排放目标，其中包括国内和国际航空以及海运的排放。我们在下面列出了对航空和海运的一些具体启示。

(i) 航空

要实现净零目标需要包括航空业在内的所有部门作出更多努力。委员会的建议是，2050年的净零排放目标应涵盖所有温室气体排放源，包括国际航空和海运。我们将在2019年晚些时候向英国交通部提供后续建议，即提出我们航空政策方法建议。

减少航空排放需要国际和国内政策的结合，这些政策的实施方式应避免不正当的后果（如碳泄漏）。应制定一整套政策措施，包括碳定价、支持研究、创新和部署以及管理需求增长的措施：

• **国际航空排放的长期目标**。国际民用航空组织目前的碳排放政策CORSIA持续到2035年，它需要建立在强有力的规则基础上才能实现真正的减排。一个符合《巴黎协定》的全球国际航空排放新的长期目标，将提供一个强有力的早期信号以激励对新的、更清洁的技术的投资，而这些技术将是该部门在实现长期目标方面发挥作用所必需的。鉴于资产的使用寿命很长，一个好的长期目标在航空业尤为重要。国际海事组织（IMO）也就全球海运排放问题达成了类似的协议，该组织设定了到2050年温室气体排放量至少比2008年水平下降50%的目标。

• **支持研究、创新和部署**。我们和工业界的分析表明，对减少航空排放的最大贡献将来自新技术和飞机设计。鉴于这些开发项目可能节省燃料，其中许多项目可能具有成本效益。政府应以航空部门协议和未来飞行挑战（Aerospace Sector Deal and Future Flight Challenge）中提出的方法为基础，制定明确的战略，确保及时开发并投放市场。合成燃料不应成为政府政策的优先事项，但如果工业界希望采用合成燃料，则应着重证明这些用于航空的燃料将真正低碳，并可能在全球市场上具有成本竞争力和可扩展性。

• **管理需求增长的措施**。"进一步雄心方案"的设想是，到2050年，旅客需求将比2005年增长60%。如果没有出台额外的政策，政府的预测表明需求可能会高于这一水平（例如，他们的核心观点是，到2050年，需求将比2005年增长90%左右）。因此，英国需要制定新的政策来管理需求增长。这些措施可能包括碳定价、航空客运税改革或机场运力使用管理政策。英国交通部（DfT）最近委托进行的研究[①]表明，鉴于受影响的排放量相对较小，英国管理航空需求的政策不会导致英国向其他国家的碳泄漏。因此，可以执行管理需求的政策，而不会产生重大的不利影响风险。

我们还应采取行动减少航空非二氧化碳排放的影响。这些排放会导致额外的变暖，但鉴于其短期影响以及如何在年度排放清单中衡量和报告其影响仍有不确定性，没有将其纳入现阶段的目标。然而，政府应制定一项战略，以确保在未来几十年内（例如，到2050—2070年实现符合《巴黎协定》的路径）在不增加二氧化碳排放的情况下减轻这些影响。需求措施也是减少这些影响的一种方法。

政府计划将在2019年晚些时候公布一项航空战略，并在2018年12月就此进行协商。协商致力于定期审查航空战略。航空战略定期更新将提供一个对议会即将作出的履行英国在《巴黎协定》下承诺的决定作出回应的机会。最后的白皮书应旨在为这些审查设定更具体的时间点，并使其与政府总体气候战略的发展目标相一致。

(ii) 海运

国际海事组织已经达成一项目标，到2050年，全球国际海运排放量将比2008年减少50%以上。它必须为实现这一目标商定一个政策框架。一个更雄心勃勃的全球目标（例如，在2050年的净零排放量）将需要技术潜力，这些在"进一步雄心方案"中已经提到。

按照国际海事组织的目标减少海运排放量，需要采取一系列政策，鼓励采用零碳技术，同时克服这种转型造成的全球协调障碍，并避免碳泄漏风险：

● **鼓励零碳技术**。减少海运排放的技术选项是负成本（运营商节约成本）和正成本措施的混合。总的来说，节能措施节省燃料是负成本，替代燃料通常是正成本。

——目前没有采取节约成本的办法，这意味着存在着非财务障碍（例如，缺乏获得资金的渠道、缺乏关于潜在节约的信息、对安全的担忧）。因此，政策的目标应该是解决这些障碍，例如通过使用法规来实现。

——可能需要额外的政策（如碳价）来激励目前与继续使用化石燃料相比成本更高的低碳技术。

● **克服全球协调障碍**。如果海运业要通过使用替代燃料（如氢或氨）达到零排

---

① ATA and Clarity (2018) *The carbon leakage and competitiveness impacts of carbon abatement policy in aviation.*

放，那么这将需要健全全球低碳燃料供应以及全球燃料补给基础设施网络。为了确保船舶运营商能够在全球航行中补给燃料，并用市场将供应这些燃料的事实给了港口经营者信心，就必须采取政策以确保协调发展。

政府计划在2019年春季发布一份"清洁海事计划"（Clean Maritime Plan）。该计划应采取措施，克服英国特有的障碍，帮助开发低碳海运燃料市场。

第7章 农业，土地利用，土地利用方式改变与林业

简介及关键信息

本章阐述了农业和土地利用、土地利用方式改变和林业部门的减排情景，通报了委员会就审查英国长期排放目标所提供的建议。它利用新的研究来识别农业上非CO_2的减排量，最近发布的土地利用报告也进行了相关分析，这些报告考虑了改变土地使用方式会给农业和林业部门带来的深度减排效应。

由于主要的非CO_2排放来自农业部门，在2050年这部分排放达到近零不大可能。

本章的重点是：

● **背景**。2017年农业部门的排放量是45.6 $MtCO_2e$，占所有英国排放量的9%。[①] 自1990年以来，农业排放下降了16%。2017年林业部门的净碳汇为9.9 $MtCO_2e$，而在1990年的时候该部门的净排放量还比较小。所有泥炭地的排放（估计为18.5～23 $MtCO_2e$）将列入明年的温室气体清单中。

● **核心方案减排措施**。在农业方面，核心方案减排措施依靠低成本的技术选项来减少作物、土壤和牲畜的排放。我们假设农业的CO_2吸收水平处于中等水平，以反映现有减排政策的不足。这些措施到2050年可比2017年减排15%。在林业部门，通过造林这一核心措施，包括在农场造林，使得排放量相比2017年可减少31%。[②]

● **"进一步雄心方案"的减排措施**。

——更强有力的政策框架可增加对核心方案中相同措施的CO_2吸收程度，并可采取更多措施减少畜牧业排放。农业移动机械中化石燃料的使用量将下降90%。采取更健康的饮食，远离最大碳密集型食物可以进一步减少非CO_2排放。在这个减排方案中，2050年前农业排放将降至26.3 $MtCO_2e$。

---

① 英国的排放总量包括国际航空和海运的排放量。
② 2017年的值包括较高水平的泥炭排放量（23 $MtCO_2e$）。

——社会向更健康的饮食、增加牲畜饲养密度和提高农业生产力方面的变化可使1/5的土地脱离农业生产。这便得更多的树木种植、能源作物种植和退化泥炭地的恢复成为可能。这将进一步减少排放，使土地利用，土地利用方式改变和林业部门能够在2050年之前恢复到 2.5 $MtCO_2e$ 的净碳汇。

● **探索性方案的减排技术选项**。更具雄心的饮食变化可以进一步减少农业排放，并释放更多的农业用地，用于林地开发等替代用途。对于仍然存在于农业生产中的低泥炭地，创新的管理方法可以减少排放（如"湿农业"和地下水位管理）。我们将这些减排措施归类为探索性的，因为它们将要求消费者作出重大的行为改变，包括增加公众对食用替代蛋白质来源的接受度，对英国土地使用方式的彻底改变，以及应对关于管理地下水位的技术挑战。

● **成本和收益**。据估计，大多数农场的减排对农民来说是节约成本的，尽管这方面存在相当大的不确定性。在当前的碳价下，饮食改变是成本中性的，植树造林是具有成本效益的。山区泥炭地恢复的成本范围很大，有些非常高。然而，山区泥炭地恢复有许多好处，如改善水过滤和增强生物多样性。

● **实施推广**。应采取以下行动支持农业和林业部门的大幅度减排。

——发展后共同农业政策（CAP）的框架，激励低碳农业实践，促进土地利用方式转变，奖励土地所有者和管理者大幅度减排并提供更广泛的生态效益。

——继续投资于研发、试验和试点各种备选技术选项，以提高农业生产力和林业生产力。发展具有人工智能的低碳农业机械和机器人。

——通过提供技能培训及资讯，协助土地管理公司转型。此外，政府还可为其他土地用途提供财政支持，这些土地用途的前期成本很高，而且回收期很长。

——政府应推行以消费者为本的政策，鼓励市民健康饮食，并积极减少食物浪费。例如，公共部门应该通过在学校和医院提供基于植物和低肉含量的食品选择，来起到强有力的带头作用。

我们的分析主要包括以下几个部分：

1.农业部门的当前排放和历史排放

2.减少农业部门的排放

3.农业部门最小化排放的情景

4.农业部门深度减排的成本和收益

5.实施农业部门的深度减排

6.林业部门的当前和历史排放

7.减少林业部门的排放

8.在林业部门减少排放和增加净碳汇的方案

9.在林业部门实现深度减排的成本和收益

10.实施林业部门的深度减排

7.1 农业部门的当前排放和历史排放

2017年农业排放 45.6 MtCO₂e，占英国温室气体排放的9%。[①]这是自1990年以来的最高比例，因为其他部门的减排速度快于农业（图7-1）。

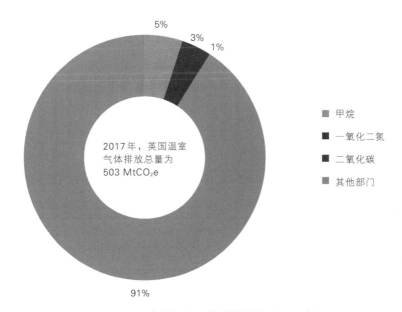

图7-1 农业部门目前的排放量（2017年）

来源：BEIS（2019）Final UK greenhouse gas emissions national statistics 1990-2017.

注：英国的总排放量包括国际航空和海运的排放量。

2017年农业排放中，甲烷占56%，一氧化二氮（N₂O）占31%，二氧化碳（CO₂）占12%。这些温室气体具有不同的大气寿命。其中二氧化碳和N₂O能在大气中长期存在，而甲烷存在时间略短（大约12年）。净零排放建议报告的第2章阐述了这些气体的持续排放对全球温升的不同影响。[②]

---

① 英国的排放总量包括国际航空和海运的排放。

② CCC（2019）Net Zero: The UK's contribution to stopping global warming.

2017年反刍家畜（牛、羊）的肠内发酵占农业排放总量的47%，1/4的排放是来自农业土壤，15%的排放来自废弃物和肥料处理，9%的排放来自移动机械，1%的排放来自固定机械。

与1990年相比，农业部门的排放量下降了16%（图7-2）。在20世纪90年代和21世纪初，共同农业政策的连续改革减少了牛羊的数量，以及欧盟的环境立法（如硝酸盐和水框架标准），这些是农业排放量下降的主要原因。自2008年以来，排放量基本持平。

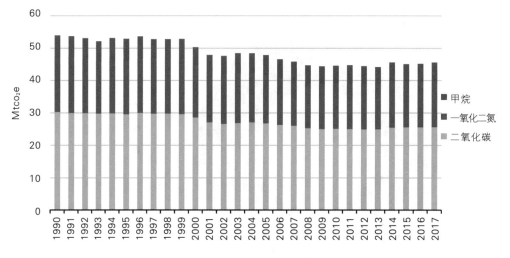

图7-2　1990—2017年以来农业部门排放量

来源：BEIS（2019）Final UK greenhouse gas emissions national statistics 1990–2017.

到2024年底，IPCC修订甲烷和N_2O的全球升温潜势[1]将纳入温室气体清单，未来农业排放量预计将会增加：

● 甲烷全球升温潜势（GWP）将从目前的25增加到28（如果包括对碳循环的反馈，则为34）。

● N_2O全球升温潜势将从298降至265，但如果包括对碳循环的反馈，N_2O全球升温潜势将保持在298不变。

如果将碳反馈包括在甲烷和N_2O排放量的估算中，新的全球升温潜势将导致2017年的农业排放量比当前方法下的估算高出20%（9.3 $MtCO_2e$）。

———————————

① IPCC（2014）The Fifth Assessment Report（AR5）.

7.2 减少农业部门的排放

(a) 零碳源目前的作用

英国保留农业部门意味着由于作物和畜牧生产中固有的生物过程，不可能把农业部门的非 CO_2 排放减少到零，可以通过采取一系列低碳农业做法（如提高氮肥利用效率做法）和采用技术措施（如遗传和育种）来减少排放。此外，采用更健康的饮食，远离碳密集的产品和减少食物浪费，可以减少与农业生产有关的温室气体排放。

来自农业固定设备的 CO_2 排放量（2017 年为 0.3 MtCO₂e）和移动机械的 CO_2 排放量（2017 年为 4 MtCO₂e）有所减少，但由于缺乏低碳替代能源，拖拉机和其他农业用车仍然依赖化石燃料：

• 许多农业活动都需要能源，如干燥和储存农作物，室内牲畜的取暖、照明和通风，以及为室内园艺产品给水和供养。电力约占固定机械能耗的 2/3，其中可再生能源电力的比例越来越大，从 2000 年的 12% 上升到 2017 年的 49%。这是由风力、太阳能和厌氧分解的农场可再生发电推动的。同期，天然气使用量从 22% 下降到 14%，而煤炭和燃油已不再作为能源使用。

• 移动机械包括广泛的车辆和机械，如拖拉机、联合收割机和喷雾器。尽管一些小型辅助车辆如装载机和饲料搅拌机已经实现了混合电力，但这些移动机械仍继续使用柴油。

(b) 减少排放的措施

农业政策是一个地方政策问题，在英国没有适用于所有农村减少排放的政策措施，而是通过采取各种自愿行动：

• 在英国，温室气体的行动计划（GHG Action Plan）是以工业为主导到 2022 年比 2007 年基准减少 3 MtCO₂e 的非 CO_2 排放量。实现该计划的主要机制是提供侧重于提高效率的信息和建议。

• 作为气候变化计划（CCP）的一部分，苏格兰设置了一个使农业排放从 2018 年到 2032 减少 9% 的目标[①]，这相当于减少 0.8 MtCO₂e。

---

① Scottish Government (2018) Climate Change Plan: Third report on proposals and policies 2018–2032.

· 威尔士政府最近宣布的短期目标是农业排放从2016年到2020年减少6%，或0.4 MtCO$_2$e，[①] 长期目标是到2030年在1990年的基础上减少28%。

· 北爱尔兰温室气体实施伙伴关系（Greenhouse Gas Implementation Partnership）是政府和农业之间的伙伴关系，重点鼓励在4个关键领域采取行动：养料管理、牲畜管理、改善土地和碳管理以及提高能源效率。然而，减排目标尚未确定。

根据委员会为满足第五次碳预算而制定的具有成本效益的路径，到2030年，英国的农业排放将减少约7 MtCO$_2$e。减排是基于更广泛地采用土壤和牲畜的有效耕作方法，以及提高能源效率。

要进一步减少农业排放，使其接近零排放，就需要更广泛地采用低碳农业实践和技术驱动的选择，以实现农场能源使用的脱碳。这些都需要与社会的重大转变相结合，饮食方式不再过多消费牛肉、羊肉和奶制品，减少食物浪费：

· 广泛的低碳农业实践旨在减少土壤、牲畜、粪便管理排放，创新选项如牛遗传学和甲烷抑制剂的使用将减少非CO$_2$排放：

——氮肥利用效率。这可以通过一系列措施来实现，包括疏松农田的土壤，使用精准种植（如使用可变速率化肥和控制农业交通），更多地使用有机残留物（如厌氧分解池），更好地核算牲畜肥料中的营养成分，以及增加豆类作物的使用。

——牲畜育种管理。通过利用遗传技术提高牛羊饲料消化率、改善动物健康和生育能力、提高饲料转化率等措施可以减少甲烷排放。新西兰动物选择、遗传学和基因组学网络（ASGGN）[②]侧重于通过使用动物选择、遗传学和基因组学技术减少反刍家畜排放的科学研究。研究发现，绵羊产生甲烷的能力有20%是遗传的，所以通过培育低排放量的绵羊，几代后就有可能减少它们的甲烷排放。

——肥料管理。在土地上更好地储存、管理和使用动物粪便等做法可以减少粪肥相关的排放。改进对圈养牲畜的管理包括更好的地面设计和使用空气净化器，同时用酸处理储存的泥浆可以减少N$_2$O的排放。

· 将与能源相关的排放降至零，需要提高农业建筑的能效，以降低能源需求，并转向低碳技术，以取代用于建筑供暖和制冷以及拖拉机等农用车辆的化石燃料：

——农业建筑的热效率还可以通过改造或新建来提高。随着更有效的加热和制冷技术的应用，这有助于减少能源需求。

——与其他非住宅建筑（第3章）相一致，用于供暖和其他过程的剩余天然气

---

① Welsh Government (2019) Prosperity for all: A low carbon Wales.
② ASGGN隶属于畜牧业研究小组，该小组由全球农业温室气体研究联盟成立。

需要被低碳能源（如电力或可再生能源）取代。

——农用车辆占农业机械使用产生排放量的93%。要使这些排放接近于零，就需要转向低碳燃料，如电力和氢能。此外，小型车辆也有可能被电池驱动的机器人取代，用于某些农业生产，如播种、作物保护和施肥等。

• 要大幅削减农业排放，就需要改变社会对碳密集型食品（如牛肉、羊肉和奶制品）的消费，减少食品供应链中可避免的食物浪费。

我们的分析假设，到2050年，人均粮食产量至少维持在目前的水平。有关食物浪费的行为措施，以及向更健康饮食的转变，导致了农业产出构成的变化，而非进口的增加。

(c) 农业部门减排所面临的挑战

一些农业排放更容易减少，成本更低，壁垒更少。固定机械排放的废气可减至零：

• 我们有机会选择零碳技术（如可再生能源和低碳电力），并通过安装控制照明、供暖和通风的节能系统来降低能源需求，以符合非住宅建筑的标准。降低能源需求也会带来能源费用的降低。

• 农业建筑，尤其是饲养猪的建筑仍有提高热效率的空间。在2013年的一项调查中，超过一半的养猪户拥有超过20年的猪舍，90%的养猪户对他们的猪舍状况不满意，想要投资新的建筑。[①]性能更好的建筑物还可以改善猪和家禽的动物福祉，从而降低生产成本。

其他排放源将更难实现完全脱碳：

• 来自生物过程和化学反应内在影响的作物和畜牧业产生的非CO_2排放受诸如气候、天气和土壤条件等变化的、不受控制的因素影响。有一些低风险的技术选择集中在采用低碳农业实践上，我们可以期待研发和技术的进步将在未来推动进一步的减排。

• 目前，使用生物燃料是农业机械的主要低碳措施选择。展望未来，我们有机会在2050年之前将排放量减少到近零：

——几家生产商已经为农业部门开发了电动、氢气和混合动力机械原型，但这些还没有商业化。这一领域可以利用低碳重型货车（HGVs）商业化所取得的进展，如降低电池成本和在公交车上使用氢。

——使用装有人工智能软件的农田机器人，可能会取代某些作业中使用的田间

---

① BPEX (2013) Pig buildings and associated technology: Industry survey report.

机械，如播种、施肥和农作物保护。这可能会取代与化石燃料田地用车相关的大部分排放。与传统车辆相比，这些车辆体积和重量都更小，购买和操作成本更低，可以使用电力或太阳能。农村地区需要足够的4G网络覆盖来支持4G的接入（专栏7.1）

专栏7.1　农田机器人的使用

自动机器人的发展将在更广泛的应用领域取代田间机械，这可能带来多重效益，不仅仅是减少移动机械中化石燃料的使用：

● 机器人的购买和运行成本更低，供应商（Small Robot Company）设计的小型浇水和播种机器人的成本为2 000英镑。预计可同时部署3至4个机器人组成的小分队（视农田大小而定）。

● 更轻的机械可避免土壤压实，有利于优化土壤结构。它还使现场操作可以在任何天气下进行，这对于传统机械是不可能的，因为潮湿的天气会导致重要农业活动（如播种）的严重延误，从而对作物产量造成不利影响。

● 使用人工智能可以更精确地应用（技术）输入，而单独处理每株作物可以提高产量。这可能会提高生产率和利润。

大约有20个农场正在复杂的地理条件和土壤类型上试用Small Robot Company的设备。其中就包括Waitrose，该公司刚刚开始在其麦田中进行为期3年的试验。Small Robot Company的目标是在本世纪20年代中期实现商业应用。

更大程度的减排取决于饮食和减少食物浪费方面的社会变化，这两方面面临着不同的挑战：

● 饮食变化：从碳密集型食品转向更健康的饮食，需要社会和文化态度的转变，以及对食品的环境影响、动物福祉影响和健康影响的更多认识。虽然有迹象表明人们正在减少肉类和奶制品的摄入，但要想大幅减排，还需要更多的协调行动（专栏7.2）。

● 减少食物浪费：根据减少浪费行动计划（WRAP）[①]的估计，每年大约有1 000万吨食物被浪费。家庭所占比例最大（70%），其中500万吨被认为是可以避免的（或根据修订后的"可食用"定义）。[②]由制造业（17%）、酒店业与餐饮业（9%）和零售业（2%）组成的供应链是浪费的主要部门。目前还没有关于初级生

[①]　WRAP (2013) Household Food and Drink Waste in the United Kingdom 2012.

[②]　WRAP (2018) Household food waste: restated data for 2007–2015.本报告重申了先前公布的估计数,这些估计数已使用与食品废物有关的最新国际定义和分类重新解释。

产中食物浪费规模的可靠数据。WRAP 正在开发一个可靠的基准线来衡量这一点。

信息和资源项目相结合正在进一步推动减少浪费，如 WRAP 的"爱食物，恨浪费"运动，它为消费者提供建议和提示。这些措施在减少英国人均家庭浪费方面产生了好坏参半的效果（第 8 章）。

专栏 7.2　关于饮食变化的最新证据

有关英国饮食的官方信息有两个主要来源：一个是生活成本和食品调查（LCF），它是一项对 5 000 个家庭的年度调查，涵盖了购物和饮食习惯；另一个是全国饮食与营养调查（NDNS），每年覆盖 1 000 人的饮食。这些数据显示，总体肉类消费量长期下降，而素食者的数量略有增加：

● 从 1974 年到 2017 年，人均肉类和肉制品（g/pw）消费量下降了 7%，在过去 20 年里下降了 3%（LCF）。过去 20 年里，牛肉消费一直持平，但羊肉消费下降了 58%。

● 将自己归类为素食者的人口比例从 2009/2010 年的 1.6% 上升到 2015/2016 年的 2.5%（NDNS）。

更新的证据来自不同来源的一次性调查。这些数据通常显示，素食者或"弹性素食者"（有意识地少吃肉）的比例更高，但这些调查在取样技术上通常不那么严格：

● 一项为《杂货商》（Grocer）杂志在 2018 年做的 Harris 调查发现，12.5% 的人不吃肉（素食、纯素或鱼素）。这一比例在较年轻的年龄组（35 岁以下）和妇女中最高。

● Waitrose 在 2018/2019 年度的一项调查也发现，12.5% 的受访者表示他们是纯素食者或素食者，尽管超过一半的人承认他们有时会吃肉。还有 21% 的人被归类为"弹性素食者"。

● 这些趋势也反映在零售部门，过去几年，非肉类产品的销售强劲增长：

2018 年，Waitrose 将纯素和素食产品系列增加了 60%，随后在 130 多家门店开设了专门的素食区。

2012 年至 2016 年，英国推出的素食产品数量增加了 185%。

乳制品替代品、燕麦、杏仁和豆奶有了大幅增长。英敏特（Mintel）报告称，2015 年以来，英国植物性奶制品的总销量增长了 1/3，而传统牛奶的销量仅增长了 5% 多一点。

（d）本报告所用的强有力的证据基础

我们参考了最近委员会报告中公布的证据，特别是关于第五次碳预算（第2部分（b））和2018年土地利用报告的建议。[①]

- 委员会的土地利用报告考虑了如何改变土地的使用和管理，以满足减缓和适应气候变化的目标。报告得出的结论是，未来要实现英国的气候目标同时平衡其他压力，就需要对土地的使用方式进行根本性的改变：

——农业领域的大幅度减排，需要提高低碳农业的水平，释放农业用地用作替代用途。

——在释放农地的同时保持农业部门的强大，需要转向更健康的饮食、减少食物浪费、增加牲畜的载畜率和提高作物生产力（专栏7.3）。

——我们对这些部门采用中等程度的雄心目标，与本报告中采用的方案和土地利用报告（专栏7.4）中的多功能土地用途（MFLU）方案相一致。

- 委员会对英国生物质能[②]的研究得出结论：在道路交通中使用生物燃料，包括农用车辆，应逐步在21世纪30年代取消，而使用生物质能的建筑应该限制为利基使用（如混合热泵供气网）和将甲烷注入气体网络。

专栏7.3　提高农作物生产力的措施

在过去的30年里，英国的谷类作物产量小幅上升（例如小麦、大麦和燕麦的年平均增长率为0.5%）或下降（如黑麦）。提高可耕地作物产量的技术选项包括改进管理技术和开发更能抵御病虫害和气候变暖影响的新品种：

- **农艺实践**。近年来，新西兰创下了16.8 t/公顷的全球小麦产量纪录，英国诺森伯兰郡创下了16.5t/公顷的产量纪录，这为采用最佳实践以及有利天气带来的影响提供了范例。这取决于选择表现一贯良好的作物品种，具有良好的土壤结构和肥力，选择最佳的种植期，并确保良好的作物营养，防止杂草和害虫。良好的营养不仅包括在整个生长期间最佳的肥料使用，还包括充足的微量元素（如锌和铜）供应，以确保植物健康。

- **作物育种**。生物技术和生物科学研究委员会（BBSRC）"设计未来小麦"项目的多个研究机构计划专注于开发新改良小麦种质，或活体组织（包含关键特征），让下一代的小麦更可持续生产，抵御病害和适应温暖的气候。该项目于

[①]　CCC (2018) Land use: Reducing emissions and preparing for climate change.

[②]　CCC (2018) Biomass in a low carbon economy.

2017年启动，旨在培育出产量更高、所需化肥和水等投入更少、含有基本营养素、对病原体和害虫更具抵抗力和敏感性的作物性能，供商业育种者使用。

我们对这份报告进行了新的分析。[①]这包括：

- 评估减少农田非 CO_2 排放量的额外成本效益。

- 修订我们的第五次碳预算措施中的一些减排估算，以充分反映改进的农业排放计算方法（智能清单）。

- 研究与生产供牲畜或人类食用的"替代"蛋白质及其相关的排放，以比较这些产品与现有蛋白质来源的碳强度。

此外，我们已经能够从 Defra 委托进行的新分析中获得有限的结果，这是他们为响应政府的清洁增长战略（Clean Growth Strategy）而实施的可持续农业增长大项目的一部分（专栏 7.5）。

我们在第3部分的方案中反映了这个新证据以及我们现有的证据基础。

专栏7.4　土地利用报告中减少农业非二氧化碳排放

委员会的土地利用报告考虑了通过采取农场管理措施（不改变土地的使用性质）和将土地从农业生产中释放出来作其他用途来减少非二氧化碳农业排放的范围：

- 采用低成本的低碳管理方法（更好的土壤和牲畜管理）的直接机会可以在2050年之前每年减少 9 $MtCO_2e$ 排放。这与第五次碳预算（8.8 $MtCO_2e$）到2050年所确定的水平基本一致。

- 我们考虑了五种可以将土地从农业生产中释放出来的措施（同时仍然保持现有的人均农业产出水平）。多功能土地利用方案（MFLU）假定到2050年的目标如下：

——根据改进的农学实践和育种方法，可持续提高农业生产率，使平均作物产量比目前水平增加25%。

——将部分牲畜移出旱地放牧区，转移到其他草场，使草原载畜率总体提高10%。

——转向更健康的饮食，到2050年将牛肉、羊肉和奶制品的消费量减少20%，转向家禽、猪肉和豆类等植物性食品。

——到2025年，可避免的农场下游食物浪费减少20%，不会进一步减少。这与 WRAP 的自愿目标是一致的。

---

① SRUC, ADAS and Edinburgh University (2019) Non-CO2 abatement in the UK agriculture sector by 2050.

——只把10%的园艺作物移到室内生产系统中。

这些假设的综合效果是到2050年将25%用于农业生产的土地释放。与这些土地相关的是，由于牛羊数量减少，草地和农田施肥减少，非二氧化碳排放也减少了。向更健康饮食的转变和农作物产量的提高对土地释放的影响最大。通过改变饮食减少牛羊数量对农业排放的影响最大，到2050年将比平常减少15%。

林业部门列出了从农业中释放出来的用于植树、泥炭地恢复和其他用途的土地的减排和碳去除量。

专栏7.5　农业部门减少非二氧化碳排放的新证据

我们委托SRUC、ADAS和爱丁堡大学评估减少农业排放的其他措施。我们还从Defra的可持续强化项目中获得了证据。

我们考虑了从较长的措施清单中选择的7项农场措施，其基础是这些措施可以提供显著的技术减排，并可在2050年前切实实施，同时避免对动物福祉产生潜在的负面影响。除了高糖草、施用前肥料分析和目前的育种目标外，目前这些措施的利用率为零：

●高含糖量草类（HSG）：将HSG种植在草类乳制品系统中，有可能增加消化后的草类释放的氮含量。这意味着减少了尿液中氮的流失，从而减少了N_2O的排放。假设当前推广为奶牛场草地面积的9%，剩余的潜力为29%左右。种植种子的年化成本为每公顷32英镑。

●施用前肥料分析：此项分析可以确保施用于作物和草地的氮肥符合作物需求，从而最小化N_2O的排放。目前假设推广水平为23%，剩余的潜力为所有非冬季播种的作物和草地。这个措施可节约成本。

●家畜育种措施：育种计划旨在选择具有有益特性（如改善健康和生育能力）的动物，这也可以降低生产的排放强度。采用目前的方法和两种进一步的措施可提高推广水平。这些措施考虑了相互作用，可节约成本：

——利用当前育种目标改进遗传物质。目前奶牛的推广比例为25%，肉牛的推广比例更低。

——在当前的育种目标中使用基因组工具可以加强遗传改良，这要求农民收集单个动物的表现信息，并将这些信息用于制定育种目标。

——利用基因组工具进行低甲烷强度育种。因此，选择低排放的动物进行繁殖可以减少后代的甲烷排放。

● 反刍动物饲料添加剂 3NOP（3-硝基氧丙醇）：在饲料中添加该化学物质可以通过抑制瘤胃中甲烷的产生来减少肠道排放。研究发现，这种方法可以使奶制品的甲烷排放量减少 6% ~ 40%，肉牛的甲烷排放减少 4 % ~ 17%。这项措施适用于所有的牛，推广水平取决于在牲畜饲料中添加该化学物质的饲养时间。

● 硝化抑制剂：与氮肥一起施用，该措施可抑制转化为 N_2O 的氮的比例。我们在第五次碳预算估计中未包含这一措施，因为我们发现它与碳价格相比没有成本效益。成本仍然很高（1 500 英镑/tCO_2e），因此我们在本报告的分析中也没有考虑这一措施。

我们也考虑过对牲畜进行基因改造，但仅将其作为一种探索性措施，因为目前这在欧盟内还不合法，而且还有待证实。

对减排成本的估计是基于当前的农业智能清单方法。这一清单方法还用于更新第五次碳预算中两项措施的估计：硝酸盐饲料添加剂和浆体酸化。

总的来说，最新的分析发现：

到 2050 年，最大技术减排潜力（在考虑推广之前）为 5.4 $MtCO_2e$。根据 BAU 情景下的土地面积和牲畜数量，3NOP 占了减少的 38%，3 种养殖方法可进一步减少 28%（图 B7-5）。除硝化抑制剂外，所有措施的成本均低于 200 英镑/tCO_2e。

在多功能土地利用情景下，考虑到农业用地面积和牲畜数量的减少，2050 年减排幅度为 22%。

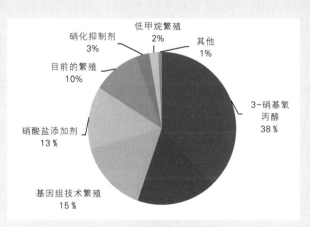

图 B7-5　2050 年各措施最大减排潜力份额

来　源 ： SRUC and ADAS（2018）Non-CO_2 abatement in the UK agriculture sector by 2050；CCC calculations.

注：其他包括肥料分析、牲畜基因改造和高糖草。排放估计是根据符合土地利用报告基准线的农业用地面积和牲畜数量计算的。

SRUC还对与生产供牲畜或人类食用的"替代"蛋白质相关的排放进行了文献综述，以比较这些产品与现有蛋白质来源的碳强度：

• 微生物蛋白的工业化生产：藻类、细菌和真菌等微生物的干燥细胞可作为食物和饲料。这方面最著名的例子是1985年推出的Quorn。与肉类替代品相比，生产真菌蛋白的排放强度更低，为1.6 ~ 3.9 kgCO₂e/1 000克蛋白质，而肉类替代品的排放强度为4 ~ 41 kgCO₂e（家禽最低，牛肉最高）。如果用于取代以农作物为基础的牲畜饲料，农业排放将减少50% ~ 60%，这还不包括从农业中释放土地作为其他用途所带来的额外收益。

• 用于猪和家禽的昆虫饲料：昆虫含有高水平的蛋白质和大量营养素，在世界上一些地区被人们广泛食用。它们可能为猪和家禽提供另一种蛋白质来源。生产过程中超过一半的排放来自能源使用（调节温度、湿度和通风），其余来自原料（如果使用食物垃圾，可以将其最小化）和昆虫排放的甲烷（取决于物种类型）。家蝇幼虫和黑蝇幼虫每千克蛋白质的排放强度在以废弃物为底物时为1.4 ~ 2.1 kgCO₂e，而牲畜每千克蛋白质的排放强度为4 ~ 41 kgCO₂e。

• 实验室培育的肉类：通过从动物身上提取组织，在实验室培育细胞，这种技术已经在2013年制造出第一个实验室培育的汉堡时得到了验证。与肉类替代品相比，实验室培养的肉类有更高的能源使用要求，但假设未来的能源来源是低碳的，实验室培养肉类的排放强度将比牛肉和羊肉更低。研究表明，目前的排放强度约为牛肉的1/10，而且从农业中释放出的土地还能节省额外的开支。目前的挑战仍然是如何规模化可负担得起的生产，并获得消费者的认可。

在下面的"探索性"方案中，我们考虑了替代蛋白的应用范围。

来源：Tuomisto, H.L.and Teixeira de Mattos, M.J. (2011) Environmental impacts of cultured meat production.Environmental Science and Technology 45; Mattick, C.S., Landis, A.E., Allenby, B.R.and Genovese, N.J. (2015) Anticipatory Life Cycle Analysis of in vitro biomass cultivation for cultured meat production in the United States.Environmental Science and Technology 49.

我们的调查结果和假设与最近的其他评估结果一致：

• 2018年发布的欧盟2050年实现碳中和的战略，包括了与我们对农场技术减排和饮食变化的分析类似的农业情景。[1]这些情景下的减排结果与我们的假设一致。

---

① EU (2018) A clean planet for all.A European strategic long-term vision for a prosperous, modern, competitive and climate neutral economy.

● Vivid Economics 在 2018 年为世界自然基金会（World Wildlife Fund）撰写的一份报告中，提出了将农业碳排放减少 40% 左右的目标，以及进一步改变行为的"合作"方案，其中进一步改变习惯包括将肉类消费减少 50%。[1]这些都在委员会的土地使用报告的方案范围之内。

7.3 农业部门最小化排放的情景

(a) 实现零排放的技术选项

如第 1 章所述，我们把减排方案分为 3 个类别：

● 核心方案技术选项是指那些低成本、低风险的方案。在大多数战略下，这些选项都可以实现 2050 年减排 80% 的目标。对大多数的技术选项来说，政府已经作出了承诺或开始制定政策（尽管在许多情况下，这些政策需要加强）。

● 与核心方案的技术选项相比，进一步雄心方案的技术选项更具挑战性和/或更昂贵，但要实现净零排放目标，这些技术选项可能都十分必要。

● 目前，探索性方案的技术选项准备水平很低，成本很高，或在获得公众认可方面存在重大障碍，它们不太可能都可行。但为了达到国内净零温室气体排放目标，其中有一些技术选项将是必要的。

图 7-3 显示了这些技术选项将如何减少农业部门的排放。

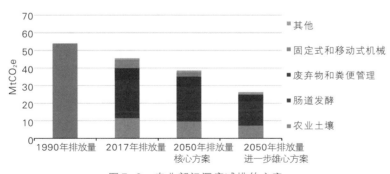

图 7-3　农业部门深度减排的方案

来源：BEIS（2019）1990—2017 年英国最终温室气体排放国家统计；SRUC，ADAS 和爱丁堡大学（2019）到 2050 年英国农业领域的非二氧化碳减排；以及 CCC 计算。

---

[1]　Vivid Economics（2018）Keeping it cool.How the UK can end its contribution to climate change.

核心方案的技术选项

核心方案基于我们第五次碳预算中提出的一系列措施。这些措施涵盖各种农业实践，以减少土壤、牲畜、垃圾和粪便管理中的非 CO_2 排放以及减少固定式机械的能耗。

其中许多措施反映了政府目前的建议，英国（工业温室气体行动计划）和地方政府（2（b））的雄心。在某些情况下，它们代表了实现 2050 年减排 80％ 目标所需的低风险技术选项，因为其实施的成本和壁垒相对较低（如提高氮肥有效利用的做法）。

核心方案中的减排水平（到 2050 年为 4.9 $MtCO_2e$）低于委员会的第五次碳预算成本效益路径下的减排水平（8.8 $MtCO_2e$），因为我们假设推广水平较低，以反映出英国和地方政府缺乏坚定的政策承诺。到 2050 年，核心方案下的剩余农业排放量约为 38.6 $MtCO_2e$。

进一步雄心方案的技术选项

我们的进一步雄心方案与核心方案相比，将农业排放量减少了 12.3 $MtCO_2e$（32％）：

• 到 2050 年，再减少 2 $MtCO_2e$ 的温室气体排放，可使移动和固定机械的排放量减少到 0.3 $MtCO_2e$：

——到 2050 年，对天然气的需求将被低碳电力所取代，其中一些电力可以在农场使用风能和太阳能等可再生能源来生产。这符合非住宅建筑领域的目标（第 3 章）。到 2050 年，大多数农用车辆将不再使用柴油和生物燃料。可选技术包括氢动力传动系统和机器人技术。这样可以减少 90％ 的排放，这与工业中的非道路机械的目标相吻合（第 4 章）。

——我们假设，在农场实践中的部署水平要高于"核心方案"中的部署水平，以及在 SRUC 引导分析中识别的涵盖牲畜的一些新措施具有更高的部署水平。减排成本考虑到了 2050 年 MFLU 方案中耕地和牲畜数量的减少。我们假设农民的推广率更高（最大技术潜力的 75％），反映出政策框架得到了加强。与核心方案相比，到 2050 年将额外减排 3.8 $MtCO_2e$。

• 从牛肉、羊肉和奶制品消费转向更健康的饮食，减少可避免的食物浪费，到 2050 年可在农业非 CO_2 排放方面额外减排 6.5 $MtCO_2e$。[1]

• 我们的进一步雄心方案包括到 2050 年将牛肉、羊肉和奶制品的消费量减少 20％。这导致到 2050 年英国的牛和羊数量减少 8％，草原面积减少 23％。实现减排

---

[1] 这不包括土地利用的变化所节省的排放量。

5.9 MtCO$_2$e，其中近70%来自肠道发酵。

——到2025年将食物浪费减少20%，到2050年将减少约0.7 MtCO$_2$e的农业排放。由于浪费中食物的成分，与改变饮食方式相比，其减排量要偏低。[1]按重量计，水果、蔬菜、沙拉和饮料占废弃物的40%以上，其碳强度低于可耕作物和牲畜。英国84%的水果需求是进口的，在英国不产生排放。

——结合以上所有措施，2050年在农业中的残留碳排放量为26.3 MtCO$_2$e。与2017年相比减少了42%，这将使农业成为第二大的温室气体排放部门。

Defra的可持续集约化项目的其他工作可以确定进一步的减排潜力。我们将考虑这项工作的结果，并在晚些时候发布的关于农业和土地使用进一步雄心方案的政策报告中重新考虑减排量。

探索性方案的技术选项

一系列其他技术选项可能会带来更多的减排，而这些技术选项远不止上述措施。这些选项依赖于饮食改变和防止食物浪费的社会转变，以及更多采用更具创新性的技术，随着时间的流逝，这些选项在技术上可能变得可行并获得更广泛的公众接受度：

• 进一步的牲畜育种措施（如改变遗传物质）可以带来更多减排，但需要致力于动物福祉和对生态系统问题更广泛的影响。

• 到2050年，牛肉、羊肉和奶制品的消费量减少50%，可以节省9 MtCO$_2$e的非CO$_2$排放量。在该方案下，假定额外30%的减排是来自非农场的"替代性"蛋白质（如实验室种植的肉和霉菌蛋白）。

• 整个供应链中的食物浪费减少50%，可以额外减少1 MtCO$_2$e的非CO$_2$排放量。

• 剩余农用车辆的化石燃料可用合成燃料代替，但这很昂贵。

(b) 实现零排放的时间表

第五次碳预算（涵盖2028—2032年）已经要求农业部门大量减排。委员会确定的具有成本效益的路径包括采用我们核心方案中提出的许多措施，但是也基于更高水平的采用（大约85%，而核心方案中为45%）。如果实现这一目标，2030年与2017年相比将减少16%（7.2 MtCO$_2$e）的排放量。

但是，考虑到英格兰和地方政府当前的自愿性做法，实现这些减排存在很大的风险。

---

[1] WRAP（2013）Household food and drink waste in the United Kingdom 2012.

凭借坚定不移地精准施策，到2050年，有可能实现上述核心方案和进一步雄心方案的技术选项：

• 目前正在制定的后CAP政策框架代表了减少农业非CO_2排放的最大机会。提案包括：

——制定新的监管基准，以反映"污染者付费"的原则。除了保持要求的农业用地和土壤处于良好环境条件之外，还应为低碳农业提供全行业标准。

——新的环境土地管理计划（ELM）将提供公共资金用于提供公共物品，并在监管基准范围内采取行动。减缓和适应气候变化是政府提出的六种公共产品之一。

——激励农场管理者和土地所有者改善环境的其他机制和资金来源。其中可能包括利用反向拍卖和招标来鼓励私人投资。

• 以技术为驱动力的解决方案，例如农作物和牲畜育种选择，将需要增加研发投资，并采取措施在20年代将其投入市场。

• 假设到2025年将食物浪费减少20%，这符合威尔士和苏格兰的目标，但将要求所有地方政府都采取进一步的政策和措施，以使生产者、公司和消费者减少浪费并为之提供信息。这些措施包括更积极地促进避免浪费，为较小的家庭增加小份量的食品，以及有关避免浪费技术相关的交流。

• 必须加快向更健康饮食的转变，以在2050年之前将牛肉、羊肉和奶制品消费量减少20%。零售业在减少复合食品中的肉类成分方面发挥着重要作用，[①]积极推广和增加植物性膳食的供应。公共部门应在公共机构中（如在学校和医院中）发挥强有力的引导作用。

该评估考虑了各种限制因素的现实变化速度，而没有需要大量的资本提前报废：

• 21世纪20年代及以后农民对低碳实践的推广将超过当前的水平。这将需要新的措施来解决缺乏使用低碳农业技术和实践的知识、经验和技能。以技术为驱动力的解决方案，例如农作物和牲畜育种，将需要加大研发投入，并采取措施将这些产品在20年代推向市场。

• 移动机械库存（如拖拉机）的周转率约为15~20年，尽管车队中也有早在20世纪七八十年代销售的翻新保有量。如果在2030年左右停止新的化石燃料机械的销售，则到2050年几乎可以实现完全脱碳。这将需要充足的替代燃料机械供应，并解决基础设施问题，如机器人的充电和4G网络覆盖。

• 向电动和氢能农用车辆的转型将受益于类似大型公路车辆（如重型货车）技

---

① 复合产品是指既含有动物性加工产品又含有植物性加工产品的食品。

术的市场开发。但是，农用车辆的全球市场小于重型货车，因此在相同的时间范围内它们可能不具有成本效益，需要专业制造商来开发它们。它们的设计必须与它们在农场的使用方式相匹配，并确保农村地区有足够且快速的充电设施。

• 氢能的使用可以克服与电气化相关的一些限制，例如提升、拉动和拖动所需的运行时间和功率。这将依赖于拥有足够的可使用的氢燃料供给站网络，将氢运到农场和/或通过使用带有电解槽的可再生能源在农场生产氢气。

• 就前期成本和运行成本而言，机器人有可能是传统拖拉机和其他现场机械的低成本替代方案。精密技术还可以通过更有效地利用投入物和提高作物单产来进一步节省成本。政府的《工业战略》可以支持将这种技术商业化以供农民广泛采用，该战略以数字技术的应用为关键主题。

(c) 农业部门零排放的选项汇总表（见表 7-1）

表 7-1 　　　　　　　　　　　农业实现零排放的选项

排放源	2030 年 5CB 剩余排放（MtCO₂e）	2050 年剩余排放*（MtCO₂e）	进一步减排的最早日期	2050 年成本**（£/tCO₂e）
农业土壤	8.9	7.3	2050	− £ 82
肠道发酵	19.2	13.5	2050	− £ 118
废弃物和粪便管理	5.2	4.0	2050	− £ 167
固定式和移动式机械	2.0	0.3	2050	N/A
其他***	1.3	1.3	2050	−

来源：CCC analysis.

注：* 2030 年和 2050 年的排放量包括所有剩余的温室气体（"进一步雄心方案"一栏包括饮食变化和食物浪费减少所省的排放量，两者均为零成本）。

**英镑/tCO₂e 成本数字代表了 2050 年已采取的减排措施的平准化成本，并且是对同一排放源采用的多种减排措施的平均价格。

***石灰和尿素。

7.4　农业部门深度减排的成本和效益

本报告的第 1 章概述了我们评估成本和效益的总体方法，并在随附的建议报告的第 7 章中进行了全面阐述。

与高碳替代方案相比，我们的农业净零排放方案中包括的某些低碳方案可以避免一些成本，而其他一些方案则可能更昂贵：

- 在核心方案中，约有84%的减排是通过提高效率为农民节省成本。到2050年，其余16%的平均成本为95英镑/tCO₂e，按政府现有的碳价计算，这具有成本效益。这些措施包括疏松压实的土壤，控制施用的肥料，改善绵羊的健康以及使用硝酸盐作为饲料添加剂。

- 在"进一步雄心方案"中，农场通过更多地采取措施所带来的非CO₂减排具有成本效益，平均为−122英镑/tCO₂e。

- 我们期望机器人等固定机械的低碳技术能够节省成本。从柴油动力车辆转型到电动和/或氢动力的车辆不确定性更大，但从社会角度来看，诸如电动汽车之类的某些车型可能在20年代变得具有成本效益。但是，零排放基础设施和燃料存在很大的不确定性。

- "进一步雄心方案"中的饮食变化和减少浪费措施的社会成本为零，但它们可以为消费者和一些生产者节省成本：

——牛津大学模拟了满足EatWell指南饮食要求的成本（该指南在牛肉、羊肉和奶制品的消费上有更高的削减），并得出结论，其可以无额外成本向住户推广。[1]

——在由跨国公司Champions 12.3[2]委托进行的一系列研究中发现，为防止供应链中不同参与者（例如，饭店、餐厅和酒店）的食物浪费而作出的相关努力降低了成本。例如，对12个郡的100多家餐厅的研究发现，平均而言，减少食物浪费的投资每增加1美元，餐厅就可以节省7美元。[3]

除了减少排放量，这些措施还可以带来以上估算未包括的额外收益：

- 更有效地使用肥料可以改善空气和水质，而避免土壤压实可以改善土壤功能和农作物产量。

- 采用更健康的饮食可以降低患长期疾病的风险，例如心脏病、Ⅱ型糖尿病和某些形式的癌症。

其中的一些好处在净零排放建议报告的第7章中列出。

---

① Scarborough P, Kaur A, Cobiac L, et al.(2016) Eatwell Guide: modelling the dietary and cost implications of incorporating new sugar and fibre guidelines.

② Champions 12.3 是由来自政府、企业、国际组织、研究机构、农民团体和民间社会的高管组成的冠军联盟,致力于激发雄心、动员行动和加速实现将食物浪费减半的目标。

③ Champions 12.3 (2019) The business case for reducing food waste and loss: restaurants.

7.5 实施农业部门的深度减排

本节考虑了如何实现减排方案，包括需要制定政策以确保英国工业在竞争中处于有利地位。

(a) 实现减排方案所需的条件

达到我们"进一步雄心方案"中的排放水平将需要各级政府的强有力和有效领导，并需要得到企业和个人的支持。

表7-2总结了我们根据第1章中提出的方法对主要减排机遇在多个维度所面临的挑战程度的评估：

表7-2　　　　　　　　农业部门减排技术在不同维度所面临的挑战评估

排放源	减排措施	障碍和实施风险	资金机制	协同效益和机会
农业土壤	作物和土壤管理实践	农民行为 ○	纳税人资助 ●	空气、水和土壤质量 ● 农作物产量 节省效率
肠道发酵	畜牧健康、饮食和育种	农民行为 ○	商业 节省成本 ○	牲畜产量 ●
废弃物和粪便管理	废弃物管理实践	农民行为 ○		空气质量 ●
固定式机械	电气化、现场可再生能源、能源效率	农民行为 ○	节省成本 ●	节省效率 ●
移动式机械	电气化、氢、机器人和数字技术	技术和基础设施的商业部署 ●		
饮食改变	到2050年将牛肉、羊肉和奶制品的消费量减少20%	消费者行为 ○		健康 ●
可避免的食物浪费	减少整个家庭供应链中可避免的浪费	消费者和供应链行为		

来源：CCC analysis.

注：表中措施的评级基于以下标准：如果有证据表明给定的措施特别难以实施，则"障碍和实施风险"的等级为"红色"，否则为"绿色"或"琥珀色"；如果执行特定措施的成本高昂，并且对企业的竞争力产生负面影响或对家庭不利，则将"资金机制"定为"红色"，否则，将其定为"绿色"或"琥珀色"；如果有正面的"协同效益和机会"的证据，则被评定为"绿色"，否则将不予评定。

• 必须大量推广低碳农业实践和技术。政府应确保通过后CAP环境土地管理（ELM）框架充分激励这一点，并在建立强有力的监管基准时纳入低风险的技术选项。此外，还需要采取新的措施来解决缺乏使用低碳农业技术的知识、经验和技能，以及某些措施前期成本高昂的问题。

• 在这些方案中创新起着重要的作用。需要在研发、测试和试点方面进行持续投资，以提高农业生产力。例如可持续的高产作物以及牲畜健康和饮食的改善；低碳肥料；利用遗传和育种提高农作物和牲畜的生产力。

• 需要朝着更健康的饮食方式进行重大的社会变革，要求公众更多地了解我们食物选择对气候的影响。这些将需要零售部门的积极推动，以减少复合食品中的肉成分并拓展植物性膳食的范围。公共部门应发挥强有力的领导作用，例如，通过在学校和医院中提供以植物为基础的食品和素肉食品的选择。这应该辅之以宣传和教育运动，以推广摆脱红肉和奶制品的好处。随附净零排放建议报告中列出了更多详细信息。[①]

• 获得公众对包括乳制品替代品和非农场生产的新型食品（如实验室种植的肉类和微藻类）[②]的认可，包括食用"替代"蛋白质。这应该建立在迄今已经成功的霉菌蛋白基础上，因为创新的产品设计以及强有力的市场营销活动使 Quorn 产品的销售有所增长，吸引了食肉者和素食主义者。

• 在减少整个供应链（从农民到生产商、零售商和消费者）的食物浪费方面，也将需要重大的社会变革。这些将需要采取措施，以更积极地促进避免浪费，为规模较小的家庭增加小分量食品的供应，并就避免浪费技术进行交流。

• 需要足够的投资用于研究低碳农用车辆和机械的技术，例如拖拉机和机器人。这是制造业的一个特殊组成部分，政府的明确信号和支持可以使工业界有信心实现这一转型。部署适当的基础设施（如充电设施和 4G 网络覆盖）可能需要政府的支持。

图 7-4 列出了需要进行关键变革的时机。

（b）推动农业部门大幅度减排的关键政策启示

本报告的宗旨并非确定一套完整的政策来实施和推广上述方案。不过，在考虑制定英国净零排放目标时，政府和议会应充分领会本报告对重要高阶政策的启示。

我们需要一个政策框架将现有建议和减排雄心转化为坚定的实施计划，并全面实施我们的核心方案和进一步雄心方案中提出的所有措施。由于迄今为止在减少排放方面缺乏进展，并且 Defra（环境、粮食和农村事务部）和地方政府缺乏坚定的抱负或政策意图，这在农业中尤其明显。上述政策应包括：

---

① CCC (2019) Behaviour Change, public Engagement and Net Zero.

② The Oxford Martin School, Oxford University (2019) World Economic Forum´s White Paper: Meat – alternative proteins.

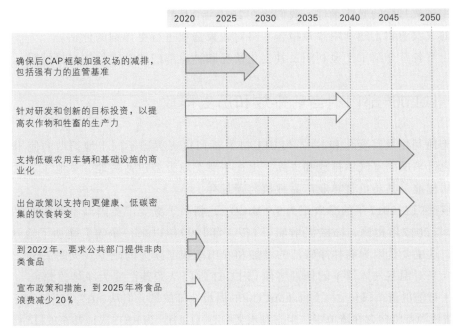

图 7-4　关键决策和变革的时间安排，以实现农业净零排放方案

来源：CCC analysis.

● 后 CAP 框架鼓励采用低碳耕作方式，并促进土地的变革，奖励土地所有者获得可实现大幅度减排的公共物品。

● 对研发进行创新和投资，增加农业生产技术方面的试点和试验，应用低碳技术和低碳农机，例如拖拉机和机器人。

● 旨在实施将饮食转向更健康的替代品的措施，包括减少牛肉、羊肉和奶制品的供应以及减少食物浪费。这包括：信息和建议；促进零售商选择其他食品；积极促进，避免浪费；改进标签和沟通。

● 准备潜在的探索性技术选项将取决于：解决与动物福祉有关的问题，以更先进的牲畜育种措施对生态系统产生更广泛的影响；全社会减少食物浪费、改变饮食的努力取得成功；有关生产合成燃料的更多研究。

委员会向议会提交的年度进展报告包括我们详细的进度评估。我们 2018 年 6 月的报告提出，需要加大政策力度使现有减排能够发力于诸多领域。[①]这些是实现英

---

① CCC（2018）*Reducing UK emissions – 2018 Progress Report to Parliament.*

国净零排放目标的必要条件。我们将在2019年7月的报告中汇总相关的进展。2018年底的《农业和土地利用政策报告》将对政策选项进行更详细的评估。

以下各节介绍了土地利用及其变化情况和林业部门的温室气体减排情况。

7.6　LULUCF部门的当前排放和历史排放

土地利用及其变化和林业（LULUCF）部门负责英国不同土地类型的使用和使用变化带来的温室气体排放和去除。上述主要土地类型包括耕地、林地、草原、湿地和居住地。其还负责林业产品种植的碳封存。

该部门在2017年的净碳汇为9.9 $MtCO_2e$，相当于减少了英国温室气体排放量的2%。与2017年相比，净碳汇增加了1%。自1990年以来，净碳汇增加了约10 $MtCO_2e$，这主要是因为森林净碳汇的增加和农田净碳汇损失的减少（见图7-5）。

未来对温室气体清单的修订将使LULUCF部门从净碳汇变为净排放源：

● 目前的清单仅包含了约1.3 $MtCO_2e$的泥炭地排放量，但从2018年开始，所有泥炭地排放源都将包含在清单中。生态和水文中心（CEH）为BEIS湿地补充项目[1]所做的评估显示，2017年所有泥炭地排放源的年净排放量介于18.5 $MtCO_2e$和23 $MtCO_2e$之间。[2]

● 如果全球升温潜能值包括碳循环的反馈信息，则到2024年，在清单中采用新的全球增温潜势（GWP）将使甲烷排放量增加36%，并使N_2O排放量保持不变。

包括所有泥炭地排放源在内，LULUCF部门在2017年拥有约12 $MtCO_2e$的净排放源，在新的GWP值的情况下，其将增加到13.7 $MtCO_2e$。

在本章的其余部分，我们的分析是基于泥炭地排放量完全反映在LULUCF排放清单中的假设。我们将根据现有的全球增温潜能值计算这些排放量（23 $MtCO_2e$）的上限。这使LULUCF部门在2017年成为约12 $MtCO_2e$的净排放源。

7.7　减少LULUCF部门的排放

（a）当前减少排放的技术选项

当前，在增加碳储存和减少排放方面的努力集中在造林和减少泥炭地退化的碳损失上：

---

[1]　Chris Evans et al. (2019) *Implementation of an Emissions Inventory for UK Peatlands.*

[2]　这种差异是由用于模拟森林泥炭排放的不同方法造成的。国家清单指导委员会将在今年晚些时候就采取的办法作出统一。

● 林地目前占英国土地面积的13％。在截至2018年3月底前的1年中，新植树量达到9 100公顷，其中苏格兰占78％，英格兰占15％。

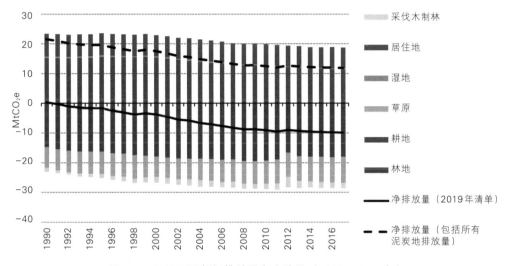

图7-5　LULUCF部门排放量和去除量（1990—2017年）

来源：BEIS（2019）*Final UK greenhouse gas emissions national statistics 1990—2017; Chris Evans et al.（2019）Implementation of an Emissions Inventory for UK Peatlands.*

注：净排放量（包括所有泥炭地排放量）是基于林业泥炭地的较高值估算的。

● 泥炭地约占英国土地面积的12％。1/4的泥炭地处于接近自然或重新湿化的状态，其是一个小的净碳汇。剩余的泥炭地处于各种退化状态，按不同的土地利用类型分类，其包括高地草原、低地耕地和林地等。自1990年以来，恢复泥炭地的努力集中在高地和砍伐森林泥炭地上的低产树木[①]，这使泥炭排放量减少了2％。

（b）进一步减少排放的技术选项

根据环境、粮食和农村事务部（Defra）和地方政府（DAs）当前的承诺，到2030年，其净排放量可能会减少2.6 MtCO2e：

● 英格兰和地方政府有增加林地种植的决心，如果实现这一目标，到2020年，将实现每年20 000公顷的种植，到2025年，这一数字将达到27 000公顷。到2030年，将减少2 MtCO2e。

---

① 清除泥炭地上的低产树木，可以通过使退化泥炭恢复和减少碳损失，来促进总体碳平衡。

● 建议增加农场上的树木种植，尽管没有准确的建议植树量。迄今为止，农林业的吸收率一直很低。CAP鼓励在苏格兰的草地上植树，但英格兰和威尔士的情况并非如此。我们估计，到2030年，这将减少0.6 MtCO$_2$e 的排放。

还有其他机会可以进一步减少基于陆地的排放。LULUCF部门的大幅减排归因于土地使用方式的根本变化。这些要求将土地从农业中释放出来以用于其他用途，例如增加造林、种植能源作物、恢复泥炭地和促进农业多样化：

● **提高绿化率**。英国历史上的植树率表明，其植树率有可能超越英格兰和地方政府提出的目标。对委员会土地使用报告的分析表明，立下远大的目标后，每年可以实现新造50 000公顷的林地。这与20世纪70年代初期，英格兰、苏格兰和威尔士的种植水平相差不远，当时包括植树造林和对已有林区的补给。

● **提高森林生产力**。选项包括：

——林业管理。英格兰约有80%的阔叶林地（占林地面积的74%）处于未管理或管理不足的状态。在被忽视的林地中引入可持续管理，可以使树苗和质量更好的树木得以生长，从而可以增加固碳量。它还可以增强树木对风、火、病虫害的抵抗力，在气候变暖的情况下，从而避免树木死亡造成的碳损失。

——提高林业产量。提高新林地[①]的产量会增加存储的CO$_2$量，并提高收获木材的数量和质量。这可以通过在造林方面采用最佳实践（例如，良好的土壤整备和确保对树苗的保护以免受到鹿的损害）来实现，并利用育种和遗传改良育苗场。

● **种植能源作物**。种植多年生能源作物（例如，芒草和短期轮作矮林（SRC））和短期轮作树林（SRF）可以增加土壤碳封存，特别是种植在耕地上时。此外，一旦种植，则几乎不需要施用肥料，从而避免了N$_2$O排放。当前的能源作物面积仅占英国耕地面积的0.2%左右，而用于生物能源的SRF则不存在。

● **农场多样化**。技术选项包括：

——**树篱**。英国目前农场上的树篱面积约为120 000公顷。种植更多的树篱可以提高生物量和土壤中的固碳量。

——**农林业**。当前，没有给出关于农林业用地数量的官方估计，但合理的替代方法是水道旁缓冲带的树木和树篱的使用，以及灌木丛和隔离带中的水果生产。这些约占英国农业用地的1%。农林业提供了与树篱类似的固碳收益。

● **泥炭地的修复和管理**。技术选项包括：

——低地泥炭地修复。农田和草地上的低地泥炭地占英国泥炭地面积的14%，

---

① 根据产量等级(YC)衡量,树木有不同的生长速度和生产力水平。

但其排放量占泥炭地排放量的56%。排放强度在30～39 tCO₂e/公顷之间，而旱地的排放强度则约为3 tCO₂e/公顷。因此，挖掘低地泥炭地的减排潜力将产生更好的效果。

——低地泥炭地的管理。季节性重新润湿（在地面上没有农作物的冬季，水位升高）等管理措施可以减少农业生产中仍然存在的低地泥炭地的碳损失。

——从泥炭地上砍伐生产力较低的树木，可使退化的泥炭地得以恢复，从而实现总体碳平衡。据估计，苏格兰占英国泥炭地面积的80%左右，该泥炭地上林木的产量低于8号产量级，这说明其很适合采用去除技术作为备选方案。

我们不将土地管理实践作为增加矿物土壤和农业土地上土壤碳含量的潜在措施。这与现有证据一致，现有证据表明管理实践在增加农田土壤碳含量方面的作用有限，[①]而这亦反映在当前的温室气体清单中。BEIS关于草地的新证据[②]表明，草地年龄是决定其碳封存量最重要的因素。但是即便那样，碳量最终仍将达到平衡，并且可能是可逆的。因此，保护现有土壤碳存量可能是更好的选择。

本报告的第10章将单独考虑在土地上部署其他温室气体去除技术的方案，例如生物炭和增强风化。

（c）LULUCF部门减排面临诸多方面的挑战

在LULUCF部门，有一些排放源其排放量相对容易减少，并且成本较低，障碍较少。这些措施包括种植树木（尽管其迄今为止比率很低）以及恢复一些高地泥炭地：

● 造林是一个常规手段，在政策的支持下，20世纪80年代后期达到了每年造林30 000公顷的高水平。从社会的角度来看，这也是一种具有成本效益的措施。

● 由于针叶林是为了生产而种植的，因此积极管理是针对针叶林的一种常见做法。若将管理扩展到当前管理不足的阔叶林地，其也可以提供种植的树木作为燃料或木材。

● 在高地泥炭地恢复方面，已形成了常规做法，可以带来多重效益：

——恢复的成本差异很大，具体取决于使用的技术、是否方便应用，以及现场的损坏程度。在许多情况下，仅从碳的角度来看，修复并不划算（专栏7.6）。

——但是，状况良好的高地泥炭地还可以提供一系列其他好处，例如减轻洪灾，改善土壤和水质，为多种野生动植物提供自然栖息地。最近对苏格兰泥炭地恢复经济学的研究发现，其收益超过成本，并支持通过泥炭地恢复来减缓气候变化的

---

① CEH（2013）*Capturing cropland and grassland management impacts on soil carbon in the UK LULUCF inventory.*

② Ricardo（in preparation）*Development of the impact of grassland management on the UK LULUCF Inventory.*

经济原理。[1]

• 农场种植的树木不仅可以减少排放，还可以带来其他好处，例如改善土壤质量，如果在水道附近种植，还可以提高水质并防洪。减少肥料需求和提高某些作物的生产力也可产生协同效应。草地上的树木还可以为牲畜提供庇护所，使其免受风和热的侵害。

专栏 7.6　高地泥炭地恢复的成本

恢复高地泥炭的资本成本变化幅度很大，并且因地而异。其成本很大程度上取决于泥炭地的退化程度和地点的可及性，而这将决定所需的干预级别和类型：

• 抬高地下水位可以采用多种技术，以减少泥炭中的沟坝、沟渠和河道。例如，与安装石坝相比，用泥炭堵塞沟渠是一种成本更低廉的选择。

• 代表最退化状态的裸泥煤需要多种干预措施。这包括在恢复植被和恢复水文之前首先确保其不被侵蚀。

• 如果使用直升飞机将设备空运到现场，相关费用将大大增加。

• 减少土地利用的障碍比使用低地泥炭要容易。此外，对于那些已经处于环境管理计划内的高地地区，可能不需要支付放弃的收入，因为环境管理计划要求停止破坏性的做法（例如，燃烧石楠来捕杀松鸡）。

与前期成本相比，维护成本不太重要。维护成本主要与现场检查和员工监督有关。修复前的工作可能会增加额外的费用，包括考古和批量调查费用。

实现大幅减少陆上排放量取决于从农业用地中释放土地并将其用于减排和碳封存：

• **造林**。持续获得高造林率，将需要：

——扩大整个林业供应链，从增加种子产量和育苗能力到培育树苗，再到拥有熟练的技术工人来种植和管理树木。[2]

——确定合适的种植地，其中可能包括更多的偏远地区的土地，而这需要修建通行道路和其他森林基础设施，例如锯木厂。林业委员会（Forestry Commission）已经确定了英格兰 500 万公顷的低风险造林区。[3]

——与生长较快的农作物相比，由于高昂的前期成本和较长的投资回收期，植

---

① Klaus Glenk and Julia Martin-Ortega (2018)，*The economics of peatland restoration*，Journal of Environmental Economics and Policy.

② 森林工业联合会估计，每年需要 800 人种植 40 000 公顷林区。

③ 不包括最佳和最通用(BMV)农业用地(1、2 和 3a 级)和受保护景观。

树成为有吸引力的投资机会。

——许多利益相关者认为，植树的审批过程官僚化、复杂且耗时。

• **增加森林产量**。提高产量的未来挑战包括选择区域合适的物种和能抵御气候变化影响的物种，这些物种不确定且在地理分布上会有所不同。另外，还需要采用森林管理方面的最佳实践。

• **生物能源作物**。委员会关于生物质的 2018 年报告识别了一系列监管、经济和技术障碍，以及在家庭种植的生物质资源缺乏支持和适当的激励措施。[1]

——高昂的建设成本和可收获生物质带来的延迟收入会阻碍能源作物和林业的生产。

——由于缺乏长期的确定性政策以及对未来市场需求的信心不足，土地管理者经常将生物质生产视为高风险。

——缺乏有关能源作物种植的相关农艺建议，也缺乏为农民和土地所有者提供的植树和管理方面的指导。

• **低地泥炭地修复**。恢复低地泥炭地面临许多经济和技术挑战：

——恢复方案的高昂前期成本以及不同地点的状况变化，使土地所有者难以准确估计成本和影响。

——由于许多低地泥炭地位于原始耕地上，因此将其恢复为自然或半自然状态会增加可导致农业生产损失的机会成本。

——地下水位的季节性重新润湿可能会因需要保持土地永久排干以继续进行洪水管理而受到限制，同时还需要更好地了解周围地区的水文状况，以确保一个农场采取的措施不会影响相邻的农场。

——农民和土地所有者之间缺乏以不同方式使用和管理土地的知识和技能（例如，从传统农作物转向"湿耕"）。

——泥炭地恢复的收益对农民来说是不明显且不可见的。

要实施这些措施，以实现净零排放目标所需的更大幅度减排，就需要如农业部分所述，将大量土地从农业用途中释放出来。

(d) 本报告使用的强有力的证据基础

对于本报告，我们借鉴了近期委员会所发布的报告中的证据：关于第五次碳预算和 2018 年土地使用报告的建议。[2]

---

① CCC(2018) *Biomass in a low-carbon economy.*
② CCC(2018) *Land use: Reducing emissions and preparing for climate change.*

我们实现第五次碳预算的路径，包括来自植树造林和在农场种植树木（农林业）的经济有效的减排措施：

- 在英国，将植树速度提高到每年约15 000公顷，可以在2030年减排1.8 MtCO₂e。随着树木的成熟，碳封存量迅速增加，到2050年，碳减排量估计将增加3倍以上，达到7.2 MtCO₂e。

- 到2030年，在1%的额外农业用地上植树造林；到2050年，每年可减排0.9 MtCO₂e。

委员会的土地利用报告考虑了基于土地使用和管理方式的变化如何在2050年前实现更大幅度的减排。这需要通过旨在提高生产力，将饮食从牛肉、羊肉和奶制品转移到其他食品，减少食物浪费和在室内进行园艺活动等措施来释放农业用地。该模型的一个关键约束是，到2050年，人均粮食产量至少应保持当前水平。有关结果表明：

- 旨在释放土地用于其他用途的措施可使25% ～ 30%的土地从农业生产中释放出来。可进一步减少排放的其他土地用途包括造林、泥炭地恢复以及在农田上种植能源作物和树木（专栏7.7）。①

- 转向更健康的饮食、提高作物生产力和增加草地上牲畜的饲养密度，可释放更多的土地（见图7-6）。

第2节（d）中涵盖了我们的土地利用分析所得到的农业非二氧化碳减排。在本章的其余部分中，我们将考虑由土地利用和管理方式的变化而导致的碳排放的减少和净碳汇的增加。

专栏7.7　释放农业用地用作他用的减排量范围

土地利用报告为每个土地使用变化和土地管理技术设置了基准线（BAU）情景、中等雄心和高等雄心情景。BAU情景反映了当前的趋势，但是中、高等雄心超出了有关范围：

- 每年30 000至50 000公顷的绿化将使林地覆盖率从目前英国土地面积的13%增加到17%至19%。到2050年，这将促进减排16.2 ～ 27.5 MtCO₂e。

- 到2050年，恢复的泥炭地面积比重将从目前的25%增加到55% ～ 70%，从而将碳损失从18.5 MtCO₂e减少到10.7 ～ 14 MtCO₂e。到2050年，我们假设泥炭地仍然是净排放源。

- 到2050年，在70万 ～ 120万公顷的农业土地上种植能源作物，再加上5% ～ 10%的种植树木以增加和农场上的树篱，可以减排4.4 ～ 8.4 MtCO₂e。

---

① 土地利用报告采用了较低的泥炭排放量估算值(18.5MtCO₂e)。

• 还可以通过增加树木产量（增加10%～20%），管理被忽视的阔叶林地（到2030年达到67%～80%）以及对仍留在农业中的低地泥炭地的地下水位进行季节性管理来进一步减排。

根据各雄心方案中的每种技术选项，到2050年，净碳汇将增加16～36 Mt-CO_2e，范围与土地利用报告中的情景结果相当。

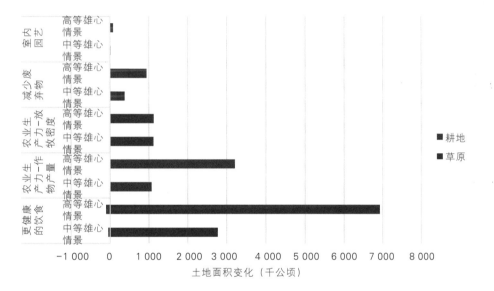

图7-6 2050年与基准（BAU）情景相比，不同技术方案释放的农业用地面积

来源：CEH and Rothamsted Research（2018）*Quantifying the impact of future land use scenarios to 2050 and beyond;* CCC analysis.

我们的发现和假设与最近的其他文献相一致：

• 皇家工程院和皇家学会关于到2050年在英国实现零碳排放的联合报告也有类似的评估结果。[1]

——其假设林地面积增加到英国领土面积的18%，到2050年，通过造林每年可减排15 $MtCO_2$e。

——尽管假定净碳封存发生在2050年之前，但恢复的泥炭地面积（100万公顷）与我们的研究结果相似。

———————————————

① The Royal Academy of Engineering and the Royal Society（2018）*Greenhouse gas removals.*

• 我们对能源作物的种植假设与能源技术研究所（ETI）根据 ADAS 为确定能源作物的土地所采用的水平基本一致。[①]

——我们的中等雄心情景（70万公顷）是基于 ETI 的低估值，而我们的高等雄心情景（120万公顷）低于 ETI 的 140 万公顷中心估值，因为我们基于更广泛的分析得出结论，没有足够的土地用于能源作物和其他竞争性用途。

——考虑采取一系列类似的措施来释放土地，包括到 2050 年，增加放牧密度和减少 50% 的食物浪费。该分析没有考虑改变饮食结构或提高作物产量以将土地从农业生产中释放出来。

• 2016 年，一项研究模拟了 6 种饮食情景下，到 2050 年，与英国向西欧其他国家供应本国农作物相关的农业土地需求和温室气体排放问题。[②]结果发现，与预计的 BAU 情景相比，这 6 个情景（饮食中的牲畜/鱼产品的水平和类型从有一些改变为无）可以释放 14% ~ 86% 的农业用地，并减少多达 90% 的温室气体排放。所有这 6 个情景均假设农作物产量提高，饲养牲畜的效率提高，食物浪费减少，同时仍保持国内区域产量。

在第 iii 节中，我们将这些新证据与我们现有的基础证据一起反映在我们的方案中。

7.8 在 LULUCF 部门减少排放和增加净碳汇的方案

(a) 实现零排放的技术选项

如第 1 章所述，我们将排放减少到零可采用的技术选项应归为三类：

• **核心方案**的技术选项是那些在大多数策略下都可以实现当前 2050 年减排 80% 目标的低成本和低风险技术。对于大多数政府而言，政府已经作出了承诺或开始制定政策（尽管在许多情况下，需要加强这些政策）。

• **"进一步雄心方案"**的技术选项比核心方案更具挑战性和/或成本更高昂，但都可能是实现净零排放目标所需要的。

• 目前，**探索性方案**的技术准备水平很低，成本很高，或者在公众接受度方面有一定的障碍。它们不大可能全部可行。但为了实现国内净零温室气体排放目标，其中有一些技术选项将是必要的。

我们的基准情景假设是该部门的净排放量将从 2017 年约 12 $MtCO_2e$ 的水平提高

---

① ADAS（2016）*Refining estimates of land for biomass.*

② E. Roos，P. Smith et al（2016）*Protein futures for Western Europe: potential land use and climate impacts in 2050.*

到2050年20.8 MtCO₂e的水平。[①]提高的原因是现有林地的老化，以及持续的低造林率使得林业碳汇量减少（从2017年的-18 MtCO₂e减少到-7.6 MtCO₂e）。

图7-7显示了我们的技术选项如何在"核心方案"和"进一步雄心方案"下帮助减少排放。

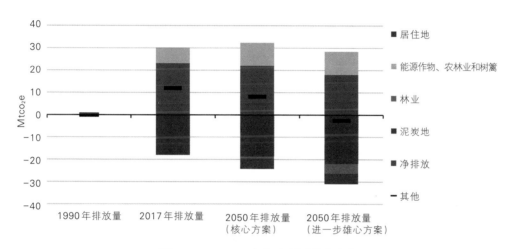

图7-7　LULUCF部门大幅减排的方案

来源：BEIS（2019）*Final UK greenhouse gas emissions national statistics 1990–2017*; CEH and Chris Evans et al.（2019）*Implementation of an Emissions Inventory for UK Peatlands*; CEH and Rothamsted Research（2018）*Quantifying the impact of future land use scenarios to 2050 and beyond*; CCC analysis.

注："其他"包括农田和草地的净排放汇/源。

核心方案技术选项

核心方案技术选项反映了英国政府和地方政府目前对于绿化、农林业和森林泥炭地的建议和雄心：

● 从现在到2025年，英国的林地覆盖面积每年将增加20 000公顷，到2030年将增加到27 000公顷。如果上述种植率保持到2050年，我们估计林地面积将增加到领土面积的15%，到2050年，每年将减排约11 MtCO₂e，这将使林业净碳汇增加到18.7 MtCO₂e。

● 我们的核心方案采用了委员会的第五次碳预算假设，即到2030年，在1%的

---

① 本报告的土地利用和林业基线是基于土地利用工作的CEH基线，包括所有泥炭地排放源。在本报告中，根据最新的温室气体国家清单（2019年），对之前的预测进行了调整，以反映2017年林业的产出排放量。

额外农业用地上植树可以在2050年之前每年减排0.9 $MtCO_2e$。

• 到2029年，从苏格兰68 000公顷森林泥炭地去除低产树木（例如，低于8级产量）预期可以减排0.7 $MtCO_2e$。

在核心方案中，造林的减排水平高于我们实现第五次碳预算的经济有效途径的减排水平。与第五次碳预算中假设的15 000公顷相比，该差异反映出Defra（环境、粮食和农村事务部）和地方政府对植树造林的雄心更大。

核心方案将该部门的排放量与基准相比，发现减少了60%，到2050年，其净排放量为8.2 $MtCO_2e$。

"进一步雄心方案"技术选项

到2050年，"进一步雄心方案"中的技术选项可能会使排放量再减少10.7 $MtCO_2e$。2050年，该行业将从净排放源变为2.5 $MtCO_2e$的小型净碳汇。

"进一步雄心方案"广泛地参考了我们土地利用报告中的多功能土地使用方案。其包括：

• 中等减排雄心致力于实现从农业中释放土地和以不同方式使用土地的技术选择（涵盖饮食结构调整、减少浪费、提高农业生产力和植树造林率、种植能源作物、恢复泥炭地、提高树木生产力等）。

• 高减排雄心包括农林业、树篱创建和林业管理。

与核心方案相比，这些方案可实现更多减排：

• 对于林业，到2050年，年种植面积将达到30 000公顷，再加上新树生产力提高10%，可以再减少1 $MtCO_2e$的排放。到2030年，积极管理80%的阔叶林地将进一步减排2.3 $MtCO_2e$。到2050年，这将使森林净碳汇增加到21.9 $MtCO_2e$。

• 到2050年，在10%的农田上种树并扩大40%的树篱，可进一步减少5 $MtCO_2e$的排放。

• 到2050年，种植能源作物将增加1.5 $MtCO_2e$的排放。[①]

• 恢复55%的泥炭地面积可减少4 $MtCO_2e$的排放。

• 通过使用从树木、树篱和能源作物中收获的生物质来替代经济中其他地方的碳密集型应用，可以减少更多的排放。在"进一步雄心方案"下，我们估计采伐的木材产品将达到1 980万吨干重（oven-dried tonnes），其中76%用于燃料，其余用于较长寿命的产品，例如建筑。建议报告的第5章阐述了如何在整个经济中使用生物质，而本报告的第10章则考虑了将这些产品用作建筑木材所减少的排放量。

---

① 这一结果反映了CEH进行的建模，该建模没有充分考虑在耕地上种植多年生作物的固碳效益，从而低估了减排量，同时夸大了在草地上种植作物的排放损失。其他研究表明，芒属植物在35年后可使土壤碳储量增加约50 tCO_2/hm^2。

为了满足我们的"进一步雄心方案"中用于粮食、住房和替代性土地使用方案的土地需求，到2050年应释放380万公顷（22%）的农业用地。该土地的释放可通过以下方式实现：

- 转向更健康的饮食习惯，使牛肉、羊肉和奶制品的生产量减少20%。
- 中等程度提高作物的生产力，增加牲畜的饲养密度。
- 到2025年，将食物浪费减少20%。
- 将10%的园艺作物转移到室内。

与基准情景相比，到2050年，"进一步雄心方案"将LULUCF行业的总排放量减少23.3 MtCO₂e，使该行业的净碳汇达到2.5 MtCO₂e。

探索性方案的技术选项

我们对土地利用变化的建模依赖于释放土地作他用以及将该土地用于减少温室气体的技术。我们将土地利用在低等、中等和高等三个离散的预定水平上并与释放的土地进行了匹配。建模的这种形式可能导致释放的土地量多于给定的种植率和其他假设因素所要求的土地量。进一步雄心方案就是这种情况，该方案释放的土地比实现我们进一步雄心方案所需的土地多15%（60万公顷）。

通过将该土地用于其他用途，并进一步研究将土地从农业中释放出来的因素，可以实现更大幅度的减排：

- 如果将"进一步雄心方案"中释放的60万公顷土地用于种植更多树木，那么年造林面积将达到47 000公顷，到2050年将额外减排9.6 MtCO₂e。

- 将每年的绿化率提高到我们的高雄心目标50 000公顷，可以再减少1.7 MtCO₂e的排放。与"进一步雄心方案"相比，这将需要从农业中释放更多的土地。饮食品类从牛肉、羊肉和奶制品转移25%可以提供所需的土地面积。[①]

- 到2050年，将已恢复的高地和低地的泥炭地面积分别增加到75%和50%，可额外减少3.5 MtCO₂e的排放。

- 到2050年，对25%的低地泥炭地区域的地下水位进行季节性管理可以进一步减少1.4 MtCO₂e的泥炭地排放。

- 将低地泥炭地上的一些作物生产转向沼泽农业或"湿耕"（例如可以在水中种植的作物），将使地下水位永久性升高，且与传统作物生产相比，排放量下降。Defra（环境、粮食和农村事务部）正在进行一项工作，以量化其可以实现的减排量。[②]

---

① 假设所有其他土地出让选择与进一步雄心方案相同。

② Defra（on-going）*Managing agricultural systems on lowland peat for reduced GHG emissions whilst maintaining agricultural productivity.*

(b) 实现零排放的时间表

第五次碳预算（涵盖2028—2032年）已要求务必取得重大进展以增加LULUCF净碳汇。委员会确定的具有成本效益的路径要求，提高每年的绿化率，并在农场上种植更多树木。要使这些目标得以实现，需要开展如下工作：

- 到2030年，年造林面积从截至2018年3月当年的9 100公顷增加到15 000公顷。
- 到2030年，农场树木的面积增加1倍，达到国土面积的2%。

由于现有的资金未能满足所需的植树量，以及英国没有鼓励在农场种植树木的政策，目前在实现成本效益路径方面的进展有些偏离了转型轨道。

通过坚定不移的、精心设计的政策努力，有可能在2050年前全面实施上述核心方案和进一步雄心方案：

- 在短期内，重要的是要确保现有的资助计划（如林地创建计划和林地碳补助金）以鼓励进一步植树。
- 发展后CAP政策框架并到2027年全面推广，是通过鼓励改变土地使用方式来减少排放和增加LULUCF部门净碳汇的好机会。这些应使用公共和私人资金为生物质技术和泥炭地恢复提供资金：

——ELM应该提供强有力的激励措施来提供更多的绿化和泥炭地恢复以实现我们的"进一步雄心方案"。这些将带来更多的生态系统效益，例如清洁的空气、清洁的水，并避免洪水等自然灾害。

——支持土地使用变化的其他私人资金机制和来源。例如，提议的林业投资区（FIZ）旨在创造条件，吸引私人投资以种植大规模生产性林木。这包括确定可以在何处创建大规模林地并加快审批流程。

- 需要在21世纪20年代采取措施以清除限制农民以其他用途使用土地的一系列非金融壁垒。这些措施包括摆脱现状；确保土地所有者和管理者了解并接受关于种植什么以及如何种植的培训；了解让占农民总数30%～40%的土地租用者改变习惯的潜在障碍。租期的长短（平均租期短于4年）和租约的条款可能会产生抑制作用，这可能会禁止更改土地的使用。

- 政府应采取措施使土地从农业中释放出来，同时维持农业部门的地位。这些措施包括：

——积极采取以消费者为中心的政策，以支持饮食结构转变和减少食物浪费。研发、测试和示范提高农业生产率的措施（第3（b）节）。

——我们为农业和土地使用设定的方案显示出英国土地使用方式的根本变化。其依赖于在2050年之前实施诸多变革。这具有挑战性，但是我们的评估亦考虑了现实各种限制因素的变革速度：

- 我们对造林率的假设与20世纪80年代的高种植率相当，还有可能更高。鉴于目前英国的种植规模有限，达到生物能源作物的计划种植率具有挑战性，但在政府的雄心和政策的支持下，相信可以实现。上述这两种方案都允许随着时间的推移逐步扩大规模，以使供应链得以扩大；但是至关重要的是，必须尽早采取行动以最大程度地减少排放量，并获得其他收益。

- 恢复的泥炭地主要集中在土地竞争较少的高地地区。需要对高地地区采取进一步的措施，特别是考虑到，剩余的待恢复区域预计将包括更多退化严重的高地泥炭地。但是，活动还需要扩展到低地泥炭地，在低地泥炭地上进行恢复可以使一些园艺产品进入室内系统。对于仍用于农业的泥炭地，《英格兰泥炭地战略》应规定农民可以采用的减少排放的措施（例如，地下水位和修复后泥炭地使用（paludiculture）的季节性管理）以及如何予以支持。

- 考虑到近年来变化速度缓慢，在我们的方案中，向更健康的饮食和减少浪费转变需要时间才能实现。必须通过供给侧措施和以消费者为中心的政策来确保饮食结构的持续调整。

- 提高农业生产力和林业产量将依赖于研发和创新，其需要时间才能实现商业化。投资需要立即开始，以使收益不断累积。

- 展望2050年以后，有可能为实现整个经济的净零排放目标作出如下更大的努力：

——到2050年，继续以30 000公顷的造林率种植，到2060年，可以额外减排4.8 MtCO₂e。随着21世纪二三十年代树木的不断成熟，碳汇量也会越来越大。

——恢复泥炭地将在2050年以后继续减少排放，并且在某个时候，其可能从净排放源转变为不断增加的净碳汇。与其他土壤类型不同，功能良好的泥炭地能够以每年1 mm左右的速度连续积碳。

(c) LULUCF部门减排选项汇总表（见表7-3）

表7-3　　　　　　　　　　　LULUCF部门减排选项汇总

净排放源/净碳汇	2030年第五次碳预算剩余排放量/去除量（$MtCO_2e$）	2050年进一步雄心方案的剩余排放量/去除量（$MtCO_2e$）	实现进一步雄心方案的最早日期	2050年成本（英镑/tCO_2e）
植树*	−3.2	−16.2	2050年	￡12
林业管理	—	−5.7	2050年	−￡52
农林业和树篱	−0.6	−5.9	2050年	￡81

续表

净排放源/净碳汇	2030年第五次碳预算剩余排放量/去除量（MtCO₂e）	2050年进一步雄心方案的剩余排放量/去除量（MtCO₂e）	实现进一步雄心方案的最早日期	2050年成本（英镑/tCO₂e）
能源作物	—	1.5	2050年	N/A
泥炭地	—	18	2050年	

来源：CCC（2018）*Land use: reducing emissions and preparing for climate change*; Forest Research（2012）*Marginal abatement cost curves for UK forestry（Table A3）*; Okumah，M et al（2019）*How much does peatland restoration cost? Insights from the UK.University of Leeds – SRUC Report*; Artz，R.R.E.et al（2018）*Peatland restoration – a comparative analysis of the costs and merits of different restoration methods.*and CCC calculations.

注：2030年和2050年的排放量包括所有温室气体；英镑/tCO₂e的成本数字代表了2050年已实施的减排措施的平准化成本，并且是对同一排放源采用多种减排措施的平均成本。*包括植树和提高产量。

(d) LULUCF部门的累计剩余温室气体排放量

到2050年，"核心方案"和"进一步雄心方案"下，农业和LULUCF部门的总排放量分别达到46.8 MtCO₂e和23.8 MtCO₂e（见图7-8）。

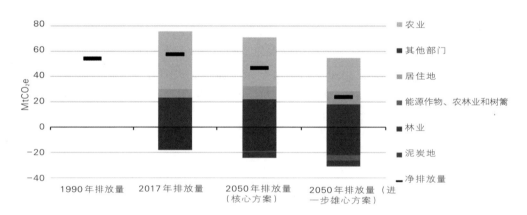

图7-8　农业和LULUCF部门深度减排的方案

来源：BEIS（2019）*Final UK greenhouse gas emissions national statistics 1990-2017*; CEH and Chris Evans et al.（2019）*Implementation of an Emissions Inventory for UK Peatlands*; CEH and Rothamsted Research（2018）*Quantifying the impact of future land use scenarios to 2050 and beyond*; CCC analysis.

注："其他部门"包括了农田和草地的净碳汇/净排放源。

7.9　在 LULUCF 部门实现深度减排的成本和效益

本报告的第 1 章概述了我们评估成本和效益的总体方法，并在随附的建议报告的第 7 章中进行了全面阐述。

与高碳替代方案相比，我们的"进一步雄心方案"中包含的某些低碳技术可以避免成本，而其他一些技术则可能成本更高昂。

- 从社会的角度看，植树造林具有成本效益，估计成本范围介于 40~50 英镑/tCO_2e 之间。[①]该范围不包括树木可带来的非碳效益，例如减轻洪水的危害，改善空气质量和水质。

- 根据泥炭地退化程度、恢复技术和场地的可及性，恢复高地泥炭地的成本将有很大不同：

——2019 年的一项研究发现，十多种不同类型的修复工程的平均减排成本为 1 009 英镑/tCO_2e，而其成本范围介于 74~5 883 英镑/tCO_2e 之间。[②]这略高于一项研究中苏格兰泥炭地的减排成本水平，该泥炭地修复的平均成本为 880 英镑/tCO_2e（67~2 425 英镑/tCO_2e）。[③]

——成本的巨大差异反映了恢复技术的较广范围以及其他因素，例如场地特征、干预的地点、土地所有权、恢复的时间范围以及恢复前干预措施的成本。

——这些估算未考虑状况良好的泥炭地可带来的其他好处，例如可改善水过滤并增强生物多样性。这些很难量化，但是可以证明当前的修复项目是合理的。在 Moor House 和 Upper Teasdale 的案例研究中，恢复受损的高地泥炭地表明，每公顷 NPV 为 8 400 英镑。[④]一项进一步的研究对两个不同条件的泥炭地恢复项目进行了事后评估，其使用平均收益估算出了正的成本收益比。[⑤]

- 种植多年生能源作物的前期成本可能是年度可耕作物的两倍，这是由繁殖材料（例如根茎和木屑）的成本所致。对于芒属植物，其在英国的平均种植成本为

---

① Forest Research（2012）*Marginal abatement cost curves for UK forestry（Table A3）*.

② Okumah，M et al（2019）*How much does peatland restoration cost? Insights from the UK.University of Leeds　SRUC Report.*

③ Artz，R.R.E.et al（2018）*Peatland restoration – a comparative analysis of the costs and merits of different restoration methods.*

④ CCC（2018）*Land use: Reducing emissions and preparing for climate change.*

⑤ Klaus Glenk and Julia Martin-Ortega(2018):The economics of peatland restoration，Journal of Environmental Ecohomics and Policy，DOI:10.1080/21606544.2018.1434562.

2 300英镑/公顷，而SRC柳树的成本则介于1 500～1 700英镑/公顷之间。①对于芒属植物，其有机会通过改为种子杂交来降低这一成本。虽然使用种子杂交的试验可以稍微降低种植成本，但可以更快提高种植率（例如，将繁殖数量从20个根茎增加到2 000多个）。这意味着，1公顷种子每年可以种出2 000～4 000公顷的作物。

● 在"进一步雄心方案"下，林业造林和农作物农艺学的最佳实践可以经济有效地提高单产。这些做法通常反映出更好的管理，例如整地，考虑土壤、水分来选择合适的树种，以及对农作物选择最佳种植期。

● 从社会的角度看，"进一步雄心方案"中的饮食结构变化和减少浪费措施在成本上是中性的（第4节）。

除了减少排放之外，这些措施还可以带来本章未谈及的其他好处（请参阅建议报告的第7章）。

7.10　实施LULUCF部门的深度减排

本节考虑了如何实施方案，包括需要制定政策以确保英国工业在竞争中处于有利地位。

(a) 实施方案所需的条件

要达到"进一步雄心方案"中的减排水平，应对土地的使用和管理方式进行根本性的改变。这需要各级政府强有力和有效的领导，并得到企业和个人的行动支持。

表7-4总结了我们根据第1章中提出的方法从多个维度对主要机遇所面临的挑战程度的评估：

● **解决转型到不同土地利用和管理方式的主要障碍**。迫切需要去除财务和非财务方面的障碍，因为实施植树造林和恢复泥炭地等措施需要一定的时间才能实现减排：

——**资金壁垒**：新的环境土地管理政策应支持向替代土地用途的转变，并奖励减少排放的土地所有者。此外，需要发展新的机制来释放私营部门的投资，以支持土地其他使用用途的高昂的前期成本，以取得长期回报。提议的林业投资区是

---

① John Clifton-Brown et al（2018）*Breeding progress and preparedness for mass-scale deployment of perennial lignocellulosic biomass crops, switchgrass, miscanthus, willow and poplar.*

Defra（环境、粮食和农村事务部）和林业委员会正在开发的一个例子，但是需要采取行动以推进计划；确定适合大规模林地建设的集水区，并吸引利益相关者投资。

——**非资金壁垒**：土地所有者和管理者将需要支持，以解决以不同方式使用土地的知识、经验和技能的缺乏问题。这应该包括知道种植什么和如何种植以及如何持续进行管理。咨询服务可以提供相关支持。土地租用者占了农场的很大一部分，因此需要制定有关政策来满足他们的需求。例如，签订租赁合同可以允许并鼓励土地租赁者进行长期投资决策。

● **技术和创新的作用**：确保有足够的投资来提高作物和森林的生产力，并通过利用育种和基因来适应气候的变化。还需要考虑采取措施缩短从研发到商业部署所需的时间，以确保收益能够及时发挥作用。

● **消费者和供应链之间的行为改变**：这些已在第5（a）节中阐述。

表7-4　　　　　　LULUCF部门减排技术在不同维度所面临的挑战评估

排放源	减排措施	障碍和实施风险	资金机制	协同效应和机会
林业	植树 产量等级提高 林业管理	土地所有者/管理者的行为技能、知识和培训 ● 研发投入	纳税人资助 ● 商业	空气、水和土壤质量 ● 防洪 休闲设施
泥炭地	恢复 低地泥炭地的管理实践 沼泽农业	土地所有者/管理者行为 水文挑战 ●	纳税人资助 商业	水质 ● 生物多样性 防洪
农林业和树篱	耕地和草地上的树木	农民行为 ●	纳税人资助 商业	动物福祉 ● 水和土壤质量
能源作物和SRF	生物能源作物 短期轮作林	商业用途的大型植物杂交种子	商业	种植作物 ● 种植在耕地上的生物多样性

来源：CCC analysis.

注：表格中各项措施的评级基于以下标准：如果有证据表明特定措施难以实施，则"障碍和实施风险"的等级为"红色"；否则为"绿色"或"琥珀色"。如果执行特定措施的成本高昂，并且对企业的竞争力产生负面影响或对家庭不利，则将"资金机制"定为"红色"；否则，将其定为"绿色"或"琥珀色"。如果有正面的"协同效应和机会"的证据，则将其评定为"绿色"；否则，将不予评定。

我们在下面列出了在LULUCF部门实现净零排放方案的关键决策时间安排（见图7-9）。

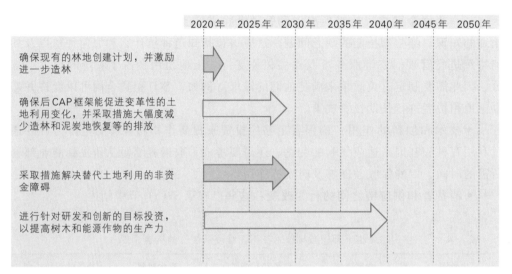

图7-9　LULUCF部门实现净零排放方案的关键决策时间安排

来源：CCC analysis.

（b）推动LULUCF部门大幅减排的关键政策启示

本报告的宗旨并非确定一套完整的政策来实施推广上述方案。不过，在考虑制定英国净零排放目标时，政府和议会应充分领会本报告对重要高阶政策的启示。

● 发展后CAP框架以促进土地使用和管理方式的变革。这个框架可奖励土地所有者以实现大幅减排的公共品生产，并促进私营部门的投资。

● 改善激励措施，以促进农艺学和造林学方面的最佳实践，并在育种和遗传学方面进行研发投资，以促进作物和林业单产的提高。

● 积极采取以消费者为中心的政策，以支持饮食结构转变和减少浪费。

● 研发、实验和示范提高农业生产率的措施（第3（b）节）。

委员会向议会提交的年度进度报告包括了我们详细的进度评估。我们2018年6月的报告识别了需要加强政策以实现现有减排雄心的诸多领域。这些是支持为实现英国净零排放目标而付出更多努力的必要条件。我们将在2019年7月的报告中进一步说明其进展情况。

第 8 章　废弃物

简介及关键信息

本章列出了废弃物部门的温室气体减排情景，这些情景为委员会提供了有关审查英国、苏格兰和威尔士的长期减排目标的建议。它借鉴了关于减少垃圾填埋场和废水处理排放的可能性和成本的最新研究。

本章关键信息如下：

● **背景**。2017 年，英国废弃物排放量为 2 030 万吨 CO_2e，占英国温室气体总量的 4%。废弃物排放的主要来源是垃圾填埋场可生物降解废弃物分解产生的甲烷排放；废水处理产生的排放；生物处理、堆肥和焚烧废弃物产生的排放。

● **"核心方案"措施**。根据英格兰和地方政府（DAs）提出的提高回收率的计划，英格兰、威尔士和北爱尔兰（到 2030 年）以及苏格兰（到 2021 年）将有 5 种主要的[1]可生物降解废弃物不再送往垃圾填埋场。

● **"进一步雄心方案"措施**。我们的进一步雄心方案还包括：

——到 2025 年，食物浪费将减少 20%，与土地使用部门的情景相一致。

——最迟在 2025 年，被运往垃圾填埋场的关键可生物降解废弃物将被提前清除。

——到 2025 年，英格兰和地方政府中的所有城市垃圾的回收率将提高到 70%，或者与上述目标相当。

——提高废水处理厂的效率，到 2050 年，将废水处理排放减少 20% 以上。

● **成本和收益**。减少可避免的食物浪费可为参与粮食生产和服务的家庭和企业节省成本。消除可生物降解废弃物填埋和提高回收率的成本尚不确定，但以目前的碳价计算，其成本效益较好。优化现有的水处理操作和工艺是低成本的。更先进的技术解决方案可能会导致更高的成本。这些措施具有相当大的协同效应，包括提高土地使用、制造和酒店业的资源效率；减少土壤和地下水中的有毒物质与填埋场渗滤液，改善土质和水质；生产沼气、堆肥和化肥。

● **实施**。应尽快采取下列优先行动，以支持废弃物管理过程向零排放转型：

---

① 食品、纸张和卡片、木材、纺织品和花园垃圾。

——中央政府和地方政府应立法，最迟在2025年前明令禁止将可生物降解废弃物与其他主要废弃物一起填埋。为此，应于2023年实行废物分类回收，并采取措施，最迟在2030年，将城市回收率提高到70%。

——应制定政策和措施，到2025年，将可避免的食物浪费减少20%，包括采取更积极的避免浪费措施。

——中央政府和地方政府应与废水处理公司合作，制定到2050年将废水处理产生的非CO_2排放量减少20%以上的措施。

本章包括如下5个部分的内容：

1. 当前与历史的废弃物排放。
2. 减少废弃物的排放。
3. 废弃物部门最小化排放的情景。
4. 在废弃物部门实现深度减排的成本和效益。
5. 在废弃物部门实现深度减排。

8.1 当前与历史的废弃物排放

2017年，废弃物产生的温室气体排放量为20.3 $MtCO_2e$，占英国温室气体排放量的4%。[①]废弃物排放主要为甲烷（92%），它是在无氧的情况下，垃圾填埋场中可生物降解废弃物的分解而产生的。废水处理、生物处理和废弃物焚化也产生排放，其他废弃物处理过程也产生少量排放（见图8-1）。

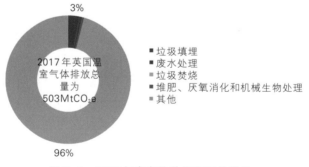

图8-1　2017年废弃物的温室气体排放

来源：BEIS（2019）*Final UK greenhouse gas emissions national statistics* 1990—2017.

---

① 总排放量中包括国际航空和海运的排放量。

1990年至2017年间，废弃物的温室气体排放量减少了70%，这主要得益于垃圾填埋场可生物降解废弃物的减少、对甲烷捕获技术的投资以及垃圾填埋场管理措施的改进。2017年，废弃物排放量增加30MtCO₂e（1.5%），主要为垃圾填埋场和废水处理的排放增加。堆肥、机械生物处理（MBT）和厌氧消化（AD）过程产生的排放是温室气体相对较新的来源，堆肥首先在20世纪90年代中期被加入排放清单中，随后的20年内，机械生物处理和厌氧消化也被加入清单之中（见图8-2）。

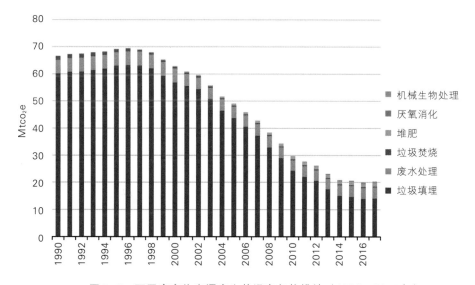

图8-2　不同废弃物来源产生的温室气体排放（1990—2017年）

来源：BEIS（2019）*Final UK greenhouse gas emissions national statistics 1990—2017.*

如果到2024年底，在温室气体清单中采用IPCC修订后的甲烷和N₂O全球增温潜势（GWP）[1]值，则未来对农业排放的估计值将会提高：

• 甲烷全球增温潜势值将从目前的25增加到28（如果包括碳循环的反馈，则增加到34）。

• N₂O全球增温潜势值将从298减少到265，但如果包括碳循环的反馈，则将维持在298不变。

根据估算甲烷和N₂O排放量的碳反馈，新的全球变暖潜能值将导致2017年废弃物排放量比现行方法估计的结果高出20%（4MtCO₂e）。

---

① IPCC（2014）*The Fifth Assessment Report（AR5）.*

8.2 减少废弃物的排放

自 1990 年以来，废弃物的温室气体排放量减少了 69%。然而，在垃圾填埋场实现净零排放仍具挑战，这主要是因为难以进一步减少填埋区产生的甲烷排放和废水处理过程中的排放。

（a）进一步减少排放的技术选项

垃圾填埋中的排放
旨在减少垃圾填埋场排放的措施侧重于预防浪费、将废弃物分流和甲烷捕获。
预防废弃物产生
除了减少填埋区甲烷排放带来的益处外，预防废弃物产生在上游带来了与资源效率相关的环境和经济收益。预防废弃物产生对家庭、企业和地方政府的好处有：

● WRAP[1]估计，英国家庭和企业购买的食物约有 1/4 被浪费，每年会给家庭造成约 150 亿英镑的损失，给企业造成约 50 亿英镑的损失。

● 据估计，每年约有价值 1.5 亿英镑的衣物被填埋。[2]服装具有显著的碳、水和废物的生命周期。

● 英国每年使用 500 万吨塑料，其中近一半用于包装。塑料废弃物不可生物降解，在垃圾填埋场、土壤和海洋中会留存数百年，这将会破坏自然环境和生态系统。

英国环境、食品及农村事务部（Defra）和地方政府已经认识到材料在供应链中的价值以及资源效率和循环经济的好处。循环经济旨在通过商品的再利用、维修、再制造、翻新和再销售来最大限度地利用资源。通过提高效率和减少资源支出，可给生产者带来效益；通过减少供应链中的垃圾填埋和碳排放量，可带来显著的环境效益；通过降低废弃物处理成本，可对纳税人和地方政府（LAs）带来经济效益；通过保护自然资源可带来社会效益。

在整个产品生命周期中，都有机会预防废弃物产生。这些举措包括：

● 通过工艺设计、材料效率和优化制造流程，最大限度地减少废弃物的产生。

● 改进设计，延长产品使用寿命，使材料能够分离、修复、再制造或再使用。

● 使用鼓励资源效率的机制，如生产者责任和收回计划。

---

① WRAP(2018) *Food Surplus and Waste in the UK-Key Facts.*
② WRAP http://www.wrap.org.uk/content/clothing-waste-prevention.

技术报告第 4 章列出了工业资源效率机会和上游对温室气体排放的影响估计。

废弃物回收

在无法预防废弃物产生的地方，可以通过将可生物降解的废弃物从垃圾填埋场回收的处理办法来减少温室气体排放。这也将通过在产品生命周期结束时，回收和再生材料来助力循环经济：

● **再循环**。将不同的废弃物流（如塑料、玻璃和纸张/卡片）加工成新产品可以减少原材料的使用以及废弃物处理产生（如焚烧）的排放。分离可生物降解的废弃物，如食品、纸张和卡片，可避免垃圾填埋场的排放。

● **堆肥**。堆肥可用于处理食品和绿色废弃物。如果管理得当，堆肥中的有机废弃物将在氧气（有氧而不是厌氧）中分解，并产生 CO_2，而不是甲烷。堆肥可应用于耕地，并减少对化肥的需求和相关排放。堆肥要求食物和绿色废弃物与其他废弃物分开收集。

英国环境、食品及农村事务部（Defra）和地方政府认识到，可以通过从垃圾填埋场回收来减少垃圾填埋的排放（专栏 8.1）。为了成功实施，需要补充相关政策，包括避免浪费，增加回收和单独收集，以及增加对废弃物替代处理设施的投资。

专栏 8.1　英格兰和地方政府对减少废弃物排放的雄心

Defra（英国环境、食品及农村事务部）在其 2019 年废弃物战略中制订了尽量减少浪费、提高资源利用效率和推动循环经济的计划。其在废弃物方面的主要目标是，到 2030 年，实现零食物垃圾填埋，到 2035 年，回收 65% 的市政垃圾，并积极探索争取同时实现所有可生物降解的垃圾零填埋，并到 2050 年，努力实现零浪费。

威尔士 2010 年废弃物战略的主旨是提高资源利用效率，发展循环经济，促进绿色增长。2017 年，将目标提升为到 2025 年，废弃物回收率提高到 70%，并在未来 10 年内，将垃圾填埋率降低到 5%。最近，威尔士政府 2019 年应对气候变化的战略目标包括到 2025 年实现"零垃圾填埋场"和到 2050 年实现年零废弃物。2019 年，将开展一项咨询战略，其目标包括到 2025 年在 2007 年的水平上将食物浪费减少一半。

在苏格兰，《2012 年废弃物（苏格兰）条例》规定了一些条款，以帮助苏格兰实现其零废弃物计划所提出的目标和指标，并帮助其向循环经济转型。这些规定包括从 2021 年 1 月起，禁止对可生物降解的市政垃圾进行填埋。苏格兰的应对气候变化计划也提出到 2030 年，要将废弃物减少 50% 的目标。

北爱尔兰于 2015 年通过立法，规定对食品废弃物进行分类收集和处理。因此，其议会必须提供家庭食品垃圾分类与收集，并从 2015 年 4 月起，禁止对分类收集的食品垃圾进行填埋。

来源：Defra 2019 *Our waste, our resources: A strategy for England.*

Wales （2010）*Towards Zero Waste 2010.*
Wales （2019）*Prosperity for All: A Low Carbon Wales.*
Scotland （2012）*The Waste （Scotland） Regulations.* Scottish Government
（2018）*Climate Change Plan: Third report on proposals and policies 2018-2032.*
Northern Ireland （2015）*The Food Waste Regulations.*

避免垃圾填埋场的甲烷排放

即使送往垃圾填埋场的可生物降解废弃物能够被完全消除，鉴于可生物降解废弃物的降解时间，废弃物的遗留排放将仍然存在。因此，避免垃圾填埋场的甲烷排放非常重要，可以通过甲烷捕获和沼气燃烧技术或通过细菌的自然氧化将甲烷转变为二氧化碳。据估计，2017年英国的平均甲烷捕获率为59%。现代垃圾填埋场的甲烷捕获率超过80%，甚至可达90%。实际上，其捕获率取决于垃圾填埋场的开设时间、实施的技术及其日常操作。

替代废弃物处理系统

从垃圾填埋场分类出的可生物降解废弃物可以在厌氧消化（AD）和机械生物处理（MBT）系统中处置。2017年，这些来源的排放量为 $1.8MtCO_2e$（占废弃物排放量的0.4%）。随着更多的废弃物开始使用这些处理设施，自20世纪90年代中期以来，堆肥产生的排放量以及自20世纪中期以来的厌氧消化和机械生物处理产生的排放量都有所增加（见图8-3）：

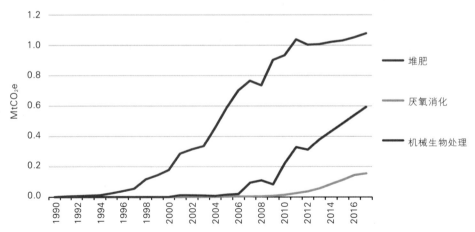

图8-3 堆肥、厌氧消化和机械生物处理的温室气体排放量（1990—2017年）

来源：BEIS （2019）*Final UK greenhouse gas emissions national statistics 1990—2017.*

● 厌氧消化是将有机质如动物或食物废弃物分解以产生沼气和生物肥料的过程。这个过程发生在一个密封的水槽中，其被称为厌氧沼气池。厌氧消化表征了无法防止或重新分配食物浪费的最佳环境结果。自 2016 年[①]采用厌氧消化战略以来，使用食物垃圾或农场废弃物的厌氧消化的设施的数量急剧增加，目前英国约有 4 200 家正在运行的厌氧消化工厂。

● 机械生物处理（MBT）系统是一种废弃物处理设施，其将分拣设施与堆肥或厌氧消化等生物处理过程相结合。机械生物处理工厂计划将其用于处理混合生活垃圾以及商业和工业废弃物。其为不适合回收提取可回收的、生产固体燃料（SRF）的稳定分离废弃物提供了一种有效的方法。

● 垃圾焚烧。电力部门报告了所有能源回收的城市固体废弃物（MSW）焚烧厂的排放情况。所有没有能源回收的城市固体垃圾焚烧以及化学废弃物、医疗废弃物、污水污泥和动物尸体焚烧都在废弃物部门有所报道。2017 年，该来源的排放量为 0.3 $MtCO_2e$，占比很低且呈下降趋势。

废水处理产生的排放

2017 年，废水处理的排放量为 4.10 $MtCO_2e$。废水处理排放的温室气体主要是甲烷（83%），其余是氧化亚氮（N_2O）。2017 年，其排放量增长了 2%，但长期看，其排放量一直在下降——自 1990 年以来，下降了 17%。减少废水处理排放的措施包括：

● 操作措施。这些成本相对较低，可应用于甲烷和 N_2O。

——可以通过覆盖污泥浓缩池和在发动机排气口安装后燃烧系统来减少甲烷排放，以捕集和利用生物气。

——在高固体保留时间（SRT）下运行生物废水处理厂，以保持介质中存在低浓度的氨和亚硝酸盐。

——使用大容量的生物反应器处置装置能够缓冲负荷，并降低瞬时耗氧风险。

——通过曝气限制 N_2O 的剥离，从而使微生物有更多的时间消耗气体。

● 捕获和治理温室气体的措施包括：

——使用硝化和脱硝细菌或微藻，控制 NOx 气体排放。

——从硝化装置顶部出气口收集 N_2O，并用作氧化剂燃烧厌氧污泥沼气池产生的甲烷。

——利用生物工艺将甲烷氧化成二氧化碳。

---

① Oregionni et al.(2017) *Potential for Energy Production from Farm Wastes Using Anaerobic Digestion in the UK: An Economic Comparison of Different Size Plants.Energies* 2017，10，1396.

● 应用新工艺去除有机物和温室气体：

——使用微藻或部分硝化-厌氧工艺去除废水中的氨，可以显著减少 N_2O 和甲烷的排放。实施障碍包括资本成本高、微藻系统所需的面积巨大以及目前缺乏关于工厂内运行这些流程稳定性的信息。

一些水务公司正在试验新技术，并设定了减少排放的目标（专栏 8.2）。

专栏 8.2　水务公司减少排放的雄心

在英格兰、威尔士和苏格兰，几家水务公司在其战略声明中制定了雄心勃勃的长期减排目标。例如，韦塞克斯水务公司（Wessex Water）和诺森布赖恩水务公司（Northumbrian Water）的目标是到 2020 年实现碳中和，泰晤士水务公司（Thames Water）希望到 2020 年将二氧化碳排放量基于 1990 年的水平降低 34%，而联合公用事业公司（United Utilities）的目标是到 2020 年将二氧化碳排放量降低 50%（基准是 2005—2006 年），到 2035 年降低 60%。

减少排放的措施主要包括提高能源效率、使用热电联产（CHP）水力和风能的可再生能源以及污水污泥焚烧。一些水务公司（如联合公用事业公司、泰晤士水务公司、约克郡水务公司、苏格兰水务公司）已投资热水解工艺（THP），以最大限度地利用污水污泥产生能源。苏格兰水务公司也在试用生物催化剂，以减少污泥的数量，从而减少管理生物固体和处理过程空间所需的能源。

泰晤士水务公司计划建造和测试其第一座热解装置，以提高甲烷捕获率。该公司认为这是"世界首例"，其在污水污泥处理领域迈出了一大步，在无氧的情况下将污水污泥加热至 800 摄氏度，以产生富含氢气的燃料气体。为了证明这一过程，其在 Crossness 污水处理厂进行了为期 3 年的试验，处理了超过 45 万人的污水污泥。

来源：Ofwat（2010）*Playing our part reducing greenhouse gas emissions in the water and sewerage sectors.* Northumbrian water Group's environment, Social and economic report, 2017. http://unitedutilities.annualreport2017.com/governance/directors-report.

（b）废弃物部门减排面临的挑战

虽然有进一步减少废弃物排放的技术方案，但其广泛采用仍面临诸多挑战。

垃圾填埋中的排放

预防浪费。2015年，[1]可避免或"可食用"的家庭食品浪费量达500万吨（见图8-4）。减少食物浪费的自愿行动包括"爱食物恨浪费"（Love food hate waste）运动，其为消费者提供建议和提示，而英国减少食物浪费运动的目标是到2030年，将整个从农场到消费者的食物供应链中产生的废弃物减少50%。但是，干预的规模、目标和效果有限。在2010年至2015年期间[2]，英国的人均家庭食物浪费（HH-FW）保持不变，约为110kg。威尔士的家庭食物浪费近年来有所下降，目前低于英国的平均水平，而苏格兰与整个英国的水平大致相同。

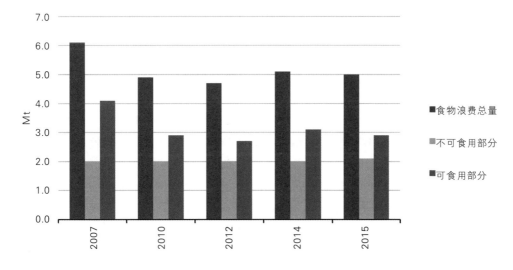

图8-4 英国家庭食物浪费（2007—2015年）

来源：WRAP（2018）Household food waste: restated data for 2007-2015.本报告重新报道了以前公布的估计数，这些估计数已根据最近有关粮食浪费的国际定义和分类进行了重新解释。

分类废弃物回收。英国地方政府没有规定实行食物垃圾分类回收。分类回收的食物垃圾在废弃物回收总量中所占比例很小，2016年仅为1.6%。

——约2/3[3]的英国地方政府（LAs）提供食品垃圾回收服务，尽管其中有1/3与园林垃圾混合在一起。

---

① WRAP（2018）*Food Surplus and Waste in the UK-Key Facts.*
② WRAP（2016）*Household Food Waste in the UK，2015.*
③ WRAP（2015）*Local Authority Scheme Data 2017/18.*

——苏格兰超过80%的家庭能够进行食物垃圾回收。这相当于大约195万个家庭，而2013年，只有50多万个家庭。

——威尔士所有地方政府都必须提供单独的食物垃圾回收。

英国环境、食品及农村事务部（Defra）和地方政府（DAs）已提出目标，要减少食品垃圾的填埋并提高其回收率。从垃圾填埋场回收和进行废弃物分类是减少排放的一种具有成本效益的方法，但实现英国环境、食品及农村事务部（Defra）和DAs的目标需要克服一些资金上的障碍[①]：

● 提供废弃物分类回收服务的前期成本很高，未来可节省成本的情况取决于回收率和再生材料价格。

● 需要继续转变观念，并认同社会应对资源进行有效利用、减少浪费和进行废弃物分类。

● 英国地方政府不同的回收规则可能会使公民对所回收材料的类型造成混淆。

● 商业部门目前的废弃物服务安排不会推动规模经济或激励回收。小型和微型企业缺乏有关潜在成本节约的认知。

● 某些特定的可生物降解材料，如一次性咖啡杯，技术上在专业设施中可回收，但在大多数地方政府回收中心（英国只有3个）不能被广泛回收。

要实现这些目标，不能仅依靠地方政府提供食物和其他可生物降解的分类废弃物收集，还要依靠企业和目前家庭观念的转变，以减少浪费和提高废弃物回收率。

防止垃圾填埋场的排放。在垃圾填埋场持续捕集甲烷十分重要。可生物降解的废弃物从垃圾填埋场分类到更有效的捕集系统，排放的甲烷会有所减少。但是，减少现有垃圾填埋场甲烷排放的一种廉价方法是，通过改进垃圾填埋场覆盖设计来利用微生物氧化甲烷。垃圾掩埋场覆盖物（"生物覆盖物"）可以改善代谢甲烷的细菌的环境条件。

英国环境、食品及农村事务部（Defra）正在寻求开发可用于直接检测垃圾填埋场排放量的技术，以帮助改善其数据集，以使工作目标聚焦在表现最差的垃圾填埋场。

替代废弃物处理系统。越来越多的垃圾回收和从垃圾填埋场分类，需要废弃物设施对废弃物进行分离和再处理，并稳定地提供可回收材料。这些方面的障碍包括高昂的前期投资成本、市场不确定性和来自国外的竞争。英国环境、食品及农村事务部（Defra）和DAs已采取以下措施来解决这些问题：

---

① Defra (2019) *Consistent municipal recycling collections in England.Impact Assessment (IA)*.

• 通过扩大的生产者责任计划（Producer Responsibility Scheme）提供大量稳定的可回收废料供应，以确保产品在生命周期内具有价值。

• 通过设定目标，以增加一定数量的废弃物的回收利用，并更好地设计包装材料，以提高废弃物回收利用的质量。

• 提高对再生材料的需求和市场信心，以便在英国可以进行更多的再生处理。这包括为英国再处理商创造公平的竞争环境，并最大限度地减少非法废弃物的出口。

通过废弃物基础设施交付计划（Waste Infrastructure Delivery Programme），政府承诺到 2042 年，花费 30 亿英镑发展新的废弃物基础设施。该计划应有助于使私营部门有信心投资于废弃物管理项目，包括厌氧消化和机械生物处理。

废水处理

有一些相对低成本的措施可优化处理废弃物的运行环境，尽管其也可能导致流程和机械的中断和变化。微藻类或部分硝化-厌氧工艺等更先进技术的实施障碍包括高昂的前期成本和微藻类系统需要大面积地域。

热水解工艺（THP）和生物催化剂等新技术尚处于试验阶段，其成本和影响仍具有不确定性。

(c) 本报告中使用的强有力的证据基础

我们在本报告中就委员会最近报告（包括第五次碳预算和 2018 年土地利用报告）中公布的证据得出了以下结论：

• 我们在第五次碳预算中的主要情景是，到 2025 年，将防止 5 种可生物降解的废弃物（食物、纸张/卡片、木材、纺织品和花园废弃物）被填埋。

• 我们 2018 年的土地利用报告介绍了整个供应链中减少食物浪费的情景。在中等的雄心方案中，到 2025 年，减少食物浪费的目标与《Courtauld 协议》一致，即减少 20%；更高的雄心方案是到 2050 年，将食物浪费减少 50%。

我们还对本报告进行了新的分析：

• 我们利用英格兰和 DAs 的最新模型（专栏 8.3）评估了减少送往垃圾填埋场的垃圾的不同方案的影响。

• 根据 WRAP 和英国环境、食品及农村事务部（Defra）的假设，估算分类收集废弃物的成本和收益。[①]

① Defra（2019）*Consistent municpal recyling collections in England Impact Assessment.*

• 我们已经考虑了有关改善废水处理技术提高效率的文献。[①]

在第3节中，我们将这些新证据以及我们现有的基础证据一并反映到我们的方案中。

专栏8.3　模拟垃圾填埋场排放

NAEI清单会根据以下信息估算垃圾填埋场的排放量：送入垃圾填埋场的垃圾水平和类型、垃圾的特征以及垃圾填埋场管理制度。废弃物按降解速度分类，并被指定不同的衰减率。所使用的模型是"MELMod"，由里卡多能源与环境公司（Ricardo Energy and Environment）为英国环境、食品及农村事务部（Defra）开发。

填埋场模型的输入数据已针对2011年清单进行了更新。这是英国环境、食品及农村事务部（Defra）委托进行研究项目的一部分。其调查的主要问题是：

• 包括不同类型废弃物在内的排放因素及腐烂率；

• 假设氧化率限额（包括气体通过裂纹和裂缝逸出时极低的氧化率）；

• 模型中包括的不同类别的废弃物类型（如食品、纸张），以及如何改进这些类型以更准确地反映排放；

• 送往填埋场的废弃物组成。

此后，对修订后的模型进行了同行评审，并将一些结果用于当前的模型之中。

我们的分析基于MELMod的2017年版本，该版本估计了英国每个郡从1945年到2050年的垃圾填埋厂的甲烷排放量。该模型使我们能够运行不同的情景，以仿真在不同的时点消除填埋场中的特定废弃物，并评估其对2050年的影响。

来源：Eunomia（2011）*Landfill Improvement Project UK Landfill Emissions Model.* Ricardo Energy and Environment（2019）*UK GHG Inventory Report，1990-2017.*

8.3　废弃物部门最小化排放的情景

（a）实现零排放的技术选项

如第1章所述，我们将实现净零排放的技术选项分为三类：

• 核心技术选项是那些低成本、低风险的技术选项，其在大多数战略下都可以

[①] J.L.Campos et al.（2016）*Greenhouse gas emissions from wastewater treatment plants: Minimisation，treatment，prevention，Journal of Chemistry.*

实现当前提出的2050年减排80%的目标。重要的是，政府已经作出了承诺或开始制定相应政策（尽管在许多情况下，这些需要加以深化）。

- 与核心选项相比，进一步雄心方案的技术选项更具挑战性，成本更高，但这些技术选项都将是实现净零目标所需的。

- 目前，探索性方案的技术准备程度非常低，成本非常高，公众在可接受性方面存在较大障碍，它们也不大可能全部可用。其中一些技术选项对于国内实现温室气体净零排放来说，可能是需要的。

图8-5显示了这些技术选项如何减少废弃物部门的排放量。

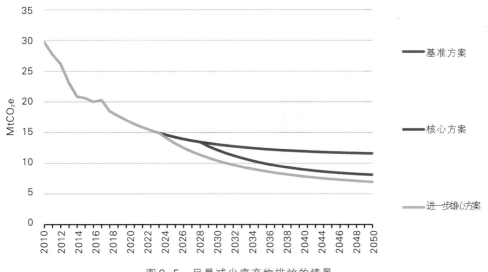

图8-5　尽量减少废弃物排放的情景

来源：CCC analysis.

核心方案技术选项

废弃物部门的许多核心方案技术选项已经包含在英国环境、食品及农村事务部（Defra）和地方政府（DA）的计划中，尽管可能还需要加强政策来确保其实施。到2050年，废弃物部门的温室气体排放量可减少到 8.1 $MtCO_2e$：

- 我们的核心方案提出，英格兰、威尔士和北爱尔兰（到2030年）以及苏格兰（到2021年），将消除送往垃圾填埋场的5种主要的可生物降解废弃物。

- 还假设根据英国和地方政府提高回收率的减排雄心：

——英国：到2035年，回收65%的市政垃圾。

——苏格兰：到2025年，回收70%的剩余废弃物。

——威尔士：到2025年，回收70%的废弃物。

——北爱尔兰：没有进一步的回收计划。

进一步雄心方案的技术选项

到2050年，我们的"进一步雄心方案"将把排放量减少到 6.9 MtCO₂e（见图8-6）。实现英国现有的2050年减排80%的目标可能需要这样做，而对于实现净零目标，这样做是非常必要的：

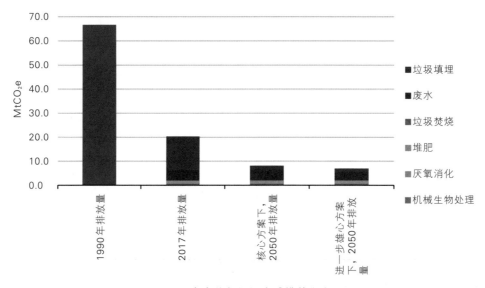

图8-6　废弃物部门深度减排的方案

来源：CCC analysis.

- 到2025年，可避免的食物浪费将减少20%，这与土地利用部门所采用的计划相一致。

- 最迟到2025年，消除送往垃圾填埋场处理的5种主要的可生物降解废弃物。

- 到2025年，所有地方政府对城市垃圾的再循环率将提高到70%，如果更早的话，则符合DAs的雄心目标。

- 废水处理厂要在2050年前，将废水处理中的甲烷和 N_2O 排放量减少20%以上。这可以通过优化处理废弃物的运行环境并采用更有效的处理技术来实现。

实现进一步雄心方案的替代技术选项

许多情况下，在我们的进一步雄心方案中，会有其他技术或行为方法来实现部分或全部的温室气体减排。在废弃物部门，这些技术选项包括预防废弃物产生的措施，例如：通过流程设计，延长产品寿命，并根据向循环经济的转型对材料进行再利用。更好地管理传统垃圾填埋场可以进一步减少排放，但这需要进一步的数据和探索以予以全面评估。

探索性方案的技术选项

我们的探索性方案与减少食物浪费的社会变化有关：

• 到 2025 年，整个英国可将食品浪费减少 20%，到 2050 年，这一比率将达到 50%。

(b) 实现零排放的时间表

第五次碳预算（从 2028 到 2032 年）已经致力于向净零排放方向取得重大进展。委员会确定的具有成本效益的途径，可以通过强化现有政策加以实现，其中包括到 2030 年，消除 5 种流向英格兰、威尔士和北爱尔兰垃圾填埋场的可生物降解的废弃物。

通过坚定的、精心设计的政策努力，有可能在 2020 年至 2050 年之间全面实现上述进一步雄心方案：

• 到 2025 年，英国所有郡的食品垃圾将减少 20%。这符合威尔士和苏格兰的减排雄心，但英国需要采取进一步的政策和措施，以使生产商、企业和消费者减少浪费。这些措施包括更积极地促进避免浪费，提高小户型家庭减少食物分量的可行性，以及就避免浪费技术进行交流。

• 到 2023 年，将强制性分类并收集可生物降解废弃物，以使消费者有时间调整和改变当前的废弃物处置习惯；到 2025 年，禁止 5 种可生物降解的废弃物流向垃圾填埋场；并最迟到 2030 年，实现 70% 的城市废弃物循环利用。

• 激励低成本技术，在 21 世纪 20 年代初，提高处理废水的运营效率。在 20 年代初，对更先进、更新的废水处理技术进行示范和测试，将有助于发展三四十年代进一步减少排放的技术选项。

此评估考虑了各种限制因素的实际变化速度：

• 地方政府需要时间来规划和实施废弃物回收设施的改造，并引入新的垃圾箱和垃圾车辆。企业需要转型，以提高资源利用效率和回收率，并投资于新的废弃物处理和处置设施。

• 可以使社会价值观从废弃物回收向更有效的回收利用和减少废弃物转变，并为转向循环经济提供一些缓冲时间。

•水务公司需要确定并提高水处理的运营效率。减少水处理过程中非二氧化碳排放的新技术的测试和试验将是必要的，以便在公司的自然投资周期内得到应用。

表8-1总结了减少废弃物排放的机会。

表8-1 减少废弃物排放的机会

来源	2030 第五次碳预算剩余排放量（MtCO₂e）	2050年"进一步雄心方案"下剩余排放量（MtCO₂e）	"进一步雄心方案"实现的最早日期	2050年的成本（英镑/tCO₂e）
垃圾填埋场排放： – 到 2025 年减少 20% 的垃圾废弃物排放 – 最迟于 2025 年禁止可生物降解废弃物的填埋 – 到 2025 年回收利用剩余垃圾的 70%	3.6	1.3	2050年	减少食物浪费是节约成本的。 禁止可生物降解废弃物的填埋和70%垃圾的回收利用： 30 ~ 100 英镑
废水处理	4.5	3.5	2050年	操作成本低。 技术解决方案成本高

来源：CCC analysis. 基于英国环境、食品及农村事务部和 Wrap 分析的减排措施。

注：2030 年和 2050 年排放量包括所有温室气体；英镑/tCO₂e 成本数字表示 2050 年已实施措施的平准化成本，并且适用于同一排放源的多个减排措施均值。

8.4 在废弃物部门实现深度减排的成本和效益

我们评估成本和收益的总体方法在本技术报告的第 1 章中进行了概述，并在随附的建议报告的第 7 章中进行了完整阐述。

我们考虑在废弃物部门采取如下减排措施：

•消除垃圾填埋场中的可生物降解废弃物，并提高回收率，可带来如下成本节约[①]：

——为家庭和市政部门提供废弃物分类回收的额外资本支出、新车的资本支出以及新员工的额外运营支出的减少。

---

① Defra（2019）*Consistent municipal recycling collections in England.Impact Assessment（IA）.*

——仅使用一类车回收干可回收废弃物和食品垃圾而节省成本；减少材料回收设施的分类而节省成本；出售分类回收的干回收废弃物而增加收入；增加了将不同废弃物输送到替代处理厂的入场费用（例如，厌氧消化/机械生物处理），并减少了垃圾掩埋场的入场费用。

——成本估算存在很大的不确定性，其不确定性取决于诸多因素，例如：未来废弃物的数量以及家庭如何对其进行分类；废弃物的可生物降解程度及其随时间变化的降解方式的变化；垃圾填埋场的封场处理；评估是否考虑到上游材料使用量的减少；以及对其他废弃物处理设施成本的影响（如厌氧消化、机械生物处理和废弃物处理厂的能源）。

● 减少食物浪费可为家庭，食品生产、批发和零售，以及服务方面的公司节省成本。

● 优化现有的水处理操作和流程是低成本的。更加先进的技术解决方案可能会带来更高的成本和目前未经检验的影响。

总的来说，实现进一步雄心方案将废弃物部门的排放减少到约 7 $MtCO_2e$ 与不采取任何行动的情景相比，意味着每年的总成本在 2050 年约为 1.1 亿英镑[①]（以2018 年的实际价格计算）。

下一节将考虑方案将如何实施，包括需要设计政策以确保执行关键措施的行为能够得以实现。

8.5　在废弃物部门实现深度减排

(a) 实施方案所需的条件

在我们的"进一步雄心方案"中，实现减排目标将需要各级政府强有力的领导，并需要个人和企业采取行动。表 8-2 总结了我们根据第 1 章中阐述的方法对多个方面减少温室气体排放的主要机遇所面临挑战的评估。图 8-7 列出了需要进行关键改变的时间表。

● 最晚在 2025 年前，禁止所有可生物降解废弃物进入垃圾填埋场，并提高其他废弃物的回收率，这要求在此日期之前，对所有地方政府（LAs）中强制性进行分类废弃物回收进行立法。公共部门应带头处置其楼宇以及学校、医院和其他公共建筑中的废弃物。

---

① 不包括不可用的废水处理费用。

表8-2 废弃物部门减排措施面临的挑战评估

来源	减排措施	障碍和实施风险	资金机制	协同效应和机会	替代技术选项
填埋	减少食物浪费	消费者意识和社会变革 ●	节约成本 ●	提高土地使用、制造、包装、加工和服务业方面的资源利用效率 ●	禁止食品废弃物填埋
填埋	禁止生物可降解废弃物填埋并提高垃圾回收利用率	地方政府提供废弃物分类回收并改变消费者行为	纳税人	提高制造业的资源利用效率 沼气生产 厌氧消化生产	减少需求，增加整个经济系统中产品的再利用
废水处理	实施运行和技术措施	了解各种选项 ●	企业/消费者	沼气的捕获和使用 ●	

来源：CCC analysis.

注：表中的措施评级基于以下标准：如果有证据表明某项措施特别难以实施，则"障碍和实施风险"的评级为"红色"，否则为"绿色"或"琥珀色"；如果某项措施的实施成本高，对企业的竞争力有负面影响，或对家庭有负面影响，则"融资机制"被评定为"红色"，否则为"绿色"或"琥珀色"；当有证据表明有积极的"协同效应和机会"时，这些项目被评定为"绿色"，否则将不给予评级。

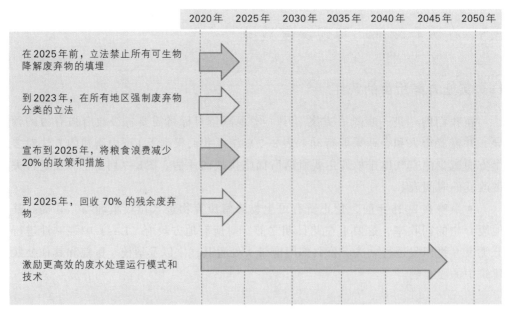

图8-7　实现废弃物部门温室气体净零排放的关键决策和变革时间表

来源：CCC analysis.

● 私营部门需要对替代废弃物处理设施——厌氧消化、机械生物处理和焚烧等——进行额外投资，以处理从垃圾填埋场分类出来的废弃物。如果这种情况没有发生，就有废弃物境外转移的风险。

● 需要进行社会变革以减少食物浪费和增加回收利用。为了减少食物浪费，需要信息和建议，也需要采取措施，例如在超市中供应不同份量的食品，以及在服务和其他部门使用较小尺寸的盘子。要进行回收，需要告知人们以这种方式处理废弃物的价值和重要性，并使其能够通过分类废弃物回收箱来处理。提高消费者对废弃物影响的认识对于这些措施的成功实施至关重要，这些措施必须在2025年之前实施。

● 废水处理公司需要评估并实施运营措施，以减少21世纪20年代水处理产生的温室气体排放。需要在二三十年代及时示范更先进的废水处理技术和流程，以在2050年之前推出，并使之与投资寿命保持一致。

这一领域的进一步创新可发挥如下作用：

● 通过传感器对废弃物移动/数据进行数字记录，使地方政府（LAs）能够跟踪和监控压实机溢满程度、垃圾回收路线等活动。然后，可以针对容量且需要收集的垃圾箱情况调整收集路线，从而减少运输时间和燃料成本。

● 智能包装。例如智能包装可以为消费者提供食品新鲜度的改善信息，其吸收包装中氧气的物质可使食品的保质期延长。[1]

● 未来，机器人技术可被用来将废料粉碎成微粒，然后将其用于识别不同类型的材料并以纯净形式回收它们，以便工业上可以重复使用。这将有助于减少无法使用的废弃物，使之接近零。[2]

这些类型的创新可能有助于实施方案，但没有在本报告中考虑。

主要的不确定性和风险包括社会行为和态度的重大变化，减少浪费和增加回收是实现我们的方案所必需的。公共部门（学校、医院和地方政府（LAs））以及服务业的支持性政策和措施以及卓有成效的领导有助于形成新的行为。

在尽量减少废水处理排放的运行措施以及更先进技术的有效性和成本方面，也存在不确定性。

---

[1] Veolia *Imagine 2050 The future of water wate and energy.*
[2] Veolia *Imagine 2050 The future of water wate and energy.*

(b) 推动废弃物部门深度减排的关键政策启示

本报告的宗旨并非确定一套完整的政策来实施推广上述方案。不过，在考虑制定英国净零排放目标时，政府和议会应应充分领会本报告对重要高阶政策的启示：

- 应出台政策和措施确保到2025年，将可避免的食物浪费减少20%。这些措施包括更积极主动地避免浪费，提高适合小型家庭分量的食物可获性，以及增加有关预防浪费技术的交流等。

- 中央政府和地方政府应立法，最迟在2025年之前强制性禁止5种废弃物中的可生物降解废弃物的填埋。为了实现这一目标，需要到2023年，实行废弃物分类回收，并采取措施，最迟在2030年，将城市回收率提高到70%。这应当得到致力于提高消费者对回收重要性认识的运动和扩大生产者责任计划的支持。

- 中央政府和地方政府应与废水处理公司合作，全面评估减少废水处理排放措施的范围和成本，并制定到2050年实施这些措施的战略。

委员会向议会提交的年度进度报告包含我们详细的进展评估。我们2018年6月的报告识别了需要加强政策以实现现有减排雄心的诸多领域。这些是支持英国实现净零排放目标而付出更多努力的必要条件——我们将在2019年7月的进展报告中进一步公布相关进展。

第9章 含氟气体排放

简介及关键信息

本章阐述了含氟气体排放的情景，这些情景为委员会研究英国、苏格兰和威尔士的长期排放目标提供了咨询意见。本章借鉴了一些超越欧盟现有法规成本效益的减排措施的新证据。

与其他温室气体相比，含氟气体（F-gases）排放量非常小，但其具有的全球增温潜势大约是二氧化碳的23 000倍。含氟气体在英国的许多部门被用作制冷剂、气溶胶、溶剂、绝缘气体或泡沫发泡剂，其也可能在其他工艺过程中泄露而导致排放。由于其对气候的破坏性影响极大，含氟气体应当仅限于用在缺乏有效替代品的领域。

本章主要内容如下：

● **背景**。2017年，含氟气体排放量占英国温室气体排放量的3%，比1990年低14%。2017年的排放量比排放量最高的1997年低40%，主要原因是卤化碳生产工厂的减排技术将含氟气体泄漏减少了99%以上。目前，含氟气体最大的排放源为制冷机、空调和热泵（RACHP）等，这些电器的制冷剂泄漏使得含氟气体的排放量增加。

● **核心方案措施**。《2014年欧盟含氟气体法规》、《2006年移动空调（MAC）指令》以及《联合国蒙特利尔议定书基加利修正案》（专栏9.1），形成了一个强有力的国际框架以减少含氟气体的排放。至关重要的是，英国至少要保持与欧盟含氟气体法规一样强大的监管框架，才能在2050年，与1990年的水平相比，将含氟气体排放量减少80%。

● **"进一步雄心方案"措施**。我们的进一步雄心方案包括采取更多具有成本效益的行动，减少RACHP部门的排放，以及转向具有更低气候影响的医疗吸入器设备。这需要在RACHP部门加强监管，并采取措施克服临床医生和患者之间的信息和行为障碍。综合起来，进一步雄心方案可以带来额外1.2 MtCO$_2$e的减排，其排放量比1990年的水平低86%。

● **探索性方案**。我们识别了减少含氟气体排放的探索性方案。这些技术选项要么被认为不具有成本效益，要么尚未出台技术示范。探索性方案可为RACHP

部门、高压电网绝缘、碳氢化合物生产和镁铸造过程减少 0.2MtCO₂e 的排放。

● **成本和效益**。在我们的进一步雄心方案卜，2050 年，将使含氟气体的排放量降至近零，减少含氟气体排放的行动预计每年约节省 1 亿英镑（以 2017 年价格水平）。其中，RACHP 部门约净节省 1.2 亿英镑，其他部门的净成本约为 2 000 万英镑。

● **实施**。英国目前的首要任务是继续参与制定欧盟含氟气体法规，或制定并实施至少同样强大的监管制度。除此之外，还需要加强对 RACHP 部门违规情况的培训、认证和监测，采用计量吸入器的替代品，并考虑采取监管办法以进一步减少 RACHP 部门的排放。

我们的分析包括 5 个部分：

1. 当前和历史含氟气体排放
2. 减少含氟气体排放
3. 含氟气体最小化排放情景
4. 实现含氟气体深度减排的成本和效益
5. 实现含氟气体深度减排

9.1 当前和历史含氟气体排放

2017 年，英国含氟气体排放水平为 15MtCO₂e，占英国温室气体排放总量的 3%（见图 9-1）。排放量比 1990 年的水平低 14%，比 1997 年的峰值水平低 40%。

含氟气体总排放体积较小，然而它们吸收热量的效率非常高，释放到空气中的部分含氟气体会在空气中存留好几百年。因此，它们的每个分子对气候的影响都很大，在国际排放核算中，它们使用的全球增温潜势值（GWP）都比较高。

所有温室气体的气候影响都可以与二氧化碳（CO₂）进行比较，而二氧化碳的 GWP 值被定义为 1。随着我们对含氟气体气候影响研究的逐步开展，含氟气体核算方法的变化可能会导致英国温室气体排放清单发生重大变化。用下一代 GWP 值来替代当前 GWP 值，预计到 2050 年，英国最新排放清单的含氟气体排放量的总体影响较低（2017 年，约为 1MtCO₂e）（净零排放建议报告，专栏 5.1）。

英国排放清单中包括 4 种含氟气体，它们是：氢氟烃（HFCs）、全氟化碳（PFCs）、六氟化硫（SF₆）和三氟化氮（NF₃）：

● HFCs（2017 年，占含氟气体排放总量的 94%）用于制冷机、空调、气溶胶和泡沫、定量雾化吸入器和消防设备。其在这些产品的制造、寿命期和处置过程中排放，可在大气中停留长达 270 年。

● SF₆（4%）主要用于电网绝缘、镁铸造和军事设备。它在大气中可存活约

3 000年。

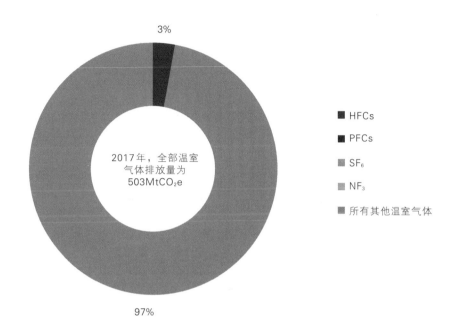

图9-1　当前的含氟气体排放

来源：BEIS（2019）*Final UK greenhouse gas emissions national statistics: 1990-2017.*

● PFCs（2%）的排放主要来自电子产品和体育用品的制造。其也是铝和卤代烃的副产品，其在大气中的寿命从2 600到50 000年不等。

● NF_3的排放目前非常少，主要来自半导体制造。NF_3在大气中可存活约700年。

2017年，含氟气体最大的排放源为制冷和空调系统（78%），这主要是因为自消耗臭氧的氯氟烃（CFCs）的逐步淘汰，这些系统大都使用HFCs。其他含氟气体排放来自技术气溶胶和定量雾化吸入器（11%），以及消防设备和泡沫等其他来源（11%）。

英国含氟气体排放总量在1997年达到峰值，为$25MtCO_2e$，其中约80%来自生产过程。1997年至2000年期间，由于采取了减少生产过程中含氟气体泄漏的措施，含氟气体排放量大幅下降。从2001年至2015年，含氟气体排放量呈缓慢增长趋势，主要原因是英国对空调和制冷用制冷剂的需求增加（见图9-2）。从2015年至2017年，含氟气体排放量下降了约10%。

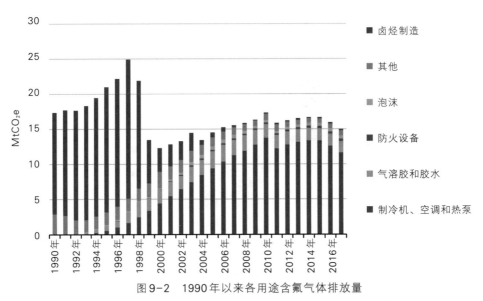

图 9-2　1990 年以来各用途含氟气体排放量

来源：BEIS（2019）*Final UK greenhouse gas emissions national statistics: 1990–2017.*

9.2　减少含氟气体排放

（a）低 GWP 值含氟气体替代物的作用

1990 年，**生产过程**是英国含氟气体排放的最大来源。由于在卤烃生产场所采用了减排技术，含氟气体的排放量在 1997 年至 2001 年间大幅下降（见图 9-2）。目前，进一步采用减排措施对减少含氟气体排放的效果很小。

英国已经制定了一个强有力的国际法律框架，即通过《2014 年欧盟含氟气体法规》、《移动空调（MAC）指令》和《联合国蒙特利尔议定书基加利修正案》（专栏 9.1）来减少含氟气体的排放。这些立法是近年来向低 GWP 值含氟气体替代品转变的关键驱动力。

专栏 9.1　含氟气体排放的国际政策

有三项主要政策可以推动减少含氟气体的排放，包括《2014 年欧盟含氟气体法规》、《2006 年移动空调（MAC）指令》和《联合国蒙特利尔议定书基加利修正案》：

• 《2014 年欧盟含氟气体法规》于 2015 年 1 月在英国正式生效。它在《2006 年欧盟天然气管制措施》的基础上，推出了如下新措施：

　　—该法规对允许生产商和进口商进入欧盟市场的HFCs数量设定了全欧盟范围的上限。上限将每3年下调一次，直到2030年，达到2015年的79%。

　　—HFCs的某些用途不受管制，包括医疗用途、军事装备和半导体制造。SF_6和PFC的排放量未设上限。

　　—该法规禁止在许多新型设备中使用含氟气体，并在许多新型设备中使用有害程度较低的替代品，如家庭或超市的冰箱、空调、泡沫和气溶胶。

　　—该法规加强了强制性"管理措施"方面的现有义务，包括定期检查和修理泄漏、寿命终了时气体回收、记录保存、技术人员培训和认证以及对产品设置标签。

　　•《2006年MAC指令》侧重于减少新车和面包车中空调使用中含氟气体的排放。从2017年开始，所有新车和面包车都必须使用GWP值小于150的替代物质。

　　•《联合国蒙特利尔议定书基加利修正案》为发达国家和发展中国家规定了控制HFCs的生产和消费的途径，其类似于《2014年欧盟含氟气体法规》。根据该修正案，发达国家的HFCs将通过增加目标，到2036年排放量削减至86%。这些计划比《2014年欧盟含氟气体法规》中2034年的目标更加严格，因此上述修正案的减排目标也更加雄心勃勃。欧盟计划在2022年，将《2014年欧盟含氟气体法规》的雄心延伸到2030年，英国也于2017年11月批准了上述修正案，该修正案于2019年1月起生效。

　　铝生产过程中的PFCs排放在欧盟排放交易体系下实现了定价。

　　2017年，**制冷机、空调和热泵**含氟气体排放量占含氟气体总排放量的78%。HFCs使用范围广泛，因为其非常适合在RACHP中应用。

　　《2014年欧盟含氟气体法规》大大限制了HFCs在新的RACHP系统中的使用。委员会指出，有20多种正在使用或最近商业化的低GWP值的制冷剂，其中8种超低GWP值都低于10。[①]

　　多年来，RACHP市场的某些部门一直在使用非氢氟碳化合物制冷剂。自21世纪初以来，英国国内冰箱大规模使用碳氢化合物（如丁烷），许多大型工业制冷系统都使用氨。

　　RACHP市场的其他领域已经取得了"非常好"的进展，超低GWP值替代制冷剂已经商业化并用于新设备：小型密封压缩机被用于商用制冷、冷水机组空调、汽

---

　　① Ricardo and Gluckman Consulting (2018) *Assessment of the potential to reduce UK F-gas emissions beyond the ambition of the F-gas Regulation and Kigali Amendment*.Table 3-2.

车和面包车中的移动空调装置等。

定量雾化吸入器（MDIs）通常使用含氟气体（HFA 134a 和 HFA 227）作为推进剂，在英国每年的排放量约为1MtCO₂e。干粉吸入器（DPIs）是MDIs的有效替代品。目前，英国所有的吸入器中，约有25%是DPIs，这一比例远低于许多欧洲国家。①

自2018年1月以来，英国禁止使用GWP值超过150的HFC**技术气溶胶**。HFC必须符合国家安全标准（出于易燃性考虑，则技术气溶胶不受这一禁令约束，但在绝大多数情况下，可提供低GWP值替代品）。

（b）进一步减少排放的技术选项

现有政策预计可在2017年至2030年间实现65%的含氟气体减排。大多数减排将在RACHP部门实现，其他部门的含氟气体排放量可降至近零。

对含氟气体排放量的预测表明，《2014年欧盟含氟气体法规》将在以下几个部门实现显著减排：

- **RACHP**：排放量下降了75%，从2017年的12 MtCO₂e降至2030年的3MtCO₂e。
- **技术气溶胶**：在禁止使用高GWP值含氟气体之后，2017年至2022年间排放量下降了94%，降至0.05MtCO₂e以下。
- **消防系统（FPS）**：到2030年，排放量将下降约2/3，到2038年将降至零排放。
- **新型泡沫制造**：在2022年禁止使用高GWP值含氟气体作为发泡剂之后，2023年其排放量将降至零。
- **气体绝缘开关设备（GIS）**：预计电网中GIS的排放量将缓慢下降（2017年至2030年为35%），因为较旧的SF₆设备被现代设备所取代，对SF₆的控制更好，泄漏水平更低。

进一步将排放量降至零，需要用危害更小的替代品取代MDIs，并在减少RACHP部门排放量方面取得进一步进展：

- 到2027年，将MDIs转换为DPIs和低GWP值的替代品是可行的，且具有成本效益，可减少90%以上的排放，几乎实现近零排放（低于0.2MtCO₂e）。
- 此外，可在RACHP部门部署其他具有成本效益的措施，到2030年，可进一步减少0.2MtCO₂e的排放。

现有和未来的含氟气体法规只有在采取适当的合规措施时，才会实现预期减排。环境审计委员会（Environmental Audit Committee）对含氟气体部门涉嫌不遵守有关

---

① House of Commons Environmental Audit Committee（2018）*UK Progress on reducing F-gas Emissions.*

制度的情况表示关切，并建议增加检查次数，扩大对处理制冷剂工人的培训，并定期审查其遵守制度的有效性，包括对违反制度排放含氟气体的行为进行新的民事处罚。[1]

（c）含氟气体部门减排面临的挑战

许多含氟气体排放源成本低，门槛低，相对容易减排。但是，有些排放源更具挑战性，主要是因为产品生命周期长或缺乏替代含氟气体的可行技术：

• **目前，来自 RACHP 部门的排放很少有低 GWP 值的替代品。**《2014 年欧盟含氟气体法规》已经推动从高 GWP 值向低 GWP 值（如 HFC-32）的替代气体转变，预计其将在 2040 年成为主要的 HFC 制冷剂。然而，目前其在替代方面取得的进展甚微。对于小型系统而言，丙烷等碳氢化合物制冷剂是不错的选择，但其高可燃性限制了碳氢化合物制冷剂的使用。超过 25% 的小型空调市场和 50% 的住宅热泵市场不太可能使用碳氢化合物。使用具有与 HFC-32 特性相似的超低 GWP 值制冷剂的可能性很小。[2]

• **泡沫的使用寿命和处置排放。**回收用于制造绝缘泡沫的含氟气体吹塑剂是极其困难的，因为很难将泡沫与相关的建筑材料分离。

• **当前来自 GIS 的排放。**高压开关设备的寿命长（长达 40 年）以及缺乏可立即投入市场的非 SF_6 替代品，这意味着加速更换现有 GIS 设备将非常困难，且成本高昂。

• **其他含氟气体排放源。**其他含氟气体的较小排放源很难减少排放，包括铝散源、半导体、溶剂、军事用途和实验室使用等，这也反映出缺乏有效的替代品。在减少卤烃生产和镁铸造方面的排放上，有可能还有进一步的空间。

（d）本报告使用的强有力的证据基础

本报告中，我们借鉴了第五次碳预算建议中的证据。根据 DECC 对截至 2035 年非二氧化碳温室气体的预测，到 2050 年，含氟气体排放量能够减少到 $4.3\ MtCO_2e$ 左右。

我们还采用了新的研究。2018 年 2 月，我们委托 Ricardo 和 Gluckman 咨询公司调查研究实现比现行含氟气体法规更快减排的可能性。其研究了减排措施的成本、非财务障碍和潜在的推广率。这项研究的结果表明，含氟气体的减排还有成本效益

---

[1] House of Commons Environmental Audit Committee（2018）*UK Progress on reducing F-gas Emissions.*

[2] Ricardo and Gluckman Consulting（2018）*Assessment of the potential to reduce UK F-gas emissions beyond the ambition of the F-gas Regulation and Kigali Amendment.*

提高的进一步可能性：

• 与《2014年欧盟含氟气体法规》相比，应进一步、更快地减少RACHP部门的排放量。具体行动包括使用有着低GWP值制冷剂（例如碳氢化合物或二氧化碳）的设备，用低GWP值制冷剂取代某些现有设备中的高GWP值制冷剂，并进一步降低泄漏率。

• 在中小型建筑空调市场，目前没有超低GWP值且不易燃的替代制冷剂，工业领域尚未开始开发这些制冷剂。然而，汽车空调市场最近的发展表明，开发使用替代低GWP值制冷剂的同类系统可能有一些潜力。

• 高GWP值定量吸入器（MDIs）成本效益高的替代品可保持现有吸入器的临床有效性。潜在的替代品包括干粉吸入器和含有低GWP值推进剂的MDIs。在大多数欧洲国家，DPIs的使用已经超过MDIs。在英国，虽然DPIs可以很快取代MDIs的使用（3至5年的时间），但低GWP值的MDIs的引入可能需要长达10年的时间，因为替代的低GWP值的MDIs处于高级发展阶段，尚未市场化。

• 利用目前的技术，加速从电网绝缘层（GIS）减排的成本并不高。随着设备的更换，从现在到2050年，排放量预计将缓慢下降。

9.3 含氟气体最小化排放情景

(a) 实现零排放的技术选项

如第1章所述，我们提出了三类将含氟气体排放量削减为零的技术选项：

• **核心方案**是那些低成本、低风险的技术选项，这些技术选项能够实现当前到2050年减排80%的目标。政府已经作出承诺，并开始制定政策（尽管在许多情况下，这些政策需要进一步加强）。

• **进一步雄心方案**的技术选项比核心方案更具挑战性，成本也更高，这些技术选项可能是实现净零目标所需要的。

• **探索性方案**的技术选项目前技术准备度低、成本高，或公众接受度低，导致它们不太可能全部可用。其中一些技术选项对于国内实现温室气体净零排放来说可能是需要的。

综合起来，预计这些措施将使含氟气体排放量到2050年降至非常低的水平（见图9-3）。

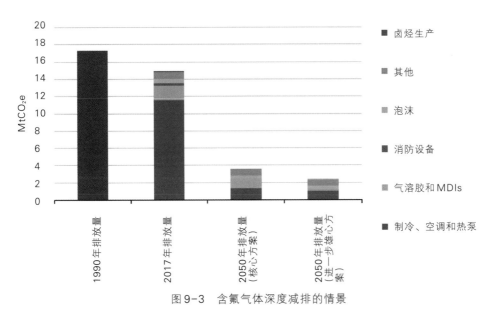

图9-3 含氟气体深度减排的情景

来源: BEIS（2019）*Final UK greenhouse gas emissions hational statistias:1990-2017*，ecc analysis.

核心方案选项

现有的《2014年欧盟含氟气体法规》和《联合国蒙特利尔议定书基加利修正案》已经涵盖了核心方案中这一部门的减排机会，但政策需要提供培训、认证和有效的执行制度，以确保这些减排工作得以实施。

如果英国停止参与制定欧盟含氟气体法规，它必须制定和执行一个至少同样强大的监管制度。这将包括：

- 到2030年，HFCs的市场总量比2015年水平低79%。
- 禁止在许多新型设备中使用含氟气体，而广泛使用危害较小的替代品。
- 强制性的"管理措施"，包括定期检查和维修泄漏、寿命终了设备的气体回收、记录保存、技术人员培训和认证以及制定产品标签。

综合起来，核心方案可在2050年实现每年在无政策基础上减少12 MtCO$_2$e的含氟气体排放。

进一步雄心方案选项

我们的"进一步雄心方案"将进一步减少含氟气体的排放，在目前没有可行的替代品的情况下，可使含氟气体的使用量尽可能减小。这些措施很可能实现英国现有的2050年减排目标，而且几乎能够实现净零排放目标：

- 到2027年以前，从MDIs过渡到干粉吸入器（DPIs）和低GWP值的替代品，这将减少约90%的排放。在此方案中，我们假设将沙丁胺醇MDIs替换为低GWP值的替代品，因为它们的成本比DPIs低。

• 旨在进一步削减RACHP部门排放的其他法规包括:

——减少在中型空调中使用R-410A（GWP值为2 088），代之以使用低GWP值的HFC-32（GWP值为675）的可变制冷剂流量系统。

——更广泛地使用丙烷分体空调。

——减少在小型商业、工业和船舶制冷中使用HFO/HFC混合物。

——改造现有设备以使用HFCs（R-134a系统和小型R-404A系统）。

——通过改进设计、维护和使用寿命终止恢复来减少泄漏。

综合起来，到2050年，进一步雄心方案可以实现每年额外减排1.2 MtCO$_2$e。

探索性方案

此外，委员会还确定了进一步减少含氟气体排放的探索性方案。该方案的技术选项要么不被视为具有成本效益，要么尚未有技术示范:

• RACHP部门设备采用低GWP值的替代品来替代HFC-32（0.2 MtCO$_2$e）。

• 采用气体绝缘开关设备（GIS）来加速周转（< 0.1 MtCO$_2$e）。

• 根据工业排放指令，环境局可以减少卤化碳（PFC）生产产生的排放（< 0.1 MtCO$_2$e）。

• 对镁生产中的SF6进行更严格的控制（< 0.1 MtCO$_2$e）。

综合起来，探索性方案可以额外减少0.4 MtCO$_2$e的排放。

（b）实现零排放的时间表

委员会为实现第五次碳预算而确定的具有成本效益的途径所要求的政策支撑至少应与《2014年欧盟含氟气体法规》和《2006年MAC指令》一样有力。如果实施得当，我们的最新分析表明，2017年至2030年间，含氟气体排放量将至少下降65%，到2030年将降至5 MtCO$_2$e左右:

• 从2017年到2030年，固定制冷装置的排放量将下降75%。

• 固定式空调的排放量将下降67%。

• 移动制冷机和空调的排放量将下降82%。

• 到2030年，消除气溶胶的排放。

《2014年欧盟含氟气体法规》和《联合国蒙特利尔议定书基加利修正案》将在2030年至2050年间继续对含氟气体的排放产生影响，但最终在2017年至2050年间，将含氟气体排放量减少76%。

通过坚定和精心设计的政策努力，在2020年至2050年间，可以全面地实施上述进一步雄心方案:

- 在 2028 年第五次碳预算开始之前，使用高 GWP 值推进剂的 MDIs 可以替换为 DPIs 和低 GWP 值的替代品。

- 2020 年至 2050 年间，随着旧设备被新的低 GWP 值替代品所取代，RACHP 部门可进一步减少排放。

这一评估允许在实际减排速度方面制定各种限制因素，而不需要大量早期的资产报废。例如：

- MDIs 的处方往往需要在远低于 1 年的时间内更新[1]，因此设备周转率不是 2030 年之前更换所有高 GWP 值 MDIs 的一个限制因素。

- 在汽车空调领域，从 2017 年 1 月起，禁止所有新车使用 R-134a 制冷剂。汽车的典型生命周期约为 14 年，[2]因此到 2030 年，绝大多数车型将改用新的低 GWP 值替代制冷剂。

- 在工业制冷领域，设备的典型生命周期超过 30 年。到 2040 年，只有一小部分设备仍在使用。

- 其他设备，如电网中的气体绝缘开关设备（GIS）的寿命可能长达 40 年[3]。随着开关装置的更换，2050 年后，其排放量可能会继续下降。

（c）含氟气体减排机遇的总结表（见表 9-1）

表 9-1 含氟气体实现净零排放的机遇

来源	2030 第五次碳预算剩余排放（MtCO₂e）	2050 年进一步雄心方案剩余排放（MtCO₂e）	实现净零排放或者进一步雄心方案最小值的时间	2050 年的成本（英镑/tCO₂e）
RACHP 部门	3.0	1.1	2040 年	−11
MDIs	1.2	0.2	2028 年	3
技术气溶胶	0.0	0.0	2020 年	10
消防设备	0.2	0.0	2038 年	10
泡沫（制造）	0.0	0.0	2023 年	0
泡沫（生命周期）	0.2	0.3	2050 年	0
其他	0.8	0.8	2050 年	24

来源：CCC analysis.

注：2030 年和 2050 年的排放量包括所有温室气体；英镑/tCO₂e 的成本数字是 2050 年实施措施的平均减排成本，是适用于同一排放源的多种减排措施的均值。我们假设低 GWP 值吸入器取代现有的沙丁胺醇 MDIs。如果 DPIs 取代了沙丁胺醇 MDIs，这将导致更高的成本（高达 100 英镑/tCO₂e）。

---

[1] NHS Nene CCG（2012）*Inhaler Repeat Prescriptions.*

[2] SMMT（2018）*Automotive sustainability report.*

[3] Ricardo and Gluckman Consulting（2018）*Assessment of the potential to reduce UK F-gas emissions beyond the ambition of the F-gas Regulation and Kigali Amendment.*

9.4　实现含氟气体深度减排的成本和效益

本报告第1章总结了我们评估成本和收益的总体方法，并在所附建议报告的第7章中对此进行了全面阐述。

与高GWP值替代品相比，我们的含氟气体净零排放方案中包括的一些技术选项成本更低，特别是在RACHP部门，一些其他选项可能成本更高昂（见表9-1）：

● RACHP部门的成本节省通常是由于能源需求降低或泄漏减少。这些节省足以抵消低GWP值制冷剂设备的边际资本成本以及因制冷剂增加的任何成本。

● 总而言之，这些成本意味着，与理论上不采取任何行动相比，在2050年，将含氟气体排放量削减至近零与我们进一步雄心方案的减排目标相一致，每年总共节省的成本约为5 000万英镑（以2017年的价格计算）。这可以通过RACHP部门（净节省约为1.5亿英镑）和其他部门（净成本约为1亿英镑）来实现。

● 从现在到2050年，由于设备以恒定的周转率更换，这些成本和节省与预期大致一致。

下一节将考虑如何实现方案，包括需要设计政策以确保得到含氟气体使用者的认可。

9.5　实现含氟气体深度减排

(a) 实现减排方案所需的条件

在我们的"进一步雄心方案"下实现减排，需要政府各级强有力的领导，并得到群众和企业行动的支持。

根据第1章中阐述的方法，表9-2和图9-4中总结了含氟气体减排的多个维度的挑战。

表9-2　　含氟气体关键减排技术多维度的挑战评估

来源	减排措施	障碍和实施风险*	资金机制	协同效应和机遇	替代技术
RACHP部门	低GWP值制冷剂和尽量减少泄漏	市场主导开发低GWP值系统，以与设备周转率保持一致● 培训、认证和不合规●	通过更高的前期成本，为消费者节省了净成本 消费者、英国环境机构●	能效●	需求减少

续表

来源	减排措施	障碍和实施风险*	资金机制	协同效益和机遇	替代技术
MDIs	DPIs 和低 GWP 值的 MDIs	临床医生和病人缺乏认知 ● 低 GWP 值 MDIs 的开发和临床测试 ●	NHS 和（全球）MDI 用户 ●	降低 DPI 用户的错误率 ●	如果没有开发出低 GWP 值的 MDIs，则将扩大 DPIs 的部署范围
消防设备、气溶胶、泡沫	现有的低 GWP 值替代品	培训、认证和不合规	**消费者** ●		

来源：CCC analysis.

注：表中措施的评级基于以下标准：如果有证据表明某一措施特别难以实施，则"障碍和实施风险"被评定为"红色"，如果没有证据表明某项措施特别难以实施，则评为"绿色"或"琥珀色"；如果某项措施的实施成本较高，会对企业竞争力产生负面影响或对家庭产生不利影响，则"资金机制"被评为"红色"；否则评为"绿色"或"琥珀色"；当有关于积极的"协同效应和机遇"的证据时，这些被评为"绿色"，否则不给予评级。

图9-4　为含氟气体部门实现净零排放方案作出关键决策和变化的时间安排
来源：CCC analysis.

RACHP部门的市场主导创新。其许多子部门已经在市场上销售低GWP值系统，但还未在其他子部门中推广。这些系统通常是位于公共出入区的中型系统，对于安全使用易燃制冷剂来说，其体积太大，但是对于摆放在限制进入的区域来说，其又不够大。由于从欧盟温室气体排放总量上限制了氢氟碳化合物的供应，并增加了对低 GWP 值替代品的需求，预计工业界将开发能够使用现有低 GWP 值制冷剂的新设备。[①]

RACHP 设备的资本成本。随着 HFCs 上限的收紧，转向使用低 GWP 值制冷剂的 RACHP 系统可能还需要改变投资模式：

• 低 GWP 系统通常更昂贵（将小型空调单元改用丙烷只需 50 英镑 ~ 100 英镑，对于船舶制冷设备，成本约为 4 000 英镑），但由于产品生命周期内效率的提高，可实现净成本节约。

• 国内设备资本成本的任何增加都可能很小，而对大型商业和工业 RACHP 设备的改变不太可能禁止企业获得资本和更长的投资回收期。

低 GWP 值 MDIs 的发展：NHS 可持续发展部指出，DPIs 的临床错误率低于 MDIs，但并不适合所有患者，特别是幼儿和老年使用者。用于 MDIs 的低 GWP 值替代气溶胶尚未上市，但有三种替代方法正在开发中：

• 资助低 GWP 值 MDIs 临床检测的开发费用预计将高达 2 亿英镑，但这些费用将被分散到国际吸入器市场。作为 MDIs 的主要消费者，英国有望在 21 世纪 20 年代初贡献 5% 到 10% 的开发成本。

• 一旦开发出符合临床标准的替代品，生产成本预计将与当前的 MDIs 相当，并且可以不向 NHS 增加额外成本。根据保守的估计，低 GWP 值的 MDIs 在英国的减排成本低于 20 英镑/tCO_2e。

克服知识和行为障碍。通过教育、培训和认证克服这些障碍对于处理含氟气体制冷剂的 RACHP 部门工人以及开处方和使用 MDIs 的临床医生和患者尤其重要：

• 由于欧盟总量上限导致对低 GWP 值替代品的需求不断增加，因此，拥有熟悉其用途的经过培训的合格技术人员非常重要。

• 委员会的新研究发现，缺乏对 MDIs 的高 GWP 值的认识，英国开出的 DPIs 处方比大多数其他欧盟国家少，然而 DPIs 对很大一部分患者更有效。这种知识的缺乏是摆脱 MDIs 使用的行为障碍。环境审计委员会证实了这一发现，其报告说，英国对 DPIs 的接受率低，部分原因是患者和全科医生对 DPIs 作为替代药物的认识不足。

• 此外，由于患者不愿意更换，因此采用替代吸入器可能存在行为障碍。临床

---

① Ricardo and Gluckman Consulting（2018）*Assessment of the potential to reduce UK F-gas emissions beyond the ambition of the F-gas Regulation and Kigali Amendment.Table 3-4.*

医生和患者必须了解 DPIs 和低 GWP 值 MDIs 的等效（或更好）性能以及环境效益。

（b）推动含氟气体深度减排的主要政策启示

本报告的宗旨并非确定一套完整的政策来推广实施上述方案。不过，在考虑制定英国净零排放目标时，政府和议会应充分领会本报告对重要高阶政策的启示。

• **保持至少与欧盟含氟气体法规一样强大的监管框架**。英国已经通过立法建立独立于欧盟配额的配额制度。[①]Defra 承诺维持与欧盟含氟气体法规相同的削减百分比。[②]

• **尽量减少不合规，特别是在 RACHP 部门**。环境审计委员会报告了涉嫌不遵守有关法规情况的证据，《2014 年欧盟含氟气体法规》的出台带动了对低 GWP 值制冷剂的需求，且环境局缺乏进行适当检查的资源。

• **增加对含氟气体用户的培训和认证**。《2014 年欧盟含氟气体法规》和《2006 年 MAC 指令》不需要对以前接受过法规培训的工人进行回顾性培训，允许未经培训的市民将高 GWP 值制冷剂用作自己汽车空调装置的制冷剂。政府应咨询业界的意见，并提出建议，以确保所有处理制冷剂的人士都经过最新的培训。

• **促进 DPIs 的使用**。这可能需要皇家全科医师学院（Royal College of GPs）、英国胸腔学会（Royal College of GPs）、国家健康与护理卓越研究所（National Institute for Health and Care Excellence）和 NHS 可持续发展部等组织的参与。

委员会提交议会的年度进展报告包括我们对政策进展的详细评估。我们 2018 年 6 月的报告[③]识别了加强政策可以实现具有成本效益的减排的若干领域。这些是支持实现英国净零排放目标所需的必要条件，我们将在 2019 年 7 月的报告中进一步公布这些目标的实现情况。

---

① 《2019 年消耗臭氧层物质和氟化温室气体(修订等)(欧盟出口)条例》。
② Defra（2019）*Using and trading fluorinated gas and ozone-depleting substances: rules and processes if the UK leaves the EU with no deal.*
③ CCC（2018）*Reducing UK emissions, 2018 Progress Report to Parliament.*

第10章 温室气体去除

简介及关键信息

本章探讨了除土地利用部门考虑的那些"自然"温室气体去除的解决方案(如造林,见第7章)之外,从大气中去除温室气体在多抵消整个英国剩余排放方面的贡献。

我们从委员会最近开展的《低碳经济中的生物质》的工作中获得证据,并委托他人为本报告进行专门的证据审查,以评估温室气体去除的技术选择方案及其潜在的规模和可能的部署速度。

我们的主要信息包括:

• 潜力。英国有温室气体去除(GGR)技术的发展潜力,但是不能将此作为替代其他部门减排的依据。

• 可持续性。任何GGR必须以可持续的方式进行,而这需要强有力和全面的标准。处理得当的话,增加木材和生物质燃料的国内供应量的同时,也可以增强英国景观的生物多样性和应对气候变化的适应性,亦能够避免与粮食生产发生冲突。需要以相当强大的治理能力来确保任何进口的生物质都必须是真正低碳且可持续的。英国应处于标准制定的前沿。但在考虑大规模部署之前,应先解决其他陆上温室气体去除活动带来的负面影响(如风化和生物炭的增加)。

• 一些温室气体去除技术应在"**核心方案**"中考虑,这些技术将为实现当前80%的减排目标作出有效贡献。这些措施包括在建筑中使用木材,以及部署使用生物质进行碳捕集与封存(BECCS)(20MtCO₂e/年)。

• 要在英国实现净零排放目标,将需要一定程度地部署GGR。为了实现该目标,**进一步雄心方案**中还需要采取额外的措施,包括增加BECCS部署(每年总去除51 MtCO₂e)和增加建筑木材的使用,还应力争达到至少1 MtCO₂e的直接空气二氧化碳捕集和封存(DACCS)的水平。除了自然固存的31 MtCO₂e(见第7章)之外,该方案总共包含每年53MtCO₂e的去除量,代表建筑用木材与我们的土地使用情景二者中的重叠部分。

• 与此同时,还存在其他可从大气中去除更多二氧化碳的**探索性技术**选择,其中包括远远超过示范规模的直接二氧化碳捕集（如25MtCO₂e/年），额外使用基于进口生物质原料的BECCS，以及采用包括改善风化和生物炭的其他去除技术。但在今天，这些更具探索性的技术在部署规模、成本以及某些情况下可能产生的负面影响仍具有不确定性。

● **成本**。在"进一步雄心方案"下，到2050年每年减排53MtCO₂将需要花费约86亿英镑，而这些成本将主要用来部署BECCS。

● **政策**。现如今，必须制定政策以确保大规模的温室气体去除能够以适当的环保措施和相对较低的成本发展。与此同时，还需要采取措施鼓励温室气体去除，并支持创新以发展二氧化碳运输和储存基础设施，而这也是工业和能源生产脱碳所必需的。

我们的分析包括以下四个部分：

1. 温室气体去除的需求
2. 英国温室气体去除的潜力
3. 英国部署的温室气体去除方案
4. 创新、近期行动和不确定性

10.1 温室气体去除的需求

(a) 来自整个经济系统的剩余排放

本报告中提出的方案旨在最大程度地减少经济各部门向大气排放的温室气体。净零排放建议报告中的第5章总结了这些发展的可能性。

本章考虑了与各部门温室气体去除努力水平大致相当的方案：

● **核心方案：**

——核心方案是指那些低成本、低风险的方案，在大多数战略下，都可以在2050年之前，实现当前提出的减排80%的目标。

——实施核心方案中的措施，到2050年，各部门的剩余排放量将减少到214MtCO₂e/年，相较1990年的排放量减少75%。[①]

● **进一步雄心方案：**

——进一步雄心方案给出了一些实现净零排放目标所采取的必不可少的措施，而这些措施也是实现当前温室气体减排80%目标所需要的。与"核心方案"中的

---

① 土地使用部门的温室气体去除已经包括在其中。

减排措施相比，它们的部署可能更具挑战性，或者成本更高。

——实施"进一步雄心方案"的措施，到2050年，各行业的剩余排放量将减少到89MtCO₂e/年，相较1990年的排放量减少89%。

与此同时，每个部门还制定了一些"探索性"技术选项以进一步减少排放。其中的一些措施是实现净零排放方案所需要的，但目前来说尚不能完全依靠这些措施。

（b）委员会先前方案中的碳去除措施

在委员会先前方案中提出的到2050年实现温室气体净零排放的方法，除第7章介绍的基于土地温室气体去除方面的措施之外，在第五次碳预算的建议方案中还包括以下两种温室气体去除技术选项：

• **建筑木材**：采伐的木材可用作建筑材料，在建筑环境中创造额外的碳封存。当森林在采伐后恢复生长时，它们会重新吸收大气中的温室气体并增加碳汇。

• **运用碳捕集与封存的生物质能（BECCS）**：在这种能源利用模式中，已燃烧的生物碳能够被阻止进入大气中并被长期存储起来。

我们最近发布的两份报告《土地使用——减少排放为应对气候变化做准备》和《低碳经济中的生物质》中，更新了委员会对通过以下方法从大气中进行碳去除的潜力的评估：

• 使用木材建造的房屋和公寓占比大幅增加，可以使高达 3 MtCO₂/年的排放量通过建筑木材在建筑环境中长期储存，类似水平的贡献也可以通过在非住宅建筑中使用工程木制品（如交叉层压木材和胶合木）来实现。

• 根据低碳可持续生物质的可获得性，如果CCS技术得到发展，到2050年，每年可通过 BECCS 封存 20 ~ 65 MtCO₂。其中，可用于生产氢气、电力、航空生物燃料或工业生产的BECCS就能够有效利用有限的生物质资源。

• 我们还考虑到这样一种情景，在该情景中，英国应该作为封存CO₂的国际努力的一部分，其进口的生物质将会超过在全球资源中的"公平份额"。

——在这种情况下，如果使用BECCS，总生物质资源可实现高达 1.8 MtCO₂/年的去除量。

——《巴黎协定》第6条允许各国就减排行动进行双边合作。根据第6条的规定，大规模使用国外的生物质资源可能适合进行合作。这意味着，在英国的国际承诺下，并非所有来自进口生物质的减排量都将计入英国减排目标中，其中一部分将分配给出口国。但同时，这很可能会视具体情况而定，因此很难准确预测它们的长期发展趋势。

这些先前的方案，以及委员会已进行和委托进行的新工作，为本报告中使用的温室气体减排方案提供了依据。虽然我们在本章中提到了温室气体去除，但我们仅考虑到从大气中除去CO_2的方法，这是因为其他气体在大气中的浓度要低得多，因此更难去除。

(c) 有关温室气体去除的新证据

自委员会于 2016 年发布《巴黎协定下的英国气候行动》报告以来，英国和国际社会已针对CO_2去除有助于减缓气候变化的潜力开展了进一步的研究和评估：

- 到目前为止，美国国家科学院、欧洲科学院科学顾问委员会和皇家学会/皇家工程院已经对温室气体去除的解决方案和部署潜力进行了全面评估。与此同时，最近的政府间气候变化专门委员会全球升温 1.5℃特别报告也将这一方案考虑在内。[①]

- 皇家学会和皇家工程院发现，到 2050 年，英国有可能部署每年多达 130 Mt-CO_2e 的去除量。[②]与委员会之前提出的方案不同的是，来自生物炭、增强风化作用（EW）和直接空气二氧化碳捕集和封存技术（DACCS）的额外贡献也被考虑在内，详细内容见专栏 10.1。

- 政府通过自然环境研究委员会的温室气体去除研究项目对一系列涉及 GGR 技术的研究项目给予经济支持。

委员会已经审查了上述新信息，以评估 GGR 在英国的部署潜力。为了支持这项工作，英国能源研究中心的技术和政策评估小组进一步对 BECCS 和 DACCS 的要求、潜力和成本开展研究（专栏 10.2）。

本章分析了英国到 2050 年在建筑上使用木材和基于 BECCS 的去除技术的潜力，DACCS、生物炭和增强风化等额外 GGR 技术也被考虑在内：[③]

- **直接空气二氧化碳捕集和封存技术（DACCS）** 的原理是先使用化学试剂将CO_2从环境空气中分离出来，然后将被捕集的CO_2永久存储在地质构造中。

- **生物炭** 是生物质在低氧条件下热分解而形成的炭。这可以作为一种稳定的长期碳储存物添加到土壤中，其也有助于改善土壤肥力。

- **增强风化作用** 是将硅酸盐岩石散布在陆地表面，从而在地质时间尺度上自然地将空气中的碳固定下来。在这一过程中，通过磨削岩石来最大化其反应表面积，这样可以加快风化作用的速度。

这些方法仍被评估为发展当中，因此它们可能在 2050 年前后才能为英国温室气体净去除作出贡献。与此同时，还有其他一些 GGR 技术并没有在本报告中进行

---

① 政府间气候变化专门委员会也将很快发布一份关于气候变化和土地的特别报告，该报告将对包括 BECCS 在内的基于陆地的温室气体去除的潜力和后果提供额外的评估。

② 其中包括第 7 章所述的基于陆地的温室气体去除，以及本章所考虑的"工程"去除方法。

③ 第 7 章考虑了土地使用部门（包括植树造林）的温室气体去除情况。

详细评估，但我们已识别了包括其他GGR技术在内的英国减排方案可能出现的若干障碍，其中包括：

- 仍处于起步阶段的技术，因而很难有效地评估其部署潜力、成本和可能产生的副作用。
- 不适合在英国大规模使用的技术。
- 具有重大"非本地"（non-local）影响的方法。某些GGR技术（例如直接影响海洋环境的方法）最好在国际框架内考虑以确保治理得当。

随着研发工作的开展，对于特定的GGR技术，上述障碍有可能会得到解决。如果是这样，其他技术可能也会包括在未来英国温室气体去除方案之中。

专栏10.1　皇家学会（RS）和皇家工程院（RAE）有关温室气体去除的报告

皇家学会和皇家工程院于2018年9月发布了对英国和全球温室气体去除（GGR）潜力规模的评估报告。

- 它们认为，到2050年，在英国实现每年去除130 $MtCO_2e$ 在技术上是可行的（如图B10-1），但这也将极具挑战性。在这份报告中，没有详细探讨更广泛的可行性约束，包括实现大规模部署温室气体去除技术所需的可持续性和制度可行性。
- 实现如此大规模的温室气体去除将需要现成的能够立即得到大规模应用的GGR方法（如植树），还需要开发部署许多新的GGR技术，包括大规模应用BECCS和DACCS。

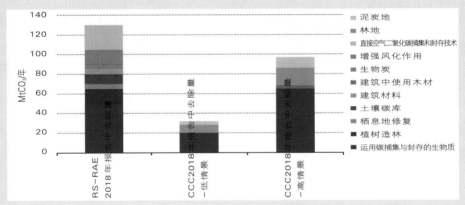

图B10-1　皇家学会和皇家工程院报告中以及CCC《生物质和土地利用报告》中的温室气体去除

来源：CCC (2018) *Biomass in a low-carbon economy*; CCC (2018) *Land use: reducing emissions and preparing for climate change*; Royal Society and Royal Academy of Engineering (2018) *Greenhouse gas removal*.

注：中间和右边的柱状图显示了CCC 2018年报告中去除量的高情景和低情景。所有柱状图都是关于2050年的。需要注意的是，在皇家学会和皇家工程院和CCC的某些类别（如林地）之间存在一些不完整和重复计算。

皇家学会和皇家工程院的报告提出了在英国发展大规模温室气体去除技术的一些关键行动：

- 在英国土地上迅速实现大规模的造林、栖息地恢复和土壤固碳。
- 建立激励或补贴制度，以鼓励土地实践的改变，特别是在土壤固碳方面。
- 鼓励改变建筑材料的使用，使用木材和碳化废料制造的混凝土。
- 制定监测和核查程序及计划，以追踪温室气体去除量的有效性。
- 大规模种植和进口可持续生物质，以满足对能源和温室气体去除的需求。
- 对英国农业土壤中增强风化作用和生物炭的温室气体去除潜力进行研究，并对 BECCS 和 DACCS 进行长期研究部署。
- 充分利用英国对适合碳捕集和封存的储层研究，以及相关的工程和行业专业知识，为运输和存储 CO_2 建立坚实的基础设施。

尽管委员会认为不宜在本报告中识别所有的温室气体去除技术，但委员会还是认为这些建议在其他方面也具有广泛适用性。

来源：Royal Society and Royal Academy of Engineering (2018) *Greenhouse gas removal*.

专栏 10.2　英国能源研究中心对 BECCS 和 DACCS 的证据审查

在委员会进行研究的同时，英国能源研究中心（UKERC）的技术和政策评估小组对 BECCS 和 DACCS 的成本和潜力进行了文献综述研究。

UKERC 的综述研究针对的是 BECCS 和直接空气捕集（DAC）的两个主要问题：

1.以实现英国的零净排放，这些技术可能对英国的二氧化碳去除和潜在的二氧化碳排放量减少作出哪些贡献？

2.在全球尤其是英国，这些技术的当前成本和预计成本是多少？预计成本削减的合理性如何（考虑到从规模经济和技术学习中获得收益的证据）？

在系统的文献研究中，我们选择了 170 份直接且潜在的相关文献。尽管该综述涵盖了自 2005 年以来发表的所有文章，但超过 70% 的文献发表于最近 3 年，这表明有关二氧化碳去除技术的研究在最近几年发展迅速。

大多数文献可分为以下五个主要类别：评论型研究（15%），BECCS 潜力的自下而上评估（20%），技术经济研究（30%），自上而下和综合评估研究（12%）和跨学科研究部署 BECCS 的政策环境、市场机会、价值创造和社会考虑因素（11%）。

来源：UKERC（2019）*Bioenergy with carbon capture and storage, and direct air carbon capture and storage: Examining the evidence on deployment potential and costs in the UK*.

10.2 英国温室气体去除的潜力

本节对不同温室气体去除方法可以去除大气中温室气体的程度进行分析并对以下几种技术进行介绍：

(a) 基于陆地的去除技术

(b) 建筑木材（WiC）

(c) 生物质能碳捕集与封存（BECCS）

(d) 直接空气二氧化碳捕集和封存（DACCS）

(e) 生物炭

(f) 增强风化作用

(a) 基于陆地的去除技术

在第7章中，基于陆地的温室气体去除技术作为我们的土地使用情景的一部分进行了详细介绍。进一步雄心方案中考虑的从大气中去除CO_2的技术选项包括：

● **林业**。每年约30 000公顷的造林加上积极的林地管理，能够实现到2050年，林地覆盖率从占当前土地面积的13%增加到17%，同时森林净碳汇增加到22 $MtCO_2e$/年（在BAU情景下，预计到2050年，森林净碳汇量将降至低于8 $MtCO_2e$/年）。

● **泥炭地**的恢复减少了向大气中排放的碳，但到2050年，泥炭地总体上仍是一个重要排放源。

结合起来，到2050年，所有基于陆地的温室气体去除活动的总去除量将达到30.9 $MtCO_2e$/年。

本章其余部分重点介绍其他类型的GGR，我们将其统称为"工程去除"。

(b) 建筑木材（WiC）

建筑木材的使用有助于建筑环境中碳的长期储存，其对从大气中去除碳的潜在贡献取决于未来房屋建筑的水平以及建筑过程中木材使用的程度。使用建筑木材的另一个好处就是避免了水泥和砖块生产中的碳排放，具体情况见第4章。

我们有关建筑材料的GGR方案来源于班戈生物复合中心（Bangor Biocomposites Centre）委托委员会开展的工作，同时这也是《低碳经济中生物质》报告的一部分。[1]这项工作得出的结论是，基于木材的建造方法与替代建造方法的成本大致相等，因此在我们的方案中，使用建筑木材去除 CO_2 不会产生额外成本。

我们的方案基于到 2050 年每年新建造的房屋数量不超过 32 万幢，这与政府的房屋建造雄心相一致，同时也考虑了建筑木材的碳汇水平：

● **核心方案**：木制结构房屋和木工程系统的比例与现今的比例相同（15%~28%）。[2]这将导致到 2050 年，每年去除 2 $MtCO_2e$，而现今的固碳量约为 1 $MtCO_2e$/年。

● **进一步雄心方案**：到 2050 年，木结构新建房屋的比例将超过 40%，而其中木工程系统以 5% 的比例发挥次要作用，这能够帮助实现到 2050 年，每年减少 2.3 $MtCO_2e$ 的排放。

● **探索性方案**：在这一方案下，到 2050 年，木结构房屋的比例能够上升到 80%，以期实现到 2050 年 3.2 $MtCO_2e$/年去除量的目标。为实现这一目标，人造木材系统将会以每年 10% 的增长率持续到 2027 年，之后到 2050 年这段时间年增长率将提高到 20%。

由于所得证据基础较为薄弱，因而此处并未包括非住宅建筑物的其他使用范围，这也就意味着这些方案总体而言比较保守。

下面是其他两种支持这些方案的假设：

● **国内木材**。尽管目前仅约一半的建筑木材来自英国国内，但从长期来看，所有需求都可以由国内资源满足，届时英国国内排放清单中只会出现由国内木材供应产生的建筑木材。这与我们在土地使用情景中关于植树造林规模扩大的目标相符。

● **寿命终止时的考虑**。我们假设建筑木材代表与地质储量等效的长期碳汇。由于房屋的使用寿命有限，这意味着我们在拆除房屋时，必须将木材回收到能源系统中并用于 BECCS。

建筑木材中的某些去除量同时也包括在土地使用方案中，在该方案中，伐木产品中的碳含量被作为森林碳储量的一部分。我们在整个经济系统的情景中考虑了可能重叠的去除量，以避免重复计算。

（c）生物质能碳捕集与封存（BECCS）

我们使用生物能源的方案是基于这样一个假设，即在最大程度上减少总温室气

---

① Bangor Bio-Composites Centre（2019）*Wood in Construction in the UK: An Analysis of Carbon Abatement Potential, Extended Summary* 的发表为 CCC（2018）*Biomass in a low-carbon economy* 提供了证据支持。

② 假设在这些方案中采用 28% 的最高值计算。

体排放的前提下，尽可能多地使用种植的生物质。这一点至关重要，因为英国可能会提供有限的、真正低碳且不会损害其他方面可持续性（例如粮食生产和生物多样性）的生物质的种植。在2018年《低碳经济中的生物质》报告中，我们对该资源的规模进行了详细评估。

在该报告中，我们更新了不同技术相对碳效率的评估。在能源系统内，我们得出结论，生物质应尽可能结合碳捕集和封存使用。当考虑将二氧化碳封存和替代化石燃料的CO_2排放组合时，BECCS的一系列应用（例如发电，制氢，生产航空生物燃料）可以提供类似的总体净减排量（见图10-1）。[1]

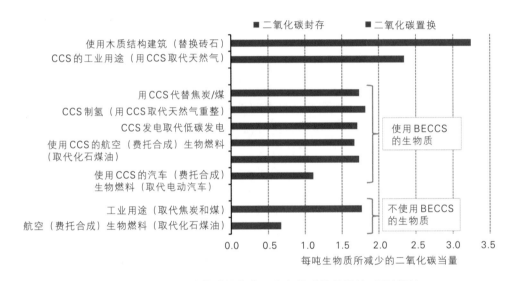

图10-1　使用不同生物质设备的温室气体减排量评估（更新图）

来源：CCC（2018）*Biomass in a Low-Carbon Economy.*

注：这张图显示了各部门使用烘箱干燥后的每吨生物质的温室气体减排估计值，考虑到最恰当的与事实相反的情况（我们预期的长期替代）。

在制订本报告的BECCS方案时，我们遵循使用碳效率最高的生物质的原则，但不超出我们对可持续的低碳种植生物量的总体估计：

● 对于全部生物质供应，我们考虑了《低碳经济中生物质》的报告（情景1和4）中关于"不良全球治理；英国低量供应"的平均值以及"全球治理与创新"情

---

① 就生物燃料的生产而言，能否达到类似水平的二氧化碳排放净减少量，取决于生物燃料能否取代化石燃料(例如在航空领域)。在可以消除化石燃料燃烧的其他应用(例如汽车)中使用,达到的净排放量将进一步减少。

景。到 2050 年，可用的种植生物质资源总量能达到约 200 TWh，相当于 2050 年英国预计一次能源使用量的 10% 左右。

- 从总数中减去不适合在 BECCS 中使用的湿废物生物质，最多有 173 TWh 的生物质潜力用于 BECCS。

在我们的**进一步雄心方案**中，生物质资源与 CCS 一起被部署在工业、生物燃料生产的最终用途中，以取代在航空和无天然气管道建筑以及在能源生产中的残留化石燃料。[①]

- 我们**工业**的方案识别了具有成本效益的技术选项，可通过部署使用约 13 TWh 的 BECCS 资源实现约 3.8 $MtCO_2e$/年的去除量。

- 在**航空**领域，我们通过使用可持续的生物燃料 +CCS 来满足高达 10% 的燃料需求，同时也可以确保其减少的排放量与种植的生物质的其他用途相似，这与我们的《低碳经济中的生物质》报告中的建议相一致。BECCS 在该部门的总固碳量约为 6.6 $MtCO_2e$/年，此外，由于航空中使用生物燃料可减排 3.3 $MtCO_2e$/年，一次总能源消费量为 32 TWh，生物煤油可提供 14 TWh。

- 在**燃气网以外的建筑物**中，我们假设混合供暖系统中使用少量生物液化石油气以补充热泵，占 15 TWh 的一次能源消费中的 7 TWh，通过替代化石燃料取暖可减排 1.3 $MtCO_2e$，而通过 BECCS 技术生产的生物液化石油气则可减排 3.4 $MtCO_2e$。

- 假定剩余种植生物质资源将与 CCS 技术一起用于**电力**部门，从而取代带 CCS 的燃气发电厂。该举措可提供 112 TWh 的电力，实现 35.4 $MtCO_2e$/年的去除量，也可以用于应用 BECCS 技术制氢来取代天然气 +CCS 制氢，其减排量非常接近。

- 我们的分析表明，在电力行业中，主要是基于生物质原来混合（国内为主，进口生物质比例小于 20%），BECCS 技术的成本为 158 英镑/tCO_2e。由于在工业和生物燃料生产中 BECCS 技术成本的证据基础薄弱，因此我们在"进一步雄心方案"中为此付出了所有 BECCS 成本。

总体而言，除了替代化石燃烧产生的 4.6 $MtCO_2$ 的排放量以及电力生产中 6% 的燃烧排放外，173 TWh 的生物资源的利用被认为可实现 51 $MtCO_2$ 的储存量。由于所有 BECCS 装置的碳效率大致相似，因此用于 BECCS 装置的不同生物质资源可产生的总温室气体去除量比较接近。

我们在**核心方案**中部署的 BECCS 量不到"进一步雄心方案"的一半，仅能实现在整个经济中每年减少 20 $MtCO_2e$ 的排放，是我们《低碳经济中的生物质》报告

---

① 如图 10-1 所示，将 BECCS 的全部适当资源分配给能源生产（发电和/或制氢），与我们所设想的混合 BECCS 路线所减少的总排放量非常接近。这意味着，与我们假设的 BECCS 应用组合相比，能源系统中的二氧化碳封存水平更高，化石燃料排放的替代水平更低。

中所估计的BECCS部署可行范围的下限。这种减排水平，与进一步雄心方案中没有使用CCS技术生产航空生物燃料的减排水平相当（仅相当约40%的BECCS减排量，见图10-1）。

在英国大量进口生物质的情况下，可以进一步部署BECCS技术，这被视为**探索性方案**的一种技术选择。由于低碳可持续生物质是全球脱碳努力中的一种既重要又有限的资源，因此，探索性方案仅在作为国际负排放努力贡献的考虑之内，相关内容详见建议报告的第4章。

(d) 直接空气二氧化碳捕集与封存（DACCS）

直接空气捕获二氧化碳（DAC）是使用化学过程从大气中吸收二氧化碳，然后将这些CO_2永久存储在地质储层中。目前，在全球范围内只有少量试验规模的DAC测试设备在运行（专栏10.3），仍需要大量的技术开发才能实现大规模部署。但是，所有DACCS设计都有如下共同点：

- **能源需求大。** 从大气中捕获CO_2是一个非常耗能的过程，每分离1t的CO_2需要消耗约2000～3000 kWh的净能量输入，还包括一些其他材料和用于分离的化学物质。而且，在确保最大程度上从大气中去除CO_2的同时，这种输入能量必须是低碳的。

- **二氧化碳运输和储存基础设施。** 与常规碳去除技术相似，这种技术也需要使用压缩、运输和存储CO_2的基础设施。

- **占地面积小。** 与需要大量土地来种植生物质原料的BECCS技术不同，直接空气捕捉技术占用的土地面积相对较小。从理论上讲，这一技术所需要的设施可以放置在任何地方，因此选址时应利用可用的低成本能源和/或获取二氧化碳存储容量。

到2050年，英国DACCS技术的部署规模是高度不确定的。与其他大多数GGR方法受关键资源（例如生物质或土地）的可用性限制不同，直接空气捕捉技术可以在没有显著资源限制的情况下得到大规模应用：

- DACCS技术可以实现相对模块化，因此可以快速开发和部署。商业空气冷却系统等类似技术具有处理大风量的优势，已显示出快速扩大生产规模的能力。[①]

- 随着部署的增加，与其他大规模制造的能源技术类似，其成本可能会大大降低。

要在DACCS技术中进行大规模部署并降低成本，这需要对供应链发展和成本

---

① IEA (2018) *The future of cooling*, https://www.iea.org/futureofcooling/.

进行考量，以使技术变得标准化，并将零部件的生产供应从车间规模扩展到工厂规模。

我们的评估是，要实现这一目标，每年至少需要去除 1 $MtCO_2$，而这可以在 21 世纪 30 年代后期实现。这将：

- 建立商业规模的零部件制造供应链。每年 1 $MtCO_2$ 的去除将需要生产成千上万个模块化吸附单元，或者需要大型商业规模的工厂以氢氧化物为基础的方法。

- 积累运营和监管经验，并要求创建框架以评估与部署相关的环境影响。

- 大规模部署直接空气捕捉技术与在其他能源技术上的战略投资（例如大规模早期 CCS 部署）的资本成本相近，而这些成本可能会与其他国家分担。

"进一步雄心方案" 中，我们考虑 2050 年采用 DACCS 技术可达到 1 $MtCO_2$/年的减排量，这一最小规模的 DACCS 被用来发展必要的供应链，以更好地了解进一步部署的潜力。

如果成本确实因最初的部署而下降，那么到 2050 年，其成本可能更低，尽管这存在高度的不确定性。皇家学会/皇家工程院 2050 年报告显示，到 2050 年，英国每年可以通过 DACCS 实现 25 $MtCO_2$ 的去除量，届时需要做到以下几点：

- 到 2050 年，需要提供约 50 TWh（约占英国 2016 年总发电量的 15%）的能源供给。尽管其中一些可以通过余热提供，但这同时也需要英国额外建造高达 10 GW 功率的海上风电装置来实现发电量的大幅增加。

- 与我们的进一步雄心方案相比，CCS 技术的应用规模增加约 14%。如果大规模使用碳捕集与封存技术（例如生物质碳捕捉与封存技术）并确保规模经济，那么这种技术应用相对而言，成本更低。

- 对直接空气捕捉设备的投资约为 380 亿英镑，占地面积约为 50 km^2。

为实现这些设施能够在 2040 年至 2050 年期间完成交付，将需要每年安装由数万个分离单元组成的 2.5 $MtCO_2$ 直接空气捕捉设备，需投入约 38 亿英镑的成本和约 5 km^2 的占地面积，同时还需要 1 GW 功率的海上风电场来提供额外能源。在 21 世纪 40 年代，可能还需要建造两条额外的 CO_2 管道以及至少一个额外的存储地点。

我们认为，到 2050 年实现减排 25 $MtCO_2$/年的去除量是**探索性方案**中 DACCS 的减排目标，这与皇家学会和皇家工程院的报告一致。

专栏 10.3　当前 DACCS 的设计

所有 DACCS 的设计都需要气流的快速流动以去除大量的 CO_2。其也都需要重新生产化学试剂来固定空气中的 CO_2 并对其进行储存，在这一过程中，试剂应该允许被重复使用。当今世界上有两种先进的直接空气捕捉方法，它们都有正在运行的试点示范设施：

● 总部位于加拿大的 Carbon Engineering 公司使用基于完善的工业化学工艺的石灰纯碱工艺来扩大规模、实现组件的商业供应以及成本的预测。氢氧化钠可以吸收空气中的二氧化碳并产生碳酸钠和水，再将石灰添加到碳酸钠中，得到再生的氢氧化钠和碳酸钙。之后，对碳酸钙施以高温（约900℃）以再生石灰并释放出 CO_2，从而使这一过程得以继续。

● 总部位于瑞士的 Climeworks 公司驱动空气通过过滤器，在过滤器中被称为胺的化学物质与 CO_2 结合，然后将过滤器加热至约100℃释放出 CO_2，并再生可重新使用的过滤器。风扇和过滤器组合成小型独立单元，以实现模块化尺寸调整，并有可能通过批量生产实现快速扩张。

两种方法需要相似的能量输入（2 000～2 500 kWh/tCO_2），但是热量和电力的比例以及所需的热量等级（温度）不同。这与其他科学文献中的估计一致（见图 B10-3）。

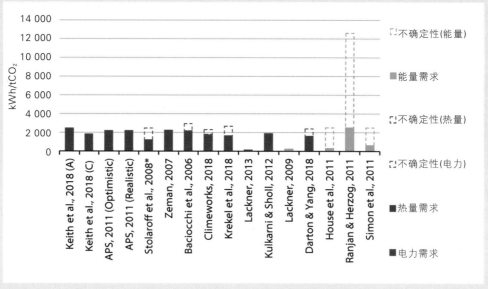

图 B10-3　科学文献中 DACCS 过程的能量需求

来源：UKERC (2019) *Bioenergy with carbon capture and storage, and direct air carbon capture and storage: Examining the evidence on deployment potential and costs in the UK.*

成本估算

DACCS 技术的成本估算（包括资金、运营和能源成本）仍然具有不确定性，其将取决于能源来源（碳强度以及低成本剩余电力和废热的可用性）、未来电价和设施规模化生产的假设：

• 文献评估表明，目前的成本约为 450 英镑/ tCO_2，也有一些文献认为，技术改进和规模效应可以将成本降低到 200 英镑/tCO_2 以下（见图 10-2）。

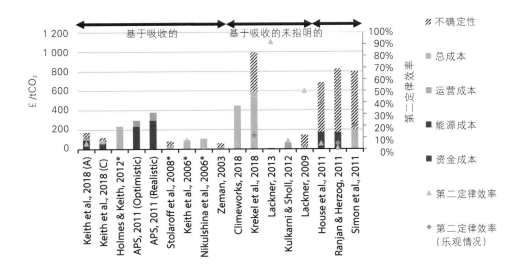

图 10-2　科学文献中 DACCS 捕获过程的成本

来源：UKERC（2019）*Bioenergy with carbon capture and storage，and direct air carbon capture and storage:Examining the evidence on deployment potential and costs* in the UK.

• 自下而上的有关 DACCS 全面的成本评估数据有限。在全经济系统脱碳的背景下，实现大规模 CO_2 去除的潜力研究通常使用技术开发人员提供的未来成本预测。基础技术的专有保护使得很难独立地核实当前或未来部署这些技术的成本。

这些费用一般仅用于分离 CO_2，因此压缩、运输和地质封存都将产生额外成本。鉴于直接空气捕捉技术可与其他形式的 CO_2 捕集与封存技术并置并共享基础设施，因此我们假设这些费用为 10 英镑/tCO_2。

在我们进一步雄心方案中的直接空气捕集与封存技术可去除 1 $MtCO_2$，探索性方案中可能再增加，在成本为 300 英镑/tCO_2 时，其具有 24 $MtCO_2$ 的减排潜力。

（o）生物炭

生物炭是一种类似木炭的物质，它以一种稳定的形式将生物质碳存储在土壤中，这种形式的碳不易分解，并能在土壤中保留很长一段时间（见表10-4）。它需要生物质原料的供应、生产生物炭的设施，将大量生物炭分配要实现管理土地的能力提高以及监管许可和支持。但是，与BECCS中使用种植的生物质和直接空气捕集技术不同，它不依赖CO_2运输和存储基础设施的建设。

在英国部署生物炭的潜力

生物炭部署的潜力在很大程度上取决于可利用的种植生物质资源的数量：

• 皇家学会和皇家工程院的报告表明，可以通过向英国150万公顷可耕地（占总耕地的25%）施用生物炭来实现5 MtCO₂e/年的去除量，其中一半的原料来自专门种植的作物，另一半则来自生物质残余物。

• 一项对英国生物炭潜力的综合研究估计，生物炭的投放可能实现3.5～21 MtCO₂e/年的去除量（2～10 MtCO₂e/年的去除量直接来自生物碳的投放，其余部分来自作物生产力的提高和碳密集型能源生产的替代）。[1]每去除1 tCO₂e的成本估计为−140英镑至200英镑（负值来自避免的废物处理费用的节省以及能源生产的收入）。

• 苏格兰的一项研究估计，其去除潜力为0.84～5.5 MtCO₂e/年（适用于20公顷）。[2]

由于大规模的生物炭部署需要使用有限的低碳可持续种植生物质资源，因此它与其他生物质资源存在竞争，如BECCS。基于现有的证据，我们的分析表明，BECCS的应用可能会更有效地利用这种种植有限的生物质资源：

• 热解将生物质中约一半的碳转化为生物炭，而生物质碳捕集与封存技术可以捕集超过90%的碳。原则上，碳捕集与封存技术可以应用于热解过程以捕集释放的CO_2，使该过程提供类似于生物质碳捕集与封存技术的去除作用，但这通常不适合较小规模的生物碳生产。

• 虽然生物碳预计将长期存在于土壤中，但某些生物碳储存期限仍存在一些不确定性，与地质储存相比，生物碳长期存储二氧化碳的可能性较小。

---

[1] Shackley, S., Hammond, J., Gaunt, J.and Ibarrola, R.(2011) The feasibility and costs of biochar deployment in the UK.*Carbon Management*, 2 (3), 335-356.

[2] Alcalde, J., Smith, P., Haszeldine, R.S.and Bond, C.E.(2018) The potential for implementation of Negative Emission Technologies in Scotland.*International journal of greenhouse gas control*, 76, 85-91.

● 正如我们在《低碳经济中的生物质》报告中强调的那样，鉴于英国经济迅速脱碳的背景，到 2050 年，生物质能源服务避免经济领域其他排放的潜力通常相对有限。因此，生物质利用的总体碳效率很可能取决于每吨种植生物质的固碳量（见图 10-1）。

可能的环境后果

生物碳的小规模生产（如作为土壤改良剂出售）是一项成熟的技术，如今已在世界范围内广泛使用。然而，使用生物碳去除 CO_2 需要对土壤进行高效的应用。尽管已对此进行了广泛的讨论和研究，包括小范围的试验，但能否使用生物炭去除 CO_2 还没有定论。

在科学文献中已经识别了大规模生物炭应用可能带来的一些副作用和协同效应：

● 生物碳的施用可以改善土壤质量，提高土壤肥力和生产力。

● 它可能会使土壤变黑并降低其反射率，造成气候变暖，部分抵消温室气体去除带来的好处。

● 它可能会导致土壤中非二氧化碳温室气体的排放量增加，但其影响的不确定性非常大。

● 生物碳的施用可以与现有土地用途（如农业）同时进行，因此不需要专用土地来推广生物碳。但是，它可能需要专用土地来生产必要的生物质原料。

总结

在我们的整个方案中，我们采用了一种利用种植的生物质的方法，它很可能对气候变化产生最大的效益。因此，由于碳封存具有更大的潜力，我们优先选择将种植的生物质用于 BECCS，而不是生产生物碳。

由于生物碳在土壤中去除 CO_2 的应用实际上是不可逆的，而且该技术仍处于部署测试的早期阶段，同时其可能会产生的副作用也尚未明确，因此我们不认为部署大规模生物碳是明智的。然而，我们支持进一步的研究和测试，以帮助进一步开发此技术，并更好地了解任何长期副作用的可能性。

专栏10.4　生物碳

生物碳通过在低氧环境中加热（热解）废弃物或特定用途的生物质原料来制造，然后将其添加到受控土壤中。热解过程中产生的能量（以热能形式）超出其所需的能量，同时还会产生可燃性液体和气体，这些都可应用于其他经济领域。生物炭的特性，包括其在土壤中的寿命、对土壤肥力的影响以及整个生命周期中的 CO_2 去除，取决于原料的选择、热解条件和输出能量的用途，以及土壤条件和施用速度。一般来说，高温热解产生的炭较少，可燃物较多，因此可以根据不同的需求和不同的目的对热解过程进行优化。

生物炭具有开发潜力，通过区域一体化的原料收集、生物碳生产和广泛分布的大规模运营，可在当地小规模地施用于土壤。在不改变土壤用途的前提下，它也可大量用于耕地（最高 30 ~ 60 t/公顷），以及林业用地等其他受控土地。

只要确定二氧化碳的储存寿命，就可以根据添加到土壤中的材料量将生物炭纳入碳核算方法。

来源：CCC analysis.

(f) 增强风化作用

增强风化作用需要对岩石进行破碎和精细研磨，然后将其分散到指定的土地表面以去除空气中的二氧化碳（专栏 10.5）。

专栏10.5 增强风化作用：机制、规模化和核算

增强风化作用加速了硅酸盐岩石与二氧化碳的自然反应。在英国，要想使其对温室气体的去除作出实质性贡献，就必须通过破碎和碾碎岩石以扩大反应表面积来大幅提高自然反应速率。

通常认为通过风化作用去除 CO_2 的矿物每吨可去除约 0.3 ~ 1.2 tCO_2。其中产生的大部分金属离子会经河流进入海洋，从而实现长期（数千年）去除 CO_2。风化反应速率对温度和湿度敏感，因此许多全球规模的分析都集中在热带地区的应用上，这是因为在热带地区可以达到最大反应速率（比温带地区快 5 倍左右）。

实施地面增强风化作用（采矿、材料加工分配和土地应用）所需的技术和设备要么是现有的，要么是直接适用的：

- 扩大风化作用规模可迅速扩大，但这需要得到管理部门的支持和对降低环境副作用的信心，同时也需要提供额外的能源和运输能力（火车、卡车、轮船）以将材料从源头运送到散布点。
- 农业用地的分配不会造成土地竞争，还可能会与其他二氧化碳去除活动（例如生物质生产）结合起来。
- 用于矿物供应的矿地（很可能是露天矿）对当地具有重要意义，但其总体

上占地面积较小。

理论上讲，高水平的碳核算对增强风化的作用是显而易见的，但目前尚未开发出详细的核算与监测报告。而矿物特性、生产和运输过程以及应用环境可能会变得很复杂且因情况而异，因而需要对土壤和水进行采样。

资料来源：CCC analysis.

英国增强风化作用的潜力

要实现相当大的去除量，就需要相对多的岩石材料。在英国，岩石材料可能有以下几种来源：

• **工业过程的副产品**。英国生产的工业矿物废料（约 86 Mt/年）可能适合用于增强风化作用，其中 90% 来自建筑和拆除。从理论上讲，这种建筑和拆迁废料中有很大一部分可用于增强风化作用，但需要对其进行无污染评估。[1]英国钢铁生产每年产生约 2.5 Mt 的炉渣，理论上可实现约 1 $MtCO_2$/年的去除量。还有过去工业活动遗留下来的工业矿物废料沉积物，尽管它们具体的属性和获取方式尚不确定，但它们分布广泛。

• 英国的 **自然沉积物** 是由大量"基本"（basic）矿物与少量"超基本"（ultra-basic）岩石（更容易从大气中去除 CO_2）混合而成的。这些自然沉积物大多以大规模分布的形式位于潜在的环境敏感地区（如高地）或国家公园等保护区，通常来说这些地区与英国最大的可耕种地区相距较远。

由于岩石的粉碎和碾磨非常耗能，因此增强风化作用的能源消耗量较大。[2]每吨二氧化碳去除量的能量投入估算范围很广（基本矿物为 650 ~ 3 500 kWh，超基本矿物为 225 ~ 750 kWh），因此相应的成本估算范围也很广（45 ~ 360 英镑/tCO_2 和 15 ~ 80 英镑/tCO_2）。[3]

皇家学会和皇家工程院的报告表明，到 2050 年，增强风化作用每年可去除多达 15 $MtCO_2$。这将需要以每公顷 20 t 岩石的标准散布在英国 540 万公顷的耕地上，这些岩石中的 2/3 来自工业废料，另外 1/3 来自专门的采矿。此前的一项详细的研

---

① 当前，鼓励建筑及工地废渣废物经评估为未受污染后回收循环利用。

② 关于英国这方面的应用，粉碎和碾磨矿物（高达 60%）与运输（高达 30%）是最大的能源投入需求。

③ Renforth, P. (2012) The potential of enhanced weathering in the UK. *International Journal of Greenhouse Gas Control*, 10, 229-243.

究估计英国的潜在减排量为 11.8 MtCO$_2$/年，而一项最新研究①则估计，苏格兰利用天然矿产资源的潜力为 5.1 ~ 8 MtCO$_2$/年，这意味着英国需要大幅扩大目前相对较小的矿物开采规模。

如果可以消除环境方面的顾虑，利用英国现有未利用的少量废石资源每年可以为初次示范提供 400 万吨的材料，从而每年有可能去除多达 1~1.5 Mt CO$_2$。

可能的环境后果

增强风化作用目前还处于早期发展阶段，而且缺乏对大规模部署可能产生的环境后果的经验和认识。尽管目前已将一些磨碎的矿物质用于土地以改善土壤质量，但与此同时也发现了一些由此引发的潜在环境破坏：

● 风化矿物可能含有有害的微量金属，可能污染土壤、水、农作物和工业副产品。污染物也可能从土壤流进河流和其他水体，进而对河流生态系统产生潜在的环境影响。

● 将细碎的岩石应用于大量的农业用地会在空气中产生大量的石尘，其被吸入后会造成潜在的健康危害（矽肺），因而需要在生产和使用过程中进行管理。

大规模应用需要监管部门的许可和支持，以及对管理可能的环境影响具有高度信心，在农业用地上使用来自工业废料中的矿物粉尘还需要修订英国废料扩散法规。

委员会认为，由于其应用的不可逆性、研究尚处于早期阶段、存在潜在的环境副作用以及大规模测试和管理经验的缺乏，因此目前不宜将增强风化作用纳入其减排方案中，但支持进行进一步的研究以开发此技术和更好地了解潜在的环境后果。

10.3 英国部署的温室气体去除方案

进一步雄心方案

我们在进一步雄心方案中预计到 2050 年总计会有 54.2 MtCO$_2$e/年的工程去除量（见表 10-1）。考虑到陆地去除和建筑用木材之间的重叠，每年 CO$_2$e 去除量将减少至 53.0 MtCO$_2$e，这在本报告的其他部分中并没有考虑。

---

① Alcalde, J., Smith, P., Haszeldine, R.S.and Bond, C.E.(2018) The potential for implementation of Negative Emission Technologies in Scotland. *International Journal of Greenhouse Gas Control*, 76, 85-91.

表10-1 进一步雄心方案中英国GGR的机遇

去除技术	2030年第五次碳预算排放（MtCO₂e）	2050年进一步雄心方案去除量（MtCO₂e）*	进一步雄心方案去除量实现的最早时间	2050年成本（英镑/tCO₂e）**
建筑木材	0	2.3	2050年	0
生物质能碳捕集与封存技术（BECCS）	0	51.0	2045年	158
直接空气二氧化碳捕集与封存（DACCS）	0	1.0	2040年	300

来源：CCC analysis.

注：*所有温室气体。**年度成本，包括2050年所有的温室气体去除技术的成本。建筑用木材的节约量被定义为高于"BAU"的水平。在第五次碳预算分析中，没有超出"BAU"水平的建筑木材。利用生物质能碳捕集与封存技术去除的一小部分温室气体来自燃气CCS电站中使用的生物甲烷。

探索性方案中的温室气体去除技术选项

在"进一步雄心方案"中，建筑木材、BECCS和DACCS可进一步推广，其温室气体去除量将有可能进一步增加：

• **建筑木材**。在我们的进一步雄心方案中，有可能将木结构房屋的比例提高到80%，而该比例之前仅为40%。在考虑到与土地利用部门计算的固存量重叠之后，这将额外提供0.7 MtCO₂e的温室气体去除。

• **BECCS**。在"进一步雄心方案"中，可持续生物质资源水平假设约为200 TWh，这是我们在《低碳经济中的生物质》报告中进行情景分析所提出估计范围的中值。假设这一可持续资源范围的上限（我们的"全球治理与创新"方案）将使可用性提高到300 TWh左右，到2050年，生物质碳捕集与封存的潜力将增加32～83 MtCO₂e。

• **DACCS**。从逻辑上讲，大规模部署DACCS技术是可行的，如果成本趋向当前估计的下限，则可能有助于形成一种具有成本效益的解决方案。作为探索性方案中的一种技术选择，我们认为，部署这一技术到2050年，可以实现每年去除25 MtCO₂，而在"进一步雄心方案"中，该减排量仅为每年1 MtCO₂。

苏格兰和威尔士的分配额

我们的《2018年土地利用报告》中的空间建模实现了基于陆地自然的去除量（如通过植树造林）在英国不同地区间的分配问题。建筑用木材去除量的分配也是基于英国各地木材采伐量的比例，这与排放清单方法相一致。

我们的《2018年土地使用报告》还为分配某些温室气体工程去除量提供了基

础，同时考虑了获得二氧化碳存储能力的途径：

- 苏格兰生物质生产潜力巨大，这表明苏格兰有能力支持高达33%的固体生物能源和50%的用于建筑的木材生产。苏格兰也有很好的CCS存储地点，所以这有利于发展CCS技术。在我们的进一步雄心方案中，苏格兰被分配了英国所有去除量中的12 MtCO₂e（22%），其中包括英国利用国内资源实现的生物质碳捕集与封存量的33%。

- 与之相反，威尔士的固体生物质在英国所占比例很低（8%），而且可用于碳储存地点的资源有限。根据建筑用木材以及在爱尔兰海域的潜在碳捕集与存储地点，我们为威尔士分配了1.3 MtCO₂e的去除量（占全部去除量的2%）。

10.4　创新、近期行动和不确定性

由于至今尚未在土地利用部门之外部署大规模GGR，因此创新和不确定性对我们的潜力评估比其他部门更为重要。

近期行动和创新支持在许多不同的领域都很重要，因为去除技术对英国实现零净排放目标作出了合理的巨大贡献，并减少了英国温室气体去除潜力方面的巨大不确定性：

- **碳捕集与封存**（CCS）。建议报告的第6章强调，CCS能力的发展是实现净零目标的"关键途径"。为了使去除技术在抵消残留排放中起重要作用，将要求CCS为BECCS和DACCS提供长期安全的地质存储。通过基于区域集群的方法，应尽快开始二氧化碳基础设施的部署。需要一个稳定的长期政策环境来支持此部署工作。

- **生物质供应**。近期需要采取行动以确保到2050年能够扩大可持续的低碳生物质的供应，并提供必要的资源。在我们2018年《低碳经济中的生物质》报告中，我们建议政府作出努力，以增加来自英国的可持续种植生物质的供应。这包括达到并超过当前的植树目标，并克服在低等级农业土地上种植第二代生物能源作物的障碍。同样，我们建议英国在进一步发展和改善英国及国际生物质治理和可持续性标准方面发挥积极作用（请参阅建议报告的第5章）。这对于进口生物质在英国净零排放经济中发挥重要作用至关重要。

- **政策框架**。如果没有温室气体去除技术的经济激励，BECCS和DACCS技术就不会得到有效部署。目前，在政策工具（如欧盟排放交易体系EU-ETS）中，温室气体去除尚未得到重视。纠正这一点很重要，即使需要承认碳价近期内不太可能升至会推动BECCS或DACCS部署的水平。在建议报告的第6章中，我们强调具有大量残留排放的行业（如航空业）有为GGR解决方案提供资金的潜力。

● **创新支持**。

——对于电力部门以外的 BECCS 应用，需要生产超清洁合成燃料的技术，才能将生物质转化为诸如氢之类的能源载体或生物燃料（例如，通过费托法）。当前的支持计划未能推动可以生产真正超清洁合成燃料的气化厂的出现。在我们的生物质能报告中，我们建议政府重新审查其气化激励计划，并从聚焦电力行业转变为聚焦运输和供暖行业。

——由于技术尚处于测试进一步研发的早期阶段，因此对于 DACCS 的支持非常重要。迄今为止，DACCS 的开发仅获得了非常有限的公共投资。鉴于 DACCS 在未来可能作出的巨大贡献，我们建议政府考虑进一步的战略投资，以支持其向大规模示范、成本发现和供应链建立的方向发展。同时，政府应考虑如何调整当前的排放法规和 CCS 支持政策，以促进 DACCS 的应用。

——对于生物炭和增强风化作用，英国目前主要通过英国温室气体去除计划来支持研究，包括小型野外田间试验和测试。由 Leverhulme Trust 资助的 LC3M 中心也正在开展一项有关改善风化的重大国际研究计划。根据这项研究的结果，建议进一步支持以扩大规模和潜力并评估相应的环境影响和风险。

——一个稳定的、长期的用于开发和部署温室气体去除技术的政策环境，以及确保可持续性的适当制度安排，对于确保英国实现零排放目标至关重要。

在全球范围内，从大气中去除二氧化碳将是全球努力实现《巴黎协定》长期温控目标的关键部分。在建议报告第 4 章和第 6 章中重点介绍了英国支持发展市场机制以支持全球范围内温室气体去除的几种方式：

● **治理**。如果没有有效的保障措施，大规模的生物质种植既可能是高碳的，又会对粮食供应、生物多样性和其他可持续性问题产生重大影响。随着全球生物质市场规模的扩大以及一些新的公共补贴的发放，需要加强治理来管理可持续低碳生产带来的风险。进口生物质原料到英国的长期作用应该取决于这些努力。这需要一种比现有的可持续性标准更广泛的方法来充分考虑生物质生产对陆地碳储量的影响，并在全球范围内提高标准。可持续性标准应排除来自高碳含量土地或对其他可持续方面有不利影响的生物质，并随着时间的推移逐步提高标准，以鼓励最佳实践。

● **基于生物质去除的国际核算**。根据《IPCC 国家温室气体清单指南》的一般方法，BECCS 采用进口生物质产生的去除量应纳入发生捕集和封存二氧化碳的管辖区报告中，而不纳入出口生物质的管辖区报告中。但是，《巴黎协定》第 6 条支持各国之间的合作，以支持全球更高水平的减排目标。英国可以领导开发基于生物质的 GGR 的国际协作共享框架，以帮助提供激励措施，并确保尽可能有效地利用全球可持续的低碳生物质资源。

• 国内和国际温室气体去除市场。基于市场机制，对于在英国和国外提供大规模的GGR至关重要。英国可以通过制定规则来支持建立温室气体去除市场，这些规则将使温室气体去除工作能被整合到现有的碳市场中，例如EU-ETS，并通过国际论坛开展工作，以确保去除工作可以纳入《巴黎协定》下具有强有力环境保障措施的京都议定书清洁发展机制以及国际航空碳抵消与减少计划（CORSIA）。（请参阅建议报告的第6章）。

不确定性和无法实施的风险

不确定性对于GGR在英国的规模来说是一个关键问题。重要的不确定性包括不可预见的成本和技术问题、规模化、更广泛的影响和公众态度：

• 不可预见的成本和技术问题。由于是早期技术，GGR的可交付性和成本难以预测。例如，DACCS存在难以建造或大规模运行的风险，并且未实现相应的成本降低水平预测。同样，DACCS所需的大量能量输入可能被证明难以提供，例如，足够的低成本剩余能量（如废热）被证明是不可用的。虽然CO_2从地质封存中泄漏的风险永远无法降低至零，但与生物圈中碳的原地封存相比，风险很小。

• 规模化。本章的分析既考虑了不同类型温室气体去除技术的潜力，也考虑了可规模化比率。但是，其中许多都不是已形成规模的解决方案，而且对于未来可能推广的范围和速度存在固有的不确定性。

• 更广泛的影响。实施GGR将对当地和更广泛的环境与资源产生影响，并可能随着规模的扩大而增加。基于生物质的方法对粮食生产、水利用和生物多样性的影响需要符合可持续性的标准，这在大规模情况下可能更具挑战性。可持续生物质生产的一般原则包括避免从高碳储量或富于生物多样性的土地上采购，同时还应尽量减少与其他土地用途（如粮食生产）的冲突。一些常年作物（例如柳树和杨树）需水量很大，因此可能不适合在缺水地区种植。[①]其他基于陆地的GGR方法也可能带来好处和不良副作用。气候变化对空气质量的影响以及对土壤和生态系统的污染的潜在风险是非常严重的障碍，在进行大规模部署之前必须明确处理。建议继续进行各种规模的测试，以增进了解并为进一步的开发和未来的实践提供支持。

• 公众态度。开发和部署GGR技术需要大量的土地（例如BECCS，增强风化或生物炭）并应从土地所有者或土地使用者手中购入。在与土地的其他用途（例如粮食生产）存在实际的或可察觉的冲突或副作用的情况下，这些技术可能就不会应用。从更广泛的意义上讲，积极的公众态度对于开发和部署温室气体去除工程非常

① CCC (2018) *Biomass in a low-carbon economy.*

重要，尤其是在二氧化碳运输和存储基础设施的安全性等方面。早期和有序的小规模部署可以帮助建立 GGR 技术的社会许可并测试其长期可持续性，从而为 GGR 的大规模部署赢得公众的认可。

在一个相互关联的全球 GGR 市场中（如果发展起来的话），英国由于可以获得大量 CO_2 的地质储量，因此在部署基于 CCS 的 GGR 技术方面可能具有一定的优势。这可能导致英国实现的总 GGR 超过实现国内温室气体净零排放目标的所需量：

- 英国拥有良好的 CO_2 封存潜力，并重视发展能源市场，因此可以容纳更多的 BECCS 项目。可以想象，英国最终可能会部署比我们所允许的更多的 BECCS（基于进口原料），并使用《巴黎协定》第 6 条的机制来共享配额。我们在《低碳经济中的生物质》报告中考虑了这种情况。这将需要非常大但可管理的英国生物质供应基础设施，其中港口和铁路运输则是最大的制约因素。到 2050 年，每年的封存量可高达 133 $MtCO_2$，目前的英国生物质进口量水平需要提高 10 倍。

- 类似的论点也适用于英国的 DACCS 潜力。但是，其他可以使用 CO_2 存储且能源成本较低的地区（例如冰岛）可能更适合部署大量 DACCS 项目。

建筑木材

为了使建筑环境中的储碳量最大化，需要克服增加建筑木材使用的障碍。一些障碍在我们的报告《生物质在低碳经济和英国住房供给方面：是否适合未来？》中有所体现，包括：

- 缺乏在建筑业使用木材的技能。
- 阻碍基于木材设计的商业模式和采购流程。
- 建筑生命周期评估方法通常不考虑建筑中木材的固碳。

要通过在建筑中使用木材实现大规模的去除量，需要英国木材建筑业的大幅增长，当前英国每年使用木结构建造约 27 000 ~ 50 000 幢新房屋（15% ~ 28%）。发展用于木材建筑的供应链将需要政府进行前瞻性规划和雄心勃勃的目标设定，以提供稳定的商业环境，并为建立和扩大英国木材产品的生产能力提供支持，包括跨行业的工程木产品，例如层压木材和胶合板。

是否有大量用于建筑的家用木材取决于能否以可持续的方式大幅增加全英国的树木种植量。由于种植和适当的采伐日期之间存在固有的时间间隔，因此，为了在 2050 年之前实现大规模的家用木材使用，立即大规模地种植树木至关重要。在第 7 章中考虑了实现这种种植目标的障碍和无法交付的风险。

造林可以大量增加木材，如果采取正确的方法造林，可以提供一系列额外的好处，包括保持生物多样性。例如，将退化的英国森林重新纳入管理，既有利于减少温室气体排放，又有利于保持生物多样性，还可以提高应对气候变化、害虫和疾病的能力。遵循最佳的方法对于避免大规模造林对环境的有害影响至关重要。这些措施包括为多重目标管理森林，根据可持续林业管理原则限制与其他最终用途（例如粮食生产、木材产品）的冲突。在《低碳经济中的生物质》报告中，对避免可持续性冲突的最佳做法进行了详细的讨论。

技术附件　英国、苏格兰和威尔士之前方案的改变

本附录列出了我们当前对英国、苏格兰和威尔士的评估与以前对它们的评估有何不同。

委员会在2015年下半年对英国第五次碳预算（涵盖2028到2032年）的建议中，考虑了英国到2050年的排放路径。[1]这包含了到2050年减排80%路径的核心方案以及进一步雄心方案。我们在2016年10月发布的《"巴黎协定"下英国气候行动》报告中更新了该目标，即在英国1990年排放水平上实现减排92%的新目标。

根据此建议，我们为苏格兰和威尔士设置了到2050年的减排方案，分别是苏格兰的高减排雄心方案[2]和威尔士的最高减排方案[3]。苏格兰和威尔士的方案已根据当时的最新证据进行了调整，大部分基于我们为英国设置的最大减排方案。

我们的"进一步雄心方案"超过了英国、苏格兰和威尔士之前的方案，进一步深化了减排目标（见表A-1）。

表A-1　　　　　　　　从之前的方案到进一步雄心方案的变化

	以前方案中的2050年排放量		进一步雄心方案中的2050年排放量	
	$MtCO_2e$	基于1990年的减少比例	$MtCO_2e$	基于1990年基准值的减排量（包括泥炭）
英国	64	92%	33 ~ 45	95% ~ 96%
苏格兰	7	90%	−8 ~ −4	104% ~ 110%
威尔士	9	85%	2 ~ 3	95% ~ 97%

来源：CCC analysis.

注：进一步雄心方案的范围包括关于因选择全球增温潜势值方法所带来的不确定性以及泥炭地的排放量（请参见净零排放建议报告的第5章）。

---

[1] CCC (2015) *The fifth carbon budget—The next step towards a low-carbon economy.*
[2] CCC (2017) *Advice on the new Scottish Climate Change Bill.*
[3] CCC (2017) *Building a low-carbon economy in Wales—Setting Welsh carbon targets.*

　　到2050年，有关英国、苏格兰和威尔士的重新评估可以实现的适当减排水平的重要证据包括：

　　● 政府间气候变化专门委员会发布的全球升温1.5°C特别报告（IPCC-SR1.5）。[①]该报告总结了全球平均升温1.5°C时的气候风险，并将其与更高的升温水平进行了比较，强调了在几乎所有1.5℃减排情景下都需要积极（人为引起的）的CO_2去除技术。

　　● 《巴黎协定》之后发布的其他外部出版物（例如，欧洲委员会和能源转型委员会的出版物）所包含的减排情景也超出了我们之前的最高估计。这些都集中在更难脱碳的部门和使用新的低碳技术（净零建议报告，专栏5.6）。

　　● 委员会2018年《关于土地使用：减少排放并为应对气候变化做准备》报告更新了我们对土地使用排放的基准预测，并强调了泥炭地排放的影响以及大规模造林固碳和增加固体生物燃料产量的潜力。这项分析是在基于地理信息进行的，因此可以细分苏格兰和威尔士的土地使用排放量。

　　● 2018年《低碳经济中的氢能》报告为如何实现能源系统全面脱碳提供了进一步的证据，并强调进一步降低工业部门排放的潜力，这也超出了我们先前评估的水平。

　　● 我们已针对本报告进行了有关减少工业排放潜力的进一步评估。

　　本报告中提出的其他新证据（例如，在难以脱碳的建筑物、HGV基础设施和快速电气化方面的新工作）使我们有信心，可以实现最大减排方案中的深度减排。

　　此外，英国和地方政府的排放清单已根据最新科学证据进行了更新。这在土地利用部门尤为重要，它将影响林业碳汇规模的估算，有关退化泥炭地排放的新证据将包括在2021年以后的排放清单中。

　　本技术附录分析了在我们之前提出的英国、苏格兰和威尔士减排方案中，哪些经济部门发生了较大的变化。

A.1　英国"进一步雄心方案"的变化

　　我们之前的评估是，在2016年最大减排方案（Max scenario）中实现所有技术方案可使2050年整个经济系统内的净排放量达到64 $MtCO_2e$（比1990年水平低92%），包括英国的国际航空和海运排放。

---

① IPCC (2019) *Special Report-Global warming of 1.5°C.*

在我们新的"进一步雄心方案"中，英国的净排放量可达到 34 $MtCO_2e$[①]（比 1990 年的水平低 96%），并伴随着一系列探索性减排技术的进一步发展，这意味着英国可以在 2050 年之前实现净零排放。

上述变化是由对当前排放水平的了解与对如何在整个经济中减少排放量这两方面的认识得到加强而推动的：

• **方法学改变**。根据我们先前的建议，新的排放清单变化反映在我们的土地使用基准中，此基准使英国森林碳汇的估计量增加了约 4 $MtCO_2e$。其他方法学的变化对 2050 年额外降低 5 $MtCO_2e$ 的排放量进行了评估。

• **泥炭地**。如果不采取行动恢复泥炭地，采用 2050 年排放清单，则预计退化泥炭地排放将最多增加 23 $MtCO_2e$。[②]在"进一步雄心方案"下采取减排措施，整个英国的减排量可降至 18 $MtCO_2e$。

• 另外，**工业**排放降低了 16 $MtCO_2e$，来自固定源燃烧、化石燃料生产和工业过程减排的潜力将进一步提高（参见第 4 章），这些可以通过资源和能源效率、电气化、低碳氢的使用以及 CCS 的应用等来实现。

• **农业**的排放量降低了 5 $MtCO_2e$，这是因为我们**耕种**和土地使用方式两方面的变化都将碳封存和生物质生产作为重中之重。通过更健康的饮食和减少食物浪费，我们的方案中包含了英国 1/5 的农业用地用于植树、能源作物种植和泥炭地恢复。

• **其他部门**。其他部门的额外减排潜力可使整个经济系统再减排 10$MtCO_2e$。

• **工程温室气体去除**。我们以前的方案包含 47 $MtCO_2e$ 的温室气体去除量（BECCS 和建筑用木材），这些去除量在我们的进一步雄心方案中已增加到 53 $MtCO_2e$（请参阅第 10 章）。

这些变化加在一起，到 2050 年，将进一步减少 29 $MtCO_2e$ 的排放（见图 A-1）。

从百分比方面来看，我们对到 2050 年的可靠减排水平的评估中，威尔士和苏格兰两者的变化比整个英国的变化要大：

• 对于**苏格兰**而言，这反映在两个方面：一方面是我们评估土地部门在碳封存方面所提供的机会；另一方面是我们在英国范围内分解这些机会的能力。

• 对于**威尔士**而言，这反映了我们根据脱碳机会的新证据（例如，基于在工业中使用氢能的潜力）对整个英国工业的潜在脱碳的评估作出了重大改变。

[①] 本节提供的所有数字都是基于 IPCC 第四次评估报告中对泥炭地排放量和全球变暖潜力的更高估计。

[②] Evans et al.(2019) *Implementation of an Emissions Inventory for UK Peatlands.*

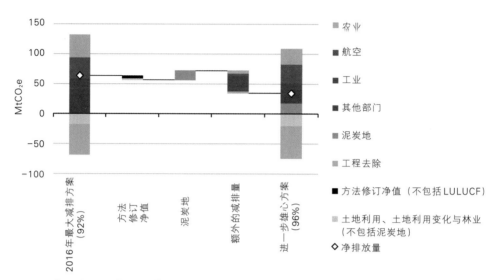

图 A-1　英国从 2016 年最大减排方案（Max）到进一步雄心方案的 2050 年排放变化的驱动力

来源：CCC analysis.

注：该图显示了与其他土地利用及其变化和林业部门分开的泥炭地排放。英国目前的排放清单包含了泥炭地约 1.3 $MtCO_2e$ 排放量，但所有泥炭地排放源将从 2020 年起算。自 2013 年出现最初被用于我们的第五次碳预算分析的清单以来，所有其他行业已经有了对应修正的方法（包括海运、废弃物排放和农业智能清单的变化）。

A.2　苏格兰"进一步雄心方案"的变化

在苏格兰，温室气体去除工程的去除量增加抵消了林业碳汇方法学变化以及将泥炭地排放纳入未来排放清单中的温室气体的变化情况（见图 A-2）。所有其他部门将采取如下进一步行动：

●**方法学改变**。根据我们先前的建议，新发表的科学证据使苏格兰现有森林碳汇的估计量增加了约 5 $MtCO_2e$。相对于总排放量而言，苏格兰的森林碳汇最大，因此修订产生了较大的影响。

●**泥炭地**。即使在我们的"进一步雄心"方案中采取颇具雄心的泥炭地恢复措施，未来的排放清单中亦包括泥炭地，到 2050 年，将使苏格兰的排放量增加 7 $MtCO_2e$。

●**工业**。工业排放额外增加减少了 3 $MtCO_2e$。

●**农业**。排放量额外减少了 2 $MtCO_2e$。

●**其他部门**。其他行业的额外减排潜力达 2 $MtCO_2e$。

• 工程温室气体去除。我们之前的方案将 4.4 $MtCO_2e$ 工程温室气体去除量（BECCS）分配给苏格兰。委员会对《2018 年土地利用报告》的最新分析表明，苏格兰拥有通过 BECCS 从大气中去除 CO_2 的绝佳机会，在英国所有温室气体去除量中其所占份额更高（22%）（专栏 A.1）。

综合起来，这些变化导致了以前的目标方案和苏格兰进一步的目标方案之间的 13 $MtCO_2e$ 的差距（见图 A-2）。

专栏 A.1 方案中工程温室气体去除的分布和影响

在包含工程温室气体去除技术之前，在我们的进一步雄心方案中，英国、苏格兰、威尔士和北爱尔兰都达到了较低的排放（见表 A-2）。

表 A-2　　　　　　2050 年包含和不包含工程去除的排放水平

	英国	英格兰	威尔士
不含工程去除的国内排放量（百万吨 CO_2e）	89	6	3
工程去除量（百万吨 CO_2e）	−54	−12	−1
包括工程去除在内的国内排放量（百万吨 CO_2e）	35	−6	2

除了以上减排努力，整个英国还拥有 54 $MtCO_2e$ 的工程温室气体去除潜力，其中大多数（49 $MtCO_2e$）是基于固体生物质。这是将 BECCS 用于工业、电力部门以及可持续生物燃料生产过程来实现的。

与我们之前的减排方案相比，英国新方案中的工程温室气体去除总量没有太大变化（见图 A-1）。但是，《2018 年土地利用报告》的空间建模表明，每个地方政府在这些温室气体去除中有不同的机会：

苏格兰具有巨大的生物质生产潜力。这表明苏格兰能够承担多达 1/3（33%）的固体生物能源生产和 50% 的固体木材用于建筑。苏格兰也有很好的 CCS 储存地点，因此这不是一个限制条件。在我们的进一步雄心方案中，苏格兰被分配了英国所有去除量中的 12 $MtCO_2e$（22%），其中包括英国国内资源的所有 BECCS 中的 33%。

相反，预计威尔士在英国固体生物质能所占比例很小（8%），并且碳封存地点有限。鉴于爱尔兰建筑木材使用和海域为威尔士北部的 BECCS 提供潜在的 CCS 封存场地，威尔士在英国所有温室气体去除中被分配了 130 万吨 CO_2e（2%）。

来源：CCC analysis.

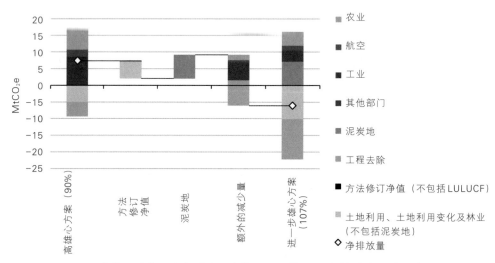

图A-2　苏格兰从雄心方案到进一步雄心方案的2050年排放变化的驱动力

来源：CCC analysis.

注：该图显示了与其他土地利用及其变化和林业部门分开的泥炭地排放。最新的苏格兰排放清单捕集的泥炭地的排放量不到 0.1 MtCO₂e，但所有泥炭地排放源将从2020年起算。自2014年出现《苏格兰气候变化法案》以来，所有其他部门已经有了对应的修正方法（包括海运、废弃物排放和农业清单的变化）。

A.3　威尔士"进一步雄心方案"的变化

在威尔士，最重要的变革驱动力是工业的进一步减排，更多的举措延伸到其他行业（见图A-3）：

● **方法学改变**。根据我们先前的建议，新发表的科学证据使威尔士现有森林碳汇的估计量增加了约 1 MtCO₂e，加上进一步方法学的变化，其使森林碳汇的估计量增加了约 0.2 MtCO₂e。

● **泥炭地**。我们的土地使用报告的证据表明，在2050年，威尔士预计会占据英国泥炭地排放总量一个非常小的份额（0.4 MtCO₂e）。

● **工业**。相比我们之前的最大减排方案，我们已经确定了威尔士一个额外 4 MtCO₂e 的减排潜力。由于重工业的很大一部分，尤其是钢铁工业都位于南威尔士，新的证据表明，工业上的碳排放减少将对威尔士2050年实现的减排产生更大的影响。工业的剩余排放主要产生于"其他制造业"，这些制造业的活动在英国分布得更均匀。

● **农业**。排放量将有额外 1 MtCO₂e 的降低。

● **其他部门**。其他部门的附加潜力可能会进一步减排 1 MtCO₂e。

● **工程温室气体去除。** 由于南威尔士缺乏碳储存地点，我们之前的方案没有将任何工程去除（BECCS）分配到威尔士。在我们的进一步雄心方案中，我们给威尔士分配 1 MtCO₂e 的工程去除量，基于威尔士为建筑提供木材的能力，大约 8% 的英国生物质和存储站点存在于可从北威尔士进入的爱尔兰海。

综合起来，这些变化导致了先前的最大减排方案和威尔士进一步雄心方案之间的 7 MtCO₂e 的差距（见图 A-3）。

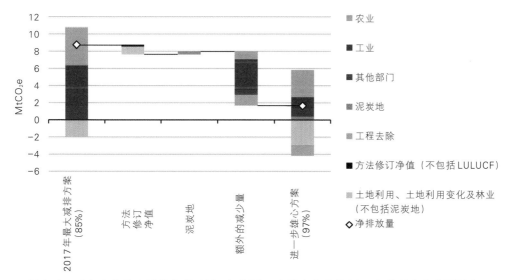

图 A-3 威尔士从最大减排方案（Max）到进一步雄心方案的 2050 年排放变化的驱动力

来源：CCC analysis.

注：该图显示了与其他土地及其利用变化和林业部门分开的泥炭地排放。最新的威尔士排放清单捕集的泥炭地的排放量不到 0.1 MtCO₂e，但所有泥炭地排放源将从 2020 年起算。自从 2015 排放清单被用于我们对威尔士气候目标的建议以来，所有其他行业的方法修订净值都有所下调（包括海运、废弃物排放和农业智能清单的变化）。